住宅精品工程实施指南

徐　波　顾勇新　主编
殷时奎　潘延平　主审

中国建筑工业出版社

图书在版编目（CIP）数据

住宅精品工程实施指南/徐波，顾勇新主编．—北京：中国建筑工业出版社，2003
ISBN 7-112-06114-8

Ⅰ．住…　Ⅱ．①徐…②顾…　Ⅲ．住宅—建筑工程—工程施工—指南　Ⅳ．TU745.5-62

中国版本图书馆 CIP 数据核字（2003）第 111357 号

住宅精品工程实施指南

徐　波　顾勇新　主编
殷时奎　潘延平　主审

*

中国建筑工业出版社出版、发行（北京西郊百万庄）
新　华　书　店　经　销
有色曙光印刷厂印刷

*

开本：787×1092毫米　1/16　印张：32　字数：800千字
2004年2月第一版　2004年2月第一次印刷
印数：1—4,000册　定价：**58.00**元
ISBN 7-112-06114-8
TU·5379（12127）

版权所有　翻印必究
如有印装质量问题，可寄本社退换
（邮政编码 100037）

本社网址：http：//www.china-abp.com.cn
网上书店：http：//www.china-building.com.cn

本书以创住宅精品的工程管理和施工措施为基础，全面系统地介绍建筑企业如何策划和实施住宅精品工程。内容包括住宅精品工程的发展方向和新技术应用介绍、创住宅精品工程意义、住宅精品主要目标控制、策划与资源配置、项目管理、主要施工技术、售后服务（用户服务手册的编制、回访保修工作）、相关政府规定等。

本书可供施工企业管理人员、项目经理及广大施工技术人员参考使用，也可作为工程质量管理人员、监理人员的培训用书。

* * *

责任编辑　周世明
责任设计　孙　梅
责任校对　张　虹

《住宅精品工程实施指南》

编　委　会

策　　划： 顾勇新

编　　委： 金德钧　吴松勤　曾宪新　邵长利　赵宏彦
郭宏若　季加铭　焦润明　吴月华　韩乾龙

主　　编： 徐　波　顾勇新

主　　审： 殷时奎　潘延平

副 主 编： 王海山　何　强　杨晓毅　赵保东　李建芬
王　丽

编写人员： 顾勇新　王海山　何　强　杨晓毅　赵保东
李建芬　王　丽　刘　宾　林鸿裕　张国祥
于　锋　于　斌　王海峰　赵伟毅　张国东
田　华　高凌云　徐　萍　吴　荻　王振海
王建华　王利忠　张超文　陈书玉　安红印
赵　安　赵泽民　王胜武　丁　浩　李　强
马　楠　赵向前　刘吉诚　刘　源　刘新宇
施文波　高　芳　丛日明

序

古往今来，住宅精品在华夏文明乃至世界文化中都堪称瑰宝。

代表徽派建筑的安徽西递村古宅，象征平遥文化的山西乔家大院，饱蘸江南乡情的苏州同里民居，般若云山雾影的湖南湘西吊脚楼……这些源自百姓生活的民居，都是中国住宅精品的典范。明清以来，以北京四合院为代表的传统民居，其鲜明的个性和审美情趣更彰显出深厚的文化底蕴。

进入新世纪，住宅精品内涵变得更为丰富，一批规划高起点、设计高水平、施工高质量的民居，不但起到缓解群众住房困难、改善群众居住条件的作用，还有力地带动了我国建筑整体水平的提高。

令人感到欣慰的是，今天的住宅建设，正廓清迷雾，坚持“以人为本”的方向，大力推进住宅标准化、现代化、智能化，融入更加丰富的项目管理和服务理念，使住宅精品散发出更多的人文关怀和生活乐趣。

当然，就全国住宅工程的整体质量而言，实现精品发展战略任重道远。我们的质量保证体系仍待完善，我们的设计创新水平仍需提高，特别是住宅的质量通病仍需花大力气解决。这就要求规划、设计、施工、管理各个方面真正树立可持续的科学发展观，在“五个统筹”引领下，总结经验，勇于创新，不断进取。

建筑书籍的编纂是枯燥的，难能可贵的是，本书没有陷入艰涩的技术细节，首次把ISO9001质量管理体系、ISO14001环境管理体系和OSHAS18001职业安全健康管理体系与住宅建设的现场管理有机融为一体，提出人性化的售后服务理念，从而使住宅能够得到终生的专业化的服务。

本书结合新颁布的《建设工程项目管理规范》和众多编者在现场施工中的实际经验，所介绍的创精品工程的管理方法和制度具有较强的实用性，对规范项目管理和提高住宅建设质量颇有助益。是不断总结民居建设实践、提高民居建设管理水平的有益尝试，期盼有更多的这类书籍出现。

住宅建设是一种艺术创作，是人居环境的塑造，是民族文化的积淀。不断地创造出将时代精神和民族风格完美结合的民居精品，是我们这一代建设者的光荣职责。

谨以为序。

郑一军

2004年2月

前　言

中国住宅建设正面临着由“量”到“质”的深刻转变，21 世纪我国的住宅建设和人居环境质量整体水平应有一个跨越式的飞跃。

优质的住宅工程质量是决定住宅保值、增值的物质基础，也是提高住宅功能质量和环境质量的前提条件。为加快住宅建设从粗放型向集约型转变，推进住宅产业现代化，提高住宅质量，特编写《住宅精品工程实施指南》一书。本书全面系统介绍了建筑企业如何策划、组织和实施住宅精品工程。

本书系统地提供了大量经过实践检验并证明卓有成效的住宅精品工程管理方法和操作措施，为读者提供了可直接借鉴和操作的第一手资料。

本书抓住住宅工程项目全过程管理及住宅施工技术两条主线，对如何创住宅精品工程作了详细论述。项目管理从前期目标策划、资源配置到过程中的管理控制和后期服务全过程论述，通过全面管理确保住宅工程达到精品要求；施工技术主要介绍住宅工程应用的主要施工技术，按施工顺序编制，并对住宅工程中出现的新技术、新工艺也在相关章节有所体现。

本书在编写过程中得到上海市建设工程安全质量监督总站、四川省建设工程质量安全监督总站、北京海德世纪科技发展有限公司、海德卓越管理研究院及中建一局集团有限公司技术人员的大力支持，在此表示感谢。

同系列图书还有：

《建筑精品工程策划与实施》

《建筑精品工程实施指南》

《建筑结构精品工程实施》

目　录

第一章　概　　述

第一节　创住宅精品工程意义

一、住宅建设的历史发展

（一）经济发达国家住宅建设的发展

1. 第一阶段：注重数量阶段

二次世界大战后，各国普遍住房不足，有的国家出现房荒，遂掀起了住房建设高潮，首先解决住房的有无问题，即注重数量阶段。当时的欧洲，尤其在法国，为求数量和速度，提出并推行了建筑工业化，发展以主体结构及其施工工艺为特征的专用体系。

2. 第二阶段：数量质量并重阶段

随着住宅建设量的增加和房荒的缓和，基本上向一户一套靠拢，在保证数量的前提下，开始重视质量，即进入数量和质量并重阶段。于是，第二代建筑工业化积极发展通用体系，以部件为中心组织专业化社会化大生产，形成了许多新兴的、各自独立但又互为依存的工业部门，促进了住宅产业的高度发展。

3. 第三阶段：注重质量阶段

房荒解决，住户由一户一套发展为一人一间。这时新建住宅数量下降，旧工程改造任务增大，对质量和环境提出了更高的要求，高科技成果引入住宅建设，即进入住宅质量阶段。

（二）我国住宅建设的发展

1. 第一阶段：利旧改造阶段

1949 年新中国成立后，百废待兴，需要进行大量的建设，但基于当时的经济状况，国家又无经济能力全面解决国民的居住问题，因此，只能通过将原私有住宅国有化，进行利旧改造解决居民的居住问题。

2. 第二阶段：计划建设阶段

随着新中国经济的逐步复苏，在计划经济体制下，国家开始有计划进行住宅建设，但以公有的方式进行建设。

3. 第三阶段：市场经济建设阶段

进入 20 世纪 90 年代，市场经济逐步建立和完善，居民的生活水平不断提高，无论从国家和个人的角度，均存在着改善居住环境的良好愿望，因此，在市场经济的条件下，围绕市场经济体制，逐步开始了康居工程的建设。

二、住宅建设的市场机遇

改革开放以来，城镇住宅建设发展很快，年竣工量由 1978 年的 3572m^2 提高到近几年均超过 5 亿 m^2；人均居住面积从 1978 年的 3.5m^2 至 2001 年已提高到 20.4m^2，处在世界中等收入国家人均住房的水平上。世界各国经验表明，在人均住房面积达到 30～35m^2 之前，会保持较旺盛的住房需求；按“十五”计划规划，到 2005 年，中国城市人均住宅建筑面积将达到 22m^2，户均达到 70m^2；到 2010 年，可望人均 25m^2，户均 80m^2，国内生产总值比 2000 年翻一番，人均国内生产总值将超过 1500 美元，那时的住宅建设投资占国内生产总值的比重可能达到峰值。

目前，我国居住区的规划设计水平、工程质量、环境质量也有较大提高。1998 年国家加大了城镇住房制度改革力度，加快了经济适用住房的建设，取得了明显的成效。一是住宅建设总量稳步快速增长，我国住宅建设投资已占全社会固定资产投资 20% 左右；新开工面积同比增长 54%。二是住宅投入中普通住宅的比重提高，经济适用住房成为住宅建设主体。今年，国家分三批下达了经济适用住房建设计划，建设总规模达到 2.1 亿 m^2，总投资 1703.31 亿元。三是商品住宅销售面积、销售额大幅度提高，出现了近几年未见的销售旺市。2001 年1～9月份，商品住宅完成销售额 803.1 亿元，比去年同期增长 64.4%，对促进市场购买力产生了十分积极的影响。四是个人购买比例增大，2001 年 1～9 月份销售给个人的住宅面积占总销售面积的 64.2%，比上年同期提高了近 5 个百分点。以上信息，充分说明扩大住宅建设对于拉动经济增长的作用是明显的；住房制度改革对于扩大住房消费，进而扩大内需是有成效的；制定利国利民、符合实际的政策，广大群众是拥护的，群众购买住房的积极性是能够充分调动起来的。

三、住宅建设面临的挑战

我国住宅产业，由于长时期受到住房制度等体系和政策等因素的影响，住宅产业的自我完善和创新的条件并未建立起来，使得住宅建设远远不能满足城镇居民的住房需求，集中表现在人均居住面积低和住宅建设质量差两个方面。

目前，我国城镇居民住房水平总体上还是比较低的。1997 年底，人均居住面积为 8.8m^2，折合建筑面积为 18m^2 左右，而英国、德国、法国等发达国家在 20 世纪 90 年代初期，住房人均建筑面积已接近 40m^2。此外，我国城镇住房成套率还不到 60%，还有 65 万户人均居住面积在 4m^2 以下，所以加快住宅建设，尽快提高我国城镇居民人均住房面积是我国住宅建设面临的重要任务。

住宅建设中的生命是住宅质量。住宅质量包括住宅的建筑体系质量、部品体系质量、功能质量、环境质量和服务质量以及信息化技术的集成优化水平等。尽管近年住宅质量有所提高，尤其在试点、示范小区建设中有所体现，但是同住宅建设发展需求相适应的住宅质量目标差距较大。关键是我国传统的陈旧的住宅产业化水平低，与发达国家住宅产业化水平相比差距更大。此外，我国目前住宅建设工业化水平低，材料、部品、设备的工厂预制水平率低，现场施工作业量大，劳动生产率为发达国家 1/2～1/3，人均年竣工面积仅为美国和日本的 1/5～1/6。建筑材料制品的生产与供应还停留在原材料供应的概念上，品种少（美国有 5 万种，日本有 1 万种，我国只有 1800 多种），不配套，部件化水平非常低，这是导致现场作业量大，施工效率低，建筑体系和部品体系质量提不高的主要原因。其次是住宅的规划设计尚不能以现代新技术作为支撑，探索适应群众居住生活提高和适应社会多层次消费需求的住宅与住宅区建设的新模式。这与发达国家综合运用现代材料、电子信息、能源再生、环保等高新技术，不断提高住宅功能和住宅环境质量相比，还有一定距离。所以，提高住宅建设的质量是目前急需解决的重要问题。

四、创住宅精品工程的意义

——满足人民群众不断增长的物质文化需求；

——有助于带动相关产业的发展，如：材料、制品、电子等；

——有利于提高劳动生产率，减少与发达国家的差距，适应加入 WTO 后的客观要求；

——创精品具有示范带动作用，有助于提高我国建筑企业的整体水平。

第二节　住宅精品工程的发展方向

一、智能化住宅

（一）智能化住宅的发展趋势

智能建筑是信息时代的必然产物，随着全球信息化进程的不断加快和信息产业的迅速发展，智能建筑作为信息社会的重要基础设施，已受到社会各方面越来越多的重视。近几年来，在一些发达国家相继掀起了建设智能建筑的浪潮。

我国智能建筑市场蕴含商机十分巨大，仅“十五”期间在城镇住宅建设方面用于智能化系统的投资就可超过 800 亿元。

我国智能建筑市场有着巨大的市场潜力。据统计，目前智能建筑的投资约占建筑总投资的 5%～8%，有的可达 10%。其中，住宅小区智能化系统投资平均为 60 元/m^2 左右。今后，我国智能建筑市场主要是住宅小区、宾馆、写字楼及公共建筑等，而住宅小区则是最主要的市场。“十五”期间，全国城乡住宅累计竣工面积将达 57 亿 m^2，其中城镇为 27 亿 m^2，农村为 30 亿 m^2。

如按“十五”期间城镇住宅竣工计划的半数实现智能化计算，则用于智能化系统的投资就可达 810 亿元，其经济、社会、环境效益均不可低估。同时，已有城镇住宅的智能化改造也将逐步进行，同样会有不小的商机。此外，我国加入 WTO 后，经济发展的国际化对办公建筑的智能化水平提出了更高要求，不仅对新建办公楼，而且对量大面广的已有办公建筑的改造都带来了智能化需求。

（二）智能化住宅小区的系统组成和基本功能

住宅小区智能化系统主要由安全防范自动化系统、通讯自动化系统、管理自动化系统等三大部分组成：

1．安全防范自动化系统

（1）门禁系统

用于住宅大门的防范。在住户的入室门上安装门禁系统，在门框上边中央位置安装一对门磁，住户可用钥匙正常打开大门。当系统处于设防状态时，如果发生撬门，则会发出报警信号，通过家庭防盗主机将信号传至小区物业管理中心，即显示出哪一栋、哪一户发生何种类型报警，值班人员即可调度保安人员现场处理。

（2）红外线报警系统

用于门口、窗口及阳台的防范。在住户室内入口、窗口及阳台等处安装红外线探测器，当系统处于设防状态时，如果有人非法进入时，红外线探测器触发报警，将信号传送至室内防盗主机，发出声光报警，主机并将此信号送至小区管理中心，即显示出哪一栋、哪一户发生何种类型报警，值班人员即可调度保安人员现场处理。

(3) 可燃气体泄漏报警系统

通常在厨房内设置可燃气体探测器。当发生可燃气体泄漏时，探测器触发报警，并将该信号传送至小区管理中心，同时开启屋内排气扇并关闭煤气阀。

(4) 火灾自动报警系统

在住宅楼梯间、电梯前室及居室客厅等处设置烟感探测器，当发生火灾时，探测器触发报警，并将信号传送到消防控制中心。

(5) 紧急呼救系统

在住宅客厅、卧室等处设置紧急呼救按钮，当家中有紧急事情发生如生重病、有盗贼闯入，需要求助时，只要按下紧急呼救按钮，家庭主机即将信号传至管理中心，值班人员接到报警后，立即派人赶赴现场处理，使住户得到及时的救助。

(6) 可视对讲系统

一般由单元门口主机、住户室内分机、电控锁及电源四部分组成。在住宅单元入口处设有带电控锁的防盗门及对讲主机。楼内居民可以用钥匙或IC卡自由进入，而外来访客必须通过对讲主机与住户通话，得到允许后，由住户遥控开启防盗门才能进入。这样可有效地防止陌生人员进入单元内。单元门口主机也可以通过网络与管理中心主机相连，将来访者输入的信号同时传到管理主机上，便于值班人员掌握客人来访的情况。

(7) 闭路电视监控系统

在住宅小区出入口处，主要路口及围墙边绿化带，地下停车场设有监控摄像机，在管理中心值班人员可24h监视摄像机画面，同时录像存储，提供资料。

(8) 周界防范系统

在小区围墙上设置红外线对射报警系统，构筑起小区第一道保护屏障。当有人非法越墙时，即报警，并触发周界摄像机跟踪摄像及录像。

(9) 电子巡更系统

在小区适当位置设置巡更站，并规定保安人员巡更路线和巡更时间，当保安人员到达某巡更站时插入钥匙并扭动，主机就会得到保安人员当时的位置和时间信息。根据设定的要求，巡更站还可同时作为紧急报警使用，如果在规定的时间内主机未收到某巡更站的信息，主机就会按设置等级提醒和实施自动报警功能。

2. 通讯自动化系统

智能化住宅从某种意义上讲是信息化住宅。小区通讯自动化系统有赖于外部网络和内部网络的建设。通过建立小区的局域网，并设立家庭总线接口，就可以充分利用通讯网络与外界进行广泛的信息交流。

我国的信息网络技术取得了长足的发展，目前主要的信息传播媒介是电讯网络和有线电视网络。

(1) 电讯网络

电讯网络中有公用电话交换网和数据通讯网，其中“超级一线通”ADSL业务是继传统模拟电话业务、“一线通”ISDN业务之后，出现的新一代超强型宽带接入服务。ADSL (Asymmetrical Digital Subscriber Line) 中文全称为非对称用户线环路，它有以下特点：

1）具有很高的传输速率：理论上，ADSL 的传输速率上行最高可达 640kbps，下行最高可达 8Mbps（ISDN 最高速率为 128kbps，普通电话最高速率为 56kbps）。用户可以在英特网自由冲浪，浏览新闻，娱乐，游戏，下载图片无需等待。进入北京通信的宽带网站，用户可以在家中享受高质量的视频点播服务。

2）独享带宽安全可靠：与某些网络的共享网络带宽相比，ADSL 直接连接到电信宽带网的机房，用户独享带宽。ADSL 利用中国网通深入千家万户的电话网络，骨干网采用中国网通遍布全城全国的光纤传输，各节点采用 ATM 宽带交换机处理交换信息，独享带宽，信息传递快速可靠安全。

3）上网打电话互不干扰：ADSL 数据信号和电话音频信号以频分复用原理调制于各自频段互不干扰。上网的同时可以使用电话，避免了拨号上网的烦恼。而且，由于数据传输不通过电话交换机，因此使用 ADSL 上网不需要缴纳拨号上网的电话费用，节省了通信费用。

4）安装快捷方便：在现有电话线上安装 ADSL，只需在用户端安装一台 ADSL MODEM 和一只电话分离器，用户线路不用任何改动，极其方便。

（2）有线电视网络

有线电视系统（CATV）包括卫星电视接收系统、共用天线电视系统、自办闭路电视系统等。有线电视网络已由单向、模拟、隔频传输向双向、数字、邻频宽带传输发展，加之 VOD 技术的出现，使得影视点播、电视购物、电视电话、计算机联网等得以实现。现在小区住户都设置有线电视系统，利用有线电视网络构建宽带城域网，接入网的构建采用 10M/100M/1000M 专线，CABLE MODEM 接入方式及应用光纤到楼的高速局域网专线接入方式。借助现有的入户同轴电缆作为统一的传输媒介，实现用户视频、通信、数据的多媒体交互式服务，为用户提供一个宽带按需分配的，完全无阻塞的、可扩展的双向宽带接入环境，不仅满足人们对新增多媒体业务的需求，同时还能在同一平台上实现家庭保安、家电控制、三表数据采集等家庭智能化的功能。

3. 管理自动化系统

主要由下面各个子系统组成：

（1）停车场管理系统

一般由读卡机、自动出票机、闸门机、收费站、车辆感应器、满位指示灯及管理主机等组成。小区车辆的出入及收费采用 IC 卡管理系统，对长期用户可用月卡，对来访车辆可用临时 IC 卡，所有 IC 卡均经读卡机自动收费。在小区出入口设置摄像机对来往车辆进行自动监控，并把车辆的资料（车牌号码、颜色等）传输到管理中心软件中。当车辆进库时，在读卡机检测到有效卡片后，闸门机上升开启，车辆进库；当车辆驶过感应器线圈时，闸门机自动放下关闭。当有车辆离开时，司机所持的 IC 卡必须和电脑资料一致，才能升杆放行。

（2）三表（水、电、气）远传自动收费系统

由于传统的入户抄表会带来扰民，读数不准等问题，为了适应人们对居住舒适性及一体化物业管理的更高要求，1999 年 12 月公布的《全国住宅小区智能化系统示范工程建设要点与技术导则》中要求智能化住宅必须设水、电、气三表的远程抄表与收费系统。小区目前都是集中抄表，但基本上使用的是机械表，而近年来电子水表、电子煤气表、电子电

表已开发出来，三表的远程抄表系统也日趋成熟。三表输出的脉冲信息由计数器读出，储存于 EPROM 中，再通过网络传输到管理中心主机，管理中心计算脉冲数量读出三表读数，并打印出来，同时还可以和银行联网，定期通过银行系统托收，从而实现远程抄表与自动收费。

(3) 小区设备管理系统

通过住宅小区有关网络，管理中心可显示小区内主要设备如水泵、水池水位、电梯、高低压开关、路灯等的运行状况，并可通过软件控制设备，使设备运行于最经济合理模式中。当设备发生故障时，管理中心发出声光报警并由值班人员通知维修人员处理现场事故。

(4) 家庭电气设备自动化控制系统

当前在智能化住宅中已经综合应用了微电子、自动控制、无线遥控遥测技术，实现了对家电设备、照明开关的智能化控制。它包括户内集中控制和异地远程控制两种形式。户内集中控制是指利用集中控制盒或无线遥控器的方式对家电设备进行集中控制。远程监控是指通过电脑、电话等随时监视家中的电器设备的工作状态，进行操作。

二、绿色生态住宅

(一) 绿色生态住宅的意义及其发展状况

建设绿色生态住宅是建筑业转向可持续发展之路以及提高建筑品位的重要标志和着力点。具有节约资源、减少污染、降低能耗、提高居住室内外环境质量等性能的绿色生态住宅已成为新世纪居住建筑发展的方向。

绿色生态建筑以改善人的生态环境、提高人的生命质量为目的，以可持续发展的思想为指导，意在寻求自然、建筑和人三者间的和谐交融统一，即在“以人为本”的基础上，利用自然条件和人工手段来创造一个有利于人们舒适、健康的生活环境，同时又要控制对于自然资源的使用、实现向自然索取与回报之间的平衡，是在遵循生态规律基础上的塑造。由于实现生态目标的技术所包含的多样性和发展变化，使得生态美的展示充满生命力和创造性。在规划设计上，由于保护了开发地段原有的文化古迹与人文景观，借地势地貌、山水与森林造势，同时，注重了绿化布局的层次、风格与建筑物相辉映，不同植物相融合，使住宅更贴近周边的自然环境，邻里氛围更富有人情味，功能设计更完美而富有个性，社区更富有深刻的文化内涵。

绿色生态住宅的特征概括起来有四点，即舒适、健康、高效和美观。

1. 追求舒适和健康是绿色生态住宅的基础

绿色生态住宅首先要满足的是人体的舒适性，例如适宜的温度、湿度以满足人体热舒适。此外还应有益于人的身心健康，如有充足的日照以实现杀菌消毒，有良好的通风以获得高品质的新鲜空气，以及无辐射、无污染的室内装饰材料等。在心理方面，绿色生态住宅既要保证家庭生活所需要的安全性、私密性，又要满足邻里交往、人与自然交往等要求。健康还有另外一层很重要的含义，是指住宅与大自然的和谐关系。住宅应尽可能减少对自然环境的负面影响，如减少有害气体、二氧化碳、固体垃圾等污染物的排放，减少对生物圈的破坏。

2. 追求高效是绿色生态住宅的核心内容

所谓高效，是指尽可能最大限度地利用资源和能源，特别是不可再生的资源和能源。

我们知道，建筑业以及与建筑业相关的其他产业（如建材生产、运输等）消耗了大量的能源和资源。而绿色生态住宅正是要杜绝这种粗放、浪费的模式，以最低的能源、资源成本去获取最高的效益。

3. 追求美观是绿色生态住宅与大自然相和谐的完美境界

绿色生态住宅与大自然相和谐不仅体现在能量、物质方面，也同时体现在精神境界方面，包括绿色生态住宅与自然景观相融合，与社会文化相融合。

绿色生态住宅立足于将节约能源和保护环境这两大课题结合起来，所关注的不仅包括节约不可再生能源和利用可再生洁净能源，还涉及节约资源（建材、水）、减少废弃物污染（空气污染、水污染）以及材料的可降解和循环使用等，因而它所占据的视点最高，所关注的领域也最广。

生态住宅、绿色生态住宅、可持续发展的住宅这三个概念则非常接近，是从不同的角度来描述同一问题，绿色生态住宅可以理解成为对生态住宅较为形象化的比喻，类似于“绿色组织”指代世界环保组织，“绿色食品”指未添加人工化学成分的食品，“绿色汽车”指代使用清洁能源的新型汽车等。可持续发展的住宅则主要为了呼应可持续发展这一重要理念。

（二）绿色生态住宅的设计原则

尽管绿色生态住宅的概念早已为学界的人士所谙识，但尚无哪位权威人士对此下个为大多数人所认可的定义。因为绿色生态住宅中最核心、最有生命力的不是某种固定的结论或方法，而是这种思想所蕴涵的设计原则，它包括：

1. 生态化　绿色生态住宅首先要遵循的当然是生态化原则，即节约能源和资源、无害化、无污染、可循环。这一点无需赘言。

2. 以人为本　树立“以人为本”的指导思想。人毕竟是我们这个社会的主体，追求高效节约不能以降低生活质量，牺牲人的健康和舒适性为代价。在以往设计的一些太阳能住宅中，有相当一部分是服务于经济落后地区的，其室内热舒适度较低。随着人民生活水准的不断提高，这种低标准的“生态”住宅很难再有所发展。

3. 因地制宜　绿色生态住宅非常强调的一点是要因地制宜，绝不能照搬盲从。西方多是独立式小住宅，建筑密度小，分布范围广。而我国则以密集型多层或高层居住小区为主。对于前者而言，充分利用太阳能进行发电、供热水、供暖都较为可行，而对于我国高层居住小区来说，就是将住宅楼所有的外表面都装上太阳能集热板或光电板，也不足以提供该楼所需的能源。再比如，从冬季供暖的效率上来讲，城市热网的效率是最优的。但由于西方住宅多是分散式的，彼此距离远，若将城市热网接入每一户就显得非常不经济，因此多采用分户式的独立采暖炉。而我们明明有现成的城市热网，却偏偏喜欢“借鉴”西方的独立式采暖炉，还以为这就是绿色生态住宅。

4. 整体设计　住宅设计应强调“整体设计”思想，结合气候、文化、经济等诸多因素进行综合分析，切勿盲目照搬所谓的先进生态技术，也不能仅仅着眼于一个局部而不顾整体。例如在热带地区使用保温材料和蓄热墙体就毫无意义。对于寒冷地区，如果窗户的热性能很差，用再昂贵的墙体保温材料也不会达到节能的效果（热量通过窗户迅速散失）。在经济拮据的情况下，将有限的保温材料安置在关键部位（而不是均匀分布）会起到事半功倍的效果。而对于有些类型的建筑（如内部发热量大的商场或实验室），没有保温材料反而会更利于节能（利于降低空调能耗）。由此可见，整体设计的优劣将直接影响绿色生态住宅的性能及成本。

（三）绿色生态住宅的技术策略

1. 洁净能源的开发与利用。要尽可能节约不可再生能源（煤、石油、天然气），并积极开发可再生的新能源，包括太阳能、风能、水能、生物能、地热等无污染型能源。

2. 充分考虑气候因素和场地因素。如朝向、方位、建筑布局、地形地势等。尽可能利用天然热源、冷源来实现采暖与降温；充分利用自然通风来改善空气质量、降温、除湿。

3. 材料的无害化、可降解、可再生、可循环。建筑材料应尽可能利用可降解、可再生的资源，同时还要严格做到建材的无害化（无污染，无辐射）。

4. 水的循环利用与中水处理。在适宜的范围内进行雨水收集、中水处理、水的循环利用和梯级利用，特别是对于水资源匮乏的地区。

5. 结合居住区的情况（规模密集、区位、周边热网状况）采取最有效的供暖、制冷方式，加强能源的梯级利用。

6. 结合居住区规划和住宅设计来布置室外绿化（包括屋顶绿化和墙壁垂直绿化）和水体，以此进一步改善室内外的物理环境（声、光、热）。

7. 使用本土材料、降低由于材料运输而造成的能耗和环境污染。

8. 在技术成熟、经济允许的情况下，适当地使用新材料、新技术，提高住宅的物理性能。

9. 注重不同社会文化所引发的生活方式上的差异以及由此产生的对住宅设计的影响。提倡基于健康、节约基础上的生活方式。

第三节　我国住宅建筑新技术应用方向

为进一步提升住宅的科技含量和整体质量，我国在近年逐步推广了住宅十项新技术在住宅中的应用。

一、新建住宅“菜单式全装修”

新建住宅全装修有两种模式。一种是房地产开发企业直接向市场提供统一装修标准的住宅，称为全装修住宅；另一种是房地产开发企业在预售时，提供多种装修设计方案、材料设备目录和报价，供购房者选定后统一装修的住宅，称为菜单式全装修住宅。菜单式全装修住宅交房的基本要求是根据居民预定的要求，对住房各部位一次装修到位。

菜单式全装修具有五大优点：一是满足了用户多种多样的个性化消费需求；二是大力推广环保、节能设备、材料的应用，有利于节约资源和保护环境，推进了住宅产业现代化的发展；三是减少了业主为装修住房所费的精力，同时避免业主自行装修改变房屋结构所造成的结构隐患和渗漏等质量问题；四是提高住宅建设整体质量水平，通过减少同一商品住宅的重复工程量，避免二次装修造成的污染，有利于小区物业管理、环境保护和维护社区安全；五是可以带动设计、施工、建材、设备等大量相关产业的规模化发展。例如厨卫单元定型、管线布置定向和设备家具定位。此外在成本方面，采取菜单式全装修，由于装修材料和设备集中采购，因此价格为市场价的80%。根据试点工作情况，装修成本可下降15%左右，购房者可从中得到实惠。

二、住宅节能保温技术

住宅节能这里指住宅使用能耗的节约，住宅建筑节能技术包含围护结构节能技术和设备节能技术两方面。其中住宅围护结构节能技术是指通过采用墙体保温（外保温、内保温、自保温、夹芯保温等技术）、门窗节能（中空玻璃窗等）、屋面节能等措施减少住宅的使用能耗。根据《夏热冬冷地区居住建筑节能设计标准》（JGJ 134—2001）、上海《住宅建筑围护结构节能应用技术规程》，要求上海新建住宅必须达到的节能目标是：通过围护结构节能达到比传统住宅使用能耗降低25%，再结合设备节能达到住宅总体使用能耗降低50%。

采用住宅建筑节能技术可改善住宅建筑的室内热环境，提高住宅的保温隔热性能，提高能源的利用效率，降低空调采暖和降温期间的建筑使用能耗，从而降低居民的用电量，改善城市的生态环境。

围护结构节能技术的成本（包括材料费、施工费），按建筑面积计算，外墙外保温约35～50元/m^2；外墙内保温约15～34元/m^2；分户墙保温（采用保温砂浆）约3～6元/m^2。

由于住宅建筑节能符合国家产业政策，从以上节能效果和节能费用来看，住宅建筑节能技术值得推广。

三、住宅小区智能化技术

住宅小区智能化技术是指将通信、计算机和自控等技术运用于住宅小区。它通过有效的信息传输网络、各系统的优化配置和综合应用，为住户提供先进的信息服务、安全防范、物业管理等方面功能服务。智能住宅小区智能化内容可分为信息通信系统、安全防范系统、建筑设备监控系统、物业管理系统四大部分。在智能化功能配置方面可分为基本配置和可选配置。基本配置是指智能住宅小区应满足的功能，可选配置指由开发商根据实际需要选配。

实现住宅小区智能化有很多优点：一是它为居民提供了更加安全、舒适、便捷和高效的生活环境；二是它通过运用智能表具及管理系统，提高了居住安全性；三是它实现计量与结算科学化，有利于降低运营成本，提高小区物业管理效率和水平。

四、新建住宅管道分质供水技术

新建住宅管道分质供水技术是指在新建住宅中采用独立管网向住户输送经过净化处理、达到有关标准的饮用水。其水质标准可分为纯水和净水，其中净水由于其处理工艺较简单、成本低、得水率高、水质营养好而被广泛接受。

管道分质供水具有很多优点，一是改善居民饮用水水质；二是降低饮用水成本；三是避免送水引起的干扰和其他问题。

在成本方面，以建筑面积为5万m^2小区为例，系统投资约10～12元/m^2；在投入使用后，日常营运管理由供水单位负责，居民日常用水费用约0.3元/L，它只相当于一般桶装水费用的40%。

五、太阳能应用技术

太阳能应用技术主要指在住宅小区中利用太阳能，通过光热转换、光电转化技术，提供热水和公共照明。太阳能是清洁能源，采用太阳能应用技术可减少环境污染。

目前太阳能应用技术已取得较大突破，并且已较为成熟地应用于楼梯走道照明、太阳能草坪照明、太阳能庭院照明、太阳能供热水系统等。

应用太阳能技术效益显著，以太阳能供热水系统为例（采用真空管集中供热水方式），按照三口之家每年热水用量30t计算，15年使用期，其成本分析如表1-1，通过用户三种不同的能源费用对比分析，可以看出，采用太阳能技术集中供热系统的家庭总费用大大低于采用电能和燃气能源，因此具有一定的推广价值。

三种不同能源费用对比分析 **表1-1**

使用能源	每户设备费（元）	年能源费（元/年）	15年总能源费（元）	15年总费用（元）
太阳能+电能	2400	80	1200	3600
电 能	1200	600	9000	10200
燃 气	900	690	10350	11250

六、有机垃圾生化处理

有机垃圾生化处理是指在新建小区中配置有机垃圾生化处理设备，采用生化技术（利用微生物菌，通过高速发酵、干燥、脱臭处理等工序，消化分解有机垃圾的一种生物技术）进行快速地处理小区的有机垃圾部分，达到垃圾处理的减量化、资源化和无害化的目的。

有机垃圾生化处理优点有：一是体积小，占地面积少，无须建造传统垃圾房；二是全自动控制，全封闭处理，基本无异味、噪声小；三是减少垃圾运输量，减少填埋土地占用，降低环境污染。

在成本方面，以5万m^2住宅小区为例，表1-2是有机垃圾生化处理和传统垃圾收集清运对比表。

有机垃圾生化处理和传统垃圾收集清运对比表 **表1-2**

有机垃圾生化处理		传统垃圾收集清运	
设施费用	15万～20万元	建造垃圾房费用	约20万元
菌种费用10年 静态费用	800～1500元/年 8000～15000元	环卫设施 配套费（接收费）	15～20元/m^2 5万m^2为75～100万元
用电费用10年 静态费用	1万元/年 10万元	垃圾清运费	60元/天 t
占地面积	15～20m^2	占地面积	80m^2左右

由此可以看出，有机垃圾生化处理在降低费用，减少占地面积，改善环境等方面具有很大的优势。

七、中水回用技术

“中水”一词是相对于上水〔给水〕、下水〔排水〕而言的。中水回用是指将小区居民生活废水（沐浴、盥洗、洗衣、厨房等）集中起来，经过适当处理达到一定的标准后，再回用于小区的绿化浇灌、车辆冲洗、道路冲洗以及家庭坐便器冲洗等方面，从而达到节约用水的目的。

采用中水回用系统有很多优点：一是实现小区污水资源化，增加可利用的水资源，贯彻节水原则；二是实现小区生活污水无害化，防治水污染，保护环境；三是可减少小区物业管理的自来水费用。

在建设成本方面，中水回用系统因中水水源、中水回用的对象、中水回用系统的规模不同，其一次性投资也有差别，根据粗略统计，其投资费用约为15～20元/m^2。由于中水回用有利于节约用水，因此小区采用中水回用系统可减少小区排污量，可减免小区的相关费用。

在运行成本方面，中水的运行成本〔药剂、电耗、维修、分析化验、人工管理费用等，不含折旧费〕一般为0.50～1.00元/m^3，它比一般的自来水费用低。

八、户式中央空调技术

户式中央空调又称家用中央空调，它是适用于100～300m^2的户型，采用一台主机与多个末端分离安装方式的空调。其主机安装在室外阳台的隐蔽处，能同时供多个房间的供热或供冷，而末端品种多样，可根据消费者户型装修喜好选配，每个末端风口可单独控制，任意调节房间温度。

目前市场上的家用中央空调系统有三种基本类型：即以空气为输送冷热量介质的常规风管机组、以水为输送冷热量介质的冷热水机组、直接以冷媒为介质的变频多联机组。

与传统中央空调相比，家用中央空调设备成本低、运行费用低、可实现分户计量。

与普通家用空调器相比，家用中央空调的安装费用并不低，甚至还要高。以一个150m^2的三室二厅计算，普通冷暖分体空调大约需要1.9万元左右，而家用中央空调大约需要3万元左右。虽然家用中央空调在安装价格上并不具有优势，但在使用过程中家用中央空调却有很多优点：首先它易于装潢，有利于外立面整洁和提高室内装修装潢品位；其次它可通过管道规范设计和风口的合理布置来使气流均匀分布，避免“空调病”的发生，提高了舒适度；第三它可以向室内补充部分新风，解决一般家用分体式空调空气不佳的问题；第四它的能效比提高，其总耗电比分体式空调低。

虽然家用中央空调比普通家用空调器费用稍高，但是由于其舒适高效等优势，仍为广大用户所欢迎。户式中央空调技术的推广目标是：在菜单式全装修的中、高档住宅项目中可选用户式中央空调。

九、箱式变压器供配电技术和分时计价用电技术

箱式变电站由高压开关、变压、低压分配三部分组成，即将变压器、高压侧的过电压保护设备、计量设备以及低压受电总开关等部件组合在箱体内而形成的小型化设备。箱式变压器（简称箱变）供配电技术就是采用箱式变压器来替代原来的Ⅲ型站和Ⅳ型站。箱变具有的优点一是体积小，占地面积少；二是布置灵活，安装方便；三是节能环保，噪声小，有利于改善和美化环境。

在成本方面，以5万m^2住宅小区为例，采用箱式变压器与Ⅲ型站对比如表1-3，由表可见箱式变压器在节约成本，减少占地面积等方面具有较明显的推广价值。

箱式变压器与Ⅲ型站对比　　表1-3

	箱式变压器	Ⅲ型站
配置数量	6台	2座
单位占地面积	4m^2	130m^2
总占地面积	24m^2	200～260m^2
成　本	105～125元/m^2	125元/m^2

分时计价是指由于夜晚和白天用电峰谷差别较大，为减少供电压力，缓解用电冲突，利用不同时段用电价格不同的调整手段，鼓励居民在高峰时少用电，在低谷时多用电，以达到“削峰填谷”的目的。针对分时计价的用电技术值得推广。例如目前采用的“冰蓄冷”技术，冰蓄冷技术是指利用空调技术在用电低谷时进行制冷运作，而在用电高峰时释放冷气以减少用电的一种技术。

十、新型住宅单元楼防盗门技术

新型住宅单元楼防盗门是指为符合楼宇关于对讲电控防盗门技术要求，安装在楼宇及其他场所出入口，具有防非正常开启、选通对讲、电控开锁、自行关闭功能的防盗门。

该防盗门的门体采用金属框架与夹层玻璃组成的全封闭式平开门，金属框架可采用亚光不锈钢，其门体能抵抗简易工具的攻击，在净工作时间 5min 内不能打开门体，以达到一定的防盗效果。

在成本方面，由于目前能够达到该技防要求的玻璃防盗门还不多，因此其价格难以统一，仅以某专业厂商提供的产品为参考，其每平方米费用约 1300 元，而普通钢铁防盗门每平方米费用约 600 元。

虽然新型住宅单元楼防盗门在价格上比普通钢铁防盗门稍高，但是由于其美观、安全、私密、不扰民等优势，仍值得推广使用。

第二章　住宅精品工程的主要目标控制

目标控制，即为达到目标所进行的设计、分析、分解、跟踪、考核、保障措施制定等一系列思维意识和管理工作。任何一项工作均存在其目的性，为了实现目的，就必须建立目标，住宅工程建设也是如此。一份工程合约形成后，合约双方均要实现一定的目标。凡事预则立，无预则破，因此无论是从履约的角度，还是从企业自身创造社会信誉、效益的角度出发，目标管理和控制都处在重要位置。只有确立了项目目标，各项工作的运行才有方向性，才有确立衡量工作最终成果的尺度。

第一节　目　标　分　解

项目目标的确定为方向性工作，而目标方向确定后，能否实现其方向性的目标，必须有支撑性目标存在，支撑性目标即分项目标，因此，目标确定后延展工作便是目标分解。

一、目标分解工作层次阶段划分

目标分解工作应在管理者范围内分层次进行，由于不同管理层对工程目标的理解不同、观念不同、目标分解内容的繁简不同、目标确定后实施工作的内容不同等因素，决定了不同阶段的分解工作的管理者层次不同（见图 2-1）。

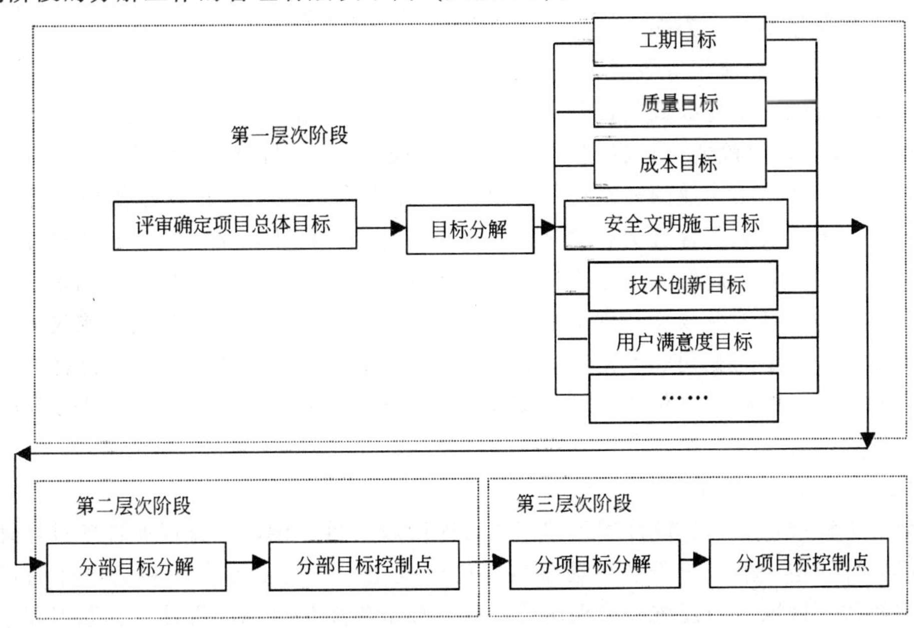

图 2-1　目标分解工作层次阶段划分

二、目标分解工作范围的界定

（一）第一层次阶段目标分解

该层次阶段目标的分解和确定应在项目经理或项目经理部的主管部门范围进行，结合工程合约要求和施工企业的需求进行分解，保证分解目标的方向性和全局性。

（二）第二层次阶段目标分解

该层次阶段目标的分解和确定应在项目经理部核心管理层（项目管理班子）范围进行，以保证该目标分解、确立有力支持和符合第一层次阶段目标分解。

（三）第三层次阶段目标分解

该层次阶段目标的分解和确定应在项目经理部基层管理者（包括分承包商管理层）范围进行，并顺承上一层次目标，保证目标的可实施性。

三、住宅精品工程目标控制的切入点和控制标准

由于住宅精品工程的主要目标控制的具体内容在本书的相关章节分别有详尽叙述，不再赘述。因此，本章节主要通过以往住宅精品工程目标控制的实践，提出和阐述住宅精品工程目标控制不同于其他工程目标控制的切入点和措施。

第二节 质量目标控制

在创住宅精品工程的过程中，为了更好地实现质量目标，我们可以对工程质量目标按照本章节介绍的“目标分解工作层次阶段划分”和“目标分解工作范围界定”的方法，进行质量目标设计和分解。

通常的质量目标分解应当按照以下的模式进行设计和分解：

一、质量目标设计方向

（一）单位工程质量等级或创优奖项设计

单位工程的质量等级或创优奖项设计处于“目标分解工作层次阶段划分”的“第一层次阶段”，建议该阶段的目标界定“在项目经理或项目经理部的主管部门范围进行，结合工程合约要求和施工企业的需求进行分解”。其主要原因在于单位工程的质量等级和创优奖项（如中国建筑工程鲁班奖、北京市工程长城杯和上海市白玉兰奖等）往往在工程合同中已经界定，如果合同中无单位工程质量等级或创优奖项的界定，那么，如果我们一旦提高单位工程的质量等级或参与创优活动，将可能违背工程投标时的出发点或失去企业经济政策的支持，原定的工程成本无法满足质量等级提高或参与创优的要求，这样可能造成项目运行的障碍。因此，单位工程质量等级和创优奖项的设计，应当从工程的客观实际出发，保证总体目标设计的正确性。

（二）分部工程质量目标设计

分部工程质量目标的设计属于“第二层次阶段”目标设计，建议通过项目经理部核心管理层进行确定。由于工程总体质量目标已经确定，形成了方向性和全局性的目标，因此，遵循这一目标，项目核心管理层可进行分部工程质量目标的设计。其原因在于项目核心管理层相对于基层管理人员更了解工程成本、资源、设计等状况，因此由该群体进行分部工程质量目标的设计，不仅客观实际，而且也可使项目核心管理层更清楚工程实施目标的情况，从而有利于明确工程管理重点。

（三）分项工程及以下分解质量目标设计

分项工程及以下分解质量目标设计属于“第三层次阶段”目标设计，其设计范畴可以包括各分部工程中分项工程的优良率、分项工程的不合格点率、验收批的一次验收合格率、原材料及半成品质量控制等质量目标指标。之所以将该工作落实到项目基层管理者进行分解和设计，主要是因为通过该工作，可以使基层施工管理者明确工程质量的基本管理标准，并保证了目标的可实施性。

二、质量目标控制方向

各级工程质量目标确立后，要保证目标的落实和实现，必须采取有效的管理方法，基于住宅精品工程的定位，质量目标的控制方法可以从以下几个方面着手。

（一）建立质量目标责任制

工程质量目标的实现是靠项目组织结构中所有岗位人员的共同努力和工作来实现的，在实现这一工作的过程中，要保持每个岗位和个人能够持续围绕着既定的目标去努力工作，并始终坚持对目标的追求。因此，在住宅精品工程管理的过程中，建立目标责任制是必不可少的，通过建立目标责任制，使每个岗位和个人的工作都有方向性，每个岗位和个人的工作都有动力，做到项目管理的各系统、部门、岗位和个人人人肩上有指标，形成必要的约束机制。

建立目标责任制后，住宅精品工程的管理过程会形成既有合作又有分工，相互促进提高的机制，从而对各个子目标层层击破，实现工程总体目标。

经过建立目标责任制，有利于在落实责任的同时，明确权利，从而有效地将创精品过程中的责、权、利有机的结合，使项目管理全面运行起来。

（二）强化技术预控能力

精品工程来源于精品设计，精品设计不仅包括设计图纸文件，同时还应包括施工管理过程中的深化设计。

精品工程之所以称其为精品，是因为精品工程的精品精在细微之处——细微之处见精品。工程往往不能称其为精品，就是因为细部节点在施工过程中，质量出现了纰漏。要实现细微之处见精品的目标，就必须保证在施工前，对工程的所有细微之处进行全面的了解和设计，而细微之处往往不是图纸设计单位所要侧重考虑的问题，因此，要细微之处见精品，施工前工程技术人员就必须对工程的细部节点进行预控性设计。只有对细部节点的质量控制点有了清楚的认识，才能实现细部质量的控制。

技术预控，不仅直接体现在工程上，同时还要加强对施工管理人员技术能力的提高及规范的培训，加强对分包单位的培训及考核工作，确保整体技术水平不断提高。

因此，在工程质量目标控制的过程中，要充分发挥技术预控能力。

（三）强化施工人员质量意识

物质决定意识，意识指导人的行为。在建立了创精品工程目标责任制后，项目组织机构中各个管理系统、部门、岗位和个人的责、权、利有机地结合到了一起，但在创造精品工程的过程中还必须输入强烈的质量意识，时时处处指导人的行为。因此，在精品工程管理的过程中应当通过多种方式强化从管理人员到基层管理人员的质量意识。

强化质量意识的方法有多种多样，例如：可以通过对各级人员创“过程精品”质量意识培训来提高质量管理意识，也可以通过施工过程中的质量管理活动——“质量管理会诊制”、“首检样板制”、“三检制”等一系列的制度，强化质量管理和提高质量意识。这里提到的有关制度在其他章节内均有所叙述，在此不再进行详细的介绍。

（四）建立良好的质量控制运行机制

首先是建立完善的质量保证体系，配备高素质的项目管理和质量管理人员，建立“项目管理，以人为本”的机制；还应按照管理体系建立相应管理制度：挂牌制度、样板制度、会诊制度、奖罚制度、成品保护制度、专人负责制度等。

（五）材料、半成品质量预控

在施工管理过程中，管理者通常更认同于进行结果性质量控制，因此，往往忽略原材料和半成品质量控制，正是由于原材料和半成品的质量原因往往会造成结果产品质量的不可逆转，从而影响产品的最终质量，基于该情况，具有代表性的施工管理企业因此提出了“创过程精品”的理念。因而原材料和半成品的质量控制必须进入质量控制环节，那么，要控制原材料和半成品的质量，就必须有的放矢，加强原材料和半成品的质量控制。

三、质量目标控制参考标准

（一）单位工程或工程阶段质量目标控参考标准（见表2-1）

表2-1

序号	目标名称	内容
1	结构工程质量目标	结构长城杯
2	单位工程质量目标	北京市工程长城杯或上海市白玉兰奖等

（二）分部工程及主要分项工程质量目标控制参考标准（见表2-2）

表2-2

序号	分部工程	目标	主要分项优良率（%）		主要分项优良率（%）		主要分项优良率（%）		主要分项优良率（%）	
1	地基与基础工程	优良	钢筋	≥93	混凝土	≥94	防水	≥98		
2	主体结构工程	优良	钢筋	≥93	混凝土	≥94				
3	建筑装饰装修工程	优良	内装饰各分项工程	≥95	外墙装饰各工程	≥95	幕墙工程	≥94		
4	建筑屋面工程	优良	防水工程	≥98	屋面基层	≥92				
5	建筑电气工程	优良	线路敷设工程	≥96	电缆敷设	≥95	电气器具设备工程	≥95	防雷接地装置	≥92
6	建筑给水、排水及采暖工程	优良	室内给水工程	≥92	室内排水工程	≥92	室内采暖工程	≥92	室外排水工程	≥92
7	通风与空调工程	优良	防腐与保温	≥92	送排风系统	≥92	防排烟系统	≥95	管道制作安装	≥92
8	智能建筑工程	优良	通信网络系统	≥95	安全防范系统	≥95	综合布线系统	≥95	火灾报警消防系统	≥92
9	电梯工程	优良	拽引装置组装	≥92	导轨组装	≥92	电器装置组装	≥92	安全防护装置	≥92

（三）过程质量目标控制参考标准（见表 2-3）

表 2-3

序号	目 标 名 称	参考控制标准
1	不合格点率	≤8%
2	一次验收合格率	100%

第三节　工期目标控制

一、住宅精品工程工期目标控制方向

（一）合理分配施工工期

住宅精品工程的工期控制与一般工程工期目标控制区别在于：要通过过程精品保证最终精品，就必须根据工程的特点合理分配工期。

常规工程的工期目标控制可以在兼顾质量的情况下组织施工，保证阶段目标和最终工期的目标实现。但作为精品工程，由于实现精品工程的目标，就必须在保证工期目标的同时，侧重工期对质量的影响。

由于工期和质量存在辨证的矛盾关系，因此，在精品工程施工管理过程中。应遵循“以质量保工期”工期控制模式或“以结构质量，保证装修工期”工期控制模式进行工期控制。

（二）以“质量保工期”工期控制模式

由于质量和工期存在辨证的矛盾关系，通常情况下，要提高工程的质量，就必须投入和占用更多的时间。因此，在施工管理过程中经常会出现，为了加快工程进度，降低了质量的要求，一旦出现这样的决策，就可能导致质量和工期控制进入一个恶性循环过程：首先工期有了保证，但质量却下降了，质量下降后，各级管理人员的质量意识和质量标准降低了；当质量降低到一定的程度后，便出现了超越规范要求或不能接受的质量结果，从而进入反复整改或返工。反复的整改或返工，必然影响到工程的施工进度。实践证明，在住宅精品工程施工管理的过程中，遵循“质保工期”的工期控制模式是明智的选择。

因此在施工管理的过程中，应当保证和控制工序工期，在保证质量的情况下，促进工期加快。

（三）“以结构质量，保证装修工期”工期控制模式

在一般的工期控制过程中，施工管理者经常追求结构施工“每月几层的施工速度”，似乎一个月施工层数的多少，也就代表了其施工管理水平的高低，实际上这是一个管理意识的误区。在国家建设初期，由于建设和制造的数量和速度是为了满足国家建设初期改变一穷二白局面的需要，但随着社会的发展和人民生活水平的提高，人们已经从简单的满足数量要求转换为对质量目标的追求。

如果单纯从追求施工进度和保证工期的角度出发，这样的观念和做法是正确的。但在目前追求质量的社会环境下，工程定位为精品工程，这样的观念是危险的，因为一旦走入追求工期目标的误区，将造成装修成本的增加，质量目标控制的失控，并且造成遗患。长

远的影响我们暂且不去探讨，但直接的影响是，在工程的建设周期内，由于结构质量的偏差或失控，要保证工程的最终精品，必然会造成装修阶段人力、物力乃至时间的加倍投入，更有甚者可能造成无法补救的质量问题。经验告诉我们“以结构质量，保证装修工期”的工期控制模式是科学的、成功的。

二、强调阶段工期目标控制

在住宅精品工程工期控制的过程中，由于各阶段的工期目标已经进行了分配，其工期与质量目标是对应的。如果不能保证阶段工期目标的实现，将可能打乱工期目标的设计，从而出现个别阶段的工期压缩，进而影响到精品工程的质量。

三、分级工期目标控制

为了保证既定工期目标的实现，避免局部的工期失控影响到全局工期目标的实现，从而打乱与精品工程质量目标相关联的工期目标，避免发生多米诺骨牌效应。因此必须对工期目标进行分级控制，保证每一级目标的实现才能保证最终工期目标的实现，避免施工工期设计节奏被打乱，波及到质量控制。

四、工期目标控制参考标准（见表 2-4）

工期目标控制参考标准　　**表 2-4**

序号	工　期　名　称	目标控制参考标准
1	结构施工工期目标	按时完成中标合同工期
2	装饰装修阶段工期目标	提前 7d 完成装饰装修阶段目标
3	总工期目标	完成合同工期目标
4	月度计划	月度压缩计划完成百分率达到 90%以上

五、工期目标控制措施

（一）制定分级控制保证计划

根据总控计划编制月控制计划，根据月控制计划编制周计划，周计划根据前 3d 的实际情况，调整后 3d 计划并且制定下周计划，实行 3d 保周、周保月、月保总控计划的管理方式。

（二）采用小步距流水式施工，保证流水施工

由于住宅工程多数单元设计面积较小，并组成多单元平面设计，因此适合小步距流水施工，所以根据进度计划、工程量和流水段划分合理安排劳动力和投入生产设备，保证各级进度计划的实现。

（三）控制一次成优率

加强操作人员对质量意识的培养，提高施工质量和一次成优率。避免整改和返工占用过多时间，从而可以保证施工进度。

（四）建立例会协调制度

加强例会制度，解决矛盾、协调关系，保证按照施工进度计划进行。

第四节　安全文明施工目标控制

一、安全文明施工目标控制方向

（一）重视施工安全对精品工程施工氛围和施工节奏的影响

精品工程的创造不仅需要直接的工程质量管理，同时，施工环境氛围对精品工程的创造都同样存在一定的影响，我们不相信施工操作人员每天在诚惶诚恐的环境中会安心于工作，同样更不可能创造出精品工程来。

因此，我们在精品工程管理安全目标的设计、策划和目标控制时，必须全面兼顾安全管理的方方面面，保证精品工程的施工管理处于一种平安有保障的氛围中。

（二）确立与精品工程相符合相协调的安全文明管理目标

住宅精品工程管理应当是工程的全方位管理，因此，在安全文明施工目标控制上，应当站在更高的管理层次上进行安全文明施工管理，应当按照安全文明工地的标准进行目标控制。

（三）建立精品工程质量目标和安全文明施工目标兼顾的机制

在住宅精品工程管理过程中，由于有了精品工程的定位，工程各管理系统、部门和岗位势必将质量目标管理放在相当重视的位置上进行工程管理，但同时，能否保持精品工程施工管理顺畅地进行，必然关系到施工环境的安全性，因此，在侧重精品工程质量管理的同时，也不可放松安全文明施工的管理。全国各个省市不同的创优奖项中都有安全目标控制的要求，如果一个工程出现重大安全事故，是不可能称其为精品工程的，住宅工程同样如此。

二、安全文明施工目标控制参考标准（见表2-5）

安全文明施工目标控制参考标准　　表2-5

序号	目标名称	目标控制参考标准
1	安全文明目标	安全文明工地
2	重大伤亡事故	杜绝重大伤亡事故、因工死亡责任指标为零
3	重大机械事故	杜绝重大机械事故
4	因工负伤频率	因工负伤频率2‰以下
5	重伤事故频率	杜绝重伤事故
6	中毒事故	杜绝急性中毒事故
7	隐患整改	隐患整改率达到100%

第五节 环保目标控制

一、环保目标控制方向

（一）住宅精品工程实体环保目标控制定位——绿色建筑

工程建筑是由施工过程中的不同材料经过施工安装工艺最终形成的产品，其最终结果是否环保无害，关键还在于施工过程中所使用的材料是否环保无害。因此在环保目标的控制上，应当从组成建筑产品的环保性能上着手，对施工过程中的原材料进行环保目标控制。

（二）住宅精品工程过程环保目标控制定位——绿色施工

由于住宅精品工程的建设地点多处于人口比较密集的居民区，住宅精品工程对环境保护的影响，不仅包括最终使用的住户，在施工过程中，能否良好到控制施工环境污染，同样会对周边人群产生影响。因此，住宅精品工程的环保目标控制的另一个重点就是施工过程中环保目标的控制。

二、环保目标控制参考标准（见表 2-6）

环保目标控制参考标准　　**表 2-6**

序号	环　境　目　标	目标控制参考标准	
1	噪声排放达标 无重大投诉	噪声监测值	土方施工：昼间<75dB，夜间<55dB
			结构施工：昼间<70dB，夜间<55dB
			装修施工：昼间<65dB，夜间<55dB
2	污水排放标准	COD 监测值符合所在地环保局制定的标准	
3	固体废弃物： 分类管理；提高回收率	1. 回收可利用原材料，回收油漆、涂料等包装材料 2. 有毒有害废物分类并合理处置；生活垃圾与建筑垃圾、有毒有害与无毒无害分开放置	
4	节约水电能源	水：按工程预算用水量节约 10% 电：按工程预算用电量节约 5%	
5	施工现场有扬尘控制措施	施工现场目测无扬尘	

第六节　技术创新目标控制

技术创新目标的控制应有利于提高工程质量，降低施工成本，加快施工进度，节约能源和资源，切忌为了追求某一项目标而对其他目标的控制带来负面影响。

技术创新目标控制参考标准见表 2-7。

技术创新目标控制参考标准　　**表 2-7**

序号	目　标　名　称	目标控制参考标准
1	基坑支护技术	提高安全度、减少土方开挖量
2	新型大钢模板应用技术	提高混凝土工程质量，免除抹灰，节约资源
3	大直径钢筋机械连接技术	提高机械化施工程度，保证工期
4	采用预拌混凝土	掺加粉煤灰，节约资源
5	新型防水卷材的应用	保证防水质量和耐久年限
6	硬质聚乙烯 U-PVC 排水管的应用	节约资源
7	增强石膏聚苯保温板	节约能源
8	增强水泥石膏圆孔板	节约资源
9	推广计算机管理	提高劳动生产率

第七节　成本目标控制

一、成本目标控制方向

（一）成本控制目标与精品工程的质量目标控制协调

对于住宅精品工程的实施，成本与质量之间存在一定的影响关系，良好的成本投入是创造住宅精品工程的必要条件，但并非充分条件。因此，在成本目标的控制上，应当保持与质量目标的协调性，如果抛开了质量目标单独进行成本目标的控制，在一定程度上成本目标是有所保证的，但对于质量目标的实现却会产生至关重要的影响。因此成本控制目标与精品工程的质量目标控制应协调一致。

（二）建立成本控制的灵活机制

任何工程的管理都处于一种动态的管理过程中，正如哲学中所讲述的运动绝对的，静止是相对的，因此，即使各项目标已经确定，项目运行也朝着既定的目标坚定不移的前进，但如果各项目标发生了短期的调整或变化，成本的控制目标也应进行适时调整。如果保持成本等目标的一成不变，必将对精品工程的定位和结果产生负面影响。

（三）成本目标分解做到“知己知彼”

成本管理目标确定前，作为单独核算的项目，应采用初期成本预测的工作方式，对工程的不同分部、不同分项、不同材料、人工、机械，进行成本分析，做到分项盈亏明了，有取有舍，切忌在成本预测的过程中全面按照利润率反推施工成本，造成目标不清，一味压缩成本，进入恶性循环，将成本压力全面转移，这样分承包必然反作用于工程，导致局部或全面施工部署被打乱，进而影响到工期、质量、安全等目标的实现。因此对于不同部位应具体问题具体分析。

例如在成本目标原则确定上，可以建立“完成核定的工程成本，并协助建设单位做好整个工程的投资控制”的目标，但不能仅局限于原则性工作，应对成本目标的预测进行深入分析，只有这样才能做到成本目标的客观性。

二、成本目标控制参考标准（见表2-8）

成本目标控制参考标准　　**表2-8**

序号	目　标　名　称	目标控制参考标准
1	工程成本控制	在保证质量目标的前提下，工程成本降低0.5%
2	钢筋工程加工损耗率	控制在2.5%以内
3	控制模板投入	控制在预算使用量以内

第八节　综合管理目标控制

一、综合管理目标控制方向

（一）综合管理目标的控制体现精品工程的全方位的管理能力

住宅精品工程的目标控制除了质量、工期、安全文明施工、成本、用户服务等目标外，同样还包括项目日常管理运行、对分承包单位、后勤、行政管理等综合管理目标的控制。这些目标的控制应体现在项目管理的能力上，因此对综合目标进行控制是必要的。

（二）综合目标的控制做到对精品工程质量控制目标的有力支持

项目运行是一个有机的整体，项目管理机器的开动是与所有组成项目管理因素联系在一起的，只有保证了各目标指标的实现，才能最终体现精品工程目标的实现。

二、综合管理目标控制参考标准（见表2-9）

综合管理目标控制参考标准 表2-9

序号	目标名称	目标控制参考标准
1	办公区域、食堂管理	宾馆化
2	生活区域管理	军营化
3	施工区域管理	工厂化
4	计算机管理	项目管理人员使用能力普及化
5	分包单位管理	处于受控状态

第九节 持续改进目标控制

一、持续改进目标控制方向

（一）建立开口式管理完善和持续改进的机制

如前所述，项目的管理是动态的，一成不变的管理必将把项目管理带向一条绝路。工程管理的各项目标能否持续改进，在于项目能否建立持续改进的目标，建立持续改进的机制。而持续改进机制的建立在于工程各级管理人员应当善于发现问题、分析问题，并找到解决问题的办法，将解决问题的办法制度化，为项目建立持续改进的机制奠定必要的基础，避免总是犯同样的错误，在原地踏步，在同一条河里淹死两次。

（二）建立优化机制

精品工程管理能否不断持续改进，在于具备不断超越自我的能力。在精品工程管理的过程中，我们在提高的过程中，别人也在前进，如果固步自封，势必落后，因此，在项目持续改进目标的控制上，必须建立优化机制，这种持续改进的优化不仅包括对技术进步的优化能力，同时还包括资源的优化能力、管理的优化能力等。

二、持续改进目标控制参考标准（见表2-10）

持续改进目标控制参考标准 表2-10

序号	持续改进目标名称	目标控制参考标准
1	技术持续改进目标	完成《结构规矩集》、《机电规矩集》、《装饰规矩集》
2		完成《技术优化措施集》
3	质量改进目标	完成《施工问题与通病整治方案集》
4		完成《质量管理措施优化集》
5	管理能力持续改进目标	完成管理制度补救修订

第十节 用户服务目标控制

一、用户服务目标控制方向

（一）用户服务目标的控制强调“时效性”

用户服务目标的控制应强调“时效性”，时效既包括时间，同时又包括效果。服务目标控制的时间可以贯穿工程项目的全过程。

（二）深层次体现用户服务目标

由于住宅精品工程对服务的对象不同于公建工程，住宅工程服务的对象包括多重业主：工程建设阶段，服务的业主是建设单位（开发商）；工程移交阶段尽管是开发商的工作范畴，但作为开发商由于精力的制约和出于其他方面的考虑，需要施工单位去对接物业管理公司；工程投入使用阶段，开发商和物业管理公司为了降低风险，施工单位仍需要跟踪服务于小业主。

在市场竞争日益激烈的情况下，作为施工单位不仅仅是为了赢得开发商的建筑市场，更重要的是要赢得社会信誉，而社会信誉的取得更多的是靠小业主的认同。

二、用户服务目标控制参考标准（见表 2-11）

用户服务目标控制参考标准 **表 2-11**

序号	目 标 名 称	目标控制参考标准
1	工程前期阶段服务目标	前期向导服务
2	工程施工阶段服务目标	过程控制服务
3	工程竣工后的服务目标	售后满意服务
4	保修期结束后的服务目标	终身完美服务

第三章　住宅精品工程的策划与资源配置

为实现住宅精品工程，施工前期的策划是必不可少的核心环节之一。项目前期的策划体现了作为施工管理层对项目整个运作过程的通盘思考和缜密安排，可以说，好的策划的制订是项目成功运作的基础和前提，好的策划的实施是项目成功运作的最有力的保障。

项目的精品策划应遵循以下基本原则：

——项目的实施要有明确的质量目标，在管理过程形成之初即要形成强烈的目标导向，作为日后指导项目运作的基础和前提；

——对于工程项目的实施要有事前总体的把握，对于项目的各个关键阶段点，阶段性的管理目标做到统一整体的规划，从一开始就把项目管理纳入到系统化的模式之中；

——根据企业目前的技术能力和成本水平以及整合目前社会资源的能力，从技术经济角度对项目的运作进行优化，提出技术合理、经济可行的实施方案；

——工程项目的管理体现：前期策划──→目标体系的建立──→流程控制──→阶段考核──→总结和信息反馈──→持续改进的整体思路，并贯彻到流程中的每一个目标点；

——通过建立和完善一整套目标指标体系来确定项目的各项管理目标，并通过引入适当的绩效考核措施对项目管理工作进行评估，达到对过程的整体分解和对结果的结合统一；

——项目的管理应按照项目法的要求组织并体现现代管理对于流程控制的要求，项目经理部各部门职能随项目展开要逐渐从按部门职责划分转变为面向流程的划分，在执行过程中，淡化各主要职能部门的接口及管理界限，提高全员对流程管理的参与程度，建立强有力的项目管理体系，以适应项目运作的要求；

——在项目经理部内部推行程序化的办公模式，完善内部管理机制业务流程规划，用比较完善的程序分解和对分解后子程序的界定，规范员工的职务行为和办公模式，用制度化的行为代替个人行为，体现公司管理的统一性，使员工“做正确的事”；

——建立并明确文件化的管理体系和管理程序，做到流程控制有规划，有记录，保证过程控制的可追溯性；

——通过合理的资源整合及配置达到实现精品工程的要求；

——通过推行公司内部及现场的CI战略，规范公司的对外形象。为公司的精品战略服务。项目的人员、组织、物资及办公环境的设置均应按公司统一的CI形象落实；

——通过引入电子化的办公模式以提高工作效率，促进公司内部的资源共享，完善总部的服务控制职能，实施异地及远程的同步监控，以便于施工企业从总体上把握项目的情况，并对项目的运作给予支持和指导。

第一节 项目组织机构与职责

一、项目经理部组织机构图

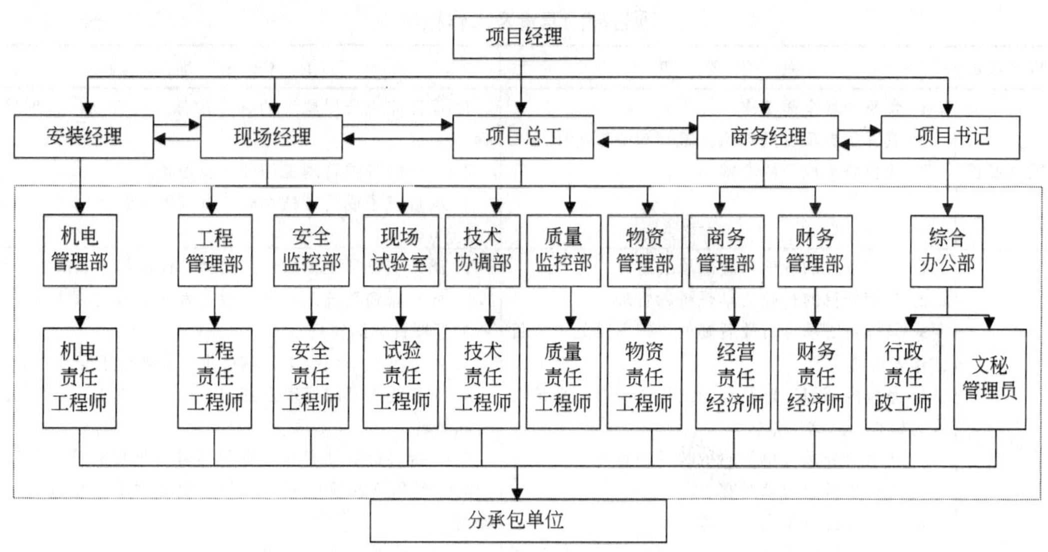

图 3-1 项目经理部组织机构

二、项目岗位职责履行管理条例

——项目各系统根据系统分工，制定部门、个人岗位职责和工作标准；

——项目班子不定期对工程的岗位职责及工作标准执行情况进行联合检查，各系统领导定期对部门和个人岗位职责和工作标准进行检查；

——对于不能够履行系统、部门和个人岗位职责的情况，将追究上一级主管领导的责任；

——每个人必须明确和清楚本人的岗位职责和工作标准；

——项目管理预控预防系统的图纸、洽商变更、各项控制计划、施工组织设计、施工方案技术措施、材料审批、工程资料要求等必须以书面形式向施工管理执行系统交底、交接并组织交底会，无书面交底、交接，造成施工不能正常进行的，责任由项目管理预控预防系统承担；

——施工管理执行系统接到书面交底、交接资料后，必须按照要求组织施工，发现问题及时汇报。任何人未经总（主任）工程师批准不得改动控制计划、方案、措施、材料审批、图纸、洽商变更等，否则，造成施工达不到项目要求的，由施工管理执行系统负责任；

——经营系统必须在施工开始前选定分承包单位、材料供应商（材料选型的权利和责任由总工程师负责），并向施工管理执行系统进行合同交底。分承包单位、材料供应商选定不及时或无合同交底，影响施工进行的，责任由经营系统承担；

——本系统必须保证对其他系统的服务，保证其他系统工作的顺利进行；

——项目经理必须在完成本职的同时，组织协调其他班子成员的工作；

——项目经理作为项目经理部的安全生产的第一责任人，项目开工前必须建立项目安全管理体系，组织、领导和审核项目安全总监编制的《项目安全生产责任制》。

三、项目岗位职责及工作标准

（一）领导班子成员岗位职责及工作标准（见表3-1）

项目部门职责及工作标准 **表3-1**

班子成员	岗位职责	工作标准
项目经理	1.负责项目全面工作 2.具体负责项目的组织、策划和决策工作 3.项目班子成员的考核	1.保证完成公司规定的各项指标，实现项目管理目标 2.项目的各项管理工作处于受控状态 3.项目班子成员考核及时，有利项目管理
项目书记	1.负责项目的党建和政治思想工作 2.负责项目的行政后勤系统的管理 3.具体负责项目行政后勤的组织、策划、项目工作安排的实施 4.系统内部门经理及部门工作的考核，系统工作的检查、总结、报告 5.项目对分承包单位的行政后勤管理 6.主持项目的劳动竞赛 7.施工扰民及民扰的处理 8.项目的宣传报道工作，项目工会、计划生育工作	1.调动项目员工积极性，团结、稳定员工队伍 2.行政后勤系统工作处于受控状态，保证项目行政后勤管理目标的实现 3.对分承包单位有关行政后勤的管理处于受控状态 4.对系统内部门经理及部门工作的考核及时、有效，有利管理 5.坚持进行劳动竞赛并有利项目及项目对分承包单位的管理和所有项目人员、分承包单位工作积极性的提高 6.其他工作符合公司要求
项目主任（总）工程师	1.负责项目的技术、质量、物资系统管理工作 2.具体负责技术、质量、物资管理工作的策划、组织、项目工作安排的实施、系统内部门经理及部门工作的考核 3.系统工作的检查、总结、报告 4.项目各项控制计划、施工组织设计、方案、工程月报、材料的审批 5.项目计算机的应用、开发、管理，系统计算机的应用管理 6.主持项目的综合大检查 7.项目质量、环境、安全管理体系主管工作 8.项目对质量监督站、设计、监理单位的联系工作	1.项目技术质量物资系统工作处于受控状态，保证项目技术质量物资管理目标的实现 2.质量、环境、安全管理体系符合公司要求 3.对系统内部门经理及部门工作考核及时、有效，有利管理 4.对有关单位的联系及时，保证工作的顺利进行 5.坚持按时进行综合大检查，促进项目各项工作的提高 6.对项目施工的监控有力，各项审批及时、有效，保证施工的进行
项目现场经理	1.负责项目的土建施工管理工作 2.负责项目的施工管理执行系统的管理 3.具体负责项目实施计划的编制、审批，施工的策划、组织 4.项目工作安排的实施、系统内部门经理及部门工作的考核 5.系统计算机的应用管理 6.系统工作的检查、总结、报告 7.项目对分承包单位的施工管理 8.系统内工程技术资料的填写、收集、向技术协调部的归档工作	1.项目施工管理执行系统工作处于受控状态，保证项目施工进度、现场管理目标的实现 2.项目各项控制计划、方案全部得到执行 3.项目对分承包单位的施工管理处于受控状态 4.对系统内部门经理及部门的考核及时、有效，有利管理 5.监督工程技术资料的完成情况及时

续表

班子成员	岗　位　职　责	工　作　标　准
项目安装经理	1. 负责项目的机电安装施工管理工作 2. 负责项目的机电安装施工管理执行系统的管理 3. 具体负责项目实施计划的编制、审批，施工的策划、组织、项目工作安排的实施、系统内部门经理及部门工作的考核 4. 系统计算机的应用管理 5. 系统工作的检查、总结、报告 6. 项目对分承包单位的施工管理 7. 系统内工程技术资料的填写、收集，进行技术的归档工作	1. 项目施工管理执行系统工作处于受控状态，保证项目施工进度、现场管理目标的实现 2. 项目各项控制计划、方案全部得到执行 3. 项目对分承包单位的施工管理处于受控状态 4. 对系统内部门经理及部门的考核及时、有效，有利管理 5. 监督工程技术资料的完成情况及时
项目商务经　理	1. 负责项目的经营管理工作 2. 负责项目的经营系统的管理 3. 具体负责工程款的回收，变更索赔、结算的洽谈 4. 项目经营工作的策划、组织，项目工作安排的实施、系统内部门经理及部门工作的考核，系统计算机的应用管理 5. 系统工作的检查、总结、报告 6. 公司内外的工程月报的组织工作 7. 合同管理、合同交底工作	1. 项目经营系统工作处于受控状态，保证项目经营目标的实现 2. 工程款的回收率达到（　）%以上 3. 与有关方面的洽谈及时、有效，保证企业利益不损失 4. 对系统内部门经理及部门工作考核及时、有效，有利管理 5. 工程月报满足时间要求 6. 项目运行不超越合同界定的各项指标

（二）项目经理部部门职责及工作标准（见表3-2）

项目部门职责及工作标准　　**表3-2**

部　门	岗　位　职　责	工　作　标　准
技术协调部	1. 施工生产、工程质量预控措施、控制计划的制定、交底管理 2. 施工组织设计、方案的编制、送审、交底等管理 3. 材料设备加工订货数量、性能、进场时间提供与材料的选型 4. 与设计单位联系及函件的管理 5. 工程技术变更洽商的洽谈与管理 6. 竣工资料的收集、整理、归档、保管 7. 新工艺、新材料的选定与推广运用 8. 项目使用工程规范、验收标准的制定 9. 工程开竣工手续的管理 10. 施工材料报验、审批的符合设计及技术要求把关 11. 工程计量、工具检验 12. 计算机的管理与开发运用 13. 图纸会审与预控管理 14. 施工月计划的编制与发放 15. 工程开工的组织 16. 材料样品的封存保管 17. 技术函件的管理 18. 项目试验室的管理 19. 解决其他系统提出的技术问题 20. 工程资料满足竣工资料形式要求和最终质量把关 21. 材料进场的设计、技术要求把关验收 、有关资料收集	1. 项目施工生产、工程技术预控措施、控制计划的制定、交底管理满足施工需要 2. 施工设计组织、方案、纠偏措施编制及时，可操作性强、针对性强 3. 材料设备加工订货数量、性能、进场时间能够满足施工需要 4. 洽商满足施工需要 5. 竣工资料收集及时与施工基本同步有效，符合有关规定 6. 新工艺、新材料的选定与推广运用达到企业的指标要求 7. 项目使用工程规范、验收标准的制定符合工程实际情况 8. 工程开工手续办理及时 9. 报验、审批的材料符合设计和技术要求 10. 工程计量、工具检验符合企业规定 11. 计算机管理与开发满足项目要求 12. 所审查过的施工图无设计意图的错误 13. 施工生产的监控与评定客观、实际，经常深入现场检查，及时发现方案措施中的问题，施工方案措施执行率达90%以上 14. 施工月计划的编制科学、发放及时 15. 材料样品的封存保管规范 16. 技术函件齐全、有效 17. 及时解决其他系统提出的技术问题 18. 工程资料达到竣工资料要求 19. 材料进场的把关验收符合设计、技术要求 ，有关资料收集完整 20. 无其他部门或单位的投诉

续表

部　门	岗　位　职　责	工　作　标　准
质量监控部	1. 工程质量预控措施、监控计划的制定、交底管理 2. 工程质量评定、管理 3. 分部分项工程质量把关验收与申报 4. 与监理单位联系及函件的管理 5. 竣工质量资料的收集、整理、归档、保管 6. 工程开竣工验收的组织 7. 工程竣工手续的管理 8. 施工生产的监控与评定 9. 质量函件的管理 10. 解决其他系统提出的质量问题 11. 质量资料收集 12. 质量信息反馈 13. 协助工程管理部门做好过程中的质量监控 14. 定期组织质量培训和质量讲评会 15. 质量检验措施的制定 16. 填写质量周报及质量快报 17. 工程质量的标识工作 18. 对施工工序质量把关验收 19. 施工工序报验、质量的监督 20. 参加材料质量的检验 21. 工程隐、预检向监理的申报 22. 质量整改的签发	1. 项目施工生产、工程质量预控措施、监控计划的制定、交底管理满足施工需要 2. 工程质量评定、管理符合项目的质量目标 3. 分部分项工程质量把关验收与申报严格，保证质量目标的实现 4. 与监理的联系通畅不影响施工 5. 工程竣工手续办理及时 6. 工程竣工验收的组织及时 7. 质量函件齐全、有效 8. 竣工质量资料收集及时与施工基本同步有效，符合有关规定 9. 解决其他系统提出的质量问题及时 10. 工程质量资料达到竣工资料要求 11. 质量资料齐全完整 12. 质量信息反馈及时 13. 协助工程管理部门进行质量监控无投诉（合理投诉） 14. 坚持定期组织质量培训和质量讲评会 15. 质量检验措施的制定及时，满足项目质量目标要求 16. 及时填写质量周报及质量快报 17. 无其他部门或单位的投诉 18. 工程质量的标识工作准确、及时 19. 工序质量、质量监督和把关符合项目的质量目标 20. 工程隐、预检向监理的申报及时，满足下道工序要求 21. 质量整改的签发部位、内容明确，并提出整改措施 22. 无其他部门的合理投诉
工程管理部	1. 项目施工生产的管理 2. 项目分承包单位的施工管理 3. 项目施工组织设计、方案、监控计划、施工生产及质量预控措施的执行 4. 分承包单位方案、措施、材料、各项实施计划的审批 5. 分承包单位的机构运行控制、素质管理 6. 分承包单位有关施工交底资料收集备案 7. 各项施工技术、质量、安全交底 8. 分承包单位生产要素的控制及进出场的管理 9. 编制与下达项目实施月、周计划 10. 施工过程的安全、质量、文明施工、进度、环保等管理 11. 分承包单位的现场管理及协调 12. 施工过程的过程、工序质量控制 13. 现场施工区域场容、文明施工管理 14. 有关施工的 CI 管理 15. 项目分承包单位、材料供应商的评定 16. 项目分承包单位的教育、培训工作 17. 施工记录、验收资料填写、收集、归档 18. 甲方指定分包的管理 19. ISO 9001:2000、ISO 14001 环保管理体系的实施工作 20. 工程资料填写内容把关 21. 施工管理资料的填写、收集、归档 22. 向项目试验室提供相关工程分项的试验委托工作	1. 项目的施工生产处于受控状态 2. 对分承包单位的管理有序、有力，使之行为符合项目要求 3. 施工组织设计、方案计划、措施、实施率应达到 90%以上 4. 分承包单位方案、措施、材料、各项实施计划的审批满足施工和项目的要求 5. 分承包单位的机构运行控制、素质管理全面受控 6. 分承包单位有关施工交底资料收集备案齐全、符合工程需要 7. 各项施工交底全面、细致、及时，能够指导施工 8. 分承包单位生产要素的控制及进出场的管理受控 9. 项目实施月、周计划的编制符合项目的阶段目标、下达及时 10. 施工过程的安全、质量、文明施工、进度管理受控，达到项目要求 11. 分承包单位的现场管理及协调满足施工要求 12. 施工过程的工序质量控制一次成优 13. 现场施工区域场容、文明施工管理符合项目要求 14. 有关施工的 CI 管理符合公司或项目要求 15. 项目分承包单位的教育培训工作全面、及时、有效果、有记录 16. 各项施工记录、管理资料填写和收集及时有效，不缺项 17. 对甲方指定分包的管理以书面资料为主、建立约束制度 18. ISO 9001:2000、ISO 14001 环保管理体系的实施工作达到公司和项目要求 19. 对有关部门的配合及时无投诉 20. 有关工程管理和分承包单位管理的信息反馈及时 21. 组织施工过程的验收及时 22. 委托单填写及时、准确，不影响试验工作、试验结果

续表

部　门	岗　位　职　责	工　作　标　准
安全监控部	1. 施工现场安全文明施工的监督管理 2. 安全设施、大型施工机械的评定、验收组织工作 3. 现场临水、电的管理 4. 机械的安全管理 5. 办理安全生产许可证 6. 分承包单位安全生产资质的审查，安全教育培训工作 7. 安全交底资料的归档，文明施工资料的收集、整理、归档 8. 安全、文明施工管理计划及责任制定 9. 安全文明施工管理信息反馈 10. 同工程管理部定期组织安全检查和安全讲评会 11. 安全整改的提出、签署和下发和监督落实工作 12. 贯彻和实施《安全生产法》和企业的《安全生产责任制》，编制分解《项目安全生产责任制》 13. 组织召开每周安全生产例会 14. 安全交底的指导、审查 15. 参与《安全技术管理方案》的编制工作 16. 施工《安全监控计划》的编制工作 17. 协助、组织处理安全问题和安全事故 18. 安全管理信息的反馈工作	1. 现场安全文明施工处于受控状态，达到AAA市安全文明工地标准 2. 分承包单位安全生产资质审查及安全教育培训工作及时有效，不影响施工 3. 安全生产许可证办理及时 4. 现场内基本杜绝三违现象 5. 各种安全设施验收、评定及时，不影响生产 6. 安全资料齐全有效及时 7. 安全文明施工管理信息反馈及时 8. 坚持定期进行安全检查和安全讲评会 9. 无公司安全监督站及有关部门的合理投诉 10. 现场临水、临电管理符合有关要求，保证施工进行 11. 《安全生产法》和企业的《安全生产责任制》培训及时，贯彻到基层 12. 每周必须组织安全生产例会，对阶段安全管理工作重点和形势进行明确 13. 安全交底的指导、审查到位 14. 《安全技术管理方案》的编制全面、符合安全管理、技术规程 15. 《安全监控计划》编制全面、及时，具有指导性和针对性 16. 安全问题和安全事故处理符合法律和程序规定 17. 安全管理信息必须采用书面的形式反馈到相关部门和主管领导，有签收 18. 对有关部门的配合及时无投诉
物资管理部	1. 物资进场的数量、质量、证明材料的验收管理 2. 现场、库存物资管理工作 3. 协助技术协调部做好物资报批工作 4. 项目指定供应物资的管理工作 5. 材质资料的收集 6. 项目劳保管理 7. 物资库存信息的统计和反馈工作 8. 施工现场材料的分类、标识工作 9. 施工现场材料损耗的监督管理工作 10. 分承包方供应物资的进场质量控制工作 11. 危险品搬运、保管的安全交底工作 12. 解决其他部门提出的问题	1. 根据《物资规范大全》的各项要求对物资进场验收严把质量、数量关 2. 分承包单位物资现场管理必须符合公司管理要求 3. 物资报批资料收集齐全，送交及时 4. 项目指定供应物资的管理符合公司要求 5. 材质等资料收集齐全有效 6. 劳保管理符合公司规定 7. 按照物资管理规定，定期对库存进行统计，并反馈到相关部门和领导 8. 施工现场材料分类、标识符合企业要求 9. 施工现场材料损耗监督到位，不得出现视而不见的情况 10. 分承包单位进场材料处于受控状态 11. 危险品搬运交底有效 12. 无其他部门的投诉
试验室	1. 试验的管理工作 2. 监督试验材料的取样、并送样 3. 对试验委托等资料的填写等把关 4. 试验资料的整理、把关、归档和监督整改 5. 对混凝土或砂浆搅拌站实施监督管理工作 6. 混凝土养护室的管理 7. 试验结果信息的反馈	1. 试验管理工作满足施工及技术工作需要，对分承包单位的试验工作及人员管理有力 2. 试验材料的取样、送样及时，试验及时无漏项 3. 对试验委托（向项目外部试验室）等资料的填写正确率达到100% 4. 试验资料的整理、把关、归档和监督整改及时 5. 对混凝土或砂浆搅拌站实施监督管理受控 6. 混凝土养护室的管理全面受控，各种记录台账齐全、及时、清楚，符合要求 7. 试验结果信息在试验后2h内通知有关人员 8. 完成项目规定的试验工作

续表

部门	岗位职责	工作标准
经营管理部	1. 项目合同管理 2. 项目工程资金使用计划的制定 3. 项目制造成本分析、分解、成本监控计划的制定与执行 4. 分供商的工程款的审核与结算管理 5. 经营月统计报量及追踪确认 6. 合同增减账、变更洽商、索赔的管理 7. 分供商的合同谈判与签订 8. 分供商的履约监控 9. 项目运转过程的经营监控 10. 合同外工程和分承包工程的计量、报价工作 11. 项目全面预算管理 12. 工程结算 13. 合同指导价、暂估价的洽谈确认 14. 工程款的回收 15. 分承包单位的资质审查和对外报审工作 16. 施工方案、措施的经营优化论证	1. 合同管理到位，有效，各岗位对合同分解交底明确 2. 资金使用计划编制合理、全面、及时 3. 成本分析、核算及时，指导项目经营工作，成本监控计划的制定合理 4. 分供商的工程款的审核严细 5. 经营月统计报量合理，追踪确认满足公司或项目要求 6. 合同增减账、洽商经济费用确认及时、准确 7. 分供商合同谈判与签订，无项目利益流失 8. 分供商的履约受控 9. 项目运转过程的经营监控受控 10. 合同外工程和分承包工程的计量准确、报价合理 11. 项目全面预算管理有效 12. 工程结算符合公司或项目要求 13. 合同指导价、暂估价的洽谈确认及时 14. 工程款的回收达到 90% 以上 15. 分承包单位的资质审查和对外报审工作不影响施工 16. 施工方案、措施的经营优化论证合理
项目财务部	1. 成本核算管理 2. 项目的财务工作 3. 现场经费、消费基金的管理 4. 项目劳资、员工培训工作 5. 项目总部的考勤工作 6. 项目员工培训工作 7. 项目资金使用计划的管理 8. 项目工程款收支管理	1. 项目成本管理达到项目的既定要求 2. 项目财务工作受控 3. 项目资金管理受控 4. 项目劳资、员工培训工作满足项目管理要求 5. 考勤工作实事求是 6. 项目员工培训符合公司的要求 7. 项目资金使用计划合理 8. 各工程支出控制合理、有效
综合办公室	1. 对业主、公司文件收发，项目内部打字、文件收发、复印等 2. 综合办公用品的管理 3. 对外联络办理手续 4. 扰民及民扰的处理 5. 项目办公区域的管理 6.CI 管理 7. 考勤、人事工作 8. 车辆管理 9. 员工培训工作 10. 日常行政工作 11. 项目活动的组织 12. 分承包单位进场办理注册等 13. 解决其他部门提出的问题 15. 食堂、宿舍管理 16. 对地方政府环卫、环保、卫生防疫站的联络工作 17. 项目福利工作 18. 医疗保健工作 19. 项目的消防、保卫工作，现场内的交通管理 20. 解决其他部门提出的工作配合问题 21. 负责本项目的消防、治安、保卫工作 22. 消防工作及时，外来人口管理 23. 落实防火制度及有关消防法规与措施，器材管理与维护 24. 严格各项防范措施，保证要害重点部位安全 25. 对施工现场检查及时，整改隐患 26. 负责警卫、警队的管理工作 27. 防火宣传教育工作，义务消防队调整训练工作	1. 对业主、公司文件的收发及时，文件管理符合有关规定要求 2. 行政办公用品管理处于受控状态 3. 对外联络及时，各种手续注册及时、有效 4. 项目办公区域管理达到宾馆化 5. 考勤人事工作符合有关规定要求 6. 日常行政工作满足项目各项工作的需要，保证项目工作的正常进行 7. 员工培训满足公司有关部门的要求 8. 项目的活动组织要安排合理 9. 无其他部门投诉 10. 食堂、宿舍管理清洁 11. 环卫、环保、卫生防疫站联系及时，不影响施工生产 12. 项目福利发放及时 13. 医疗保健工作符合有关要求 14. 没有其他部门的投诉 15. 消防、保卫、交通工作制度健全，经常检查，符合有关要求 16. 建立起各项责任制 17. 根据 AAAA 市外来人口管理规定，申报办理暂住户口及时 18. 制度落实情况良好，组织机构健全 19. 消防器材布局合理，状况良好 20. 按上级业务部门要求建立防范措施 21. 整改检查，堵塞漏洞 22. 合理安排警卫工作，确保守卫目标安全 23. 防火宣传教育面达到 100%

（三）岗位职责及工作标准（见表 3-3）

岗位职责及工作标准 **表 3-3**

岗 位	岗 位 职 责	工 作 标 准
技术协调部经理	1. 全面负责技术协调部的各项管理工作，对各项技术工作进行日常管理和部门间进行协调 2. 参加《施工组织设计》的编制工作 3. 重大施工方案的主编工作；常规施工方案的审核工作 4. 对设计、业主的日常联系工作 5. 组织本参加部门图纸会审工作 6. 设计变更、洽商的接洽 7. 工程月报（技术协调部分）编制 8. 工程开工手续的办理、工程开工准备工作的组织	1. 按时完成技术协调部的各项工作，落实、执行项目的各项管理制度有力 2. 全面负责并参与项目技术协调部的各项技术及日常管理工作，做到管理有序 3. 部门管理制度健全；与项目其他部门在项目运作中协调一致 4. 充分了解工程的特点和施工现场的实际情况，方案编制、审核及时、严谨、可行，能够指导施工，逐步建立具有项目特色的方案模式和标准 5. 作为图纸会审工作的主要部门，组织部门对施工图纸进行重点审查 6. 处理好设计、业主的日常工作关系，设计变更洽商的办理及时、有效，有利于施工 7. 收集相关工程资料进行编写月报，编制时做到及时、严谨，体现项目的管理水平 8. 手续办理齐全、有效，符合要求
技术责任工程师	1. 具体编制常规性施工方案、技术措施编制，并进行交底 2. 月度施工进度计划的编制工作 3. 工程量计算、控制计划编制 4. 材料计划的编制工作 5. 施工计划编制及发放 6. 施工图预控、解决图纸问题 7. 监督施工方案的执行情况 8. 解决施工现场非施工失误引起的技术问题	1. 充分了解工程的特点和施工现场的实际情况，方案编制及时、严谨、可行，能够指导施工，逐步建立具有项目特色的方案模式和标准；针对方案及时做出相应的技术交底，内容要详细、条理要清楚 2. 施工进度计划编制符合总控进度计划的要求 3. 工程量计算准确；控制计划要及时 4. 材料计划编制准确，各项技术指标全面符合设计要求 5. 施工图预控满足施工进度的要求，问题处理满足设计要求和规范要求 6. 图纸问题解决及时 7. 不定期深人施工现场或与责任工程师了解、监督方案的实施
资料员	1. 建筑安装工程资料的审查、整理、归档、保管，并提出资料整改、合格性信息 2. 计量统计工作 3. 项目技术、质量等工具书籍的管理 4. 技术协调部技术文件的发放工作 5. 建筑安装工程资料培训工作 6.《建筑安装工程资料管理办法》的编制工作	1. 资料审查、收集、整理、归档及时，达到竣工资料的要求 2. 执行公司的计量管理工作，健全计量管理台账 3. 定期监督分承包单位完成计量器具的检定和计量工作的开展 4. 按照工具书籍管理办法建档、保存，保证工具书籍不丢失 5. 技术文件发放及时、签收手续完善 6. 工程技术资料培训取得效果 7.《建筑安装工程资料管理办法》编制全面、具有指导性
计算机管理工程师	1. 按照项目计算机开发目标，建立相应的数据库 2. 制作宣传演示资料，建立项目的网络管理体系 3. 计算机等设备的维护 4. 对项目管理人员进行计算机培训	1. 按照项目计算机开发目标，开发相应的数据库适用 2. 宣传演示资料体现项目的管理水平 3. 项目的网络管理体系健全有效 4. 计算机等设备的维护正常，通过培训使项目管理人员计算机应用水平提高一个档次

续表

岗位	岗位职责	工作标准
试验员	1. 试验的管理工作，监督分承包单位及时进行材料试验 2. 二次委托填写 3. 资料的整理归档、取样、送样 4. 完成项目规定的试验工作 5. 参与《项目施工试验方案》的编制工作	1. 施工现场试验的组织、监督有力；试件送检及时，试验报告的收集及时、有效 2. 二次委托填写正确 3. 各种试验台账建立齐全、有效 4. 试验及时无漏项，资料齐全有效、归档及时 5. 方案编制全面
质量总监	1. 全面负责项目的质量管理工作，完成项目的质量管理目标 2. 协调监理单位的工作关系 3. 重大质量验收的组织工作 4. 质量计划、质量检验计划的编制工作 5. 质量月报的编制工作 6. 系统内外质量信息的反馈工作 7. 组织项目的质量管理活动	1. 工程质量管理处于受控状态，实现项目的质量管理目标 2. 协调监理单位的关系满足工程需要 3. 重大质量验收工作及时 4. 质量计划、质量检验计划起到实际作用 5. 质量月报编制及时 6. 系统内外信息反馈全面、及时 7. 项目质量管理活动持续、取得效果
质量责任工程师	1. 负责施工过程质量控制及监督 2. 施工质量的严格把关验收 3. 日常质量的工作检查 4. 工程隐、预检的申报 5. 质量评定，质量整改 6. 质量信息的反馈 7. 建立标识及标识台账，不合格品控制台账 8. 执行质量检验计划 9. 质量资料目录及存放管理 10. 对质量信息进行统计	1. 在过程控制中及时发现问题及时解决问题 2. 要熟悉图纸及规范，严把质量关，认真审核隐、预检并及时上报 3. 质量整改条理要清楚并有整改时间 4. 标识要精确，质量评定要及时 5. 质量资料要按下列资料正确方法填写并定期整理，归档，保管有序，归档资料做到齐全、交圈、有效，符合档案资料管理的有关规定 6. 质量月报编制时做到及时、严谨，准确，每周五自检一次资料
工程管理部经理	1. 协助现场经理做好有关生产系统工作 2. 协助现场经理主抓施工内业资料和周、日报工作 3. 协助现场经理抓生产系统施工计划统计及分析工作 4. 负责施工现场的全面管理工作，负责工程管理部管理工作 5. 组织和召开每日生产协调会 6. 生产系统内部门之间及与其他系统部门之间的协调联系工作 7. 负责编制周计划（月分解计划、对内周计划、对外周计划），日计划，确保工期按合同实现 8. 根据施工内业资料和周、日报及周、日计划，分析工程工作进展情况，并做出分析报告 9. 生产系统管理信息的反馈工作 10. 平衡与协调现场各种生产要素，并监督检查责任师对技术方案的执行情况 11. 负责对责任工程师施工现场安全、质量、进度、文明施工的管理工作进行检查，并对上述工作负责 12. 分承包单位安全生产资质的审查，文明施工资料的收集 13. 负责工程月报（工程管理部分）的填报工作 14. 监督责任师进行质量过程控制，对不合格点，要及时要求分承包单位进行整改，并检查分承包单位整改结果	1. 生产系统计算机管理符合项目管理要求 2. 根据日作业计划、分析、统计施工中出现的问题，提出建议报现场经理 3. 根据周计划、月计划分析、统计工作，并绘制动态曲线图 4. 分析现场分承包单位管理情况和生产系统管理信息及时反馈至现场经理 5. 部门工作有序，达到项目要求，处于受控状态 6. 现场安全文明施工处于受控状态，达到 AAAA 市安全文明工地标准 7. 对分承包单位资质认真审查合格方能进施工现场 8. 对施工现场中小型机械加强管理，杜绝不合格机械进场 9. 及时申请办理安全生产许可证，认可证（注：由公司办理），现场内杜绝三违现象 10. 文明施工资料由各口打分，及时收交安全监控部归档 11. 各种安全设施、验收、评定及时 12. 负责月报及内业的管理工作 13. 协调生产系统内与其他系统部门之间的联络工作 14. 对于分承包单位来函，做到有问必答，不得延误 15. 项目制定的方案、措施实施率应达到 90% 以上

续表

岗 位	岗 位 职 责	工 作 标 准
工程责任工程师	1. 负责管理区域内的技术交底、安全、质量、进度、文明施工管理工作 2. 负责编制日计划 3. 根据施工内业资料和周、日报及周、日计划分析工作工程进展情况，并做出分析报告 4. 生产系统管理信息的反馈工作 5. 平衡与协调现场各种生产要素 6. 并监督检查技术方案的执行情况 7. 负责月报内容的检查 8. 施工过程中做好质量过程控制，对不合格点，要及时要求分承包单位进行整改，并检查分承包单位整改结果 9. 生产系统内部门之间及与其他系统部门之间的联系工作 10. 组织对分承包单位的各道工序进行验收 11. 合理安排混凝土申请工作 12. 有关混凝土的各种资料收集和整理，及时上报技术协调部 13. 施工日记的记录工作	1. 所负责管理区域内的技术交底、安全、质量、进度、文明施工管理工作运行正常 2. 日计划编制详细，与施工统一，确保周计划实现 3. 计划分析报告客观，对施工起到指导作用，提出建议报工程管理部经理 4. 生产系统管理信息的反馈及时 5. 各种生产要素的协调满足施工进度、质量、安全文明的要求 6. 认真落实施工方案，方案执行率达到90%以上 7. 月报内容检查全面、与施工同步 8. 工序一次报验合格率达到95%以上，整改必须以书面的形式下达 9. 能够主动进行生产系统内部门之间及与其他系统部门之间的联系工作，且不以个人感情影响正常工作的展开 10. 根据日作业计划、分析、统计施工中出现的问题 11. 认真填写施工日记，做到施工日记与施工同步，不得写回忆录 12. 无其他部门的投诉
安全总监	1. 主管项目安全监控部的日常管理工作，完成项目的安全管理指标 2. 项目安全管理责任制的监督落实工作 3. 项目管理人员的安全管理培训工作 4. 项目安全监控计划的编制工作 5. 安全设施、大型施工机械的评定、验收组织工作 6. 办理安全生产许可证 7. 分承包单位安全生产资质的审查，组织部门对分承包单位进行安全教育培训工作 8. 向上一级进行安全文明施工管理信息反馈 9. 同工程管理部定期组织安全检查和安全讲评会 10. 安全整改的签署工作 11. 贯彻和实施《安全生产法》和企业的《安全生产责任制》 12. 组织召开每周安全生产例会 13. 参与《安全技术管理方案》的编制工作 14. 施工《安全监控计划》的编制工作 15. 协助、组织处理安全问题和安全事故	1. 项目安全监控部的各项管理工作处于受控状态 2. 按照项目指定的安全生产责任制，监督各岗位的执行情况 3. 项目管理人员的安全培训达到100% 4. 项目《安全监控计划》编制及时、具有可操作性 5. 安全设施、大型施工机械的评定、验收组织工作符合安全管理的各项规定，满足施工要求 6. 安全生产许可证办理及时 7. 分承包单位安全生产资质的审查严格，部门对分承包单位进行安全教育培训工作组织有效 8. 向上一级进行安全文明施工管理信息反馈及时 9. 客观签署安全整改 10. 全面贯彻和实施《安全生产法》和企业的《安全生产责任制》 11. 坚持组织召开每周安全生产例会 12. 保证《安全技术管理方案》覆盖项目安全管理的关键点 13.《安全监控计划》编制及时、全面，通过该计划使项目的安全处于受控状态 14. 协助、组织处理安全问题和安全事故得当、符合法律、法规要求
安全责任工程师	1. 安全、文明施工的具体巡查、监督管理工作 2. 对分承包单位的安全教育培训及办证工作 3. 定期检查责任师的安全技术交底资料，并收集归档 4. 现场临电、临水的管理 5. 安全文明施工管理信息的反馈 6. 水、电表的计量管理	1. 安全、文明施工的具体巡查、监督管理工作 2. 对分承包单位的安全教育培训及办证工作满足项目的安全生产，教育面达到100%，工人持证上岗率100% 3. 监督责任师落实安全技术交底工作 4. 及时组织和上报现场临电、临水的验收工作，现场的临水、临电管理满足施工生产和安全要求

续表

岗 位	岗 位 职 责	工 作 标 准
安全责任工程师	7. 施工现场安全文明施工的监督性检查工作，并以书面的形式提出安全整改、监察整改的落实 8. 施工安全设施的监督性检查工作 9. 施工机械的安全状况检查工作 10. 向部门经理反馈安全文明施工管理信息	5. 及时反馈项目的安全管理信息，达到预防、预警的目的 6. 提供必须验收资料；水、电表的记录准确 7. 整改记录下发及时、有效，不拖后下发整改；安全整改率必须达到100% 8. 施工安全设施的监督性检查到位 9. 现场各区域文明施工信息反馈及时、准确 10. 坚持定期或不定期进行各区域安全生产检查，每周一下午4:00组织一次安全讲评会
物资部经理	1. 物资管理部的日常管理工作 2. 编制《项目物资监控计划》 3. 做好分承包单位物资管理工作 4. 协助项目总工程师进行材料选型工作 5. 解决其他部门提出的问题 6. 项目劳保工作 7. 组织部门每月对物资进行盘点，物资管理信息的反馈工作	1. 物资管理部的日常管理工作处于受控状态，满足施工需要 2.《物资监控计划》编制全面，保证物资管理处于受控状态 3. 分承包单位物资管理工作处于总承包的受控状态下 4. 协助项目总工程师进行材料选型，信息提供及时 5. 解决其他部门提出的问题，无其他部门的投诉 6. 物资存储量适度，不影响施工
物资责任工程师	1. 物资进场验收工作 2. 做好安全文明施工《料具管理》资料，并达到要求 3. 认真填写月报中的《本月工、料、机动态表》 4. 物资进场的验收管理 5. 物资进场快报的填写工作 6. 对现场分承包单位进场材料的标时管理 7. 解决其他部门提出的问题 8. 材料的材质证明、复试报告等技术资料的收集、整理、存档	1. 物资进场验收严把质量关，满足材料规范要求、设计图纸要求 2. 分承包单位物资现场管理必须符合公司管理要求 3. 项目指定供应物资的管理及回收管理，达到项目要求 4. 物资材质等资料收集齐全有效 5. 物资进场快报，物资周报表填写及时有效，并建立目录 6. 现场分承包单位材料标时监督管理 7. 及时组织施工物资进场，不得耽误施工生产 8.《料具管理》资料及时填写，并建立目录 9. 及时填写月报《本月工、料、机动态表》在每月22日报完 10. 无其他部门的投诉 11. 劳保管理符合公司规定
商务经理	1. 项目的经营管理工作 2. 项目成本管理 3. 工程合同管理 4. 项目的全面预算管理 5. 工程结算及工程款回收管理 6. 分承包单位工程款的审核与结算	1. 每月底对本月工作进行总结，对下月工作进行计划安排 2. 按工程进度及时做出成本预测及成本核算 3. 协助项目经理全面履行合同，对项目管理人员进行工程总承包合同交底 4. 组织分承包单位合同谈判，审核分承包单位合同条款的合理性、严密性 5. 牵头组织编制工程洽商索赔报价 6. 审核公司计划统计报表 7. 牵头组织编制工程季、年预算报表及预算制造成本报表 8. 竣工后及时组织编制工程结算书 9. 落实监理月报审核情况，力争早日收回工程款 10. 审核分承包单位、材料供应商的月工程预付款及结算工程款

续表

岗位	岗位职责	工作标准
财务经理	1. 成本管理 2. 项目财务工作 3. 工程款的回收 4. 现场经费、消费基金管理 5. 分承包单位结算工作	1. 每季度12日前编制完季度成本报表，元月15日前编制完上年成本报表 2. 每周三下午日常报销。每月8～9日办理工资含量 3. 每月16日前报送资金报表，24日办理资金含量 4. 每月15日前返回住房基金报表，每月20日前完成养老基金台账 5. 根据监理月报及时办理工程款回收 6. 现场经费开支及时向项目经理汇报，并提出节支计划 7. 每月18～25日办理分承包单位预结算工程款
商务责任经济师	1. 项目预算工作 2. 预算报表工作 3. 分承包单位工程合同管理及履约监控 4. 经营信息资料收集 5. 工程变更洽商工作 6. 分承包单位工程款结算工作 7. 材料供应商订货合同记录及履约管理 8. 工程计划统计报表工作 9. 经营系统资料整理	1. 及时编制单位工程预算、结算报价 2. 每季度初3日前做出上季度预算报表及制造成本报表 3. 每月25日编制完监理月报 4. 参加分承包单位合同谈判，草拟分承包单位合同，对分承包单位合同进行交底 5. 根据市场及工程造价信息收集经营资料 6. 工程变更洽商发生后10日内编制完补充报价 7. 每月1～10日内根据形象进度对分承包单位进行工程款核定 8. 对材料供应商进场前的交底和规定 9. 参加订货合同谈判，草拟订货合同，对订货合同进行交底 10. 每月8～12日对供应商作货款预结算 11. 每月25日报公司计划统计报表，每季度初10日前报季度计划 12. 每月中旬、下旬对经营资料做二次归档整理
综合办公室主任	1. 行政、后勤工作管理（包括食堂） 2. 消防保卫工作 3. 劳保、医疗、福利工作 4. 对周围居民、地方政府关系的处理 5. 扰民、民扰的处理 6. 办公、生活公共区域文明卫生管理 7.CI管理 8. 办理有关施工手续、证件 9. 行政、后勤资产的管理 10. 行政、后勤消防CI用品寻价、报批、采购	1. 食堂干净卫生、职务到位无投诉 2. 消防隐患整改及时、门卫制度执行严紧 3. 安排周到，计划性强，药箱发挥作用 4. 得到居民和地方政府的支持和理解 5. 不影响项目正常施工 6. 保持清洁卫生，符合环保、环卫要求 7. 现场及各区域干净，标识清晰 8. 办理及时，保证项目顺利施工 9. 减少无效损耗、管理到位 10. 物美价廉、计划与实际相符、减少损耗 11. 施工现场消防保卫工作满足施工管理需要，加强现场消防工作，杜绝火灾、火险的发生，现场动火人员必须要有动火证
文员	1. 文件管理、打印、收发 2. 来访人员接待 3. 办公用品、设备的管理 4. 员工教育培训工作	1. 传阅、打印及时，文件归档规范 2. 接待热情、不失礼节、服务周到 3. 保证各系统正常使用 4. 按照公司和项目安排执行
司机	1. 交通及车辆管理 2. 完成领导临时交办的任务	1. 保证项目正常使用、用车计划合理 2. 及时、圆满

续表

岗　位	岗　位　职　责	工　作　标　准
综合办管理员	1. 生活区、宿舍管理 2. 开水房管理 3. 对食堂的监督管理 4. 完成部门领导交办的任务	1. 督促各分承包单位抓好卫生 2. 开水、热水及供暖及时 3. 控制货源，把好质量、价格关 4. 圆满、及时
办公区清洁员	1. 办公区卫生清扫 2. 晚间办公区的看护 3. 旗帜的维护 4. 协助做好接待工作 5. 基础办公设施的管理工作	1. 各办公室、会议室、走道、栏杆等打扫干净，保持卫生 2. 下班后，各办公室门、窗是否关好 3. 每周清洗、更换，保持干净 4. 及时 5. 保证办公设施完好，使用符合项目的管理规定
消防保卫员	1. 开用火证 2. 执行门卫制度 3. 巡察动火点 4. 夜间现场、办公区巡逻	1. 用火人证件及措施齐全、有效 2. 控制生产要素进出场、严格手续 3. 检查动火人证件及动火措施是否有效 4. 保障现场治安、防止办公区被盗

第二节　精　品　策　划

住宅是每个人的基本需要，住宅工程的质量关系到千家万户的生活质量，直接关系到每个住户的日常生活。住宅工程与公共建筑及公用建筑相比较，从结构型式设计到机电安装工程及装修设计，均有不同特点：

——住宅工程由于使用要求，从结构型式上普遍采用砖混结构、剪力墙结构，结构跨距小，而公共建筑为适应不同要求，往往采用框架结构或框架剪力墙结构，结构开间大，布局简单；

——住宅工程在机电安装工程上，侧重于每户使用功能的实现，公共建筑侧重于建筑的整体功能实现，因此住宅工程与公共建筑相比较，公共建筑系统整体较为复杂，功能要求较高，而住宅工程却具有系统分支多，节点较多的特点；

——在装饰工程上，住宅工程侧重于实用性，且由于关系到住户的切身利益，因此在质量上有较高要求，节点处理上也要求较为细致。同时，为体现服务宗旨，目前越来越多的开发商承诺菜单式装修，在施工中按照小业主的要求进行个性化装修。公共建筑侧重于整体效果，装修材料及档次较高。

针对住宅工程的特点，在项目整体策划上及分项工程策划上均要作相应调整，以适应目前日益发展的建筑业要求，使住宅工程的质量不断提高，创出住宅精品工程。

一、住宅工程创整体精品的策划

（一）质量控制和保证的指导原则

1. 建立完善的质量保证体系，配备高素质的项目管理和质量管理人员，强化“项目管理，以人为本”；

2. 严格过程控制和程序控制，开展全面质量管理，树立创“过程精品”、“业主满意”的质量意识；

3. 制定质量目标，将目标层层分解，质量责任、权力彻底落实到位，严格奖罚制度；

4. 建立严格而实用的质量管理和控制办法、实施细则，在工程项目上坚决贯彻执行；

5. 严格样板制、三检制、工序交接制以及质量检查和审批等制度；

6. 广泛深入开展质量职能分析、质量讲评，大力推行“一案三工序”管理措施即“质量设计方案、监督上工序、保证本工序、服务下工序”；

7. 利用计算机技术等先进的管理手段进行项目管理、质量管理和控制，强化质量检测和验收系统，加强质量管理的基础性工作；

8. 加强图纸会审、图纸深化设计、详图设计和综合配套图的设计和审核工作，通过确保设计图纸的质量来保证工程施工质量；

9. 严把材料（包括原材料、成品和半成品）、设备的出厂质量和进场质量关；

10. 确保检验、试验和验收与工程进度同步，工程资料与工程进度同步，竣工资料与工程竣工同步，用户手册与工程竣工同步；

11. 加强现场培训工作，不仅要加强对责任工程师的技术及规范要求的培训，同时加强对分包单位的培训及考核工作，确保整体技术水平不断提高；

12. 加强与业主及监理单位的沟通，加强与小业主的沟通，保证成品满足小业主的要求。

（二）保证措施

1. 体系保证

创住宅精品工程，要按照企业的项目管理模式，以 GB/T 19002—ISO 9001:2000 模式标准建立有效的质量保证体系，并制定项目质量计划，推行 ISO 9001:2000 国际质量管理和质量保证标准，以合同为制约，强化质量的过程和程序管理的控制。项目经理部推行专业责任工程师负责制，在施工过程中对工程质量进行全面的管理与控制；使质量保证体系延伸到各专业承包商、企业各专业分公司，项目质量目标通过对各专业承包商、内部各专业分公司严谨的管理予以实现。通过明确分工，密切协调与配合，使工程质量得到有效的控制。

项目要把三大体系运行监控作为质量控制及项目管理的重要保证手段，严格按照体系要求实施项目管理。通过三大体系的贯彻实施，达到提高质量，增强管理，降低成本的目的，以体系运行指导现场施工及现场管理。

2. 组织保证

项目要根据质量保证体系，建立岗位责任制和质量监督制度，明确分工职责，落实施工质量控制责任，做到各岗位各负其责。根据现场质量体系结构要素构成和项目施工管理的需要，建立由公司总部服务和控制，由项目经理领导、总工程师组织实施的质量保证体系，由现场经理和安装经理进行中间控制，区域和专业责任工程师进行现场检查和监督，形成横向从结构、装修、防水到机电等各个分包项目，纵向从项目经理到施工班组的质量管理网络，从而形成项目经理部管理层、分包管理层到作业班组的三个层次的现场质量管理职能体系，从而从组织上保证质量目标的实现。

在整个现场施工管理过程中，首先要理顺管理线条，确定各部门的职能和分工，将质量、体系等工作的管理责任分解落实到人。使每个人对自己的工作内容及责任清晰明确。在施工管理上行使权力并承担相应责任。各项管理职责不能漏项交叉。在施工期间避免管理层次过多，由项目领导班子成员对本系统部门实施直接领导。

3. 编制切实可行的施工组织设计及精品工程策划书

(1) 施工组织设计编制

施工组织设计是指导工程施工的纲领性文件，是指导整个现场施工最重要的技术文件，具有施工战略部署和战术安排的双重作用，因此要从八个方面进行编写（编制依据、工程概况、施工部署、施工准备、主要施工方法及技术措施、主要施工管理措施、主要经济技术指标、施工总平面布置)，并保证其科学性、指导性和全面性。

1) 编制依据

本工程的主要合同、施工图纸、需用的主要规程、规范、图集、标准、法规。

2) 工程概况

总体概况、建筑概况、结构概况、专业概况、工程特点和难点。

3) 施工部署

项目组织机构及职能分工、工程合同划分、施工部署原则、施工总进度控制、施工组织协调、主要项目工程量、主要劳动力计划。

4) 施工准备

技术准备和生产准备。技术准备包括方案编制计划、试验计划、样板计划、科研开发项目、高程引测及定位；生产准备包括临水临电及道路围墙布置、生产性临时设施、材料进场计划、证件办理、扰民及民扰。

5) 主要施工方法及技术措施

流水段划分、大型机械选择、主要分部分项工程施工工艺流程、主要施工方法（阐明原则，不进行展开)。

6) 主要施工管理措施

保证工期措施、保证质量措施、保证安全措施、消防保卫措施、环保措施及文明施工、现场料具管理。

7) 主要经济技术指标

各种目标、指标。

8) 施工总平面布置

地下结构阶段总平面布置、地上结构阶段总平面布置、装修阶段总平面布置。

(2) 精品工程策划书编制

精品工程策划书是多年实施创优工作，总结出的行之有效的经验，将创优工作标准化、程序化，对创建精品工程起到极大的推动及促进作用，精品工程策划依据精品工程生产线理论，即“目标管理、创优策划、过程监控、阶段考核、持续改进”五个方面。对整个施工全过程创优工作做出系统安排。能够更统一的指导项目精品实施运行，便于项目明确目标、细划责任、程序化运行，避免走不必要的弯路。通过创造精品，提高企业整体质量水平，树立企业品牌形象，拓展市场发展的空间。

精品工程策划书编制主要内容：

1) 工程概况；

2) 质量、工期、环境、安全目标及各项目标的细化分解；

3) 本工程施工的工序流程；

4）工程的特殊过程、关键过程及其控制要求；

5）本工程所需的控制文件（施工组织设计、专项施工方案—具体化、技术交底—具体化、遵循的法律法规、验收准则）；

6）需要做深化设计的方面及其要求；

7）需用的人、机、料资源计划及其要求；

8）需要做验证、确认的过程（例如：物资、机械、人员）；

9）需要做检验、试验、监视的过程（例如材料、机械、人员、工序）；

10）工程回访制度及保修制度；

11）工程施工过程管理和控制必须提供的记录等等。

4．技术保证

依据施工组织设计，针对分部分项工程、季节性施工制定施工方案。其内容包括工程概况、施工部署、主要施工方法、技术质量保证措施、安全消防措施、环保与文明施工措施，编写时必须具有针对性和实用性。根据《施工组织设计》编制的，施工方案编制目录举例（见表3-4）。

施工方案编制目录 **表3-4**

序号	方案名称	序号	方案名称
1	临建施工方案	12	冬期施工方案
2	临水、临电施工方案	13	回填土方案
3	测量方案	14	砌筑施工方案
4	土方、降水、护坡施工方案	15	脚手架施工方案
5	塔式起重机安装方案	16	雨期施工方案
6	技术资料管理方案	17	楼地面施工方案
7	施工试验管理方案	18	屋面工程施工方案
8	模板工程施工方案	19	门窗工程施工方案
9	钢筋工程施工方案	20	装饰工程施工方案
10	防水施工方案	21	外墙工程施工方案
11	混凝土工程施工方案		

5．质量管理制度保证

（1）样板制和三检制

样板制与三检制是行之有效的质量控制手段，在施工中有效的起到明确施工工艺、明确施工质量标准以及考察分包单位技术施工水平的重要作用。在住宅工程施工装修阶段，样板制及交接检制度尤为重要。

结构施工时需制作样板的分项工程包括钢筋、模板、混凝土、防水、回填土等。

钢筋、模板工程每层按梁板、墙体、柱的最先施工部位制作三处样板。混凝土工程由项目质量部指定样板。防水及回填土工程在施工前制作一次样板。

装修施工粗装修在每分项工程开工前进行样板施工。精装修施工前，进行样板间施工，从中可检查出设计中交叉矛盾的地方，同时对各不同专业施工配合有清晰的线条，有利于调整施工程序，选择最佳方案。

样板审批：样板经质量部、工程部、技术部验收通过后，填写样板审批表报业主及监理单位审批共同确认。

（2）质量检查验收程序

住宅工程一般存在工期短的特点，因此在施工中对每道程序加强质量监督及质量检查尤为重要，确保施工一次质量达到优良，避免造成日后返工，给装修阶段带来质量隐患。每道工序未经验收严禁进入下道工序。质量检查程序如图 3-2。

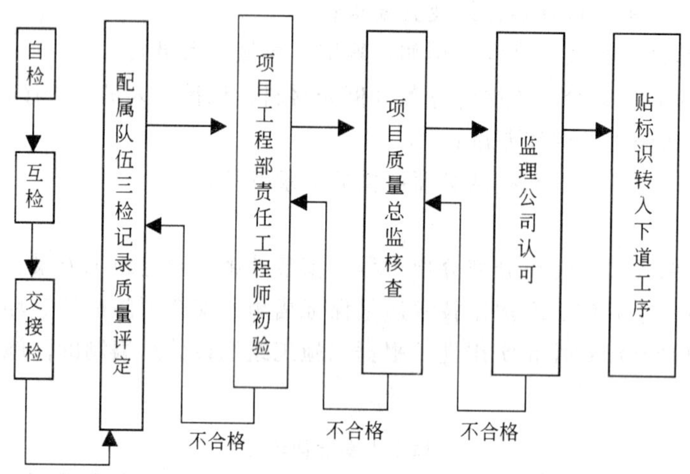

图 3-2　质量检查程序

在结构施工及装修施工过程中，由于住宅工程的特点，对结构的平整度及截面尺寸提出更高的要求，必须予以保证，同时结构墙面尽量避免抹灰，这样才能确保装修完成后，房屋面积不会出现“缩水”的现象，同时避免墙面空鼓带来质量问题。

（3）质量会审

根据项目全面质量管理的要求，项目依据 ISO 9001:2000 质量标准体系的要求和现场施工管理的实际情况，每层拆完模后进行一次现场质量会审，定期召集项目技术人员和具体施工操作人员分析其产生问题的原因，做到有的放矢，具有针对性。

（4）分包管理

整个项目的施工管理，最终由施工单位来执行。分包单位作为执行者，分包单位工作质量的好坏决定实体质量的好坏。在以往的施工管理上，往往以罚代管，把处罚作为惟一的手段，这样做并不能取得很好的效果，分包管理应做好以下几个方面工作：

1）确定分包组织机构，实行项目与分包职责、人员对接。要求分包单位提供组织机构图，了解分包单位管理人员的职责。经理部合理分配管理人员，职责对接，出现问题，追究当事人责任；

2）加强对分包队伍的培训。分包队伍操作人员的技术水平高低，直接影响到施工质量。现场质量检查和质量控制，并不能完全解决问题。因此，项目必须重视和提高分包单位的整体技术水平。这就要求项目管理人员深入了解分包单位各管理人员乃至施工班组的技术水平，项目可以通过施工前做样板的办法，了解班组的技术水平，加强对技术水平差的班组的技术培训。也可采取各分项轮流考察培训的办法，对钢筋、模板、混凝土等关键工序分周轮流考察培训。对于施工质量较差的施工班组，应当清除出场；

3）加强计划管理。必须制定详细可行的施工进度计划，以此指导分包单位施工，使分包单位了解完成计划所必须投入的人员、材料、机具等资源；

4）加强与分包单位的沟通。许多分包单位管理人员不能主动与项目总包管理人员沟通，尤其是在与机电交叉作业及成品保护方面，给工程造成许多不必要的损失。

（三）安全、消防管理

1. 安全管理目标

（1）安全管理方针：安全第一、预防为主。

（2）安全生产目标：确保无重大工伤事故，杜绝死亡事故，轻伤频率控制在2‰以内。

2. 安全管理措施

（1）安全生产责任制：建立、健全项目各级安全生产责任制，责任落实到人。各项经济承包有明确的安全指标，包括奖惩办法在内的保证措施，与班组间签订安全生产协议书。

（2）安全教育制度：新进场的工人必须进行安全教育，工人应掌握本工种操作技能，熟悉工种安全技术操作规程。并且要求必须接受总包方安全部门的指导和交底。

（3）施工方案报批制度：报批的施工方案应有针对性的安全技术措施。

（4）分部分项工程安全技术交底制度：根据安全措施要求和现场实际情况，各级管理人员要亲自逐级进行全面的、有针对性的安全技术交底，交底双方履行签字手续。

（5）特种作业持证上岗制度：特种作业人员必须经培训考试合格后持证上岗，操作证必须按期复审，不得超期使用，名册齐全并上报总包安全部门备案，服从总包方的管理。

（6）例行安全检查制度：由项目经理部组织一次由各施工单位安全生产负责人参加的联合检查，对检查中所发现的事故隐患问题和违章现象，开出“隐患问题通知单”。各施工单位在收到“隐患问题通知单”后，应根据具体情况，定时间、定人、定措施予以解决，项目经理部有关部门应监督落实问题的解决情况。若发现重大不安全隐患问题，检查组有权下达停工指令，待隐患问题排除，并经检查组批准后方可施工。

（7）建立机械设备、临电设施和各类脚手架工程设置完成后的验收制度。未经验收和验收不合格的严禁使用。

（8）工伤事故处理制度：建立事故档案，按调查分析原则、规定进行处理报告，认真做好“四不放过”工作。

（9）班前检查制：责任工程师必须督促与检查施工人员对安全防护措施是否进行了检查，并且对班前安全生产活动情况进行检查。

（10）安全管理制度一览见表3-5。

安全管理制度一览表 **表3-5**

序次	类别	制度名称
1	岗位管理	安全生产组织制度
2		安全生产责任制度
3		安全生产教育培训制度
4		安全生产岗位认证制度
5		安全生产值班制度
6		特种作业人员和外协力量管理制度
7		安全生产奖罚制度

续表

序　次	类　　别	制　度　名　称
8	措施管理	安全技术措施的编制和审批制度
9		安全技术措施实施的管理制度
10		安全技术措施的总结和评价制度
11	投入和物质管理	安全设备、设施和措施费用的编制和审批制度
12		劳动保护用品的购入（添置）、发放与管理制度
13		特种劳动防护用品定点使用管理制度
14	日常管理	安全生产检查制度
15		安全生产交接班制度
16		安全隐患处理和安全整改工作的备案制度
17		安全和伤亡事故的报告、统计制度
18		安全生产资料归档和管理制度

3．严格执行安全教育程序（见图 3-3）

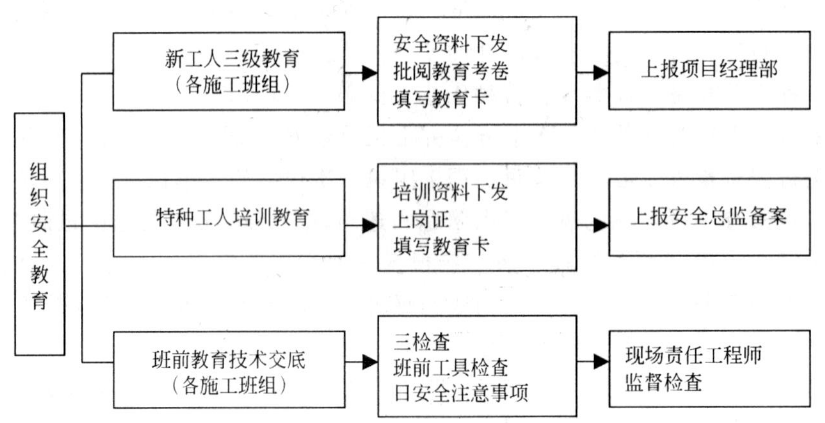

图 3-3　安全教育程序

4．安全检查内容见表 3-6

安全检查内容表　　　　**表 3-6**

检查内容	检查形式	参加人员	考　　核	备　　注
分包安全管理	定期	安全总监	月考核记录	检查分包单位自检记录
三宝防护	定期	安全总监会同分包单位	周考核记录	
施工用电	定期	安全总监会同分包单位	周考核记录	分包单位日检
作业人员的行为和施工作业层	日检	责任工程师会同分包单位	日检记录	现场指令，限期整改
施工机具	日检	施工班组自检	日检记录	责任工程师检查分包自检记录

5. 保证安全生产的措施

(1) 凡进入施工现场的各类人员必须戴好安全帽，并系好帽带。2m以上的作业均属高空作业，必须佩带安全带。高空作业人员衣着灵便、禁止穿硬底和带钉易滑的鞋。高空作业人员施工时必须挂好安全带。

(2) 手持电动工具的电源线、插头完好，工具的外绝缘应完好，维修和保管由专人负责。

(3) 电焊机应单独设立开关。其外壳应做接零或接地保护，一次线长度应小于5m，二次线长度应小于30m，并安装防护罩，设置地点应防潮、防打击。

(4) 中小型机械

1) 各种小型、手动机械设备的安全防护装置、设施必须齐全。

2) 各种小型、手动机械设备严禁带病作业和由非专业人员自行修理。

3) 木工作业，压刨送料和接料均不准戴手套，并应站在机床的一侧，材料走横或卡住时应停机、降低台面拨正，送料时手指必须离开滚筒20cm以外，接料必须待料走出台面；圆盘踞的锯片不得有裂口，螺栓应上紧，操作时应带防护镜，站在锯片侧面，禁止站在锯片线上，手臂不得跨越锯片。

(5) 施工现场使用门式架、临时活动架梯子等，安放必须牢固可靠，防护齐全。

(6) 凡患有心脏病、癫痫病、高血压、贫血等疾病者，严禁从事施工作业。

(7) 油漆涂料施工

1) 各类油漆，因其易燃或有毒，故应存放在专用库房内，不允许与其他材料混放。对挥发性油料必须存放于密闭容器内，必须设专人保管。

2) 油漆涂料库房应有良好的通风，设置消防器材，悬挂醒目的“严禁烟火”的标志，库房与其他建筑物应保持一定的安全距离，严禁住人。

3) 使用煤油、汽油、松香水、丙酮等易燃物调配油料，应配带好防护用品，严禁吸烟。

4) 沾染油漆或稀释油类的棉纱、破布等物，应全部收集存放在有盖的金属箱内，待不能使用时应集中销毁或用碱剂将油污洗净以备再用。

5) 刷涂作业过程中，如感头痛、恶心、胸闷或心悸时，应立即停止作业到户外吸取新鲜空气。

6. 消防管理措施

(1) 贯彻“预防为主，防消结合”的消防工作方针，结合施工中的实际情况，加强领导、组织落实、建立逐级防火责任制。建立消防、保卫制度，确保施工安全。作好施工现场平面管理，对易燃物品的存放要设专人负责保管，远离火源。

(2) 工地成立防火领导小组，由项目经理任组长，安全总监、材料员及责任工程师等相关管理人员任组员。对现场进行监控，及时消除隐患。各施工部位明确安全责任人员，实行挂牌制度。

(3) 对现场的操作人员进行消防保卫知识教育，提高施工人员消防保卫意识，每周一作为安全教育日，对施工人员及操作人员进行安全防火知识的教育，并充分利用板报和醒目标语等多种形式宣传防火知识，从思想上使每个职工重视安全防火工作，增强安全防火意识。

（4）施工现场按消防规定设置相应的灭火器材。防火器材不得随意搬动，消防通道不得堆放其他材料，以保持消防道路畅通。在附近要写上119火警电话醒目标志。

（5）由工地材料员建立消防（防火）档案，做好消防基础工作资料。

（6）施工中电气设施的安装、维修，均由正式电工负责，严禁私自拉接照明线、使用电加热器具，避免电气引起的火灾事故。

（7）坚持安全消防检查制度，发现隐患及时消除，防止工伤、火灾事故。

（8）动火作业履行动火审批制度，动火操作人员持动火证上岗，并有专人看护。

（9）对有火灾危险的项目施工，编制专项消防措施，设置警戒区域，并配备专职警戒人员。

（10）油漆料库、调料间和油漆工的防火要求。

1）油漆料库和调料间应分开设置，油漆料库和调料间应与散发火花的场所保持一定的防火间距。

2）性质相抵触、灭火方法不同的品种，应分库存放。

3）涂料和稀释剂的存放和管理，应符合《仓库防火安全管理规则》的要求。

4）调料间应有良好的通风，并应采用防爆电器设备，室内禁止一切火源，调料间不能兼做更衣室和休息室。

5）油漆工、调料人员应穿不易产生静电的工作服和不带钉子的鞋。

6）油漆工禁止与焊工同时间、同部位进行上下交叉作业。

7）浸有涂料、稀释剂的破布、纱团、手套和工作服等，应及时清理，不能随意堆放，防止因化学反应而生热，发生自燃。

（四）环保措施、文明施工及成品保护管理

1. 召开一次“施工现场文明施工和环境保护”工作例会，全面阐述施工现场文明施工和环境保护管理情况，部署施工阶段现场文明施工和环境保护管理工作。

2. 建立并执行施工现场环境保护管理检查制度。施工阶段组织由各施工班组的施工和环境保护管理负责人参加的联合检查，对检查中所发现的问题，开出“隐患问题通知单”，各专业施工单位在收到“隐患问题通知单”后，应根据具体情况，定时间、定人、定措施予以解决，项目经理部有关部门应监督落实问题的解决情况。

3. 文明施工及环境保护管理措施

（1）防止大气污染

1）施工阶段，定时对操作面进行淋水降尘，控制粉尘污染。

2）建筑结构内的施工垃圾应及时清运，用垃圾袋运送至指定的地点，严禁随意凌空抛撒，施工垃圾应及时清运，并适量洒水，减少粉尘对空气的污染。

3）水泥和其他易飞扬物、细颗粒散体材料，安排在库内存放或严密遮盖，运输时要防止遗洒、飞扬，卸运时采取码放措施，减少污染。

（2）废弃物管理：按照总包布置在施工现场的专门废弃物临时贮存场地，存放废弃物，并按要求及时清运出现场。

（3）材料设备管理：对现场堆场进行统一规划，对不同的进场材料设备进行分类合理堆放和储存，并挂牌标明标示，重要设备材料利用专门的围栏和库房储存，并设专人管理。在施工过程中，严格按照材料管理办法，进行限额领料。

(4) 对废料、旧料做到每日清理回收。

(5) 工作面做到工完场清，人走场清。

(6) 使用计算机数据库技术对现场设备材料进行统一编码和管理。

二、住宅工程创结构精品的策划

(一) 结构阶段质量预控要点(见表 3-7)

表 3-7

序 号	项 目	质 量 控 制 点	
1	施工组织设计、方案、措施交底	施工组织设计的战略性	三者层次清晰、具有严肃性、针对性，符合规范
		施工方案的针对性	
		措施交底的可操作性	
2	钢筋工程	钢筋原材强度控制	
		墙、柱、梁、板、楼梯钢筋定位	
		钢筋搭接长度、锚固长度、接头错开 50%、错开距离 $35d$ 且≥500mm	
		箍筋 135°弯钩、平直长度 $10d$	
		钢筋保护层厚度	
		梁、柱箍筋加密区范围、起步筋位置	
		焊接和机械连接 弯折角度、外观质量	
3	模板工程	模板加工拼缝控制	
		模板轴线位移、垂直度、平整度	
		模板堆放、脱模剂涂刷、模板拼缝	
		门框模板定位、边角密封条	
		拆模强度控制	
4	混凝土工程	混凝土分层厚度及自由下落高度控制	
		后浇带、施工缝处理	
		预拌混凝土外加剂选用及碱含量计算	
		冬期施工混凝土保温及测温	
		混凝土泵管的固定	
		混凝土振捣和冷缝控制	
		有见证试验组数及均匀分布	
5	技术资料	隐预检纪录分类及填写	
		质量评定中主控项目填写	
		复试报告填写齐全、不得缺项	
		按创优要求完成资料的收集整理	

(二) 模板工程精品策划

1. 模板设计

住宅工程结构多数采用剪力墙结构，且标准层较多，从经济性及实用性考虑，立面墙体宜采用定型钢制模板，平面宜采用多层板或竹胶板。这样可大大加快施工进度，降低模板投入费用。同时考虑到地下室及非标准层部分，由于模板周转次数少，采用定型模板费用较高，因此宜采用小钢模或木质模板。

在进行模板设计时，要针对建筑的实际情况，同时考虑施工工期要求及劳动力投入情况，合理进行流水段划分，保证各流水段工程量平衡，确保人、机、料等各项资源合理使用。在保证工期要求的前提下尽量降低成本投入。

2. 模板质量具体预控措施

（1）墙体放线时误差应小，穿墙螺栓应全部穿齐、拧紧；加工专用钢筋固定撑具（梯子筋），撑具内的短钢筋直接顶在模板的竖向纵肋上。模板的刚度应满足规定要求。

（2）要定期对模板检修，板面有缺陷时，应随时进行修理，不得用大锤或振捣棒猛振模板或用撬棍击打模板。模板拆除不能过早，混凝土强度达到 1.2MPa 方可拆除模板，并认真及时清理和均匀涂刷隔离剂，要有专人验收检查。

（3）对于阴角处的角模，支撑时要控制其垂直度，并且用顶铁加固，必须保证阴角模的每个翼缘有一个顶铁，阴角模的两侧边粘贴海绵条，以防漏浆。

（4）在柱模上口焊 20mm×6mm 的钢条，柱子浇完混凝土后，使混凝土柱端部四周形成一个 20mm×6mm 交圈的凹槽，第二次支梁柱顶模时，在柱顶混凝土的凹槽处粘贴橡胶条，梁柱顶模压在橡胶条上，以保证梁柱接头不产生错台。

（三）钢筋工程

1. 钢筋工程质量控制要点

钢筋工程是结构工程质量的关键，要求进场材料必须由合格分供方提供，并经过具有相应资质的试验室试验合格后方可使用。在施工过程中应对钢筋的绑扎、定位、清理等工序采用规矩化、工具化、系统化控制。

钢筋绑扎分项工程主要检查锚固长度、搭接部位、搭接长度、箍筋弯勾是否为 135°及平直长度是否满足 $10d$、钢筋弯勾朝向、间距、有无定位钢筋、焊接部位等。

2. 具体预控措施

（1）钢筋原材

钢筋材质证明上必须注明钢筋进场时间、进场数量、炉批号、原材编号、经办人。原材复试取样必须满足混合批的要求（≤6 个炉号、含碳量之差≤0.02%、含锰量之差≤0.15%），且在复试报告上注明：强屈比 δ_b/δ_s = ××≥1.25、屈标比 δ_s/δ_s 标 = ××≤1.4。

（2）钢筋加工

1）HPB235 级钢筋采用控制冷拉率（≤4%）的方法进行调直，调直时用红油漆划出起始标志线和终止标志线（根据冷拉率算出）。

2）箍筋：弯钩角度 135°、平直部分长度 = $10d$（见图 3-4，图 3-5）。

3）钢筋定位筋加工尺寸必须保证准确。箍筋、定位筋、梯子筋、马凳、模板顶撑加工后进行预检，并填写预检记录。

4）制作定位筋、梯子筋和在模板上口增加保护层厚度的木方或钢板控制钢筋保护层和钢筋间距。

模板上口定位措施见图 3-6。

图 3-4 箍筋加工控制

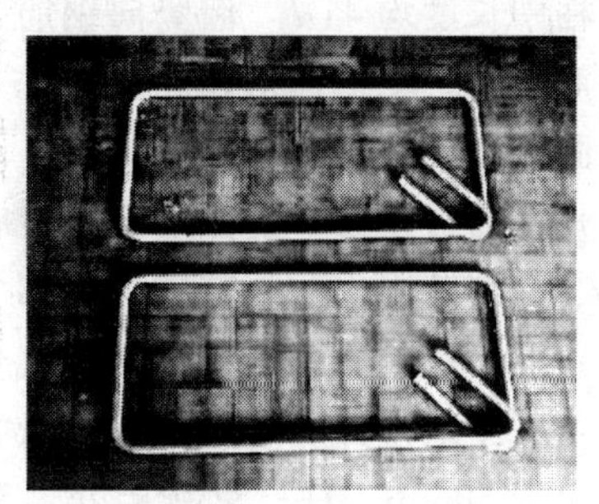

图 3-5 成型箍筋

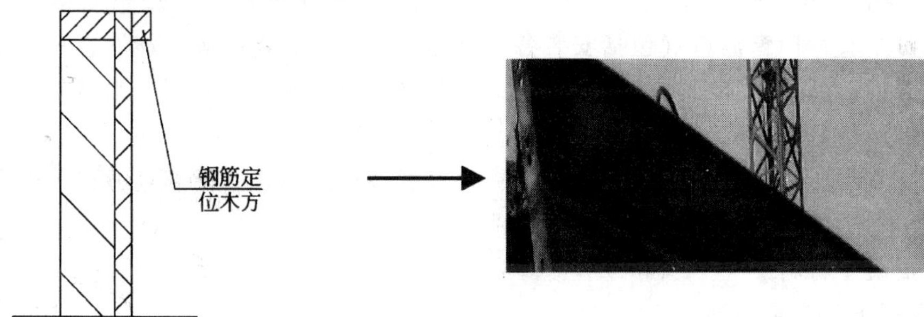

图 3-6 模板上口定位措施

(3) 钢筋绑扎施工

1) 所有钢筋交错点均应绑扎，柱角等抗震较高部位用双股铁丝绑扎。同一直线上相邻绑扣呈“八”字形，并朝向混凝土内部。

2) 墙筋、板筋、箍筋的起步筋距板、梁、墙边 5cm。

3) 过梁箍筋过门洞边 5cm。

4) 为保证钢筋与混凝土的有效粘结，防止钢筋污染，在混凝土浇筑后均要求工人立即清理钢筋上的混凝土浆，避免其凝固后难以清除。

5) 为有效控制钢筋的绑扎间距，在绑板、墙筋时均要求操作工人先画线后绑扎。

6) 工人在浇筑墙体混凝土前安放固定钢筋，确保浇筑混凝土后钢筋不偏位。

7) 通过垫块保证钢筋保护层厚度；钢筋卡具控制钢筋排距和纵、横间距。

8) 钢筋绑扎后，只有经过土建和安装质量检查员检查均确定为合格后，经监理检验合格后方可进行下道工序的施工。

(4) 施工缝处理

1) 钢筋绑扎前必须剔除施工缝处的软弱层、露出石子，用水冲洗干净，不得有明水。

2) 顶板混凝土浇筑时墙柱根边线外 15cm 范围内必须压光，绑扎钢筋前弹出墙柱边线，并沿边线内收 3mm 切割、剔除软弱层。

(5) 钢筋搭接、锚固长度均不小于规定值：墙水平筋采用搭接，其搭接长度及锚入端

墙和暗柱中长度均 $41d$。墙竖向钢筋下端锚入基础底板中 $40d$，上端锚入顶板中 $40d$。墙竖向钢筋可在一个截面搭接。暗柱搭接长度 $41d$，相邻接头间距不能小于 500mm，洞加强筋锚固 $40d$。

(6) 钢筋搭接率：受拉区不大于 25%，受压区不大于 50%，接头部位、上部钢筋在跨中 1/3 跨度范围内，下部钢筋在靠支座 1/3 跨度范围内。

(7) 箍筋数量、弯钩角度、平直长度：数量符合设计要求，弯钩角度和平直长度符合施工规范、图纸设计规定。箍筋数量检查：按图纸间距检查，其中第一根箍筋距墙或柱的距离不大于 50mm，柱、梁交接处箍筋要照常绑扎。箍筋弯勾角度 135°（开口处），平直长度 $10d$；箍筋尺寸以墙、柱、梁截面尺寸减去保护层尺寸计算。

（四）混凝土分项工程

1. 混凝土工程质量控制要点：必须外光内实。混凝土面层不允许出项错台，阴阳角线条清晰、平直；门窗洞口（包括安装各种留洞）位置、标高准确，能够达到直接安装门窗的程度。内、外墙、顶板均达到不模灰即能刮腻子的程度，即实现清水混凝土墙（实测项目达到高级抹灰标准）。

重点控制混凝土的观感质量、平整度、垂直度、断面尺寸、阴阳角方正、标高等。

2. 混凝土质量预控措施及要求

(1) 混凝土材料

1) 混凝土碱含量控制

使用 B 种低碱活性集料配制混凝土，其混凝土含碱量不超过 $3kg/m^3$。

2) 外加剂选择

选用无氯盐无尿素低碱型外加剂。

(2) 混凝土运输

1) 预拌混凝土运至浇筑地点的温度 $5℃ \leqslant t \leqslant 25℃$。

2) 混凝土泵最大水平输送距离必须经过计算。

(3) 混凝土到场后必须每车检测坍落度，并做好记录。同时记录混凝土的出厂时间、进场时间、开始浇筑时间、浇筑完成时间，以保证混凝土的质量浇筑的整体性。

(4) 施工缝位置：墙柱施工缝留置在梁底面以上 10mm，拆模后沿梁底面弹线剔凿。

(5) 混凝土浇筑

浇筑混凝土前先在施工缝处均匀虚铺 4±1cm 厚与混凝土配合比相同的水泥砂浆。

根据规范要求，混凝土分层厚度 400mm。现场制作控制杆随时探测、调整混凝土浇筑厚度。当晚间施工时还应配备足够照明，以便给操作者全面的控制质量。

(6) 混凝土振捣

振捣时振捣棒必须快插慢拔，插入下层深度不小于 50mm（根据分层厚度在振动棒上用红漆作标记）。振动棒移动间距小于 57cm，且距离模板小于 19cm（50 振动棒）。顶板梁采用斜向振捣，振动棒与混凝土表面成 42.5°±2.5°。

在施工缝处浇筑混凝时，不能直接靠近缝边下料，振捣应由远而近向施工缝处推进，距离缝边 900mm±100mm 时停止机械振捣，改用人工振捣。

振捣时间通过观察确定：混凝土表面泛出浆、不再显著下沉、不再出现气泡，严禁漏振、过振和欠振。

(7) 混凝土养护及试验

梁板混凝土必须在浇筑完成12h内浇水养护（非冬期）或覆盖塑料布+保温材料（冬期），浇水养护时间为14d。

柱、墙混凝土采用喷雾器喷水（非冬期）或涂刷混凝土养护剂养护（冬期）。

混凝土浇筑后做出明显的标识，以避免混凝土强度上升期间的损坏。

(8) 混凝土试验

1) 设立混凝土试块标准养护室，标养室养护温度20℃、相对湿度93%。

2) 混凝土试块在浇筑地点随机取样制作，数量符合规范要求。为保证混凝土拆模强度，从下料口取混凝土制作同条件试块，并用钢筋笼保护好，与该处混凝土同等条件进行养护，拆模前先试验同条件试块强度，如达到拆模强度方可拆模。

3) 在每个混凝土车后部用小桶接取混凝土测定其坍落度，不满足要求的退回搅拌站。

混凝土的配合比、原材料计量、搅拌、养护和施工缝处理必须符合施工规范的规定。混凝土必须有试配单，计量器具齐全，搅拌时间准确，养护按规定浇水或涂刷养护剂。

3. 混凝土工程必须符合下列要求：顶板下皮（顶棚）平整度不大于5mm；阴阳角顺直，清晰，无接缝，无跑浆现象；混凝土板上表面平整度为2mm，搓毛标准：毛面均匀一致，无抹痕；成品顶板混凝土必须做好保护工作，表面不能留有脚印等痕迹；墙体混凝土强度达到$4N/mm^2$以上时，才能安装楼板；拆模强度必须在$1N/mm^2$以上，并严禁板碰撞墙体，拆除门窗洞口模板时严禁用大锤敲击门口，防止因施工造成墙体裂缝，拆模后必须对墙体进行三天以上的喷水养护或喷混凝土养护剂。不允许存在影响混凝土观感的因素。

(五) 砌筑分项工程

1. 砌筑工程质量控制要点

(1) 砂浆的品种必须符合设计要求，强度必须符合验评标准的规定。

(2) 砌体砂浆必须密实饱满，红机砖砌体水平灰缝的砂浆饱满度不小于80%。

(3) 外墙的转角处留马牙槎，先进后退。

错缝：砖柱、垛无包心砌法，墙面无通缝（上下两皮砖搭接长度小于25mm）。

接槎：接槎处灰浆密实，缝、砖平直，每处接槎部位水平灰缝厚度小于5mm或透亮的缺陷不超过5个。

(4) 拉结筋：数量、长度均应符合设计要求和施工规范规定，留置间距偏差不超过1皮砖。

(5) 构造柱：设计要求留设构造柱时，留置位置准确，大马牙槎先退后进，上下顺直，残留砂浆清洗干净。

(6) 墙面：组砌正确，竖缝通顺，刮缝深度适宜、一致，棱角整齐，墙面清洁美观。

2. 质量预控的具体措施

(1) 测量放出主轴线，砌筑施工人员弹好墙线、边线及门窗洞口的位置。

(2) 墙体砌筑时应单面挂线，每层砌筑时应穿线看平，墙面应随时用靠尺校正平整度、垂直度。

(3) 墙体每天砌筑高度不宜超过1.8m。

(4) 注意配合墙内管线安装。

(5) 墙体拉结筋按照图纸施工。

(6) 横平竖直，砂浆饱满，错缝搭接，接槎可靠。

砌筑工程还需注意：顶砖斜砌、地下室防护墙标高、外墙拉结筋的放置、外墙注意美观。

三、住宅工程创机电精品的策划

(一) 机电工程质量控制点及控制措施 (见表 3-8)

机电工程质量控制点及控制措施 表 3-8

分项工程	质量控制点	质量控制措施
施工准备	材料计划、材料送审 施工方案	及时、准确 认真编制
电气工程		
结构预埋	位置标高正确、线管保护层、漏埋、错埋、管路弯扁度	确保按基准标高线施工，避免预埋的管路三层交叉，认真查阅图纸
孔洞留设	漏留、错留	编制孔洞留洞图和留洞检查表
桥架安装	位置、标高正确、与水管、风管间距正确、支架排列正确	绘制综合图解决
线槽安装	位置、标高正确，与水管、风管间距正确，支架排列正确	绘制综合图解决
母线安装	支架间距正确，母线垂直，接头处封闭	严格规范要求，认真检查 根据电气竖井图进行协调
管路暗敷	支架间距、与水管、风管间距正确，接线盒、过线盒接线正确，管路弯扁度	严格规范要求，认真检查、消除质量通病
管路明敷	支吊架间距，与水管、风管间距正确，接线盒、过线盒接线正确，管路横平竖直管路弯扁度	严格规范要求，认真检查，消除质量通病
穿线配线	导线涮锡，导线损伤	严格涮锡工艺，穿线时注意保护导线
电缆敷设	电缆平直、固定牢固、电缆弯扁度、电缆排列整齐、美观	根据电缆排布图进行协调，电缆按次序敷设
器具安装	器具固定方法正确；位置标高正确	研究照明器具的安装方法 准确定位
设备安装	安装方法、位置标高正确	制订专项施工方案
调试	绝缘摇测全面、开关动作可靠	制订专项调试方案
管道工程		
预留预埋	孔洞位置、数量	仔细审图、编制表格、逐个检查
管道安装	管道甩口 支吊架间距 铸铁管水泥捻口	及时封堵 严格规范要求，认真检查 冬季防冻
保温	穿越隔墙、楼板处	严格规范要求，认真检查
管道冲洗	断开设备联结，拆下阀部件	认真检查
通风工程		
风管制作	选料 下料 合风管 铆接法兰、风管成型	严把进货关，选择质优价廉的产品 严格、准确 必须用木锤 使用方尺靠边

续表

分项工程	质量控制点	质量控制措施
风管安装	支吊架间距 风管连接	严格规范要求，认真检查 必须加阻燃胶带
保温	保温钉数量	严格规范要求，认真检查

（二）机电施工组织部署

1. 机电工程施工组织结构及岗位职责（见图 3-7）

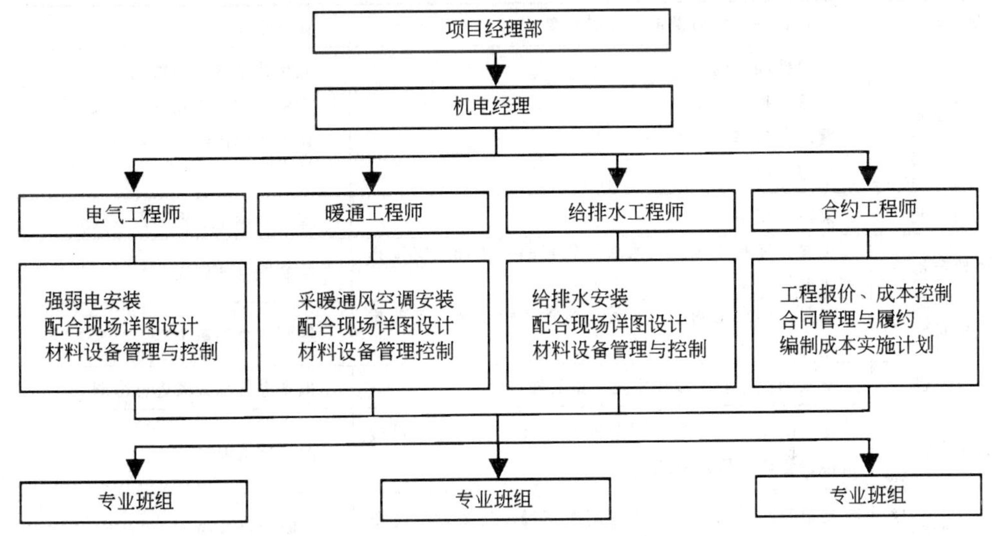

图 3-7 机电工程施工组织图

2. 阶段施工组织

(1) 前期准备

1）在施工准备阶段积极开始单项施工方案的编制。

2）在施工准备阶段抓紧预埋管材的选型和采购、进货，保证结构底板施工时管材已运至现场。

3）在施工准备阶段抓紧预留洞、预留套管施工图纸的绘制工作，保证进入结构施工阶段管路预留工作的进行。

4）开始组织综合图纸的绘制工作，保证进入管线施工阶段各专业管路施工的进行并避免产生返工带来的工期损失。

5）在施工准备阶段抓紧施工队伍的选择和进场，保证施工的顺利进行。

(2) 结构配合阶段

1）进行配合预留预埋工作、防雷接地的施工作业。

2）设备材料的选材和选型应完成并已订货，供货期长的已提前完成选型和订货。

3）结构施工期间应已完成专业内的深化设计，产品应已完成送审和订货。

(3) 安装调试阶段

1）开始机电工作的大面积开展，并配合装修完成各部位的施工。

2）开始机电各系统的调试工作，并提前开始部分系统如电梯、市政管线、消防的验收。

（4）收尾验收阶段：

进行大面积的收尾和调试并开始竣工清理、资料准备和竣工报验工作。

（三）机电施工预控措施

1．电气安装工程质量控制点及控制措施（见表3-9）

电气安装工程质量控制点及措施　　表3-9

分项工程	质量控制点	质量控制措施
施工准备	材料计划，材料送审，施工方案	认真编制
结构预埋	位置标高正确 线管保护层 漏埋、错埋 管路弯扁度	确保按基准标高线施工 避免预埋的管路三层交叉 认真查阅图纸
孔洞留设	漏留、错留	编制孔洞留洞图和留洞检查表
桥架安装	位置、标高正确，与水管、风管间距正确，支架排列正确	绘制综合图解决
线槽安装	位置、标高正确，与水管、风管间距正确，支架排列正确	绘制综合图解决
母线安装	支架间距正确，母线垂直，接头处封闭	根据电气竖井图进行协调
管路暗敷	支架间距，与水管、风管间距正确，接线盒、过线盒接线正确，管路弯扁度	消除质量通病
管路明敷	支架间距，与水管、风管间距正确，接线盒、过线盒接线正确，管路横平竖直，管路弯扁度	消除质量通病
穿线配线	导线涮锡 导线损伤	严格涮锡工艺 穿线时注意保护导线
电缆敷设	电缆平直、固定牢固 电缆弯扁度 电缆排列整齐、美观	根据电缆排布图进行协调 电缆按次序敷设
器具安装	器具固定方法正确 位置标高正确	研究照明器具的安装方法 准确定位
设备安装	安装方法、位置标高正确	制订专项施工方案
调试	绝缘摇测全面，开关动作可靠	制订专项调试方案

2．管道安装工程质量控制点及控制措施（见表3-10）

管道安装工程质量控制点及控制措施　　表3-10

分项工程	质量控制点	质量控制措施
孔洞预留	位置、标高准确	绘制管道留洞图、洞口检查表
套管安装	套管类型正确 套管水平度、垂直度准确	套管类型根据使用部位进行明确 立管套管管道完成后再固定套管

续表

分项工程	质量控制点	质量控制措施
管道安装	位置、标高、坡度正确 消除管道交叉和矛盾	分系统编制专项施工方案 绘制综合图解决施工交叉问题
防腐处理	除锈、防腐处理彻底	认真检查
填堵孔洞	根据工艺确定填堵方法 套管与管道的间隙均匀 套管出地面高度符合设计要求	套管调整后固定牢固 与土建协调地面做法
水压试验	分层分区打压	编制单项方案
闭水试验	分层分区	编制单项方案
设备安装	稳固	编制单项方案
系统冲洗	冲洗彻底	
通水试验	认真检查	
调试		编制单项方案

3. 通风安装工程质量控制点及控制措施（表 3-11）

通风安装工程质量控制点及控制措施 **表 3-11**

分项工程	质量控制点	质量控制措施
风管制作	消除制作质量通病	严格按工艺标准操作
风管阀部件安装	支吊架间距，安装方向性	确定阀部件安装方向
设备安装	基础水平，设备安装稳固，气密性	编制专项施工方案
保温	材料粘接点，连接缝处理，外保护	严格按工艺操作
调试		编制专项施工方案，严格操作

4. 关键部位技术及质量预控措施

（1）样板间：各专业分包商必须进场，并必须提供承包范围内的材料和设备样品进行安装，尽量避免完成后再进行拆除；编制专项施工方案。

（2）卫生间工艺复杂，专业配合密切，需进场后单独编制施工方案。房间形成并具备封闭条件、孔洞留设并检查完毕，除管井外，墙体已完成，管道已安装至卫生间，吊顶内管线基本到位。

1）施工顺序及与土建的配合如图 3-8。

2）质量预控重点

施工准备必须结合具体材料、设备、做法研究解决；卫生器具的型式确定，以确定用口位置；地漏的安装高度与防水的做法；地漏与地砖的排布；墙砖与出墙管线的排布；台面板与卫生器具的安装关系及开洞形式和尺寸等等；风管、管道、桥架安装必须协调好后，严格按综合图施工；地漏与地面防水的施工关系的协调；地下的设备基础应在筏基底板上施工；设备运入后，机房必须实现封闭。

（四）机电施工管理与协调重点

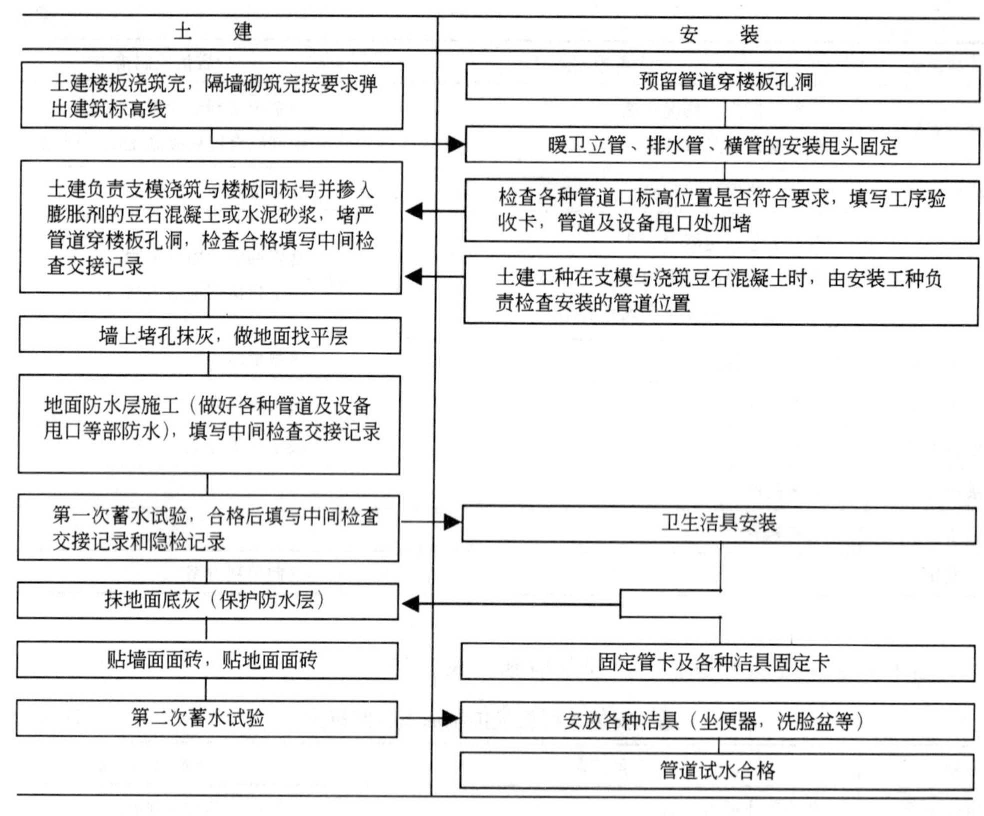

图 3-8 卫生间施工顺序

1. 技术管理与协调

严格遵守先技术后施工的程序，保证技术先行。

为做好本工程的技术保证工作，进场后应根据工程进展情况编制以下专项施工方案：

(1) 专业工程施工方案

电气工程施工方案

给排水工程施工方案

消防工程施工方案

暖通工程施工方案

(2) 关键部位专项施工方案

卫生间施工方案

泵房施工方案

竖井施工方案

水箱间施工方案

(3) 关键工序专项施工方案

结构预留预埋施工方案

防雷与接地施工方案

防腐保温施工方案

管道试压方案

各系统调试方案

系统联合调试方案

2. 编制其他的专项方案

根据各专业的图纸和技术标准，在技术上解决各专业的施工交叉和矛盾，以综合图、大样图的形式解决实际施工问题。

四、住宅工程创装修精品的策划

（一）精装修工程总体策划

1. 目前工程施工普遍存在工期较紧现象，同时住宅工程由于直接对应住户，存在要求严格，方案变化大等特点，因此精装修施工具有以下特点：

（1）结构施工与装饰施工交叉作业；

（2）相关的机电设备管道工程、门窗工程穿插施工；

（3）各套房装饰设计、施工将面对购房小业主。他们的参与，增加了施工和选材采购、保管的复杂性；

（4）其他不可预见的因素；

（5）工期紧张。

2. 精装修工程施工质量标准要求高

住宅工程装饰材料使用的品种较少，从色彩效果上不如工装亮点集中，因此重点是施工的细部做法，要做精细，否则很难达到家居装饰的质量特点。这是家装工程与其他装饰工程最大的不同之处。

3. 各方密切协调是施工顺利开展的关键

根据装修施工特点，施工过程应与业主、设计、监理、各专业分包保持良好的关系，每一工序结束应随时进行相关的验收。而且装修工作与水电等相关专业的协调配合，更是工期质量保证的前提。只有在对各专业施工的有效协调下，才能够保证施工的顺利进行，从而为推动整体工作打下良好的基础。这就需要业主、监理在施工过程中对施工图纸、材料样板、施工方案、样板工程验收中提出宝贵意见，将不完善的问题统一在施工过程中体现出来，便于施工质量达到更高的目标。

4. 材料检验程序和方法

（1）对材料质量严格按照公司质量保证程序文件中相关的规定进行，对进场物资材料进行全面的检验和试验，不合格品严格按不合格品的控制程序进行控制。

（2）建立物资验证台账。定期检查各种材料、各种质量证明。物资部和协调部紧密联系，对进场的物资验证其各种质量证明及复试报告和其实体质量，并认真切实做好台账。

（二）主要分项和重点部位质量预控

1. 抹灰工程

配合物资部门对进场原材料进行检验，不符合要求者退场更换。砂浆配制须严格按照配合比搅拌，保证施工质量。

（1）质量控制要点

1）各抹灰层之间及抹灰层与基体之间必须粘结牢固，无脱层，空鼓，面层无爆灰和裂缝等缺陷。

2）抹灰表面光滑、洁净，接槎平整。

孔洞、槽、盒尺寸正确，方正、整齐、光滑；管道后面平整。

护角符合施工规范规定，表面光滑平顺；门窗框与墙体间缝隙填塞密实，表面平整。

分格条宽度、深度均匀，平整光滑，棱角整齐，横平竖直。

（2）施工控制要点

1）基层处理：根据混凝土墙体的平整度状况，并将凸出部位混凝土剔除；提前一天洒水湿润墙体。

2）甩毛：用水重量的20%108胶涂刷基层，待胶不粘手时用水泥砂浆在墙上甩毛；甩毛砂浆终凝后洒水养护，待有较高强度（约3d）时方可进入下道工序。

3）放线：依据楼层控制线做出墙体灰饼控制线。

4）做灰饼：依据墙体控制线及抹灰厚度要求做灰饼，灰饼间距控制在1.5～1.8m。抹灰厚度控制在18mm以内，并结合现场实际情况做竖向水平标筋。

5）界面处理：待标筋有一定强度后砖墙与砌块墙必须先润湿透水，等墙面干后或无水迹方可作业。混凝土墙面必须先套胶：用滚筒1∶3的108胶均匀地涂在清理干净的墙面上，稍干后可进入下一道作业。

6）头遍底灰：抹灰砂浆为1∶2.5（中砂），厚度控制在5mm左右。

7）固定抹灰护角：依据灰饼的高度做出房间、走廊各部位的阴阳角，不同的材质的交接处铺钉金属网，每边的搭接长度大于100 mm，并进行养护。

8）中层抹灰：用1∶3的水泥砂浆，厚度控制在7～10 mm，砂浆上墙后与基层有一定的附着力时方可刮平、搓平。

9）面层抹灰：用素水泥砂浆抹上墙，厚度控制在1～2mm，压光，终凝后洒水养护。

2．木门安装

（1）材料要求

1）由专业的木材加工厂加工的木门框和扇必须是经检验合格的产品，并具有出厂合格证，进场前应对门窗的型号、数量及门窗的加工质量全面进行检查（包括缝子大小、接缝平整、几何尺寸正确及门窗的平整度等）。门窗框制作前的含水率不得超过12%，生产厂家应严格控制。

2）防腐剂：氟化钠，其纯度不应小于95%，含水率不大于1%，细度要求应全部通过1600孔/cm^2的筛或稀释的冷底子油涂刷木材与墙体接触部位进行防腐处理。

3）门运输到现场前应刷一道底漆，以防止变形。

4）钉子、木螺钉、合页、闭门器、拉手、门锁等按门窗图表所列的小五金型号、种类及配件准备。

5）对于不同轻质预埋的木砖及预埋件等，应符合设计要求。

（2）质量控制要点

1）门安装位置必须符合设计要求，门必须安装牢固，固定点符合设计要求和施工规范规定。

2）门框与墙体间需填塞保温材料时，应填塞饱满、均匀。门扇安装：裁口顺直，刨面平整光滑、开启灵活、稳定无回弹和倒翘。

门小五金安装：位置适宜，槽深一致，边缘整齐、尺寸准确、规格符合要求、螺栓拧紧卧平并且方向一致，插销开启灵活。

门披水、盖口条、压缝条、密封条安装尺寸一致，平直光滑，与门窗结合牢固严密，无缝隙。

3）五金安装：门窗扇的五金配置必须按照设计要求，不得漏装。一般门锁、碰珠、拉手等距地高度95～100cm，插销在拉手的下面，其他门阻、暗插销、闭门器等安装见其说明。

（3）施工时注意预控的质量问题

1）有门贴脸的门框安装后与抹灰面不平

原因分析：立口时没有掌握好抹灰层的厚度，或墙面没有拉线找平。

措施：在安装门窗前必须将墙面抹灰的灰饼、冲筋做好，以保证门窗安装位置。

2）门框安装不牢

原因分析：预埋木砖的数量少或预埋不牢或者木门窗框的固定点较少，固定不牢。

措施：施工时严格按照施工规范要求设置固定点并对预埋件进行牢固性检查。

3）合页不平，螺栓松动，螺母斜露。

原因分析：安装时螺栓钉入太长或倾斜拧入

措施：安装时螺栓应先钉入1/3，再拧入2/3，拧时用力在正面，如遇到木节处应处理后，塞入木楔再拧螺栓。

3．木制品油漆

（1）材料要求

1）油漆：主要包括底漆、面漆两种。要求依据木材的材质情况和设计要求的颜色等，选用与之相应的油漆。油漆的品牌、质量必须符合要求，并具有相应的材质报告、出厂合格证。

2）填充材料：石膏、大白、地板黄、红土子、黑烟子、立德粉、纤维素等。

稀释剂：二甲苯、汽油、煤油、醇酸稀料、酒精或专用稀料剂等。

（2）施工过程中应预控的质量问题：

1）油漆流坠（或流挂）

原因分析：

油漆中稀释剂过多降低了油漆黏度，漆料不能附着在物体表面而流淌下坠；涂刷的漆膜太厚，聚合与氧化未完成，由于漆自重造成流坠；施工环境温度过低，湿度过大，漆质干性较慢形成；使用稀释剂挥发太快，或太慢造成流坠；基层表面不平，油漆厚薄不一致造成；棱角、转角、线角等处油漆过厚造成；漆刷太大、刷毛太长、太软，造成油漆厚薄造成流坠；喷涂油漆时，选用喷嘴孔径太大，喷枪距离物面太近或距离不能保持一致，喷漆的气压太小或太大，造成油漆中含颜料过多，或者不均匀。

措施：

选用优良的油漆材料和适当的稀释剂；涂漆前，表面清理干净。表面凹凸不平要修补到位；施工温度适宜，以15～25℃、相对湿度50%～70%为最适宜的施工环境；选用适宜的油漆黏度；每次涂刷的漆膜不宜太厚，一般在50～70μm，喷涂油漆应还要薄；采用喷涂时，喷枪距离物体控制在250～300mm之间，气压保持在0.3～0.4MPa之间；选择比较适合的刷；涂刷应先开油再横刷、再斜刷最后顺油；待漆膜干燥后再刷。

2）漆膜粗糙

原因分析：

漆料在制造中研磨不够、颜料过粗、用油不足；漆料调制搅拌不均匀，过筛不细致；

施工环境不清洁，空气中含尘土；涂刷前表面打磨不光滑，灰尘、砂粒粘在漆膜上；漆桶、刷子不洁净等；使用喷涂方法时，枪口小，气压大，喷枪与物面距离太远，温度较高，使灰粒带入油漆中。

措施：

选用优良的漆料；储存时间长的、材料性能不明的涂料，应做样板试验合格后再使用；漆料必须调制搅拌均匀，并过筛；刮风或有尘土的场所不得进行施工；基层在涂饰前，凹凸不平处应刮抹腻子，并打磨光滑；漆桶边缘不应有旧漆皮并经常保持洁净。

3）漆膜皱纹

原因分析：

漆料中含桐油太多造成漆膜尚未流平而黏度变稠，出现皱纹；刷油时遇高温或太阳曝晒以及催干剂过多，使漆膜内外干燥不均造成；漆料中溶剂挥发较快造成；底漆过厚，未干透或黏度太大造成外干里不干形成皱纹。

措施：

注意选择漆料，选用不易产生皱纹的漆料；漆料中加入催干剂必须适量，宜多选用铅或锌的催干剂；高温、日光曝晒及寒冷、风大的气候不宜涂刷油漆；对于黏度大的漆料可以适当的加稀释剂。

4）漆膜起泡

原因分析：

基层潮湿，水分蒸发而造成漆膜起泡；底层漆膜未干就刷面漆；金属表面处理不好，凹处积聚潮气或底漆膜残存的溶剂受热蒸发；喷涂施工时，压缩空气中含有水蒸气，与油料混在一起造成；施工环境温度太高，或日光强烈使底漆未干透，遇到蒸汽形成。

措施：

在潮湿及经常接触水的部位涂刷耐水油漆；含水率较高的木材等基层不要刷油漆，待烘干后刷；木材含有芳香油等应将其处挖除修平干燥后刷底漆；当基层有潮气或底漆上水时必须将水擦净、潮气散干后再做油漆；漆料黏度不宜太大，一次涂膜不宜过厚，喷漆时压缩空气要过滤、防止潮气浸入。

5）刷纹

原因分析：

油漆中的填料吸油量大，颜料中有水分存在，造成油漆流平性差，再加上操作不熟练，造成刷纹；漆料储存时间长，遇水形成乳化悬垂体，使漆料黏度增大呈假厚状态；漆料中挥发性溶剂过多，或漆料的黏度较大等使漆膜易留下刷纹；油刷太小或刷毛太硬，易出现漆膜未流平表面已干燥，因而刷痕较重。

措施：

选择优良的漆料，不得使用挥发过快的溶剂，漆料黏度应调配适度；提高操作技术，使用磁性漆时，要选用较软的漆刷，理油漆动作要轻巧，顺木纹的方向平行操作；漆膜出现较严重的刷纹，需要水砂轻轻打磨平整光滑后再涂刷一遍面漆即可。

6）漆膜太薄（透底）

原因分析：

调配漆料时，加入过多的稀释剂，破坏了原材料的黏度；没有严格按操作规程进行涂刷，任意减少涂刷遍数而使涂层太薄。

措施：

按实际情况选择涂料，不得任意在漆料中加入过量的稀释剂；严格按工艺标准施工，不得任意减少涂刷遍数；如漆膜太薄、光亮不足，可将表面适当处理后，再加刷一道面漆。

7）木纹浑浊

原因分析：

油漆存放时间较长，颜料下沉，造成上部浅下部深，操作时未搅拌均匀，涂刷颜色较深处，覆盖木纹而出现木纹浑浊；操作技术不熟练，重刷处色深；刷毛太硬或太软也容易造成色泽不一致；木材质地不同，着色不均匀，一般木质硬者不易着色。

措施：

木材染色颜料宜选用酒色或水色，尽量不使用油色，如果木材本身色泽明显不一致可采用漂白脱色方法达到色调统一；用比重较大的颜料培植的油漆要经常搅拌保持均匀；对于不同材质的基层，应选用不同的施工方法染色，操作要迅速、熟练，防止重叠反复涂刷，个别地方可进行修色，取得色调一致。

8）慢干和回黏

原因分析：

油漆过稠，涂刷时漆膜太厚，致使漆膜氧化作用仅限于表面，漆膜内部聚合进行缓慢，长时间不干燥。前遍漆未完全干透，又刷第二遍漆造成面漆干燥结膜，而底漆不能固结，使漆膜长时间柔软不干固；催干剂使用不当，品种不符，数量过多或不足；漆料储存过久，催干剂被颜料吸收而失效，造成漆膜不干结；在雨露、潮湿、严寒、黑暗、烈日曝晒等恶劣气候条件下施工影响漆膜的干燥；物体表面不干净，有蜡、油和盐等附着在基层上，涂漆后易产生慢干或回黏起来。

措施：

选用优良的漆料，不使用储存时间过长的漆料，对于性能不够了解的漆料，要进行试验或样板，合格后再使用；选用适当的催干剂，常用的催干剂有铅催干剂、钴催干剂及锰催干剂；水泥砂浆等潮湿基层不能涂油漆，通常须经一年干燥后的基层才允许涂刷油漆；应选择良好的施工环境，保证空气流通，促使漆膜干燥；基层应清理干净，涂刷用的黏度适当，不要急于求成，造成漆膜涂刷太厚，可多刷几遍，每遍漆必须涂刷均匀一致。

9）桔皮

原因分析：

在喷涂时，漆的黏度过大，压力太大，喷嘴太小，喷枪与物面的距离太近，施工的温度太高或过低，都会使漆膜来不及流平就干燥而形成桔皮。

措施：

选用脱水硝化纤维素和蒸发慢的溶剂配合起来的漆料。硝基漆的黏度应该用硝基漆稀释剂（香蕉水）适当对稀；施工现场温度宜在20℃左右。喷漆使用压力不宜太高，黏度适中，喷嘴可大一些，并保持适当的距离；出现桔皮弊病涂层，应用水砂纸将凸起部分磨平，凹陷部分抹补腻子，再满涂刷一遍面漆。

10）发汗

原因分析：

树脂含量较少的亚麻仁油或熟桐油膜，很容易发汗；施工环境潮湿、黑暗或湿热，使漆膜表面凝聚起水分，特别是通风不良更易发生；表面干燥的清漆膜，打磨后成为无光漆膜，但过几小时后、光泽还会恢复，这是由于氧化未完全，油料发汗；或油度漆未能从底部完全干燥所致。

措施：

选用优质的漆料；涂刷的基层干燥。不潮湿、黑暗及通风不良的环境中操作。基层表面油污等须处理后，才能进行涂刷漆料施工；对有发汗弊病的漆膜，要加强通风，促使漆膜氧化和聚合，达到完全干燥，不再产生发汗。

11）咬底

原因分析：

油脂漆膜、醇酸漆膜以及由于干性油改的一些合成树脂漆膜，未经高度氧化和聚合成膜之前，一旦与强溶剂相遇，底漆膜就会被侵蚀而乳肿，如底漆用的油性酚醛漆，面层硝基漆，则硝基漆中的溶剂就会把油性酚醛漆咬起，并与原附着基层分开；底漆未完全干燥就涂刷面漆，面漆中的溶剂极易将底漆溶解软化，引起咬底；当涂刷面漆时，操作不迅速，反复涂刷次数过多，也能使原来的底漆膜被溶解破坏，出现咬底；使用漆片液（虫胶漆）或硝基漆等涂刷，较易产生咬底现象。

措施：

在底漆完全干燥后，方可涂刷面漆；漆料、溶剂和腻子应配套使用。如果不同的漆料，在油性漆表面作溶剂性较强的面漆时，可在底漆完全干燥后，涂刷2～3遍漆片液作隔离封闭层，然后再涂刷面漆；涂刷强溶剂性的涂料，要求技术熟练，操作准确，迅速、防止反复涂刷；轻微、咬底，不影响质量的可不进行处理。严重的重新返工。

12）漆膜发花

原因分析：

漆料中颜料密度及粉粒大小不同，重的下沉，轻的上浮；颜料的湿润性不好，与油料不易混合，颜料中仍含有空气，因而上升；颜料的吸潮性大。颜料的溶解性大，如有机颜料大红粉易泛金光；由于颜料粉粒接近胶体微粒细度而凝固；颜料吸油量大的，以及使用桐油等都易产生发花现象。两种以上的着色颜料配制成的色漆，因颜料的密度不同，产生浮沉现象，使用时，未调和均匀就进行涂刷；刷子毛太粗、太硬，涂刷时较易出现浮色。

措施：

选择优良的漆料。对于新材料要试验再用。遇有发花的漆料，应针对发花原因加入适量的保护胶；使用含有密度大的颜料，最好选用软毛漆刷。涂刷时，要经常反复搅拌均匀，以防止沉淀，但注意不要带入空气；对于有发花弊病的漆层，可选择优良的漆料，用软毛漆刷再涂刷一遍面漆即可。

13）漆膜倒光

原因分析：

涂刷油漆时，空气相对湿度大于80%或有水蒸气凝聚，或遇有烟熏，油漆干后易产生倒光；在阴雨天或冬天，使用漆片液涂刷，由于含有低沸点溶剂及稀释剂，易产生倒光；喷涂工具中有水分带入漆料，在漆膜上也会形成倒光；木材基层含有吸水的碱性植物胶；金属表面油、喷涂硝基漆后，产生发雾或微白。

措施：

阴雨、严寒天气或潮湿环境，不宜进行醇溶剂性漆或硝基漆施工；喷涂时，使用的空气压缩空气，必须过滤，并装有防水器，防止水分混入漆中；木材、金属等基层表面，在涂漆前，必须处理干净，不得有污物；出现漆膜倒光，可用远红外线照射，促使漆膜干燥；也可采取降低环境湿度，待漆膜水分自然蒸发，但时间较长。在倒光的漆膜表面，涂一层加有防潮剂的漆料。

14）针孔

原因分析：

漆料施工黏度过大，现场温度较低；漆料搅拌后，气泡未消除就使用；溶剂搭配不当，低沸点挥发性溶剂用量过多，造成漆膜表面迅速干燥，而底部的溶剂不易逸出；在30℃以上的环境中施工含低沸点挥发快的漆料。喷涂施工中，喷枪压力过大，喷嘴直径过小，喷枪和基面距离太远；漆料中有水分，空气中有灰尘。

措施：

漆料施工黏度不宜过大，施工温度不宜过低。漆料搅拌后应停一段时间后再用；注意溶剂的搭配，应控制低沸点溶剂的用量；应在较低的温度下施工；掌握好喷涂技术；配制使用的漆料时，应防止水分混入。风沙天、大风天不宜施工。

15）漆膜脱落

原因分析：

基层不干净，表面有油渍、水汽、灰尘及化学药品；每遍漆膜太厚；底层漆膜的硬度过大，漆膜表面光滑，使底层漆料和面层漆料的结合力较差。

措施：

涂刷前，应将基层表面处理干净；控制每遍涂刷层厚度；注意底层漆料和面层漆料的配套，应选用附着力和润湿性较好的底层涂料。

16）漆膜开裂

原因分析：

漆膜干后，硬度过高，柔韧性较差；干燥剂用量过多或各种干燥剂搭配不当；漆膜过厚，表面已干燥，但里面还未干燥；木材表面上的松脂未除干净，在高温下易渗出漆膜，造成漆膜龟裂；面层油漆料中的挥发性成分太多，影响成膜的结合力。

措施：

面层漆料的硬度不宜过高，应选用柔韧性较好的油漆；掌握好干燥剂的用量和搭配。

17）粉化

原因分析：

油漆过稀，缺乏粘结性；在封闭不充分且有吸收能力的基面上涂刷油漆；在室外暴露的地方使用高色料醇性油漆；在室外使用室内油漆。

措施：

漆料不可随意稀释；对具有吸收能力的表面，应事先封闭，并将孔眼修补填平；正确选油漆，注意将室内和室外油漆分开，正确使用。

4．钢质防火门安装

（1）材料要求

1）钢、木防火门的加工由专业的厂家单位进行生产，提供的产品是经检验合格，并具有出厂合格证和检验报告，防火等级必须达到设计确定的等级。在成品进入现场前应进行数量、规格和加工的质量全面检查（包括防火等级、几何尺寸）。

2）施工中辅助材料：膨胀螺栓、射钉、预埋铁件、膨胀水泥砂浆、岩棉、防火玻璃；五金配件如：防火门锁、闭门器、顺位器等。辅助材料的质量必须符合要求，并提供合格证和相关的材质报告。

（2）施工注意预控的质量问题：

1）有门贴脸的门框安装后与抹灰面不平

原因分析：立口时没有掌握好抹灰层的厚度

措施：在安装门窗前必须将墙面抹灰的灰饼、冲筋做好，以保证门窗安装位置

2）门窗洞口预留尺寸不准

原因分析：预留洞口尺寸不准造成门窗框边的预留量不准。

措施：预留洞口时应严格按照控制线进行，保证洞口位置准确。

3）门窗框安装不牢

原因分析：预埋件的数量少或预埋不牢或门窗框的固定点较少，固定不牢。

措施：施工时严格按照施工规范要求设置固定点和对预埋件进行牢固性检查。

4）门扇开启不灵活

原因分析：门框安装不垂直、铰链质量差

措施：安装时应注意调好门框的垂直线，必须进行复查；检查铰链的质量。

5）填充料不密实

原因分析：填充料在塞口不细致，或安装前填充未达到强度就安装造成脱落。

措施：严格按照施工工序进行施工，严禁盲目施工。

5. 石膏板吊顶

（1）材料要求

1）石膏板：符合设计要求的石膏板（防水石膏板）。

2）龙骨：不上人龙骨采用轻钢骨架，龙骨和主件（主龙骨为38龙骨、次龙骨为50龙骨，配件需要吊挂件、连接件、挂插件）必须符合施工规范规定。

3）零配件：$\phi6$ 钢筋吊杆、2.5mm 自攻螺钉。

（2）施工注意预控的质量问题

1）吊顶不平

原因分析：在于主龙骨安装时吊杆调平不认真松动，造成各吊杆点的标高不一致。

措施：施工时应严格检查各吊点的紧挂程度，并拉线检查标高与平整度是否符合设计和施工规范要求。

2）龙骨局部节点构造不合理

原因分析：在留洞口、灯具口、通风口等处构造节点不合理。

措施：施工准备前按照相应的图册和规范确定方案，保证有利于构造要求。

3）骨架吊固不牢

原因分析：吊筋固定不牢；吊杆固定的螺母未拧紧；其他设备固定在吊杆上。

措施：吊筋固定在结构上要拧紧螺栓，并控制好标高；顶棚内的管线，设备等不得固

定在吊杆或龙骨骨架上。

4）罩面板分块间隙缝不直

措施：施工时注意板块的规格，拉线找正，安装固定时保证平整对直。

6. 铝扣板吊顶

(1) 材料要求

1）ϕ6 钢筋一端焊角钢做吊杆。

2）主龙骨采用专用三角龙骨，并将骨架和吊杆准备齐，且满足设计要求。

3）零配件：有吊杆、射钉、ϕ8 膨胀螺栓等。

4）按设计要求可选用的铝合金罩面板、收口条，其材料的品种、规格、质量应符合设计要求。

(2) 施工时注意的预控质量问题

1）吊顶不平

原因分析：

水平线控制不好，是吊顶不平的主要原因，放线时控制不好，龙骨未拉线调平；安装铝扣板的方法不妥，也是易使吊顶不平，严重的还会产生波浪形状，如龙骨未调平就急于安装条板，再进行调平时，由于其受力不均产生波浪形状；轻质条板吊顶，在龙骨上直接悬挂重物，承受不住发生局部变形；吊杆不牢，引起局部下沉，由于吊杆本身固定不妥，或自行松动或脱落；板条自身变形，未加校正而安装产生不平，或者在运输过程中挤压变形。

措施：

对于吊顶四周的标高线，应准确地弹在墙面上，其误差不能大于 ±0.5mm，如果跨度较大，还应在中间适当位置加设标高控制点，在一个断面要拉通线控制，且拉线时不能下垂；待龙骨调直调平后方能安装条板；应同设备配合考虑，不能直接悬吊的设备，应另设吊杆直接与结构固定，如果采用膨胀螺栓固定吊杆，应做好隐检记录。关键部位要做螺栓的拉拔实验；在安装前，先要检查板条平直情况，发现不妥者应进行调整。

2）接缝明显

原因分析：

板条接长部位的接缝明显表现在：一是接缝处接口白槎，二是接缝不平，在接缝处产生错台。

措施：

做好下料工作，对接口部位再用锉刀将其修平，并将毛边修整好；用同颜色的胶粘剂对接口部位进行修补。用胶的目的：一是密合，另外也是对切口的白边进行遮掩。

3）吊顶与设备衔接不妥

原因分析：

装饰工程与设备工种配合不当导致施工安装完成后衔接不好；确定施工方案时，施工顺序不合理。

措施：

对于孔洞较大的情况下应先由设备确定具体参数，衬板安装完毕后进行吊顶施工；对于较小的孔洞，易在顶部开洞，开洞时应拉通长中心线，确定位置后定，再用往复锯开洞。

7. 墙面石材干挂

（1）材料准备和要求

1）石材定货加工：按照设计确定的石材及石材样品对石材进行翻样、定货加工。必须注意加工的质量，它关系到现场的施工质量。

2）石材进场检查：石材进场时必须按照设计要求的饰面石材规格、品种、颜色、花纹进行检查，石材质量必须满足设计要求。石材具有合格证和检验报告。检查合格后按照石材排版图对石材进行编号保存备用。

3）钢骨架：干挂石材使用的钢骨架主要材料有槽钢、角钢，按照设计要求准备齐全，使用的槽钢、角钢必须有合格证、检验报告，材质符合设计要求。

4）其他配件：根据设计要求选择好不锈钢挂件、挂件与骨架的固定螺栓（直径为 $\phi8$），要求不锈钢挂件和螺栓具有合格证，不锈钢挂件具有受力的试验报告。并运至现场后及时检验、保存。

5）按照现场情况及设计要求准备好膨胀螺栓（直径为 $\phi8$）、填缝胶等辅助材料。

（2）施工时注意预控的质量问题

1）接缝不平、板面文理不顺、色泽不匀

原因分析：对石材的检验不严格、镶嵌前试拼不认真，施工不当。

措施：

镶嵌前先检查墙柱面的骨架的垂直度和平整度，超过规定的必须整改，操作时严格按照工序施工；挂石材前对墙柱面找好规矩，弹出中心线和水平通线，地面上弹出墙柱的饰面控制线；事先将缺边掉角、裂缝和局部污染变色的石材挑出，进行套方检查，规格尺寸超过偏差，应磨边修正；按照墙柱面进行试拼，对好颜色，调整花纹，试板与板之间的文理通顺，按照编号挂贴；调整好骨架的牢固和稳定，挂件调整准确。

2）开裂

原因分析：石材本身的材质较差，文理多，存放不正确受外力作用在色纹和暗缝或其他暗伤等薄弱处，易产生不规则裂缝。

措施：

施工前对石材本身的材质质量进行全面的检查，把容易造成裂缝的石材挑选出来；安装应严格按照施工工序程序，待第一层的固定胶达到强度后进行第二层安装，同时缝与缝之间结合密实；注意钢骨架的牢固和稳定性，防止骨架不稳造成拉裂。

3）打胶出现接头，胶缝不直，厚度不够

原因分析：操作时没有认真作业，方法不对，泡沫棒填得太浅。

措施：

施工时打胶要一气呵成不要停顿，打胶时控制边缘的界限保证胶边成一条直线。打胶厚度不能少于 6mm，主要控制泡沫棒的嵌入度。

4）墙柱面碰损、污染

原因分析：主要是石材搬运、堆放中不妥当，操作中没有及时清洗污染；安装成品未进行保护。

措施：

石材质地软，搬运时要注意防止正面受损；大理石颗粒有一定的空隙和染色能力，因此不能使用草绳、草帘捆扎，注意不要受其他污染；安装完成后采用木板或塑料布进行保护；细小掉角处应先清洗干净后，再用环氧树脂修补。

8. 卫生间墙面瓷砖镶贴工程

(1) 材料准备：

1) 水泥：使用强度等级 32.5 的普通硅酸盐水泥。应有出厂证明和复试合格证；当水泥存放超过三个月或有结块时不能使用。

2) 白水泥：同样 32.5。

3) 砂：以中砂为宜，平均粒径不小于 0.35mm，不能用粉砂，使用前应过筛子，含泥量不能大于 8%。

4) 釉面砖：施工前必须对釉面砖进行挑选，选择色泽一致的砖，对规格尺寸应严格检查，尺寸偏差大、翘曲变形和面层上有杂质、缺陷的均应挑出。配套的腰线、收口线等准备齐全，质量符合要求。

(2) 施工时注意预控的质量问题

1) 变色、污染，即出现白度降低、泛黄、发花、发黑

原因分析：釉面砖背面未施釉坯体，质地疏松吸水造成施釉厚度不足 0.5mm，且乳浊度不足，造成遮盖力低。釉面砖质地疏松，施工前砂浆中的水和不干净的水浸润变色。

措施：要求面砖的施釉厚度大于 1mm 选用高密实度坯体，和乳浊度。施工过程中应用干净水，砖缝嵌塞密实，砖面擦洗干净。操作时不要用力敲击砖面。

2) 空鼓、脱落

原因分析：

基层没有处理好，墙面湿润不透，砂浆失水太快，影响粘结强度；釉面砖浸水不足，造成砂浆早期脱水或浸泡后未晾干就粘贴，产生浮动自坠。粘结砂浆不饱满、厚薄不匀，操作时用力不均，砂浆收水后对粘贴后的釉面砖进行纠偏移动。釉面砖本身有隐伤，事先没有严格挑选。

措施：基层清理干净，表面修补平整，墙面提前洒水浸透。釉面砖使用前，必须清理干净，用水浸透直至表面不冒气泡，且不少于 2h，然后取出晾干后备用。釉面砖的粘结层一般控制在 7～10mm 之间，过厚和过薄均易产生空鼓，或者在砂浆内掺胶以增强粘结力。当发生空鼓脱落时，采用聚合物砂浆修补。

3) 接缝不平直、缝宽不均匀

原因分析：施工前对釉面砖挑选不严格，挂线贴灰饼、排砖不规矩。平尺板安装不水平，操作技术差。基层抹灰底层不平整。

措施：对釉面砖的材质挑选应作为一道工序，挑出有缺陷和质量问题的；对于尺寸相同的砖用在同一个房间或同一面墙才能做到缝隙一致。粘贴前作好规矩，用水平尺找平，校对墙面的方正。根据弹好的水平线，稳好平尺板逐行粘贴并及时校正。

4) 釉面砖表面裂缝

原因分析：釉面砖质量不好，材质松脆，吸水率大，由于湿膨胀较大，产生内应力而开裂。釉面砖本身的隐伤在运输和操作过程中出现裂缝。

措施：

一般釉面砖特别是用于高级装饰工程上的釉面砖，选用材质密实、吸水率大于 18%

的质量较好的釉面砖；粘贴前釉面砖一定要浸泡水，将有隐伤的挑选出来，操作时不要用力敲击砖面，防止产生隐伤。

9．木制筒子板施工

（1）材料要求：

1）木材的树种、规格、材质等级，应符合设计图纸要求及《木结构工程施工及验收规范》的规定。

2）龙骨料一般用红白烘干料，含水率不大于12%，材质不得有腐朽、节疤、劈裂、扭曲等缺陷，并预先经防腐处理。

3）面板一般采用胶合板（切片或旋片），厚度不小于3mm，也可采用烘干的红白松、椴木和硬杂木，含水率不大于12%，板材厚度不小于15mm；需要拼接的板面，厚度不小于20mm，且要求纹理顺直、颜色均匀，花纹近似，不得有节疤、裂缝、扭曲、变色等弊病。

4）辅料：防潮卷材、油纸、油毡；胶结剂、防腐剂：乳胶、氟化钠（纯度应在75%以上，不含游离氟化氢，黏度应通过120号筛）和石油沥青；钉子：长度规格应是面板厚度的2～2.5倍。

（2）施工应注意预控的质量问题

1）面层板安装后出现花纹错乱、颜色不匀、棱角不直、表面不平、接缝处有黑纹及接缝不严；或压顶条粗细不一，高低不平，劈裂等，筒子板、贴脸板割角不严、不方。

原因分析：

面板材料混批，安装前未对色、对花；胶合板面透胶或粘贴时板缝余胶未清除净，上清漆即出现黑纹；门窗框未裁口或打槽，使筒子板正面直接贴在门窗框的背面，盖不住缝隙，造成结合不严；木墙裙压顶条断面较小，现场加工困难，或虽购入成品，但未挑选，造成粗细不均。同时因压条断面太小，钉钉时容易钉劈；筒子板、贴脸的45°角割得不准，锯割后未用细刨刨平或砂纸砂平，造成割角不严、不方。

措施：

面板材料含水率应不大于12%。胶合板（切片或旋片）的厚度应不小于5mm，厚木板材要求拼花时，厚度应小于15mm；不要求拼花时，厚度应不小于10mm，但背面均须设置变形槽。企口板块宽度不宜大于100mm。面层板料均要纹理顺直，颜色均匀，花纹相似。贴脸条要求线条 清晰平直；精选面板料，将树种、颜色、花纹一致的使用在一个房间内，至少在一面墙上要协调；直接使用片切板时，尽量将花纹木心对上。一般花纹大的安装在下面；花纹小的安装在上面，防止倒装。颜色好的应用在迎面，颜色稍差的用在较背的部位。做面层每格之间缝宽度约8mm。要求较高时可加金属条；木护墙纵向接头最好在窗口上部或窗台以下，避开视线敏感范围，面板安装前先设计好尺寸找直调装满意，然后正式安装；木墙裙的顶部要拉线找平。木压条要挑选粗细一致、颜色相近的钉在一起，阴角接头采用上半部45°下半部平顶的接法。

2）面层明钉缺陷：硬木装修钉眼过大。贴脸、压缝条、墙裙压顶线等端头劈裂以及钉帽外露等。

原因分析：

钉帽打得不够扁，或打扁的钉帽横着木纹往里钉；铁冲子太粗或冲偏；钉前没有木钻引眼。面板拉缝处，露出下面龙骨上的大钉帽。

措施：

打扁后的钉帽要小于钉子直径，扁钉帽应顺木纹往里卧入。钉子位置应钉在两根木筋之间；铁冲子要呈圆锥形，不要太尖，但应保持小于钉帽的状态。钉帽冲入板面下 1mm 左右；面板木料较硬，应先用木钻引个小眼，再钉钉子；钉劈的部位，应将钉子起出，用胶将劈裂处粘好，待固结后，再用木钻在裂缝两边引小眼，补钉固牢；面板拉缝处龙骨上露出大钉帽，可用铁冲子将其冲进 10mm 左右，再用相同的木料粘胶补平。

10. 墙、顶面乳胶漆施工

(1) 材料要求：

1) 乳胶漆：符合设计要求的 ICI 乳胶漆，应有产品合格证及检测报告、产品说明书，环保指标达到国家有关标准。

2) 腻子：一般采用成品腻子现场调制而成，腻子可分为防水和非防水两种。要求腻子必须合格。卫生间顶棚采用防水腻子和涂料，其他采用非防水腻子和涂料。

(2) 施工时应注意预控的质量问题：

1) 透底

原因分析：漆膜薄。

措施：刷涂料时应注意不漏刷，保持涂料乳胶漆的稠度，不可加水过多。

2) 接茬明显

原因分析：涂刷顺序不当，涂刷时时间间隔较长出现接茬。

措施：涂刷乳胶漆时应注意涂刷顺序，后一笔紧接前一笔和掌握后间隔时间，大面涂刷时应劳动力足够。

3) 刷纹明显

原因分析：涂料（乳胶漆）稠度较大，排笔蘸涂料量多造成。

措施：涂料（乳胶漆）稠度要适中，排笔蘸涂料量要适当，多理多顺，防止刷纹过大。

4) 分色线不齐

原因分析：施工前没有认真弹线做好标记，控制的尺板没有正确使用。

措施：施工前应认真划好分色线，刷分色线时要靠放直尺，用力均匀，起落要轻，排笔蘸量要适当，从左向右刷。

5) 色差

原因分析：涂料的材料质量问题或没有使用同一批涂料造成。

措施：涂刷带颜色的涂料时，配料要适合，保证独立面每遍用同一批涂料，并一次完成，保证颜色一致。

11. 复合木地板工程

(1) 复合木地板材料要求

1) 复合木地板及配套材料的材料质量要求。

2) 复合木地板：木地板的材质必须符合国家有关标准，具有相应的质量检测报告、出厂合格证；要求地板的基层材料具有足够的强度（通常采用高密度板或刨花板），面层与基层粘结紧密。复合木地板应具有阻燃、防腐和无环境污染性能。

3) 粘结胶：地板块之间的粘结胶应具相应的检测证明和合格证，无环境污染等性能指标。

4）底层防潮、隔声膜：在地板的下部采用防潮、隔声膜，要求其具有一定的弹性、防潮、防腐性。应具有相应的质量证明和合格证。

（2）施工应注意预控的质量问题

1）地面高低差

原因分析：地面基层不平整，或基层清理不干净有杂物。

措施：施工前认真检查地面基层，发现不平之处进行修补；地面基层清理干净。

2）接缝不严密

原因分析：地板本身的质量不太好，施工时没有认真对缝拼接。

措施：施工前详细检查地板质量，按照施工技术要求操作。

3）地板色差

原因分析：产品材料不是同一批。

措施：地板进料时必须进行检查。

12．地面地砖铺贴工程

（1）材料要求

1）地砖：其品种、规格质量符合设计及施工规范要求。地砖的抗折强度以及规格尺寸符合设计或者样品要求，地砖的颜色一致，表面平整、无凸凹和翘曲现象，并且要求地砖的尺寸方正、无掉角，面层没有质量问题和影响美观的残缺现象，边角整齐。

2）水泥：采用32.5以上的普通硅酸盐水泥，并备用适量擦缝用白水泥。

3）砂子：中砂或粗砂，要求砂的含泥量不大于5%。

4）矿物颜料（擦缝用）、蜡、草酸等。

（2）施工应注意预控的质量问题

1）地面标高错误：出现在厕所、走道与房间门口处

原因分析：控制线不准；楼板标高超高；防水层超高；结合层砂浆过厚。

措施：施工时应对楼层标高和基层情况进行核查，并严格控制每道工序的施工厚度，防止超高。

2）泛水过小或局部倒坡

原因分析：地漏安装标高过高，基层不平有凹坑，造成局部存水；由于楼层标高错误减小地面的坡度，50cm水平线不准。

措施：要求对50cm线认真检查无误，水暖及土建施工人员均按水平线下返；地面做好贴饼、冲筋保证坡向正确。

3）地面铺贴不平，出现高低差

原因分析：砖的厚度不一致，没有严格挑选，或砖不平劈棱窜角，或铺贴时没有平铺或粘结层厚度，上人太早。

措施：要求必须事先选砖，铺贴时要拍实，铺好地面后封闭门口，常温48h用湿锯末养护。

4）地面面层及踢脚空鼓

原因分析：基层清理不干净，浇水不透，早期脱水所致；上人过早，粘结砂浆未达到强度受外力振动，影响粘结强度。踢脚的墙面基层清理不干净，尚有余灰没有清刷干净，

影响粘结形成空鼓；粘结的砂浆量少，挤不到边角，造成空鼓。

措施：认真清理地面基层；注意控制上人操作的时间，加强养护。加强基层清理浇水，粘贴踢脚时做到满铺满挤。

5）黑边

原因分析：不足整砖时，不切半块砖铺贴而用砂浆补边，形成黑边，影响观感。

措施：按照规矩补贴。

13. 石材地面铺贴

（1）材料要求

1）石材及施工配套材料的要求

天然花岗岩：表观密度一般为 $2.5 \sim 2.7t/m^3$；抗压强度较高一般约 $117.72 \sim 245.25$MPa；抗折强度 $8.34 \sim 14.72$MPa。花岗岩具有耐磨性、抗风化性能好，耐酸性高，使用年限长，分为剁斧板、机刨板、粗磨板、磨光板，具体技术要求参阅《建筑材料手册》，石材必须符合设计要求。

2）水泥：采用32.5以上的普通硅酸盐水泥，并备用适量擦缝用白水泥。

3）砂：中砂或粗砂，要求砂的含泥量不大于5%。

4）矿物颜料（擦缝用）、蜡、草酸等。

（2）施工时注意预控的质量问题

1）板面与基层空鼓

原因分析：混凝土垫层清理不干净或浇水湿润不够；刷素水泥浆不均匀或完成时间较长；过度风干造成找平层成为隔离层；石材未浸润等原因。

措施：施工操作时严格按照操作规程进行；基层必须清理干净；找平层砂浆用干硬性的；做到随铺随刷结合层；板块铺装前必须润湿。

2）尽端出现大小头

原因分析：铺砌时操作者未拉通线或者板块之间的缝隙控制不一致造成。

措施：要严格按施工程序进行拉通线并及时检查缝隙是否顺直可以避免出现大小头。

3）接缝高低不平、缝子宽窄不匀

原因分析：石材本身有厚薄、宽窄、窜角、翘曲等缺陷，预先未挑选；房间内水平标高不统一，铺砌时未拉通线等因素造成。

措施：石材铺装前必须进行挑选，凡是翘曲、拱背、宽窄不方正等全部调出；随时用水平尺检查；室内的水平控制线要进行复查，符合设计要求的标高。

4）过门口处板活动

措施：注意过门口处石材的铺装质量和铺装时间，保证与大面石材连续铺装。

5）踢脚板出墙厚度不一致

措施：安装踢脚板时必须拉通线，控制墙面抹灰等饰面的平整度，方正。

第三节 项目资源配置及管理

一、施工现场基础设施建设

施工现场基础设施主要包括：现场临水系统、临电系统、现场道路、现场临时建筑等等。现场临建设施布置是否合理，直接影响现场施工的安全及工作效率，必须给予充分的考虑。工程正式开工前，应保证现场基础设施建设完成，现场“七通一平”完成。

（一）施工现场布置原则

1. 阶段平面布置要与该时期的施工重点相适应。

2. 施工材料堆放应尽量设在垂直运输机械覆盖的范围内，以减少发生二次搬运为原则。

3. 临水、临电、机械的布置在满足安全要求的前提下，最大限度的满足施工要求。

4. 生活区与施工区要分开，办公区应尽量远离施工区域。

5. 临建的布置应尽量避免扰民。

6. 现场的布置及场容要满足 CI 的要求。

7. 阶段平面布置之间要具有连续性。

(1) 施工材料堆放应尽量设在垂直运输机械覆盖的范围内，以减少发生二次搬运。

(2) 施工各阶段应考虑到业主售楼的需要，配合业主做好现场 CI 要求和现场绿化。

(3) 中小型机械的布置，要处于安全环境中，要避开高空物体打击的范围。

(4) 临电电源、电线敷设要避开人员流量大的楼梯及安全出口，以及容易被坠落物体打击的范围，电线尽量采用暗敷方式。

(5) 控制粉尘设施排污、废弃物处理及噪声设施的布置。

(6) 充分利用现有的临建设施为施工所用，尽量减少不必要的临建投入。

(7) 设置便于大型运输车辆通行的现场道路并保证其可靠性。

（二）现场临水系统

1. 给水系统的布置

给水系统包括：生产给水、生活给水、消防给水、采暖及卫生给水。

给水系统布置时应考虑：

水源采用邻近的小区市政给水管线供水；场区内临水管线布置成环形，同时考虑建筑总图正式室外管线施工影响，尽量避免二次改线；根据总平面布置建筑物的结构特点及流水段划分设立取水点，同时考虑用水量大的机械设备（如搅拌机）及办公生活用水；管道安装注意保温；尽量利用现有资源，降低成本。

消防给水：根据现场施工消防规范要求，一般设立室外消火栓及室内消防管，采用临时消防泵供水。确保一旦发生火灾时，能够及时采取措施。

2. 排水系统的布置

卫生间外设化粪池，由环卫部门定期清掏；食堂污水通过隔油池后排入市政污水管道；搅拌站废水经沉淀池沉淀后排入市政污水管道；

现场统一设排水沟，施工产生的废水由排水沟统一排入市政污水管道。按现场施工的环保要求，现场的主要出入口必须设置洗车池，清洗车辆产生的废水经过滤后排入市政污水管道。

（三）现场临电系统

住宅工程临时用电由生产用电、生活区用电、消防用电三部分组成。进行现场临时供电设计时应考虑：

1. 通过对工程工程量及工期要求的分析，进行合理用电设备选型。

2. 针对不同阶段施工重点，分析用电量，必须满足现场施工用电高峰时负荷。

3. 考虑住宅工程滚动开发特点，在进行单位工程临电线路设计时，考虑后续单位工程施工时影响，尽量减少线路拆改。

4. 严格按照现场三级用电要求，对一级、二级电箱要有可靠保护。

5. 考虑正式室外管线的排布，避免发生冲突。

6. 合理进行临电设计，在保证安全的情况下，节约成本。

7. 临电设计电缆辐射应便于回收，降低成本消耗。

(四) 临水临电设计举例

1. 工程概况

(1) 现场临电总电源由业主提供一台 315kVA 变压器。

(2) 主要用电区域

施工现场、施工工人生活区、食堂、分包办公室、总包办公室、钢筋加工车间、木工车间、搅拌机处为主要用电区。

2. 临电设计

(1) 施工现场临电设施配置（见表 3-12）

施工现场临电设施配置　表 3-12

序号	施工机具名称	数量（台）	功率（kW）	总功率（kW）	设备名称
1	塔式起重机	1	65	65	动力设备
2	钢筋弯曲机	1	4	4	动力设备
3	钢筋对焊机	1	50	50	焊接设备
4	钢筋切断机	1	4.5	4.5	动力设备
5	电锯	1	4	4	动力设备
6	电刨	1	3	3	动力设备
7	振动棒	4	1.5	6	动力设备
8	平板振动器	2	1.5	3	动力设备
9	电焊机	2	25	50	焊接设备
10	强制式搅拌机	1	15	15	动力设备
11	镝灯	6	3.5	21	照明设备
12	消防泵	2	22	22	动力设备
13	碘钨灯	10 盏	1	10	照明设备
14	办公室照明、空调		30	30	照明电热设备
15	食堂、工人宿舍用电		30	30	照明、厨房设备
16	地泵	1	70	70	动力设备
17	空气压缩泵	1	7.5	7.5	动力设备
18	其他不可预见用电		20	20	三种设备均考虑

(2) 临电供电系统选用：

建筑现场临时用电线路的结构形式按《施工现场临时用电安全技术规范》

(JGJ 46—88)规定，采用电源中性点直接接地，工作零线和保护零线分开的 TN-S 三相五线制接零保护系统，保护零线作重复接地。

(3) 临电供电系统配置

由变压器引一电源至配电室内配电柜，再由配电柜分引至 1 号、2 号箱，再用各箱引至各用电处配电箱、柜，应做重复接地，所有配电箱，开关均选用指定的牌号，做到电箱颜色一致，编号一致。

(4) 临电平面布置

由变压器供给 1 号、2 号一级电箱：由 1 号箱供 3 号～6 号二级箱用电，由 2 号箱供给 7 号、8 号二级箱用电，1 号箱供给 A 住宅楼施工用电及临电用电，2 号箱供给 B 住宅楼施工用电，9 号箱供 A 住宅楼塔式起重机用电，10 号箱 B 住宅楼塔式起重机用电。

(5) 线路铺设要求

1) 按规范要求，本工程临电采用三级配电保护，所有线路均埋地敷设。

2) 埋设要求：电缆埋设深度 1000mm，并在电缆上下均铺不小于 8mm 厚细砂，然后覆盖红砖保护层，埋地电缆线路与给水管线平行间距不小于 500mm，交叉间距不小于 500mm，埋地电缆穿过马路须加套管保护套，电缆接头必须牢固可靠，并做好绝缘包扎，保持足够的绝缘强度，不得承受张力。埋地电缆的接头设在地面的接线盒时，接线盒应防水、防机械损伤、远离易燃易腐蚀场所。

3. 临水设计

(1) 概述

1) 总水源：施工现场水管、水源由东面的市政供给水管，管径为 DN100。

2) 施工用水及消防用水按当地施工现场管理规定，据现场情况在 A 区的地下室设一蓄水池，加压向上供给消防及施工用水，加压泵为一用一备，并且管路连通，通过调节两泵的阀门大小来实现对水压的平衡。

3) 现场生活区上、下水主要考虑办公室、食堂、宿舍、厕所及搅拌机的上、下水，临建的排水出户及搅拌机的污水净化后经沉淀池，隔油池等相应处理再排入市政管网。

(2) 施工排水量计算

1) 计算公式

$$Q_1 = K_1 \sum Q_1 \times N_1 / (T_1 \times t) \times K_2 / (8 \times 3600)$$

式中　Q_1——施工用水量 (L/S)；

K_1——未预计施工用水系数 (1.05～1.15)；

$\sum Q_1$——年 (季) 度工程量 (以实物计量单位来表示)；

N_1——施工用水定额；

T_1——年 (季) 度有效作业天数；

t——每天工作班数；

K_2——用水步均衡系数。

2) 工程实际工程量及计算系数确定

由于工程结构施工阶段相对于装修阶段施工用水量大，故 Q_1，主要以混凝土工程量计算为依据，据估计混凝土为 15000m^3，混凝土现场搅拌施工用水额取 250L/m^3，混凝土养护水定额取 700L/m^3，拟定结构及前期阶段施工工期为 200d，每天按 1.5 个工作班计算，因此：

$K_1=1.1$ $Q_1=15000\text{m}^3$ $N_1=950$ 升/m^3 $T_1=200\text{d}$ $t=1.5$ 班 $K_2=1.5$

故 $q_1=1.1\times(15000\times950)/200\times1.5\times1.5/8\times3600=2.72\text{L/S}$

3)工人生活区用水

公式：$q_3=(\sum P_2N_3K_4)/24\times3600$

式中 q_3——生活区用水量（L/S）；

P_2——生活区居住人数（拟定 350 人）；

N_2——生活区生活用水定额 20L/人·班；

t——每天工作班数；

K_3——用水步均衡数（2.00～2.50）。

工人生活用水系数确定：

生活区生活用水定额其中包括：卫生设施用水定额 25L/人，食堂用水定额 15L/人，洗浴用水定额为 30L/人，（人数接出勤人数的 30%计算），洗衣用水定额为 30L/人。

用水量计算：$q_3=(\sum P_2N_3)K/(24\times3600)$

即 $Q_3=(350\times25+350\times15+350\times30\%\times30+350\times30)\times200/24\times3600=0.65\text{L/s}$

4）总用水量计算

因为该区域工地面积小于 5ha，如果该工地同时发生火灾的次数为一次，则消防用水定额为 10～15L/s，即 $q_4=10\text{L/s}$（q_4 消防用水施工定额）。

因为 $q_1+q_3=2.72+0.65=3.34\text{L/s}<q_4=10\text{L/s}$

所以 $Q=q_4=10\text{L/s}$

(3）供水主要管，管径计算

公式：$D=\sqrt{4Q/\pi\times V\times1000}$ D 水管直径 m

Q 耗水量，V 管网水流速度（m/s）

即 $D=\sqrt{4Q/\pi\times V\times1000}=\sqrt{4\times10/3.14\times2.5\times1000}=0.0714\text{m}$

其中消防用水定额为 10L/s，消防管中的水流速查表知 $V=2.5\text{m/s}$

根据北京市消防管理的有关规定，消防用管的主要管径不能小于 100mm 因此消防主干管管径为 100mm。

1）施工用水主干管管径计算：

$D=\sqrt{4Q/\pi\times V\times1000}=\sqrt{4\times3.34/3.14\times1.5\times1000}=0.053\text{m}$

2）供水主干管确定

由于施工用水及消防用水为同一管线供水，因此据消防用水的有关管理规定，供水管确定为 100mm，以满足消防及施工用水使用。

3）供水支管选择

公式：$q_1=K_1\sum(QN_1)/(T_1t)\times K_2/8\times3600$

式中 q_1——施工分项用水量 L/s；

K_1——未预计施工用水系数（1.05～1.15）；

Q_1——年（季度、天）计划完成的工程量；

N_1——施工用水定额；

T_1——年（季度、天）有效作业时间；

K_2——施工现场用水不均衡系数；

t——每天工作班数。

计算系数确定：

搅拌站设 3 台出料为 0.35m^3 强制式搅拌机该搅拌机工作效率为 7.2m^3/h 经估计用水量为 250L/m^3，经查表不均衡系数为 1.05～1.10 取 $K_2=1.05$。

$$q_1=K_1\Sigma\ (QN_1)\ /\ (T_1t)\ \times K_2/8\times 3600$$

$$q_1=1.05\times\ (3\times 7.2\times 250)\ /1\times 13\times 1.05/8\times 3600=1.5\text{L/s}$$

生活区、办公区用水量计算：

$$q_3=\Sigma P_2N_3K_4/24\times 3600$$

式中 q_3——生活区水量（L/s）；

P_2——生活区人数（暂定 350 人）；

N_3——生活区全部生活用水定额（80～120L/人）；

K_4——生活用水不均衡系数（2.00～2.50）。

系数确定：N_3 取 80L/人 K_4 取 2.00

即计算结果 $q_3=350\times 80\times 2.00/240\times 3600=0.67$L/s

经查表选择管径 $\phi=40$mm（查表水流速为 $V=1.03$L/s 符合规定要求）。

（4）水泵选择

计算公式：
$$H=H_1+H_2+H_3$$

式中 H——水泵总扬程；

H_1——水泵送水到最不利点的高差（m）；

H_2——为管路水头损失（m），一般 $H_2=\ (0.10\sim 0.20)\ H_1$；

H_3——为最不利点出水水压。

通过计算选定二台（一用一备）Y180m-2 型立式加压泵。该水流量为 13.8L/s，扬程为 $H=80$m，配套电机功率为 22kW。

4．临电施工技术要求及临电管理与维护

（1）临电施工技术要求

1）本工程按《施工现场临时用电安全技术规范》（JGJ 46—88）的有关规定进行施工。

2）本工程所使用临电主要设施符合北京市有关临电用电管理规定，配电箱、柜符合三相五线制，接零保护系统 TN-S 要求。

3）一级电柜 PE 线做一组重复接地，接地极用∟50×50×5 镀锌角钢，其长度为 2.5m，接地线用镀锌 40×4 扁钢焊接，其电阻小于 10Ω，塔式起重机接地电阻小于 4Ω，配电室保护接地小于 4Ω。

4）一级电箱中漏电开关动作电流应为 75mA 动作时间为 0.5s；二级电箱中漏电开关动作电流应为 30mA，动作时间 0.1s。

5）固定式配电柜距地面应为 0.3m，电箱为 1.2m，配电箱，电缆均采用合格厂家供货。

(2) 施工现场临电管理与维护

1) 临电机械设备必须经过验收合格后方可投入使用。

2) 临电机械设备必须设专人进行维护、操作，并且进行定期检查，发现问题及时汇报并进行合理解决，严禁设备带病运作。

3) 起重设备等操作人员必须持证上岗。

4) 对临电设备进行操作和进行维护时必须配戴好相应的防护用品，即穿好绝缘鞋和戴好绝缘手套等，操作时必须使用电工专用的绝缘工具。

5) 电工作业时，应当由二人配合进行，严禁带电操作和零地混用。

6) 配电箱要做到“六有”，停电的设备必须拉闸断电，锁好配电箱。

7) 定期对接地、接零装置进行接地电阻测试，保护零线阻值，重复接地电阻值不大于4Ω。

8) 电箱移动过程中必须断电，严禁带电移动。

9) 认真做好并保管好电工维护工作记录。

10) 施工现场必须配备相应的电器火灾灭火器。

5. 临水施工技术要求及临水系统的维护与管理

(1) 临电用水设施及管道安装

1) 室外埋线管道在埋设前应作除锈和防腐工作，给水管道除锈后刷热沥青两遍，排水铸铁管刷热沥青两遍。

2) 管道安装坡度均按施工及验收规范执行，给水管试水压力按工作压力的1.5倍进行，注水30min，不渗不漏为合格，排水管注水高于地面，15min不渗不漏为合格。

(2) 临水系统的维护与管理。

1) 施工时应注意保证消防管线畅通，消火栓内设施完备，且消火栓前道路畅通，以保证消防需要。

2) 加强施工现场厕所的管理，及时清扫、冲洗，保持整洁，无堵塞现象。

3) 施工用水立管及消防用水立管在上层楼板浇筑前及时跟进接高，按照每施工两层接高两层进行。

4) 对于有渗漏的管线及截门及时进行维修。

5) 冬期施工时做好防冻工作。

6) 各个施工用水点做到人走水关，杜绝长流水现象发生。

6. 保证措施

(1) 严格控制预留洞、套管的位置，避免位置错误或套管漏失。

(2) 本工程设备和材料的采购、供应及质量对工期具有很大的影响，因此加强材料供应的计划性，避免由于材料的采购、运输等因素影响工期。

(3) 项目负责人职责：全面组织协调管理安装工程的物资、材料，督促做好物资管理工作；

项目材料员职责：掌握原材料、成品、半成品、零配件的质量标准，必须严格按质量标准和采购文件验收，并要求供货方提供材料出厂合格证和试验结论，交资料员存档，当对材料设备质量有怀疑时，应通知质检人员检验确认。

电工职责：安装、维修或拆除临时用电，制止非电工人员操作。

（4）成品应码放在平整、无积水、宽敞的场地，不与其他材料设备等混放在一起，并有防雨、雪设施。

（5）成品应采取防护措施，保护装饰面不受损坏。

（6）管道保温完后严禁上人蹬踩及攀扶。

（7）各种设备及部件在装卸、运输、安装调试过程中，均注意成品的保护，另外要做好剩余材料的回收保存。

7. 现场安全用电和消防措施

（1）认真贯彻《中华人民共和国消防条例》坚持预防为主、防消结合，加强现场施工人员的消防意识教育。

（2）施工现场设专人负责防火工作，配备消防器材和消防设施，经常检查，发现隐患及时上报处理；现场施工作业时，设备材料堆放不得占用或堵塞消防道路。

（3）严格执行现场用火制度，电、气焊使用前须办理用火证，并设专人看火，配备消防器材。

（4）施工中消防管道、设施和其他工程发生冲突时，施工人员不得擅自处理更改，应及时请示上级和设计单位，经批准后方可更改。

（5）仓库、现场执行24h消防值班制度，配备足够消防器材，不准私自设置炉灶，不准吸烟，不准点油灯和蜡烛，不准任意拉电线，无关人员严禁入库。

（6）分配电箱与开关箱距离不超过30m，开关箱与控制电气距离不大于3m。

（7）配电箱及开关箱周围应有两个人同时工作的操作空间和通道，不得在箱周围堆放杂物、易燃物。

（8）为了在发生火灾紧急情况下保证现场照明，箱内动力与照明应分开控制。

（9）箱内规定一闸一机，不可一闸多用，照明采用双极开关，电箱有醒目标志，不用时锁好，对于露天的设备应采取防雨措施。

（10）木工棚灯头距离应2.4m以上，有机械的电气保护装置，安装后要逐项检查，试验合格后再使用。

（11）在潮湿基坑内照明采用36V或24V的安全电压。

（12）施工现场用电，严格按照安全用电规定管理，要杜绝私自接电现象，宿舍内禁用电炉取暖。

（五）现场道路

施工现场应设不小于4m宽的环行道，以便于现场施工时重型车辆通行，采用硬化路面，办公室及门口两侧全部用水泥方砖硬化。现场钢筋加工厂、木工加工厂及材料堆场应围绕环形车道搭建，以便于材料运输。

二、大型机械设备选择

（一）大型机械设备配备时需考虑的一些住宅工程的特点

对于目前住宅项目的施工，特别是高层住宅的施工，每天都会有大量的建筑材料，成品，半成品和施工人员要进行垂直运输，因此，垂直运输设备的正确选择及使用至关重要。特别是目前住宅施工尤其是高层住宅中的一些特点，更决定了垂直运输设备合理配制的重要性，住宅施工目前主要体现出如下一些特点：

1. 工期要求短

由于施工企业的上游行业房地产业具有投资大，投资回收期长的特点，其市场风险也相应加大，前期的可行性和市场研究随着时间的变化而产生的不确定性可能会加大，因此开发商会尽量的要求缩短施工时间，以减小时间带来的不确定性风险。同时，市场利润率的降低将促使开发商希望尽早回收资金。

而对于施工过程，特别是高层建筑的施工过程中，垂直运输的速度在很大程度上决定着该工程的施工进度。对于高层建筑垂直运输占用的时间可以用下列公式表示：

$$\sum T_n = Q_n (N-1) / (3600\eta) (H_0 N/v + T_s) \quad (n=2, n)$$

式中　T_n——从第 2 层到第 n 层总的垂直运输时间（h）；

Q_n——每一层所需的垂直运输机械的工作循环数（吊次）；

N——层数；

η——起重运输机械的效率，0.4～0.7；

H_0——层高（m）；

v——起重运输机械吊钩升降平均速度（m/s）；

T_s——一个工作循环中装卸等占用的时间（s）。

从上述公式中可以看出，随着建筑物层数的增加，垂直运输所需的时间基本上以层数为自变量的二次曲线的形式向上增长。

2. 质量标准高

随着市场竞争的日益激烈，无论是开发商还是施工单位，都把质量作为进入和占据市场的一个重要筹码，同时，工期和质量的矛盾更要求建筑施工单位合理的选配能够满足项目施工生产要求的大型机械设备，特别是布料机的合理选配在一定程度上大大提高了混凝土的施工质量。

3. 现场运输量的加大

对于现浇混凝土结构，钢筋，混凝土，大量的模板，设备，砌体和隔墙，保温材料，装修材料和施工人员的上下等，都对现场的运输特别是垂直运输提出了更高的要求。尤其是当结构工程和装饰工程、安装工程存在着立体交叉作业时，合理地配置垂直运输设备，消除运输上的瓶颈环节将成为项目策划过程中必须认真加以考虑的因素。

4. 大型机械设备的机械费用大

在建筑工程中特别是高层建筑中，机械设备的费用大约占到整个土建造价的 5%～10%，对工程总造价的影响不容忽视，因此，根据工程的特点正确地选配和有效地使用大型机械设备，对降低工程造价，完成工程项目的预期收益率具有一定的作用。

5. 对于大型设备的使用要站在现场通盘考虑

现场的许多大型设备如塔式起重机等具有一次布置，通盘使用的特点。通常大型机械设备由工程总包方负责布置和管理，但使用者应包括现场的所有参建单位。因此施工在选用和安排大型机械设备时，要尽量避免本位主义，从全局的角度制定出最经济合理的使用方案，为现场的整体运作打下良好的基础。

（二）塔式起重机选用

1. 塔式起重机选择的基本原则

在选择塔式起重机的型号时，应先根据建筑物的特点，选定塔式起重机的形式；再根据建筑物的体形、平面布置、标准层面积和塔式起重机的布置情况，计算塔式起重机必须具备的臂长和吊钩高度，然后根据可能的最大起重量和塔臂末端的起重要求，确定塔式起重机的起重量和起重力矩，最后根据上述数据参照塔式起重机性能说明，选定塔式起重机型号。选择塔式起重机时应多作一些选择方案以便进行技术经济分析，从中选取最佳方案，最后再根据施工进度计划，流水段划分和工程量、吊次的估算，计算塔式起重机的数量，确定其具体的布置。

2．塔式起重机选择过程中需深入考虑的一些问题

（1）对于附着式塔式起重机，应考虑其附墙点与建筑物相对应的具体位置，以及平衡臂是否影响大臂的正常运转。

（2）在群塔布置时，要设定各相邻塔式起重机的高差，同时对于平面位置重叠的区域，要对塔式起重机进行相应的水平回转方向的限位处理，防止大臂的碰撞。

（3）考虑塔式起重机的安装时，还应该充分考虑其顶升和落塔，特别要注意落塔的方向问题，防止在结构完成之后没有了拆除塔式起重机角度的问题。

（4）在施工过程中，还应充分考虑发挥塔式起重机的效能，避免大材小用，尽量降低台班费用，提高经济效益。

3．塔式起重机型号选择

建筑施工中常用塔机起重性能。在常用的起重设备中，有代表性的是 23B 及 36B 两种系列。根据工程的具体特点进行选择。

常用塔式起重机起重性能见表 3-13，表 3-14。

H3/36B 塔式起重机 60m 起重性能表 **表 3-13**

幅度（m）	21.7	26	30	32	34	36	39	40	42	44	46	48	50	54	60
起重量（t）	12	9.7	8.2	7.8	7.1	6.8	6.0	6.0	5.7	5.3	5.05	4.8	4.55	4.15	3.6

F0/23B 塔式起重机 50m 臂起重性能表 **表 3-14**

幅度（m）	14.5	16	18	20	22	24	28	30	32	34	36	38	40	42	45	50
起重量（t）	10	8.9	7.8	6.9	6.2	5.6	5	4.4	4.05	3.75	3.5	3.3	3.1	2.9	2.7	2.3

4．塔式起重机设置原则

（1）塔式起重机距建筑物外皮间距不小于 4m。

（2）塔式起重机必须覆盖建筑物以及现场物料堆放场地和载物车辆装卸货物场所。

（3）满足屋面机电设备运输的要求。

（4）满足塔式起重机安装条件和塔基开挖条件。

（5）满足塔式起重机拆除条件。

（6）塔式起重机安装尽量避开重要功能房间，减少对施工的影响。

（7）有足够的回转半径，避免与建筑物及其他塔式起重机碰撞。

（8）与高压电缆间有足够的安全距离。

5．塔式起重机安装及拆除

(1) 前期准备

1) 安装塔式起重机专用电箱。为了满足塔式起重机正常工作，塔式起重机必须配用专用电箱，项目应根据塔式起重机的定位对塔机电箱合理布置，塔式起重机专用电箱距塔式起重机中心不得大于5m。

2) 提供场地，便于塔式起重机部件的摆放和汽车吊的入场选位。

3) 对塔式起重机基础块区域进行钎探。

4) 对架空输电线或通讯线架设防护设施。

5) 运输塔式起重机部件所必须的车辆。

(2) 基础施工程序

1) 根据方案图：塔式起重机平面布置图，对塔式起重机在现场进行定位。

2) 塔式起重机坑底土壤承载力不小于200MPa。

3) 混凝土垫层强度达到60%，方可进行基础预埋工序。

4) 在垫层上标记2m×2m的正方形，此正方形中心必须分别素混凝土垫层中心重合。

5) 安放马镫、预埋节，并用斜铁找平。预埋节檐口水平度控制在1‰内，达到要求后将马镫、斜铁及预埋节点焊好，以免由于后面工序的操作，动摇了已经调整好的水平度。

6) 绑扎塔机基础钢筋。此道工序施工质量管理部门必须做好过程控制、施工记录、质量验收。

7) 测量人员再次测试预埋节的水平度，水平度必须控制在规定的范围以内，做好测量记录。

8) 浇注C35以上的混凝土，并捣实，项目在此过程中必须随时监测预埋节檐口水平度，如有变化，则随时进行调整，确保塔式起重机预埋节檐口水平。混凝土不得往一个方向浇注，以免动摇预埋节。

9) 塔式起重机基础保养，做好混凝土强度报告。

10) 当混凝土强度达到70%以上时，经质量、安全部门验收合格后方能安装塔机。

(3) 塔式起重机的安装

1) 塔式起重机安装过渡节。注意塔机的顶升方向。

2) 安装标准节。

3) 安装顶升套架，包括走道平台、扁担梁、油缸。

4) 安装回转装置先在地面上安装好引进大梁，然后吊装。

5) 安装平衡臂，塔式起重机整体吊装。

6) 安装司机室、塔顶总成。

7) 连接塔机用电线路，并缓慢回转平衡臂。

8) 整体安装起重臂。

9) 按规范安装平衡重。

10) 调试验收，合格后投入使用。

(4) 塔式起重机的拆除

塔式起重机的拆除与安装程序相反，必要时在汽车吊行走及停靠位置进行加固。

(5) 安全措施

1）项目必须按规范对架空输电线路进行防护。

2）所有参加作业人员都必须遵守现场施工的各项安全规范及本工种安全操作规程。

3）拆装单位必须指定一名熟悉该类型塔式起重机、经验丰富的工长现场指挥。

4）塔式起重机司机、塔式起重机拆装人员以及塔式起重机指挥都必须持有当地市级劳动（安全监察）部门签发的特殊工种操作证。

5）塔式起重机司机每班作业前都必须对设备进行例行检查，塔式起重机的各项安全限位必须齐全可靠。

6）塔式起重机拆装前，拆装队必须熟悉现场。

7）接地电阻不大于 4Ω。

8）在塔式起重机运输过程中，注意塔式起重机部件严禁与现场高压线碰撞。

9）塔式起重机在自升过程中，要合理分工，必须派专人观察顶升套架滚轮与标准节间距离，派专人负责销轴的连接，派专人负责液压油缸的操作等。

10）塔式起重机在顶升过程中严禁回转起重臂。

11）塔身标准节之间的连接销及其他任何部件之间的连接销都必须穿开口销。

12）塔身垂直度偏差不大于 4‰。

13）塔式起重机安装好后，应遵循《安装质量验收制度》、《塔式起重机安装后验收和交付使用制度》的要求，进行空载实验和重载实验，检查各工作机构、电气控制系统是否处于正常工作状态，各安全保护装置齐全、可靠。

14）5 级风以上严禁塔式起重机施工作业，4 级风以上严禁塔式起重机装拆作业。

15）作业现场必须设置不小于 20m×20m 的安全作业区。

16）施工机械、设备出入现场，司机注意场地周围的高压电线，严格执行《施工现场用电安全管理规定》，加强电源管理，防止发生电器火灾或人身伤亡事故。严禁使用 220V 及以上的电源。

17）操作工人进入施工现场必须统一着装，佩带齐全的安全防护用品，登高作业必须系好安全带。

18）塔式起重机在使用过程中严禁塔式起重机间、塔式起重机与建筑物间发生碰撞。

（三）外用电梯选用

外用施工电梯是一种安装于建筑物外部，在结构施工中后期用于运送施工人员及中小建筑材料的垂直升降机械。是高层建筑施工过程中垂直运输最繁忙的运输机械，是高层建筑施工过程中必不可少的关键设备之一。

高层建筑施工时，应根据建筑物体型，建筑面积，运输量，工期，及电梯价格，供货条件等选择外用施工电梯。要求其参数（载重量、提升高度、提升速度）满足要求、可靠性高、价格便宜。根据一般经验，一台外用电梯能满足 4 万 m^2 的建筑面积。

外用施工电梯布置的位置，应便于人员上下和物料集散；由电梯出口至各施工处的平均距离最近；便于安装和附墙；接近电源，有良好的夜间照明。

一般情况下，运输人员的时间约占外用施工电梯总运送时间的 60% 以上，因此，要设法解决工人上下班运量高峰时的矛盾。在结构、装修、机电安装施工进行交叉作业时，人货运输最为繁忙，要设法疏导人货流量，解决高峰时的运输矛盾。

1. 外用电梯安装施工工艺

常用外用电梯参数要求（如 SCD200×200J）其单个吊笼的技术性能参数如表 3-15。

外用电梯单个吊笼的技术性能参数　　**表 3-15**

序号	项目	单位	参数	备注
1	额定载重量	kg	2000	
2	额定乘员	人	12	无载货时
3	最大提升速度	m	100	
4	起升速度	m/min	34	
5	吊笼内空尺寸	m	3.0×1.3×2.7	长×宽×高
6	外笼（双）尺寸	m	3.6×4.3×2.1	长×宽×高
7	吊笼自重	kg	1400	
8	标准节自重	kg	170	
9	标准节长度	mm	1508	
10	吊杆提升重量	kg	200	
11	对重质量	kg	1400	
12	电机台数		2	
13	连续负载 25%负载功率	kW	8.5/11	单台电机
14	额定电压/频率	V/HZ	380/50	
15	额定电流	A	2×23.5	
16	漏电断路器	A	63	
17	减速机速比		1∶16	
18	防坠安全器制动力矩	kN·m	3	
19	防坠安全器动作速度	m/min	54	
20	整机自重	T	20	$H=100$m
21	附墙架承载力	kN	40	一套
22	安装载重量	kg	500	

2．安装步骤及要求

（1）升降机基础定位按照后附基础定位图定位，制成 5600mm×4000mm×400mm 的钢筋混凝土基础，混凝土强度等级 C30，配筋 ϕ12×200 双向双层。按图示预留螺栓孔洞，待就位验收合格后注混凝土将螺栓固定。

（2）当电梯基础的混凝土体强度达到 70%强度后，方可进行外用电梯的安装。

（3）外用电梯所需电容量为 40kW，需提前做好准备。

（4）安装外用电梯前，应将现场清理干净，保证安装区域整洁、开阔。

（5）外用电梯底座安装采用 M24×230 螺栓连接，调平底座的水平度，使底座水平度达到 0.2%，预紧力为 350N·m。

（6）安装三节标准节，连接标准节的螺栓为 M24×230，预紧力为 350N·m。

（7）安装围栏

（8）外笼及内笼安装：左侧面对外笼门的外笼底盘是和两节标准节连接在一起的，且左吊笼也安装在两节标准节上，吊笼底架与外笼底盘用螺栓进行连接，使之成为一体。

(9) 电缆及电气装置的安装检查

电缆安装：供电电源箱距升降机电源箱应在5m以内，为保证供电质量，即满载运行中电压波动在380V（允许偏差+5%的范围以内），所以引入电源电缆截面积不应小于3×25+2×100。安装时：

1）将引入电源电缆从供电电源箱接入升降机电源箱内；

2）将升降机供电电缆以自由状态盘入电缆筒内，不得扭扣、打结；

3）将电缆筒固定在外笼底盘上挑线架正下方，将电缆线一端从电缆筒底部引出接入升降机电源箱，另一端通过电缆挑线架引到吊笼内接入吊笼内接线盒上。

(10) 吊杆安装

1）先将推力轴承加润滑油后装在吊杆底部。

2）将吊杆放入吊笼顶部的安装孔内。

3）在吊笼内将向心轴承安装在安装孔内，加压垫并用螺栓固定。

(11) 导轨架的安装

1）将标准节立柱两端接头处齿条连接处擦拭干净，并加少量润滑油。

2）打开一扇吊笼顶部护身栏，将吊杆的吊钩放至地面，用标准节吊具勾牢一节标准节（注：标准节带锥套的一端向下）

3）摇动摇把，将标准节吊至吊笼顶部放稳。(不要摘下吊钩，应绷紧)

4）关上护身栏启动升降机，当吊笼开至接近导轨架顶部时，应点动行驶，直至吊笼顶部距导轨架顶部0.5m左右时停止。

5）用吊杆吊起标准节，对准导轨架上端的立管和齿条上的销孔放稳，用螺栓紧固，摘除吊钩、吊具。

6）若现场配有起重设备，可在地面先将4节标准节连接在一起一次直接吊接于导轨架顶部，用螺栓紧固。

(12) 附墙架的安装

1）附墙座与建筑物连接承载力不得小于40kN

2）附墙座和建筑物连接方法，见附图所示：附架与楼板的连接。

3）将前杆用U型螺栓固定于标准节方框上，将附墙后座用穿墙螺栓固定于建筑物的相应位置上。

4）用吊杆吊起中架、后架、后杆（组合成一体），将其安装于建筑物与导轨架之间。

5）通过调整后架与后杆校正导轨架的垂直度，调整完将扣瓦紧固。

6）用调整杆将后架一边与后杆另一边斜拉锁紧，以增强其稳定性。

7）从地面起每隔6m安装一套附墙架。最大高度时，最上面一处附墙架以外悬出高度不得大于6m。

(13) 电梯楼层入口设置：电梯楼层在入口处中庭内双排拆出凹口，搭设落地架，入口通道宽1.2m。

3. 安全施工要求

(1) 施工升降机的安装与拆卸，必须由经过审查和注册的专业单位进行并接受行业及安全生产监察部门的监督和审核检查。

（2）参与安装的人员必须熟悉升降机的机械性能、结构特点并具备熟练的操作技术和处理一般故障的能力。

（3）参与本项工作的人员应有明显分工，各负其责，明确一人负责指挥工作，明确指挥联络信号。

（4）遵守一切为保证安全生产所制定的纪律，安全用具携带齐全，在高空作业的人员身体状况必须符合劳动部门的有关规定，严禁酒后作业。

（5）安装作业时，每个吊笼顶部平台作业人数不得超过2人，升降机的载重不得超过500kg。

（6）遇有雨及风速超过13m/s的天气不得进行此项作业。

（7）施工现场变压器供电，启动时电压降低不得超过额定电压的10%，可保证升降机的频繁启动。电源电压偏差应在±5%范围内。

（8）电梯安装完毕后，必须经过公司安全部门会同项目部以及监理单位进行验收，合格后方可投入使用。

（9）每层入口处设置电梯按铃，以便于人员上下需用电梯的联系。

（10）对于电梯的操作与使用，必须有详细的安全技术交底记录，包括操作前的检查、操作前的准备工作、操作运行方法。

（四）外爬架选用

桁架轨道式爬架由架体、升降承力结构、防倾防坠装置和动力控制系统四部分构成。结构简单合理、使用方便安全且经济实用。爬架可满足结构施工要求，同时满足安全防护要求。在装修施工阶段，也可为外墙装修提供操作面及防护。采用爬架进行结构及装修施工能够取得较好的经济效果。

1．爬架作业条件及施工荷载

在下列情况下禁止进行升降作业：下雨、下雪、六级以上大风等不良气候条件下；视线不良时；分工、任务不明确时。

施工荷载：

使用情况下，施工荷载≤2层×3kN/m²·层（结构施工）。

施工荷载≤3层×2kN/m²·层（装修作业）。

升降情况下，施工荷载≤0.5kN/m²。

2．爬架设计

（1）平面设计

根据结构平面特点及流水段划分，设置提升片及提升点。采用电动葫芦升降。

爬架主架宽900mm，内排立杆离墙距离400mm，立杆与墙体之间采用翻跳板防护，爬架爬升时将跳板翻回，提升到位后将跳板翻回进行保护。

提升点底座与塔式起重机、电梯附墙杆平面投影不交叉。因此爬架在升降过程中若遇塔式起重机、电梯附墙杆阻挡，只需将相应位置处爬架杆件暂时拆除，通过后立即恢复即可。

爬架底层封闭，防止物件遗落。

（2）立面设计

提升点处爬架架体立面为定型加工的主框架。

动力系统固定在主框架上，为保证足够提升高度，吊点横梁设置在第三步架上。

(3) 组装平台

在主体结构施工时，施工电梯追随在爬架下面；主体结构封顶后，施工电梯处的爬架拆除，其余部分下降以满足外装修需要。

3．爬架组装流程见图 3-9

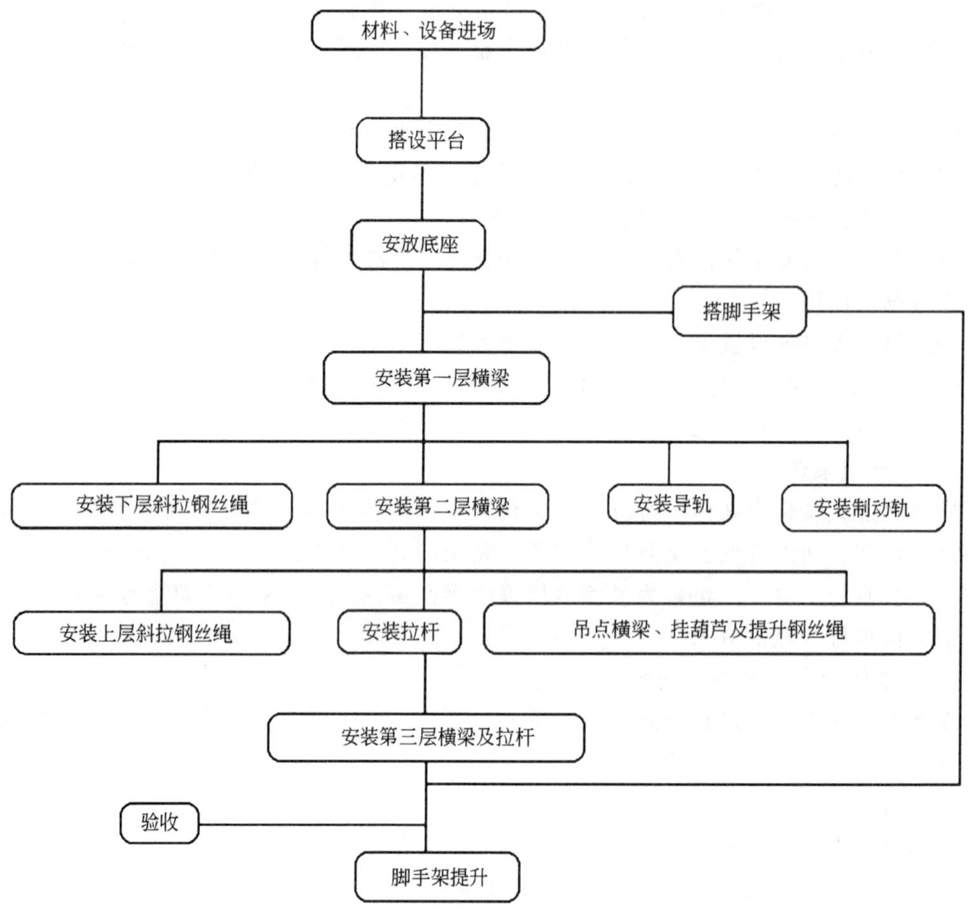

图 3-9 爬架组装流程图

4．爬架的安装

(1) 首先搭设一组装平台，组装平台从邻近的上层楼面下返 1300mm。在组装平台上组装脚手架。要求组装平台：

1) 外沿距爬架外排立杆 300mm。

2) 外沿设 1.2m 高防护栏杆。

3) 稳固且能承受 $10kN/m^2$ 的均布荷载。

4) 将提升底座摆放在提升点处。在安装底座时，先复核附墙点处结构尺寸和爬架平面布置图是否相符。

5) 摆放底座时，把放制动轨的一端面向建筑物，不要摆反；底座离墙距离宜从安装穿墙螺栓处直接量取，以避免差错。

6）底座定位后，应采取固定措施，防止移位。

(2) 脚手架搭设

在提升底座上插放四根立杆，要保持良好的垂直度，要随时检查内侧立杆离墙距离是否正确。

1）基本尺寸及注意事项：

①立杆纵距不大于1.80m，大横杆步距1.80m，架宽0.9m。

②相邻大横杆接头应布置在不同立杆纵距内。

③最下一步大横杆和小横杆使用双排杆，以保证架体整体刚度。

④相邻立杆接头不得在同一步架内。

2）脚手架每搭设二步，应与建筑物或内支撑连接，确保脚手架稳定，尺寸准确。

3）脚手架外立面满搭剪刀撑。

4）脚手架底层满铺脚手板，以上每隔两步架铺设一层。脚手板用铁丝与钢管扎牢。

5）脚手架外侧及底部挂密目安全网。底部要与墙面实现全封闭。

6）所有扣件连接点处须涂白色油漆，以观察脚手架结点处扣件是否滑移。

(3) 升降承力结构的安装

1）穿墙螺栓预留孔：确保穿墙螺栓预留孔位置准确十分重要。

①第一根横梁用穿墙螺栓安装在墙上，然后安装斜拉钢丝绳。

②结构施工上升一层时，安装第二根横梁。

③在第一根横梁与第二根横梁之间安装竖拉杆和斜拉杆。

④开始安装导轨，使其位于横梁上的导轮之间。

⑤随着结构施工上升，安装第三根横梁。

⑥在第二根横梁与第三根横梁之间安装竖拉杆和斜拉杆。

2）安装注意事项：

①导轨连接件处大横杆需伸出扣件边缘10～12cm。

②吊点横梁支撑立杆顶端自由长度不得大于10cm。吊点横梁两支撑立杆顶端高差不得大于2cm。

葫芦要严格按设计位置悬挂，避免脚手架升降时葫芦刮到横梁。

(4) 动力及控制系统的安装

1）使用电动环链葫芦时，应遵守产品使用说明书的规定。

2）控制台应设漏电保护装置。

3）三相交流电源总线进控制台前应加设保险丝及电源总闸。

5. 爬架的升降流程见图3-10

6. 安全使用

(1) 下雨、下雪、六级以上大风等不良气候条件下不使用。

(2) 视线不良时不使用；分工、任务不明确时不使用。

(3) 将葫芦挂好并进行预紧，各葫芦环链松紧程度应一致。

(4) 除操作人员外，其他人员不得在脚手架上滞留。建筑物周围20m内严禁站人，并设专人监护。

(5) 松开斜拉钢丝绳，解除脚手架与建筑物之间的约束。

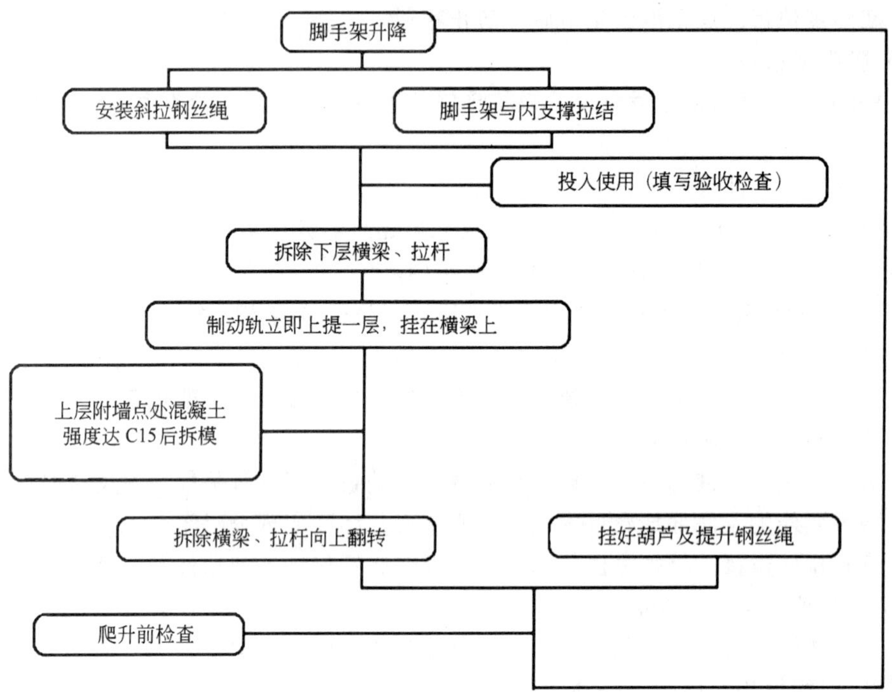

图3-10 爬架升降流程图

(6) 各提升点要速度均匀，行程一致。

(7) 升降过程中检查升降是否同步。当相邻两点行程高差大于50mm时，应停止升降，通过点控将架子调平。

(8) 支架是否出现明显变形。若变形明显，应停止升降，找出原因，进行处理。

(9) 检查葫芦运行是否正常，链条是否翻链，扭曲。

(五) 混凝土泵的选择

1. 在现代的高层建筑的施工中，混凝土泵在垂直运输过程中也起着关键性的作用。特别是在高层建筑的施工中，混凝土泵对混凝土的输送量超过了90%。可见在建筑工程特别是高层建筑施工中，正确的选择混凝土输送设备是十分必要的。

2. 选择混凝土泵时，应根据工程结构特点、施工组织设计要求，泵的主要参数及技术经济比较等进行选择。

3. 混凝土泵的主要参数包括混凝土泵的实际平均输出量和混凝土泵的最大输送距离。

4. 混凝土泵的实际平均输出量可根据混凝土泵的最大输出量，配管情况和作业效率相乘得出。

5. 混凝土泵的最大输送距离，可以试验确定；参照产品性能表确定；或根据混凝土泵产生的最大混凝土压力，配管情况，混凝土性能指标和输出量计算得出。

6. 在使用中，混凝土泵应设置在场地平整，道路通畅，供料方便，距离浇筑地点近，便于配管，供水、排水、供电方便，在混凝土泵作用范围不得有高压线等。

7. 混凝土泵配管时应尽量缩短长度，减少弯管和软管，同一管线中应使用相同管径的管，垂直向上配管时，水平长度不宜小于垂直长度的1/4，也不宜小于15m，倾斜向下时，应在斜管上端设排气筏，当高差大于20m时，斜管下端设5倍高差长度的水平管，或设弯管环型管等满足5倍高差长度的要求。

8. 当用接力泵泵送时，接力泵设置应使上下泵的输送能力匹配，设置接力泵的楼面应验算其结构所能承受的荷载，必要时进行加固。

（六）布料杆的选用

1. 在混凝土的浇筑过程中，为加快进度，扩大同时浇筑的范围，避免形成施工冷缝，应采取布料杆与混凝土泵配合的形式。

2. 独立式布料杆分为移置式，管柱式和塔架式，一般安置在底座，管柱或格构式塔架上。最简单的是无动力驱动的移置式布料杆，可直接安放在浇筑混凝土的施工处，与混凝土泵或泵车配套使用。

第四章　住宅精品工程的项目管理

第一节　住宅精品工程项目管理总述

一、“管理”概念解析

管理——俗解为：即要“管”，又要依“理”而管。

“管”象形俗解为：“管”乃“官”（官府机构、官员）之事，“官”之管理手段为高于官员之上的“竹简”、“竹鞭”；“竹简”乃规矩、法度也，“竹鞭”乃刑律也。

“理”乃规律也。

此解虽为俗解，但说明管理乃机构之责任，管理人员之责任，且管理应有规矩、法度，遵循一定规律。

二、创住宅精品工程的核心在于项目管理

住宅工程相对于其他酒店、公寓、写字楼、厂房等公用建筑而言，由于其建筑布局在不同楼层相对标准化，因此，在施工管理过程中经常被认为相对简单，但从工程造价、使用功能对于业主（住户）的惟一对应性上来讲，却在施工管理上不容忽视。

首先，由于住宅工程最终的使用对象为居民百姓，其成本必须与民众的生活水平适应，因而决定了其成本较低，正是由于低廉的成本决定了制造环节的成本，因此，能否在低廉的制造成本条件下创造出精品、“粗粮细作”，直接关联到施工管理的水平，项目的管理水平。

其次，由于住宅工程使用的惟一对应性，即每套单元产品对应每户居民，因此，住宅工程能否作成精品并非局部精品，而是全面精品，从施工质量评定的角度来讲，当建筑产品的分项、分部工程达到一定的优良率，便可评定该产品为优良产品，但相对与每一住户来讲，由于住宅工程使用的惟一对应性，因此，住宅评定的单元缩小，对于住户来讲更加具体化，每个单元产品（可定义为一套住宅）出现不符合项，即反映出单位工程存在不符合项，相对于整个单位工程而言存在一定数量的不符合是可能的，是可以理解的，但对于住户来讲是不可以谅解的。

所以，住宅工程要创造出精品，其施工管理应体现为全方位的管理，“精品工程”靠“精品管理”。

第二节　项目管理核心——人本管理

正是由于创造精品住宅需要全方位的管理，同时结合多项住宅工程管理的经验，因此以下管理特点应成为精品住宅工程管理的必要条件和参考。

一、确立管理核心意识

项目管理的成败在于项目是否能够形成和凝聚成管理核心。

项目经理作为企业法人在项目上的授权代表，在项目管理中至关重要并必须建立足够的威信和威严，形成项目的管理核心。其管理核心作用在于项目的各级管理人员能否围绕项目的合约意志、企业的管理理念、项目经理的管理观念运行项目日常工作和建立起约束机制。

项目的管理核心具有不宜授予性和具有不可分割性。

由于在管理的过程中，管理人员对管理核心存在一定的认同心理，而且这种认同是建立在项目管理核心具有相对最终的经济给予权利和工作绩效的评价威信，因此项目的管理核心一旦形成，便不宜授予或转移，一旦授予或转移，便可能出现“名义核心”，影响项目管理工作的有效运行。另一方面，若项目的管理核心形成分割局面，便从人性的角度上不可避免地形成“战国现象”，影响到项目的日常协作。

因此，项目经理作为项目的首要决策者和领导者必须具备管理核心意识。

二、管理理念鲜明

一个优秀管理者必须是一个优秀思想者，社会的进步靠思想指引，而项目管理的飞跃必须建立在一定的思想基础上。没有成为体系的管理思想就不可能有具有特点的管理项目。

“精品的工程”必须有“精品的思想”。

三、确立管理团队意识

项目管理是否和谐、步调一致在于项目管理班子成员首先是否具有管理团队意识。

项目管理是一个有机的整体，项目内部各管理系统之间相辅相成、相互支撑。项目管理班子成员作为项目各管理系统的领导者，在履行合约的过程中承载着不同的指标，尽管在各项指标上存在差异，但项目班子成员能否很好协助项目经理评价、均衡各项指标，将影响企业的履约、企业的信誉、项目经理部的管理能力。若某一系统一味地追求某项目标而摒弃其他指标，将最终导致项目全面目标的混乱。

四、管理机构体系合理

一个机构能否有效运转，必须保证机构的健全性和合理性，机构臃肿、部门设置及所属管理系统职能不清晰，均可能导致管理效率的减低和混乱。

五、管理制度健全

项目管理如同治理国家或社会一样，在治理国家和社会的形式——“人制”、“法制”和“德制”方面存在相通之处。

在人类社会初期阶段，部落的治理靠体魄、迷信赢得主导地位，即充分体现个体的能动性，应定义为“人制时代”。随着社会的进步，“人制”的机制已经逐渐不能够满足社会发展的需要，因此进入了“法制时代”，因此项目的管理要跟进时代的步伐，就必须建立必要的制度作为保障。

一个没有健全管理制度的工程项目组织机构管理，就如同一场没有游戏规则的游戏，其结果自然可以想象。

一个集体没有制度的约束就会出现一个“集体无意识”的集体。

六、监督有力、重在监督

项目制度作为机构运行的保障手段，其作用在于有效地运行和发挥约束作用，但要保证制度有效运行，就必须建立有效的分层监督机制——“金字塔式的监督管理体系”，项目经理作为项目管理的首要领导者，位于金字塔的上层，监督是否有力，在于项目经理的力度和项目经理向下（班子成员）传递的力度。只有监督分层落实，才能实现重在监督的目的。

项目经理对于一个项目的驾驭类似于一部汽车，项目经理如同汽车司机、项目管理班子成员如同发动机，管理人员如同传动装置，基层人员如同车轮。项目经理只有不断地查看仪表上反馈的信息，把握住方向盘，踩下油门，发动机才能有效运转，传动装置才能发挥作用，车轮才能进退滚动。因此，车轮滚动的速度取决于传动装置，传动装置的动作力度取决于发动机的马力，发动机的运转在于司机是否有效有力地踩下油门。

七、岗位管理有效

管理岗位的设置应简洁有效，不宜因机构需要，为岗位设置而设置。否则会出现“齿轮效应”：在项目管理机器运行的过程中，齿轮的作用是必要的，但过多或不合理地设置和安装齿轮会增加中间过程，一旦某个齿轮运行出现问题，将对集体形成反制约。

八、管理人员精干

数量并不代表质量。

因此过多地安置管理人员会出现“群猫现象”——猫多鼠不减。最终出现“一只老虎可挡道，一群猫简直瞎胡闹”现象。

九、信息反馈流畅、决策果断、令行禁止

信息是决策基础。

工程项目管理组织，作为一个管理机构，在其运行的过程中，不断地需要信息→判断→决策→调整的过程，信息作为管理的基础和源头，能否保持信息的通畅，不仅决定该管理机构的决策效率，同时更影响项目管理者在基层管理人员当中的形象。

作为项目的管理者，能否决策果断，同样影响项目运行的效率。

项目能否做到令行禁止，直接反映一个项目管理力度。

十、分承包管理机构对等

总承包和分承包项目管理机构是否对等，不但影响到不同管理层和不同管理单位在管理上的对接，而且将直接影响到项目的管理效率，影响到项目管理是否协作顺畅。分承包单位往往为了降低管理成本或由于企业管理机构的不健全，出现部分岗位或部门采取兼职或兼任的做法，而总承包方若对此视而不见，则会出现彼退此进、管理职能替代，总包管理不对等，总、分承包之间管理运行不畅甚至出现抵触的现象。国外建筑总承包商之所以往往将分承包商的管理机构和重要岗位进行合约约束就是基于此等目的。

十一、强调管理标准定位

工程质量最终能够达到一个什么样的效果，与项目管理人员的日常质量管理定位标准有着直接的关系。因为基层施工操作者与管理者在质量意识上存在辨证的矛盾关系。例如，在与分承包单位进行交流过程中，我们可以得到这样的信息，分承包单位在进入施工开始阶段，总是抱着一种试探的态度进行工作，试探管理人员对质量的接受能力。在分承包单位素质一定的情况下，如果管理人员对工程质量标准较低，其工作质量将基于利益的

前提下，放低标准。因为作为企业存在追求利益最大化的愿望，因为从一定程度上讲降低质量与减低劳动成本有着直接的关系，因此在彼长我消的规律下，精品工程的日常管理标准不能放低，尤其是工程开始，管理标准更不可降低，工程质量的失控原因不在于基层操作人员，而在于管理人员，因为正是管理人员质量标准降低才给操作层的质量标准降低创造了空间。

十二、岗位职责明晰

按照企业常规或传统管理，每个岗位都有模糊性的岗位职责，若不进行岗位职责界定，那么一旦出现问题或工作上的失误，便会出现推卸责任的现象。那么如何在一定范围内制约推卸责任的现象出现并在日常的工作中起到约束作用呢？经验告诉我们岗位职责的书面化界定必不可少。

在日常的项目管理中，经常会出现管理人员感觉项目管理混乱，工作无人管理，工作一旦出现失误或问题便推委扯皮。其主要原因就在于职责不清。而出现这一现象的深层次问题便在于："将令不明，申令不熟，帅之罪也"。

十三、分包管理调控有力

总承包方和分承包方在一定意义上既对立又统一，因此调控必须得当，对于施工总承包方必须注重对工程的驾驭能力。一个工程开始施工，如同骑手跨上一匹即将驰骋的战马，在起跑初期，能否很好了解战马的脾性，能否使战马驯服于骑手，直接关联到以后的进程。工程也是同样，工程一旦开工，若盲从于或急于"奔跑"，缺乏约束和调控手段，往往可能出现"失控"。因此，必须在安全管理、质量管理、工期控制、文明施工管理、物资管理等方方面面取得"主动权"，使施工管理受控于总承包方。常言道"磨刀不误砍柴工"，"良好的开端是成功的一半"。

十四、客观公正而明朗的态度

作为项目的各级决策者，其工作不仅仅涉及到工作的决策，同时也涉及到对某件事物进行决策，例如：对于上下班晚来早走或旷工问题的态度。对此类事物的决策往往关系到相关工作系统、岗位和个人，因此，对不同情况的决策是否得当、客观（相对于某一环境而言）、公正，将直接影响到系统、工作岗位和个人的心理和工作情绪，并可能在一定范围内扩展，从而影响到正常工作的开展。

同时，作为项目的决策者，是否态度明朗，将直接影响到工作的进程和效率，决策者的态度不明朗，从一定程度上会给基层管理者一个优柔寡断的印象，并连带造成基层管理人员工作出现懒散、缺乏时间观念，从而在一个集体的范围形成低效率的不利氛围，进而影响到项目的工作。

十五、惩前毖后、防微杜渐

经验告诉我们：预控和预先约定是管理能否成功的必要条件。

但管理的过程中有不可避免出现不可预见问题，因此，一旦问题出现或出现苗头时，就必须惩前毖后，防微杜渐。

不良现象的影响所造成的后果，往往不在于不良现象的本身，而在于其间接的影响。正如"蝴蝶效应"一样："一只蝴蝶在巴西扇动的翅膀，可能在阿拉斯加卷起龙卷风"。

例如迟到、早退现象，工作环境卫生无人清理，虽然该现象不足以直接造成项目的运行受到严重的影响，但作为管理者应当注意到其影响和危害，国外的企业管理之所以对上下班等小节问题重视，就在于其存在相当程度的危害——纪律涣散、工作缺乏规范性、个人行为突现、合作观念淡薄、协作意识淡化。

十六、保持管理敏感度

作为工程管理者必须保持一定的敏感度，各种信息和现象的出现，意味着某工作环节中可能存在问题或疏漏，若不能果断、及时地解决，不仅可能造成现象的泛滥、问题的严重化，更可能出现“青蛙存活实验现象”：若将一只青蛙放到一锅沸水当中，青蛙受到突然的刺激，由于敏感度，因此，其一跃跳出沸水，得以生存；同样，将一只青蛙放到冷水中，然后将冷水逐渐加热，最终青蛙将被逐渐升温到沸水的水而煮死。

作为项目管理同样如此，若在管理中缺乏必要的敏感度，就会出现问题大家熟视无睹——管理麻木——管理能力降低，最终导致项目管理的失败。

十七、确立项目文化

一个民族存在民族文化，一个社会存在社会文化，一个工程项目同样存在项目文化，项目文化将凝聚成项目的氛围，项目的氛围直接影响到项目管理人员的观念、心态。

第三节　住宅精品工程项目运行管理

一、项目管理概念及应用

（一）项目管理方针

项目管理方针是项目管理者和基层管理人员的座右铭和工作方向。

项目管理方针直接反映项目管理方向、管理目标、管理的侧重点等一系列原则。在一定程度上反映项目经理的管理思路。

例如某住宅项目的管理方针为：团结、拼搏、科学、严细，创一流管理，为企业兴旺尽心；安全、优质、高速、文明，建校园精品，为科教兴国尽力。该管理方针全面地界定了项目管理的目的和原则：

团结——常言道“家和万事兴”，多年的施工管理经验告诉我们，一个项目集体是否团结，决定着项目运行的成败，是项目成功与否的关键和基础。

拼搏——面对日益竞争激烈的建筑市场，一个工程项目最终竞标成功，其各方面的条件已经非常苛刻，而且需要在苛刻的条件下出“精品”，那么作为一个项目集体如果没有拼搏精神，是很难超凡脱俗创造出精品的，因此需要拼搏、需要自我挑战。

科学——“科学技术是第一生产力”，是现代企业管理、项目管理的一个特征，没有科学就没有社会的进步，同样，没有科学也就没有项目管理的进步和提升。

精品靠的是科学管理，而非墨守成规、陈旧管理。

严细——精品的创造，靠的是严谨的作风、严肃的态度、严格的管理、严明的纪律；艺术品之所以完美，靠的是细致的雕琢，细心的思考，精细的操作。

创一流的管理——体现了项目经理在项目管理水平上的定位。

为企业的兴旺尽心——从集体的利益角度出发，项目的管理应服从于企业的利益。

安全——人生最宝贵的是生命，安全问题一旦出现，是任何人都无法挽回和逆转的，质量问题可以补救、经济损失可以弥补，工期损失可以跟进，惟有生命不能再生。

优质——追求的精品的目标。

高速——工期目标的体现和基础。

文明——因为该工程建设单位为高级知识分子云集场所，项目的管理能否赢得建设单位的认同，首先体现在人的素质，因此文明作为其中的管理方针的一部分体现出来。

建校园精品——将精品的比较范围定义为校园范围内，可谓目标实际、客观，同时也基于企业进一步赢得教育界市场奠定基础。

为科教兴国尽力——因为该工程为国务院副总理主抓的项目，且该工程的建设体现国家尊师重教的思想，因此为科教兴国尽力成为该项目管理方针的一部分。

应当说，该项目管理方针在项目的管理定位、项目追求的目标、企业的利益方面、国家的利益方面都得到了很好的体现。该方针一旦提出，在一定程度上给基层管理在日常工作中明确了工作方向、原则和目标。

（二）项目管理应用的体系和方法

1．项目管理应用的体系

（1）贯彻 ISO 9001:2000（ ISO 14001，OSAHS18001）质量（环境、职业安全、卫生与健康）管理体系，实施标准化管理。

（2）按工程总承包机制运行，项目的各项工作必须要站在总承包的位置来计划、安排和定位。

2．项目管理的方法

（1）目标管理、系统管理、全面计划管理、全面质量管理、全面预算管理和信息系统管理的方法。

（2）实行决策、控制、执行三权分离（将项目的管理层划分为决策层、控制层和执行层），分工协作、相互监督，各负其责的管理方法。

（3）实行集约化管理；向管理要效益。

（4）追求“三零”管理：即决策失误为零，质量不合格点率为零，浪费性消耗为零。

（三）项目各项工作的管理原则

1．基本原则

第一点：制度高于人；

第二点：早计划、早安排、早动手；抓落实、抓结果、抓责任人；

第三点：行高于言；

第四点：树精品意识，提高全面素质，强化自身管理，狠抓工作质量。

2．各项工作安排原则

对外业主优先，对内现场优先；对外第一，一致对外（服务于业主）；对外一致。

3．技术、经营、施工三者关系原则

经营是目的，技术是基础，施工是手段（表现形式）；所有技术方案必须通过经营优化认证，所有施工必须严格执行方案和计划，所有施工变更必须通过经营和技术书面认可，技术牵头，经营、施工配合。

4．施工管理原则

第一点：安全第一，质量为本，安全保生产，质量保进度；

第二点：主动管理，严格执行，全面控制；

第三点：信息反馈及时，资料齐全有效；

5. 技术管理原则

技术为龙头，预控预防；细致实用，注重资料；指导监督，优化创新，追求精品。

6. 经营管理原则

(1) 预控预防，分析分解，资料有效，手续齐全；

(2) 比质、比价、比量、比服务、比管理，货比三家；

(3) 合同管理：一事一议一合同一结算一分析一归档，合同的洽谈权、审查权、批准权相对独立，相互制约。

(4) 成本管理原则：一支笔制度，无论内外一事一审批，分项分解，全面计划，控制关键。

7. 安全管理原则

分级监督，统一管理，安全第一，预防为主。

8. 质量管理原则

以人的工作质量控制工程质量，严把材料设备入场关；分级控制，分段监督，统一申报。

9. 对外联络接待管理原则

懂规矩，熟业务，遵纪守法，不卑不亢，有理有力有节有企业形象。

(四) 项目管理概念的应用

宣传和贯彻四个原理，强化员工的管理意识和精品意识。

1. 筑堤原理

将项目员工的行为、分承包单位的行为看做是堤坝里的水，将企业的管理规章制度、项目管理制度、项目各级人员的管理行为、预控预防措施看做是堤坝。堤坝筑得好与坏，是否及时，决定着堤坝里的水是否会泛滥。因此必须强调建立管理制度、规范各级人员的管理行为、建立预控预防措施，保证项目运行进入良性循环。

2. 雷池理论

第一：项目进行分工后，就应该各负其责，谁的事情，谁来负责，决不许越俎代庖。

第二：要求在项目的施工方案措施面前及任务的安排上，任何接受人（执行人）都必须严格的执行，没有理由可强调，哪怕是错误的，在没有得到修改前都必须执行。因此，在项目的管理上制度一旦界定，任何人便不得超越雷池。

3. 雕塑理论

第一：强调加强管理内功的作用，无论做任何工作，都要以抓内在的素质为主。

第二：强调在工程质量上要加强结构质量的管理，在工程质量上要狠抓结构工程质量，把工程结构的质量看做雕塑的开坯，把工程装修看做是雕塑后期的精雕细琢，若雕塑开坯的基础发生形态或方向上错误，即使后期精雕细琢，也难于成就最终的精品，因此在兼顾二者的情况下，结构施工更为重要。

4. 创过程精品理论

不论员工的日常工作还是工程实体的管理，必须主张过程精品保最终精品的思想。

(五) 项目管理工作运行程序

为了加强和统一项目工作的运行程序，提高项目的管理水平和项目的工作效率，项目日常工作运行应按照一定的程序进行。

1. 根据项目组织机构设置的规定，项目管理分为三级：项目经理、系统领导、基层管理。系统管理必须服从项目经理管理，基层必须依据《项目管理手册》开展工作。

2. 项目系统领导负责项目各系统日常工作，项目各管理部必须服从和尊重系统领导的管理。

3. 在具体工程管理中，项目系统领导在授权范围内根据岗位职责和《项目管理手册》组织执行项目经理指令。

4. 项目工作运行程序

(1) 项目系统领导根据《项目管理手册》编制各自管辖的部门的岗位责任制和各项工作的总控制计划，并上报项目经理。

(2) 项目经理对各系统的岗位责任制和各项工作的总控制计划进行批准。

(3) 项目各系统依据批准的总控制计划，负责分解并下达月工作控制计划，并监督检查执行情况。实行周保月，周考核的工作方法。

(4) 各部门接到月工作控制计划后，立即组织进行落实执行并编制出相应的月工作实施计划和分解的周计划，所编制的月工作实施计划及分解的周工作计划必须报项目系统领导审核、备案、备查。如根据实际情况需调整月工作控制计划，必须将编制的调整计划报各自系统的相应领导批准。各部门负责周、日工作计划的下达。实行日保周，周总结、日考核的工作方法。

(5) 项目员工根据岗位职责、具体工作程序、要求和日工作计划开展工作，有超出自己岗位职责范围及解决不了的事情，逐级向上请示报告。

(六) 项目系统工作及责任划分

1. 项目系统工作划分

(1) 项目组织系统划分为

技术质量物资［预控预防］系统，施工管理执行系统，经营系统，行政后勤系统。

(2) 管理系统的定义

项目管理预控预防系统：即技术质量物资管理系统，包括技术协调部、质量监控部、物资管理部。

项目管理执行系统：即土建工程管理部、机电管理部。

项目监控系统：质量监控部、安全监控部。

执行系统的工作范围包括国家、行业、企业的法律、法规、制度，预控预防系统编制的各项施工管理文件。

2. 项目系统责任划分

(1) 项目技术质量系统的图纸、洽商变更、各项控制计划、施工组织设计、方案措施、材料审批、工程资料要求等必须以书面形式向施工管理执行系统交底、交接并组织交底会，无书面交底、交接，造成施工不能正常进行的，责任由技术质量系统负担。总（主任）工程师必须提前15d完成材料选型和技术评判工作。

(2) 施工管理执行系统接到书面交底、交接资料后，必须按照要求组织施工，发现问题及时汇报。任何人未经总（主任）工程师批准不得改动控制计划、方案措施、材料审批、图纸、洽商变更等，否则，造成施工达不到项目要求的，责任由施工管理执行系统负担。

(3) 经营系统必须在施工开始前选定分承包单位、材料供应商，并向施工管理执行系统进行合同交底。分承包单位、材料供应商选定不及时或无合同交底，影响施工进行的，责任由经营系统负担。

(4) 建设单位指定供应物资、设备的加工订货进入现场前由经营系统负责管理，其他系统配合，影响施工正常进行，因未主动进行管理的，责任由经营系统负担，因未进行配合的责任由未配合系统负担。

(5) 行政后勤系统必须保证对其他系统的服务，保证其他系统工作的顺利进行。

(6) 安全文明管理：施工现场内由施工管理执行系统负责；公共区域、办公生活区域由行政后勤系统负责；全项目由现场经理负责；安全保证部统一监督管理。

（七）项目基础管理的其他规定

1. 建立透明度极高的工作考核与奖金分配相结合的制度，项目班子成员的考核和奖金由项目经理负责，部门及部门负责人的考核和奖金由系统主管领导负责。

2. 奖金分配原则：实行责、权、利相结合，重在工作按时保质完成和管理基础工作上。

3. 奖金的分配参考以下内容：劳动纪律、职责、难易程度、劳动时间、任务的饱满程度、工作质量及结果、工作态度。

4. 所有通讯工具均为个人购置和保修，在项目工作其间，项目实行费用补助，所有享受补助人员必须保证能够及时与项目联系，否则发生三次不回话、不联系，取消补助。

5. 实行劳动竞赛，开展项目管理人员之间，分承包单位之间的劳动竞赛，奖励优胜者，处罚落后者，以赛养赛。

6. 项目各项管理应当把好六道关

(1) 计划关；

(2) 培训关；

(3) 过程控制关；

(4) 结果关；

(5) 生产要素关；

(6) 交叉作业关。

7. 加强项目的管理，坚持例会制度，使员工形成集体观念。

8. 日常工作中，班子成员要经常与项目人员座谈，听取对项目各项管理政策的意见及了解人员的思想状况。

9. 项目的任何决策只强调结果，具体实施措施，只出指导性意见（重大特殊事情除外），具体措施由执行人负责，以给项目人员一个展现自我的空间，充分发挥员工的聪明才智。

10. 建立项目管理激励机制

(1) 项目员工的激励机制采用以下两种方式：经济、精神奖励。

(2) 项目经理部处罚方式：口头批评、批评、警告、罚款、记过、记大过、降级、降职、撤职、开除留用察看、开除（上述处罚方式除口头批评外，其他项目均以文件的方式进行处罚）。

(3) 项目在施工进入正常阶段，每季度可组织一次在近郊旅游活动，增加项目人员之间沟通。

(4) 项目的工作待遇所体现的差别要向项目人员讲解清楚，这样的差别是项目 CI 管理的一部分，同时也是为激励人员努力工作。

二、项目组织管理

为了确保项目各系统按照分工，相互协作正常开展工作，使项目工作有序进行，项目应当建立组织管理制度。

——项目各系统及部门领导必须自觉按照岗位职责、按照项目管理目标和程序要求，主动组织开展工作，保质保量完成系统及部门任务。系统或部门工作不遵守项目规定程序、岗位职责，处于失控状态及三个月系统、部门完不成任务，免去系统或部门领导职务。

——系统及部门之间要将所需报的资料及配合要求以书面的形式通知对方，如有争议可由双方的上级领导协商解决，协商解决不了的，由项目经理裁决。

——项目各系统、部门必须认真执行项目的各项管理规定，保证相互之间的信息沟通。任何阻断信息流通或不沟通者，对工作影响的结果负直接责任。

——实行 4h 回复制。项目系统及部门之间须解决的问题、项目临时安排的任务，接受的系统、部门、人员必须在 4h 内予以信息回复，无论结果如何。

——系统及部门在工作上推委责任、扯皮、不配合、不积极履行岗位职责、责任感不强，如发生三次，免去系统或部门负责人职务。

——各系统及部门领导必须对本系统、部门人员的工作质量负责，部门或系统内人员的失误都将追究部门或系统领导的管理责任。

——监控部门对工程管理部的整改通知等必须以书面形式传达，否则发生问题追究监控部门责任。

——项目内部各部门经理只有对员工奖、罚的建议权，各系统领导只有对本系统员工一定权限的奖、罚权力。

——任何系统、部门都必须坚持运用 PDCA (Plan—Do—Check—Action) 循环的工作方法，建立培训、检查及例会等管理制度，不断改进工作，提高管理水平。

——项目内工作的完成以最直接系统、部门、人员为责任者，这个系统、部门、人员必须主动组织、落实完成任务，并应向其他系统、部门、人员提出要求，以保证任务的完成。

——项目各系统、部门在接到任务时，必须认真组织落实，发现问题及时汇报，以便项目采取措施。如发现问题汇报不及时，造成任务完不成或在项目落实任务完成情况时才汇报，均视为无理由未完成任务，将追究当事人的责任。

——项目总（主任）工程师是项目的最高施工生产监控者，现场经理是项目的最高施工组织者和分承包单位的管理者，现场经理和总（主任）工程师具有对协作单位 X 元以下的奖、罚权利。

——项目的行政、后勤办公用品必须由项目综合办公室统一采购，任何人不经允许不得购置，否则，费用自理。

——系统领导必须按时保质向项目经理上报其所需要的资料，每缺少一项或拖延一天，按照《项目奖罚条例》进行处罚，内容不符合要求的视为未报告。

——为了落实责任，调动员工的积极性，项目系统领导在安排项目周、月工作计划时，首先由各系统上报工作计划，同时将任务落实到各部门及个人，并制定相应的奖金，明确任务及验收标准，然后由项目经理进行审批。

——项目工作安排及请示报告必须逐级进行，考核检查可以越级、交叉进行。申诉可以越级进行。

——项目内部管理岗位采取任职制度，项目部门经理及以下管理人员任免采取文件公布方式，具体公布文件由综合办公室负责。

——当出现管理问题或失误时，所在系统领导或部门，必须对事件进行调查分析，制定出杜绝制度和措施，并于2日内补充到项目经理部各系统管理办法和制度中，以避免出现同样的问题，当同样问题出现第二次，对相关责任人按照项目处罚制度——口头批评、批评、警告、罚款、记过、记大过、降级、降职、撤职、开除留用察看、开除（上述处罚方式除口头批评外，其他项目均以文件形式）进行处罚。

三、项目人员素质管理

——加强项目人员的管理，严格控制进入项目的人员素质。实行以岗定员，双向选择，优中选优，不适应岗位要求的一律清退；

——提高员工独立工作的能力，提倡员工用脑工作，项目班子成员必须能够独立组织系统工作，完成目标；

——项目管理人员应当具备的三个基本观念：合同管理、运用及履行观念；系统管理观念；信息管理观念；

——项目的所有管理人员必须提高管理水平和业务素质，项目各系统领导必须定期或不定期对管理人员进行提高管理素质的学习和培训；

——项目经理在日常的管理工作中需不断的强调管理观念即为对管理人员进行观念教育，项目的各项管理制度能否有效运行起来在于项目经理的管理力度。

四、项目纪律管理

为规范员工行为，将项目建设成为一个团结有战斗力的集体，实现项目管理目标，项目应确定项目纪律管理，并按照以下内容进行要求：

（一）劳动纪律

1. 项目人员必须严格执行企业的《员工行为规范》和其他相关规定，严格遵守项目经理部制定的各项管理制度。

2. 项目员工必须严格遵守作息时间，有事请假，项目的准假人为各系统主管领导。员工请假要首先征得部门负责人同意，然后再请系统主管领导批假，领导班子成员请假须得到项目经理或授权人的批准。

3. 项目员工不许在工作时间做与工作无关的事情。值、加班时间均为正常工作时间。

4. 项目严格控制加班，非经批准一律不得计入考勤。凡被批准或安排加班、值班人员必须准时上班。

5. 项目人员工作时间到公司或其他单位办事，在工作时间内（在离下班时间一小时以上）结束者，必须回项目工作，不得随意在外逗留。

6. 严禁工作时间喝酒，严禁酒后上岗（特别是进入施工现场）

7. 所有员工必须努力工作，在工作时间内完成所交待任务，完不成者自觉加班，不享受任何补偿，所有施工管理人员必须自觉加班，按时值班，因为其费用已在奖金中考虑。值班人员必须住宿现场，无班车接送。

8. 星期六、星期日等节假日现场实行值班制度，部门实行申请加班制度，非经项目经理批准，不得记考勤。

（二）组织纪律

1. 项目员工必须坚守工作岗位，积极工作，按时、保质保量地完成本职和领导交给的任务。准时参加项目各种有关会议、活动，遵守会场及活动纪律（开会迟到一次罚款X元，无故不参加者加倍处罚）。

2. 项目员工工作时间一律着工装（项目经理因企业形象和市场营销需要除外），并符合有关规定。

3. 项目员工均不得业余时间在办公室、现场聚众从事打麻将等带有金钱、物质性的赌博活动。

4. 项目员工必须树立保密意识，保守国家、企业和项目的秘密，不得私自将项目的经营信息、管理文件、内部控制施工方案及进度计划泄露或借用给他人。凡是涉及经营、财务、内部计划的文件打印后，起草人必须妥善保管，作废后立即销毁，一经发生泄密问题，追究刑事责任。

5. 项目员工在遇到突发事情时，不得出现事不关己、高高挂起的态度或做法，必须勇于献身向前，不退缩。

6. 项目员工必须服从项目各级领导的指挥，有意见公开当面讲或直接向领导反映，个人意见未被采纳时，必须认真执行领导安排或决议。

7. 部门经理及以上领导必须积极主动组织、领导本部门或系统工作，项目员工必须积极主动按岗位职责、程序、要求完成工作。

（三）行为纪律

1. 项目员工一律不准动用项目财产、设备和车辆（特殊情况除外）。

2. 项日员工禁止在办公室内有大声喧哗、吵架、打架、做与工作无关的事情等影响项目形象的行为。

3. 项目员工必须保证办公物品摆放整齐，室内清洁，办公室的清洁责任人为部门经理。

4. 项目员工必须爱护项目财产，节约成本开支。草稿一律不许使用未用过的纸，所有纸张（包括作废的文件、工程资料）必须双面使用后方可以进行环保回收或销毁。

5. 项目员工必须具有团结友爱精神，树立集体主义观念和集体荣誉感，不做任何损人利己或不利己的事情。

五、项目岗位职责管理

——项目各系统应根据系统分工，制定部门、个人岗位职责和工作标准；

——项目班子不定期对项目各岗位职责及工作标准执行情况进行联合检查，各系统领导定期组织本系统对部门和个人岗位职责和工作标准进行检查；

——发生不能够履行系统、部门和个人岗位职责的情况，将追究上一级主管领导的责任；

——每个人必须明确和清楚本人的岗位职责和工作标准；

——项目管理预控预防系统发出的图纸、洽商变更、各项控制计划、施工组织设计、方案措施、材料审批、工程资料要求等必须以书面形式向施工管理执行系统交底、交接并组织交底会，无书面交底、交接，造成施工不能正常进行的，责任由项目管理预控预防系统承担；

——施工管理执行系统接到书面交底、交接资料后，必须按照要求组织施工，发现问题及时汇报。任何人未经总（主任）工程师批准不得改动控制计划、方案措施、材料审批、图纸、洽商变更等，否则，造成施工达不到项目要求的，责任由施工管理执行系统负担；

——经营系统必须在施工开始前选定分承包单位、材料供应商（材料技术质量选型的权利和责任由总工程师负责，价格由商务经理负责），并向施工管理执行系统进行合同交底。分承包单位、材料供应商选定不及时或无合同交底，影响施工进行的，责任由经营系统承担；

——本系统必须保证对其他系统的服务，保证其他系统工作的顺利进行；

——项目经理必须在完成本职的同时，组织协调其他班子成员的工作。

第四节　项目质量控制管理

住宅精品工程的创造，直接体现在工程质量的控制和最终结果的体现上，因此，项目质量控制和管理是住宅精品工程管理的核心。

一、住宅精品工程质量控制管理方向

（一）建立住宅精品工程管理机构和体系

住宅精品工程的创造必须建立在一定的组织机构的基础上，因此，在项目质量控制和管理上必须注重项目经理部和分承包方质量管理组织机构的建立，必须保证质量组织体系的健全和有效运行，以人为本，狠抓工作质量、半成品的质量和材料设备的入场质量。

（二）建立住宅精品工程管理机制

建立质量控制不断持续改进和质量控制能力不断提升机制。一个管理机构的控制能力、一个操作工人的操作技能都不是一成不便的，都有其可以不断提高、完善的过程和可能。因此，要取得一向工作的不断进展，必须建立和创造出一个不断持续改进和控制能力不断提升机制，住宅精品工程的质量控制和管理控制也是如此。

工序质量管理必须开展一次成优活动，将工程的质量管理引入一次成优的机制，夹生饭难做就是这个道理。在施工创优管理上往往存在一个误区——即优质工程是靠装修修出来的，对于由此想法的人事，如果我们揭掉虚伪的面纱，客观而冷静地思考和回忆一下，修出来的优质工程，无论在费用投入上、工期控制上、管理投入上，哪一项不是超标的，只不过为了完成某一合同目标而采取“装修”的无奈之举而已。切记：“马甲”永远改不出来体面的“西装”。因此，对发生的任何质量问题都必须用系统管理的方法进行分析，找出问题的所在、产生的原因、责任人、落实纠偏、改进和预防的办法，直至找到一次成优的办法，为一次成优创造条件，引入一个创优的良好机制。

质量管理重点在结构和使用功能的质量管理。抓好材料设备的入场管理、用户服务和安装工程质量管理。抓好预防预控和技术质量交底工作，定期组织专题会议布置、检查、总结、评比等质量工作。

维护项目质量管理的权威性：对于项目既定的目标和标准，作为项目管理的不同层次

必须坚定不移地去执行，维护其权威性。只有这样，才能创造出创优的氛围和机制，任何动摇和改变，均会影响创优机制的形成。

（三）确立住宅精品工程量控制管理原则

遵循“预控与把关验收相结合”的原则。住宅工程的施工管理有其相同点，但对于不同环境、不同设计风格等条件下的住宅工程的施工管理又有其不同点，因此，对于每一工程项目要创造出精品工程，都必须进行创优质量的设计，即预控，而该预控并不简简单单建立在技术手段和工艺上，还应当包括项目管理能力、施工操作层操作能力、技能等预控方面。

（四）住宅精品工程量控制管理方法

运用全面质量管理方法，分级控制，分段监督，统一申报。以人的工作质量保证工程质量；分级控制就是：按照现代企业质量管理理论，将企业的质量划分四个等级，一级“检查”，二级“保证”，三级“预防”，四级“完美”。要求分承包单位的质量管理以一级为主；追求二级，项目内部以二级、三级为主；追求四级。分段监督：预控预防的质量由施工管理系统监督；执行及操作质量由技术质量系统监督。

二、住宅精品工程质量控制管理细则

（一）总则

项目质量工作在工程管理过程中将按照“规范化、程序化、标准化、制度化”展开日常的工作，注重工作的“质量、效率”。

按照“质量过程监督、监控，创过程精品”的管理思路，充分体现项目管理目标，展开项目质量监控的各项管理工作。

（二）管理模式

项目经理部内部的质量管理模式实行质量员向部门经理（质量总监）负责制，质量总监向总（主任）工程师负责制。

（三）机构设置及管理人员配备

1. 项目质量系统在机构管理上受总（主任）工程师领导，由项目总（主任）工程师负责全面管理工作，项目总（主任）工程师下设质量监控部，质量监控部设质量总监质量总监下设质量员。

2. 质量系统组织机构：总（主任）工程师→质量总监→质量员→施工现场责任师→分包单位。

（四）质量文件管理流程及要求

1. 文件、资料签署意见及签阅

项目质量监控部收到相关文件、资料后，由接收人（部门文员）在30min内交部门负责人（质量总监），部门负责人根据文件的情况签署处理意见。签署意见后，交部门内部相应责任人进行具体工作实施或处理；需要提交项目总（主任）工程师的文件资料，提交后由总（主任）工程师签署意见处理。

2. 文件、资料传阅

需要传阅的文件、资料，质量监控部负责人（质量总监）应签署传阅意见（传阅顺序为部门负责人签署处理意见上涉及的人员名字的先后顺序），传阅人必须在文件上签署名字、签阅日期，并将文件直接交与下一传阅人，否则因未签署名字、日期、造成文件丢失或积压且因此而产生影响项目管理或产生相应不良后果，由漏签阅者、传阅不到位者、造成文件传阅丢失者或文件积压者负全部责任；部门传阅文件结束后，由部门兼职文员对资料进行分类归档，归档资料应整齐，顺序正确且编写简要目录。

3. 文件查阅

如需对日前所发文件进行查阅，必须先征得文件管理人员的同意方可进行查阅，查阅文件后应按时、按序将文件放回原处。

4. 文件复印

如果因工作需要需对文件进行复印时，必要时文件复印人应征得部门负责人同意，并说明复印的用途、份数等。

5. 文件作废或销毁

在没有得到部门或系统领导同意时，严禁作废或销毁项目的任何正规文件，否则由文件销毁或作废人负相应全部责任。

6. 文件借阅

原则上技术协调部的文件不得借阅，若遇特殊情况需要借阅时，文件、资料管理人员应当提醒借阅人进行借阅登记，并按时归还。若借阅人不按时归还文件、造成文件积压、丢失，技术协调部将拒绝再次向该人进行文件借阅，并由违反该规定的借阅人承担相应的责任。

7. 质量报验资料流程及要求

报验工作指自分承包单位班组完成分项工程并经自检成优后逐级上报的过程，一级对一级负责，任何责任师、分承包单位人员不得越级报验，质量报验资料也必须按照次流程进行签署意见和报验。

（五）对工程管理部的工作配合要求

1. 验收程序

报验工作指自分承包单位班组完成分项工程并经自检成优后逐级上报的过程，一级对一级负责，任何责任师、分承包单位人员不得越级报验。验收程序如下：

分承包单位班组自检、交接检并报验→分承包单位工长检查验收并报验→分承包单位质量检查员验收并报验→总包单位责任师（工长）验收并报验→总包单位质量员验收并报验→监理公司验收。

为了保证验收工作按照程序进行并保证验收质量，总承包质量总监必须不定期对报验流程的实施进行抽查，对于不能按照程序验收的环节责任人给予整改或进行必要的处罚，保证验收工作的质量。

2. 对责任师（工长）的要求

（1）项目工程管理部责任师必须严格对分承包单位管理，认真贯彻执行项目制定的质量验收标准，努力、确保实现项目质量目标，并坚持对施工过程质量的监督和指导工作。

（2）分项工程质量验收时，由责任师组织分承包单位有关人员参加，项目质量总监组织监理单位人员参加。无论责任师对分承包单位报验的分项工程是否验收，任何责任师不得允许分承包单位人员直接向质量监控部直接报验，责任师不得允许分承包单位直接向监理单位报验分项工程。

（3）责任师进行分项工程验收成优后，方可对质量监控部门报验。

(4) 责任师对质量监控部门制定的质量标准必须认真贯彻执行，不得任意改变质量标准。责任师编写的技术交底不得与项目质量标准相抵触。如对质量监控部制定的质量标准有异议时，责任师应以书面形式上报质量监控部。

(5) 现场所使用的所有材料进场前必须报项目总（主任）工程师认可，材料进场时由物资管理部、工程管理部共同验收，并做好验收记录，材料验收合格后才可使用，建设单位提供的材料设备应填写建设单位提供材料设备现场验收单。工程所使用材料不得有漏验的现象。

(6) 责任师不得允许分承包单位直接向监理单位报验分项工程。

(7) 责任师对质量监控部门报验分项工程时，必须同时报验相关的质量资料，如隐检、预检、质量评定、自检、交接检等资料。资料填写必须符合项目有关资料填写规定的要求。

(8) 对于同一质量问题，不可重复出现，对于连续出现同一质量问题的，质量人员可对责任师提出罚款的建议。

(9) 责任师对质量监控部下发的质量整改，必须在限定的日期内整改完毕，并将整改结果填写在质量整改通知单的“整改结果”栏内，并返给质量监控部人员，对逾期不改者或将质量整改通知单遗失掉的，质量监控部将对责任师处罚。

(10) 质量监控部门验收时对分项工程施工结果与施工方案不符合的，质量监控部验收时不予通过，后果由不按施工方案施工的责任师承担。

(11) 对拒不履行项目制定的质量标准、施工方案，或分项工程完成后可以在正常工作日内验收，故意拖延至晚上验收的，质量监控部的人员有权建议处理该项目责任师。

(12) 对于责任师负责的分项工程，连续两周分项工程优良率达不到90%（或项目设计的质量目标的）以上的，质量监控部在每周项目部门会上给予通报。

(13) 责任师安排分项工程验收时，应安排在正常工作日内，确因工程需要，在非正常工作日外验收的，需提前24h报质量监控部，以便质量监控部协调监理单位验收，否则质量监控部不予报验。

(14) 责任师对分承包单位上报的质量资料要严格审核，不符合要求的资料不得上报。

(15) 对于责任师漏报的分项工程，质量监控部拒绝认可。

(16) 同一分项工程（同一部位）两次验收通不过的，24h以后验收，并对责任师处以罚款。

(17) 责任师负责对现场质量标识的实施。

(18) 分项工程质量评定由分承包单位填写，报工程管理部后经工程管理部责任师确认符合资料填写要求后报质量监控部。

(19) 分项工程质量评定记录的数据必须真实，即现场实际检查的数据。

(20) 质量等级为不合格时不准进行质量评定。

(六) 物资质量控制

在住宅精品工程施工管理的过程中，不仅要加强工序质量的控制，同时还必须加强原材料和半成品的质量控制。

1. 物资管理部门应认真组织进场物资的验收。验收人员包括工程管理部、物资管理部、质量监控部。

2．质量监控部门对材料质量实施监督检查。

3．对材料质量实行监控制度，即如发现进场材料有质量问题立即向有关领导汇报。

4．建立物资验证台账。即定期检查各种材料各种质量证明（借看技术协调部资料、询问材料人员）。

5．具体检查项目：

（1）水泥

水泥应有生产厂家的出厂质量证明书（内容包括：厂别、品种、出厂日期、出厂编号和试验数据）。

有下列情况之一者，必须进行复试，并提供试验报告：

用于承重结构的水泥；

用于使用部位有强度等级要求的水泥；

水泥出厂超过三个月（快硬硅酸盐水泥为1个月）；

水泥复试主要项目：抗折强度、抗压强度、凝结时间、安定性。

（2）钢筋

钢筋应有出厂质量证明或厂方试验报告，并按有关标准的规定抽取试样作力学性能试验；

下列情况之一者，还必须做化学成分检验：

进口钢筋；

在加工过程中，发生脆断、焊接性能不良和力学性能显著不正常的；

不同等级的钢筋进行焊接时，应有可焊性检测报告；

施工现场集中加工的钢筋，应有由加工单位出具的出厂证明及钢筋出厂合格证和钢筋试验报告的抄件。

（3）焊条、焊剂和焊药

焊条、焊剂和焊药有出厂质量证明书，并应符合设计要求。按规定需进行烘焙的还应有烘焙记录。

（4）砖和砌块

应有出厂证明书。用于承重结构的，应有强度等级的试验报告。

（5）砂、石

砂、石使用前应按规定取样进行必试项目试验；砂子的试验项目有：颗粒级配、含泥量、泥块含量等；石子的试验项目有：颗粒级配、含泥量、泥块含量，针、片状颗粒含量、压碎指标值等。

（6）外加剂

应有生产厂家的质量证明书或合格证、技术检测单、产品说明书。内容包括：厂名、品种、包装、质量（重量）、出厂日期、有关性能和使用说明。使用前，应进行性能试验并出具掺量配合比试配单。用于结构工程的外加剂应符合《产品型式认可证书》规定和试验报告（外加剂特性指标）；防冻剂还应进行钢筋的锈蚀试验和抗压强度比。

（7）掺合料

使用粉煤灰、蛭石粉沸石粉等掺合料应有质量证明书和试验报告。

（8）防水材料

具有《产品型式认可证书》和材料检验报告、使用说明书，同时应有防伪标志。

防水卷材应有出厂质量证明书，内容包括：品种、标号、等各项技术指标，并应有抽样检验报告，必试项目内容为拉伸强度、不透水性、耐热度、断裂延伸率、低温柔性等；

防水涂料使用前应提供试验报告（实用于外墙防水涂料）；

各种接缝密封，粘结材料，应具有质量证明文件，使用前应按规定抽验复验，具有试验报告。

(9) 保温材料

应有出厂合格证。厚度、密度及热工性能应符合设计要求。

(10) 预制混凝土构件

应有出厂合格证。外地构件应有结构检验报告。

(11) 门窗

应有出厂合格证，并符合《产品型式认可证书》的规定。

(12) 轻质隔墙材料

应有出厂合格证，并符合国家和市有关标准规定。

（七）质量培训

1. 建立项目质量培训体制

工程施工质量管理是一个不断改进和提升的过程，因此为了提高工程的质量，应建立多种多样的质量培训和指导方式：

(1) 建立项目内部管理人员培训制度

1) 创优前的培训工作

经过多年的创优经验总结，不同的单位和管理人员对创优工作都积累了一系列的经验，但对于不同的管理人员均有不同的观点，项目必须结合工程特点，选择和确定适合工程的特点的措施和方法进行创优质量控制。因此，项目创优开始阶段，适当邀请创优方面的专家给予讲解和进行内部的创优工作培训，可以统一项目的管理方向，减少走弯路的问题，并达到事半功倍的效果。

因此，经验告诉我们，创住宅工程精品施工前组织培训讲座必不可少。

2) 阶段培训工作

项目开始施工阶段，主要为技术准备阶段，其中工程管理人员和质量管理人员的工作内容相对较少，因此，项目经理部内部人员可以利用该段时间对项目内部管理人员进行项目管理制度、施工规范等培训工作，实现打铁首先自身硬的目的。项目管理人员的培训时间不仅仅局限于开工阶段，同样，在工程不同管理不同转换阶段、施工季节转换阶段、重大节假日前期同样存在比较宽泛的时间可供项目管理人员进行培训。因此，项目在建立培训计划时，在上述阶段重点安排培训工作。

3) 交底培训工作

工程的不同交底工作也是培训的一部分，因此在住宅精品创造的过程中必须重视图纸交底、施工组织设计交底、合同交底、创优策划交底、创优措施交底、方案交底、技术措施交底等工作。

(2) 分承包单位的培训工作

能否有效地对分承包单位进行培训，是创住宅精品工程的前提，只有操作人员充分地掌握了创住宅精品工程的指导思想和方法，才能将科学技术转化成生产力并付诸实施。

分承包方的施工培训主要包括以下几个方面：

1）进厂培训：包括项目的管理制度、质量目标定位、施工规范培训培训几方面。

2）施工过程中培训：样板培训、基本操作技能培训几方面。

2. 建立 TQC 质量管理小组

施工管理过程中经常会遇到一些技术问题和质量问题，为了解决这些问题，组织切实可行的质量管理小组和公关小组会对质量的持续改进起到良好的效果。

(1) 质量管理小组的人员组成：

组长：总（主任）工程师、现场经理

组员：质量总监、技术协调部经理、工程管理部经理、分包单位管理人员

组织：工程管理部经理

(2) 课题制定：选择的课题必须以减少或解决施工中的出现的通病提高工程质量为目标，并具有时效性。

（八）对分承包单位的质量控制管理

1. 对质量管理人员基本要求

(1) 在工程质量控制和管理上，各分承包单位必须设置专职质量检查员、资料员，分承包单位管理人员必须思想进步，工作认真勤奋，质量意识强，标准高。

(2) 分承包单位必须加强员工的质量教育，牢固树立创优意识。

(3) 分承包单位配备的放线员必须有放线证。

(4) 项目经理部将经常检查分承包单位操作工人对质量验收规范，操作工艺流程的掌握情况，达不到要求的一律清推出现场，所造成的损失由分承包单位自负。

2. 对分承包单位质量管理原则

分级控制，分段监督，统一申报

(1) 分级控制：分承包单位质量控制，项目工程管理部质量控制，项目质量质量监控部进行质量控制。

(2) 分段监督：施工操作阶段有分承包单位质量员监督，施工过程中项目经理部工程管理部的质量监督，施工完毕后，项目经理部质量监控部把关验收。

(3) 统一申报：由项目质量监控部统一向监理、甲方申报。

3. 分承包方质量预控及资料管理要求

(1) 根据各工程的质量目标，分项工程质量不合格点、一次验收合格率必须满足在项目设计的质量监控部标，因此分承包单位必须依据此目标制定确实可行的质量保证体系和质量控制创优措施，并且报项目经理部确认。

(2) 认真组织施工管理人员、技术人员学习设计图纸、施工方案及有关施工验收规范，做到心中有数，并在施工中认真执行。

(3) 对分承包单位不按图纸、洽商、项目施工方案施工的，或分承包单位自行制定的施工方案未报项目经理部审批而施工的，所造成的后果由分承包单位自负。

(4) 分承包单位提供的质量资料必须符合项目质量资料管理规定，分承包单位必须建立一套完整的质量资料，质量资料标准达到项目经理部的要求。

(5) 分项工程施工隐蔽验收时，被隐蔽的材料必须有出厂合格证、复试报告、产品型

式认可证书等证明合格资料。

(6) 任何质量报验、验收的表格、竣工资料完全由分承包单位负责购置。

(7) 各种质量保证资料必须与施工同步进行，不得后补，资料要齐全有效。

(8) 分承包单位所用各种验收评定表格必须符合项目经理部要求，否则项目经理部不予验收。

(9) 分承包单位浇筑混凝土时，必须认真填写《混凝土罐车到场记录表》、《混凝土坍落度现场测试记录》和《混凝土浇筑值班记录》，对不认真填写者，项目经理部对分承包单位按照项目的有关处罚条例进行处罚。

4. 计量工具配置要求

分承包单位必须贯彻执行国家计量法规，现场配备的检测器具必须是经过年检合格的(国家免检的除外)。现场配备的检测器具包括并不少于以下数量：检测尺一把，检测包一个（包括线坠、楔形塞尺、小镜子等)，游标卡尺一把，每个工长卷尺一把。

5. 验收程序及验收要求

(1) 质量验收程序执行“三检制” + “监理验收”。

1) 分承包单位管理人员必须认真履行分项工程报验程序，不得越级报验，报验程序如下：

分承包单位班组自检、交接检→班组自检员→分承包单位工长→分承包单位质量检查员→总包单位责任师→总包单位质量总监→监理公司验收。

2) 首先分承包单位要作内部的自检、互检、交接检，表格由分承包单位自己制定必须正规，严格执行“三检制”。

3) 其次由分承包单位组织内部的质量验收，其质量员验收达到优良标准后，且资料齐全者才可报到项目经理部工程管理部验收。

4) 项目经理部工程管理部在审核资料符合有关要求属实之后，到现场验收，分承包单位必须组织有关人员参加工程管理部验收，成优后方可报项目质量监控部验收。

5) 项目经理部质量监控部在审核所报资料齐全有效，符合程序后，进行现场验收。项目经理部工程管理部及分承包单位有关人员必须参加。质量监控部人员验收成优后统一报监理公司。

6) 监理公司验收时，分承包单位及项目经理部有关人员共同参加，有问题及时整改。

7) 凡是不履行此程序，资料不齐全或不组织人员参加验收的一律不进行质量验收，所造成损失由分承包单位自负，并对分承包单位有关人员按照项目经理部的奖罚条例进行处罚。

(2) 分承包单位人员无权直接找项目经理部质量人员及监理公司人员报验分项工程，违者开除项目。

(3) 分承包单位质量员必须积极组织验收工作，配合项目经理部工程管理部的验收工作，否则项目经理部工程管理部有权不验收，所造成的损失由分承包单位自负，并对分承包单位质量员进行处罚，累计超过三次者清退出现场，分承包单位必须另外安排人员，并满足项目要求。

(4) 分承包单位质量员必须配合项目经理部工程管理部、质量监控部组织的分项工程的质量评定工作。否则对分承包单位质量员进行处罚。

（5）分承包单位必须制定验收计划，所有验收工作必须提前48h报项目经理部工程管理部，否则造成不能按时验收的责任和后果由分承包单位负责。

6．工程质量报验要求

（1）同一分项工程（同一部位）两次验收通不过的或同一质量问题在报验连续两次出现的，质量总监有权提出劝退该分承包单位的分项工程负责人。

（2）分承包单位上报项目经理部的分项工程，必须达到优良标准。

（3）对于分承包单位人员因自身素质而造成施工质量达不到项目质量标准要求的，分承包单位无条件对不符合项立即返工重做。

7．分承包单位质量管理信息反馈要求

分承包单位对技术协调部制定的质量标准、质量验收程序、验收方式方法等有异议的逐级汇报反映。

8．对分承包方质量标识的管理要求

（1）分承包单位应认真做好质量标识。

（2）分承包单位必须执行项目质量标识管理规定，现场标识必须美观，协调一致。

9．分承包单位过程质量管理要求

（1）分承包单位应定期开展质量讲评会并做好会议记录。

（2）在施工中，分承包单位必须坚持以样板引路的原则，任何分项工程施工前，分承包单位要先做好样板，填写样板记录单，经项目经理部验收批准后方可大面积施工，否则不得进行施工。

（3）对质量监控部下发的质量整改拒不执行的，或下发的质量整改完毕，但整改单未在限定的整改时间内返回到责任师处的，质量监控部将建议责任师对该责任工长处以罚款。

（4）分承包单位管理人员要积极参加质量监控部部组织的质量会议。

（5）任何施工之前分承包单位必须对作业人员作书面的技术交底，并报项目经理部备案。同时为了便于施工操作人员随时查看交底，可以在施工现场设立技术质量交底牌。

（6）未经项目经理部工序检验的工程一律不得进入下道工序施工，否则必须拆除重新施工，并对有关人员进行处罚。

10．对分承包单位的质量考核

分项工程优良率月统计达不到项目质量目标要求的（即低于90%的），项目月终结算时，将扣除当月10%工程款，累计三个月达不到要求的将分承包单位质量员驱出现场。

11．分承包单质量管理的配合要求

（1）对项目经理部管理人员及监理公司所提质量问题，不积极组织整改的所造成的一切后果由分承包单位自负，并对分承包单位相关质量员、工长进行处罚。

（2）分承包单位必须严格控制施工过程质量，不得隐瞒施工质量问题，所出现质量问题必须向项目经理部工程管理部报告，否则对分承包单位进行处罚，并追究相关单位责任，将有关责任人清退出现场。

（3）任何质量问题的修复、纠偏等都必须有项目经理部工程管理部的批准，否则不得进行修复、纠偏工作。违者按照项目经理部的有关奖罚条款进行处罚。

(4) 对于施工过程中出现质量问题，项目经理部管理人员提出后应该立即组织整改或答复，否则如果在验收时出现，对分承包单位工长和质量员进行处罚。并且项目经理部工程管理部、质量监控部有权不进行验收。

(5) 分承包单位必须认真对待项目经理部所出的质量整改通知，在规定时间内组织完成整改，否则一切后果自负。

(6) 分承包单位在进行混凝土浇筑前必须获得项目经理部现场经理签发的“混凝土浇筑令”否则不得进行施工，强行浇筑者必须全部砸掉重做，并将分承包单位责任人驱出现场，一切损失由分承包单位自负，并对分承包单位进行处罚。

(7) “混凝土浇筑令”的办理由分承包单位在通过钢筋隐检或混凝土浇筑的前一工序时办理。项目经理部由工程管理部负责管理。

(8) 任何部位拆除模板支撑之前必须取得项目经理部签发的“拆模指令书”如造成质量缺陷达不到项目《质量监控计划》的工程质量要求，必须全部砸掉重来，一切损失自负，有缺陷时对责任人进行处罚。

(9) 每一道施工工序开始之前，分承包单位必须填写《过程工序施工控制单》经项目经理部工程管理部批准后方可进行下道工序施工。

(10) 严格按照施工方案、规范检查进场混凝土的现场坍落度，不得私自加水或用其他方式处理，违者按照项目的奖罚条例进行处罚，造成质量问题的混凝土必须砸掉重来，一切损失分承包单位承担。

(11) 所有试验必须与施工同步，按项目经理部要求操作进行，不得有缺项漏作不可以弄虚作假，否则对分承包单位进行处罚，试验员清退出现场，承担一切损失。

(12) 分承包单位必须做好进场物资质量验收工作。

12. 质量通病处罚规定

处罚不是目的，只是手段，为了对分承包的各管理层和操作建立必要的约束机制，对关键工序的质量控制可采取一定的奖罚措施。

(1) 钢筋质量通病处罚规定：

1) 钢筋绑扎不到位每三处罚款 X 元；

2) 钢筋锚固不到位每一处罚款 X 元；

3) 钢筋搭接未绑扎三扣的每一处罚款 X 元；

4) 钢筋绑扎缺扣漏扣超过规范规定的罚款 X 元/次；

5) 钢筋偏位每一处罚款 X 元；

6) 钢筋保护层不到位每一处罚款 X 元；

7) 钢筋绑扎未按图纸施工，缺筋少筋的罚款 X 元/次；

8) 梁、柱箍筋平直长度必须达到 10d，且满足 135°弯钩，否罚款 X 元/处。

(2) 模板质量通病处罚规定：

1) 模板接缝不得超过 1.5mm，否则罚款一处 X 元；

2) 墙体模板下口必须堵严，不得漏浆，否则罚款一处 X 元；

3) 模板必须清理干净，隔离剂必须刷到位，否则罚款一次 X 元；

4) 门窗、洞口模板必须方正，位置准确，否则罚款 X 元/处。

(3) 混凝土质量通病处罚规定：

1）混凝土应分层振捣，否则罚款X元/次；

2）混凝土施工缝处理，必须剔掉薄弱层露出石子，并清理干净否则罚款X元/次；

3）混凝土出现过振、漏振、烂根等对分承包单位操作人罚款X元/处；

4）混凝土落地灰必须及时清理，否则罚款X元/次。

5）混凝土应达到上人强度而开始施工，否则罚款X元/次。

（九）施工过程的质量监督重点

1. 施工过程的质量监督重点放在工序质量上。

2. 专业人员持证上岗。

3. 质量通病的改进。

4. 责任师及分包对作业层分项交底是否及时准确。

5. 不按方案施工的。

6. 不按图纸施工的。

7. 施工产品质量达不到验收规范规定要求的。

（十）对施工质量的把关验收

1. 工程质量实行分级控制，分段管理，统一申报原则。

2. 质量验收一次验收成优率在90%以上，一次验收合格率100%。质量监控部负责统计，每周上报总（主任）工程师。

3. 分项工程验收时，报验部位质量保证项目（如钢筋工程的焊件试验，防水工程的“三证一标”等，见“材料质量的检验”），如有不合格项工程管理部不得报验。质量检验项目的检测必须达到优良标准，否则不予验收。分项工程实测点合格率低于项目质量设计值，分包方必须自行整改，不得申报。

4. 质量验收必须一次成优率不低于90%，否则对责任师进行罚款处理。

5. 如一次验收不合格，验二次，两次均达不到合格标准罚款X元/次，一周有三次验收达不到优良标准罚款X元/周。

6. 项目工程管理部责任师负责组织有关人员参加质量总监组织的验收工作，如责任师不参加或不组织分包有关人员参加一次罚款X元。

7. 对监理公司的验收申报工作由质量总监统一负责。分包单位提前12h将分项工程验收计划上报工程管理部，并由工程管理部报质量监控部。质量总监按《建筑安装工程资料管理规程》要求将分项工程上报监理公司。

8. 分项工程验收前，工程管理部必须提供隐（保证项目必须合格）、预检、质量评定、自检、交接检、放线记录等资料，并资料填写必须符合公司要求，否则质量监控部将不予接受。

9. 对混凝土分项工程建立实测点记录，按每层轴线部位标记于小图上，每月统计出当月实测点合格率，并结合质量检验项目得分率打出综合分数即为质量监控部对分包的当月评分；该分数标于商务管理部每月分包会签单。

（十一）精品成品保护管理

在施工管理的过程中，不仅创造过程精品，同时还需要过程精品的成品保护工作，这样才能形成最终的精品。

1. 本着谁施工谁负责，下道工序对上道工序负责的原则展开成品保护，着重控制各专业之间的工序穿插施工和工序交接对成品的影响和破坏，各工程在结构和装修施工阶段，必须建立和使用针对成品保护控制的工序成品保护交接单、专业成品保护交接单和完工交接单，达到成品保护目的。

2. 项目在结构施工和装修施工阶段必须编制切实可行的成品保护方案。

3. 管理人员和施工操作人员必须建立成品保护意识，建立成品保护的管理体系。

4. 对于已经和初步形成成品的作业面或房间，穿插施工中必须有可追溯性记录资料。

5. 在需要进行成品保护的部位，不同工序、施工单位、班组作业时间，进出该区域或部位，必须要求双方进行检查确认。

（十二）质量整改的签发

1. 质量整改下发对象为工程管理部和技术协调部；

2. 工程质量整改的组织者为工程管理部；

3. 对同一问题连续下发三次整改而仍未整改的，质量监控部将对该分项责任师处罚款；

4. 对拒不接受整改的责任师，质量监控部将依据项目管理条例有关规定对其个人进行处罚；

5. 一周统计整改及时率低于85%时，将按照项目奖罚规定对相关责任师或工程管理部处罚；

6. 对质量监控部门下发的重大质量整改，技术协调部制定出相应的纠偏措施下发给工程管理部及质量监控部；

7. 质量整改单的签发责任人为质量总监。

（十三）质量管理信息的反馈

1. 每周做一次质量情况总结，报告总（主任）工程师；

2. 分部分项工程的质量情况及时上报有关领导；

3. 及时汇报监理公司、公司质量保证部的有关质量信息；

4. 及时反映地方政府、行业有关的质量信息；

5. 记录监理公司、企业、建设单位以及地方政府监督检查站对项目经理部提出的质量问题，并及时汇报项目有关领导。

（十四）定期组织质量管理讲座

1. 质量监控部会同工程管理部对分包单位进行集中培训。每月对新入场分包管理人员进行不少于两课时培训，并进行考试。

2. 培训学习内容：

质量规范；图集；质量评定；结合图纸谈质量；部门之间的质量配合；质量资料填写。

3. 主讲：质量总监。

4. 参加讲评人员：工程管理部、质量监控部、物资管理部、技术管理部。

5. 各讲课人的讲座内容由主讲人做出安排，各讲座人可适当根据自己的切身经验自己选定讲课内容，但相互之间尽量不要重复，学习后进行考试，作为分包单位月度考核的一项指标。

第五节　项目进度控制管理

精品工程的完成是由诸多条件和因素构成的，其中，时间对精品工程的影响至关重要，而且时间与质量之间存在辨证的矛盾关系。因此，施工进度是精品工程的一个控制关键。

一、工程进度控制方法

施工进度直接与工程的合同工期指标相关联，能否处理好施工进度与质量之间的关系，直接关系到住宅工程精品工程的最终结果。住宅精品工程的施工进度控制方法应从以下几个方面进行体现：

（一）进度控制做侧重调整

住宅精品工程的进度管理应区别于一般工程进度计划的管理，一般工程的进度计划是侧重工期目标的前提条件进行编制和控制的，因此重视阶段目标的完成。但住宅精品工程的施工进度指标是建立在创造精品的前提条件下的，因此在施工进度管理的过程中，同时应当兼顾进度控制对质量的影响。

在住宅精品工程施工进度计划编制时，首先要考虑质量要求对精度的影响，因此，从总体上来看：

1. 相同施工阶段中，工程开始施工阶段施工时间安排应长于后期。

其道理在于施工开始阶段，需要施工操作按照高质量标准进行施工，无论是在外界条件上，还是在工人技能的适应高标准上，都需要相对较长的时间来定型各级管理人员的质量意识。相反，如果开始阶段进度安排不当，将导致质量定位混乱，后期扭转困难的问题，给后期的质量提升带来一定的难度。

2. 不同施工阶段中，与常规施工相比较，结构工期应相对增加，装修工期应适当缩短。

住宅工程相对于公共建筑而言，使用功能相对简化，工艺相对简单，饰面材料简单，大部分工程实体处于非完全隐蔽状态，因此，装修阶段的施工质量往往受结构阶段的影响，并且往往因为结构阶段的质量修整造成更大的工期损失和经济损失，因而，在住宅精品工程时间分配和进度控制上，结构工期应相对增加，装修工期应适当缩短。

（二）动态调整施工进度

由于工程施工质量的预控存在不可预见性，施工质量往往会受到外界施工条件的影响，所以在围绕住宅精品施工的过程中，应根据工程质量情况，动态调整施工进度，保证施工质量的稳步进展。

在体现上述进度控制方法的同时，住宅精品工程的进度控制还应当按照常规施工管理的方式采取以下方法进行进度控制。

（三）合约约束法

在与分承包的合约中，对工期目标及奖惩条件进行界定。在分承包方工期成本与质量发生矛盾的情况下，该方法有利于调动分承包单位客观处理工期成本与质量矛盾，从而在工期目标和质量目标的双重条件增加质量控制的力度。

（四）进度款复制控制法

为了保证进度目标的实现，避免分承包单位偏重追求质量目标的出现，采取工程进度与进度款严肃结合的方法，从而保证进度。

二、进度计划控制与跟进

在施工管理的过程中，往往由于条件的影响，出现阶段进度目标游离总体工期目标的情况，因此必须建立进度跟进机制。

进度跟进方向。施工进度一旦游离工期目标，进度计划工程师（或总工程师）必须召集项目相关人员对进度进行分析，从施工人力资源、机械资源、材料资源、环境、施工方法等方面进行分析，找出影响进度的关键因素，然后集中解决该因素，并坚固施工人力资源、机械资源、材料资源、环境、施工方法等多角度加以解决。

为了更好地实现进度的跟进，提高工作效率，建议采用进度计划控制软件（Microsoft Project）进行计算机控制，对施工进度任务进行工序链接，界定工序逻辑关系，编制三月滚动计划和三周滚动计划进行进度控制。

三、项目施工进度计划管理细则

（一）计划的分类

1. 施工总控进度计划

（1）项目外部施工总控进度计划

（2）项目内部施工总控进度计划

2. 月度施工进度计划（三月滚动计划）

（1）项目外部月度施工进度计划

（2）项目内部月度施工进度计划

3. 周施工进度计划（三周滚动计划）

（1）项目外部周施工进度计划

（2）项目内部周施工进度计划

（二）施工进度计划编制管理

1. 施工总控进度计划

（1）编制依据

1）工程合同

2）设计图纸、文件

（2）计划编制工作流程

主任（总）工程师编制→项目班子成员讨论→主任（总）工程师调整→项目经理审核（内控计划审批）→综合办公室打印、复印、装订→建设、监理单位审批→综合办公室发放→项目实施

（3）编制时间要求

总控施工进度计划的编制或调整，在工程开工3d前或提出调整后2d内编制完成，讨论时间为1d，审核时间为1d。

（4）计划形式要求

1）采用Microsoft Project软件进行编制，形式固定、统一。

2）计划排版主次分明、美观。

（5）项目内部发放范围

项目经理、项目副经理、现场经理、现场副经理、安装经理、商务经理、工程管理部、机电管理部、质量监控部、商务部、技术协调部、物资管理部、财务部、综合办。

2. 月度施工进度计划

(1) 编制依据

施工总控进度计划

(2) 计划编制工作流程

1) 土建月度计划

技术协调部计划工程师编制→征求项目现场经理意见→主任（总）工程师审核（内部审批）→技术协调部计划工程师打印、装订→建设、监理单位审批→计划工程师发放→项目实施

2) 机电安装月度计划

机电管理部计划工程师编制→征求项目安装经理意见→主任（总）工程师审核（内部审批）→计划工程师打印、装订→建设、监理单位审批→计划工程师发放→项目实施

(3) 编制时间要求

计划工程师于每月 21 日编制完成，22 日征求现场经理和主任（总）工程师意见，23 日商务管理部进行量费加载，主任（总）工程师审批后，并于 25 日报送监理、建设单位审批。

(4) 项目内部发放范围

项目经理、项目副经理、现场经理、现场副经理、安装经理、主任（总）工程师、商务经理、商务部、工程管理部、机电管理部、技术协调部、物资管理部、质量监控部、安全监控部、财务部、综合办公室。

3. 周施工进度计划

(1) 编制依据

周施工进度计划

(2) 计划编制工作流程

1) 土建周施工计划：

工程管理部计划工程师编制→工程管理部经理审核→现场经理审批→综合办公室装订→报送监理、建设单位→项目实施

2) 土建周施工计划：

机电管理部计划工程师编制→机电管理部经理审核→安装经理审批→综合办公室装订→报送监理、建设单位→项目实施

(3) 计划工作时间要求

每周日上午，工程管理部计划工程师完成周计划的编制工作并征求工程管理部经理意见，周日下午送交现场经理审批，周一上午由办公室打印装订送交监理、建设单位。

(4) 项目内部发放范围

项目经理、项目副经理、现场经理、现场副经理、安装经理、主任（总）工程师、商务经理、商务部、工程管理部、机电管理部、技术协调部、物资管理部、质量监控部、安全监控部、财务部、综合办公室。

(三) 计划考核

计划对工程的指导和控制作用不在于计划的本身，而在于计划的考核。因此，项目经理部必须建立进度计划考核体系。

1. 总控计划的实施由项目经理负责向总（主任）工程师主管的技术质量系统做出考核。

2. 月度计划由总（主任）工程师主管的技术质量系统向现场经理主管的工程管理系统做出考核。

3. 周计划由现场经理主管的工程管理系统向分承包单位做出考核。

第六节 项目安全管理

项目安全管理似乎与住宅精品工程的管理无直接关系，但一个工程能否在良好的环境和氛围下展开施工，将直接影响到工程能否顺利进行，尽管安全管理与住宅精品工程的管理无直接关系，但安全生产却是精品工程施工管理的必要条件。

同时精品工程不应简单或狭义地定义为工程实体质量的精品定位，还应包括与工程管理相关的方方面面，精品工程的管理应体现为工程的全方位管理。

一、项目安全管理方向

(一) 安全管理原则

安全管理实行分级监督；统一管理；安全第一；预防为主的管理原则。

分级监督——由项目安全部门（人员）监督项目工程管理部和协力单位安全人员的安全管理工作，项目工程管理部责任师监督管辖区内分承包单位管理人员的安全管理，协力单位安全人员管理、监督协力单位内部的安全管理工作和操作班组的安全工作。

统一管理——项目的安全工作统一由现场经理、安全总监负责。安全人员同时负责文明施工的管理工作。

(二) 维护项目安全管理的权威性和严肃性

任何施工管理人员（包括现场经理）无权更改施工安全技术方案、措施，如果需要更改，必须经总（主任）工程师批准，收到正式文件方可更改。

责任师必须积极配合、支持质量监控部、安全监控部的工作。对于质量、安全监控部门发放的整改通知书、文件必须立即安排分承包单位实施，如有争议由现场经理裁决。不得抵触，拖延不办，否则造成的后果自行承担。

发生紧急情况或隐患严重时，安全总监有权下达单位工程的停工令或直接向分承包单位项目经理发出整改指令。项目责任师、分承包单位必须立即执行，否则后果自负。

(三) 安全技术交底管理

所有安全技术交底由项目工程管理部按有关规定向分承包单位交底。交底要符合规定，要有针对性、及时、可操作性强。所有交底要向安全监控部存档、备案。分承包单位内部安全技术交底要向项目工程管理部备案。

安全交底管理程序：方案、措施的安全交底（安全管理要点）由安全总监向工程管理部、协力单位安全管理人员交底，工程管理部向协力单位施工管理人员作施工安全交底，协力单位施工管理人员向操作班组进行施工操作交底。所有安全交底必须向项目安全部门

（总监）备案，无备案视为安全管理失控，追究有关人员的责任。协力单位安全交底由协力单位安全人员负责收集向项目备案。

（四）对分承包单位安全机构要求

施工安全管理必须严格控制分承包单位的安全管理机构，实行对口管理。分承包单位配置的安全管理人员不得随意离开现场，更不可以不经项目批准而进行更换。

（五）安全管理重点

项目现场经理必须亲自主抓安全管理工作，是第一执行人，安全员负监督管理责任。必须认真做好安全的计划、布置、检查、监督、验收、总结工作，必须做到管理及时到位、资料齐全有效。定期组织专题会议。安全管理的重点是协力单位的安全资质、注册、用工、安全管理人员的配置、管理制度；施工环境、人员状况、安全交底。

（六）安全整改的签发

安全整改由项目安全总监签发，下达给项目工程管理部和协力单位安全管理人员，由项目工程管理部和协力单位安全管理人员下达给协力单位施工管理人员，并监督整改实施。整改完成后向项目安全部门消项。

二、安全管理细则

（一）项目安全管理职责

1. 项目开工前准备（表4-1）

项目开工前准备　　表4-1

序号	项目经理部	安全监控部
1	项目经理部在编制施工组织设计时其中编制有关安全生产的技术措施	及时上报项目申请表，办理安全资格认可证
2	编制临建施工组织设计或技术措施	及时向主管部门上报申请表，办理项目安全许可证
3	建立项目安全组织保证体系	上报项目管理人员安全生产资格证年审考核
4	建立各种各类人员安全生产责任制	审核项目施工分承包单位管理人员安全资格证、特种作业人员操作证及临时学习证
5	对各分承包单位的审查	企业法人（委托法人）资格审核；安全组织体系及管理能力审核；特种作业人员配置状态审核
6	签订安全生产协议书	提出参考意见

2. 施工过程管理——控制与检查（表4-2）

施工过程管理　　表4-2

序号	项目经理部	安全监控部
1	安全生产技术措施贯彻执行情况	安全工程资料是否做得及时，并齐全有效
2	各种安全生产规章制度贯彻执行情况	各种台账报表是否齐全或按时上报主管部门
3	现场操作人员是否按安全交底内容进行操作	定期进行施工现场安全检查，对现的问题隐患及时下发整改通知单，并限期整改
4	现场有无违章现象	督促各级各类人员履行安全生产

续表

序 号	项目经理部	安全监控部
5	防护、临电、机械现场管理；《安全技术方案》执行落实情况；要经常检查工人（含特种作业人员）是否持证上岗	检查贯彻执行情况及规章制度
6	工人周一安全活动	组织工人周一安全活动
7	现场文明施工管理	采取定期和不定期文明施工检查

3. 项目竣工（表 4-3）

项目竣工安全记录 **表 4-3**

序 号	项目经理部	安全监控部
1	项目安全生产总结	项目在竣工前整理好完整的安全生产工程资料和档案

（二）项目安全管理组织机构（见图 4-1）

（三）现场管理安全管理方向

1. 维护安全管理的权威性

为了降低对项目管理部门的制约和约束，项目安全监控部门为独立动作的安全管理部门，本部门只对项目经理、项目现场经理和上一级的安全主管部门负责，它不附属于任何其他部门。

项目安全监控部对施工过程中出现的违章行为有纠正、投诉、处罚、停工等权利。树立“安全第一”的绝对权威，对现场违章的处理无需征得任何部门的许可，但必须经项目经理的签认，方可处罚。

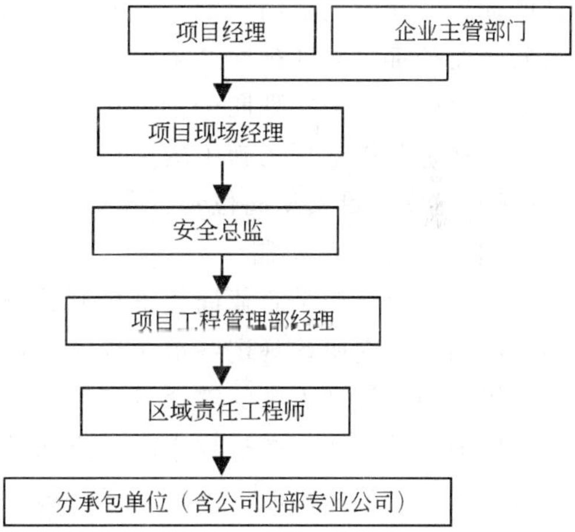

项目经理
企业主管部门
项目现场经理
安全总监
项目工程管理部经理
区域责任工程师
分承包单位（含公司内部专业公司）

图 4-1 项目安全管理组织机构图

2. 分承包单位安全组织机构配置

为保证安全管理的顺畅进行，分承包单位必须建立从项目法人授权委托人、安全主管部门、主管责任人到安全责任执行人的组织机构和管理体系。

项目安全监控部要求所有进场的分承包单位专兼职安全员按每 50 名操作人员配备 1 名安全员，以确保每一个作业区最少有一名专兼职安全员对现场进行监督，使现场施工每一道工序的安全处于受控状态。

3. 建立安全管理全员参与的机制

为本项目实现安全目标，要求每一个项目各级人员、各分承包单位的人员都要对现场的安全工作负责。不管在现场任何区域、任何岗位，只要是发现现场有不安全的行为或存在不安全的因素。现场责任师都要管，而且必须要管。相反，如果你对这类事情采取不闻不问或者认为项目的安全工作是分级控制、统一管理，只要人人提高安全的认识，把安全工作抓好抓严，而且要越抓越细，项目各级人员对安全工作做到敢说敢管，使项目的安全工作落实到实处。

4．安全技术管理保障

项目开始施工前，项目技术协调部和分承包单位技术协调部要编制《安全技术施工方案》，明确安全技术管理方面的要求。施工管理过程中制定较详细和有针对性的安全技术措施。

在施工前有区域责任师做出书面的安全技术交底，向分承包单位工长进行交底并签字认可。特别是高空作业，有危险的工作必须采取有相应的保证安全技术措施和急救处理方法。

5．安全教育和培训

项目区域责任师每天应检查分承包单位的工长及班组安全技术交底落实情况。每周一例会项目工程管理部要总结上周的安全落实情况，并要部署本周的安全工作。各区域责任师也要在每周一的安全会上讲话不少于5min，以进一步提高全体施工人员的安全意识。

所有进场的分承包人员，凡没有经过项目安全监控部的安全培训，任何人不得进入施工现场施工。凡经过安全教育培训过的人员，均要造册并输入计算机内，同时将安全教育培训的标志贴在安全上岗证上。在现场施工中，如果不按操作规程施工或操作违章施工，项目安全监控部将立即把安全培训合格证上的标志揭下，并要进行重新教育培训学习，合格后方可上岗。如果发现同一个操作人员两次在现场严重违章，项目安全监控部将取消该操作人员在本基础上现场施工的资格。

（四）建立项目安全岗位责任制

1．建立安全生产机制

安全生产责任制是企业岗位责任制的一个重要组成部分，是企业安全生产管理中最基本的一项制度，它明确规定各级领导、各职能部门和各类人员在生产过程中应负的安全职责，以增强各级管理人员的安全生产责任心，搞好经理部安全生产。

为保证劳动者在生产过程中的安全与健康，把“管生产必须管安全”、“安全生产，人人有责”这一原则从制度上固定下来，做到安全工作人人负责，制定经理部安全生产责任制度。有生产就要安全，安全贯穿于生产的全过程，所有与生产有关的人员、部门都有保证安全生产的责任，并应签订各自的安全生产责任制。经理部要做到“横向到边，纵向到底”，从经理到工人都要落实各自的安全责任。

安全生产责任制中规定，项目经理应对经理部的安全生产负总的全面责任，生产领导应对经理部的安全工作负责具体的组织领导责任，项目经理部各级工程技术人员、职能部门和生产工人在各自的职责范围内对安全工作负起相应的责任。为了更好的执行责任制，生产经理应定期组织责任人，对责任制内容进行认真学习，使每个责任人清楚各自的安全生产职责，并能自觉遵守执行。

经理部要制订安全生产责任制落实措施，由生产经理每季度组织一次对责任人进行的考核，对执行好的单位和个人，对安全生产上做出贡献的单位和个人，要给予表彰或奖励；对执行差的单位和个人，对不负责任或者由于失职造成伤亡事故的，应给予批评和处分。

2．建立项目安全生产责任制

项目经理在工程展开施工前，必须落实安全生产责任制，将安全生产责任逆行分解和落实：

(1) 项目经理

1) 项目经理必须履行法人委托的安全生产责任，是项目经理部安全生产第一责任人。领导和组织经理部人员履行安全生产管理职责，实现项目安全生产管理目标，对项目安全生产负全面领导责任。

2) 组织领导制定本项目安全生产管理目标。制订、采取有效措施，建立健全、完善安全生产责任体系，实施有效的过程控制，实现目标管理，奖优罚劣。

3) 负责督促安全技术措施经费的计划、安排、落实和投入，并保证有效实施。

4) 明确安全生产、文明施工管理责任，定期部署、检查职责的贯彻落实。出现问题，应及时解决、处理。

5) 支持项目安全总监依法依规实施监督、检查，并坚决支持其对违章实施处罚。支持项目安全总监对重大安全隐患责令限期整改的指令或要求其局部停工整改的指令。

6) 接到发生事故的报告，应亲自组织抢救，保护事故现场；按规定迅速报告公司主管部门或公司主管领导；组织相关人员积极配合事故调查。项目经理对依法报告事故负责，并负责采取有效措施，防止同类事故的重复发生。

(2) 项目总（主任）工程师

1) 对项目安全技术管理负责。坚持采用有利于安全生产的新工艺、新技术。

2) 主持编制项目施工组织设计及安全技术专项方案，并对专项方案编制的针对性、准确性、及时性负责。负责停止使用国家或企业明令淘汰、禁止使用的危及生产安全的工艺、设备。

3) 主持施工组织设计和安全技术方案逐级交底并负责检查指导。

4) 对修改或变更的施工组织设计及安全技术方案负责重新审批与把关。

5) 主持制订重大安全隐患整改方案并指导实施。

6) 主持编制冬、雨期施工方案。

7) 参加因工伤亡事故的调查，负责从技术方面分析导致事故的原因。并制定预防同类事故重复发生的安全技术措施。

(3) 项目现场经理

1) 对工程项目安全生产负直接领导责任，在施工管理中，贯彻执行安全生产法律法规和各项目安全管理制度。

2) 执行“五同时”的原则，在组织施工时必须首先做好安全工作。领导并实施项目安全生产教育工作。教育员工能够辨识危险、危害，提高安全生产意识，增强建筑施工安全操作技能。

3) 组织执行安全技术措施及专项安全技术方案，组织实施现场机械、临电安全防护工作，合理调整施工进度，调节施工进度与安全生产方面的矛盾，确保施工生产安全。

4) 定期组织文明施工综合大检查，制止、纠正违章指挥、违章操作。对查出安全事故隐患，按照“四定一落实”的原则组织整改完成。

5) 定期主持召开安全生产管理工作会议，分析安全文明施工及现场安全生产形势，落实安全管理责任，完善安全防护技术措施、消除安全生产管理薄弱环节，部署下一步安全文明施工及现场安全生产管理要求。

6）支持项目安全总监依法依规实施监督、检查，并坚持其对现场及个人违章实施处罚；支持项目安全总监对现场重大安全隐患责令限期整改的指令或要求其局部停工整改的指令。

7）发生因工伤事故，应立即组织并指挥抢救伤员，组织人员采取应急措施，防止事态扩大。并配合事故调查和事故现场停工整改整顿工作。

8）组织重大安全技术措施的实施和冬、雨期施工安全技术措施的落实并对检查、验收中提出的问题和隐患组织整改。

（4）项目商务经理

1）负责索取项目所使用的所有分包队伍的施工资质和安全资质证件，并审核把关。组织签订含有安全生产责任、义务与权利条款的分包合同；

2）因不能按期拨付分承包工程款时，应采取措施，协助分包解决好经常性劳保用品的供应。

3）负责协助配合项目安全部门扣除各协力单位的安全违章罚款及各种手续不全不办理的罚款（注：健康证、安全上岗证、就业证等等一些证件，其中还有安全协议的签订等）。

（5）项目安全总监

1）履行项目安全生产工作的监督管理职责。

2）宣传贯彻国家、政府有关安全生产方针政策、法律法规，监督安全生产规章制度、各项规范规程在项目工程的贯彻执行和落实。

3）监督、推动项目经理部建立并不断完善安全生产责任体系，坚持落实安全生产责任制到底到边。

4）参与专项安全技术措施、方案编制的讨论并监督经过审批的方案的执行。

5）督促并实施安全教育，包括进场工人三级安全教育、周一安全教育、转场工人安全教育、特种作业人员进场考核；总分包管理人员安全培训及年审工作。

6）督促并组织项目经理部安全生产定期检查。应坚持边查边改，重大隐患和严重违章要立项，由相关部门或人员，制定措施，限定时间，确定责任人负责整改，并按时限组织复查。发现重大险情，应立即责令暂停施工，由项目主要领导和主管部门及人员组织排险。

安全检查以JGJ 59—99《建筑施工安全检查标准》检查表，文明安全施工检查以文明安全施工达标八项内容检查表为准检查、评定。

7）监督并组织现场中小型机械设备、防护设施以及工序交接检查验收，填写验收表，验收合格的方可投入运行、使用。验收不合格的，责令整改并组织复验。

8）监督特种作业人员持有效操作证从事作业。发现无特种作业证的人员从事特种作业，必须立即制止、纠正；持有特种作业证逾期未审验的，责令其限期审验。否则，应停止其继续从事特种作业。

9）监督重要劳动防护用品认定厂家管理规定的执行。发现非认定厂家重要劳动防护用品进入现场，应予纠正。

10）分包队伍进场首先应督促项目与分包签订安全生产协议并督促执行。

11）严格执行因工伤亡事故报告制度。发生工伤事故，应立即抢救伤员、保护事故现场，并迅速报告公司质量安全保证部或主管领导，准备相关资料配合事故调查。

12）推动并促进 OHSAS 18001 体系管理在项目的运行。

（6）项目部门经理

1）履行与部门职责相关的安全生产管理责任，并将责任分解到人。

2）部门经理要保证自身与部门人员都能受到安全生产法律法规与安全规章制度的培训和教育，并能在管理工作中贯彻执行。

3）在工程管理中，必须贯彻“管生产必须管安全”的原则，从技术、工期、料具设备、能源、环境、工人操作技能等方面均确保实现安全生产的最佳选择和配置，发现问题或隐患，采取措施，落实责任，组织整改，消除隐患。

4）严格执行安全技术交底制度，逐级进行安全技术交底。安全技术交底必须坚持分部分项，包括土方、基础、结构、装饰装修、大模板工程、脚手架工程、临时用电及维护、现场机械装拆、使用与维护管理、洞口临边防护、压力容器管理与使用、有毒有害作业、危险化学品管理与使用等，并跟踪检查、指导。严格禁止达不到安全生产要求的设备设施进入施工现场并强行使用。严格控制未取得安全资格证的人员进入现场从事施工。

5）履行参加施工现场检查，设备设施验收管理职责：

（A）部门经理或主管责任师参加现场定期安全生产检查，查出问题或隐患，必须按“四定一落实”的原则组织整改。并做好整改记录；

（B）对涉及主管范围内的材料、器具、设施、设备以及操作人员持证资格进行检查验收。验收应按相关标准和验收表。验收合格，所有相关方签认，方准使用或投入运行。

（C）因工发生伤亡事故，应积极参与抢救和现场保护工作并立即向经理部主要领导报告。相关部门及人员应积极配合事故调查，提供相关资料、证据。绝不可提供伪证或毁灭证据。

（7）专业责任师

1）对所管辖的分部分项工程和区域符合安全防护标准负直接责任。

2）对所管辖的所有施工人员，施工前都必须做书面安全技术交底。明确要求遵守劳动纪律和遵守本工种的安全操作规程。杜绝冒险蛮干，对违章违纪者严肃处理。

3）对所管辖区域的安全防护设施符合防护标准并保持其有效，完全负责。交叉作业时，应划分责任，协调管理，确保交叉作业安全。

4）对所管辖的机械、设备应保持安全防护装置齐全、灵敏、有效；新进场机械必须经过验收方可使用；机械性能应保持完好，禁止带病运行；建立机械安全操作制度和日常维护保养制度。

5）对所管辖施工区域的各种用电设施，包括电源线、三级箱应保持完好，漏电防护装置灵敏可靠，参加现场定期安全生产检查，对查出的问题或隐患必须按“四定一落实”的原则组织整改，并做好整改记录。

6）所管施工区域及分部分项工程物料堆放，有毒有害、易燃易爆材料存放、使用以及压力容器的安全管理负责。

7）严格执行施工组织设计及安全技术方案，并做有针对性及季节性的安全技术交底工作，深入现场检查、指导，对不执行安全技术交底的班组，要坚决纠正。

8）接受上级安全部门、项目经理部等各级安全检查，并负责组织安排整改，并及时消除事故隐患和违章操作行为。

9）组织召开所管辖班组安全生产例会，总结上周（旬）安全生产情况，表扬好的，批评差的，实行必要的奖罚，并布置下周（旬）安全生产工作要点要求，并要有记录。

10）深入现场，加强对薄弱环节的监控，把好安全生产关，及时发现并制止违章指挥、违章操作或无证上岗等行为，参与设备、设施的验收工作，并做好现场的文明施工工作。

11）负责协助安全部门组织安排新进场的分包队伍三级安全教育培训工作，凡未经过培训教育的队伍及人员不得安排其进场施工。

12）发生人员伤害事故或设备事故，必须积极组织抢救、排险，保护好现场，并配合事故调查取证及现场整顿、整改。

13）负责 OHSAS 18001 体系管理程序相关责任的实施与落实，并保持持续改进。

（8）分承包单位工程队伍负责人安全生产责任制

1）遵守、执行安全生产法律法规和各项管理制度。服从总包方安全管理。严格履行经济合同中安全生产、环境保护、职业病预防防治和卫生防疫、文明施工、消防保卫等总体目标管理要求，对本承包方人员的安全、健康和预防职业伤害负直接责任。

2）取得政府安全生产监督部门核发的安全生产资格审查认可证。外埠分包队伍必须办理相应务工手续。进入施工现场人员必须办理务工证、健康证。暂住证、特种作业人员持有效的特种作业操作证。所有施工人员必须持有安全上岗资料证。

3）做好本队伍人员安全教育培训，经常组织学习安全技术操作规程；教育、督促本队人员遵纪守法，遵章作业，遵守劳动纪律。

4）保护本队伍人员稳定。变更人员必须事先向总包报告更换、补充人员计划表并得到批准，方可组织人员进场，并要经培训合格。严禁擅自调整、更换人员或私招乱雇闲杂人员。

5）严格执行总包审批的安全技术措施与方案。对班组做分部分项安全技术交底时，必须具有针对性、准确性、全面性。应将施工方案中的安全要求做详尽交底。督促、检查班组长做好班前安全讲话，并跟班作业，不私自脱岗。

6）参加总包组织的现场安全生产检查，对查出的违章行为负责教育、纠正和处罚，安全隐患要按“四定一落实”的要求组织整改。

7）落实劳动保护和职业病防治有关规定，按制度供应发放劳动防护用品；按规定为从事危险作业的职工办理意外伤害保险；采取有效的预防措施，预防职业病的发生。从事危险作业的职工必须要做身体检查，以确定其健康状况。

8）按总包要求做好与其他承包方之间交叉作业安全管理、防护设施的交接检查验收、使用和维护。凡需自行采购的重要劳动防护用品都必须严格执行总包方有关定点的规定。

9）发生因工伤亡事故，必须严格执行因工伤亡事故报告规定，立即向总包方报告，并采取一切有效措施、方法和手段积极抢救受伤害人员，做好事故现场保护。严禁隐瞒事故或拖延不报、擅自私了。

（9）分承包单位班组长安全生产责任制

1）对本班组人员在施工中的安全与健康负责。保证本班组人员全部接受三级安全教育并考试合格取得安全操作上岗证。未取得安全操作上岗证的，严禁安排施工作业。

2）认真执行安全生产规章制度和安全技术操作规程，合理组织施工。交叉作业时，必须要求本组工人既能保证自身安全，又确保不伤害他人和不被他人伤害。

3）做好班前安全讲话，组织班组人员学习安全技术操作规程，学习辨识危害因素和危险源等知识，增强班组人员防范危险的自控能力。

4）指导工人按规定正确佩带和使用劳动防护用品、护具。在作业中及时纠正或制止不符合安全规程、规定的行为和做法。

5）接受安全检查，对查出的隐患和违章行为，必须立即组织整改和纠正。被责令停工整改的，必须无条件停工整改。直到复查合格后，方可继续施工。

6）发生事故，立即组织对伤者抢救，并报告现场领导。做好现场保护，严禁破坏事故现场或销毁证据。

（10）分承包单位工人安全生产责任制

1）接受安全教育培训，主动学习、掌握安全生产知识和技能，接受安全考试合格，取得安全生产上岗资格证，方可上岗操作。

2）严格执行安全生产法律法规和各项制度，执行安全技术交底和班长班前安全讲话要求，不得违章作业，不得违反劳动纪律。

3）未经允许不得擅自拆改拆除安全防护设施。施工中应正确使用防护用品，维护安全防护设施。所使用的机械、电器发生故障，须由专业人员检修。严禁擅自乱动。

4）施工中要到既保护自己，又不伤害他人。对违章指令有权提出批评或拒绝执行。

5）遇有危险或险情，应主动整改消除。如无能力消除时则必须报告班长或有关管理者组织整改，严禁冒险蛮干。

6）发生伤害事故应积极参与抢救，并快速报告现场管理人员。参与抢救时，要注意保护现场，并配合事故调查。

3．项目经理部安全生产责任制度落实措施

（1）经理部经理负责制定各级管理人员的安全生产责任制，生产副经理负责组织落实，并检查执行情况。

（2）对工程分包单位要签订安全生产责任状，在与其签订的经济承包合同书中，要有相应的安全生产指标。

（3）各级安全生产责任人要努力完成经理部全年安全生产指标，并做到以下几点：

1）杜绝因工死亡和重伤事故，负伤频率控制在2‰以内；

2）及时消除重大事故隐患，隐患整改率要达到100％；

3）扬尘、噪声控制在国家标准范围以内；

4）不发生火灾、中毒和重大机械损坏事故；

5）经理部生产经理根据上述目标完成情况及责任制落实情况，每季度对责任人进行一次责任制落实情况检查，并认真填写检查记录表；

6）经理部各级安全生产责任人要根据各自的安全生产责任制度，努力搞好经理部各项安全工作；

7）经理部经理根据责任制落实情况，依据经理部安全生产奖罚制度，每半年对责任人进行一次性奖罚，并将奖罚情况予以公布。

（五）项目安全技术管理制度

安全技术是为控制或消除工人在作业中的危险因素，防止事故发生而研究采取的技术措施，并在安全生产管理中占有十分重要的地位。

1.建立施工生产安全技术管理责任制

（1）主任（总）工程师、技术协调部主任对施工生产的安全负技术责任；

（2）施工组织设计或施工方案必须经一级技术负责人审查批准后方可执行；

（3）主任（总）工程师要组织技术人员分析研究发生伤亡事故的技术原因，并提出相应的技术防范措施；

（4）各类安全技术措施、方案、交底待手续完备后，送安全部门一份存底备案；

（5）生产经理、主任（总）工程师要组织技术人员、工长学习上级颁布的安全技术规程、规范、规定、标准等，并要贯彻执行。

2.施工组织设计或施工方案中的安全技术措施基本要求

（1）施工组织设计或施工方案必须有单项的安全技术措施；

（2）安全技术措施一定要有针对性，要根据施工工程的结构特点、施工方法、作业环境、队伍素质等实际情况，提出应采取的措施和注意事项；

（3）荷载计算、有系统图、立面图。

3.特殊和危险性大的工程安全技术措施基本要求

（1）吊装、深坑、搭设和拆除高大脚手架和吊篮挑架等特殊架子，在施工前必须编制单独的安全技术措施方案；

（2）单独的安全技术措施方案一定要有依据、有计算、有详图、有说明、有审批。

4.安全技术交底制度

（1）大型或特大型工程开工前由项目总（主任）工程师积极组织相关部门配合公司总工程师组织有关部门向项目经理部和分承包单位（含公司内部专业公司）进行交底；

（2）一般工程开工前由项目（主任）工程师会同现场经理向项目有关施工人员（项目工程管理部、物资管理部、商务管理部、安全监控部、质量监控部及区域责任师、专业监理责任师等）和分承包单位（含公司内部专业公司）行政和技术负责人进行交底；

（3）每一分部分项工程开始施工前，责任师（工长）在进行工程技术交底的同时要进行安全技术交底，安全技术交底与工程技术交底同样须分级进行。同时每月交底不少于二次，月初和月底各一次，并上报项目安全监控部；

（4）分承包单位技术负责人要对其管辖的施工人员进行详细的交底；

（5）各级安全技术交底都应按规定程序实施书面交底签字制度，并上报项目安全监控进行存档，以备查验；

（6）两个以上施工队或工种配合施工时，主工长、工长要按施工进度定期或不定期地向有关班级进行交叉作业的书面安全交底；

（7）班组长每天要对工人进行有针对性的班前讲话；

（8）各级书面的交底要有时间、内容、签字；

（9）安全技术交底管理重点：

1）对于特殊工种、特殊部位，责任师（工长）必须单独做安全技术交底；

2）节假日前后要对所管辖的操作人员进行教育；

3）季节性的安全交底都必须及时；

4）责任师要对其操作班组安全技术交底进行监督与检查。

（六）安全资质管理

所有承包单位必须在进场的同时提供出以下资料：

1. 企业资质证书；

2. 公司概况介绍；

3. 参与工程施工的组织系统表及人员通讯联络表；

4. 参加工程施工管理人员的简历；

5. 入场人员花名册（必须盖有单位公章）；

6. 施工许可证；

7. 负责工程项目经理证书、职称证书和企业委托书，安全员、质量员的证书复印件及技术人员职称证书；

8. 提供施工特殊工种人员的《特种作业操作证》，包括（机械工、电工、电气焊工、架子工、起重工）；

9. 所有入场人员每人交6张免冠正面半身一寸照片，用于办理各种证件。所有分承包单位各种资料手续齐全后，交到本项目工程管理部，由工程管理部送交一份到项目安全监控部进行资料手续的审核。

（七）安全教育培训制度及时间要求

加强安全生产基本知识的教育和安全技术的培训，不断提高他们的安全意识、法制观念和安全技术水平，可使各级安全管理人员和操作工人能够自觉遵守企业安全生产的规章制度和安全技术操作规程，减少和消除不安全行为，是保证项目实现安全生产的重要环节。

根据教育培训制度和各地实际情况，安全生产教育制度应包括以下内容：

1. 进场教育培训

对每年新入场的工人，必须进行三级安全教育，时间不少于40h，并经考试合格后方能上岗操作。

2. 改变工种、调换工作岗位教育培训

对改变工种、调换工作岗位的工人，必须按规定进行新工种的安全技术教育，时间不少于8h（特种作业人员除外）；技术复杂的工种，教育后要经考试合格后都才能上岗作业。

3. 特种作业人员教育培训

对从事特种作业的电工、焊工、架子工、起重信号工、机械操作工等，都必须进行专门的安全技术培训，经考试合格取得操作证后方能独立作业。

4. 安全技术操作规程教育培训

对工地工人每1～2年进行一次本工种的安全技术操作规程的继续教育，时间不少于16h，教育后要进行考试。

5. 季节性施工安全教育

在安全操作规程的改变、重大和季节性安全技术措施的实施、重大事故的发生、不安全因素出现等情况，必须及时向有关工人进行安全教育，时间不少于2h。

6．转场培训

转场教育时间不少于 4h。

7．交叉作业施工的安全教育

在区域责任师的监督下，由分承包单位安全负责人与技术负责人对其作业工人进行不少于 1h 的交叉作业安全操作技术教育，分承包单位安全员做记录，并将教育记录资料整理好上报工程管理部，由工程管理部转交安全监控部。

8．节假日安全教育

节假日前后，项目现场经理及各区域责任师要特别注意分承包单位及自身的各级管理人员和操作者的思想动态，并要有意识，有目的地组织各区域人员进行教育，以便稳定他们的思想情绪，预防现场事故的发生和社会治安问题的发生。

9．日常性安全教育培训

对全体工人要进行经常性的安全生产和法制教育，坚持每天上岗前的安全讲话，时间不少于 15min；每周星期一的安全生产活动，时间不少于 30min。教育内容要有针对性，认真做好活动记录。

（八）日常安全管理制度

1．经理部安全生产验收制度

为保证工地安全生产，对工地设备、设施暂设电气工程，坚持“验收合格后才能使用”的原则，并根据局有关规定制度、经理部验收制度。

（1）验收范围

1）架杆、扣件、安全帽、安全带以及其他个人防护用品；

2）普通脚手架、特殊架子、井架和支搭的安全网；

3）暂设电气工程；

4）起重机构、外用电梯和其他机构设备。

（2）验收组织规定

1）架杆、扣件、安全网、安全帽、安全带等须有合格试验单及出厂证明，工长认定后才能使用；

2）普通脚手架、支搭的安全网，由工长组织安全员、班长参加验收合格后使用；

3）起重机械、外用电梯、井字架，由公司牵头组织有关部门参加，验收合格后使用；

4）特殊架子由方案批准人、组织制定人、安全部门及有关人员参加，经验收合格后使用；

5）暂设电气工程由公司牵头，组织方案制定人、工长、电气负责人参加，经验收合格后使用；

6）中小型机械，由机械员组织有关人员参加，验收合格后使用；

7）所有验收都必须办理书面签字手续，否则验收无效。

2．经理部安全生产检查制度

为及时发现工地的安全隐患，纠正制止违章作业和冒险蛮干，搞好工地安全生产，努力创造良好的施工生产环境，制订经理部安全生产检查制度。

（1）每日安全检查

项目安全监控部每日组织分承包单位安全员对本现场进行安全检查，对查出的问题就地整改，对查出比较大的隐患安全监控部签发隐患整改通知书，并要定时、定人进行整改。

各区域责任师要每日对所管辖的区域进行安全检查，并要实行日巡视，发现问题及时处理或上报。

机管员及电工每日对现场的机械设备、临时用电设施、线路进行检查，发现隐患及时消项，保证设备、设施能够安全正常使用。

(2) 每周安全检查

项目经理部实行每周对现场各区域和生活区进行综合大检查，对查出的隐患签发隐患整改通知书，并要进行讲评，对好的单位给予表扬，对差的单位给予批评，并限期改正(参加人员：现场经理、项目总（主任）工程师、各部门负责人、项目书记、各分承包单位的主要负责人及安全员参加)。

(3) 每月安全检查项目每月 15 日下午 2:00 和 30 日下午 2:00 要对整个施工现场包括生活区在内进行大检查（分承包单位不参加)。

(4) 季节性安全检查工地除定期的半月安全生产检查外，还要组织季节性安全检查、专业性检查和根据生产需要组织不定期的安全检查，检查要有明确目的和要求，对安全工作好的进行表扬，对管理不好的进行批评教育，屡次检查问题多的队进行罚款处理。

3. 项目安全生产值班制度

加强对施工工地安全生产的领导和管理，保障职工在生产过程中的安全和健康，项目应建立安全生产值班制度。

(1) 值班范围、人员和时间

项目行政、生产、技术负责人均应轮流值班。

按照每月 1 人排好顺序轮流值班。

(2) 安全生产值班员的职责

1) 在值班时间内负责单位的安全生产工作，参加有关的安全会议及活动，对其管辖范围内所发生的伤亡事故负有责任；

2) 经常进行各类安全教育，并检查单位周一安全活动，不断提高教育的质量；

3) 组织安全生产检查，着重检查施工现场的安全设施是否合格，检查“三宝”使用是否认真，检查“四口”、“五临边”的防护是否完善，纠正“三违”现象，对查出的隐患认真组织整改；

4) 对值班管辖范围内发生的伤亡及重大未遂事故负有一定责任，参加事故处理，本着“三不放过”原则教育职工，采取措施，预防事故重复发生；

5) 认真填写安全值班记录，并向下一班交代清楚，职属于上一班移交却没有移交的问题，发生事故则由上一班值班员负责。

(3) 安全值班员的职权

1) 值班员及时掌握安全生产情况，对违章冒险作业应予以制止，必要时有权决定罚款和暂停生产，对不听劝告的违章者，有权提出减免当月奖金的意见；

2) 凡进入现场人员的安全生产问题上都必须听从安全值班员的意见。

4. 经理部班前安全活动及周一安全活动制度

(1) 为贯彻“安全第一，预防为主”的方针，加强班前的安全生产管理，保证劳动者在生产过程中的安全与健康，特制订班前安全活动及周一安全活动制度。

(2) 各作业班组长于每班工作前（包括夜间工作前），必须对本班组全体人员进行不少于15min的班前安全活动交底。

(3) 班组长应将安全活动交底内容记录在专用的记录本上，各成员应在记录本上签名。

(4) 班前安全活动交底的内容应包括：

本班组安全生产须知。

本班工作中的危险和应采取的对策。

上一班工作中存在的安全问题和应采取的对策。

(5) 遇到特殊季节和危险性较大的作业时，作业前工长应参加班前安全活动，对工程中应注意的安全事项进行重点交底。

(6) 每周一由工长、队长在开始工作前对全体在岗工人开展至少1h的安全生产及法制教育活动。

周一活动内容：

上一周安全生产形势、存在问题及对策。

最新安全生产信息。

重大和季节性的安全技术措施。

本周安全生产工作的重点、难点和危险点。

本周安全工作目标和要求。

(7) 每月由安全部门组织一次全体工程人员参加的周一活动，经理部负责人应参加并进行不少于5min的讲话。

(8) 工长应认真填写周一活动记录，并在上级部门检查时，交到安全部门。

5. 重要劳动防护用品定点使用管理制度

(1) 为保证安全生产顺利进行，避免不合格劳动防护用品进入工地，根据上级规定制定经理部管理制度；

(2) 重要劳动防护用品指施工现场使用的安全网、安全帽、安全带、漏电保护器及标准电闸箱（含五芯电缆）；

(3) 上述用品的购买必须执行有关文件规定，到定点厂家购买；

(4) 购买上述用品必须是产品合格，有检验证的产品，物资部负责购买，并对上述产品进行使用情况登记；

(5) 任何人不得购买非定点厂的重要劳动防护用品，如果因使用非定点厂家防护用品发生工伤事故，要追究购买人员的法律责任；

(6) 在使用过程中，要严格执行上级有关规定，并随时将有关情况报经理部安全部门。

6. 经理部交叉作业安全责任制度

(1) 为明确交叉作业时的各自安全责任，避免事故发生，依据局《工程项目安全生产标准》，结合经理部具体情况制定本制度。

(2) 确定交叉作业类型

1) 相同或相近轴线不同标高处同时进行的作业，称A类交叉作业；

2）同一作业区域不同类型施工同时进行的作业，称B类交叉作业；

3）同一作业区域分包单位同时进行的作业，称为C类交叉作业；

4）不同分包单位在同一工程项目进行的作业，称D类交叉作业。

(3) 交叉作业安全责任的划分

1）A类交叉作业中，上部施工人员应为下部施工人员提供可靠的隔离防护设施，确保下部施工人员的安全，下部施工人员在隔离设施未完善前不得开始施工；

2）B类交叉作业由主工长在施工前对各方做出明确的安全责任交底，各方应严格按交底进行施工，交叉中应对各方的安全责任及责任区的划分，防护设施的维护、完善及恢复等内容做出明确要求；

3）C、D类交叉作业由经理部生产经理负责在施工前与各分包方签订明确的安全责任协议书，协议书中应对各类的安全责任及责任区的划分，安全防护设施的维护完善及恢复等事项做出明确规定，总包与分包之间应建立严格的安全责任区交接、验收制度；

4）交叉作业中的隔离防护设施及其他安全防护设施由安全责任方提供，如因故无法提供则负责支付费用；

5）隔离防护设施的完整、可靠性由责任方负责。如因其缺陷而导致的人身伤亡及设备、设施损失责任应由责任方承担；

6）出现安全责任不清或安全责任区划分不明确等情况时，应找工地负责人解决，工地负责应进行协调和管理；

7）各责任单位应在经理部统一领导下，搞好交叉作业的安全防护工作，杜绝事故发生，确保经理部安全生产指标实现。

(九) 严重违章、隐患、重大隐患预防及认定

项目各级安全管理人员必须明确隐患、违章的概念和标准，只有明确隐患的标准，才能更好地进行识别和预防。

1. 现场凡有下列问题之一为违章

(1) 高大异型架子有设计，但验收手续不齐全；

(2) 施工中安全技术交底不全，没有按规定签认；

(3) 施工中安全检查资料不齐全；

(4) 实习机械操作人员操作时没有监护人；

(5) 施工现场的临时用电设施检查、检查测资料欠缺较多；

(6) 现场人员未按规范要求使用临时用电设施、电炉和电热器具；

(7) 施工现场的操作人员没有按规定穿戴劳动保护用品。

2. 凡有下列问题之一为严重违章

(1) 高在异形架子无设计方案、无验收；

(2) 施工中未做安全技术书面交底；

(3) 施工过程中未按要求做安全检查；

(4) 对现场施工人员未进行安全教育或使用安全培训不合格人员参加施工；

(5) 机械操作人员无证上岗；

(6) 中小型机械无管理制度；

(7) 施工现场的临时用电未按《施工现场临时用电安全规范》(JGJ 46—88) 标准做，

对施工现场临时用电线路和设施未按规定建立定期的检验、检查制度，也未建立相应的临时用电安全技术档案，现场未设电气管理负责人。

3. 现场凡有下列问题之一为隐患

(1) 脚手架十字盖不全，脚手架与建筑物拉结超过垂直距离4m，水平距离6m，所使用拉结材料强度低于双股8号钢丝或没有做脚手架的支顶；

(2) 脚手架施工中基础不垫板、立杆，大小柄杆间距或操作面防护不符合标准，脚手板下无兜网；

(3) 四口临边防护不标准，不牢固；

(4) 安全网支搭不严密，水平网的宽度、隔层网的数量及网底距不方，物体表面的垂直距离达不到5m；

(5) 中小型机械传动部分防护设施不全或损坏；

(6) 施工现场使用的配电箱、开关箱的装设违反（JGJ 46—88）规范；

(7) 现场各电动机具的电源线拖地，明设未采取保护；

(8) 电焊机的装设未采取防雨水措施，一、二次侧保护罩不全，焊把线回路或双线不到位。

4. 现场凡有下列问题之一为重大隐患

(1) 使用不符合规程要求的材料支搭脚手架；

(2) 脚手架操作面上未满铺脚手板，而且漏洞大，有擦闲板、飞跳板，离墙间隙没按要求做防护；

(3) 搭设完毕的脚手架未按规定设十字盖或未按规定与建筑物做拉结，结构脚手架使用荷载超过（$270kg/m^2$），装修脚手架使用荷载超过（$200kg/m^2$）；

(4) 井架、龙门架、卸料平台无防护门，吊笼无门，无超高限位，不设缆风绳，进料口无防护棚，四口临边没有做防护；

(5) 施工过程中不按规定设置安全网，包括水平兜网，在施工中由高处往下投掷物料；

(6) 现场堆放的大模板、砖、小钢模等材料堆放高度超过1.5m标准，或有倒塌危险；

(7) 施工现场外用电梯限位装置有一项失灵，电锯、电刨无防护设施；

(8) 卷扬机未搭设防砸、防雨棚，机身未设固定地锚，传动部分无防护罩；

(9) 乙炔瓶、氧气瓶和焊炬之间的距离没有保持在5m，而超过标准；

(10) 施工现场的配电系统不按规定装设二级漏电保护或漏电保护装置失灵；

(11) 施工现场的电气线路老化，电器维修保养不到位，电器损坏，失修严重。使用手垫电动工具不按规定选接漏电保护装置，没有做到三级保护；

(12) 现场照明系统未按规定装设三级漏电保护装置或未要求在潮湿地方选用安全电压24V。

（十）安全奖罚制度

奖罚不是管理目的，只是管理手段，而且是建立良好约束机制的必要手段。正如法制社会一样，只有有了法律约束，才能进行社会行为规范和约束。以下奖惩条例仅做建立管理观念的参考。

1．奖励标准和要求

（1）对在项目施工安全生产管理中能遵章守纪，防止和避免重大伤亡事故发生的单位或个人，视贡献大小，报企业主管部门和项目经理批准后，一次给予3000～5000元奖励。

（2）在企业每次安全检查中连续半年均在第一名，地方政府的检查中，一次达到第一名的奖励分承包项目经理个人1000元，单位3000元；被地方政府评为安全文明样板工地的，一次给予责任师1000元、分承包单位5000元奖励，报项目经理批准后实施。

2．处罚标准

（1）对违章、严重违章的处罚制度

对严重违章，但未造成后果时，可视具体情况酌情按照以下标准进行处罚。当造成后果时，按照法律追究刑事责任。

1）在施工组织方案中未编制安全措施方案或补充方案未按规定上报审批的，安全监控部将对技术协调部门相关责任人进行50～100元处罚。

2）分承包单位经理部及其他专业施工单位不重视安全，在计划、布置检查总结评比中不过关，没设专职安全员或安全员不负责的，由安全监控部对单位进行罚款10～500元。

3）分承包单位施工人员及其他专业施工单位进场未注册，考核不符合劳务用工的人员，安全监控部将对其每人进行200元的处罚。

4）分承包单位及其他专业施工单位在施工过程中，未严格按照项目经理部的规定采购劳保用品，如电箱、电缆、电线、安全网、密目网等使用，项目安全监控部将给予500～1000元处罚，并责令其退掉，损失自负。

5）现场的各种脚手架、电器机械设备、井字架未按规定验收就指挥使用上的，安全监控部对主管责任师进行50～100元的处罚。

6）分承包单位及其他专业施工单位违反了3.5条款的，区域责任师有权对分承包单位专业负责师或使用个人进行50～200元的处罚。

7）施工现场的临时用电未按建设部（JGJ 46—88）执行，如：电线未架空，照明亮度不够，安全监控部将对责任师进行50～100元的处罚，施工现场分承包单位违反本款的，责任师有权对分承包单位责任人进行50～100元的处罚。

8）施工现场各区域的责任师在安排工作前没有分层、分段、分工种及季节和节假日进行安全技术交底，而有交底未按规定签字的，安全监控部将对现场责任师或分承包单位专业负责人进行每次50元的处罚。

9）区域的分承包单位未按责任师的安全技术交底、安全规范执行而安排工人施工的，区域责任师有权对分承包单位区域负责人或班组进行50～100元的处罚。

10）各区域或现场人员未按规定召开或参加周一安全活动、上班前无班前讲话记录、班员无签字认可的，安全监控部有权对分承包单位的安全员进行50元的罚款。分承包单位的安全员有权对违反本条责任人或班组人员处罚50元。

11）责任师对本区域内安全管理不到位，忽视安全施工生产，不按安全操作规程组织施工，违章指挥，管理混乱，安全监控部将给予停工整顿或处罚责任师及分承包单位现场负责人200～500元。

12）施工现场施工人员未按规定穿戴劳动保护用品，区域责任师不制止的，每次可对责任师进行 50 元的处罚，责任师对违反本条款的施工单位，有权对责任人进行 50 元处罚。

13）施工现场私搭乱建用房，未按项目统一搭建和管理的，安全监控部可对分承包单位或其他专业施工单位进行 2000 元以下的处罚，并责令其拆除，损失自负。

14）建筑物内垃圾和渣土清理不及时或未清理，楼梯平台、阳台等处堆放材料和杂物(3 处以上)，安全监控部将可对区域责任师和现场物资管理部责任人进行 50～100 元处罚，责任师可对违反本条款的分承包单位责任人进行 50～100 元的处罚。

15）现场责任师和物资管理部有权对不按规定及总包要求做文明施工的分承包单位及其他施工单位每次进行处罚 100～500 元的处罚。

16）对造成成品的污染损坏，由物资管理部或现场责任师对操作班组或操作人员进行罚款，按成本价加 30％处罚。

17）现场材料、大模板、构件、钢筋等未按物资管理部或现场责任师指定地点、标准堆放，物资管理部或责任师有权对分承包单位进行 100～200 元的处罚，并令其返工重新堆码放。

18）施工现场料具保管未采取防雨、防潮、防晒、防冻、防火等措施，有毒物品未建立严格的领退料手续，安全监控部将对分承包单位负责人进行 100～200 元处罚，并责令整改。

19）施工人员在现场随地大小便并将其带到安全监控部，对当事人罚款 200 元，对举报者奖励 100 元。

20）工地食堂无卫生许可证，个人健康证未按地方政府相关文件执行的，安全监控部可给予分承包单位行政后勤负责人进行 200～300 元的处罚。

21）施工区域和生活区域没有明确进行划分和分区管理，安全监控部将对其负责人或项目经理部责任师（包括分承包单位）进行 100～200 元的处罚，由分承包单位采取措施而没有进行的，可对分承包单位进行 500～1000 元的处罚。

（2）对隐患、重大隐患的处罚制度

1）开挖沟槽未按规定放坡或加支撑、坑边 1m 内堆土、临边没有设防护栏杆，安全监控部有权对责任师进行 50～100 元的处罚，责任师有权对违反本条款的分承包单位进行 100～200 元的处罚。

2）脚手架作业面未满铺脚手板，并且有探头板、飞跳板，未按规定做拉结点，安全监控部有权对分承包单位或其他专业队伍进行 100～200 元的处罚。

3）分承包单位施工区域负责人未按区域责任师安全交底进行指挥操作，责任师有权对其进行 100～200 元的处罚。

4）对现场的电锯、电刨及中小型设备无防护装置或防护罩被拆除，安全监控部有权对分承包单位负责人或操作人进行 50～100 元的处罚。

5）对现场的配电设施不按规定采用三相五线制，漏电保护装置失灵还在使用，安全监控部有权对分承包单位进行 100～200 元处罚。

6）现场电器线路老化，电器损坏，手持电动工具不按规定加设漏电装置，安全监控部有权对分承包单位进行 100～200 元处罚。

7）地下室在施工中不按规定使用 24V 低压照明，而采用 220V 照明，安全监控部有权对责任师进行 50～100 元处罚。

8）分承包单位未按区域责任师交底施工，现场责任师有权对其进行 100～200 元的处罚。

9）对现场坑、沟、槽开挖深度超过 2m，临边未设防护栏无上下爬梯，危险处未设红色标志（夜间设标志灯），安全监控部有权对责任师进行 50～100 元的处罚。

10）责任师安排分承包单位区未能及时加装配电系统二级漏电保护，责任师有权对其罚进行 50～100 元的处罚。

11）各区域分承包单位施工人员不及时参加安全例会、周一安全会，人人不持证上岗，班组长不做班前讲话记录，并签字认可为严重违章，安全监控部有权对分承包单位进行 100～200 元的处罚。

12）项目安全监控部签发各区域的隐患通知，各区域要及时整改，因区域责任师未做到（三落实）或整改的不规范，安全监控部有权对责任师进行 50～100 元的处罚。责任师安排区域分承包单位负责人或班组整改，而未按要求改正的，责任师有权对其进行 100～200 元的处罚。

13）搭设脚手架、支模绑扎钢筋（柱、墙）等没有按规定铺设跳板、防护、底部兜网，支持水平网未达到安全标准，为严重违章指挥和违章作业，安全监控部将对区域责任师进行 50～100 元的处罚。分承包单位未按区域责任师交底做而达不到防护标准，责任师有权对其进行 100～200 元的处罚。

14）特种作业独立操作责任人，未按规定交底，并没做到岗位责任制（定人、定机）的、非本工种操作的，安全监控部有权对分承包单位进行 200～300 元的处罚。区域责任师有权对其停工作业并进行 100～200 元的处罚。

15）现场分承包单位的特殊工种，未持有当地特种操作证（地方劳动局颁发），为非本工种作业为严重违章，安全监控部有权对分承包单位每人进行 500 元的处罚，对违章指挥者处罚 500 元。

16）对于进入施工现场不戴安全帽、不系帽带，高处作业不系安全带，现场吸烟，工人坐在临边危险地方休息或者中午喝酒者，不管任何人，均为严重违章，发现一项者，安全监控部有权对其按工人每次 50 元进行处罚，对管理人员（包括分承包单位）每次 100～200元。

17）现场严禁白天有长明灯、水龙头长流水，一经发现，安全监控部区域责任师、行政后勤部将对主管后勤的分承包单位负责人、责任人进行 50～100 元的处罚。

18）电焊机的装置未采取防潮、防雨、防距措施，一次线、二次线接线端子防护罩不全，双线不到位，施焊未开用火证者，安全监控部有权对分承包单位区域负责人进行 100～200元的处罚。

19）在居民稠密区进行夜间施工时要控制噪声（夜间噪声不大于 55dB），有夜施证的情况下超过晚间 10:00 而不采取措施，对分承包单位区域负责人进行 100～200 元的处罚；无夜施证禁止施工，如违反对分承包单位区域负责人进行200～300元的处罚。

20）在区域施工中，分承包单位对各种易燃、易爆物未进行安全交底，未申请用火证，安全监控部将对区域责任师或分承包单位负责人进行 50～100 元的处罚。

21）未经上级批准，私自在施工建筑物内住人，综合办公室和安全监控部有权对住人单位进行 500～1000 元的处罚。

22）施工现场的消防重点部位的消防器材被挪用，安全和综合办公室门将给予分承包单位责任人 100～200 元罚款。

23）施工现场的消防道路线被占用，安全监控部有权对指挥占用者进行 200 元的处罚。

（十一）脚手架及马道搭设及验收要求

1. 脚手架搭设基本标准及验收要求

（1）现场各区域所使用的脚手架由分承包单位自己搭设，搭设的各种脚手架在 2m 以上 10m 以下由项目安全监控部验收，验收程序是分承包单位搭设完成各种脚手架，通过自验合格并及时填写脚手架的报验单要写明报验的部位、脚手架的高度等，将资料一同上报项目工程管理部，在由项目工程管理部通知项目安全监控部进行验收时，参加验收人员有区域责任师和分承包单位专职安全员，验收合格后方可投入使用。

（2）现场在搭设 10m 以上至 18m 以下的脚手架的同时要提前 8h 报验收时间，参加验收人员有项目总（主任）工程师、项目安全总监、区域责任师、分承包单位技术负责人、安全员，验收程序按上一条款执行。

（3）搭设 20m 以上的脚手架要有设计方案，严格按设计方案要求进行搭设，20m 以上的脚手架要提前 24h 上报验收计划，报项目安全监控部，并要通过自验合格后，上报项目经理部上一级企业主管部门验收。

（4）脚手架的选材

1）钢管选用外径 48～51mm，壁厚 3～3.5mm 的钢管，严禁使用有严重锈蚀、弯曲、压扁或裂纹的钢管，使用的扣件是铸造的码钢扣件，严格执行《钢管脚手架扣件标准》的要求，发现有裂、变形、滑丝的禁止使用。脚手板规格采用 3m、3.6m、4m 标准脚手板，严禁使用竹脚板。

2）脚手架在搭设之前要认真处理地基（如对地基平整夯实，抄平后通长垫木等），以确保地基具有足够的承载能力（高层和重荷载脚手架进行架子基础设计），避免脚手架发生不均匀的沉降。搭设脚手架必须把住 10 道关：①人员关；②材质关；③尺寸关；④地基关；⑤防护关；⑥铺板关；⑦稳定关；⑧上下关；⑨检验关；⑩承重关。

3）脚手架搭设要求，结构脚手架搭设立杆间距 1.5m，大横杆间距 1.2m，小横杆间距 1m，脚手架离墙不得大于 200mm，双排架的内侧要加绑一道防护栏，立杆下底采用的垫板不小于 2m 长、500mm 厚、200mm 宽的垫板。十字盖高度不得超过 7 根，立杆与地面的夹角 45°～60°，加绑通长扫地杆，杆与杆之间的结头错开，严禁在一步架内出现多结头，现场施工支模严禁将支撑撑在脚手架上。

2. 安全通道搭设标准

1）人行斜道的宽不得小于 1.2m，坡度为 1∶3（高∶长），大约夹角 18°，运料斜道的宽度不得小于 1.5m，坡度以 1∶6 为宜，小于 $6m^2$，其宽度不小于 1.5m。

2）斜道两侧及拐弯平台围正设防护栏杆及挡脚板，人行斜道的脚入板上应加绑防滑条，其厚度 20～30mm，间距不大于 300mm。

3）大横杆间距 1.2～1.4m，小横杆置于斜杆上，间距不大于 1m，在拐弯平台处的小横杆要适当加密，斜道和运料斜道都要和结构做拉结，确保其稳定性。

4）现场的脚手架应设置足够牢固的连墙点，垂直距离4m，水平距离6m，并依靠建筑结构的整体强度加强整体脚手架的稳定性，脚手架搭设过程中立杆垂直度的偏差不得大于架交的1/200，大模杆的脚手偏差不大于该片脚手架总长度的1/300，且不大于5cm，大、小横杆的允许挠度一般为杆件长度的1/150。

5）安全通道口各种警示标牌应齐全、张挂在明显位置，基本标准可以参考图4-2：

（十二）施工机械及相关场所管理制度

1．施工机械安全管理制度

（1）工程项目开工前，技术协调部门应编制包括主要施工机械安全防护技术的安全技术措施及方案，并报上级会签、审批。

（2）经审批的安全技术措施及方案，施工中要认真全面执行，并对分包单位、机械出租与执行情况进行监督，严格履行机械管理职责。

（3）机管员组织有关人员对进入现场的机械的安全装置和操作人员的资质进行审验，不合格不得使用。

图4-2 安全通道口

（4）大型机械如塔吊等设备安装前，经理部应根据设备出租方提供的数据进行基础的设计与施工，经验收合格后，方可交由有资质的设备安装单位组织安装。

（5）大型设备由上级主管部门验收，中小型机械由机管员组织验收，验收合格方可使用。验收资料由机管员负责管理，并交安全监控部一份备案。

（6）机械工、驾驶人员应经培训，取得《操作证》后方准上岗作业。

（7）学员或持学习证人员须在持《操作证》人员监护下方准上岗作业。

（8）机管员应参加经理部半月文明施工检查，检查中纠正违章操作者行为，对查出的机械隐患要有记录，立项整改，并对主管部门检查时下达的隐患整改指令组织落实，消项。

（9）机械操作人员须按规定对机械进行认真保养，严禁机械带病运转，机管员定期对施工人员进行机械安全知识教育，做好书面机械使用的安全技术交底。

2．一般验收标准

（1）须是劳动部门检验合格产品，进入施工现场后要及时通知项目安全监控部进行接电试运转验收，合格后方可就位安装，安装完毕的中小型机械要及时报验，填写报验单，送交项目工程管理部，由工程管理部通知安全监控部进行验收，同时参加人员有（项目工程管理部负责人、安全总监、分承包单位的安全员、机械的操作人员及电工）共同进行验收。

（2）进场中小型机械验收不合格的分承包单位必须立即给予退场，因要求退场而没有退场，分承包单位私自使用不合格的机械设备所造成的事故，由分承包单位独自承担责任。

（3）所使用的中小型机械各分承包单位要定人、定措施、专人操作机械，并要对各自单位的中小型机械的使用、保护、维修、保养及负责，要做到定期保养、维修，并要有维修记录，严禁带病操作，各分承包单位要对进场的中小型机械设备的安全检查负责。

(4) 各分承包单位必须建立中小型机械安全操作管理制度，并将机械管理制度、机械安全操作规程挂牌上墙，中小型机械的安全防护装置必须保持齐全、安好，灵敏有效。中小型机械作用必须设有防雨、防砸措施，其噪声超标的机械应采取防噪声扩散扰民措施。

(5) 现场各分承包单位所使用的切断机、成型机、卷扬机、平刨、圆盘锯等在日常维修、保养期间要切断电源方可进行。严禁机械运转中进行维修、保养和清理。

(6) 现场各分承包单位机械操作人员必须按照机械的安全操作规程进行机械操作，不违章操作，不违章作业，确保机械使用过程中的安全。

(7) 操作人员要遵守现场的各种机械设备的管理制度和操作规程。

3. 施工现场中小型机械管理制度

(1) 搅拌机安全操作规程

1) 开机前检查离合器、制动器和防护装置，钢丝绳轨道、滑轮是否良好，确认无问题后方可开机搅拌；

2) 机械运转时不得在转筒内用工具扒料，以防伤人；

3) 料斗提升时，严禁在料斗下行走，料斗坑需清理时，必须挂好保险链后再清理；

4) 修理时应切断电源，在电闸箱上挂禁止合闸牌或设专人看护；

5) 工作完毕后，人离机断电，并锁好电箱。

(2) 钢筋弯曲机安全操作规程

1) 工作前检查电源部位和弯曲中心轴是否良好，漏电保护器和接零保护是否正常，并先空车运转，确认没有问题后方可使用；

2) 弯曲较长的钢筋应两人扶持动作一致操作，不直的钢筋禁止在弯曲机上加工弯曲；

3) 更换弯曲机中心轴时要先断电，不可在运转时更换零件和修理，防止伤人；

4) 弯曲成型的钢筋，要码放整齐，工作完后把机械四周的钢筋清理，干净，停电后锁好电箱，方可离开；

(3) 钢筋切断操作规程

1) 操作前应检查漏电保护器及开关，电源接线是否正确，刀片是否牢固，传动部位是否有防护罩，确认没有问题后方可使用。

2) 在钢筋切断时，必须将钢筋抓紧，待活动刀片退回后，将钢筋送入切断口处，禁止加工规格过短的钢筋。

3) 当切断短料时，必须用钳子夹紧后送料，当切断长料时，应配合操作，并配合协调。

4) 机械运转过程中，严禁检修和清扫。

5) 更换刀片和修理时，先切断电源后更换，工作完后机械必须断电，锁后电闸箱后方可离开。

(4) 卷扬机安全操作规程

1) 卷扬机应安装在坚实平整、视线良好的地方，搭设防砸防雨工作棚。

2) 使用过程中，钢丝绳不得拖地，不得使用压变形的钢丝绳。

3) 使用前检查传动部位是否防护有效，各连接部位牢固可靠。

4）工作中遇到停电，机械操作者必须拉闸断电，锁好电箱，以防发生意外。

（5）压刨床安全操作规程

1）压刨床必须用单相开关。

2）作业时，严禁一次刨削两块不同材质、规格的木料，被刨木料的厚度不得超过50mm，操作者应站在机床的一侧，接送时不戴手套，送料时必须先进大头。

3）刨刀与刨床台面的水平间隙在10～30mm之间，刨刀螺钉必须重量相等，紧固时用力均匀一致，不得过紧或过松，严禁使用带开刀槽刨刀。

4）每次进刀量应为2～5mm，遇硬木或节疤应减少进刀量，降低送料速度。

5）刨料长度不得短于前压滚的中心距离，厚度小于10mm的薄板必须垫托板。

6）压刨必须装有回弹灵敏的逆止爪装置，进料齿轮及托料光辊应调整至水平和上下距离一致，齿辊应低于工件表面1～2mm，光辊应高出台面。

7）安装刀片的注意事项同平面刨。

（6）圆盘锯安全操作规程

1）锯片上方必须安装保险挡板和滴水装置，在锯片后面离齿10～15mm处必须安装环形锲刀，锯片的安装应保持与轴同心。

2）锯片必须锯齿尖锐，不得连续断齿两个，裂纹长度不得超过20mm，裂纹末端应中止裂孔。

3）被锯木料厚度以锯片露出木料10～320mm为限，夹持锯片的法兰盘的直径应为锯片的1/4。

4）启动后，待转移正常后方可进行锯料，送料时不得将木料左右晃动和高抬，遇木节要缓缓送料，锯料长度应不小于500mm，接近端头时应用推棍送料。

5）如锯线走偏，应逐渐纠正，不得猛扳，以免损坏锯片。

6）操作人员不得站在面对与片旋转的离心力方向，操作手不得跨越锯片。

7）锯片温度过高时，应用冷水冷却，直径在600mm以上的锯片在操作中应喷水冷却。

（7）钢筋棚管理制度

1）严格遵守操作规程。

2）定期检查维修弯曲机、切断机。

3）非本工种人员严禁动用机械。

4）棚内严禁吸烟，不能带病或酒后作业。

5）棚内钢筋堆放整齐。

6）做到工完场清，清除安全隐患。

（8）木工棚管理制度

1）严格按操作规程操作。

2）平面刨与圆锯不能在一台机子上混用。

3）棚内严禁吸烟，不准带病、酒后作业。

4）非本工种人员严禁动用木工机械。

5）保护好棚内的消防设施。

6）做到工完场清，消除安全隐患。

7）定期检查维修场内的各种机械。

(9) 仓库保管员岗位职责及库房管理制度

1）保管员必须坚守岗位，不得擅自离开库房。

2）各种材料码放整齐，并按规格分放做好标识牌。

3）认真做好材料的保管、发、退料手续清楚。

4）各种材料的周转要定期清点，紧缺的材料要及时上报。

5）遵守领退料各种制度，对入库材料检查，严格检查验收材料质量情况。

(10) 仓库安全防火管理制度

1）认真贯彻执行安全规定及公安部颁布的《仓库防火安全管理规则》和上级的有关制度，制定好本部门的防火措施，完善健全制度，做好材料物资运输过程及存放保管中的防火安全措施。

2）对易燃易爆等危险及有毒物品，必须按规定保管、码放，要落实专人保管，分类存放，严格手续，防止爆炸和自然起火。

3）对所属仓库和存放的物资要定期开展防火检查及清除安全隐患。

4）仓库保管员按规定配备消防器材，定期检查保养，确保完好有效，库区要设明显的防火标识，严禁吸烟和明火作业。

5）仓库保管员是本库的兼职防火员，对防火工作负直接责任，必须遵守仓库有关防火规范。下班前对仓库进行仔细检查，确认没有问题后断电锁门方可下班离去。

(11) 木工棚防火管理制度

1）配备好消防器材，按规定挂好。

2）灭火器材严禁动用或挪为它用。

3）设专门防火责任人、防火小组。

4）木工棚内严禁吸烟。

5）及时清理木屑、刨花，做到工完场清。

（十三）临边、洞口及个人防护标准

1. 洞口防护要求

(1) 现场各区域楼层、楼面上的所有施工洞口1.5m×1.5m以下孔洞应覆盖盖板或采取予埋钢筋网片的措施进行防护，以防人员坠落。1.5m×1.5m以上的孔洞，四周须设两道防护栏杆，中间支挂水平安全网，所有人员严禁私自移动盖板或私自切断预埋洞口的钢筋网片。

(2) 电梯井内（管道竖井内）自首层开始支挂水平安全网，以上每隔两层支挂一道挂网，网边与井壁周边间隙不得大于20cm，网底距下方物体不得小于3m，施工层应搭设操作平台，并满铺脚手板或定型板，电梯井内不得做垂直运输通道和做垃圾通道。

(3) 电梯井与管道竖井的立侧门洞要加装高度不低于1.2m的翻板或金属防护门，刷红白油漆。楼层的进出料平台必须设上下提拉式定型防护门，刷红白油漆。

(4) 现场各区域施工时留下的冲天钢筋、穿墙螺杆、地锚，如要使用应采取保护措施，可以采用纺织布围护做成大头，严禁将冲天钢筋裸露，对施工完的层段要及时将冲天钢筋、穿墙螺杆及地锚及时割除，以免留下隐患，造成安全事故。

2. 临边防护标准

（1）阳台边在安装栏板前，必须要做临边围栏，两道防护栏挂安全网全封闭，楼梯间踏步边与顶层休息平台边必须设置两道防护栏杆，刷红白油漆。

（2）现场建筑物楼层临边四周，施工时没有做围护结构时，四周必须设两道防护栏杆，并要立挂安全网封严，楼层屋面四周临边无维护结构时，也必须加设两道防护栏杆和立挂安全网。

3. 重要劳动防护用品定点使用管理规定

为了加强对重要劳动防护用品使用采购的管理，以确保工程使用重要防护用品的质量，有效的防止施工现场因防护用品质量问题而产生的后果，应根据有关规定，要求所有进入施工现场的各分承包单位必须使用经过安全认证的定点厂家的安全防护用品。各分承包单位采购重要防护用品时，应严格遵守直接从定点厂家直接送货方式，减少中间环节，以便杜绝市场上伪劣产品流入施工现场。

须定点采购主要安全防护用品和包括：

（1）密目安全网

（2）电缆

（3）锦纶平网

（4）电箱

（5）漏电保护器

（6）安全帽

（7）安全带

4. 现场个人防护标准

（1）凡进入施工现场的所有人员必须戴安全帽，并要系好帽带，还要戴好安全带。

（2）凡进入施工区域的操作人员严禁穿拖鞋、高跟鞋进入施工区，操作人员在现场严禁穿背心、短裤和光膀子上班，严禁酒后上班，禁止操作人员穿带钉易滑的鞋进行高空作业。

（3）现场各区域操作人员在工作中严禁打闹，开玩笑，操作人员上下班要进安全通道，严禁上蹦下跳，以免造成事故。

5. 现场安全网使用标准

（1）高于 20m 的建筑物，首层安全网支设宽度为 6m，并按照双层网设置。

（2）网与网之间距离不得大于 200mm，首层以上每隔 10m（最多不超过 4 层楼）支设一道 3m 宽的水平接网，首层网支设完后，其下方净空高度在任何部位不得小于 5m，凡不能保证其净空高度的必须采取其他补救措施，所有水平网里侧边缘不得与建筑物形成空隙，水平网支设是外高里低。

（3）现场各区域所使用的外排架从首层的第一步架开始支挂水平兜网，每隔 3 步架设一道水平网，每隔 4 层楼在双排架周围铺满脚手板。

（4）现场使用的外双排脚手架立网使用密目网，采用全封闭外架型。现场所能符合安全的旧安全网全部做水平兜网使用，不准使用在立网上。

（十四）临时用电及电器防火标准

1. 安全用电措施和电器防火措施是施工现场临时用电施工组织设计的组成部分，是保障现场临时用电可靠运行和人身、设备安全必不可少的配套措施。

2. 必须保证正确可靠的接地与接零，杜绝疏漏。所有接地、接零处必须保证可靠的电器连接，保护 PE 线必须采用绿、黄双色线，严格做到与相线、工作零线相区别开，杜绝混用。

3. 电气设备的设置、安装、防护、使用与维修、操作与维修人员必须符合 JGJ 46—88《施工现场临时用电安全技术规范》的要求。

4. 接地与接零标准

(1) 在施工现场专用的中性点直接接地的低压电力线路中，必须采用 TN-S 接零保护系统。

(2) 保护零线应从工作接地线或配电室的零线及第一级漏电保护器电源侧的零线端引出。

(3) 保护零线应与工作零线分开单独搭接，不作它用，保护零线（PE）必须采用绿、黄双色线。

(4) 保护零线必须在配电室（或总配电箱）、电线线路中间和末端不得少于三处作重复接地，重复接地线要和保护零线相连接，保护零线的截面不得小于工作零线的截面，同时必须满足机械强度的要求。

5. 漏电保护器配置标准

(1) 在施工现场的配电箱（配电室）和开关箱最少不得少于两级漏电保护器。

(2) 漏电保护器的使用接线要与基本配置的保护系统相符、相匹配，严禁一闸多机。

6. 现场使用配电箱标准

(1) 配电箱内开关电器及电气装置必须完好无损。

(2) 配电箱内的开关电器及电气装置必须安装端正、合理、牢固，严禁拖地放置使用。

(3) 带电导线必须绝缘良好，严禁在导线上搭、挂、压其他物体，导线之间的接头必须做好绝缘、防水包扎处理。

(4) 电气装置的电源进线端必须做固定连接处理。

(5) 配电箱与开关必须做上名称、用途、分路标记，电箱要配锁并设专人负责管理。

(6) 电箱内部不得有杂物及周围不得堆放易燃物品，电气设备必须定期检修，检修时必须做到停电，悬挂停电标志牌，由相应的专业电工检修。

7. 施工现场临时用电必须采用三相五线制供电体系，配电室用房必须符合防灰尘、防介质腐蚀、防砸、防火规定，各种制度要上墙，包括供电总平面图、总配电箱布置图、配电箱系统图、现场电箱平面布置图。

8. 配电箱与开关箱的安装和内部设施必须符合现场实际要求，并符合使用规定，开关箱内的漏电保护必须保持灵敏、可靠、完好，严禁带电体明露，接零必须采用压线端子压紧，严禁将零线直接绑在端子上。

9. 现场各区域的供电必须达到两级保护，电焊机必须单独配设漏电开关，手持电动工具、照明电源箱必须加装漏电开关，要达到三级漏电保护。

10. 固定电设备必须做到“一机一闸一漏一保护”，严禁一闸多机，固定式用电设备一次电源线不超过 3～5m，电源线必须埋设，严禁将电源线直接放在地上而不采取防护措施。

11. 现场各区域所使用的机械设备，如：电焊机、切割机、混凝土振捣器、手电锯、手持电动工具的电源线在施工现场必须架空，严禁在地面上或楼板上、钢筋上来回拖拉。现场各区域施工单位必须采取措施，保证各种线路的架空，采取措施可以采用“S型”挂钩，但挂钩外皮要采取绝缘措施，现场要消灭落地线，每个电工可随身携带一些“S型”绝缘挂钩，随着现场的电源线路走向进行挂钩，各单位电工在现场检查落实。

12. 现场各区域的照明单灯使用电源线必须采用三芯橡套线，保护接零要完好，严禁操作人员用碘镐钨灯取暖或随意破坏。

13. 保护器要半个月进行检测实验一次，并要有检测实验记录，雨期每10天一次，连续阴雨天每周一次，凡对检测不合格的漏电保护器要及时更换，严禁使用不合格产品。

14. 现场各区域的电焊机必须用木方或木板垫起，在施焊时必须做到双线到位。电焊机的一次线长度不得超过3m，二次线长度不得超过30m，电焊机两侧安全防护罩必须齐全，把线绝缘良好，没有裸露现象，严禁将电焊机的回路线绑扎在底板钢筋上或柱筋上，也不许绑扎在金属管道上施焊。

15. 现场各区域所有临电线路严禁勾挂在钢筋上和脚手架的架管上，如需挂必须采用瓷瓶或绝缘物体固定吊挂，在潮湿等不利于安全用电条件下，必须采用24V以下的低压照明。

16. 现场各区域电气维护人员必须按JGJ 46—88《施工现场临时用电安全技术规范》要求和规定认真做好电气设施、设备的维护与运行，并要认真做好查验电气设施设备的摇测电阻每半月一次，雨期每周一次，连续阴雨天气每三次一次，并要有记录，认真填写电阻摇测记录表，报项目安全监控部归档，包括对塔吊的摇测电阻每半月一次。

17. 要合理配置、整定、更换各种保护电器，对电路和设备的过载、短路故障进行可靠的保护。

18. 在电气装置和线路周围严禁堆放易燃、易爆和强腐蚀介质，严禁在电气设处动用明火，强化电气防火检查制度，发现问题及时处理。

19. 在电气设备相对集中的加工棚和配电室内必须配置绝缘的灭火器材，并禁止烟火。

20. 压力容器及带压设备，压力容器必须装有合格有效的减压阀，乙炔瓶在使用中安装有合格有效的回火装置，氧气瓶、乙炔瓶严禁野外露天外曝晒，要采取遮盖措施。

21. 压力容器在现场存放或使用过程中要严格采取防砸、防爆、防油类污染等措施及严格保证与明火的安全距离（保持10m），在吊运过程中严禁氧气瓶、乙炔瓶混装吊运。

（十五）起重机械吊装作业安全规定及标准

1. 起重指挥人员工作要思想集中，重物起吊后要密切注视起重机旋转范围和重物下方的情况，工作中不准吸烟、吃东西、聊天、开玩笑、打闹，更不准擅离自己的工作岗位。

2. 信号指挥人员要保证指挥时的旗语、手势明确，哨音清楚洪亮，并要做到下信号要服从上信号，上下密切配合协调，夜间指挥塔吊的信号工必须使用对讲机指挥塔吊吊装作业，夜间严禁信号工使用哨音和旗语指挥塔吊。

3. 信号工应站在塔吊容易看得到的位置指挥，上下信号互相联系，并始终能够看清楚所吊重物的起吊，吊运直到就位的全过程，同时要保护自身的安全，不准站在吊物易碰撞、难躲避的位置和无保护措施的墙顶或外壁板上更危险部位指挥塔吊。

4．吊物起吊离地300～500mm时停钩检查起重机制动系统，稳定性吊物捆绑，吊具索具等是否符合要求，发现超载、起重钢丝绳打扭、变形、钩未挂牢、吊索受力不均、吊点位置不留、吊物松散、不平稳或吊物上有浮摆物件，以及与其他物件有钩挂时，应立即指挥落钩，经处理解决后方可继续吊起。

5．信号工要严格执行吊装安全操作规程，抵制违章作业指令，坚持“十不吊”的规定：

（1）被吊物重量超过机械性能允许范围不准吊。

（2）信号不明不清不准吊。

（3）吊物下方有人不准吊。

（4）吊物上站人不准吊。

（5）埋在地下物不准吊。

（6）斜拉斜牵物不准吊。

（7）散物捆扎不牢不准吊。

（8）零小物无容器不准吊。

（9）吊物重量不明，吊索具不符合规定不准吊。

（10）六级以上强风不准吊。

6．结构大模板的存放场地必须平整夯实，且不能积水，大模板之间应该脸对脸地按自稳角度成对堆放，当自稳角不能满足要求时，应采取措施拉结固定牢固，严防倾倒伤人，大模板的固定形式多样，各分承包单位可根据现场的实际情况采取相应的措施，固定为大模板。大模板在吊装过程中不能使用吊钩，必须使用卡环吊装大模板，吊装时要稳起稳落，并在模板就位稳定后方可松吊钩卡环，大模板的自稳角度应控制在70°～80°。

7．电气焊安全要求及标准

（1）电焊作业预防触电的要求主要有三点：

1）必须保证各类电焊机的机壳有良好的接地保护，设备本身在使用前要认真地检查，发现漏电、防护罩不齐全或电焊机损坏时要及时找电工和向领导报告，电焊工不准私自拆修电焊机。

2）电焊把钳要有可靠的绝缘，不准使用无绝缘的简易焊把钳和绝缘把损坏的焊钳，电焊电缆线必须绝缘良好，接头处要用接线卡子，并采取可靠的绝缘保护，如焊接作业时，电焊线过热，就要及时查找原因，进行处理，处理完毕后确认无误方可继续作业。

3）在场地窄小区域作业或金属管架上作业时，要用绝缘衬垫将焊工与焊接件绝缘，焊工作业时，不要靠在焊件上，特别是夏天出汗后工作服潮湿，更不准靠在焊件上，工作期间严禁光膀子作业。

（2）气焊作业应注意以下安全要求

1）氧气瓶、乙炔瓶应装压力表，瓶口严禁接触油脂，不允许用油手套、油扳手接触气瓶，氧气瓶与乙炔瓶搬运时应紧好瓶帽，在取瓶帽时不得用金属锤敲击。

2）在从事气焊作业时，氧气瓶、乙炔瓶与明火距离不小于10m，两种气瓶应保持一定距离。

3）使用乙炔瓶时必须装有防止回火的装置，乙炔瓶处附近严禁烟火。

（十六）施工现场料具安全管理

1. 现场材料料具及配件应按施工平面布置图指定位置分类码放整齐，预制圆孔板、外墙板等大型构件和大模板的存放均要求场地平整，并要夯实，有排水措施，码放就符合规定。

2. 现场各种料具码放要做到一头齐，一条线，砖应成丁、成行，高度不得超过1.5m，砌块材码放高度不得超过1.8m，砂、石或其他散料应成堆，界限清楚，不得混杂。

3. 现场的材料保管应依据材料性能采取必要的防雨、防潮、防晒、防冻、防火、防爆、防损坏等措施，贵重物品、易燃、易爆和有毒复物品应及时入库，专库专管，加设明显标志，并建立严格的领退手续。

（十七）现场消防、保卫制度

1. 施工现场各分承包单位必须遵守项目的门卫制度和巡逻护场制度，进出施工现场必须凭出入证件方可出入。

2. 现场要有明显的防火宣传标语或标志，并每月对自身工人要进行一次治安、防火教育，并要有记录。

3. 高度超过24m的在施工程，应设置消防立管，管径不得小于65mm，并随楼层的升高，每隔一层设一处消防检口，配备水龙带。消防供水应保证水枪的充实水柱射到最高、最远点，消防泵房应用非燃材料建造，设在安全位置，消防泵的专用配电线路严禁挪作他用，并要设专人值班，夜间要有红灯警示。

4. 施工区和生活区应有明确的划分，并设标志牌，运输道路平整、坚实、畅通，现场排水畅通。

（十八）生活卫生

1. 现场食堂要严格按照地方政府有关《建筑工地食堂卫生管理标准和要求》执行，炊事人员必须要到医院做体检，合格后到卫生防疫站办理个人《健康证》，由分承包单位到所在地防疫部门办理食堂的《卫生许可证》，对没有许可证或证件不齐的分承包单位，严禁在食堂开伙就餐。

2. 现场临时宿舍的室内高度不低于2.5m，不漏雨、雪，室内安全通道宽不小于0.65m，宿舍内床铺整齐，不零乱，宿舍卫生好，宿舍地面无烟头，每间工人宿舍要有管理制度和卫生制度，宿舍达到军事化。

3. 生活区卫生管理要达标，并要划分责任区，并做到门前三包，生活区的卫生要有人抓，有人管，洗脸池处卫生要搞好，消灭长流水现象，无蚊蝇，夏季要设有专人打灭蚊蝇药。

4. 夏季现场各分承包单位要有防暑降温措施，必须要提供给现场操作工人防暑降温绿豆汤，并按时供给，以免造成工人中暑。

第七节 项目现场管理

一、文明施工管理

一个项目文明施工的管理状况，体现一个项目的管理水平，文明施工的程度好与坏与工程的施工质量相辅相成，因为精品工程的创造，需要良好的环境和氛围，在施工管理的过程中，文明施工无疑成了精品工程施工的环境。

对于施工现场的文明施工，不仅要加强日常的管理，同时还应当建立必要的考核制度。

（一）文明施工工作的考评标准

由于不同地区的地方政府主管部门对建筑工程施工现场都建立了相应的地方标准，因此可根据地方政府的管理规定进行文明施工管理，例如：北京地区便可依据《北京市建设工程施工现场管理基本标准》、《北京市建设工程施工现场环境保护工作基本标准》进行施工现场文明施工管理考评。

（二）文明施工考评形式

工程项目可以借助企业内部定期组织的季度文明施工检查作为项目文明施工的考评，该方式有利于考评的客观性，不拘于项目的局限性，对文明施工管理有良好的促进作用。

在借助项目上级主管部门定期进行的文明施工考评的基础上，项目尚应当建立自行考评制度，保证日常文明施工管理工作的正常进行。

（三）文明施工管理基本点

1. 施工现场各区域的材料要堆码整齐，木方、架料堆放要一头齐，小钢模、钢筋、线带都要整齐划一，严禁乱放，各种堆码好的材料要有标识，有进厂日期、材料名称和规格。

2. 现场各区域的垃圾要清运及时，统一送运到垃圾站，严禁现场垃圾随地抛洒。

3. 进场材料要有计划、有材料进出场查验制度和必要的手续，对施工清理出来的垃圾要及时分拣、回收和清运，要做到工完场清。

4. 生活区和现场要消灭长流水和长明灯，合理使用材料和节约能源，禁止浪费。

5. 工地围墙、临建、大门、标牌等统一执行公司《CI 手册》现场标准，并要保持整洁、完好、美观，其中大门口施工标牌必须严格执行 AAAA 市的统一样式，且长×宽不小于 700mm×500mm。

6. 现场文明施工按区域划分承包，项目经理部设置一个总垃圾站，由项目土建分承包单位负责拉运，分承包单位承包区域的垃圾由分承包单位自行清理干净，运至项目指定的垃圾站。

7. 建立项目日常文明施工自查制度

(1) 项目经理部文明施工领导小组每天上午组织一次巡查（周六、日除外），各分承包单位文明施工检查员要准时参加，接受项目经理部提出的整改，进行自我考评和诊断，并做好记录，对本施工专业的问题要及时下达整改，并督促落实。

(2) 每周项目组织现场综合大检查，对一周的文明施工等进行综合评比。

(3) 各分承包单位搞好现场内的文明施工，每天必须做到工完场清，及时把建筑垃圾运至项目设置的垃圾站内，保证现场内环境整洁，道路畅通。

二、环保管理

随着生活质量的不断提高，对精品工程定义的内涵不断增加，精品工程不仅仅局限为工程实体质量的精品，同时作为住宅工程来讲，工程的建筑地点多位于密集居民区内，其施工过程中是否对周边居民的环境造成影响，都关联到施工过程是否环保，是否会给周边居民带来抱怨。同时工程一旦交付使用，其使用功能空间便拓展为目视以外诸多功能，例如：空间环境就是其中的一项，而影响环境空间质量的直接和间接因素就包括建筑材料的环保性。

因此，住宅精品工程的施工，不仅应作为居民的关注点，同时也应成为施工管理者的关注点。为了在施工管理过程中建立起环保机制，在施工前应建立必要的环境管理计划。

（一）环境管理规划

1．确立环境目标指标

（1）噪声排放达标：

结构期间：昼间＜70dB，夜间（22∶00 至次日 6∶00）＜55dB；

装修期间：昼间＜65dB，夜间（22∶00 至次日 6∶00）＜55dB。

（2）现场扬尘排放达标：现场施工扬尘排放达到目测无尘的要求，现场主要运输道路硬化率达到 100％。

（3）运输遗洒达标：确保运输无遗洒。

（4）生活及生产污水达标排放：生产污水必须沉淀后二次利用，生活污水中的 COD 达标（COD＜200mg/L）。

（5）施工现场夜间无光污染：施工现场夜间照明不影响周围社区，夜间施工照明灯罩的使用率达到 100％。

（6）减少油品、化学品的泄漏，建立专门仓库，实施统一管理。

（7）最大限度防止施工现场火灾、爆炸的发生。

（8）固体废弃物实现分类管理，提高回收利用量。

（9）节约水电能源消耗。

（10）节约纸张消耗，保护森林资源。

（二）建立环境管理方案（见表 4-4）

环境管理目标表 **表 4-4**

序号	环境目标	完成指标	实施要求	单位	数值	费用万元	完成时间	实施部门	完成部门	检查部门	负责人
1	噪声排放达标无重大投诉	噪声监测值 土方施工：昼间<75dB，夜间<55dB		m^2							
		结构施工：昼间<70dB，夜间<55dB	设置木工棚	m^2							
		装修施工：昼间<65dB，夜间<55dB	设置木工棚								
2	污水排放符合当地标准	COD 监测值符合所在地环保局指定标准	搅拌站设置沉淀池	个							
			混凝土输送泵污水设置或排入沉淀池	个							
			洗车池设置沉淀池	个							
			食堂设置隔油池	个							
			固定式厕所设置化粪池	个							

续表

序号	环境目标	完成指标	实施要求	单位	数值	费用万元	完成时间	实施部门	完成部门	检查部门	负责人
3	固体废弃物：a. 实现分类管理；b. 提高回收利用量	1. 回收可利用原材料，回收油漆、涂料等包装材料； 2. 有毒有害废物分类并合理处置；生活垃圾与建筑垃圾、有毒有害与无毒无害分开放置	有毒有害物存放点	个							
			废钢筋存放点	个							
			生活垃圾存放点	个							
			油漆、涂料包装桶存放点	个							
			清运垃圾前与运输方签订协议	份							
4	最大限度节约水电能源	项目在整个施工过程中完成下面指标： 水：按工程预算用水量下调10%； 电：按工程预算用电量下调5%	预算用水总量	万 t							
			计划总用水量	万 t							
			基础阶段计划用水量	万 t							
			结构阶段计划用水量	万 t							
			预算用电总量	万 kWh							
			计划总用电量	万 kWh							
			基础阶段计划用电量	万 kWh							
			结构阶段计划用电量	万 kWh							

（三）施工现场防止扬尘控制

1. 施工现场环保管理

（1）为降低施工现场扬尘发生，施工现场路面硬化率要达到100%。

（2）为减少尾气排放，减少漏油对土地的污染，提倡使用电动机械、工具。

（3）在施工现场有条件的地方设置花坛，达到美化环境、净化空气的作用。

（4）木工棚采用封闭式砖砌房屋，地面硬化，地面要进行洒水防尘，及时清理木屑、锯末，保证作业面的清洁。

（5）仓库地面硬化，封闭严密，设有专人负责管理。物品堆放严格执行公司有关对材料堆放的要求，严禁烟火，定期检查。散装材料设专门的封闭式库房，对物品加以遮盖。

（6）在施工现场的工作区、作业区施工时，事先有人交底，事后有人检查验收，各工种按作业指导书进行工作。

（7）对施工现场以外的区域，门前“三包”有专人负责。

（8）在场地允许的条件下设置封闭式垃圾站（在条件不具备时必须对垃圾进行覆盖），专人管理。垃圾要按公司废弃物管理程序要求进行分类、清运、处置，清运中必须用苫布盖好，避免途中遗洒和运输中造成扬尘。

（9）施工现场按分包单位的施工区域划分管理区，管理区内有专人负责，责任到人，项目管理部对各区域定期检查和随时抽查，如有问题下书面整改书。

（10）使用油漆时，按照操作规章进行施工，减少挥发，杜绝浪费，严禁烟火。

（11）在吊装有扬尘的物品时，必须将扬尘处理后方能施工。

（12）施工现场的砌筑和抹灰，必须注意节约用料，完工后，做到场清无污染。

（13）在吊装或清运物品时，注意扬尘工作。如有扬尘，先降尘，后清运。

(14) 施工现场的高层或多层建筑清理施工垃圾时，必须搭设封闭式临时专用垃圾道或采用容器吊运，严禁工人随意凌空抛撒垃圾，施工垃圾应清运及时，适量洒水以减少扬尘。

(15) 水泥和其他易飞扬的细颗粒散体材料，应安排在库内存放或严密遮盖，防止遗洒飞扬。卸运时要采取有效措施，减少污染扬尘。

(16) 现场应制定洒水降尘制度，配备洒水设备及指定专人负责，在易产生扬尘的季节要洒水降尘。

2. 土方开挖及回填工程

(1) 土方开挖施工时，在现场大门口西侧搭设拍土架，指派专人将运土车大箱两侧土方拍实，并用苫布盖好，避免途中遗洒和运输过程中造成扬尘。严禁超载。

(2) 大门口内设置洗车池，对车辆的轮胎、槽帮进行冲洗，(冬期采用人工清扫的方式清洁轮胎、槽帮)。从施工现场到马路上铺设一定距离的草垫，用于清洁轮胎、减少扬尘。

(3) 施工现场车辆行驶和回填粉尘超标时，应进行洒水压尘，注意节约用水。

(4) 当天的运输施工完成后，必须派专人清扫现场和马路，适量洒水压尘，达到环卫要求。

(5) 地下室回填土工程一定要注意石灰粉的使用和扬尘问题。在材料进入现场时，按指定地点堆放，并覆盖，注意扬尘和天气变化，用时轻拿轻放，搅拌时最好在避风处。

3. 模板工程

(1) 施工时每次模板拆模后派专人清理模板上的混凝土和灰土，模板清理过程中的垃圾及时清运到施工现场指定的地点堆放，保证模板区域的卫生清洁。

(2) 拆下来的穿墙拉杆要及时清理、回收，对清理的垃圾堆放在指定地点。

(3) 对模板专用的木材等，一定要按实际用量计划使用。

(4) 机电安装在结构施工中严禁采用锯末填充线盒。

(5) 大钢模使用绿色环保型脱模剂，专用库内专人负责，防止遗洒、泄露。

(6) 梁板、模板内清洁采用大功率吸尘器，避免扬尘。

4. 钢筋工程

1) 直螺纹套丝的铁屑随时收集装袋，存放在指定地点，做回收处置。严禁直接洒落地面。

2) 对钢筋加工的机械和设备，做到随时检查，发现有漏油和噪声过大的，及时处理。

3) 使用电、气焊作业时，必须防止气体、火苗、光线等污染，作业完后，工完场清。

4) 钢筋加工区地面硬化，与其他区域用密目网围档隔开，夜间 22 点以后停止施工，如有特殊情况报上级部门审批，对加工机械检查有无漏油和噪声过大等现象，工人在操作时，做到轻拿轻放，避免产生人为噪声。成型钢筋要码放整齐，底设垫木。长度大于 300mm 的钢筋必须做二次利用。

5. 安全防护网

(1) 施工建筑物外围立面采用密目安全网全封闭，降低楼层内风的流速，阻挡灰尘影响建筑物周围的社区环境。同时减少噪声对社区的影响。

(2) 拆装各种安全网和各种施工中的材料时，注意先降尘，后拆装。

6. 防水工程

(1) 对防水使用的一切原材料，必须是国家认可的环境指标达标产品。

(2) 防水材料进入现场必须要妥善保管，设专人负责。

(3) 防水材料密闭包装且不得有遗漏，防止气味污染环境。

(4) 对施工剩余的材料，暂时存放在指定地点，必须按规定进行处置，严禁现场燃烧处理。

7. 机电安装工程

(1) 机电安装过程中所使用工具设备应选用低噪声、低消耗的环保达标产品。

(2) 机电安装工程所需的材料、设备，必须是无公害的环保达标产品。

(3) 机电安装过程中的各项水压试验用水应可循环利用，减少资源浪费。

(4) 施工中废弃物应分类装袋，送到指定地点存放、处理。

8. 场区清理

(1) 施工现场的区域施工过程中要做到工完场清，以免在结构施工未进入装修封闭阶段，刮风时将灰尘吹入空气中。

(2) 各区域内的建筑垃圾随着区域施工的进展及时清理，要求工完场清，不许将垃圾从高处直接倒入低处，每个区域要设有垃圾区，及时将垃圾运入垃圾站。

(四) 施工现场噪声控制

1. 项目开工前应到当地环保局进行排污申报登记。并委托环保部门，每个阶段对施工现场场界噪声至少监测一次，保存监测记录。如果超标，分析原因制定纠正预防措施在下阶段得到解决。如有夜间连续施工，应办理夜间连续施工许可证后方可施工。

2. 在公司项目管理部定期监测噪声的前提下，项目如有特殊需要，及时与项目管理部联系，以便监测。

3. 施工现场应遵照《中华人民共和国建筑施工场界噪声限值》(GB 12523—90) 制定降噪措施。

4. 降低噪声措施

(1) 建筑施工场界噪声限值见表 4-5

建筑施工场界噪声限值 (单位：dB)　　**表 4-5**

施工阶段	主要噪声源	白天	夜间
土石方	推土机、挖掘机、装载机等	75	55
打桩	各种打桩机等	85	禁止施工
结构	混凝土搅拌振捣棒、电锯等	70	55
装修	吊车升降机等	65	55

注：表中所列噪声值是指与敏感区域相应的建筑施工场地边界线处的限值。

(2) 调整施工噪声分布时间

1) 根据环保噪声标准（分贝）日夜要求的不同，合理协调安排施工分项的施工时间，将容易产生噪声污染的分项如现场砂浆搅拌安排在白天施工，避免噪声扰民。

2) 夜间施工不得超过 22 时，在中考和高考期间放弃夜间施工。

3）夜间模板施工时，严格控制产生过大声响。

4）土方开挖夜间施工必须控制机械噪声和车辆鸣笛，以减少噪声。

5）施工现场围墙设置按照公司CI要求，尽可能达到隔挡和减噪要求。

6）手持电动工具或切割器具应尽量在封闭的区域内使用，夜间使用时，应选择远离居民住宅的区域，并使临界噪声达标。

（3）基坑四周、楼层施工面四周设降噪围挡。

（4）木工棚门窗用隔声材料密闭，夜间22点以后噪声大的机械停止使用。

（5）采用低噪声机械、工具，严格执行操作规程、手动工具作业指导书。

（6）项目分包人员操作参见相关降噪作业指导书。

5. 需保存的记录

（1）噪声申报登记

（2）夜间施工许可证及监测记录

（3）噪声监测报告（当地环保局进行）

（五）水污染控制措施

1. 施工现场的排污管道必须统一规划，按市政要求进行布置。

2. 施工现场主要排污部位如下：工人生活区厕所，工人食堂；管理人员食堂、管理人员厕所；洗车池、沉淀池、隔油池、化粪池等部位。

3. 生活污水排入市政污水管道，食堂下水设隔油池，经隔油处理的污水排入市政污水管道，对隔油池定期处理。

4. 现场厕所设蓄粪池，定期由有合格资质和清运协议的环卫机构进行抽取、处理。

5. 现场试验室养护产生的污水排入市政管道。

6. 清洗及施工产生的污水经沉淀池沉淀，泵出二次利用做降尘洒水。

7. 凡进行现场搅拌作业的必须在搅拌机前台及运输车清洗处设置沉淀池，废水经沉淀后方可排入市政污水管线或现场回收用于现场各区域路面洒水降尘。

8. 现场各区域必须控制污水的流向，并在合理的区域设置沉淀池，施工现场的污水严禁流出施工区域，以免造成环境污染。

9. 现场存放的油料必须对库房进行防渗漏处理，储存和使用都要采取措施，防止油料跑、冒、滴、漏，污染水体。

10. 施工现场临时食堂用餐人数在100人以上的必须设置简易并有效的隔油池，要加强管理，定期掏油，以防止污染环境。

（六）光污染控制措施

1. 现场工地采用加灯罩的照明灯，严格控制照明范围。

2. 合理安排工序，将需要照明度好的施工尽量安排在白天。

（七）防止发生施工现场火灾事故

1. 对施工现场施工人员在进行安全操作规章教育的同时，进行消防培训、防火教育。

2. 合理配备消防器材，在严禁使用1211灭火器的基础上推广使用环保型灭火器。

3. 严格落实消防规章、制度。严格检查，消除隐患，落实整改。

（八）节约能源资源措施

1. 施工现场水电管理执行生活、生产分开计量的原则，绘制水电计量点平面图，执行一表一卡制。

2. 每月对项目水电消耗量进行统计，每个季度进行分析，如果超出预算，则分析原因，制定预防措施，确保达到目标指标。

3. 对水电设备定期维修保养，对用水量大的工序施工制定专项节水措施。

4. 需保存的记录

(1)《水电消耗计量卡》

(2)《水电消耗报表》

(3)《水电消耗台账》

(4) 水电分析记录

(九) 作业指导书

为了更好的指导和促进施工过程中环境保护，编制以下必要的环境管理作业指导书：

油漆作业指导书；防水作业指导书；模板作业指导书；钢筋作业指导书；混凝土作业指导书；消防作业指导书；节约材料作业指导书；夜间照明作业指导书；CFG 桩作业指导书；土方作业指导书；塔式起重机安拆/使用/维修作业指导书；抹灰作业指导书；砌筑作业指导书；运输车辆作业指导书；储存作业指导书；废弃物处置作业指导书；节约用水/用电作业指导书；电气焊作业指导书；脚手架安拆/搬运作业指导书；现场施工机械使用与维修作业指导书；搅拌作业指导书；切割作业指导书；食堂污水排放作业指导书；木工作业指导书；风管安装作业指导书；管道安装作业指导书；闭水实验作业指导书；通球实验作业指导书；剔凿作业指导书；打磨作业指导书；电钻作业指导书（装饰）或手动工具使用作业指导书；现场清扫/洒水降尘作业指导书；镶贴作业指导书；吊顶施工作业指导书；办公区纸张使用作业指导书。

(十) 应急准备和响应

对易发生火灾、化学品泄露的有关储存点、作业点，作为应急准备和响应的范围。发生紧急事故，所在部门应立即采取措施和对策进行处理，如遇事故性质严重难以处理，应立即联络紧急救援和报告，紧急事故处理结束后，部门负责人应填写记录，并召集相关人员研究防止事故再次发生的对策。

(十一) 监测和测量

1. 项目工程管理部负责每年委托环保部门对噪声、扬尘、排污进行监测并将记录备案。

2. 项目工程管理部负责组织行政、安全等部门进行每月的体系运行检查并记录；负责组织行政部、安全部进行每月一次的目标、指标及环境管理方案的落实和实施情况的监控并记录。

(十二) 不符合、纠正与预防措施

1. 对于项目环境行为的不符合项和公司安全监督部在组织监督、监控及测量过程中发现的不符合项，由项目工程管理部制定纠正措施，交有关单位实施，工程管理部负责跟踪检查、验证，并将结果报告主管领导。

2. 对自身无法解决的不符合项，项目工程管理部上报公司项目管理部，由公司项目管理部召集相关领导召开环境问题研讨会，制定纠正与预防措施，项目要对实施结果加以确认。

3. 对于公司内审或外部审核开出的不符合报告，其纠正措施由工程管理部制定，现场经理审核，工程管理部组织实施并跟踪。

4. 所有过程都应有记录。

三、项目现场CI管理

（一）项目员工行为规范

1. 项目各种会议场所是人群较为集中的地方，为了保证空气流通和他人身体健康不受损害，严禁吸烟。

2. 在办公区域，每位员工要注意自己谈话声、打电话声、走路声是否影响到周边的人，切勿制造人为的噪声污染。

3. 注意公共卫生道德，不随地吐痰、丢烟蒂、瓜果皮、香口胶，不在桌下、过道、楼道、卫生间随地丢弃垃圾废纸，废弃物应扔进垃圾筒。

4. 办公室、会议室内严禁放置清扫工具，所有工具使用完及时清洗，之后统一放置洗手间，供他人再次使用。

5. 坐立要端正。坐时不要仰靠椅背伸直两腿，不要乱翘、摇晃两腿，不要把腿搭到桌面或椅子扶手上，站立时不要含胸弓背或把身子靠在墙上、柱子上。

6. 要注意个人卫生、改变不修边幅、不拘小节的不良习惯。头发要梳理好，胡须要随时剃净，指甲要及时修剪，双手保持洁净。

（二）项目员工着装规范

1. 项目经理部员工在现场工作期间一律着现行公布的企业工装。

2. 外联队伍要求服装整齐、统一，与公司的工装有区别。

3. 现场警卫人员着经济警察制服。

4. 项目全体人员佩带统一制作的胸卡，规格90mm×54mm，采用硬纸过塑形式，胸卡整体为白色、黑体字，左侧贴照片，司徽为蓝色，并对胸卡进行编号。

5. 安全帽按照企业统一标准，正面贴司徽，并做如下区分：

(1) 现场管理人员及参观客人着白色安全帽；

(2) 分承包单位管理人员着大红色安全帽，操作人员着明黄色安全帽；

(3) 专职安全监督人员着绛红色安全帽。

（三）外部形象

1. 工地大门

门柱：正门为1m×1m×4.5m（截面宽×截面宽×高）

门扇：采用ϕ48和ϕ20钢管焊制，整体宝石蓝色，对开门，扇2.5m×2m（宽×高），大门正腰焊一块宽度为0.8m，长度与大门宽度相等的薄铁板，刷上宝石蓝色，铁板上书写0.7m×0.7m黑体字，建筑字样为白色。

灯箱：门柱上立9m×0.38m×1.8m（长×高×宽）广告灯箱，通体为蓝底白色黑体字，正面上写司徽、公司名称，下方写有承接：AAA住宅工程字样。左侧门柱上方挂有“带有司徽及项目经理部”的铜匾。

2. 围墙

采用用标准砌块，墙体高度为2200mm，墙体通体刷白色，上下为200mm宽的宝石蓝边（围墙上的CI设计会同建设单位确定）。

3. 广告布和外架密目网

（1）当楼层起到一定高度，工地以外可以看到时，按照要求加设密目网，广告布（7m×9m 左右，由企业统一设计、制作），挂在面朝大街、建筑物正面正中位置的密目网上，直到拆除外架为止。

（2）外墙面装修完成后，一般应征得业主同意，再次张挂广告布。

（3）广告布是周转性质，可以反复使用，由项目负责安装，管理维护，项目开始外墙装修后，交回公司。

4．塔式起重机灯箱

现场塔式起重机无论有几台，必须至少在使用周期最长，位置最醒目的一台的配重臂上设置司徽灯箱一个，灯箱尺寸为 1.2m×1.2m，厚度为 0.15m。并配上 1m×1m 司名"AAA 公司"（非灯箱，标牌即可）紧随其后。由机租公司负责制作、安装。

5．工人生活区形象

（1）现场办公室采用混凝土盒子房，白体、宝石蓝边，两栋小二楼前后面朝现场，两道二楼栏杆均挂有司徽及"AAA 公司"标牌。

（2）现场生活区为防火活动房，门窗朝里均为白墙。

（3）现场在主要出入口均有指示牌。

（4）宿舍室内高度不低于 2.5m，室内安全通道不小于 0.65m，床铺距地不小于 0.3m，统一按要求搭设。

6．现场卫生间

（1）屋顶、墙壁严密，门窗齐全，外墙一律刷成白色，门窗均刷成宝石蓝色。

（2）内墙镶贴白色瓷砖高度不低于 1.2m，地面铺设红色缸砖设有良好的冲水设施。

（3）办公区内有单独卫生间，内有冲水设备、瓷砖墙面、缸砖地面。

（4）卫生间及附近应有明显的指示标志、卫生间有专人打扫、保洁。

7．警卫室

砌筑在大门左右侧，为铝合金门岗。

8．标牌、图板

（1）施工现场的图板应包括 10 块标牌：工程简介牌、现场平面布置图、组织机构图（包括防汛、防火领导小组机构图）、公司质量方针（红色黑体字）、公司简介、安全生产、质量管理、消防保卫、文明场容与环境保护、生活卫生，面朝办公区一字摆到，内容原则上不得省略，上述标牌尺寸一律为 1.6m×2.2m（宽×高），材质为薄铁板着油漆。

（2）版面规定：版面眉头一律着"AAA 公司 "，司徽，黑色黑体字司名。安全生产、质量管理、消防保卫、文明场容与环境保护、生活卫生 5 块标牌可以根据情况使用各种色彩（质量方针必须用红色），工程简介牌、现场平面布置图、组织机构图，包括防汛防火领导小组机构图 4 块标牌一律使用蓝色楷体字。

9．现场道路

现场道路应保持平整，排水良好，雨期不泞。主要道路为混凝土硬地，办公区严禁进如车辆。

10．旗杆、旗帜

入口处设立旗杆（地表以上总高 7m）三座，悬挂国旗、司旗、安全旗（尺寸均为 1.92m×1.28m）。司旗、安全旗悬挂时，应低于国旗。项目应建立每周升旗仪式和对旗帜的管理办法，专人负责。

11. 架料和场内设备

(1) 进入现场的大型设备必须有司徽和司名，可以采用电脑刻字形式，尺寸统一为30cm×30cm为宜。

(2) 进入现场的架料（钢管及其他支撑材料），架料刷成统一颜色、两端涂刷0.2m的差别色。

(3) 现场搅拌站，必须在储料罐印上竖式司徽及企业名称。

(4) 所有电箱统一颜色，在左门上设置司徽及司名，右门上印制“闪电”标志。

(四) 内部形象

1. 门牌及室内装修标准

(1) 办公室门上标牌一律采用白色有机玻璃材料，长方形0.3m×0.12m，采用黑色电脑刻字（楷体字）。

(2) 室内装修标准：墙面、顶棚刷白色乳胶漆。一层为灰色地板革，二层铺设灰、棕地毯，会议兼接待室四周为沙发、地毯墙面，均为双排日光灯。

(3) 墙面布置

会议室两面墙——公司历年代表性工程8幅照片。

主墙面设公司质量方针（横式排列），红色字（黑体）尺寸为0.3m×0.3m。

门卫室室内挂《门卫制度》。

2. 室内办公家具标准

(1) 办公桌椅

1) 项目经理使用枣红色大老板桌，桌面放置国旗一面，高靠背黑色皮质转椅；

2) 项目班子成员使用灰白色大办公桌，高靠背黑色皮质转椅；

3) 部门负责人使用1.2m×0.6m×0.8m（长×宽×高）灰白色办公桌，次高靠背黑色皮质转椅；

4) 一般员工办公桌与部门负责人相同，普通靠背椅子；

5) 会议桌：本项目为椭圆，颜色为枣色。会议椅采用黑色革面折叠椅。

(2) 文件柜：规格为统一灰白色木制柜，一侧为玻璃门式，每格高度为0.36～0.4m，另一侧为挂衣柜。

(3) 文件夹：统一使用脊背中部贴有司徽的蓝色，目录由综合办公室统一规定字体及样式。

(4) 室内计算机、通讯、文印设备配置

电脑、周转用品统一由公司配置、租赁，每个部门有一台PIII以上型号电脑及UPS、打印机等，综合办公室配置一部复印机。

(5) 电话配置

项目经理办公室、施工现场办公室各配置一部直播室内电话，另外项目配置两台小型电话交换机，各控制4门电话。

(五) 施工过程CI管理

1. 所有分承包单位进入现场施工人员必须统一着装（服装至少两套）统一戴安全帽、佩带胸卡、编制号码，其管理人员与操作人员特殊工种必须有明显的区别并予以保持。

2. 现场内的布置必须经过项目经理部审批，所有标牌、标志的张贴悬挂，必须符合项目 CI 规定。

3. 分承包单位所建的临时设施必须符合项目经理部总平面布置图及 CI 要求，施工前必须得到项目经理部工程管理部的批准，否则将勒令拆除。

4. 所有分承包单位施工管理人员及操作人员必须着装整洁，头发理顺不得留长发，注意举止行为。严禁在现场内大声喊叫、急跑（特别是在办公区）。

5. 分承包单位的函件必须统一格式、正式打印、有统一编号，并且有负责人签字或单位公章，否则项目经理部不予签收。

6. 施工现场内严禁任何人使用明火或开小炉灶。

7. 现场内严禁随地大小便，严禁乱抛垃圾、烟头、水果皮、废纸等。

8. 爱护现场内的安全、消防、测量、照明设施及有关 CI 标牌等，违者项目将给予处罚，并负责赔偿损失。

9. 进入现场的车辆严禁乱停、乱放，严禁停在现场内道路上。

10. 办公区、宿舍区严禁货车进入。

11. 必须保证所张贴悬挂标牌的完好，标识颜色清晰无退色，所堆放物品无论堆放时间长短，必须堆放整齐，所有封围挡完整。

12. 施工现场、生活区内严禁带有金钱性质的赌博、酗酒行为。

（六）项目门卫管理

1. 所有警卫人员必须仪表端正，上岗时尤为重要。

2. 所有警卫人员必须坚持原则，严禁将无证或未经许可的人员、车辆、物资等放出（入）现场。否则就是私自放行，并按照相关奖罚条例进行处罚，并将责任人驱出现场，并由警卫单位负责赔偿物资、设备。

3. 警卫人员对来本项目的无证人员一律在得到有关人员、部门的许可证后，进行登记，查验证件后方可放行，不得私自放行，特殊情况要有综合办公室主任或项目班子领导通知方可放行，手续要补办。

4. 警卫上岗时，严禁与其他人员闲谈或做一些与工作无关的事情。

5. 警位上岗时，门岗内不得留其他人。

6. 警卫上岗时，对来人要做到礼貌、热情待人，具有树立企业形象的意识，对无理纠缠人员坚决制裁。

（七）CI 管理职责

1. 项目所有 CI 形象日常监督、管理工作由项目综合办公室负责。

2. 所有标牌标志性精品由综合办公室负责安排人员每日清扫。

3. 每周工作汇报时，CI 为综合工作汇报内容的一项。

4. 所有违反项目 CI 规定的人员，综合办公室有建议处罚权。

第八节　项目技术管理

技术管理是住宅精品工程管理的龙头。一个住宅工程能否取得住宅精品工程的预期目标，首先在于项目的技术控制能力。科学技术是第一生产力，精品工程的质量管理如果没有坚实的技术实力为基础，那么项目管理就谈不上预控能力，项目的运行就会缺乏灵魂，精品工程的愿望只能如空中楼阁。因此，在住宅精品工程管理目标确定后，首先，应以技术管理为先导，全面引领项目展开住宅精品工程管理的一系列管理工作。

一、住宅精品工程技术管理方向

精品工程的技术管理措施和方法在施工管理的过程中不断的创新和发展，但经过实践检验，要保持技术管理在住宅精品工程管理中发挥龙头作用，以下的管理点和管理方法值得借鉴。

（一）项目技术工作原则

对于精品工程，在开工前期，应以技术为龙头，就项目精品工程的管理进行一系列细划工作，编制项目的各种管理文件和施工文件，如《项目施工管理策划书》、《施工组织设计》、《住宅精品工程策划》、《创优计划》、《科技计划》、《分包管理规定》等，使整个项目的管理和运作在开始之初就有章可循，避免无规则游戏。特别是精品工程策划工作，应从目标管理、精品策划、过程监控、阶段考核、持续改进等环节进行细致地策划和实施，从而保证过程精品的实现，从而实现工程精品。

（二）贯彻项目的精品管理的指导思想

《项目施工管理策划书》、《施工组织设计》、《住宅精品工程策划》、《创优计划》、《科技计划》和对应交底对工程质量管理起着重要作用。在各项设计、策划方案编写前应由项目总（主任）工程师组织项目有关人员在熟悉合同、图纸和工程特点的基础上集体讨论，集思广益，最后由项目总工组织技术协调部方案师编写编制出各项设计、策划方案 。在编制各项设计、策划方案时应强调各项策划、施工组织设计的战略指导性、方案的战役布置性、措施交底的战斗可操作性。

施工中强调策划、方案的严肃性，严格按各项设计、策划、方案展开管理和组织施工。为了使项目的策划、施工组织设计、方案、技术交底能更好地落实，项目应建立三级交底制度，即项目总工向项目全体管理人员进行策划和施工组织设计的交底，技术协调部向现场施工责任师及分包管理人员交底；现场施工责任师向分包管理人员和施工操作班组交底。

对于分级交底，我们必须重视其作用，因为交底既是落实工作的过程，同时也是统一思想的过程。

因此，为了保证项目的精品管理指导思想的实施，必须保证以下管理制度得到落实。

1. 施工组织设计、方案、措施、控制计划必须施工前编制、审批完，保证施工生产的需要。预控预防以技术协调部为主。必须树立施工组织设计、方案、措施、控制计划的权威性、严肃性。任何人不经批准，不得改动。

2. 所有方案、控制标准必须按照有关国家、企业规范标准的中上水平制定，不可以超规范标准要求。特殊情况须由项目经理批准。

3. 技术交底工作管理程序：由技术人员向项目工程管理部做方案、措施交底，工程管理部再向分承包单位做方案、措施的施工交底；分承包单位向作业班组进行施工操作交底，所有交底必须履行书面手续；并向上一层备案。无备案视为管理失控，追究有关人员责任。质量整改由项目质量总监按此程序下达。

4. 所有施工组织设计、方案等必须在施工前编制，具有针对性，能够指导施工。必须至少在施工前半个月完成编制审批发放，按时工作，因编制不及时，影响施工的，每项对技术协调部经理和项目总（主任）工程师进行处罚。

5. 项目内每项施工方案、措施、控制计划等，必须经项目总（主任）工程师审批才可发放，否则对技术协调部负责经理和责任人予以处罚。项目施工组织设计必须报公司批准。施工方案、措施、控制计划由技术协调部向工程管理部交底，并做好记录。对分承包单位的交底由工程管理部负责。

6. 各项竣工资料收集要齐全、有效，整理、归档必须做到与施工同步。对有关部门负责的竣工资料要定期检查，对不合格的资料要责令部门重新收集、整理，检查结果要通报。

7. 如在竣工验收时，竣工资料不齐全或无效时，免发资料员两个月工资及奖金，免发总（主任）工程师和技术协调部经理各一个月的工资、奖金，并勒令总（主任）工程师、技术协调部经理，资料员三人将所有资料补齐达到有关要求，否则不得离开本项目，不得参加竣工后项目组织的任何活动。

8. 技术协调部人员要经常深入现场，了解方案执行中的问题及执行情况，协助工程管理部解决施工中存在的技术问题。

9. 所有技术及竣工资料实行定期检查制度，由项目资料员负责。检查结果要通报，要有整改措施和完成时间及奖罚。

（三）重视深化设计对住宅精品工程的作用

精品工程的完美性不仅在于设计阶段的完美，同时还必须有施工阶段的保障。如果说设计图纸是精品工程的思想，那么施工管理就应当是精品工程付诸实现的行动。

由于住宅工程装饰受初级标准的制约。在交付使用前，没有华贵材料的点缀和装饰，无法掩盖可能出现的疏漏和不足，因此，住宅精品工程的每一个节点施工前都应经过完善的思考和落实，因此，在设计阶段尚未完善的节点必须在图纸深化设计环节得到体现和补充，这样才会为精品工程的实施扫除障碍。

如在装修阶段，加强对装修做法的深化设计，可对墙面瓷砖和石材预先进行排砖图的设计，再根据现场实际情况进行调整，尽可能使用整砖，避免使用小于 1/2 的块体材料，得出最佳设计方案，这样对各部位的装修做法，做到了事先有预控、有方案，施工有监控，从而最终保证装修效果完美。

（四）重视材料质量对精品工程质量的保障作用

所有物资准用申报，必须首先送总（主任）工程师批准，由总（主任）工程师负责向监理申报，非经总（主任）工程师批准的材料严禁在工程中使用，并将之清退出场，以保证精品工程材料的质量基础。

所有材料必须经项目总（主任）工程师审批，非经审批的材料严禁在工程中使用，进场者必须清退，向监理公司申报材料由项目总（主任）工程师负责。总（主任）工程师应制定《项目物资监控计划》，以便物资管理。

（五）项目技术管理的其他主要制度

1. 项目总（主任）工程师为项目生产的最高监控者，有权对不符合方案、规范的施工单位进行处罚或停工权力。

2. 对月报等资料要齐全有效，有内容、有新意，同时装订格式统一。

3. 对月报等资料必须按有关规定时间报出，报出资料必须手续齐全，有内容、有新意。

4. 如项目的施工有50%没有按方案执行，而又无处理措施时，对总（主任）工程师予以处罚。

5. 试验工作必须与施工配合好，必须保证资料齐全与施工同步。

6. 总（主任）工程师必须认真组织项目的综合大检查，大检查要有结果、讲评、处罚、促进作用。

二、技术管理细则

（一）总则

项目技术管理在工程管理过程中将按照“规范化、程序化、标准化、制度化”展开日常的工作，注重工作的“技术、效率、创新”。

按照“以技术为龙头”的管理思路，充分体现“团结、勤奋、科学、严格建一流项目；安全、文明、优质、高速创一流工程”的项目管理目标，展开项目技术协调部的各项管理工作。

（二）机构设置及管理人员配备

1. 项目技术管理工作在机构管理上受总（主任）工程师领导，由项目总（主任）工程师负责全面管理工作，项目总（主任）工程师下设技术协调部，技术协调部下设计算机室（负责项目计算机开发与管理工作）、试验室。技术协调部设技术协调部经理、方案工程师、资料员，计算机室设计算机开发与维护工程师，试验室设试验员。

2. 技术质量系统组织机构见图4-3。

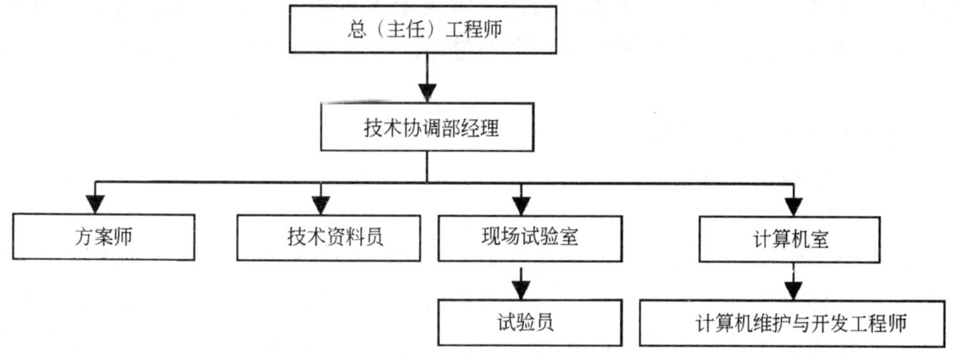

图4-3　技术质量系统组织机构图

（三）管理程序

实行技术协调部方案工程师、工程资料员、试验员、计算机维护与开发工程师向部门经理负责制、技术协调部经理向总（主任）工程师负责制。

（四）技术协调部工作流程及要求

1. 文件资料管理

(1) 文件、资料签署意见及签阅

项目技术协调部收到相关文件、资料后，由接收人（部门文员）在30min内交部门负责人（技术协调部经理），技术协调部经理根据文件的情况签署处理意见。签署意见后，交部门内部相应责任人进行具体工作实施或处理；需要提交项目总（主任）工程师的文件资料，由技术协调部经理提交总（主任）工程师签署意见处理。

（2）文件、资料传阅

需要传阅的文件、资料，技术协调部部门负责人应签署传阅意见（传阅顺序为部门负责人签署处理意见上涉及的人员名字的先后顺序），传阅人必须在文件上签署名字、签阅日期，并将文件直接交与下一传阅人，否则因未签署名字、日期、造成文件丢失或积压且因此而产生影响项目管理或产生相应不良后果的，由漏签阅者、传阅不到位者、造成文件传阅丢失者或文件积压者负全部责任；部门传阅文件结束后，由部门兼职文员对资料进行分类归档，归档资料应整齐，顺序正确且编写简要目录 。

（3）文件查阅

如需对日前所发文件进行查阅，必须先征得文件管理人员的同意方可进行查阅，查阅文件后应按时、按序将文件放回原处。

（4）文件复印

如果因工作需要需对文件进行复印时，必要时文件复印人应征得部门负责人同意，并说明复印的用途、份数等。

（5）文件作废或销毁

在没有得到部门或系统领导同意时，严禁作废或销毁项目的任何正规文件，否则由文件销毁或作废人负相应全部责任。

（6）文件借阅

原则上技术协调部的文件不得借阅，若遇特殊情况需要借阅时，文件、资料管理人员应当提醒借阅人进行借阅登记，并按时归还。若借阅人不按时归还文件、造成文件积压、丢失，技术协调部将拒绝再次向该人进行文件借阅，并由违反该规定的借阅人承担相应的责任。

2. 技术工作流程及管理要求

（1）施工方案编制及管理

1）编制程序

主要施工方案编制前，技术协调部应召集方案编制有关人员进行方案初步讨论，并进行相应的交底：即总（主任）工程师应向技术协调部经理进行方案编制关键控制点和关键施工工艺、工序措施简要口头或书面交底，部门负责人向方案编制人进行关键控制点和关键施工工艺、工序措施进行细化交底，具体方案编制人应自行研读图纸和掌握第一手编制资料，了解工程特点、施工现场情况，并按照施工方案的有关编制要求进行方案编制，如果对所编制方案要求不够详尽，应及时沟通信息。

2）方案编制时间要求

方案应当在分项工程施工开始前一周编制、审批完成并下发，以便施工现场做出相应准备。

3）方案审批程序和复印装订

在项目计算机配备数量允许的情况下，施工方案初步编制完成后，由方案编制人将文件资料通过计算机传输到部门负责人计算机相应文件夹内，由部门负责人在两天内进行审核完毕，部门负责人审核完成后通过计算机传输到项目总（主任）工程师计算机进行审批，同时填写“施工方案审批表”，经总（主任）工程师审批同意的施工方案，方可出正式方案，然后履行逐级文字签审（需要提交项目上级部门审批的方案，由项目报出正式装订本进行审批，上级部门方案审批同意后，技术协调部必须及时索取审批认可单），文件签审完毕后，由技术协调部经理填写“×××方案发放统计表”，根据统计表的数量由方案编制人送交项目综合办公室复印。施工方案复印完成后，由方案编制人根据“×××方案发放统计表”的要求进行装订，然后交由部门兼职文员编制受控、存档序号下发。

4）施工方案交底

主要施工方案编制、审批完成后两天内，由技术协调部组织有关部门进行施工现场交底，特殊施工分项的施工方案由总（主任）工程师及相应的专业分承包公司主持交底，施工方案交底应保存交底记录。

5）方案变更及调整

在方案执行过程中，往往因为工程的实际情况或工程设计变更导致原有施工方案部分内容不能满足施工要求，因此项目技术协调部编制施工方案时，插入《施工方案变更索引表》，以在方案发生变更时，任何人在不同时间使用方案时能够明确方案的变更且减少因方案全面修改而浪费大量时间。

项目技术协调部在接到设计变更或工程管理部的文件后，由技术协调部方案工程师详细了解图纸或施工现场情况，于1d内编制出施工方案变更及调整方案（签审、复印、装订、存档、下发等同施工方案的相应程序）。

施工方案发生变更调整后，方案工程师应在施工方案中的“施工方案调整及变更表”内填写相应的记录（其他部门自行填写）。

6）施工方案执行检查

为保证施工方案的落实，方案工程师必须在施工分项开始施工的一周内不少于3次到施工现场检查施工方案的执行情况，以后每周不少于1次。若发现施工未执行方案，应与施工现场责任师交换意见，明确未执行方案的原因，若因施工方案因素，方案工程师必须按照“施工方案调整变更的程序”进行工作；若因未执行施工方案，方案责任师由权力下达整改指令并向总（主任）工程师反馈信息。

（2）工程资料收集与管理

1）技术档案资料的收集程序

项目工程管理部等部门应及时按照项目《工程资料的管理办法》向项目技术协调部提交施工过程中的相关技术归档资料，由技术协调部的工程资料责任师收签并进行归档。

对于工程资料收集和管理要做到阶段清、不欠账，因此项目技术协调部在每月24日（或分承包公司月工程结算前）进行一次“月工程资料检查汇总”检查，对于项目内部部门提供的工程资料如不能按时、按照要求提供，应下发整改通知，并记录在相应的考核表中；对于分承包公司通过项目相关部门提供的工程资料，如不能按时、按照要求提供，工程资料责任师必须将信息反馈到技术协调部经理处，作为是否同意结算分承包公司工程款的参考依据。

2）施工进度计划编制

施工进度编制总体要求：按照项目的管理原则，项目总施工进度计划由项目总（主任）工程师编制，项目技术协调部编制月施工进度计划，施工进度计划编制时，须编制内控计划、对外计划和分承包公司进度计划。

编制程序：施工进度计划编制前，责任师按照总施工进度计划的时间并征求总（主任）工程师意见后编制施工进度计划。

方案编制时间要求：方案应当在每月 25 日前编制、审批完成并下发。

施工进度计划审批程序和复印装订：施工进度计划初步编制完成后，由方案编制人将文件资料通过计算机传输到部门负责人计算机相应文件夹内或提供书面计划，由技术协调部经理在 4h 内进行审核完毕；报送监理的施工进度计划同时填写“施工进度计划审批表”，经总（主任）工程师审批同意的施工进度计划，方可出正式计划，然后履行文字签审，计划签审完毕后，由部门负责人签发“××月份施工计划发放统计表”，根据统计表的数量由技术责任师送交项目综合办公室复印。进度计划复印完成后，由计划编制人根据“××月份施工计划发放统计表”的要求进行装订，然后交由部门兼职文员编制存档序号下发。

3）纠偏措施的编制

方案师根据工程管理部反馈的信息或现场检查发现的问题，详细了解问题的原因，于发现问题的 1d 内编制完纠偏措施，纠偏措施的编制、签审过程等同施工方案的相应程序。

4）对设计联系、变更洽商的接洽

责任工程师接到设计下发的变更、施工过程中需要进行变更洽商的信息后，必须在 4h 内取得与设计的联系，不论联系结果如何，必须对施工部门进行答复。

变更洽商填写完毕后，送交总（主任）工程师签审，总（主任）工程师签审后，由文员送交设计单位、监理单位，并进行相应的登记。

变更洽商发放：变更洽商经四方签审完毕后，由责任师按照“设计变更洽商发放统计表”进行复印、下发。

5）工程月报的编写

技术协调部月报编制人员必须注意本人编写资料的日常积累，同时监督和提醒其他部门提交资料的及时性（按照有关通知时间），在其他部门提交资料及时的前提下，技术协调部月报编制人员必须于每月 25 日前将月报审批装订完，送交监理、公司和项目存档。

6）计量统计工作管理

计量统计责任师必须监督分承包公司建立健全台账，内部计量器具也必须建立台账。

监督分承包公司计量员做好计量器具标识和做好项目内部计量器具的检测和标识。

计量报表按照公司要求按时报送。

计量责任师每月 5 日对分承包公司计量器具进行检查。

3. 对分包单的技术管理

（1）分承包单位的任何技术问题需项目经理部解决时，都必须通过项目经理部工程管理部，不得擅自直接与项目经理部技术协调部接触，否则项目经理部技术协调部概不接待。

（2）分承包单位在接到项目经理部的周计划时，必须及时制定出日计划，如对项目经理部周计划有异议，请在接到计划 2h 内回复。否则必须按计划执行。

（3）分承包单位收到项目经理部的施工方案后，必须立即组织学习，并细化分解，依据方案编制施工交底书或作业指导书，制定工艺流程图。

(4) 如分承包单位对项目经理部施工方案有异议，必须以书面的形式反映，在没有得到更改指令书前，必须执行项目经理部方案，否则一切后果自负。

(5) 分承包单位收到项目经理部的施工月计划后，必须排出相应的施工周计划，生产要素使用、进场计划并报项目经理部审批，时间在2d之内，否则按项目经理部计划进行组织施工。实施计划以项目经理部批准的计划为准。

(6) 分承包单位连续两个月完不成月计划（达不到90%以上不含90%）或累计8周完不成周计划，将现场负责人视为素质不够清退出现场，如有工长连续两周完不成周计划（达不到90%以上不含90%）视为素质不够清退出现场。

(7) 分承包单位完不成月计划（达不到90%以上不含90%）当月工程款结算时只付生活费（标准500元/人），不支付工程款，次月完成90%以上时（必须包含上月未完成部分）可以结算上月工程款，如完不成继续付生活费。

(8) 分承包单位竣工资料的收集整理工作必须符合有关规定，接受项目经理部的检查，如不符合要求时每次罚款500元，并勒令限时整改，累计出现三次不符合要求时，将分承包单位责任人清退出现场。

(9) 必须建立技术文件管理制度，因分承包单位原因造成施工错误的一切后果自负。

(10) 分承包单位的计量工作必须符合项目经理部要求，要有专人负责，所用检测工具必须符合要求，否则不得使用。

三、试验管理办法

(一) 施工现场试验管理总则

1. 现场的所有施工试验应在总承包之见证人的参加或指示下进行。

2. 凡属见证取样和送检制度规定范围内的项目的试验，应在建设单位或监理人员见证下进行。

3. 总承包试验见证人有义务督促分承包公司执行施工单位和建设（监理）单位共同制定的有见证取样和送验计划。分承包单位应负责依照现行规定或业主、监理的要求进行所有施工试验。试验结果得出后应立即准备试验结果的复印件交总承包商之试验见证人。试验结果原始件应按资料管理程序办理上报。

(二) 施工现场试验设施及人员配备

1. 试验设施：施工现场试验室所用房间由项目经理部准备，房间布局应划分为值班室、试件制作操作室、标准养护室。

2. 试验设备的配备：自动温湿度控制仪，干湿度计、手动压力机、窗式制冷空调、天平、环刀、炒锅、酒精炉、振动台、试模、喷雾管路、游标卡尺、壁纸刀、电水箱、混凝土坍落度桶、温度计、百叶箱、试块架等。

3. 总承包单位在施工现场设试验员一人，并具有试验资格上岗证。

4. 分承包单位要配备一定经验的试验操作工作人不得少于两名。进行现场施工试验操作，施工现场试验员必须具备试验资格上岗证。

(三) 混凝土养护室条件控制

1. 混凝土养护室的养护环境温度控制在20±3℃，相对湿度控制在90%以上，根据本项目的规模和条件，采用下列方法进行试验室的条件控制。

2. 夏季采用温控仪连接自来水水管上电磁阀控制喷雾装置；温度超过23℃时即喷雾

降温，冬季借助接点温度计连接晶体管继电器交流接触器和电炉，在低于18℃时开电炉，电炉上坐水箱，借水蒸气加热，既维持温度又维持湿度。

(四) 施工试验工作与记录内容

1. 试验室的工作内容

(1) 钢筋、防水材料等原材复试工作；

(2) 负责混凝土试块、砌筑工程砂浆试块的成型、养护和送检试验；

(3) 完成土工试验（干密度、含水率测定）取样；

(4) 完成工程钢筋焊检的取样、送检；

(5) 负责养护室温、湿度测定记录；

(6) 负责大气温度每天最高、最低、8点、14点、上、下午天气情况记录。

2. 试验室主要记录内容

(1) 钢筋原材复试取样记录；

(2) 养护室温、湿度记录；

(3) 大气温度记录；

(4) 混凝土及试块制作记录；

(5) 焊件取样记录；

(6) 砂浆试块成型记录；

(7) 环刀法取土原始记录。

(五) 分项试验管理与控制

1. 混凝土工程

(1) 配合比

商品混凝土申请后、浇筑前，由工程管理部向现场试验室及时发出试件取样任务单或通知单，并附商品混凝土搅拌单位提供的混凝土配合比复印件。

(2) 混凝土坍落度

当采用预拌商品混凝土时，混凝土运至指定卸料地点，由质量总监请监理代表，并通知试验室进行混凝土坍落度检查。

混凝土浇筑过程中，现场试验室在每一施工台班时间内测定混凝土坍落度不少于两次。

(3) 混凝土的取样、试件的制作、养护

现场试验室操作人员根据申请混凝土部门或单位的试样取样任务单或通知单及有无其他要求（即：检验结构或构件施工阶段混凝土强度所需的试件组数）按以下规定进行：

混凝土试件应在混凝土浇筑地点随机抽取，取样频率应符合：

每100盘，但不超过100m^3的同配合比的混凝土，取样次数不得少于一次。

每一工作班拌制的同配合比的混凝土不足100盘时，取样不得少于一次。

当一次连续浇筑超过1000m^3时，同一配合比的混凝土每200m^3取样不得少于一次

现浇混凝土结构取样频率：

每一现浇楼层同配合比混凝土其取样数不得少于一次，同一单位工程每一验收项目中同配合比混凝土，其取样数不得少于一次。

每一次取样应至少留置一组标准试块，同条件养护试件的留置组数可根据实际需要

确定。

冬期施工的混凝土应当增加留设一组转常温试块。

防水混凝土连续浇筑总量为 $500m^3$ 以下时，应留置两组抗渗试块，每增加 250～$500m^3$ 应增留两组。如使用的原材料、配合比或施工方法有变化时，现场应另行留置试块，两组抗渗试块其中的一组应标准情况下养护，另一组与现场相同情况下养护，试块养护期不得少于 28d。

评定结构构件的混凝土应用标准试件的强度，即按标准方法制作的边长为 150mm 的标准尺寸的立方体试件。在温度为 20±3℃、相对湿度为 90%以上环境或水中的标准条件下，养护至 28d 龄期时按标准试验方法测的混凝土立方体抗压强度。

试块制作的工作流程：首先待施工现场责任师填写好施工试验委托单，写清楚时间、部位、标高，然后试验员按照此委托单的要求进行混凝土抽样，混凝土抽样在没有特殊要求的情况下，每 $100m^3$ 取一组，取完样后，试验员应当记录台账，进行试件编号，填好试块试压委托单，最后送往试验室。

2. 钢筋工程取样流程

在钢筋进场后，材料人员应当立即委托试验员取样，在委托单上注明使用单位部位，钢筋型号、规格数量吨位然后试验人员分别取样进行冷弯与拉伸试验，钢筋按照每 60t 取样一组。

3. 水泥

水泥取样：材料员在水泥进厂的同时，向试验员填写委托单，注明生产日期厂家、水泥的品种与强度、进厂时间、吨位、水泥牌号，试验员得到详细的委托单后，在 20 袋水泥中进行抽样试验，水泥每段取样一组。

4. 砖

红机砖取样：材料员在红砖进厂的同时，填写委托单，注明厂家标号、使用部位，试验员送交试验室进行抗压、抗折试验，取样时，不能取观感好的砖。

5. 回填土取样

在回填土施工的前一周左右，技术协调部就应当委托试验室做击实试验，在委托单上注明回填土种类、回填部位，标高并提供材料，试验员立即组织分承包公司将试件送交试验室。

6. 混凝土、砂浆配比

工地自行搅拌的砂浆、混凝土，技术协调部应当提前一周委托试验员做预配试验，在委托单上注明使用标号，使用部位，砂浆种类，使用时间，试验员得到委托后及时送交试验室。

7. 商品混凝土

项目技术协调部在混凝土施工分项开始前一周，由方案工程师向项目试验室填写混凝土配比申请单，由试验室试验员将混凝土的强度等级送交商品混凝土供应商。

（六）试验室的日常工作管理

1. 分承包公司试验人员配备要求

要求分承包公司的试验人员必须专职、脱产、有一定的工作经验，各个试验人员要对工作认真负责，态度端正，服从总包的管理，接受总包的随时检查。

2. 各分承包公司必须按照各试验的程序、规范真实的去做现场的各种实验工作，杜绝一切少做、漏做和不做实验现象的时间发生。

3. 各项试验台账要求完整清洗、明了、有效，认真保管好印章，不得有丢失现象。

4. 试验室使用的器具必须经过年检后方可使用，不得使用不合格的试验器具。试验器具必须完好，摆放整齐，标识正确明显。

5. 标养室必须自动化，养护、降温所采用的喷淋必须成雾状。

6. 试验室的温度满足规范要求，做好记录。

7. 试验室禁止非试验人员随意进入，不得乱接电线，保持试验室整洁。

8. 总包试验员有权对分承包公司进行奖惩。

第九节 项目物资管理

物资的质量是精品工程质量的必要条件，尤其住宅工程物资的每一个不合格点都将对应一个住户，所以住宅工程的物资必须进行精细化的管理。

一、物资管理条例

（一）业主指定供应物资管理

1. 对业主指定供应的物资，由材料责任师组织有关单位和人员进行验收。

2. 对业主指定供应物资，当施工单位对材料的质量有异议或将来可能出现的问题，项目必须提出书面性的建议或备忘。

3. 物资进场之后，严格按照有关材料验收规范进行验收，并且实事求是地进行材料质量的记录和向业主方提供书面性质的信息。

4. 对于业主指定供应的物资，在没有得到项目的检查、试验确认之前，项目任何人员不得进行质量确认性接收签字。

5. 对于业主指定供应的物资，材料验收和取样时，必须做到建设单位、监理单位、材料供应商、施工单位共同对材料进行验收和质量确认，对于共同确认的材料，项目应制定相应的表格，及时请各方确认。

6. 对于材料的供应要求，项目必须提前提出时间等方面的要求。

（二）项目指定供应物资的管理

项目指定供应物资、设备的加工订货进入现场前由经营系统负责管理，其他系统配合，影响施工正常进行，因未主动进行管理的，责任由经营系统负担，因未进行配合的责任由未配合系统负担。进场后由施工管理执行系统负责管理，施工管理执行系统必须立即安排有关人员单位进行验收、卸车、入库、保管，未达到上述要求，责任由施工管理执行系统负担。

二、物资管理细则

（一）编制目的

为确保现场物资质量，降低消耗，使材料能及时、配套供应于各施工环节，满足生产需要，特制定此方案。

（二）物资管理职责

1. 物资管理部经理

全面负责项目经理部物资管理部门的工作，做好项目施工生产所必须的物资及相关文件和资料的全过程管理。包括：物资的寻价；物资进场的验收管理；协助工程管理部做好分承包公司物资管理工作；协助技术协调部做好物资报批工作；项目指定供应物资的管理工作；材质资料的收集；项目劳保管理；解决其他部门提出的物资方面的问题。全面负责组织指导、监督、检查、协调分承包公司是否严格按合同规定执行物资供应与管理工作，即从计划提报、验收保管、标识、使用、质量记录到自行采购的质量控制，是否达到项目经理部物资管理要求。施工现场物资存放的文明程度是否达到AAAA市安全文明样板工地的标准。协助各职能部门，尽量排除客观因素的干扰，为企业的名誉和本项目的利益着想，借助电脑随时向主管领导汇报工作情况、进料情况、耗用情况和节约情况等。及时做到信息反馈，达到以最少的投入取得最大的经济和社会效益，保持项目经理部良好的形象。

2. 物资管理部成员

（1）采购、订货必须坚持“三比一算”，不可滥购，努力降低采购成本，保证产品质量。

（2）根据施工进度，组织材料进场，保证施工需要，避免大量积压，加快资金周转。

（3）加强进场材料的验收工作，禁止出现数量差，质量差，规格差，单据差等问题，以满足生产需要。

（4）坚持材料使用的跟踪管理，检查、监督项目和分承包公司使用材料的情况是否合理，并与奖罚兑现挂钩，实现材料节约的目的。

（5）密切与各工长联系，掌握工程动态，反馈用料信息，衔接供、需、储矛盾，杜绝停工待料现象。

（6）合理组织运输，优选运输工具，做到安全运输，降低运输费用。

（7）材料进场必须一次就位，避免二次倒运。

（8）建立健全各种管理制度，收集资料齐全，严格收、发、退手续，做好各种原始凭证的整理和收集。各种基础资料，账目要准确、齐全、规范化、标准化、档案化，按物资公司的管理要求统一格式和项目的要求，认真进行盘点和报表工作，及时上报。

（9）大宗材料进场，严格按平面布置图指定位置码放整齐。各种大小材料必须标识，标识应根据施工用耗及时进行更换，指定责任人和责任区，并定期进行检查。

（10）物资管理人员必须认真钻研业务，掌握进场材料的用途、性能、性质，对施工能够提出使用方法、性能等方面的指导或建议。

（11）善于发现问题，解决问题，处处为工程着想，多提合理化建议。

（三）质量标准

1. 完全按文明施工料具管理的要求进行现场文明管理。

2. 严格按国家标准或部颁、行业等标准检验进场物资的质量。

3. 采取一切措施，将物耗降低到最低限度。

4. 密切与各职能部门和分承包公司物资管理部门配合，将本项目物管工作提高到新的境界。

5. 及时将物资供应与管理的情况，以书面形式或借助电脑向上级和相关领导汇报。

（四）定义

分承包方：物资设备、机具、外加工产品的生产厂家和经销单位。

建筑物资分为A、B、C三类。

A类：（占物资总价的70%）钢材、水泥、砂、石、砖、混凝土构件、混凝土外加剂、防水材料、精密仪器。

B类：（占物资总价的20%）工程设备、水电材料、木材、模板、装饰材料、保温材料、（钢、木、铝合金）制品、涂料、焊接材料。

C类：（占物资总价的10%）五金、油料、机械配件、低值易耗品等。

（五）物资采购管理

1. 所有采购的材料、半成品、工程设备必须符合规范标准及合同规定的质量要求。

2. 采购控制计划由项目技术协调部根据进度计划提出或根据分承包公司委托提出，所有材料计划必须经过项目总（主任）工程师批准后方能执行。

3. 物资管理部统一管理采购委托、并编制供料计划。

4. 项目经理部物资管理部管理负责对物资验证和使用过程中物资质量控制进行监督、检查，并作记录。

5. 分承包公司采购的物资，必须在物资公司提供的合格分供方处采购。但A、B类物资必须在我方选定的合格分供方中采购（我方及时提供合格分供方厂址、电话等）。如果采购范围满足不了需求另找分供方时，必须要通知我方对其评价，合格后方可采购，并按我方要求，提供样品及一切证明。

6. 物资采购文件由物资管理部负责管理、存档。

（六）物资分供方评价

1. 委托物资公司供应的物资，分供方评价由物资公司进行，项目经理部参与。

2. 分承包方供应的物资，分供方评价由项目物资管理部和分承包公司共同进行，物资管理部审核并登记备案。

3. 在市场上采购的零星C类材料，由项目物资管理部进行产品质量评定，不进行合格分供方评审。

（七）物资计划管理

1. 项目经理部指定供应物资的使用数量（材料计划）由使用单位（分承包公司）提出书面材料计划，必须留出至少一周的材料准备时间（不包括混凝土）。

2. 使用单位所做的计划书必须准确注明品种、规格、型号、数量、质量要求、技术标准、用途、供货日期以及制表人和审核人等，必须具有分承包公司负责人的签字，否则无效，且所造成的后果由使用单位（分承包公司）自行负责。

3. 使用单位（分承包公司）材料计划书报送项目经理部工程管理部一式二份，工程管理部保留一份，以便监督分包施工用，另一份转交物资管理部联系组织材料进场。

4. 物资管理部接到材料计划书后，审核总量与规格是否与项目的控制材料计划相符，如有问题，立即向项目现场经理和工程管理部、分承包公司反馈信息；如没有问题，应按计划书要求组织材料进场。

（八）物资供应管理

1. 按工程进度、工序、计划，组织材料进场，必须保证配套供应。

2. 坚决杜绝停工待料现象的发生。

3. 坚决杜绝不合格材料进入现场。

4. 坚决杜绝无凭证或凭证不全的材料使用于现场。

5. 工程用进场材料必须符合《建筑材料标准规范》。

6. 材料进场应由项目经理部物资管理部人员和分承包公司材料人员共同对材料质量及数量等进行验收，并由分包单位签发验收单，双方各保存一份。

7. 材料验收后的保管由分包单位负责。

8. 项目物资管理部及分承包公司必须认真保存好材料计划书和材料进场验收单，此为结算依据。

（九）物资质量管理

1. 甲供物资，由项目物资管理部根据供料计划进行现场质量验证并记录，项目总（主任）工程师负责监控。

2. 项目自行采购的物资进场后由物资管理部根据采购计划进行验证并记录。

3. 分承包方采购的A、B类物资由项目物资管理部及质量总监共同进行验证，C类物资由分承包方验证记录，项目物资管理部认可备案。

4. 业主选择的物资，由项目经理部物资管理部配合监理进行验证，对质量有争议的物资要做复试检验。

5. 业主指定的分承包方采购的物资验证，由项目物资管理部负责，复试取证需在项目指定的单位进行。

6. 现场验证不合格的物资应设专区堆放，按《不合格品控制程序》的规定处置。业主提供的物资在现场验证和检查中发现的问题，由项目物资管理部报告项目相关部门，然后报业主解决。

7. 对于项目采购的物资，业主的验证不能代替项目对采购物资的质量责任，而业主采购的物资，项目的验证不能取代业主对其采购物资的质量责任。

8. 如果分承包公司在紧急情况下，自行采购的A、B类物资进场，要求分承包公司事先及时通知我方物资管理部，便于监督或组织、协助验证。我物资管理部门对分承包公司采购、订货的物资质量有怀疑时，随时都可以进行抽查。如果分承包公司自行采购的物资未通知我方物资管理部门而产生的物资质量问题，后果一切由分承包公司负责，我物资管理部门将采取严厉措施给予处理。

9. 物资进场验证中资料不齐或对其质量有怀疑，分承包公司要单独堆放该部分物资，待资料齐全和复检合格后，方可使用。

10. 验证不合格的物资，严禁发放使用，项目物资管理部应勒令分供方退货。

11. 对以劣充好、偷工减料等而影响工程质量的要追究其直接责任。

12. 分承包公司要严格按平面布置设计进行现场堆料，不得乱堆乱放。

13. 验证根据计划、合同条款和《现行建筑材料规范大全》规定标准执行。验证的计量检测器具必须经过检定、校准并在有效使用周期内使用。

14. 各类物资无论是我方的还是分承包公司的，都应做好保管、保养工作，定期检查，做好记录，确保质量完好。

15. 按规范要求及时取样，填报委托单送试验部门进行复检。在此之前不得发放使用（特别放行物资除外，特别放行物资必须经过项目总（主任）工程师同意认可后方可放行）。

（十）物资消耗管理

同时项目经理部明确了本项目创过程精品的内容是：追求“三零”管理，精心为用户服务。而施工浪费性损耗为零是“三零”管理的一项重要内容。因此我们要加强管理，提高工作质量，采取系列措施，精打细算，创造利润。

建筑材料的费用占工程总造价的比例很大。在工程中，如何节省开支、达到材料节约的目的，是物资管理工作中最重要的一环。因此，项目应针对工程特点制定《项目供应物资管理规定》和《指定供应物资经营管理规定》，要求各分包单位执行。同时在日常工作中要做到：

1. 严肃材料计划的编审工作，准确注明所需材料的品种、规格、型号、数量、质量要求、技术标准、用途、供货日期以及制表人和审核人等。着重注意材料数量、规格和质量等级，确定的损耗系数不宜过少或过大，避免造成不配套、紧缺或积压剩余现象。供货日期的确定一定要考虑订货周期：大宗材料的批量计划为一个月；委托加工制作计划，标准期为45d，非标准期为三个月。

2. 根据施工进度，按平面布置设计的阶段堆料点，组织材料进场并进行堆放，避免因进场数量过多而产生二次搬运或人为损失，造成保管、保养困难。要求不断地了解分流、分段作业情况，掌握下道工序流程。

3. 善于市场调查，掌握市场信息，合理采购材料。采购材料事前一定要比质量，比价格，比运距、比服务。一定要将质量放在首位，不要以廉价购入伪劣产品而影响工程质量。因此，要求在同等质量的条件下比价格，比运距、比服务。

4. 对照材料计划，结合预算，对进场材料的品种、规格、数量、质量、技术标准等逐步、全面地进行检验，及时记账、入库，并通知使用单位尽快领出，加快材料或资金的周转。

5. 坚持不懈地做好材料的保管、保养工作。针对不同材料的性质进行保管。材料码放要符合公司和项目的有关规定要求，并制定定期检查制度，划分合格区、不合格区、待验区和质量未确定区。对各种材料进行标识，确定责任区和责任人。减少管理和运输损耗。

6. 坚持修旧利费工作，减少建筑垃圾，使不可利用的边角余料再生利用。如：木砖、木楔、铁錾子、U形卡、撬棍等。

7. “限额领料”工作要常抓不懈。此项工作可按单位工程进行总量控制，也可按分部工程进行阶段总量控制。在装饰阶段，最好以样板间用量为单位定额进行“限额领料”，确保材料的合理使用。材料的发放无定额控制的，要做到发料有去向，有记录，要以旧换新，以包装品换成品等，贵重物品一定要凭主管领导的批条进行发放，有定额控制的严格按定额量发放，避免外流、遗漏和损坏现象。“限额领料”的汇总要有节超分析，及时积累经验，接受教训。

8. 坚持深入现场料具使用的跟踪管理，检查施工单位的用料情况，保证现场文明。要监督长料不短用，优材不劣用，充分利用边角余料，提高周转材料的使用周转次数，杜绝各种形式的浪费。水泥要求优化配合比，减少水泥用量。钢筋接口尽量采用点焊、冷挤压、气压焊、电渣焊等技术措施，减少较大直径钢筋多倍直径的搭接，节约钢材用量。凡牵涉到技术措施节约材料的，一定要有记录和统计，便于节约量与价的汇总。现场检查主要防止操作人员的故意浪费材料现象，避免野蛮施工。对出现的问题一定要下整改通知书，限期整改并到期进行消项。对严重损坏材料现象的或不执行整改的一定要按照《项目管理条例》和《分承包管理条例》进行处理，决不能迁就。对于遗漏、散落现象如：圆钉、钢丝、螺栓、U形卡等等，可按材料原价的100%～200%进行处罚。对于砂、混凝土、砖等可按材料原价的30%～100%处罚。故意浪费的一律按500%处罚。

9. 建立健全各种岗位责任制度和业务基础资料，制定自约行为，不断检查供、管全过程的水平，为材料成本核算提供依据，服从和接受上级的检查和监督，及时提供给各职能部门所需的资料数据，能够更好地进行PDCA循环，达到以最少的投入取得最大的经济效益。

（十一）文明施工（料具）管理

1. 物资进场必须按阶段平面布置规划，分规格、品种、成方成垛码放整齐，设置标识，符合文明施工（料具管理部分）的要求。

2. 在平面布置图以外堆放物资，必须经我方物资管理部同意。红线外堆料必须有上级批准手续，不得妨碍市容和交通。

3. 物资堆放场地要平整，无积水，有上盖下垫措施。

4. 物资要求自上而下清底使用，严禁抛撒浪费。对于有使用有效期的材料（如水泥等）应做到先进先用，杜绝超期浪费现象。

5. 仓库布局合理，符合防火、防雨、防潮、防冻、防腐蚀等保管要求，对易损、易燃及危险品应单独设库保管，并且设立醒目的标识。

6. 施工垃圾及时筛选、分拣、堆放到指定地点，及时清运并回收边角料。

7. 现场施工余料，及时清理回收。

8. 我物资管理部门定期召集分承包公司主管人员对现场物资进行检查。对出现的问题及时提出处理意见。

9. 所有物资出场，必须由我物资管理部门开出门条，门卫才能放行。

（十二）物资标识要求

1. 所有进入现场的物资与设备、成品与半成品，不管是现场露天存放的还是库内存放的，都必须给予明确的标识，并划分责任区，确定责任人。

2. 凡实物与出厂证明不符，特别是经复检判定不合格的物资要单独堆放，不得使用。标识应醒目且容易识别，标牌上应有“不合格品待处理”字样，并及时填写《不合格材料记录》上报于供应单位，尽快按《不合格材料纠改通知及实施结果记录》处理。

3. 标识状态：合格区、不合格区、待验区和质量未确定区。

4. 标识的内容：名称、规格、符号（型号）、数量、产地、进货日期、标识人。有时效要求的注明其生产日期和有效日期。成品和半成品必须有使用部位和验证日期。形式有标牌、卡片等。

5. 对有特殊要求的物资及追溯性要求的物资产品标识，要采取措施加以重点保管。

6. 对业主提供的产品物资设专区堆放，单独标识，并做好保管工作。

7. 现场施工和物资搬运及使用过程中，必须对标识牌给予保护，保证标识完好。

8. 工程使用完毕后，及时回收标识牌，妥善保存。

（十三）顾客提供产品的管理

1. 进口物资与设备除具有正常的材质证明外，还须有海关证明和商检证明。

2. 严格按顾客的要求进行检验和保管。开箱检验按照供货数量的100%进行 。

3. 检验由顾客（业主）代表与项目物资管理部人员一同验证。

4. 不开箱检验使用过程中若发现箱内物资、设备损坏，及时记录反馈于顾客（业主），项目物资管理部不负经济责任。

5. 顾客（业主）提供的物资设备要单独存放，妥善保管，明确标识，定期检查，做好记录。凡属保管不当而造成损坏、丢失的，由物资管理部负责。

（十四）物资搬运及贮存管理

1. 搬运

(1) 物资进场要求一次就位，尽量减少二次搬运。

(2) 堆放点尽量保证最近的使用距离。

(3) 物资及半成品的搬运应按合同责任运输管理，由项目物资管理部下达搬运作业指导书，并具体指导执行。对易碎、易碰、易散落及有防震、防压、防爆要求的物资（如防水材料），在二次场地运输中应提供运输保护，并在作业指导书中明确。

(4) 现场二次搬运及半成品就位搬运工作，根据技术方案的规定，由区域责任工程师下达搬运指导书，并指导其进行。

(5) 搬运应采取相应措施与适当的保护措施，避免损坏、丢失和保存标识完好，具体内容应列入搬运指导书。

2. 贮存

(1) 现场贮存由项目物资管理部统一管理。

(2) 贮存应根据物资保管的技术要求，设立适合的场所和采取相应的防护措施。

(3) 现场贮存的物资至少每周检查一次，记录发现的问题并向项目经理提出报告，及时解决。

(4) 贮存过程中的物料收发应有记录，保持标识完好，并进行现场验证。

(5) 完工后的余料，由物资管理部负责收回处理并记录。

（十五）对分包单位的物资管理

1. 分承包单位所有进场物资都必须是经过项目经理部总（主任）工程师批准的。

2. 项目经理部所指定物资钢材、板材（顶板用竹胶板）、定型大钢模、液压爬架、混凝土必须由项目经理部供应。

3. 项目经理部所指定的碗扣式脚手架、木方可以由分承包单位供应（根据分承包单位合同规定执行）。

4. 项目经理部指定供应物资的使用数量（材料计划）有分承包单位提出书面材料计划，必须留出至少一周的材料准备时间（不包括混凝土）。

5. 使用单位（分承包单位）所做的物资计划书必须内容、签字齐全，必须具有分承包单位负责人的签字，否则无效，所造成的后果由使用单位（分承包单位）自行负责。

6. 对于项目经理部指定物资，进场数量必须有分承包单位确认，超量部分必须完全由分承包单位负责承担费用。

7. 使用单位（分承包单位）物资计划书报送项目经理部工程管理部一式两份，项目经理部工程管理部保留一份，以便监督分承包单位施工用，另一份转交物资管理部联系组织材料进场。

8. 使用单位（分承包单位）物资进场应由项目经理部物资管理部人员和分承包单位材料人员共同对材料质量及数量进行验收，并由分承包单位签发材料验收单，双方各保存一份。

9. 材料验收的保管由分承包单位负责。

10. 项目经理部物资管理部及分承包单位必须认真保存好材料计划书和材料进场验收单，此为结算依据。

11. 所有进场物资，必须报出相应的材质合格证、许可证、出厂证明等资料，否则不得进场。

12. 分承包单位自进的物资，必须满足项目经理部制定的月计划、周计划施工进度要求，提前24h向项目经理部工程管理部上报物资计划单，经项目经理部工程管理部签字同意后，由分承包单位向项目经理部物资管理部申请生产要素出入许可证，填写生产要素出入许可证后，报至项目经理部工程管理部、物资管理部签字确认后，报至项目经理部综合办公室签字确认，方可组织物资进场，不按上述程序上报其后果由分承包单位自行负责。

13. 分承包单位物资进场必须向项目经理部工程管理部和物资管理部办理生产要素出入许可证（一式四份），填写必须要明确进出场时间、车号、所出入场物资名称及负责人签名。

14. 进场物资堆放地点，必须经过项目经理部工程管理部的批准，否则对分承包单位处于1000元/次罚款。

15. 不同分承包单位使用的周转材料以不同颜色区分。

16. 分承包单位使用物资现场堆放、保管等管理必须符合项目要求和规定的堆放位置。

三、项目物资计划编制管理细则

（一）材料定货、采购、供应计划分类

1. 材料、设备、半成品订货计划

2. 月度材料计划

3. 项目供应材料备料计划（图纸范围）

4. 其他材料计划

（二）材料计划编制管理

1. 分工总则

(1) 对于合同为FIDIC文本，因此，材料控制必须控制在合同范围内。

(2) 甲供材料总控计划由项目技术协调部编制，商务部根据施工合同审核，商务经理审批。

(3) 甲供月度材料计划由项目技术协调部编制，部门经理审核，项目主任（总）工程师审批。

(4) 甲供日常进场材料计划由项目工程管理部编制，工程管理部经理审核、现场经理审批。

(5) 项目供应材料备料计划（图纸范围）由项目技术协调部编制，技术协调部经理审核，主任（总）工程师审批。

(6) 其他材料计划由材料使用部门编制，部门经理审核，系统领导审批。

2. 甲供材料总控计划

(1) 编制依据

1) 工程合同

2) 图纸，设计变更、洽商

3) 施工组织设计和施工方案

(2) 编制流程

技术协调部、机电管理部经理工作布置→技术协调部、机电管理部责任师计算→合同数量核对→责任师计算调整计算→商务部审核→商务经理批准

(3) 计划工作时间要求

于材料使用前一个月完成材料计算工作（材料使用时间见总控施工进度计划）。

3. 甲供材料月度需用计划

(1) 编制依据

1) 分项材料总控计划

2) 总控施工进度计划，月度施工进度计划

3) 设计变更、洽商

(2) 编制流程

技术协调部、机电管理部责任师计算→总控计划数量核对→责任师计算调整→计算技术协调部、机电管理部经理审核→主任（总）工程师、安装经理审批→报送监理单位签认→报送建设单位签认→送交商务经理→送交建设单位申请材料备用款

(3) 计划工作时间要求

1) 技术协调部责任师每月 20 日前完成计划的编制工作。

2) 技术（机电管理部）部经理、主任（总）工程师（安装经理）于 21 日上午完成材料计划的审核工作。

3) 技术协调部协同机电部责任师 22 日完成监理、建设单位的审批签认工作。

4) 商务经理于 23 日、24 日完成材料工程款的申请工作。

(4) 项目内部发放范围

项目经理、项目副经理、现场经理、现场副经理、安装经理、主任（总）工程师、商务经理、商务部、工程管理部、机电管理部、技术协调部、物资管理部。

（三）甲供材料周需用计划

1. 编制依据

(1) 月度施工进度计划和周施工进度计划

(2) 甲供材料月度需用计划

2. 编制流程

工程管理部、机电管理部责任师计算→甲供月度材料计划数量核对→工程管理部经理审核→现场经理审批→送交项目物资管理部→送交甲供材料供应商

3. 计划工作时间要求

(1) 工程管理部责任师根据施工进度计划于材料进场 10d 前提出材料计划。

(2) 工程管理部经理、现场经理于材料进场8d前完成审核和审批工作。

(3) 物资管理部于施工使用前8～7d联系材料进场。

4. 项目内部发放范围

现场经理、安装经理、商务经理、商务部、工程管理部、机电管理部、物资管理部。

(四) 项目供应材料备料计划（图纸范围）

1. 编制依据

(1) 工程合同

(2) 图纸，设计变更、洽商

(3) 施工组织设计和施工方案

2. 编制流程

技术协调部经理工作布置⟶技术协调部责任师计算⟶合同数量核对⟶技术协调部责任师计算调整⟶技术协调部经理审核⟶主任（总）工程师批准⟶技术协调部发放计划⟶工程管理部提出进场申请⟶现场经理审批申请⟶物资管理部组织进场

3. 计划工作时间要求

技术协调部于材料使用前一个月完成材料计算工作（材料使用控制时间见总控施工进度计划）。

4. 计划形式及填写要求

(1) 形式固定、统一；

(2) 计划表格中工程名称为：AAAA工程；

(3) 表格中字体工整、清晰；

(4) 材料规格型号必须填写清楚；

(5) 单位按照国际单位制填写；

(6) 执行标准：必须填写，并填写清楚；

(7) 使用日期：应填写年月日。

5. 项目内部发放范围

现场经理、安装经理、主任（总）工程师、商务经理、商务部、工程管理部、技术协调部、物资管理部。

第十节　项目成本控制管理

一、住宅精品工程成本控制方向

由于住宅工程的单位造价较低，能否在有限的资金情况下合理组织工程施工，将直接关系到工程的质量。在住宅工程管理的过程中我们一定要摒弃掉“优质成本保优质工程”的不科学观念，经过工程实践和对比，我们发现工程的成本投入并不与工程的最终质量成正比。因此，如何追求有限的成本投入创造住宅精品工程是我们值得不断探讨的课题。

(一) 住宅精品工程的创造在于对成本的科学评估、科学取舍

对于住宅精品工程，一味地追求成本的投入创造精品的观念是不科学的，同样一味地追求有限的成本创造住宅工程精品也是不科学的，因此，在住宅精品工程管理的过程中必须以科学的分析和评估为基础，以客观的态度进行成本控制取舍，才能达到有限成本创造

无限精品的目的。

工程施工前，必须结合工程的特点，对不同主要分项投入进行连带成本分析，主要分析其对工程质量的影响，该分析必须拓宽思维。

例如，住宅工程多为钢筋混凝土剪力墙结构，在模板投入上往往成为项目成本管理争论的重点。争论是必要的，但争论必须以科学的分析为基础。从模板的体系上选择，采用定型钢模板的方向是正确的，因为良好的定型钢模板体系，可以保证混凝土结构的质量，从而在装修阶段降低人工的投入、舍去抹灰工序、减少材料的用量，无疑在成本上，还是在工程质量上都是有益的。但往往受创优极端思想的影响，追求模板的新旧程度对工程质量的影响，一味追求采用新加工模板，由于新加工模板，多数情况下要预付材料采购款，造成资金的紧张，同时新加工模板的租金又大于质量有保证的非新模板（由于定型钢模板的使用寿命比较长，非新加工模板同样有质量保证），从而造成成本相对加大。

因此，对成本进行科学评估、科学取舍，是我们创住宅精品工程值得探讨的主题。

（二）严格的管理是成就良好成本、创造精品工程的基础

在工程管理的过程中，舍得投入，往往成为工程管理者创造精品工程的倾向性行为。但舍得投入并不是创造精品工程的充分条件，只有在一定的投入下，坚持严格的管理，才能为精品工程创造提供必要的条件。

同样，我们在结构施工阶段，很多工程管理者都赞同采用新的竹胶板或多层板保证结构质量，但是却放松了管理环节的成本控制。由于木模板便于加工，施工操作者为了提高工效，随意裁割整块新模板，造成模板的破损和利用率降低，不仅未能保证工程质量的持续稳定和提高，而且相对增加了成本。

因此，严格的管理是成就良好成本的基础。

（三）切忌过分追求单一目标

在工程管理的过程中，由于不同工程的特点不同，合约状况不同，也就是说一个项目需要承载和完成诸如工期、成本、合约、社会信誉度、市场经营等多项目标指标，这些指标往往是相互矛盾的。但有一点是可以肯定的：一旦确立了精品工程目标，便不可以独立追求一项目标。这样的事例在工程中也是存在的，由于项目管理成员分管的系统不同，每个岗位上都可能承担一定的指标，或者项目主管者忽略了目标的平衡（并非平均），往往出现偏激。因此，一味地追求质量，将可能造成其他指标的超标，若一味的追求成本，常言道：一分钱一份货，同样会对其他指标产生影响。因此，在既保证精品工程，又取得良好成本等目标的情况下，切忌过分追求目标的单一性。

二、建立成本管理的组织机构

为了加强项目成本管理工作，各部门及各项分包工程将设立成本管理负责人，总体协调工作由项目成本员负责，构成成本管理体系的部门包括：机电管理部、技术协调部、质量监控部、物资部、安全部、行政部。

成本管理组织建立后，对工程成本影响较大的各分部分项工程，应当落实责任人，做重点成本控制。

项目成本管理负责人必须详细了解各分包合同条款的规定，检查合同的履约情况，合同实施中的协作情况，防止各方在工作中违约，做好成本的控制。

成本管理员，按月向项目领导汇报总包工程成本的收支情况。

三、项目成本控制措施

——在保证原材料质量的基础上，控制原材料的成本支出；

——建立“一次成优”机制，减少返工增加成本；

——科学组织施工，合理调配资源，提高机械、劳动力的效率，降低成本；

——向管理要成本、要效益；

——强化管理挖潜，降低成本。

四、成本管理会议制度

定期会议：每月的最后一星期的星期一下午3:00，在会议室，项目成本管理负责人介绍在当月各分包工程管理、协调中，我方为分包方所提供的服务项目和发现的问题；根据实际发生的情况，研讨控制成本支出的措施，提出解决办法。

五、成本管理程序

成本负责人提出工作要求→各成本管理责任人按月提供书面资料→商务部汇总计算发生的费用→商务部提出成本收支报告和成本管理的建议

六、项目控制管理细则

——项目财务实行项目经理一支笔制度，任何开支都必须经过项目经理的批准，否则追究有关人员的经济责任；

——工程款支付，分承包单位工程款的支付须建立审批制度，须经工程管理部、综合办公室的评分。工程款的确认程序为：协作单位的报量首先由工程管理部确认完成的部位、工程量。然后由项目经营管理部进行工程款审核，最后由项目经理审批。送项目经理审批时，必须资料齐全；

对协作单位的工程款支付实行安全、质量、成本、进度一票否决制度。

——零星用工及合同外用工管理，发生零星用工及合同外用工时，须由工程管理部报经营管理部批准确认后，方可安排工作，否则后果自负；

——合同要人人知晓，经营管理部要将合同交底、分解交有关部门执行，严禁不懂合同者上岗管理，因不懂合同为项目造成经济损失的，责任者负责赔偿损失；

——分承包单位无合同进场作业将追究项目商务经理的责任，商务经理负责将选定的协作单位或材料供应商通知总（主任）工程师和现场经理并将协作单位合同复印交有关部门执行；

——商务经理负责施工过程中合同执行情况的监督，要组织检查，发现不按合同执行的必须制止，否则对商务经理进行处罚；

——发生工程洽商变更时，必须报出经济洽商变更；造成经济洽商变更与工程洽商变更不同步，导致企业利益流失的追究其责任；

——所有协作单位、材料供应商的选定，及物质采购至少应货比三家，在保证满足项目施工要求和售后服务的前提下选择价低的，所有询价、比价资料及合同必须报送项目经理审批；

——项目经营管理部必须做好成本分解工作和预控工作，控制指标交有关部门监督分承包单位执行；

——商务经理要定期组织成本分析会，要组织、协调有关部门完成对公司、监理的统计月报；

——有关合同变更、增减账、经济往来、函件结算，必须报送项目经理审批；

——所有对分承包单位的合同必须采取 FIDIC 条款。实行量价分离，一次包死；

——所有分包工程必须事先进行成本预测，成本分析，编制标底。

七、对分包单位成本管理规定

——工程量统计及工程款申请支付工作，必须严格按照双方合同中规定的工程量及价格进行计算，按实际完成的工程量进行申报；

——分承包单位所有经营问题必须经过项目经理部工程管理部，再与项目经营管理部联系，否则任何决议无效；

——由于分承包单位原因造成工程款不能按时结算的一切后果自负；

——分承包单位工程款支付必须填写项目的会签单，会签单所得分数与工程款支付额度挂钩；

——分承包单位工程款的支付与工程进度挂钩，遵守有关规定；

——工程结算必须在工程完工，项目经理部验收后 14d 内报到项目经理部经营管理部，超过时限一概不再接收分承包单位的结算书，结算由项目经理部单方进行，结果以项目经理部结算出数据为准；

——所有洽商索赔、零星用工及合同外用工办理必须符合项目经理部管理规定，违者一概不予办理；

——工程款支付实行质量、安全、成本一票否决制，只要这三个部门在会签时有一个部门打分为零，项目经理部将拒绝支付工程款。

第十一节　项目文件及信息管理

项目文件及信息作为项目管理的信号和指令，能否按照一定的程序传输，传输是否流畅，均影响到项目的管理效率。

一、项目文件及信息管理条例

——建立有效的文件管理体系：所有对业主、公司的函件须经项目经理签发，所有对设计、监理的函件须经总（主任）工程师签发，所有对分承包单位的函件须由现场经理签发。项目经理不在时由授权负责人代签；

——企业发放到项目内部文件的处理：必须由项目经理统一签发，项目经理不在时由授权负责人代签；

——实行 4h 回复制度（即：项目系统及部门之间须解决的问题、项目临时安排的任务，接受系统、部门、人员必须在 4h 内予以回复或进行信息反馈，无论结果如何），加强信息管理，加强项目内外部的信息沟通；

——项目的信息系统（含计算机信息系统）由项目总（主任）工程师负主要管理责任；

——项目的文件、函件等内部文件均通过计算机网络进行传输、保存、管理，除对外的需进行纸张处理外，其余一律不得打印；

——项目电子文本信息要制定措施，防止文件丢失，必须制作备份。并要完成文件的签字手续；

——项目员工必须保守项目机密，不得向外泄露有关项目经营、管理等方面的信息，维护企业和项目的形象，如违反该规定，项目有权按照项目管理处罚制度酌情处理，或追究法律责任。

二、项目文件资料管理细则

（一）执行范围

包括项目所有对内、外函件、通知、文件、工程资料等。

（二）责任划分

1. 综合办公室：统一负责公司、业主、地方政府对项目的所有文件、函件、通知、资料，以及项目所有对公司、业主、地方政府及内部有关行政管理文件、资料的收发、打印、归档、复印等管理工作。

2. 技术协调部：统一负责监理、设计对项目所有的图纸、洽商、通知等有关的文件资料及项目所有对监理、设计的有关工程的函件、内部施工方案、措施、技术变更等资料的收发、打印、归档等管理工作。

3. 工程管理部：统一负责分承包单位对项目所有工程文件资料、函件及项目对分承包单位的函件、工程资料、通知的收发、打印归档等管理工作。

4. 经营管理部：负责经营文件的打印、处理，对有关部门的收发。

（三）签发责任划分

1. 所有对公司、业主的函件由项目经理负责签发。

2. 所有对监理、设计的函件由项目总（主任）工程师签发。

3. 所有对分承包单位的函件由现场经理签发。

4. 所有收到的公司、业主的函件由项目经理签署处理意见。

5. 所有收到的监理、设计单位的函件等工程资料由总（主任）工程师签署处理意见。

6. 所有收到的分承包单位函件由现场经理签署处理意见。

7. 所有经营文件由商务经理签发。

8. 项目经理或系统领导不在时，由项目值班经理代行处理。

（四）责任人

1. 综合办公室的文员明确为AAA。

2. 技术协调部的文员明确为AAA。

3. 其他各部门的文员明确为各部门负责人。

（五）文件资料管理规定

1. 所有收、发文件必须做好收发记录，并经签字认可。

2. 所有内部文件、通知等由打印部门在计算机内留案，不再留书面记录。

3. 所有收发的函件、通知等必须由指定文员负责处理，送交有关领导签字，并负责送交有关人员。

4. 所有收到的文件、资料必须留档。

5. 项目所有文件资料的管理必须符合有关规定，不得遗失。

6. 所有收、发的有关工程的计划、函件等文件资料必须复印一份交项目经理审阅。所有内部有关工程管理的文件资料、方案必须复印一份交项目经理、现场经理、总（主任）工程师、商务经理。

7. 所有收到的工程图纸、变更、洽商等必须复印一份给商务经理。

项目所有的经营资料、工程方案、计划不经允许不得复印、外传，打印人及收到人必须保管好，不得随意处理泄露。

所有对业主、监理公司的文件必须打印成正式文件。

（六）文件编号

项目综合办公室管理文件编号：AAA（项目代号）— XZ — AAA（AAA 为项目编号）

项目技术协调部管理文件编号：AAA（项目代号）— JS — AAA

项目工程管理部管理文件编号：AAA（项目代号）— GC — AAA

项目商务管理部管理文件编号：AAA（项目代号）—SW—AAA

其他部门的函件编号按以上四类统一编号，发文时找以上四个部门要号。

此条例由项目书记负责监督执行。

三、项目计算机信息系统管理细则

（一）网络系统总体设计

1. 建立本计算机网络系统 的目的

运用现代化的管理手段，本着简单、实用原则，建立项目内部管理信息查询办公网系统，更加科学、全面、迅捷地强化项目管理，提高项目管理和工作效率，降低项目管理成本。

2. 网络系统的总体布局

本网络系统的管理对象为项目经理部各部门，在网络系统中指定一台 PC 机为服务器，信息及数据的传输方式为：普通办公网络传输。

3. 硬件组成

网络系统由 A 台电脑、扫描仪一部、一部 HUB 组成。

4. 本计算机网络的功能

网络间信息浏览、数据传输。

（二）计算机网络设置

1. 通过每台电脑配置的网卡将各部门的电脑连接成办公网络。系统包括以下信息板块

（1）质量管理板块——该板块主要包括：

1）质量验收日报

2）周报

3）每月质量情况分析

4）现场质量讲评

5）质量整改情况

6）竣工资料情况

（2）计划进度及形象进度板块——该模块主要包括：

1）总控施工进度计划（分为内控和外控两类）

2）月施工进度计划（分为内控和外控两类）

3）周施工进度计划（分为内控和外控两类）

(3) 成本控制板块——该板块主要包括：
1) 计划统计报表
2) 合同情况
3) 成本预控情况
(4) 安全文明施工板块——该板块主要包括：
1) 安全月报
2) 安全防护情况
3) 安全整改情况
4) 安全培训教育情况
(5) 物资设备管理板块——该板块主要包括：
1) 物资进场周报
2) 每日物资进场情况
(6) 技术数据库板块——该板块主要包括：
1) 施工方案
2) 进度计划
3) 施工月报
4) 技术情况周报
5) 技术措施
6) 创优措施、创优计划、创优结果
7) 演示资料汇总
8) ISO 9001:2000 质量认证资料及运行
9) ISO 14001 环境管理体系
10) 计量
11) 竣工资料情况
12) 检查其他部门资料情况
(7) 工程管理板块——该板块主要包括：
1) 周计划
2) 日计划
3) 工程日报
4) 周报对分包指令
5) 对分包指令
6) 物资进场周报
7) 技术交底、安全交底
8) 文明施工情况
9) 施工进度计划
10) 现场综合管理
(三) 计算机网络信息、数据录入
1. 网络基础数据录入
(1) 网络数据库基础资料录入及总体管理责任：

确定项目的主任（总）工程师为项目网络基础数据录入的全面管理责任人，每周五16:00负责项目内部数据资料情况的检查工作。项目具体部门和工作录入责任见下面具体要求。

（2）项目网络基础资料录入分工及要求见表4-6。

项目网络基础资料录入分工及要求 **表4-6**

序号	网络板块	录入内容	负责单位或部门	负责人	录入人	录入时间
1	质量管理板块	质量验收日报	技术协调部 质量监控部			
2		周报				
3		每月质量统计分析				
4		现场质量进评				
5		质量整改				
6		竣工资料				
7	成本控制板块	计划统计报表	商务经理			
8		合同情况				
9		成本预控情况				
10	形象进度板块	总控施工进度计划	主任（总）工程师			
11		月施工进度计划				
12		周施工进度计划	生产经理			
13		总控计划与完成统计				
14		月计划与完成统计				
15		周计划与完成统计				
16	安全管理板块	安全月报	安全总监			
17		安全防护情况				
18		安全整改情况				
19		安全培训教育情况				
20	物资设备管理板块	物资进场周报	工程管理部			
21		日物资进场情况				
22	技术数据库板块	方案	主任（总）工程师			
23		月报				
24		周报				
25		技术措施				
26		创优情况				
27		演示资料汇总				
28		ISO 9001:2000管理体系				
29		ISO 14000管理体系				
30		计量				
31		竣工资料				
32		对其他部门检查情况				

（四）网络维护与检查责任

1．项目的网络维护有项目综合办公室总体负责，当项目综合办公室不能满足需要时，由项目主任工程师负责项目的临时网络维护责任。

2．项目网络使用、录入及时性的检查责任由项目的主任（总）工程师负责。

（五）奖罚制度

1．项目任何人必须爱护网络信息中心的有关硬件、软件和数据，不得进行恶意破坏，对于发现实施损坏项目信息系统的行为，项目将对其进行警告、项目内部通报、罚款（数额视情节情况确定)、开除项目等处分。

2. 对于项目指定的网络维护、检查、录入人员不履行职责的人员项目将对其进行警告、项目内部通报、罚款等处罚，同时明确，数据录入人员未按照项目要求的时间完成录入工作，每次罚款50元。

3. 项目鼓励和支持项目员工在信息中心使用过程中提出合理建议和创造性工作，不断探索数据总结分析的新方式、新形式和新工具（例如各种图表、曲线等)。

4. 项目将定期评比和评价三个项目对网络信息中心 的使用情况，对于应用先进和较好的单位、部门和个人，项目将给予一定的奖励。

第十二节　工程资料管理

一、住宅精品工程资料管理方向

——工程资料责任师主要职责明确为：对工程资料进行收集、整理，并主要对资料提供人员提供资料的正确性和时间进行监督性检查，但不负责资料内容正确性的主要检查责任。

——材料责任师必须对所提供的资料正确性、整改负主要责任。

——混凝土调度责任师必须对所提供的混凝土资料正确性、整改负主要责任。

——试验室试验员必须对所提供的资料的正确性、整改负主要责任。

——质量总监必须对所提供的资料的正确性、整改负主责任。

——材料责任师、混凝土调度责任师、试验室试验员对接收的第一手资料必须认真检查，对不合格资料必须按照资料提供的流程，有权要求上一资料提供人进行整改，并向工程资料责任师提供正确资料。

——对于违反或不遵循《建筑工程资料管理规程》的单位、部门、责任师或相关负责人，根据情节轻重情况，工程资料责任师有权建议系统领导或项目领导对相应单位、部门或人员进行警告、通报和罚款的权利。

——对于该管理办法项目技术协调部有权根据工程的实际情况进行调整和补充，届时将以书面通知的形式发至有关单位或部门。

——该管理办法的解释权由项目技术协调部负责，各有关部门或单位对该管理办法中存在异议或不理解的地方，请及时与项目技术协调部联系。

二、工程资料管理细则

工程资料是工程建设全过程中形成并收集汇编的文件或资料的统称，是工程建设及竣工交付使用的必备文件，也是对工程进行检查验收、管理、使用、维护、改建、扩建的依据，并且工程资料的验收应与工程竣工验收同步进行，工程资料不符合要求，不得进行工程竣工验收，因此保证工程资料的完整性、准确性及可追溯性。

（一）建筑安装工程施工资料管理原则

1. 工程各参建单位填写的工程资料应以施工及验收规范、工程合同与设计文件、工程质量验收标准等为依据。

2. 工程资料随工程进度及时收集、整理、并按专业归类，认真书写，字迹清楚，项目齐全、准确、真实、无未了事项。表格应统一采用地方性标准（例如：北京地区可按照

《建筑安装工程资料管理规程》DBJ01—51—2003）所附表格进行填写。

3. 工程资料必须真实地反映工程竣工后的实际情况，具有永久和长期保存价值的文件材料必须完整、准确、系统，各种程序责任者的签章手续必须齐全。

4. 工程资料必须使用原件；如有特殊原因不能使用原件的，在复印件或抄件上加盖公章并注明原件存放处，并有经办人签字和时间。

5. 工程资料应该保证字迹清晰、签字、盖章手续齐全，签字必须使用档案规定用笔。计算机形成的工程资料采用内容打印，手工签名的方式。

6. 工程资料的照片（含底片）及声像档案，应图像清晰，声音清楚，文字说明或内容准确。

7. 施工单位应要求每个单位工程独立将工程的施工资料整理、汇总完成，每项资料均为一式四份原件。

（二）建筑安装工程施工资料管理职责划分

1. 分承包单位

(1) 分承包公司必须设立专职资料员，负责对工程第一手工程资料的填写、收集、整理、交圈、把关和报送（报总承包方相关部门）及不合格资料的整改工作 。

(2) 必须设立专职工程资料员，负责对工程基础资料的收集、填写、报送、整改等工作，资料填写必须认真、正确（包括时间、施工部位、工程名称、分部分项工程名称）。

(3) 建立资料报送台账，台账清晰、有效。

(4) 提供材料、试件送检及资料取送、整改工作所需用的车辆。

2. 技术协调部

(1) 总承包方技术协调部设专业工程资料责任师负责工程资料的把关、接收、整理、编目、归档、交圈、汇总。

(2) 工程资料责任师负有检查分析不合格资料责任的职责，并将分析结果上报技术协调部经理。

(3) 技术协调部技术责任师主要负责施工组织设计、施工方案的编制、报批；施工年度、月施工进度计划的编制、报批；设计变更、工程洽商的编写，图纸会审的汇总；所有工程资料的整理、编目、归档及竣工图的编制等工作。

3. 工程管理部

(1) 负责监督和参与施工过程中形成工程资料的把关和填写工作。

(2) 负责施工日记、浇灌申请书、技术交底记录等填写及对分承包单位所填写的资料进行把关，列目上报技术协调部。

(3) 试验委托资料的填写工作。

4. 质量监控部

(1) 质量监控部质量总监主要负责填写分项/分部工程质量报验认可单并报送监理及技术协调部。

(2) 负责所有检验批质量验收、分项工程质量验收、分部（子分部）工程的质量验收表的审核、汇总、整理、编目等工作。

(3) 负责单位工程验收记录、评定文件的填写、收集、签字、印章工作。

5. 物资部

(1) 负责原材料质量证明文件的收集、把关、整改和移交工作。

(2) 负责商品混凝土等半成品的有关资料的收集、把关、整改资料的联系、取送工作。

6. 施工现场试验室

项目试验室负责工程试验资料（含见证试验）的收集、把关、索取、报送和不合格资料的整改工作。

（三）工程资料提交路径及流程

1. 提交路径：技术协调部收集、整理、归档的工程资料采用多路径的方式进行提交，提交工程资料的有关单位和部门分别为：项目工程管理部、项目技术协调部、项目试验室。

2. 工程资料流程：

分承包单位→工程管理部、试验室、质量监控部、物资部→技术协调部资料员

（四）工程资料的交接手续

工程资料的交接必须旅行签收手续，由于工程需要，项目技术责任师对有问题的工程资料进行签收时，资料提交人不免除对有问题的工程资料的整改责任。

（五）工程资料报送及检查

1. 项目质量总监和工程管理部负责工程的报验工作，由质量总监将原件两份（第 1、2 页）列目报给质量监控部。每个星期三上报上周的资料。

2. 总承包方项目技术协调部工程资料员于每月 24 日汇总检查项目各部门所交报资料的完整状况，对于不合格资料，总承包方工程资料员对项目各有关资料提交部门下达整改。并提出不合格资料原因及责任分析，报送总（主任）工程师。

三、工程资料分类

由于工程档案在形成分类中，包括工程立项到竣工交付使用各环节形成的资料，施工过程中形成的资料主要为 C 类施工资料，因此，本章节主要针对住宅精品工程管理过程中“施工环节”的资料进行分类和管理叙述。

C 类施工资料包括：工程管理与验收资料（C0 类）；施工管理资料（C1 类）；施工技术资料（C2 类）；施工测量记录（C3 类）；施工物资资料（C4 类）；施工记录（C5 类）；施工试验记录（C6 类）；施工质量验收资料（C7 类）。

四、工程资料的形成部门

分为技术协调部、物资部、工程管理部、质量监控部、试验室、现场施工各分包单位。

（一）工程资料形成部门划分及责任人见表 4-7

工程资料形成部门划分及责任人　　**表 4-7**

序号	资料名称	部门	报送时间及完成时间	责任人	备注
1	工程动工报审表	技术协调部	手续齐全后报监理	技术责任师	报送
2	施工进度计划报审表	技术协调部	季、月 25 日前报监理	技术责任师	报送

续表

序号	资料名称	部门	报送时间及完成时间	责任人	备注
3	工程概况表	技术协调部		技术协调部经理	填写
4	施工进度计划分析	商务管理部	季、月	商务经理	填写
5	项目大事记	工程管理部		主任(总)工程师	填写
6	施工日记	工程管理部	随时	工程管理部经理	填写
7	不合格项处置	物资部		物资部经理	填写
8	工程技术文件报审表	技术协调部	文件内部审批完报监理	技术责任师	报送
9	施工技术交底记录、方案技术交底记录	工程管理部、技术协调部	各分项、分部工程施工前	工程责任师、技术责任师	填写
10	图纸审查记录	技术协调部	工程施工开工前一周内	技术协调部经理	填写
11	设计交底记录	技术协调部	设计院设计交底后整理	技术协调部经理	填写
12	设计变更、洽商记录	技术协调部	随时	技术责任师	填写
13	工程物质选样送审表	物资部	定货或进场前填报	技术责任师	报送
14	工程物质进场报验表	物资部	进场自检合格后填报	物资部经理	报送
15	材料、配件检查记录	物资部	材料进场	物资部经理	填写
16	材料试验报告(通用)	物资部		物资部经理	收集
17	水泥试验报告		水泥出厂超过三个月		
18	钢筋原材试验报告		材料到场后		
19	砌墙砖(砌块)试验报告		材料到场后		
20	砂试验报告		材料到场后		
21	碎(卵)石试验报告		材料到场后		
22	轻集料试验报告		材料到场后		
23	防水卷材试验报告		材料到场后		
24	防水涂料试验报告		材料到场后		
25	混凝土掺合料试验报告		材料到场后		
26	混凝土外加剂试验报告		材料到场后		
27	钢材机械性能试验报告		材料到场后		
28	工程定位测量记录	质量监控部	资料齐全后填报监理	质量总监	报送
29	基槽验线记录		资料齐全后填报监理		
30	楼层放线记录		资料齐全后填报监理		
31	沉降观测记录		资料齐全后填报监理		
32	隐蔽工程检查记录表		资料齐全后填报监理		
33	预检工程检查记录表		资料齐全后填报监理		
34	施工通用记录	工程管理部	专用施工记录不适用时	工程管理部经理	填写
35	中间检查交接记录		前工序施工完进行下一工序时		

续表

序号	资料名称	部门	报送时间及完成时间	责任人	备注
36	地基处理记录	工程管理部	需进行地基础处理时	工程管理部经理	提供
37	地基钎探记录	工程管理部	地基钎探时		
38	桩基施工记录	工程管理部	桩基施工时		
39	混凝土搅拌测温记录	工程管理部	混凝土冬季施工时	工程管理部经理	提供
40	混凝土养护测温记录表		混凝土冬季施工完		提供
41	砂浆配合比申请单		砂浆使用前		提供
42	混凝土配合比申请单		混凝土使用前		
43	混凝土开盘鉴定		C40 以上进行开盘鉴定		
44	电梯承重梁起重吊环埋设隐蔽工程检查记录	工程管理部	资料齐全后	工程管理部经理	提供
45	电梯钢丝绳头灌注隐蔽检查记录	工程管理部	资料齐全后		
46	钢筋连接试验报告	技术协调部	资料齐全后	试验员	提供填写
47	回填土干密度试验报告	技术协调部	资料齐全后		
48	土工击实试验报告	技术协调部	资料齐全后		
49	砌筑砂浆抗压强度试验报告	技术协调部	资料齐全后		
50	混凝土抗压强度试验报告	技术协调部	资料齐全后		
51	混凝土抗渗试验报告	技术协调部	资料齐全后		
52	砌筑砂浆试块强度统计、评定记录	技术协调部	资料齐全后		
53	混凝土试块强度统计、评定记录	技术协调部	资料齐全后		
54	防水工程试水检查记录	工程管理部	资料齐全后	工程管理部经理	提供
55	分项/分部工程施工报验表	质量监控部	资料齐全后报监理	质量总监	报送
56	竣工验收通用记录	质量监控部	资料齐全后报监理		报送
57	基础/主体工程验收记录	质量监控部	资料齐全后报监理	质量总监	报送
58	单位工程验收记录	质量监控部	资料齐全后报监理	质量总监	报送

（二）工程资料提供及填写分工见表 4-8

工程资料提供及填写分工　　表 4-8

序号	表格名称	提供单位	填写单位	备注
1	验收批、分项、分部工程验收记录表	质量监控部	质量监控部	报监理
2	施工组织设计审批表	技术协调部	技术协调部	报监理
3	技术交底记录	技术协调部	工程管理部	
4	单位工程验收记录	质量监控部	技术协调部	报监理
5	设计变更、洽商记录	技术协调部	技术协调部	报监理
6	进场设备检验记录表	质量监控部	技术协调部	报监理
7	施工进度计划报审表	技术协调部	技术协调部	报监理

续表

序号	表格名称	提供单位	填写单位	备注
8	施工组织设计(方案)报审表	技术协调部	技术协调部	报监理
9	分包单位资格报审表	经营管理部	经营管理部	报监理
10	材料/购配件/设备报验单	物资管理部	技术协调部	报监理
11	复工报审表	经营管理部	经营管理部	报监理
12	施工日记	工程管理部	工程管理部	
13	混凝土浇灌申请书	工程管理部	分承包单位	
14	钎探记录表	工程管理部	分承包单位	
15	预检工程检查验收记录	工程管理部	分承包单位	
16	隐蔽工程检查验收记录	工程管理部	分承包单位	
17	砂浆配合比申请单	工程管理部	分承包单位	
18	冬施混凝土养护测温记录表	工程管理部	分承包单位	
19	安全技术交底	安全监控部	工程管理部	
20	防水工程试水检查记录	质量监控部	工程管理部	报监理
21	烟(风)道检查记录	质量监控部	工程管理部	报监理
22	建设工程质量事故报告书	质量监控部	质量监控部	报监理
23	工程质量竣工核定证书	质量监控部	质量监控部	报监理
24	分项/分部工程质量报验认可书	质量监控部	质量监控部	报监理
25	承包单位通用申报表	质量监控部	质量监控部	报监理
26	()月工、料、机动态表	分承包单位	分承包单位	报监理
27	材料/购配件/设备报验单	工程管理部	工程管理部	报监理
28	施工测量放线报验单	测量分公司	测量分公司	报监理
29	沉降观测记录	测量分公司	测量分公司	报监理
30	工程延期申请表	经营管理部	经营管理部	报监理
31	工程动工报审表	经营管理部	经营管理部	报监理

五、工程资料提交或归档时间要求

(一) 混凝土工程资料的提交或归档时间（见表 4-9）

混凝土工程资料的提交或归档时间 **表 4-9**

序号	资料名称	提交或归档时间
1	商品混凝土的出厂合格证	混凝土出厂后 30d 内
2	混凝土的理论配合比和施工配合比	混凝土浇筑 7d 前
3	商品混凝土的抗压强度报告	混凝土出厂后 30d 内
4	商品混凝土所用水泥生产厂家的出厂质量证明书	混凝土浇筑 3d 前
5	商品混凝土砂、石取样试验报告	混凝土浇筑 7d 前
6	外加剂的产品说明书及出厂合格证	混凝土浇筑 7d 前

续表

序号	资料名称	提交或归档时间
7	抗冻剂的产品说明书,出厂合格证,强度测试和钢筋锈蚀指标的报告	混凝土浇筑7d前
8	掺合料的质量证明书和试验报告	混凝土浇筑7d前
9	开盘鉴定	混凝土浇筑当日内
10	有抗渗要求的混凝土的抗渗试验报告单	混凝土出厂后30d内

(二) 测量放线资料的提交或归档时间(见表4-10)

测量放线资料的提交或归档时间 **表4-10**

序号	资料名称	提交或归档时间
1	工程定位测量记录: 建筑物位置线,标准水准点,坐标点(含标准轴线桩平面示意图)	测放后2d内
2	基槽验线记录,包括轴线、放坡边线,断面尺寸、标高、坡度等	测放后2d内
3	楼层放线记录:含各层墙柱轴线、边线、门窗洞口位置线和皮数杆	测放后1d内
4	楼层50cm(或1m)水平控制线	测放后1d内
5	设备基础放线记录,包括设备基础的位置、标高、几何尺寸等	测放后1d内

(三) 收集钢筋资料的提交或归档时间(见表4-11)

收集钢筋资料的提交或归档时间 **表4-11**

序号	资料名称	提交时间
1	钢筋出厂质量证明书(原材)	随进场时
2	钢筋入场后的钢筋原材试验报告单	随进场时
3	钢筋原材进场复试报告	取样后7d内

(四) 负责收集所有进入施工现场的地材的有关资料(见表4-12)

所有进入施工现场的地材的有关资料 **表4-12**

序号	材料名称	相应工程资料	提交时间	备注
1	砖	出厂质量证明书	随材料同时进场	
2		出厂合格证	随材料同时进场	
3		产品型式检验报告	随材料同时进场	
4		强度等级试验报告	进场后7d内	承重结构
5	水泥	出厂质量证明	随材料同时进场	
6		产品型式检验报告	随材料同时进场	
7		快测报告	进场后4d内	
8		复试报告	进场后30d内	
9	石子	复试报告	进场后4d内	
10	预制构件	出厂质量合格证明书	随材料同时进场	

续表

序号	材料名称	相应工程资料	提交时间	备注
11	构件	产品许可证	随材料同时进场	
12		钢筋的可焊性试验记录	随材料同时进场	有焊接要求预制构件
13	构件	结构检验报告	随材料同时进场	外地进京构件
14	焊条、焊剂及焊药	出厂质量证明书	随材料同时进场	
15		烘焙记录	使用后 2d 内	规定需进行烘焙的
16	新材料、新产品	鉴定证明	随材料同时进场	
17		产品质量标准使用说明	随材料同时进场	
18		工艺要求	随材料同时进场	
19	混凝土养护剂	产品说明	随材料同时进场	
20		出厂质量证明书	随材料同时进场	
21	防水材料	产品型式检验报告	随材料同时进场	
22		材料检验报告	随材料同时进场	
23		使用说明书	随材料同时进场	
24		有防伪标志	随材料同时进场	
25		防水涂料试验报告	使用前	
26	保温材料	出厂合格证	随材料同时进场	
27		厚度、密度及热工性能试验报告	随材料同时进场	
28	门窗	出厂合格证	随材料同时进场	
29		产品型式检验报告	随材料同时进场	
30	装修用材料	合格证	随材料同时进场	
31	原材料，成品、半成品、构配件	出厂质量证明书	随材料同时进场	

（五）其他资料提交或归档时间（见表 4-13）

其他资料提交或归档时间　　表 4-13

序号	资料名称	提交时间
1	基础（主体）工程验收记录	结构验收后 7d 内
2	单位工程验收记录	单位工程验收 7d 内
3	设计交底图纸会审记录	图纸会审后 7d 内
4	设计变更洽商记录	洽商提出后 7d 内
5	施工组织设计及施工方案	单位或分项工程开工 10d 前
6	施工组织设计及施工方案交底	单位工程开工 7d 前
7	工程质量纠正措施	质量问题确定后 1d 内
8	竣工图	工程竣工验收后 30d 内

（六）质量检验资料（表 4-14）

质量检验资料 表 4-14

序号	资料名称	提交时间
1	检验批质量验收记录表汇总、整理、编目	每周五提交前一周资料
2	分项工程质量验收记录表	分项工程完成后 7d 内日（混凝土除外）
3	分部工程的评定和汇总、整理、编目	分部工程完成后 7d 内日（混凝土除外）
4	单位工程质量综合评定表	单位工程完成后 7d 内

六、工程资料通用内容填写要求

（一）通用内容要求

1. 施工部位定义

（1）单位工程名称定义为：AAA 工程（名称与设计图纸中的工程名称一致）

（2）施工楼层定义：楼层填写采用汉字，如“三层、四层…”，不得使用 B1、F01 层等记录方式。

（3）轴线填写格式定义：英文轴线字母写在“/”的后面，数字轴线的数字写在“/”的前面，英文字母必须大写，轴线之间的分隔符号必须采用字符“～”，不得使用字符“—”，例如：“D～E / 2～3”，为了与计算机打印资料相统一，轴线不采用圈号。

（4）流水段定义

1）所有施工部位的记录必须采用轴线的方法进行记录，不得使用流水段代号的记录方法。

2）流水段的标注方法采用先图纸纵轴后图纸横轴的方法进行标注，当流水段的施工位置不能位于轴线时，采用增加数字距离的方式进行标注，保证位置的准确性。

例如：

地下室外墙划分为两个流水段，分别为：1～4+3.6m / A～F；4+3.6 m～8 /A～F

一至二十八层楼板四个流水段的名称分别为：1～4+2.5m/A～C+2.5m；1～4+2.5m/C+2.5m～F；4+2.5m～8/A～C+2.5m；4+2.5 m ～8/ C+2.5m～F；

3）独立框架柱的记录方法采用轴线交点记录的方法进行记录，例如：一层 B/2 轴柱。

4）轴线数字或字母之间的分隔号应采用“～”，不得使用“—”。

2. 参建单位名称定义：

（1）建设单位名称：采用合同中建设单位全称；

（2）施工单位即总包商名称定义：采用合同中施工单位全称；

（3）监理单位：采用合同中监理单位全称；

（4）设计单位：采用设计图纸中设计单位全程；

（5）试验委托单位：填写企业+项目经理部全称。

3. 分部工程名称定义

各部门和个分承包单位在工程资料填写、交接、检查过程中，必须严格按照下列分部工程的名称进行填写，不得随意编造和设定分部工程名称。

(1) 地基与基础工程；

(2) 主体结构工程；

(3) 建筑装饰装修工程；

(4) 建筑屋面工程；

(5) 建筑给水、排水及采暖工程；

(6) 建筑电气工程；

(7) 智能建筑工程；

(8) 通风与空调工程；

(9) 电梯工程。

4. 工程资料签字要求

(1) 工程资料中“班组长”一栏内由分承包单位相应工长签字；

(2) 工程资料中“工程负责人”一栏内由相应主管“分部工程”或“分项工程”工长签字；

(3) 工程资料中“技术负责人”一栏内由技术协调部经理或项目总（主任）工程师签字；

(4) 工程资料中“项目负责人”一栏内由项目经理或执行经理签字。

(5) 工程物资进场报验表中技术/质量负责人为总包技术协调部经理或项目总（主任）工程师签字，申报人为物资部责任师，检验人为质量监控部质量总监或质量员；

(6) 分部/分项工程施工报验表中技术负责人为技术协调部经理或项目总（主任）工程师签字，申报人为总包责任师，审核人为质量监控部；

(7) 隐检、预检中申报人责任师（工长），技术负责人为技术协调部，质检员为质量监控部，工长为区域经理；

(8) 地基处理记录中技术负责人为技术协调部，质检员为质量监控部，记录人为责任师；

(9) 地基钎探记录中技术负责人为技术协调部，钎探负责人为区域经理，钎探记录人为责任师。

5. 填写工具材料要求

(1) 填写工程资料所用笔统一为黑色签字笔；

(2) 填写工程资料所用复写纸一律用单面黑色复写纸；

(3) 所有资料均要求一式两份，统一使用 A4 纸打印，图纸分别采用 A0、A1、A2、A3 幅面，小于 A4 幅面的文件用 A4 白纸衬托。纸的厚度为大于 60g 纸，签字采用手写，不能垫复写纸。

6. 统一内容的其他要求

(1) 工程资料严禁涂改，若需要在原件上进行更改，必须是具有相应更改资格的人进行更改，且更改人必须进行盖章，以显示更改的有效性；

(2) 所有工程资料必须保存完好，资料填写的字迹工整、清楚、可辨认，不得出现破损、缺页、圈点、勾画、污染等影响交档的因素，若出现上述情况，资料填写人员必须无条件进行重新填写；

(3) 工程资料填写的过程中，单位采用英文字母时，必须采用国际通用度、量、衡单位。例如：长度单位“m”、“cm”不得记录为“M”、“CM”，质量单位“kg”不得记录为“KG”，质量单位“t”不得记录为“T”等；

（4）规范施工专业术语：“混凝土强度等级”不得记录为“混凝土标号”，“混凝土的坍落度”不得记录为“砼的坍落度”等；

（5）资料填写、检查过程中，必须重点控制资料在时间上的交圈工作，例如：“混凝土浇灌申请书”、“混凝土抗压强度试验报告”、“混凝土配合比通知单”、“混凝土配合比申请单”中的时间、数据必须作为资料检查的重点；

（6）所有工程资料中的时间必须采用阿拉伯数字进行填写，且2003年不得简写为03年；

（7）顺序页码按时间顺序用阿拉伯数字从1开始依次标注；

（8）字体采用与表格内相同字体和字号。

（二）建筑安装工程施工资料填写数量要求

工程资料原则上一律一式五份，其中技术协调部存档资料三份，监理单位一份，分承包单位一份，施工单位填报的资料不得使用复印件，材料供应商提供的资料必须加盖红色印章，并注明抄件人。资料的具体份数见表4-15。

资料提交份数 表4-15

序号	表格名称	填写单位	份数
1	基础、主体工程验收记录	质量监控部	6
2	施工组织设计审批表	技术协调部	4
3	技术交底记录	工程管理部	4
4	单位工程验收记录	技术协调部	6
5	设计变更、洽商记录	技术协调部	6
6	进场设备检验记录表	质量监控部	3
7	施工进度计划报审表	技术协调部	3
8	施工组织设计(施工方案)报审表	技术协调部	4
9	分包单位资格报审表	经营管理部	4
10	材料/购配件/设备报验单	质量监控部	3
11	复工报审表	经营管理部	3
12	施工日记	工程管理部	1
13	混凝土浇灌申请书	分承包单位	4
14	钎探记录表	分承包单位	4
15	预检工程检查验收记录	分承包单位	4
16	隐蔽工程检查验收记录	分承包单位	4
17	砂浆配合比申请单	分承包单位	4
18	冬施混凝土养护测温记录表	分承包单位	4
19	安全技术交底	工程管理部	3
20	防水工程试水检查记录	工程管理部	4
21	烟(风)道检查记录	工程管理部	4

续表

序号	表格名称	填写单位	份数
22	建设工程质量事故报告书	质量监控部	4
23	工程质量竣工核定证书	质量监控部	4
24	分项/分部工程质量报验认可书	技质量监控部	4
25	承包单位通用申报表	质量监控部	3
26	()月工、料、机动态表	分承包单位	4
27	施工测量放线报验单	测量分公司	4
28	沉降观测记录	测量分公司	4
29	工程延期申请表	经营管理部	4
30	工程动工报审表	经营管理部	4

七、建筑安装工程资料填写的一般要求

(一) 施工测量记录填写要求

1. 工程定位测量

(1) 标示轴线，外轮廓线及尺寸、方位。

(2) 标出坐标依据，高程依据。若坐标依据超出纸面，将其与现场控制点用虚线连接，标出相对位置。

(3) 基槽验线：包括轴线、四廓线、断面尺寸、高程、坡度等。

2. 楼层放线记录

包括各层墙柱轴线、边线、门窗洞口位置线和皮数杆等。

楼层 0.5m（或 1m）水平控制线，轴线竖向投测控制线等。

3. 沉降观测

建设单位委托有相应资质的法定计量单位进行观测，按规范和设计要求设置沉降观测点，定期进行观测并做好记录和绘制沉降观测点布置图。

(二) 施工记录收集要求

1. 施工通用记录

2. 中间检查交接记录

3. 地基处理记录

4. 地基钎探记录：应绘制钎探点布置图并进行钎探记录。地基需处理时，应由勘察设计部门提出处理意见，将处理的部位、尺寸、高程等情况标注在钎探平面图上，并对应地基处理记录。

5. 桩基施工

补桩记录（补桩平面示意图，并注明桩编号及施工顺序）

CFG 桩试验资料

桩所使用原材料质量证明书及复试报告；

混凝土配合比、混凝土试块抗压强度报告；

桩位竣工图；

成桩质量检查（含混凝土强度和桩身完整性）和单桩竖向承载力的检测报告和施工

记录。

6. 混凝土浇灌申请

7. 混凝土开盘鉴定：现场搅拌的C40以上（含C40）混凝土由施工单位组织建设（监理）单位、搅拌机组、混凝土试配单位进行开盘鉴定工作，共同认定试验室签发的混凝土配合比中组成材料是否与现场施工所用材料相符、混凝土拌合物性能及标养28d的抗压强度结果是否满足要求等。

8. 浴室、厕所等有防水要求的房间必须有防水层及装修后的蓄水检验记录（见表4-16）。

蓄水检验记录 **表4-16**

试水部位	试水方法	试水时间	检验方法
卫生间防水层	闭水实验	24h	在下层目视观察楼板有无渗漏

说明：

闭水实验前，其防水层的隐蔽验收应完毕，签证齐全；

闭水实验蓄水高度，在地面最高点处应不低于20mm，且门口、地漏处应封堵严密，不得渗水；

闭水实验时，应有施工单位、监理单位及业主共同参加；

如发现渗漏现象，在记录表中予以消项；

卫生间试水需进行二次，一次在防水层施工完毕后进行，二次在卫生间全部完工后进行。

9. 层面淋水记录（见表4-17）

层面淋水记录 **表4-17**

试水部位	试水方法	试水时间	检验方法
防水屋面	淋水	≥2h	在下层目视观察楼板有无渗漏

说明：

喷淋试验前，其防水层的隐蔽验收应完毕，签证齐全；

喷淋试验时，应有施工单位、监理单位及业主共同参加；

淋水应连续、均匀；

如发现渗漏，应在修补完毕后，进行二次淋水实验，合格后在试水记录上予以消项。

10. 施工日记：技术协调部下发的施工日记填写技术交底内容。

（三）预检记录填写要求

1. 模板预检

内容包括：对照施工图纸，检查模板的几何尺寸、轴线标高、预留孔、预埋件的位置；支设牢固性、稳定性；检查清扫、浇筑口的留置位置、混凝土施工缝的留置，模板残渣杂物的清理；检查模板的脱模剂情况，止水条等。

2. 预制构件吊装

内容包括构件型号、外观检查、楼板堵孔、清理、锚固、构件支点的搁置长度、高程、垂直偏差等。

3. 混凝土施工缝：内容包括留置方法、位置、接槎处理等。

4. 马镫铁、梯子筋

（四）隐蔽检查记录填写要求

1. 地基验槽：检查内容包括土质情况、标高、槽宽、放坡情况、桩基静载试验、地基处理情况有洽商说明（必要时附图）

2. 基础和主体结构钢筋工程：

检查内容包括钢筋品种、规格、尺寸、数量、位置、锚固和接头位置、搭接长度、保护层厚度和除锈除污情况、钢筋代用变更及胡子筋处理。

3. 屋面、厕浴间防水下各层做法、构造节点，地下室施工缝、止水带、过墙管（套管）做法等。

4. 回填土方工程：

检查内容包括填方的基底状态和基底处理情况，被埋置的部位结构是否进行了结构验收；基槽是否清理干净。

5. 防水工程 ：

屋面防水隐检内容包括基层、防水层铺设，节点细部做法；

要求防水层、粘结牢固、接缝严密、无密鼓及裂缝、屋面排水畅通无积水。

厕浴间防水层下各层隐检内容包括基层、表面平整、泛水坡度正确、阴阳角、套管根部圆滑；附加层和防水层搭接严密、粘结牢固，与地漏附加层交接严密；地漏应低于地面，使流水畅通，地漏处粘结紧密。

6. 楼地面各基层做法：隐检内容包括各基层（垫层、找平层、隔离层、防水层、填充层、地龙骨）材料品种、规格、铺设厚度、方式、坡度、标高、表面情况、密封处理、粘结情况等。

7. 塑钢门窗 ：隐检内容包括框与墙体连接形式、方法；连接件的数量、位置、埋设方法；门窗框的防潮、防腐、保温方法与材料质量情况；缝隙填塞状况与封闭方法。

8. 吊顶工程：隐检内容包括吊顶的吊杆及固定方式；封闭式吊顶的龙骨；保温顶棚的保温、隔热材料；骨架的防火、防腐、防虫措施实施情况；较为复杂的节点构造。

9. 外墙保温 ：隐检包括外墙材料、构造、固定方式及节点做法。

10. 外挂石材工程：隐检包括挂件的形式、材质、连接方式；悬挂骨架材质、焊缝、防腐处理；标高、位置、销钉直径、防潮处理；嵌缝密封油膏；保温材料及固定方式。

11. 玻璃幕墙工程 ：隐检包括构件与主体结构的连接节点的安装；幕墙四周、幕墙内表面与主体结构之间间隙节点的安装；幕墙伸缩缝、沉降缝、防震缝及墙面转角节点的安装；幕墙防雷接地节点的安装；预埋件、位置、标高、埋件的形式、材料、防腐处理。

12. 阳台、雨罩和外墙板的交缝等防水：隐检包括横腔、竖腔、防水构造；接缝防水保温材料放置的位置。

13. 直埋于地下或结构中，暗敷设于沟槽管井、设备层及不能进人的吊顶内，以及有保温、隔热（冷）要求的管道和设备：检查内容有：管道及附件安装的位置、高程、坡度；各种管道间的水平、垂直净距；管道安排和套管尺寸；管道与相邻电缆间距；接头做法及质量；管道和变径位置；附件使用、支架固、基底处理；防腐做法；保温的质量以及试水方式、结果等。

14. 敷设于暗井道和被其他工程（如设备外砌砖墙、管道及部件外保温隔热等）所掩盖的项目、空气洁净系统、制冷管道系统及部件：检查内容有接头（缝）有无开脱、风管及配件严密程度，附件设置是否正确；要求项目的坡度情况；支、托、吊架的位置、固定情况；设备的位置、方向、节点处理、保温及防结露处理、防渗漏功能、互相连接情况、防腐处理的情况及效果。

（五）施工试验记录（调试）记录填写要求

1. 混凝土

(1) 混凝土配合比申请单和混凝土配合比通知单

(2) 龄期为28d标养试块和相应数量的同条件养护试块的抗压强度试验报告

(3) 混凝土试块抗压强度统计、评定结果

抗压强度试块、抗渗强度试块的留置及强度统计方法按附录B进行

用于承重结构的混凝土抗压强度试块，按规定实行有见证取样和送检的管理。

对地下室或基础工程要对碱含量做出评估。

2. 砌筑砂浆

(1) 砂浆试配申请单和砂浆配合比通知单

(2) 砂浆试块强度统计、评定结果

(3) 砂浆28d抗压强度试验报告

3. 回填土、灰土：(现场回填土试验报告要按时间段集中签发，填写每层标高要有连续性)

当设计图纸中有密实度要求时，应有击实试验报告，报告中应提供回填土的最大干密度、最佳含水率和最小干密度的控制值

回填土干密度试验应有分层、分段、分步的干密度数据及取样平面位置图。

4. 钢筋连接（搭接焊，闪光焊，班前、班中焊）

焊工合格证（有效期内）

结构工程中的主要受力钢筋接头按规定实行有见证取样和送检的管理。

钢筋焊接接头或焊接制品应按焊接类型分批进行质量验收并进行记录。

机械连接接头的工艺检验，现场检验验收批的划分、取样数量及必试项目按附录B进行。

注：在正式焊接施工前，先做班前焊，用于焊接参数的确定和可焊性检测，在正式施工焊接时，试验委托单上必须注明可焊性试验报告编号及原材试验报告编号。

在正式机械连接前必须做班前工艺，检验合格后，方可进行正式机械连接施工。

5. 砖饰面

现场镶贴的外部砖饰面工程，应按规定进行粘结强度试验，并填写材料试验报告，验收批的划分及取样按规定进行。

6. 玻璃幕墙及建筑外窗

玻璃幕墙及建筑外窗应进行风压变形性能、雨水渗透性能、空气渗透性能等检测。

结构硅酮胶、密封胶应进行相容性试验。

验收前应进行淋水试验并记录。

检测、试验报告由法定检测单位出具。

7. 防水工程试水检查

厕浴间等有防水要求的房间必须有防水层及装修后的蓄水检验记录。每次蓄水时间不少于24h。

屋面工程应有全部屋面的淋（蓄）水试验记录，试验时间不少于2h。

8. 容器、消防设备等。

八、工程原材料及半成品资料收集要求

（一）钢筋

1. 收集资料内容

出厂质量证明书

检验复试报告（单位工程见证取样和送检次数不得少于试验总数的30%试验总次数，在10次以下的不少于2次，合格后方可使用。）

焊接强度试验报告（同时提供焊工合格证）（单位工程见证取样和送检次数不得少于试验总数的30%试验总次数，在10次以下的不少于2次，合格后方可使用。）

2. 注意事项

(1) 出厂质量证明注明进场代表数量、厂名、编号。

(2) 检验复试报告写清工程名称、分批试验代表数量。

(3) 出厂证明编号与检验复试报告编号必须相互对应

(4) 钢筋集中加工的规定：钢筋在工厂或施工现场集中加工，应由加工单位出具钢筋的质量说明书，还应出具加工后的出厂合格证，以及有关机械性能、化学成分的试验报告单。

(5) 钢筋采用场外委托加工形式时，钢筋的原材报告、复试报告等原材质量文件由加工单位保存，施工单位还应对半成品钢筋进行外观检查。力学性能和工艺品性能的抽样复试，应以同一出厂、同规格、同品种、同加工形式，每不大于1000个接头取样不少于一组（此组应实行有见证取样和送检的管理）。

（二）混凝土资料

1. 混凝土配合比及试配记录

2. 水泥出厂合格证

3. 水泥复试报告

4. 砂子试验报告

5. 碎（卵）石试验报告

6. 轻集料试验报告

7. 外加剂材料试验报告

8. 掺合料试验报告

9. 混凝土开盘鉴定（搅拌单位提供）

10. 混凝土抗压强度报告（出厂检验，数值填入预拌混凝土出厂合格证）

11. 混凝土试块强度统计、评定记录（搅拌单位取样部分）

12. 混凝土坍落度测试记录（搅拌单位测试记录）

（三）水泥

收集资料内容：出厂质量证明书（内容包括：厂别、品种、出厂日期、出厂编号和试验数据）；3d、28d复试报告（以下情况之一必须提供：*a*. 用于承重结构的水泥；*b*. 用于使用部位有强度等级要求的水泥；*c*. 水泥出厂超过三个月；d. 水泥复试主要项目：抗压强度、抗折强度、安定性、凝结时间等）

（四）防水卷材

出厂质量证明（厂名、品种、代表批量、试验编号、试验数据、工程名称，复印件加盖红章）

厂家材料检验报告；使用说明书；防伪标志；防水材料产品型式认可证书；见证取样检验复试；施工企业等级证书；施工许可证；施工人员上岗证

（五）焊条、焊剂、焊药

产品质量合格证；烘干记录

（六）砖、砌 块

出厂质量证明书及检验报告，质量证明书有厂名、代表批量、主要性能指标和发证编号（复印件加盖供方红章）

复试报告

（七）外 加 剂

厂家质量证明书或合格证（包括各项性能技术指标）检验报告；产品说明书以及防伪标志，内容包括厂名、品种、工程名称、代表重量、出厂日期、主要性能指标等复试报告

（八）掺 合 料

质量证明书和试验报告，内容包括厂名、品种、代表数量、试验编号、工程名称、单位签章（复印件加盖红章）

复试报告

（九）门窗、钢门窗、铝合金门窗、钢塑门窗

产品出厂合格证、产品型式认可证书

外窗实行进场复试制度，按使用钢窗数量的1%检查

有防火要求的，要有消防部门的资质证明玻璃产品合格证、检验报告和生产许可证或资格认定证明、复试报告、中间核验单（四方参加）

（十）保温材料

出厂合格证

（十一）砂 、石

复试报告

（十二）玻璃幕墙

1. 骨架、连接件、玻璃粘结材料、填充材料有出厂质量证明、性能试验报告。（物资部提供）

2. 隐框玻璃幕墙，制作厂家应有内部质量控制措施方案。（厂家提供）

3. 幕墙施工应有组织设计或施工方案、技术交底。（技术协调部提供）

4. 玻璃幕墙安装时应有以下几项隐蔽验收记录：（工程管理部提供）

(1) 构件与主体结构的连接节点的安装；

(2) 幕墙四周、幕墙内表面与主体结构之间节点的安装；

(3) 幕墙伸缩缝沉降缝、防震缝及墙面转角节点的安装；

(4) 幕墙防雷接地节点的安装。

(5) 玻璃幕墙的性能试验项目：(试验室提供)

1) 风压变形性能，雨水渗漏性能、空气渗透性能、平面内变形性能、保温性能、隔声性能、耐撞击性能；

2) 结构硅酮密封胶相容性试验报告；

3) 安装施工自检记录及质量评定记录（包括安装工程立柱、横梁附件、玻璃、嵌缝等质量检验)；

4) 设计修改、洽商记录及文件材料代用文件（技术协调部提供)；

5) 幕墙验收记录（工程管理部提供)。

九、工程资料填写、流程范例

为保证工程资料初始阶段的正确性和合格，防止不合格资料进入最后归档环节，并导致不合格资料逆序整改周期和流程过长而影响施工等，总承包方各工程资料收集、填写人员、工程资料员、分承包公司的工程资料员必须熟悉工程资料填写等相关业务，明确资料的填写要求，并保证工程资料与工程同位和同步，做好工程资料各阶段的把关工作，避免或减少不合格资料流入资料管理的最后环节。工程资料在传递、交予的过程中，若下一接受人发现上一移交人提供的工程资料不合格，则接受人有权不予签收，并由提交人负责对所提交资料的整改，由此所发生的一切责任由移交人承担（若在项目内部由于资料初始填写不合格而引起的资料不合格，则由资料填写人负全责，同时若资料接受人或收集人盲目接收而不把关，亦不免除资料接受人或收集人的把关责任)。

施工单位填写的工程资料，可按照以下所示范的表格内容填写。

(一) 施工日记（见表 4-18)

施工日记填写样表　　　　**表 4-18**

施工日志（表 C1-2)			编号	
	天气状况	风力	最高/最低温度	备注
白天	晴	3～4 级	18℃	
夜间	晴	2～3 级	10℃	
生产情况记录：(施工部位、施工内容、机械作业、班组工作、生产存在问题等) 1. 三层 A～B+2.5m /3～4，木工班 10 人，楼板支模。 2. 三层 B～C+2.5m /5～6，钢筋班 12 人，墙体钢筋绑扎。 3. 四层 A～D+2.5m /1～5，混凝土班 8 人，浇筑楼板混凝土 4. 机械作业： 塔吊配合四层 A～D+2.5m /1～5 楼板混凝土浇筑；地泵：进行四层 A～D+2.5m /1～5 楼板混凝土浇筑 5. 生产存在问题：钢筋加工数量短缺，重新加工钢筋，影响施工进度。 技术质量安全工作记录：(技术质量安全活动、检查评定验收、技术质量安全问题、等) 1. 安全活动：中午 12:30 安全总监召开施工现场每周安全例会。 2. 技术活动：地下室砌筑隔墙工序进行技术交底。 3. 检查验收：下午 4:30 三层 A～B+2.5m /3～4 楼板模板经过监理验收通过。 4. 质量问题：四层 A～D+2.5m /1～5，浇筑楼板混凝土时，部分混凝土出现离析现象，经技术协调部和工程管理部、质量监控部现场研究退回搅拌站。				
记录人	AAA（手写签字)		日期	年　月　日

1. 施工日记填写等要求

(1) 项目工程管理部应按照要指定专人编写施工日记（确实保障能够作为竣工资料），施工日记填写人应于每月24日将施工日记送交项目技术责任师，对于逾期不送交者，按照项目管理条例的有关规定执行。

(2) 采用黑色签字笔填写，资料填写的过程中不得随意简写或变更有关要求，例如：气候一栏内“天气、温度、风力等”字样不得省略。

(3) 封面文字必须工整，工程名称应当填写工程全名，该工程的名称为：“AAA工程”；施工负责人填写栋号负责人，例如：AAA；日期栏内应当填写施工日记内记录的时间段，时间采用阿拉伯数字，例如：2003.1.18～2003.5.10，字迹必须规范工整。

(4) 施工日记内的字迹必须工整，不得出现涂抹、涂改、勾画、圈点、污染等现象。

(5) 施工日记应当保存完好，不得出现破损、缺页。

(6) 施工部位的填写要求：记录楼层的数字采用汉语数字，如：地下一层、二层、三层……。

(7) 施工部位，采用“/”作为纵横轴线的分隔线，将阿拉伯数字填写在“/”前，将英文字母填写在“/”后，英文字母不得小写，例如：1～6/ A～D，为了与计算机打印的轴线相统一，数字及英文外不采用圆圈符号；不得使用流水段的名称代替施工部位。

(8) 施工日记的日期填写采用阿拉伯数字，例如2003年3月1日，星期后面的数字采用汉字，例如：星期五。

(9) 气候填写要求

填写：晴、阴、雨、多云等情况

填写风力情况，采用阿拉伯数字表示风力，例如：北风2～3级。

填写气温：非冬期施工期间填写最高气温，冬期施工期间填写最低气温。

(10) 生产情况记录内填写要求：

首先对每一施工分项按照阿拉伯序号填写，序号竖向应当对齐。明确楼层或标高轴线位置、采用何机械作业、班组以班组长的姓名和分项工种作为班组代号、作业内容、存在问题。

(11) 技术质量安全工作记录：各项内容前必须采用阿拉伯数字进行编号，竖向对齐。技术活动主要记录技术交底情况；质量活动主要记录现场质量控制、质量检查情况；安全活动主要记录安全教育情况。检查评定验收主要记录内部和监理验收的情况，验收的项目、部位、时间必须填写清楚。

(12) 施工日记中不得出现不符合规范的术语：例如：“顶板”，应当填写“楼板”，“施工缝剔凿”应当记录为“施工缝凿毛”

(13) 施工日记不得出现漏项和漏记，记录内容必须保持与施工同步，不得出现写“回忆录”的现象。

2. 施工日记资料流程及责任：

(1) 填写及管理流程

施工现场责任师⟶工程管理部经理⟶技术协调部经理⟶工程资料责任师

(2) 各岗位和部门应履行的职责

1) 施工现场责任师责任：按照项目工程资料管理办法的要求安置填写施工日记，并对不合格项进行整改。

2）工程管理部经理：负责施工日记的日常检查、不合格项整改的监督、检查工作。部门经理按要求或必要时方介入该资料流程。

3）技术协调部经理：部门之间工作协调，监督检查工程资料责任师对工程资料的检查工作。

4）工程资料责任师：定期对施工日记的记录内容进行检查（含记录内容，资料交圈检查），对不合格项下发整改通知和整改资料的复查工作。

（二）技术交底记录（见表 4-19）

技术交底填写样表　　**表 4-19**

<table>
<tr><td colspan="2">技术交底记录（表式 C2-1）</td><td>编号</td><td colspan="3"></td></tr>
<tr><td>工程名称</td><td>×××工程</td><td>交底日期</td><td colspan="3">2003 年 2 月 25 日</td></tr>
<tr><td>施工单位</td><td></td><td>分项工程名称</td><td colspan="3"></td></tr>
<tr><td>交底提要</td><td colspan="5">主体结构钢筋工程技术交底</td></tr>
<tr><td colspan="6">交底提要：
1. 准备工作：
1.1　材料及机具准备：
1.1.1　机具准备：钢筋弯曲机，钢筋切断机，钢筋剥肋滚压直螺纹成型机，钢筋调直扳手，石笔，粉笔、小线、线坠，钢丝刷，棉纱。
1.1.2　材料准备：各种规格的钢筋，火烧丝，各种规格的垫块。
2. 作业条件：
2.1　按照施工图纸，将轴线，墙线，暗柱，门窗洞口边线，墙身控制线弹好。
2.2　在混凝土强度达到 1.2MPa 后（看同条件试块结果，由技术员确定），上人将墙体根部施工缝接茬（包括最上层的浮浆、松散石子、软弱层混凝土）剔除干净，露出坚实的基层；暗柱、立筋上的水泥浆用钢丝刷彻底清刷，露出钢筋本色，对已有锈蚀的钢筋进行除锈（包括老锈、麻点）。
2.3　按照墙身线和图纸要求钢筋保护层厚度 15mm；梁柱 25mm，对钢筋的位置进行调整。
2.4　墙体和暗柱在顶板内部分的钢筋上的灰浆、锈迹已彻底清除干净，露出钢筋的本色；
2.5　顶板面已清理干净，无杂物、锯末、土块，并已均匀地涂刷好水性脱模剂。
3. 操作工艺：
3.1　墙体工艺流程：施工缝清理验收→将成型的钢筋运至工作面→暗柱钢筋进行滚压直螺纹连接，接头验收→暗柱钢筋绑扎并吊垂直→墙体钢筋绑扎并拉线调平→焊模板支撑，安装门窗洞口模板并进行自检、交接检→请监理进行隐检→进入下道工序。
3.2　剪力墙间暗柱钢筋 $d \geqslant 16$ 时采用剥肋滚压直螺纹连接形式。其余采用绑扎。
3.3　梁、板钢筋绑扎工艺流程
施工缝的处理验收→弹好钢筋线→将成型的钢筋运至工作面→按线绑下铁→水电做管线→绑上铁钢铁→放塑料垫块→调整钢筋→放墙筋卡具→隐检→进行下道工序。
3.4　墙体钢筋绑扎要求
（以下内容略）</td></tr>
<tr><td>审核人</td><td></td><td>交底人</td><td></td><td>接受交底人</td><td></td></tr>
</table>

本表由施工单位填写，交底单位与接受交底单位各存一份。

1. 技术交底记录填写要求

(1) 每分项工程开始施工 3d 前，必须填写技术交底，技术交底的时间必须与施工日记的时间相互交圈。

(2) 分项工程开始施工前，责任师必须主动将技术交底记录填写、签认完成后送交技术协调部存档。

(3) 在技术交底记录交与技术协调部存档之前，技术交底记录的时间、各责任人的签字必须齐全。

(4) 分部分项工程名称必须填写齐全、正确。

(5) 技术交底记录的内容必须全面，达到可以指导施工操作的程度，不得照搬照抄施工方案、施工工艺标准，尤其对不考虑施工实际情况将与分项工程施工无关的内容进行盲目抄写的人员进行严肃处理。

(6) 施工技术交底记录的内容必须编写序号，按照 ISO 9001:2000 质量管理体系的要求进行序号编制，例如 1.2.1 等，不采用一、二，A，a ①、②等编号形式。

(7) 当施工技术交底记录内存在图形时，必须采用直尺等辅助工具进行绘制，不得随手勾画、绘制。

(8) 施工员一栏由施工现场责任师签字，班组长一栏由分承包单位公章签字。

2. 技术交底记录的资料流程和责任

(1) 管理流程

施工现场责任师→技术负责人签字→施工现场责任师→工程资料责任师

(2) 各岗位和部门应履行的职责

1) 工程管理部经理：负责技术交底记录的日常检查、不合格项整改的监督、检查工作。

2) 技术协调部经理：部门之间工作协调，监督检查工程资料责任师对工程资料的检查工作。

3) 工程技术负责人：负责技术交底记录的初步审查工作。

4) 工程资料责任师：根据工程资料管理办法的要求，对该资料进行全面核查，对不合格项下发整改通知和整改资料的复查工作。

(三) 施工进度计划审批表（表 4-20）

施工进度计划审批表填写样表 **表 4-20**

<table>
<tr><td colspan="3">施工进度计划报审表（表式 B2-3）</td><td>编号</td><td></td></tr>
<tr><td>工程名称</td><td>×××一期工程</td><td>日期</td><td colspan="2">2003 年 01 月 25 日</td></tr>
<tr><td colspan="5">致：____×××____监理公司：
现报上__2003__年__1__季__2__月工程施工进度计划，请予以审查和批准。
附件：1.□施工进度计划（说明、图表、工程量、资源配备）
__1__份
2.□

施工单位名称：</td></tr>
<tr><td colspan="5">审查意见：

监理工程师：(签字) 日期： 2003 年 01 月 26 日</td></tr>
<tr><td colspan="5">审查结论：□同意 □修改后报 □重新编制

监理单位： 总监理工程师（签字）： 日期：</td></tr>
</table>

本表由施工单位填写，经监理单位审批，建设单位、监理单位、施工单位各一份。

1. 施工进度计划审批表填写要求

(1) 工程名称按照规定填写，监理单位名称为：AAA监理公司。

(2) 本表一式三份，填写内容用黑色签字笔。

2. 施工进度计划审批表的流程及责任

(1) 管理流程

技术责任师→监理单位审批→工程资料责任师→监理单位报建设单位

(2) 各岗位和部门应履行的职责

1) 技术责任师：按照项目工程资料管理办法的要求填写施工进度计划审批表，一式三份，并报监理单位审批，监理单位自留一份。

2) 工程资料责任师：对填写内容进行检查，留档一份报建设单位一份。

(四) 混凝土配合比申请单（见表4-21、表4-22）

混凝土配合比申请单表　　**表4-21**

<table>
<tr><td colspan="4" rowspan="2">混凝土配合比申请单（表式C6-10）</td><td>编　号</td><td></td></tr>
<tr><td>委托编号</td><td></td></tr>
<tr><td>工程名称及部位</td><td colspan="5"></td></tr>
<tr><td>委托单位</td><td colspan="2"></td><td>试验委托人</td><td colspan="2"></td></tr>
<tr><td>设计强度等级</td><td colspan="2"></td><td>要求坍落度、扩展度</td><td colspan="2"></td></tr>
<tr><td>其他技术要求</td><td colspan="5"></td></tr>
<tr><td>搅拌方法</td><td></td><td>浇捣方法</td><td></td><td>养护方法</td><td></td></tr>
<tr><td>水泥品种及强度等级</td><td></td><td>厂别牌号</td><td></td><td>试验编号</td><td></td></tr>
<tr><td>砂产地及种类</td><td></td><td></td><td></td><td>试验编号</td><td></td></tr>
<tr><td>石子产地及种类</td><td></td><td>最大粒径</td><td>mm</td><td>试验编号</td><td></td></tr>
<tr><td>外加剂名称</td><td></td><td></td><td></td><td>试验编号</td><td></td></tr>
<tr><td>掺合料名称</td><td></td><td></td><td></td><td>试验编号</td><td></td></tr>
<tr><td>申请日期</td><td>年　月　日</td><td>使用日期</td><td>年　月　日</td><td>联系电话</td><td></td></tr>
</table>

混凝土配合比通知单 表4-22

<table>
<tr><td colspan="5" rowspan="2">混凝土配合比通知单（表式C6-10）</td><td>配合比编号</td><td></td></tr>
<tr><td>试配编号</td><td></td></tr>
<tr><td>强度等级</td><td></td><td>水胶比</td><td></td><td>水灰比</td><td></td><td>砂 率</td><td></td></tr>
<tr><td>材料名称
项 目</td><td>水泥</td><td>水</td><td>砂</td><td>石</td><td>外加剂</td><td>掺合料</td><td></td></tr>
<tr><td>每/m^{3}用量（kg/m^3）</td><td></td><td></td><td></td><td></td><td></td><td></td><td></td></tr>
<tr><td>每盘用量（kg）</td><td></td><td></td><td></td><td></td><td></td><td></td><td></td></tr>
<tr><td rowspan="2">混凝土碱含量（kg /m）</td><td colspan="7"></td></tr>
<tr><td colspan="7">注：此栏只有遇Ⅱ类工程（按京建科［1999］230呈规定分类）时填写</td></tr>
<tr><td colspan="8">说明：本配合比使用的材料用量均为干材料，使用单位应当根据材料含水情况随时调整</td></tr>
<tr><td colspan="2">批准人</td><td colspan="2">审 核</td><td colspan="4">试 验</td></tr>
<tr><td colspan="2"></td><td colspan="2"></td><td colspan="4"></td></tr>
<tr><td colspan="2">报告日期</td><td colspan="6"></td></tr>
</table>

1. 混凝土配合比申请单填写要求

(1) 如果是公司试验室委托的，“委托单位”填写AAAA公司，如果是项目试验室进行的委托委托单位填写AAAA工程项目经理部。

(2) 试验编号一定要填写清楚、交圈。

2. 混凝土配合比申请单流程及责任

(1) 管理流程

工程管理部责任师→项目试验员→试验室→项目试验员→工程资料责任师

(2) 各岗位和部门应履行的职责

1) 工程管理部责任师：负责向项目试验室提出混凝土配合比申请，并明确混凝土的部位及强度，部位必须按照“工程资料管理办法”的要求进行填写。

2) 项目试验员：负责向公司试验室提出混凝土配合比申请，并负责将试验完成后的结果资料进行初步核查（各项填写内容），然后送交工程资料责任师，不得无目的地接收试验资料。

3) 工程资料责任师：负责检查混凝土配合比单，向试验员下发整改指令，并进行存档。

(五) 混凝土抗压强度试验报告 (见表 4-23)

混凝土抗压强度试验报告填写样表 表 4-23

<table>
<tr><td colspan="9" rowspan="3">混凝土抗压强度试验报告 (表式 C6-11)</td><td colspan="2">编 号</td><td colspan="2"></td></tr>
<tr><td colspan="2">试验编号</td><td colspan="2">2002-0081</td></tr>
<tr><td colspan="2">委托编号</td><td colspan="2">2002-0081</td></tr>
<tr><td colspan="2">工程名称及部位</td><td colspan="7">×××第一期工程 10 号住宅楼地下一层 14+1600～28+1000/A～R 轴线 -2.500m+1.280m 高程外墙体</td><td colspan="2">试件编号</td><td colspan="2">231-10-0022</td></tr>
<tr><td colspan="2">委托单位</td><td colspan="7">×××公司×××一期工程项目经理部</td><td colspan="2">试验委托人</td><td colspan="2">×××</td></tr>
<tr><td colspan="2">设计强度等级</td><td colspan="7">C30/P8</td><td colspan="2">实测坍落度、扩展度</td><td colspan="2">190mm</td></tr>
<tr><td colspan="2">水泥品种及强度等级</td><td colspan="3">P.O 32.5</td><td colspan="4">进场日期</td><td>2002.03.11</td><td>试验编号</td><td colspan="2">2002-0025</td></tr>
<tr><td colspan="2">砂种类</td><td colspan="3">中砂</td><td colspan="4">试验编号</td><td colspan="4">2002-0057</td></tr>
<tr><td colspan="2">石种类、公称直径</td><td colspan="3">卵碎石 25mm</td><td colspan="4">试验编号</td><td colspan="4">2002-0070</td></tr>
<tr><td colspan="2">外加剂名称</td><td colspan="3">WDN-7、UEA</td><td colspan="4">试验编号</td><td colspan="4">2002-0025、2002-0023</td></tr>
<tr><td colspan="2">掺合料名称</td><td colspan="3">粉煤灰</td><td colspan="4">试验编号</td><td colspan="4">2002-0017</td></tr>
<tr><td colspan="2">配合比编号</td><td colspan="11">2002-000520</td></tr>
<tr><td colspan="2" rowspan="2">用 量</td><td colspan="11">材 料 名 称</td></tr>
<tr><td>水泥</td><td>水</td><td>砂</td><td colspan="2">石</td><td colspan="2">外加剂</td><td colspan="2">外加剂</td><td>掺合料</td><td></td></tr>
<tr><td colspan="2">每/m³ 用量 (kg)</td><td>320</td><td>175</td><td>775</td><td colspan="2">1050</td><td colspan="2">7.60</td><td colspan="2">25.00</td><td>57.0</td><td></td></tr>
<tr><td colspan="2">成型日期</td><td colspan="2">2002.03.29</td><td colspan="2">要求龄期</td><td colspan="2">1d</td><td colspan="2">要求试验日期</td><td colspan="3">2002.03.30</td></tr>
<tr><td colspan="2">养护条件</td><td colspan="2">同条件</td><td colspan="2">收到日期</td><td colspan="2">2002.03.30</td><td colspan="2">试块制作人</td><td colspan="3">×××</td></tr>
<tr><td rowspan="6">试验结果</td><td rowspan="2">试验日期</td><td rowspan="2">实际龄期 (d)</td><td rowspan="2">试件边长 (mm)</td><td rowspan="2">受压面积 (mm²)</td><td colspan="2">荷载 (kN)</td><td rowspan="2" colspan="2">平均抗压强度 (MPa)</td><td rowspan="2" colspan="2">折合 150mm 立方体抗压强度 (MPa)</td><td rowspan="2" colspan="2">达到设计强度等级 (%)</td></tr>
<tr><td>单块值</td><td>平均值</td></tr>
<tr><td rowspan="3">2002.03.30</td><td rowspan="3">1</td><td rowspan="3">100</td><td rowspan="3">10000</td><td>19</td><td rowspan="3">20</td><td rowspan="3" colspan="2">2.0</td><td rowspan="3" colspan="2">1.9</td><td rowspan="3" colspan="2">6.3</td></tr>
<tr><td>21</td></tr>
<tr><td>21</td></tr>
<tr><td colspan="12">结论：达到侧模拆除强度。</td></tr>
<tr><td colspan="2">批 准</td><td colspan="2">×××</td><td colspan="2">审 核</td><td colspan="2">×××</td><td colspan="2">试 验</td><td colspan="3">×××</td></tr>
<tr><td colspan="2">试验单位</td><td colspan="11">×××</td></tr>
<tr><td colspan="2">报告日期</td><td colspan="11">2002 年 3 月 30 日</td></tr>
</table>

本表由建设单位、施工单位各保存一份。

1. 试验报告的填写要求

(1) 委托编号及试验编号要明确，并且交圈。

(2) 委托单位为 AAAA 工程项目经理部。

(3) 其他各项按照表样及规定填写。

2. 试验报告的流程

项目试验责任师⟶试验室⟶项目试验员⟶工程资料责任师

(六) 土工击实试验报告(表 4-24)

土工击实试验报告 表 4-24

土工击实试验报告(表式 C6-4)				编 号	
				试验编号	
				委托编号	
工程名称及部位				试样编号	
委托单位				试验委托人	
结构类型				填土部位	
要求压实密度(λ_c)				土样种类	
来样日期				试验日期	
试验结果	最优含水量 $\omega_{op}=$ %				
	最大干密度 $\rho_{dmax}=$ g/cm^3				
	最大干密度×要求压实系数 g/cm^3				
结论:					
批准		审核		试验	
试验单位					
报告日期					

本表由施工单位、施工单位、城建档案馆各保存一份。

1. 土壤击实试验报告填写要求

(1) 土壤击实试验的部位要写清楚。

(2) 试验编号要准确。

(3) 其他按照规定填写。

2. 土壤击实试验报告流程及责任

(1) 管理流程

项目试验员⟶试验室⟶项目试验员⟶工程资料责任师

(2) 各管理岗位和部门职责

1) 项目试验员:负责将土壤击实试验报告的样本及工程管理部位详细报与公司试验室,并且负责将试验结果返回到工程资料责任师。

2) 工程资料责任师:负责将报告进行核查、归档。

（七）冬施混凝土养护测温记录表（表4-25）

冬施混凝土养护测温记录表　　**表4-25**

<table>
<tr><td colspan="15">混凝土养护测温记录表
（表式C5-13）</td><td colspan="2">编　号</td><td colspan="2"></td></tr>
<tr><td colspan="3">工程名称</td><td colspan="14"></td><td colspan="2"></td></tr>
<tr><td colspan="3">部　位</td><td colspan="5"></td><td colspan="5">养护方法</td><td colspan="4">测温方式</td><td colspan="2"></td></tr>
<tr><td colspan="3">测温时间</td><td rowspan="2">大气温度℃</td><td colspan="11">各测温孔温度</td><td rowspan="2">平均温度℃</td><td rowspan="2">间隔时间h</td><td colspan="2">成熟度</td></tr>
<tr><td>月</td><td>日</td><td>时</td><td></td><td></td><td></td><td></td><td></td><td></td><td></td><td></td><td></td><td></td><td></td><td>本次</td><td>累计</td></tr>
<tr><td></td><td></td><td></td><td></td><td></td><td></td><td></td><td></td><td></td><td></td><td></td><td></td><td></td><td></td><td></td><td></td><td></td><td></td><td></td></tr>
<tr><td></td><td></td><td></td><td></td><td></td><td></td><td></td><td></td><td></td><td></td><td></td><td></td><td></td><td></td><td></td><td></td><td></td><td></td><td></td></tr>
<tr><td></td><td></td><td></td><td></td><td></td><td></td><td></td><td></td><td></td><td></td><td></td><td></td><td></td><td></td><td></td><td></td><td></td><td></td><td></td></tr>
<tr><td></td><td></td><td></td><td></td><td></td><td></td><td></td><td></td><td></td><td></td><td></td><td></td><td></td><td></td><td></td><td></td><td></td><td></td><td></td></tr>
<tr><td></td><td></td><td></td><td></td><td></td><td></td><td></td><td></td><td></td><td></td><td></td><td></td><td></td><td></td><td></td><td></td><td></td><td></td><td></td></tr>
<tr><td></td><td></td><td></td><td></td><td></td><td></td><td></td><td></td><td></td><td></td><td></td><td></td><td></td><td></td><td></td><td></td><td></td><td></td><td></td></tr>
<tr><td></td><td></td><td></td><td></td><td></td><td></td><td></td><td></td><td></td><td></td><td></td><td></td><td></td><td></td><td></td><td></td><td></td><td></td><td></td></tr>
<tr><td colspan="6">施工单位</td><td colspan="13"></td></tr>
<tr><td colspan="6">专业技术负责人</td><td colspan="9">专 业 工 长</td><td colspan="4">测　温　员</td></tr>
<tr><td colspan="6"></td><td colspan="9"></td><td colspan="4"></td></tr>
</table>

本表由施工单位填写并保存。

1. 冬施混凝土养护测温记录表填写要求：

（1）部位要按照规定要求填写，必须将标高填上。

（2）入模温度写在表的右上角。

2. 冬施混凝土养护测温记录表的流程及责任

（1）管理流程

技术方案责任师→工程管理部责任师→分承包单位测温员→工程管理部责任师→工程资料责任师

（2）各岗位和部门管理职责

1）技术方案责任师：负责将测温布置图及测温方案交与工程管理部责任师。

2）工程管理部责任师：负责将测温布置图及测温方案向分承包单位测温员进行技术交底，并负责过程的监督检查，将测温记录表交与工程资料责任师。

3）工程资料责任师：负责将测温记录表进行核查并归档。

（八）设计变更、洽商记录（表 4-26）

设计变更、洽商记录 **表 4-26**

设计变更、洽商记录 （表式 C2-3-3）				编　号	
工程名称			日期	年　月　日	
记录内容：					
签字栏	建设单位	监理单位	设计单位	施工单位	

由洽商提出单位填写并注明原图纸号，有关单位会签后各保存一份

1. 设计变更、洽商记录填写要求

（1）该表格填写的过程中，必须及时编号，便于相关部门如经营管理部进行经济签证时记录。该表格的编号采用流水号方法进行编制，采用两位编号的方法，当不够两位编号时，采用个位数字前面加“0”的方式进行编号，例如：01，02……

（2）在时间填写上，上、下午要填写清楚，避免发生经济索赔时，因为无具体时间而无法确定施工事项是否发生。

（3）该资料签认的过程中必须进行必要的签收记录，防止发生遗漏、丢失。

2. 设计变更、洽商记录流程及责任

（1）资料流程：技术责任师→总（主任）工程师→技术责任师→设计单位→技术责任师→监理单位→建设单位→技术责任师→发至相关单位或部门

（2）相关责任：技术责任师：技术责任师填写该资料必须时，必须简要明了、不因叙述原因产生异义，字迹、图形工整、清晰。在签认的过程中，如因未履行签收手续而造成洽商丢失、缺页，由技术责任师负全责。

（九）混凝土浇灌申请书（企业自控表式见表4-27）

混凝土浇灌申请书　　表4-27

<table>
<tr><td colspan="2" rowspan="2">混凝土浇灌申请书</td><td rowspan="2">编　　号</td><td></td></tr>
<tr><td></td></tr>
<tr><td>工程名称</td><td></td><td>申请浇灌日期</td><td>年　月　日　时</td></tr>
<tr><td colspan="4">现我方申请进行________（层）________（轴线）________（高程）________（部位）的混凝土浇筑，混凝土强度等级为________，技术要求________，申请浇筑方量为________m^3。搅拌方式（或搅拌站称）________。

注：“技术要求”一栏应依据混凝土合同的具体要求填写。</td></tr>
<tr><td colspan="4">依据：　施工图纸（施工图纸号________）、
设计变更/洽商（编号________）和有关规范、规程。
施工准备情况：　　　　专业责任师签字
1. 隐检情况：钢筋已未做隐检；钢筋垫块已未垫好，并经检查。　________
报验单号________。　________
2. 预检情况：模板支撑牢固，板缝堵好，脱模剂涂刷，　________
模内清理已未做预检。
3. 水电预埋情况：水电及预埋件安装已未完成，并已未经检查。　________
4. 施工组织情况：浇灌用水、电及人员组织、作业防护已未完备。　________
5. 机械设备准备情况：塔吊、混凝土输送泵、振捣器已未准备。　________
6. 混凝土养护准备情况：养护用材料已未准备。　________</td></tr>
<tr><td colspan="4">审核意见：
□同意浇筑　　□不同意，整改后重新申请
存在问题：</td></tr>
</table>

<table>
<tr><td rowspan="3">签字</td><td>施工单位</td><td colspan="2"></td></tr>
<tr><td>申　请　人</td><td>检　查　人</td><td>审　批　人</td></tr>
<tr><td></td><td></td><td></td></tr>
</table>

本表由施工单位填报，施工单位、总包单位、搅拌站各保存一份。

1. 混凝土浇灌申请书填写要求

(1)“工程名称”必须填写工程资料管理办法中要求的统一名称。

(2)“申请浇筑部位”必须按照“工程管理部位施工记录及流水段定义”的要求进行填写。

(3)“配合比通知单编号”必须填写齐全。

(4)“材料用量”表格中“每/m^3干料用量”和“每盘用量”须填写齐全，注意含水率对材料用量影响。

2. 资料填写流程：责任师⟶总（主任）工程师⟶质量总监⟶监理单位

3. 相关责任

责任师：资料填写时，须本着实事求是的原则填写，并且在基础资料齐全的情况下进行申请。

该资料审核过程中，必须检查相应基础资料，认真核实有关资料。

（十）其他工程资料填写范例

1. 地基验槽检查记录表（见表 4-28）

地基验槽检查记录填写样表　　**表 4-28**

<table>
<tr><td colspan="4">地基验槽检查记录表（表式 C5-5）</td><td colspan="2">编　　号</td><td></td></tr>
<tr><td colspan="2">工程名称</td><td colspan="2">×××一期工程</td><td colspan="2">地基验槽日期</td><td>2003 年 1 月 22 日</td></tr>
<tr><td colspan="2">验槽部位</td><td colspan="5">现我方已完成1-11/E-Y，C3-C7/CA-CE（轴线）－6.800m（高程）的地基工程，经我方检验，符合设计、规范要求，特申请进行地基验槽验收。</td></tr>
<tr><td colspan="7">依据：　施工图纸（施工图纸号结施 02，结施 03）、地质工程勘察报告（岩土 2003-31）
设计变更/洽商（编号________）和有关规范、规程。
验槽内容：
1. 基槽支护为　土钉墙　。
2. 基槽挖至勘探报告　④　层持力层。
3. 土质情况重粉质黏土、粉质黏土与勘察报告相符。
（附钎探记录及钎探点平面布置图）
4. 工程桩位置　/　、桩　/　类型、数量　/　，桩承载力满足设计要求。
（附桩基施工记录、桩基检测记录）
注：若建筑工程无桩基或人工支护，则相应在第 4 条填写处划“/”。
申报人：</td></tr>
<tr><td colspan="7">审核意见：
未发现异常部位，可进行下道工序。
检查结论：□无异常，可进行下道工序　　　□需要地基处理</td></tr>
<tr><td rowspan="2">签字公章栏</td><td>建设单位</td><td>监理单位</td><td>设计单位</td><td>勘察单位</td><td colspan="2">施 工 单 位</td></tr>
<tr><td></td><td></td><td></td><td></td><td colspan="2"></td></tr>
</table>

本表由施工单位填写，建设单位、监理单位、城建档案馆各保存一份。

填写要求：土质情况填写为何种土质，与勘察报告是否相符，土体是否有扰动，承载力是否满足设计要求承载力。工程桩位置填写是否正确。

2．楼层放线记录（见表 4-29）

楼层放线记录填写样表　　　**表 4-29**

<table>
<tr><td colspan="3">楼层平面放线记录　　（表式 C3-3）</td><td>编　号</td><td></td></tr>
<tr><td colspan="2">工程名称</td><td>×××工程</td><td>日　期</td><td>2002 年 6 月 2 日</td></tr>
<tr><td colspan="2">放线部位</td><td colspan="3">×××楼六层顶板（52.880m）轴线 14～25/A～Q，门窗洞口及墙体边线。</td></tr>
<tr><td colspan="5">放线依据：1．结施 21。
2．场区平面控制网、高程控制点。</td></tr>
<tr><td colspan="5">放线简图：包括：轴线、内、外墙厚（160mm，200mm），柱边线、门窗洞口位置线，建筑标高 +1.000m 线。
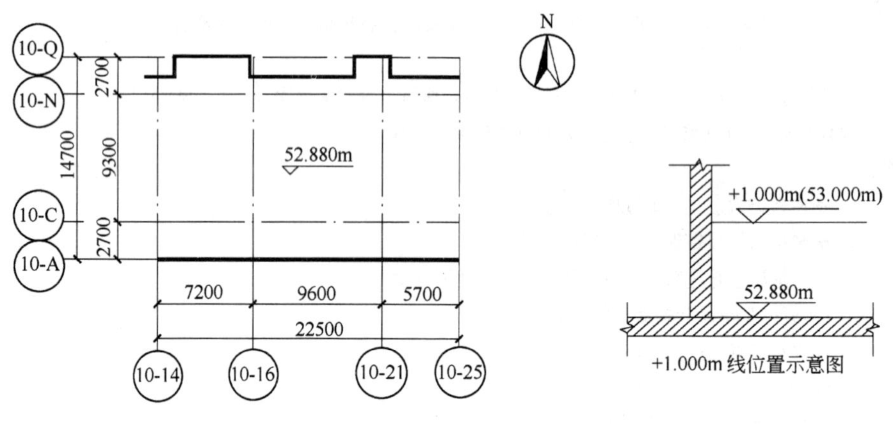
</td></tr>
<tr><td colspan="5">检查意见：符合设计和规范要求</td></tr>
<tr><td rowspan="3">签字栏</td><td rowspan="2">建设（监理）单位</td><td>施工单位</td><td colspan="2">×××公司</td></tr>
<tr><td>专业技术负责人</td><td>专业质检员</td><td>施　测　人</td></tr>
<tr><td></td><td></td><td></td><td></td></tr>
</table>

本表由测量单位提供，施工单位保存。

3．预检工程检查记录表（大钢模板见表 4-30）

预检工程检查记录表填写样表 **表 4-30**

<table>
<tr><td colspan="3">预检记录表（表式 C5-2）</td><td>编 号</td><td colspan="2"></td></tr>
<tr><td>工程名称</td><td colspan="2">×××第一期工程</td><td>预检项目</td><td colspan="2">模板（大钢模板）</td></tr>
<tr><td>预检部位</td><td colspan="2">七层⑭+1600～㉕+3000/Ⓐ～Ⓡ墙体</td><td>检查日期</td><td colspan="2">2003 年 2 月 6 日</td></tr>
<tr><td colspan="6">依据：施工图纸（施工图纸号结施-21）、
设计变更/洽商（编号________）和有关规范、规程。
主要材料或设备 定型大钢模
规格/型号：宽 300mm～6000mm，高 2700mm 或 2850mm</td></tr>
<tr><td colspan="6">预检内容：1．板面清理干净及脱模剂涂刷均匀，有清扫口，模内清理干净。
2．内外墙全部采用大钢模支设，门窗洞口模板为钢木模板。模板的几何尺寸，轴线尺寸，标高正确，预留洞口位置标高符合设计要求，垂直度，平整度，阴阳角，板间接缝符合规范要求，螺栓紧固。
3．支撑系统的强度，刚度和稳定性符合要求。
4．模板拼缝处理完，墙、柱、楼板下口粘贴海绵条。
5．楼板板面不平处已用砂浆找平。</td></tr>
<tr><td colspan="6">检查意见：</td></tr>
<tr><td colspan="6">复查意见：

复查人： 复查日期：</td></tr>
<tr><td>施工单位</td><td colspan="5">×××建筑公司</td></tr>
<tr><td colspan="2">专业技术负责人</td><td colspan="2">专业质检员</td><td colspan="2">专业工长</td></tr>
<tr><td colspan="2"></td><td colspan="2"></td><td colspan="2"></td></tr>
</table>

4．预检工程检查记录表（楼板模板见表 4-31）

预检工程检查记录表填写样表　　**表 4-31**

<table>
<tr><td colspan="3">预检记录表（表式 C5-2）</td><td>编　　号</td><td></td></tr>
<tr><td>工程名称</td><td colspan="2">×××第一期工程</td><td>预检项目</td><td>模板</td></tr>
<tr><td>预检部位</td><td colspan="2">电梯机房 11～14/E～Q 轴顶板</td><td>检查日期</td><td>2002 年 11 月 24 日</td></tr>
<tr><td colspan="5">依据：施工图纸（施工图纸号 结施 31、　　结施 33　　）、
设计变更/洽商（编号＿＿＿＿＿＿）和有关规范、规程。
材质：主要材料或设备碗扣件、木方、竹胶板
规格/型号　50mm×100mm，1220mm×2440mm×δ12mm，100mm×100mm、ϕ48mm</td></tr>
<tr><td colspan="5">预检内容：
1．模板面清理干净及脱模剂涂刷均匀。模内清理干净。
2．模板的几何尺寸、位置、标高准确、预留洞口位置标高符合设计要求。垂直度、平整度、阴阳角、板间接缝符合要求。
3．支撑系统的强度、刚度和稳定性符合要求。
4．碗扣架立杆间距 1200mm，横杆间距 1000mm。扫地杆距地面 300mm 与竖杆连接。立杆下口垫 50mm×100mm 长度大于 300mm 的木方，方向一致。
梁板起拱高度 $L/500$。跨度大于 4m～6m，起拱 10mm，跨度大于 6m～8m 时起拱 14mm。＿＿</td></tr>
<tr><td colspan="5">检查意见：</td></tr>
<tr><td colspan="5">复查意见：

复查人：　　　　　　　　　　复查日期：</td></tr>
<tr><td>施工单位</td><td colspan="4">×××建筑公司</td></tr>
<tr><td>专业技术负责人</td><td colspan="2">专业质检员</td><td colspan="2">专业工长</td></tr>
<tr><td></td><td colspan="2"></td><td colspan="2"></td></tr>
</table>

本表由施工单位填写并保存。

5. 预检工程检查记录表（定位钢筋见表 4-32）

预检工程检查记录表填写样表　　**表 4-32**

<table>
<tr><td colspan="3">预检记录表（表式 C5-2）</td><td>编　号</td><td>T3-1</td></tr>
<tr><td>工程名称</td><td colspan="2">×××工程</td><td>预检项目</td><td>定位钢筋</td></tr>
<tr><td>预检部位</td><td colspan="2">地下二层、地下一层 1～32/A～R，
X1～X12/Y1～Y11 墙板</td><td>检查日期</td><td>2003 年 2 月 25 日</td></tr>
<tr><td colspan="5">依据：施工图纸（施工图纸号结施－05，结施－09）、
设计变更/洽商（编号＿＿＿＿＿）和有关规范、规程。
材质：主要材料或设备　钢筋
规格/型号　ϕ8、ϕ10、ϕ12、ϕ14 、ϕ16、ϕ18、ϕ20</td></tr>
<tr><td colspan="5">预检内容：1. 马凳采用 ϕ12 钢筋制作，长度为 1000mm，净高度分别为 78mm、98mm。
2. 水平梯子筋采用 ϕ14 钢筋制作，竖向梯子筋分别为采用 ϕ12、ϕ16、ϕ18、ϕ20 钢筋制作，梯子筋宽度为 160mm，200mm，250mm，300mm、350mm 梯子筋设 3 道宽 158mm、198mm、248mm、298mm、348mm 的内撑筋，两端刷防锈漆，梯子筋根部平齐。
3. 箍筋 135°弯钩，平直部分长度为 10d，ϕ8 为 80mm，ϕ10 为 100mm，弯钩互相平行。</td></tr>
<tr><td colspan="5">检查意见：</td></tr>
<tr><td colspan="5">复查意见：

复查人：　　　　　　　　　　复查日期：</td></tr>
<tr><td>施工单位</td><td colspan="4">×××建筑公司</td></tr>
<tr><td colspan="2">专业技术负责人</td><td colspan="2">专业质检员</td><td>专业工长</td></tr>
<tr><td colspan="2"></td><td colspan="2"></td><td></td></tr>
</table>

本表由施工单位填写并保存。

6. 隐蔽工程检查记录表（墙体钢筋连接见表4-33）

隐蔽工程检查记录表填写样表　　表4-33

<table>
<tr><td colspan="4">隐蔽工程检查记录表（表式C5-1）</td><td>编　号</td><td></td></tr>
<tr><td colspan="2">工程名称</td><td colspan="4">×××工程</td></tr>
<tr><td colspan="2">隐检项目</td><td colspan="2">（钢筋连接）工程</td><td>隐蔽日期</td><td>2002年3月15日</td></tr>
<tr><td colspan="2">隐检部位</td><td colspan="4">地下一层墙体；轴线①～⑭+1600/Ⓐ～Ⓡ（轴线或房间）；
标高-2.500m～+1.280m</td></tr>
<tr><td colspan="6">依据：施工图纸（施工图纸号结施-09）、
设计变更/洽商（编号____）和有关规范、规程。
主要材料名称及规格/型号码　Φ20钢筋</td></tr>
<tr><td colspan="6">隐检内容：1. 接头无完整丝扣外露。
2. 受拉区在中心至长度为钢筋直径35d范围内，有接头钢筋截面积占钢筋总截面积百分率不大于50%，接头位置符合规程设计要求。
3. 直螺纹连接试件现场取样。
4. 直螺纹连接试件现场取样部位：
Φ20为6根，分别在10～1/P轴、10～J/7轴、10～14/P轴、10～9/B轴、10～12/B轴、10～11/Q轴；
5. 连接处理措施：原钢筋恢复采用邦条焊，双面焊，邦条焊长度：ϕ20为100mm。
申报人：</td></tr>
<tr><td colspan="6">检查意见：

检查结论：□同意隐蔽　　□不同意，修改后进行复查</td></tr>
<tr><td colspan="6">复查结论：

复查人：　　　　复查日期：</td></tr>
<tr><td rowspan="3">签字栏</td><td rowspan="2">建设（监理）单位</td><td>施工单位</td><td colspan="3">×××公司</td></tr>
<tr><td>专业技术负责人</td><td>专业质检员</td><td colspan="2">专业工长</td></tr>
<tr><td></td><td></td><td></td><td colspan="2"></td></tr>
</table>

本表由施工单位填报，城建档案馆、建设单位、施工单位各保存一份。

7. 隐蔽工程检查记录表（墙体钢筋绑扎表 4-34）

隐蔽工程检查记录表填写样表　　**表 4-34**

<table>
<tr><td colspan="3">隐蔽工程检查记录表（表式 C5-1）</td><td>编　号</td><td></td></tr>
<tr><td colspan="2">工程名称</td><td colspan="3">×××工程</td></tr>
<tr><td colspan="2">隐检项目</td><td>（钢筋绑扎）</td><td>隐蔽日期</td><td>2002 年 3 月 29 日</td></tr>
<tr><td colspan="2">隐检部位</td><td colspan="3">墙体地下一层㉘＋1000～㉜/Ⓐ～Ⓡ及 X1～X12/Y1～Y11（轴线或房间）标高：－2.500m～＋1.280m</td></tr>
<tr><td colspan="5">依据：　施工图纸（施工图纸号__结施－09______）、
设计变更/洽商（编号______）和有关规范、规程。
主要材料名称及规格/型号Φ25，Φ22，Φ20，Φ14，Φ10，ϕ8，ϕ6 钢筋</td></tr>
<tr><td colspan="5">隐检内容：1. 墙体门洞顶连梁水平筋 2Φ25 或 2Φ22 或 3Φ25 或 4Φ25，箍筋 ϕ10@100。
2. 外墙竖向筋Φ18@200，水平筋Φ14@200，拉结筋 ϕ8，梅花形布置，内墙竖向筋 ϕ12@200，水平筋Φ12@200，拉结筋 ϕ6，梅花形布置，柱筋Φ25，Φ22，Φ20，箍筋 ϕ8@150 或@50，墙顶压筋 3Φ20。
3. 楼梯筋 ϕ10@150，水平筋 ϕ10@200。
4. 水平钢筋搭接长度不小于 41d 且大于 500mm，竖向钢筋搭接长度不小于 41d 且大于 600mm，钢筋接头应错开，同一截面接头小于总截面的 50%。
5. 外墙竖筋保护层 35mm。采用 50mm×50mm×35mmM10 防水砂浆垫块@1500mm，内墙水平筋保护层 15mm，采用 15mm 塑料垫块@1500mm。
6. 箍筋弯钩 135°，平直长度 10d，ϕ8 为 80mm，ϕ10 为 100mm，两根长短一致。
7. 墙体水平梯子筋位于墙顶接槎处，墙体垂直梯子筋@1500，两端距墙边 1000mm，代替相应位置墙竖向筋，规格大于一个等级。
8. 钢筋无锈蚀且清理干净。
申报人：</td></tr>
<tr><td colspan="5">检查意见
检查结论：　□同意隐蔽　　□不同意，修改后进行复查</td></tr>
<tr><td colspan="5">复查结论：
复查人：　　　　复查日期：</td></tr>
<tr><td rowspan="3">签字栏</td><td rowspan="2">建设（监理）单位</td><td>施工单位</td><td colspan="2">×××公司</td></tr>
<tr><td>专业技术负责人</td><td>专业质检员</td><td>专业工长</td></tr>
<tr><td></td><td></td><td></td><td></td></tr>
</table>

本表由施工单位填报，城建档案馆、建设单位、施工单位各保存一份。

8. 隐蔽工程检查记录表（施工缝见表 4-35）

隐蔽工程检查记录表填写样表　　**表 4-35**

<table>
<tr><td colspan="4">隐蔽工程检查记录表（表式 C5-1）</td><td>编　号</td><td></td></tr>
<tr><td colspan="2">工程名称</td><td colspan="4">×××工程</td></tr>
<tr><td colspan="2">隐检项目</td><td colspan="2">施　工　缝</td><td>隐蔽日期</td><td>2002 年 5 月 5 日</td></tr>
<tr><td colspan="2">隐检部位</td><td colspan="4">墙体地下二 层（层）X1～X12/Y1～Y11 及 1～7+1.500m/A～R（轴线或房间）标高：-6.050m～-2.500m</td></tr>
<tr><td colspan="6">依据：施工图纸（施工图纸号结施-02 改、结施 04 改　　）、
设计变更/洽商（编号______________）和有关规范、规程。
主要材料名称及规格/型号：钢板止水带、木方 300mm×3mm，50mm×100mm、50mm×15mm</td></tr>
<tr><td colspan="6">隐检内容：1. 留置位置：施工缝留置在 7+1.500m/A～R 轴处。
2. 留置方法：外墙采用 300mm×3mm 钢板止水带及木楔固定，内墙施工缝采用 50mm×100mm 木方及 50mm×15mm 板条。
3. 水平接槎处理：清除表面浮浆、剔凿露出石子、无软弱混凝土层。

申报人：</td></tr>
<tr><td colspan="6">检查意见

检查结论：　□同意隐蔽　　□不同意，修改后进行复查</td></tr>
<tr><td colspan="6">复查结论：

复查人：　　复查日期：</td></tr>
<tr><td rowspan="3">签字栏</td><td rowspan="2">建设（监理）单位</td><td>施工单位</td><td colspan="3">×××公司</td></tr>
<tr><td>专业技术负责人</td><td>专业质检员</td><td colspan="2">专业工长</td></tr>
<tr><td></td><td></td><td></td><td colspan="2"></td></tr>
</table>

本表由施工单位填写，建设单位、施工单位、城建档案馆各保存一份。

9. 混凝土开盘鉴定（见表 4-36）

混凝土开盘鉴定填写样表　　**表 4-36**

<table>
<tr><td colspan="6">混凝土开盘鉴定（表式 C5-10）</td><td colspan="2">编　号</td><td></td></tr>
<tr><td colspan="2">工程名称及部位</td><td colspan="4">×××第一期工程
××住宅楼地上二层 25+3000mm～32/A～R 及
X1～X2+2400mm/Y1～Y11 轴+5.580m 标高处顶板</td><td colspan="2">鉴定编号</td><td>2002-004</td></tr>
<tr><td colspan="2">施工单位</td><td colspan="4">×××建筑公司</td><td colspan="2">搅拌方式</td><td>机械搅拌机</td></tr>
<tr><td colspan="2">强度等级</td><td colspan="3">C30</td><td colspan="2">要求坍落度</td><td colspan="2">160±20mm</td></tr>
<tr><td colspan="2">配合比编号</td><td colspan="3">2002-00053</td><td colspan="2">试配单位</td><td colspan="2">×××试验室</td></tr>
<tr><td colspan="2">水灰比</td><td colspan="3">0.42</td><td colspan="2">砂　率</td><td colspan="2">40%</td></tr>
<tr><td colspan="2">材料名称</td><td>水泥</td><td>砂</td><td>石</td><td>水</td><td>外加剂
早强
减水剂</td><td>掺合料</td><td></td></tr>
<tr><td colspan="2">每 m³ 用料
（kg）</td><td>397</td><td>731</td><td>1097</td><td>190</td><td>13.00</td><td>35.0</td><td></td></tr>
<tr><td colspan="2" rowspan="2">调整后每盘用料
（kg）</td><td colspan="7">砂含水率　3%　　石含水率　0.2%</td></tr>
<tr><td>397</td><td>753</td><td>1099</td><td>166</td><td>13.0</td><td>35.0</td><td></td></tr>
<tr><td rowspan="4">鉴定结果</td><td rowspan="2">鉴定项目</td><td colspan="2">混凝土拌合物</td><td colspan="2" rowspan="2">混凝土试块抗压强度（MPa）</td><td colspan="3" rowspan="2">原材料与申请单是否相符</td></tr>
<tr><td>坍落度</td><td>保水性</td></tr>
<tr><td>设　计</td><td>160～180mm</td><td></td><td colspan="2" rowspan="2"></td><td colspan="3" rowspan="2"></td></tr>
<tr><td>实　测</td><td></td><td></td></tr>
<tr><td colspan="9">鉴定结论：</td></tr>
<tr><td colspan="2">建设（监理）单位</td><td colspan="2">混凝土试配单位负责人</td><td colspan="2">施工单位技术负责人</td><td colspan="3">搅拌机组负责人</td></tr>
<tr><td colspan="2"></td><td colspan="2"></td><td colspan="2"></td><td colspan="3"></td></tr>
<tr><td colspan="2">鉴定日期</td><td colspan="7">2003 年 2 月 3 日</td></tr>
</table>

采用现场搅拌混凝土的工程，本表由施工单位填写并保存。

10．单位工程施工资料分目录表(见表4-37)

单位工程施工资料分目录表

表4-37

工程名称:×××第一期工程　　　　分目录名称:钢筋原材复试记录

序号	原材编号	试件编号	级别	规格	产地	批量(t)	施工部位	报告日期	碳含量之差	锰含量之差	页次	备注
									≤0.02%	≤0.15%		
1	9062	231-8-0040	HRB235	ϕ10	首钢	20.39	主体结构	2002.5.17			172～175	见证
2	2080	231-8-0041	HRB235	ϕ8	首钢	11.70	主体结构	2002.5.17			176～179	见证
3	9200	231-8-0042	HRB235	ϕ6.5	首钢	8.255	主体结构	2002.5.17			180～183	见证
4	XXD1085	231-8-0043	HRB335	ϕ22	承钢	10.72	主体结构	2002.5.17			184～187	见证
5	2-984	231-8-0044	HRB335	ϕ16	首钢	8.53	主体结构	2002.5.17			188～191	见证
6	12-832	231-8-0045	HRB335	ϕ12	首钢	8.04	主体结构	2002.5.17			192～195	见证
7	LZC2134	231-8-0046	HRB335	ϕ18	承钢	55.76	主体结构	2002.5.17	0.02	0.15	196～203	见证
8	2002-1163	231-8-0047	HRB335	ϕ20	宣钢	13.98	主体结构	2002.5.17			204～207	见证
9	12-994	231-8-0048	HRB335	ϕ14	首钢	6.46	主体结构	2002.5.17			208～211	见证
10	12-832	231-8-0049	HRB335	ϕ12	首钢	9.42	主体结构	2002.5.18			212～214	
11	LZC2137	231-8-0050	HRB335	ϕ16	承钢	19.92	主体结构	2002.5.18			215～217	
12	LZA1226	231-8-0051	HRB335	ϕ18	承钢	11.52	主体结构	2002.5.18			218～220	
13	8282	231-8-0052	HRB235	ϕ6.5	首钢	9.41	主体结构	2002.5.23			221～223	
14	3158	231-8-0053	HRB235	ϕ8	首钢	9.86	主体结构	2002.5.23			224～226	
15	9585	231-8-0054	HRB235	ϕ10	首钢	21.08	主体结构	2002.5.23			227～229	
16	9723	231-8-0055	HRB235	ϕ10	首钢	20.55	主体结构	2002.5.31			230～232	
17	2183	231-8-0056	HRB235	ϕ8	首钢	9.6	主体结构	2002.5.31			233～235	
18	LZD2056	231-8-0057	HRB335	ϕ20	承钢	8.01	主体结构	2002.6.10			236～238	
19	12-1002	231-8-0058	HRB335	ϕ14	首钢	6.12	主体结构	2002.6.10			239～241	
20	11-640	231-8-0059	HRB335	ϕ16	首钢	18.98	主体结构	2002.6.10	0	0	242～245	
21	2002-1079	231-8-0060	HRB335	ϕ12	宣钢	10.02	主体结构	2002.6.10			246～248	
22	2002-185	231-8-0061	HRB335	ϕ12	宣钢	20.01	主体结构	2002.6.15			249～252	见证
23	120850	231-8-0062	HRB235	ϕ10	首钢	31.565	主体结构	2002.6.15	0.01	0.01	253～257	见证
24	9949	231-8-0063	HRB235	ϕ10	首钢	20.84	主体结构	2002.6.29			258～260	
25	3483	231-8-0064	HRB235	ϕ8	首钢	21.06	主体结构	2002.6.29			261～263	

11. 单位工程施工资料分目录表(表 4-38)

单位工程施工资料分目录表 表 4-38

工程名称:×××第一期工程记录　　分目录名称:同条件混凝土抗压强度

序号	试件编号	成型日期	部位	混凝土强度		达到设计强度(%)	配合比编号	配合比内容 W:C:S:G	水泥名称	掺合料名称及掺量(%)	外加剂名称及掺量(%)	备注
				设计要求	f_{cu} (MPa)				品种标号			
1	231-8-0001	2001.12.21	基础垫层 25～32/A～R, X1～X12/Y1～Y11	C10	8.5	85	2001-000395	0.95:1:4.97:5.26	P.O32.5	粉煤灰 44	WDN-3 6	
2	231-8-0002	2001.12.22	基础垫层 1～25/A～R	C10	7.2	72	2001-000414	0.95:1:4.97:5.26	P.O32.5	粉煤灰 44	WDN-3 6	
3	231-8-0003	2001.12.25	基础垫层 25～26/A～R	C10	8.9	89	2001-000440	0.95:1:4.97:5.26	P.O32.5	粉煤灰 44	WDN-3 6	见证
5	231-8-0004	2001.12.30	基础防水保护层 25～32/A～R, X1～X12/Y1～Y11	C10	6.9	69	2001-000475	0.95:1:5.00:5.26	P.O32.5	粉煤灰 45	WDN-3 6	
6	231-8-0005	2002.1.1	基础防水保护层 1～25/A～R	C10	8.4	84	2002-000002	0.95:1:5.00:5.26	P.O32.5	粉煤灰 45	WDN-3 6	
8	231-8-0006	2002.1.14	基础底板 1～25＋1600mm/A～R	C30P8	36.9	123	2002-215	0.56:1:2.31:3.29	P.O32.5	粉煤灰 37	FDY 5	
10	231-8-0007	2002.1.14	基础底板 1～25＋1600mm/A～R	C30P8	33.8	113	2002-215	0.56:1:2.31:3.29	P.O32.5R	粉煤灰 37	FDY 5	
11	231-8-0008	2002.1.14	基础底板 1～25＋1600mm/A～R	C30P8	35.6	119	2002-215	0.56:1:2.31:3.29	P.O32.5R	粉煤灰 37	FDY 5	
12	231-8-0009	2002.1.17	基础底板 26＋1200mm～32/A～R, X1～X12/Y1～Y11	C30P8	35.9	120	2002-000115	0.59:1:2.27:2.85	P.O42.5	粉煤灰 22	WDN-3 5 UEA 9	
13	231-8-0010	2002.1.17	基础底板 26＋1200mm～32/A～R, X1～X12/Y1～Y11	C30P8	34.6	115	2002-000115	0.59:1:2.27:2.85	P.O42.5	粉煤灰 22	WDN-3 5 UEA-9	见证
14	231-8-0011	2002.1.17	基础底板 26＋1200mm～32/A～R, X1～X12/Y1～Y11	C30P8	35.6	119	2002-000115	0.59:1:2.27:2.85	P.O42.5	粉煤灰 22	WDN-3 5 UEA-9	
15	231-8-0012	2002.3.16	地下二层外墙 1～14＋1600mm/A～R	C30/P8	38.5	128	2002-000366	0.55:1:2.42:3.28	P.O32.5	粉煤灰 18	WDN-72 UEA-8	
16	231-8-0013	2002.3.16	地下二层内墙 1～14＋1600mm/A～R	C30	33.8	113	2002-000367	0.55:1:2.42:3.28	P.O32.5	粉煤灰 17	WDN-7 2	

十、工程资料检查的有关注意事项

——原材试验：在资料检查时注意，材料出厂合格证、复试报告一证一试为一份材料。

——所有的试验报告必须在结论上填清；依据何标准，达到标准何等级，复印件要清晰，最好注明原件号及存放处。

——防水材料要求有产品型式认可证书，使用说明书，防伪标志，不但做卷材复试，还要做卷材胶粘剂复试，卷材批量要符合要求。

——水泥材料要三交圈，即：水泥、混凝土试配、试块所用水泥要三交圈。

——钢筋焊接件试验资料归档时，焊工合格证复印件要附上。

——有的焊接要做模拟试验，焊接工艺要标注清楚：俯焊、仰焊。

——钎探记录资料：对钎探结果有明显软弱层要处理，并在平面图中标出。

——钢筋出厂合格证的混合批问题。要注意同样冶炼方法的钢筋构成一个混合批的条件：炉公称容量不超过30t；炉数不超过6炉；6组含碳量之差不超过0.02%，含锰量之差不超过0.15%。

——强度评定问题：

注意混凝土强度评定运用的统计方法，明确用统计方法的条件，必须是混凝土等级相同，配合比、原材料基本一致，且不少于10组才能用统计方法。

——商品混凝土委托单中应注明混凝土初凝时间。

十一、工程资料填写的一般要求

(一) 施工组织设计、施工方案（技术协调部提供）

单位工程施工组织设计应在组织施工前编制，并应依据施工组织设计编制部位、阶段和专项施工方案。编制内容应齐全，并有审批手续。发生较大的施工措施和工艺变更时，应有变更审批手续。

(二) 技术交底记录（技术协调部、工程管理部）

包括施工组织设计（施工方案）交底、主要分项工程施工技术交底。各项交底应有文字记录，交底双方应有签认手续。

(三) 图纸审查记录、设计交底记录

1. 图纸审查记录由参加图纸交底的各单位将图纸审查中的问题整理、汇总，报建设单位，由建设单位提交给设计单位进行设计交底准备。

2. 设计交底记录由施工单位整理、汇总，各单位技术负责人会签，参加交底的各单位加盖公章，形成正式设计文件。

3. 施工图纸会审记录是工程施工的正式设计文件，不得在会审记录上涂改或变更其内容。

(四) 设计变更、洽商记录（技术协调部）

1. 设计变更、洽商记录应及时办理，内容必须明确具体，注明原图号，必要时应附图

2. 有关设计变更和技术洽商，应有设计单位、施工单位、和建设（监理）单位等有关各方代表签认；设计单位如委托建设（监理）单位办理签认，应办理委托手续；相同工程如需用同一个洽商时，可用复印件或抄件。

3. 分包工程的有关设计变更，必须通过总包单位办理洽谈商。

第十三节　项目竣工阶段管理

对于精品工程，进入竣工阶段后，由于结构施工、装修阶段，施工管理者一贯遵循住宅精品工程的理念，工程整体质量情况乐观的，虽然竣工阶段仍处于施工管理的过程中，工程尚未交付使用，施工内容较少，按照常规思维，该阶段对精品工程的质量影响较小，但对于精品工程的目标定位来讲，管理者尚不可放松管理要求，因为，住宅工程的精品是全过程的精品，而不是阶段精品，因此，施工管理者尚应把以下几方面作为精品工程竣工阶段的管理点。

1. 保证住宅工程的功能，提高用户的满意度

由于工程施工进入竣工阶段，功能性系统已经基本完成，并在进行调试，大部分使用功能已经具备。对于住户来讲，观感的质量不足在一定程度上可以弥补是可以谅解的，但对于使用功能上的欠缺或运行不畅，往往会给居住者带来诸多影响和不便。所以竣工阶段，必须将住宅的施工功能，并作为竣工阶段的管理点。相信“用户的满意是对住宅精品工程最好的确认”。

2. 加强成品保护管理

进入竣工阶段，产品已经在形式上具备成品的条件，任何对成品的破坏，都可能造成无法补救的遗憾，或造成精品的缺憾，所以，在竣工阶段，必须加强成品保护管理，保证精品工程的过程精品和结果精品。

3. 精益求精，不断提升精品的层次

对与精品工程，我们应当像追求艺术一样，追求住宅工程的精品。艺术的追求是没有止境的，因此，对于精品工程的追求也应当是没有止境的。所以，在精品工程的竣工阶段，我们更应精益求精，善始善终保持对精品工程的执著追求，加强竣工阶段的工程管理，起到画龙点睛的作用，为用户提供一份真正意义上的精品。

第五章　住宅精品工程的主要施工技术

第一节　地基与基础工程

一、支护与土方工程

（一）边坡支护方案的优化设计

1. 支护方案的设计原则

（1）支护是为了保证在基坑开挖和地下室结构施工时的安全和顺利进行，确保周边道路、地下管线及邻近建筑物等不被影响，同时保证其正常使用。支护方案的不合理或存在缺陷，就会引起边坡失稳、坑底隆起或管涌，这将直接造成基础施工无法进行，同时引起周边道路开裂下沉、地下管线断裂、漏水、漏气，以及邻近建筑物的沉降、开裂等，甚至倒塌，其影响非常大，而且会造成大的经济损失，延误工期和影响工程的正常进行。所以边坡支护方案的设计要遵循“安全第一”的原则。

（2）支护结构毕竟是一种临时性的措施，所以支护方案的设计在保证安全的基础上，要尽可能的经济，以降低工程成本。所以在进行支护设计时要经过多种方案的优化选择和对比分析，重要的和难度大的方案要请支护专家进行评审，最终确定最优方案，以达到最经济的目的，所以边坡支护方案的设计要遵循“经济第二”的原则。

2. 支护方案的设计依据

（1）地质资料

地质资料由勘探设计院提供，通过地质资料能了解各层土的分布及物理力学性能，如土的含水量、密度、压缩模量、内摩擦角、内聚力、渗透系数、塑性指数、压缩系数等参数，为支护结构的计算提供依据。

（2）工程概况

住宅工程分为多层和高层，一般多层为地下一层或半地下室，高层为地下二层或二层半，一般基坑深度在自然地面下 8～12m 左右。支护设计时要根据工程的特点、结构形式、基础埋深、基础形式以及周边的情况等来进行。

（3）周边环境

红线及建筑物的位置线；周边道路、建筑物（构筑物）、地下管线等与建筑物的距离，基坑支护设计时要重点考虑以上因素并确保其安全；根据周边的道路情况确定合理可行的出土方案。

（4）场区规划

施工现场的平面布置，是否设循环道路；坑外地面超载的取值，场区围墙的位置，塔吊的布置等。

（5）土方开挖及降水的方案

挖土的方法、顺序，出土的方向，是否需要降水或降水的方案等。

(6) 施工季节与工期

支护设计时还要考虑施工时的季节，是否赶上雨期或冬期，这些因素也要酌情考虑。支护方案往往与工期密切相关，方案的合理性同时要满足业主或工程本身的工期要求。

(7) 其他

可以参考类似地区的已施工完的工程，一般已实施的基坑方案的经验对支护设计非常有用，可以适当借鉴和参考。

3. 支护方案的最终优化

一般工程要提供两种或两种以上的方案设计，再根据方案进行经济计算与分析，最后经综合指标（如安全可行性、科学性、合理性、经济性、工期等）的评价，得出最优设计方案。重要的要请相关专家进行评议与论证，做到优中选优。

(二) 支护形式

一般住宅工程的支护结构的选型有土钉墙支护、土钉加微桩复合支护、钢筋混凝土灌注桩等。钢筋混凝土灌注桩因造价较高，在此不作介绍，本书着重介绍两种常用的支护方式：土钉墙支护和土钉加微桩复合支护。

(三) 工程实例

1. 土钉墙支护

土钉墙支护因其造价较低、施工简单、快捷、安全可靠、基本不占用场地、无需大型机械设备，在住宅工程基坑施工中常常被采用，下面以某住宅工程为例介绍土钉墙支护的设计与施工技术。

(1) 工程概况、地质及水文条件

地下 2 层，地上 18 层，结构形式为剪力墙结构，基础形式为箱形基础，基础埋深在自然地面下 7.80m，地面平均标高 46.5m。表层为厚 1.40～5.50m 的人工堆积的黏质粉土、粉质黏土填土①层，碎石填土①1 层，房渣土①2 层；其下为新近沉积的黏质粉土、砂质粉土②层，粉质黏土、重粉质黏土②1 层，夹黏土②2 层；于标高 39.90～43.40m 以下为细、粉砂③层，圆砾、卵石③1 层，夹粉质黏土、黏质粉土③2 层；于标高 38.60～40.27m 以下为第四纪沉积的卵石、圆砾④层，细、中砂④1 层；于标高 30.94～33.47m 以下为粉质黏土、黏质粉土⑤层，黏质粉土、砂质粉土⑤1 层；于标高 29.50～31.71m 以下为卵石⑥层。近 3～5 年最高地下水位标高为 34.80m 左右，基坑无需降水。拟建场区地下水水质对混凝土结构无腐蚀性，但在干湿交替的情形下，水中的 Cl^- 介质对钢筋混凝土结构中的钢筋有弱腐蚀性。

(2) 基坑支护方案的设计

1) 护坡方式

根据基坑的深度、形状、周边情况以及地质条件以及经济适用性的原则，采取 1:0.1 和垂直放坡土钉墙支护，预留肥槽为 0.8m。基坑支护平面图详见图 5-1。图上 1-1 和 2-2 剖面放坡为 1:0.1，由于 2-2 剖面离周边马路较近，地面往下第二道钢筋锚杆施加预应力。3-3 剖面东侧距马路非常近，仅为 2.5m 的距离，考虑垂直放坡。各侧护坡详见剖面图 5-2、图 5-3、图 5-4。

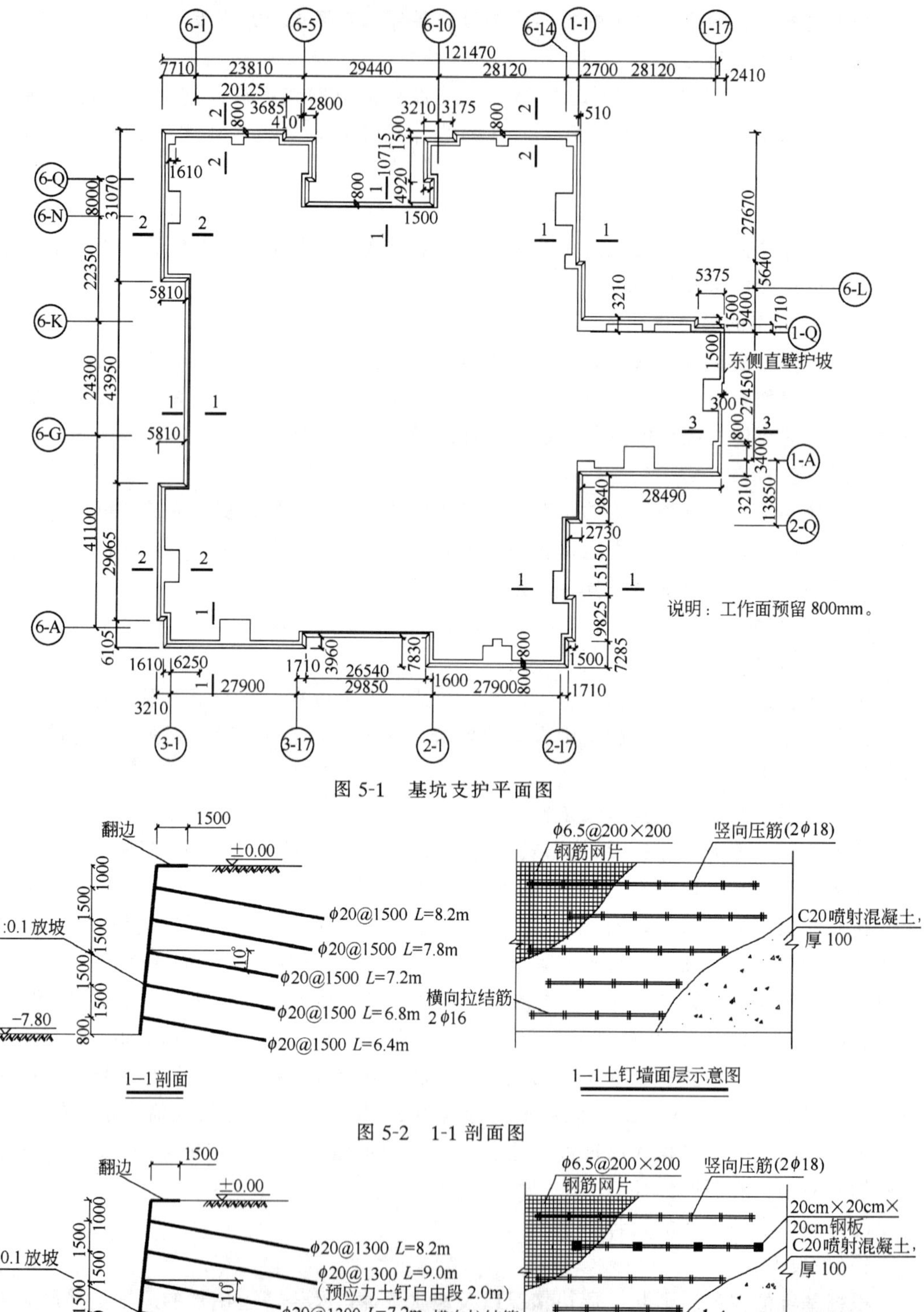

图 5-1　基坑支护平面图

图 5-2　1-1 剖面图

图 5-3　2-2 剖面图

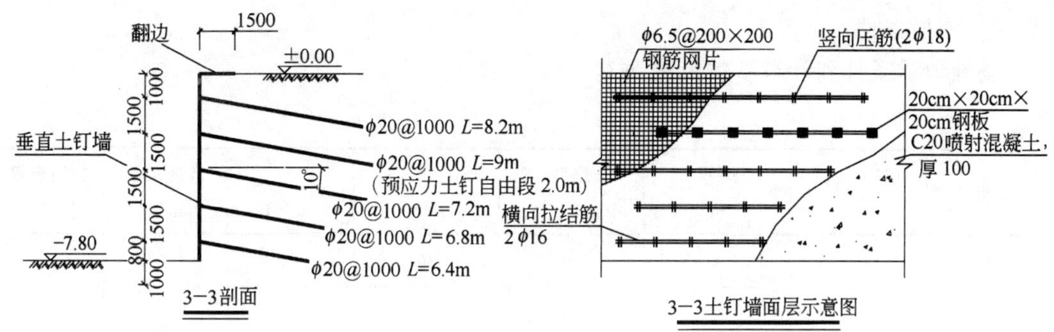

图 5-4 3-3 剖面图

2）地质参数

据该场地勘察报告，选出土层厚度及参数详见表 5-1（场地标高计算时按 ±0.000 考虑）：

表 5-1

序号	土层名称	层厚（m）	黏聚力 c（kPa）	内摩擦角 φ（°）	重度 γ（kN/m^3）
1	人工填土	4.0	20	30	20
2	细砂	3.0	0	35	20
3	卵石	8.0	0	40	20

（3）结构内力计算

采用启明星基坑支护软件计算，1-1 剖面围护结构的计算书如下（2-2、3-3 剖面计算书略）：

1）概况

1-1 剖面基坑开挖深度为 7.8m，基坑坡角为 84.3°，采用土钉墙作围护结构，共设 5 道土钉，见图 5-5。基坑附近附加荷载见图 5-6 和表 5-2 所示。

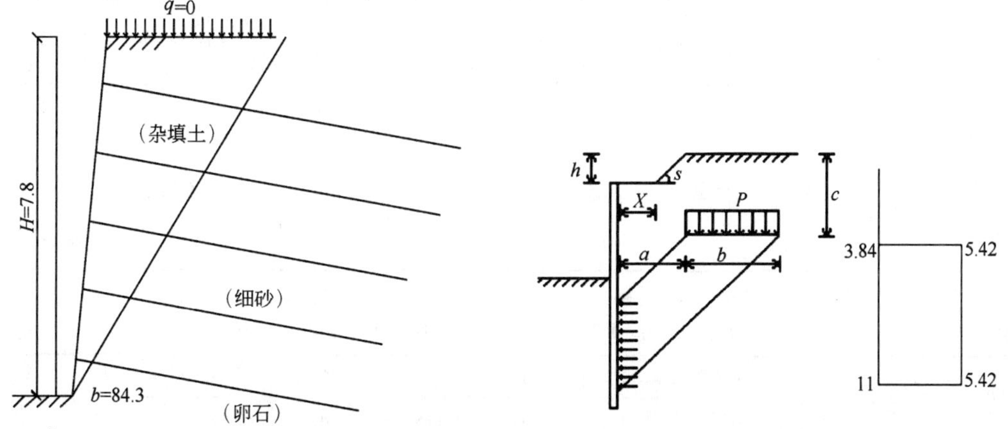

图 5-5 1-1 剖面围护结构

图 5-6 1-1 剖面基坑附加荷载

表 5-2

编号	P（kPa 或 kN/m）	a（m）	b（m）	c（m）
1	20	2	10	0

2）地质条件

场地地质条件和计算参数见表 5-3。

表 5-3

土层	层底标高（m）	层厚（m）	重度（kN/m^3）	φ（°）	c（kPa）	渗透系数（m/d）	压缩模量（MPa）
杂填土	-4	4	20	30	20		
细砂	-7	3	20	35	0		
卵石	-15	8	20	40	0		

3）工况

工况参数见表 5-4。

表 5-4

工况编号	工况类型	深度（m）	倾角（°）	水平间距（m）	q（kPa）	直径（mm）	长度（m）	钢筋直径（mm）	钢筋根数
1	开挖	1.5							
2	加钉	1	10	1.5	60	100	8.2	20	1
3	开挖	3							
4	加钉	2.5	10	1.5	60	100	7.8	20	1
5	开挖	4.5							
6	加钉	4	10	1.5	80	100	7.2	20	1
7	开挖	6							
8	加钉	5.5	10	1.5	80	100	6.8	20	1
9	开挖	7.8							
10	加钉	7	10	1.5	80	100	6.4	20	1

4）计算

最后工况土钉受力和承载力见表 5-5 及基坑稳定性验算见图 5-7、图 5-8。

表 5-5

土钉编号	深度（m）	长度（m）	倾角（°）	直径（mm）	q（kPa）	水平间距	T_{jk}（kN）	T_{uj}（kN）	T_{uj}/T_{jk}	T_g（kN）
1	1	8.2	10	100	60	1.5	0	73		97
2	2.5	7.8	10	100	60	1.5	0	77		97
3	4	7.2	10	100	80	1.5	17	105	6.15	97
4	5.5	6.8	10	100	80	1.5	67	111	1.66	97
5	7	6.4	10	100	80	1.5	85	116	1.37	97

注：q—土钉黏结强度；T_{jk}—土钉所受荷载；T_{uj}—土钉承载力；T_g—土钉材料抗拉强度。

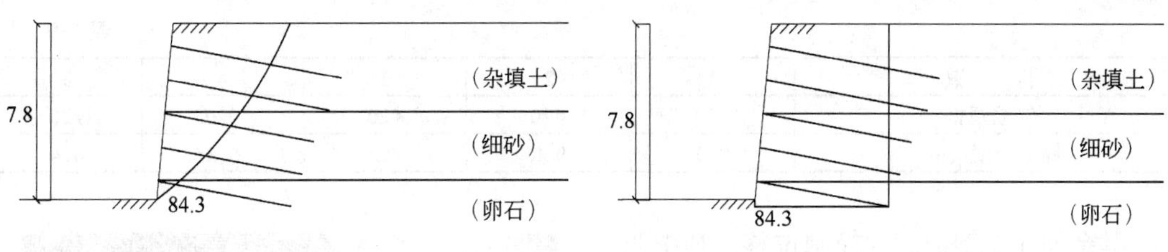

图 5-7 土钉墙整体稳定验算　　图 5-8 土钉墙稳定验算

(4) 综合计算结果，得出各剖面的参数

1) 1-1 剖面的设计参数

(A) 土钉设计参数见表 5-6。

表 5-6

序　号	名　称	设 计 参 数
1	土钉墙放坡	1:0.1
2	土钉垂直间距	1.5m
3	土钉水平间距	1.5m
4	土钉倾角	10°
5	土钉直径	100mm
6	土钉水泥浆体强度	20MPa
7	土钉水泥浆水灰比 W/C	0.5

(B) 土钉主筋规格及长度见表 5-7。

表 5-7

排　数	1	2	3	4	5
锚筋规格	ϕ20	ϕ20	ϕ20	ϕ20	ϕ20
锚筋长度 (m)	8.0	7.6	7.2	6.8	6.4

(C) 喷射混凝土见表 5-8。

表 5-8

序　号	名　称	设 计 参 数
1	设计强度	C20
2	水泥:砂:碎石：8880 速凝剂	1:2:2：0.03 (重量比)
3	喷射厚度	100mm
4	钢筋网	ϕ6.5@200×200，保护层为 30～50mm，另外为保证坡顶稳定，在坡顶做 1.5m 的钢筋混凝土翻边
5	锚头	土钉采取横向拉筋焊接连接

2) 2-2 剖面的设计参数

土钉水平间距 1.3m，土钉主筋规格及长度见表 5-9。

表 5-9

排　　数	1	2	3	4	5
锚筋规格	ϕ20	ϕ20	ϕ20	ϕ20	ϕ20
锚筋长度（m）	8.0	9.0	7.2	6.8	6.4

其余同 1-1 剖面。为控制位移，其中第二道土钉间隔施加预应力（即 1/2 施加），采取螺栓施加预应力 30kN，采取 200mm×200mm×20mm 的钢板作为承压板，自由段长为 2m。

3）3-3 剖面的设计

由于 3-3 剖面处离马路很近，采用垂直喷锚。土钉水平间距 1.0m。其余同 1-1 剖面。为控制位移，其中第二道土钉全部施加预应力，见图 5-9。

图 5-9　土钉墙护坡（第二道土钉施加预应力）

（5）基坑支护施工

1）基坑支护及土方开挖工艺流程见图 5-10

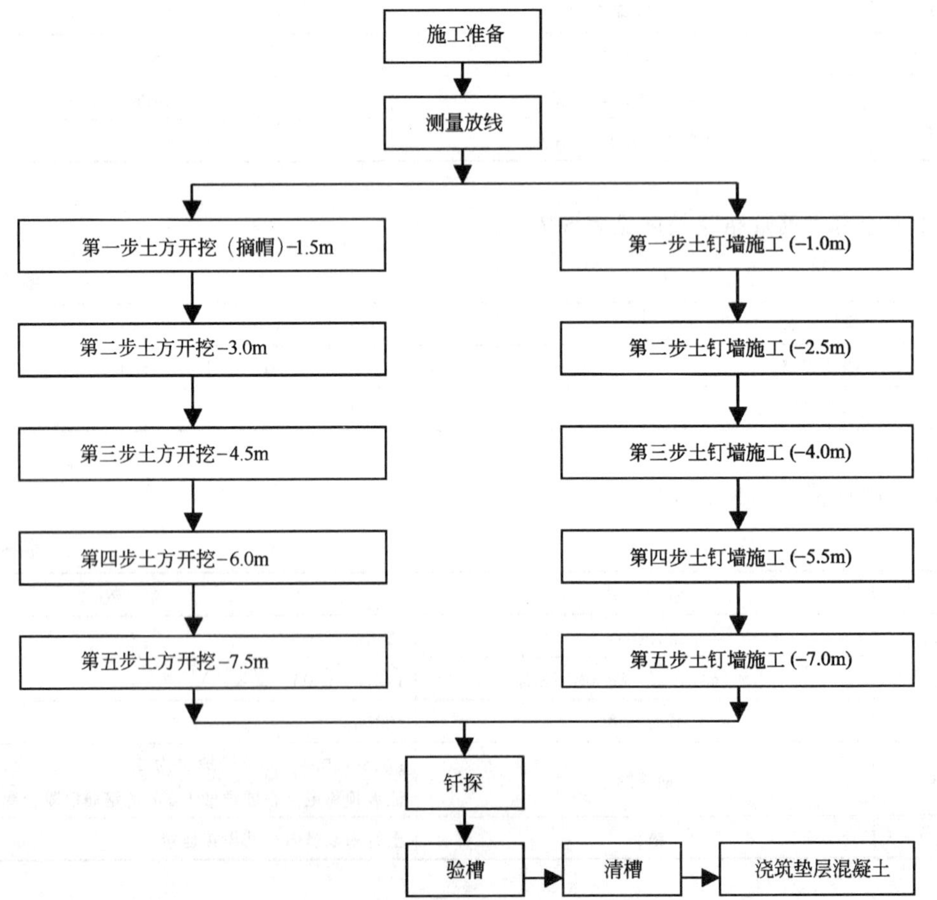

图 5-10　基坑支护及土方开挖工艺流程图

2）土钉墙施工工艺流程（见图 5-11）

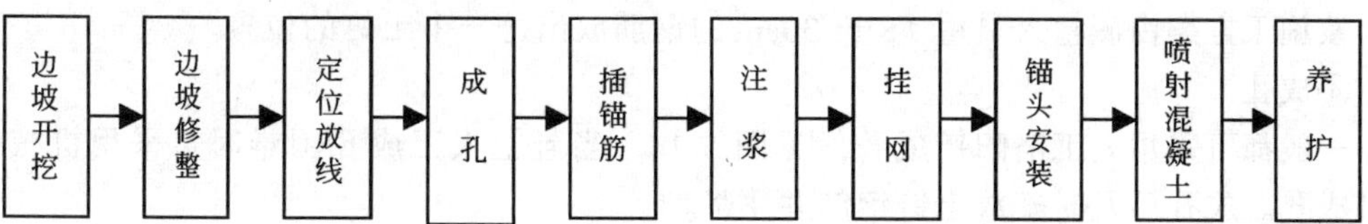

图 5-11　土钉墙施工工艺流程图

3）施工机械（见表 5-10）

表 5-10

项　目	设备名称	项　目	设备名称
土方设备	反铲挖土机	土钉墙施工设备	空压机
	装卸车		混凝土喷射泵
钢筋加工设备	卷扬机		注浆设备
	钢筋弯曲机		搅拌机
	电焊机		张拉设备
	钢筋切割机		锚杆机

4）土钉墙施工方法

①边坡开挖

采用反铲挖土机开挖，预留 20～30cm 人工修坡，开挖深度在土钉孔位下 50cm，开挖宽度保证 10m 以上，以确保土钉成孔时的工作面，见图 5-12。土方开挖严格按施工工艺流程和作业顺序进行，在完成上层作业面的土钉及喷射混凝土以前，不得进行下一层土方的开挖。

图 5-12　为土钉施工创造工作面

图 5-13　人工修坡

②边坡修整

采用人工清理（图 5-13），为确保喷射混凝土面层的平整，此工序必须挂线定位。对于土层含水量较大的边坡，可在支护面层背部插入长度为 400～600mm，直径不小于 40mm 的水平排水管包滤网，其外端伸出支护面层，间距为 2m，以便将喷射混凝土面层后的积水排走。

③定位放线

按施工方案由测量人员用 $\phi 8$ 长 30cm 的钢筋放出每一个土钉的位置。

④成孔

一般都可采用人工洛阳铲成孔，见图 5-14，当赶上人工成孔困难时可采用机械螺旋钻机成孔。成孔后及时安放土钉钢筋并注浆。

图 5-14　人工洛阳铲成孔

图 5-15　土钉加工

⑤土钉主筋制作及安放

主筋按设计长度加 20cm 下料，外端设 90°20cm 的弯钩，主筋每隔 2m 焊对中支架，防止主筋偏离土钉中心，见图 5-15；安放主筋时，将注浆管与主筋捆绑在一起，注浆管离孔底 0.5m 左右。

⑥造浆及注浆

采用搅拌机造浆，应严格控制水灰比为 $W/C=0.5$；注浆采用注浆泵，注浆时，将导管缓慢均匀拔出，但出浆口应始终处于孔中浆体表面之下，保证孔中气体能全部排出。

⑦挂网及锚头安装

钢筋网片用插入土中的钢筋固定，与坡面间隙 3～4cm，不应小于 3cm，搭接时上下左右一根对一根搭接绑扎，搭接长度应大于 30cm，并不少于两点点焊。钢筋网片借助于井字架与土钉外端的弯钩焊接成一个整体。基坑上口挂网往外延伸出 1.0m，见图 5-16。土钉墙按顺序分步施工见图 5-17。

图 5-16　土钉墙基坑上口处理

图 5-17　土钉墙分步施工

⑧喷射混凝土

喷射混凝土顺序可根据地层情况“先锚后喷”，土质条件不好时采取“先喷后锚”，喷射作业时，空压机风量不宜小于 $9m^3/min$，气压 0.2～0.5MPa，喷头水压不应小于 0.15MPa，喷射距离控制在 0.6～1.0m，通过外加速凝剂控制混凝土初凝和终凝时间在 5～10min，喷射厚度大于等于 100mm。见图 5-18、图 5-19。

图 5-18 喷射混凝土施工

图 5-19 已施工完后的土钉墙

⑨养护

常温下采取浇水养护。冬期施工时，混凝土内掺入防冻剂。

(6) 基坑监测

采用信息化施工，确保基坑开挖过程中的安全，对基坑进行监测。

1）观测点的布置

在坡顶上每隔 25m 布置一个点。

2）观测时间的确定

基坑开挖每一步都应作基坑变形观测。

观测时间间隔每天一次，必要时连续观测，基坑开挖完 7d 后，可由每天一次到 3d 一次，15d 后每周观测一次。

观测精度要求：满足国家三级水准测量精度要求；水平误差控制小于 6.00mm；垂直误差控制小于 0.5mm。

3）场地查勘与记录

施工前对原场地进行全面调查，查清有无原始裂缝和异常并作记录，照相存档。

每次观测结果详细记录并绘制沉降与位移曲线。

2. 土钉加微桩复合支护

土钉墙支护作为一种经济可靠快速简便的基坑支护技术，已在我国深基坑工程中得到广泛的应用，而土钉加微桩复合支护所起的作用除了加固、稳定边坡外，尤其是对于紧邻边坡上面道路的变形、地下管线和建筑物的沉降控制非常有效，实践证明土钉加微桩复合支护能有效控制边坡纵向及横向变形，在工程中也逐渐得到了越来越多的应用，特别是位于市中心密集区以及场地狭窄的工程。下面以某工程为例介绍土钉加微桩复合支护的设计及施工方法。

(1) 概况及地质、水文条件

工程地上六层，地下两层半，基坑槽深-13.30m，结构形式为钢筋混凝土框架结构。地处市中心居民密集区，场地较狭窄，紧邻基坑的道路施工时需走重车。由于场地内有一待拆建筑物，因此地下室结构要分为两期施工，待拆除建筑物后再施工第二期。

地质条件：表层为厚度4.70～6.80m的人工堆积之杂填土①层；粉质黏土及黏质粉土②层，层厚约4.20m，其中夹有粉、细砂层；重粉质黏土、黏土③层，层厚约2.10m；粉、细砂④层，层厚约3.10m；以下为卵石⑤层，在基坑底板以下。

地下水情况：根据地质勘探报告，钻孔深21.00m，标高为31.11m，未见地下水，因此不需考虑地下水对基坑土钉支护的影响。

(2) 基坑支护方案的设计

1) 护坡方案

现场场地非常狭小，为保证尽可能多地利用场地而采取较小的放坡。根据地质勘察报告，基坑上部杂填土很厚，达6m，纯粹土钉支护锚不住土体；护坡桩要比土钉加微桩复合支护多占用1.5m宽的施工用地，且施工周期长；经综合考虑，整个基坑采用土钉加微桩复合支护方案。基坑支护平面见图5-20。

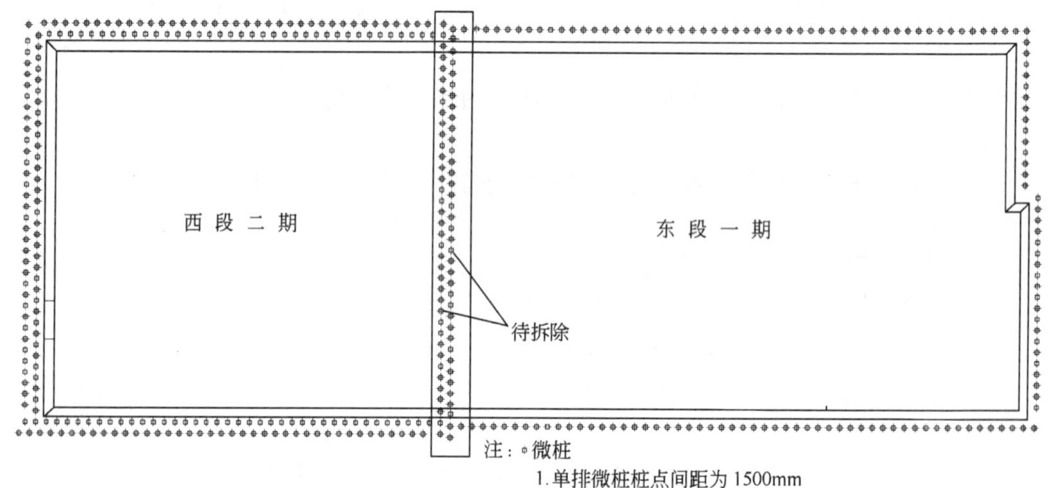

图5-20 基坑支护平面图

微桩剖面详见图5-21。

为了保证在施工第一期期间已有建筑物的安全，此侧护坡为双排微桩，边坡为直壁，见图5-22，且在二期地下室结构施工前将其拆除。其余边坡放坡为1:0.1。已有建筑物有地下室及地下人防，这样使得部分锚杆长度不能达到设计要求，此时需在所遇障碍物下追加锚杆，对锚杆拉力进行补强。由于第二期地下室结构施工赶上雨期，为了保证边坡的安全，第二期边坡均采用双排微桩，边坡放坡为1:0.1。

每开挖1.5m深即可进行一步边坡支护，且考虑到施工进度及出土时间，土方开挖可先沿基坑周边开挖，往基坑中部堆土，待给边坡支护创造出工作面后，边坡支护立即插入。土方先集中堆在基坑中部，待晚间统一外运。

由于基坑上部6m以上均为杂填土，普通土钉锚固力会很差，且第一、二排成孔难，

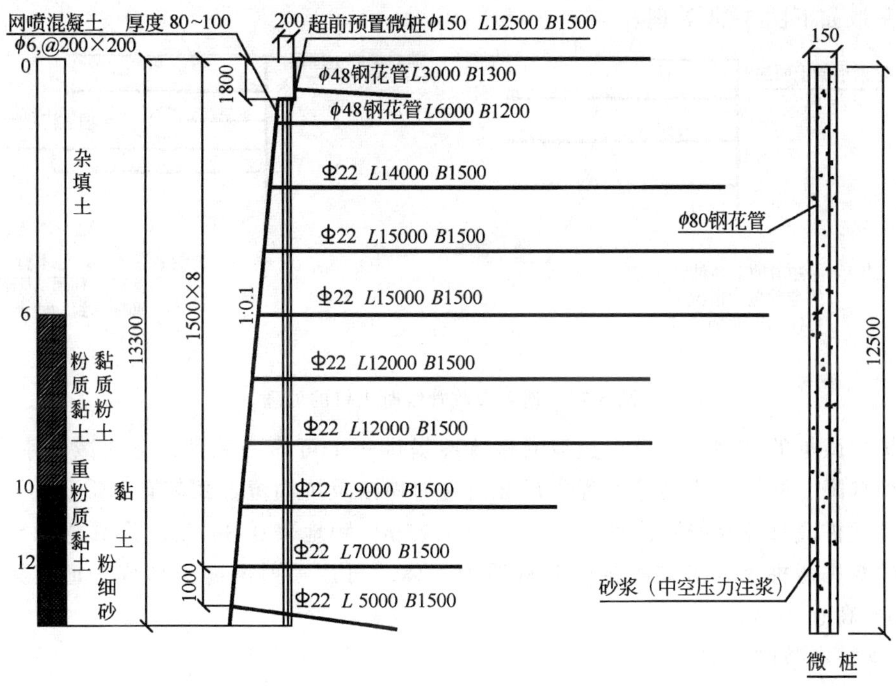

图 5-21　微桩剖面图

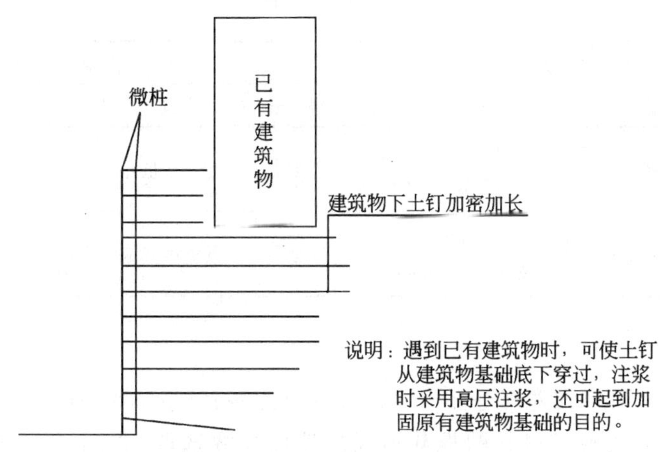

图 5-22　微桩对现有建筑物的支护

此部分考虑采用钢花管替代土钉主筋体，见图 5-23，必要时可将钢管砸入土体，土钉施工的注浆流程中，采用加压注浆，使杂填土层中的空隙充满水泥浆体，挤满空隙，挤走滞水，使土体的整体性得到加强，保证施工过程中施工车辆在基坑边行走的安全。另外它对防止土层中残留滞水的渗漏也有一定的好处。

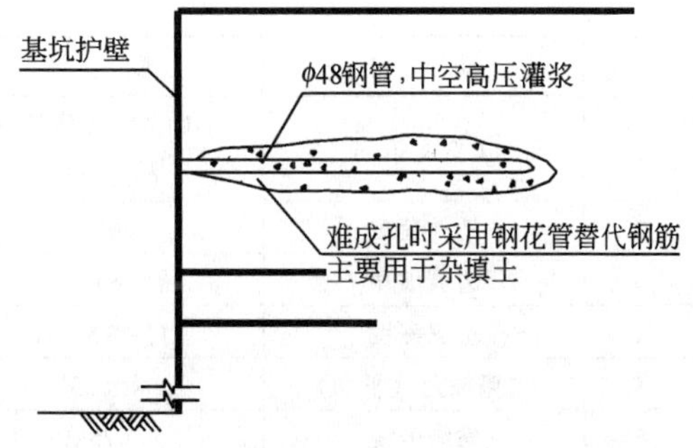

图 5-23　杂填土处用钢花管代替土钉主筋

在基坑周边土钉长度范围内遇到市政管

线时，采取如下图 5-24 处理。

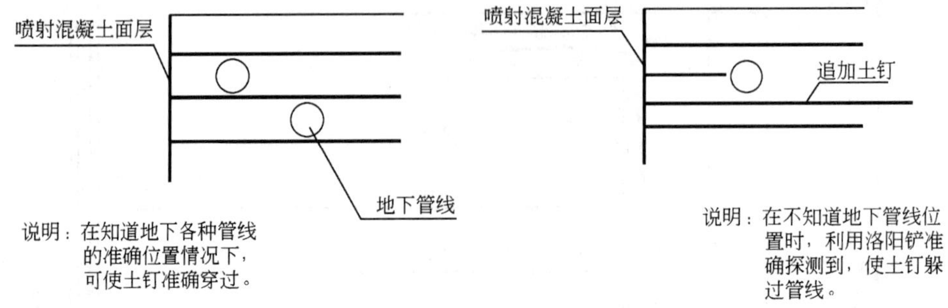

图 5-24　遇到市政管线时土钉的处理

支护中微桩的作用是为整个边坡的整体性提供一个可靠的保证，它对减少水平位移、限制地面沉降、防止土方开挖过程中局部出现坍塌以及抗倾覆方面都有着重要的作用。

双排微桩成梅花状排列，微桩的间距为 0.75m，距地表 0.8m 处，形成宽 0.5m 平台，平台上的双排微桩用 ϕ16 螺纹钢同微桩连为一体，再用喷射混凝土形成一道横梁（长×宽 0.5m×高 0.3m）。

2）支护参数的选取

①微桩参数（见表 5-11）

表 5-11

单排微桩			双排微桩		
序号	项目	参数	序号	项目	参数
1	微桩孔径	$\phi=150$mm，间距@=1500	1	微桩孔径	$\phi=150$mm，间距@=750
2	微桩内置钢管直径	$D=80$mm，长度 $L=12500$mm	2	微桩内置钢管直径	$D=80$mm，长度 $L=12500$mm

②土钉参数

土钉支护中的土钉呈梅花形分布，排间距为 1.2～1.5m，列间距 1.5m。考虑施工过程中施工车辆的行走及施工材料的堆载情况，地面荷载选取 20kN/m^2。在设计时，先初选参数进行计算，再进行边坡稳定性的校核。初选参数见表 5-12。

表 5-12

序号	项目	参数	序号	项目	参数
1	土钉主钢筋	HRB335 级螺纹钢 $\phi=22$mm	7	土重度	$\gamma=19.8$kN/m^3
2	地面荷载	$q=20$kN/m^2	8	土钉与水平线的角度	$\theta=0°$
3	边坡坡角	84°	9	土钉孔径	$d_0=100$mm
4	基坑深度	$H=13.3$m	10	土钉排距、列距	$S_v=S_h=1.5$m
5	内摩擦角（平均）	$\phi=25°$	11	安全系数	$K=1.5$
6	黏结强度	$\tau=75$kPa			

3）土钉计算

土钉计算公式参照 CECS96：97《基坑土钉支护技术规程》。

$$N = P \cdot S_v \cdot S_h$$
$$P = P_1 + P_q$$
$$P_q = K_a \cdot q$$
$$P_1 = 0.55K \cdot r \cdot H$$
$$K_a = tg^2(45° - \theta/2)$$

式中 N——土钉设计内力；

P_1——土钉长度中点所处深度位置上土体自重引起的侧压力；

P_q——地表均布荷载引起的侧压力；

H——基坑深度；

K_a——侧压力系数；

θ——土钉与水平方向的角度。

根据计算，计算结果如下（见表 5-13）：

表 5-13

土 钉 参 数 (mm)			
排 数	钢筋直径 ϕ	长 度 L	间 距@
第一排	22 或 ϕ48L3000@1300 钢花管	3000	1300
第二排	22 或 ϕ48L6000@1200 钢花管	9000	1500
第三排	22	14000	1500
第四排	22	15000	1500
第五排	22	15000	1500
第六排	22	12000	1500
第七排	22	12000	1500
第八排	22	9000	1500
第九排	22	7000	1500
第十排	22	5000	1500

4）面层设计

土钉支护的面层作用主要是限制土钉之间土体的变形，将土体侧向压力有效地传递给土钉，并调整相邻土钉的受力状态。

面层参数为：网筋 ϕ6.5，@200×200，喷射混凝土厚度为 8～10cm，强度 C20。喷射混凝土配比为：水泥 1:砂 2:石 2:水 0.4。

水泥为普 42.5（P_0：32.5 强度级别），石子为 ϕ0.5～1.5cm 的碎石或豆石，砂为中、细砂。

5）注浆设计

土钉注浆采用孔底或口部加压注浆，注浆压力为 0.3MPa，对于松散地层注浆压力为 0.5～1.0MPa。

注浆配比为：水泥 1∶砂 0.5∶水 0.45，根据现场情况添加三乙醇胺等添加剂。

(3) 基坑支护（喷锚网）验算

1）验算基本原理

(A) 考虑土体为变形体，可能滑移面为对数螺线，其破坏形式更符合各种实际砂土和黏性土特征；

(B) 用条分法对可能滑移体进行力矩分析，并分析土体自稳能力，计算不平衡力矩，确定支护稳定的必要条件；

(C) 土钉同时受到拉力和剪力作用；

(D) 以稳定性系数指标来检验和修改设计。

2）验算步骤

(A) 求对数螺线型滑移面

对数螺线型方程为：$r = \alpha e^{k\theta}$

式中　α 和 k 是常数，r 和 θ 是半径及半径与水平面的夹角。图 5-25 所示，

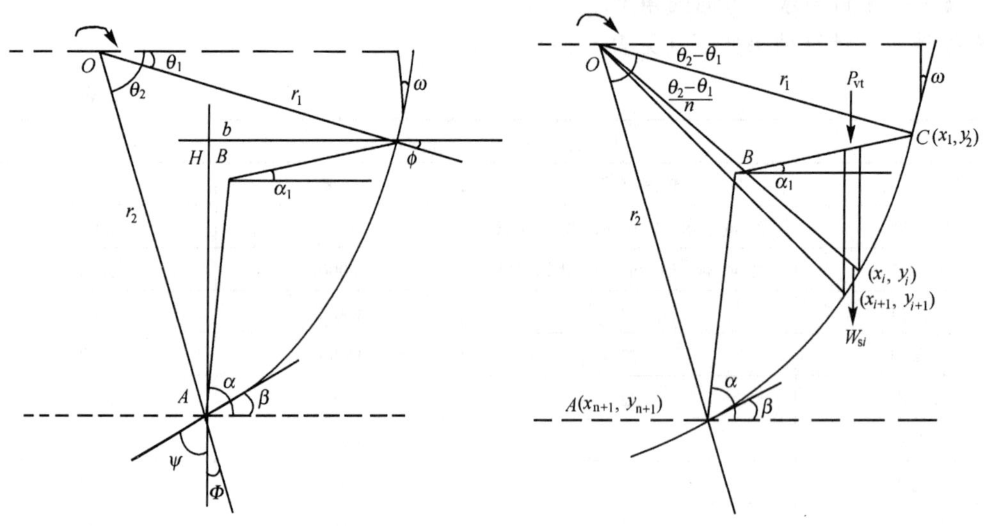

图 5-25　对数螺旋线示意图　　　　图 5-26　等极角分条示意图

ψ 为半径与相应切线的夹角，ϕ 为摩擦角，α 为坡面角，α_1 为边坡上表面与水平面的夹角，β 为基脚的切线与水平线的夹角，ω 为滑移面的切线与地面相交的垂直夹角，H 为边坡的垂直高度，有如下关系：

$$\psi = 90 - \phi$$

$$k = 1/\mathrm{tg}\psi$$

$$\beta = 0.5\phi + 0.201\alpha\psi + 0.265\alpha + 0.087(\alpha, \phi \text{ 以弧度计})$$

$$\theta_1 = 90 - \psi + \omega = \phi + \omega$$

$$\theta_2 = 180 - \psi - \beta = 90 + \phi - \beta$$

$$a = H/(e^{k\theta_2}\sin\theta_2 - e^{k\theta_1}\sin\theta_1)$$

$$b = a(e^{k\theta_1}\cos\theta_1 - e^{k\theta_2}\cos\theta_2)$$

$$r_1 = ae^{k\theta_1}$$

$r_2 = ae^{k\theta_2}$

等级角 n 等份，分条求滑移线，见图 5-26。

$\theta_i = (\theta_2 - \theta_1)/n + \theta_1$

$r_i = ae^{k\theta_i}$

$x_i = r_i\cos\theta_i - r_2\cos\theta_2$

$y_i = r_2\sin\theta_2 - r_i\sin\theta_i$

注意式中 θ_i 与 θ_1、θ_2 区别，r_i 与 r_1、r_2 区别。A 点（x_{n+1}，y_{n+1}）即为 A（0，0），i 为分条变量，$i=1$，2，…，n，以下相同。

(B) 分条求不平衡力矩

滑移线上土条中点如图 5-27 所示：

$\theta_{ri} = (\theta_i - \theta_{i+1})/2$

$r_{ri} = (r_i + r_{i+1})/2$

$x_{ri} = (x_i + x_{i+1})/2$

$y_{ri} = (y_i + y_{i+1})/2$

重力矩 $M_w = \sum_{i=1}^{n} W_{si} \cdot r_{ri} \cdot \cos\theta_{ri}$

而荷矩 $M_p = \sum_{i=1}^{n} p_{ri} \cdot r_{ri} \cdot \cos\theta_{ri}$

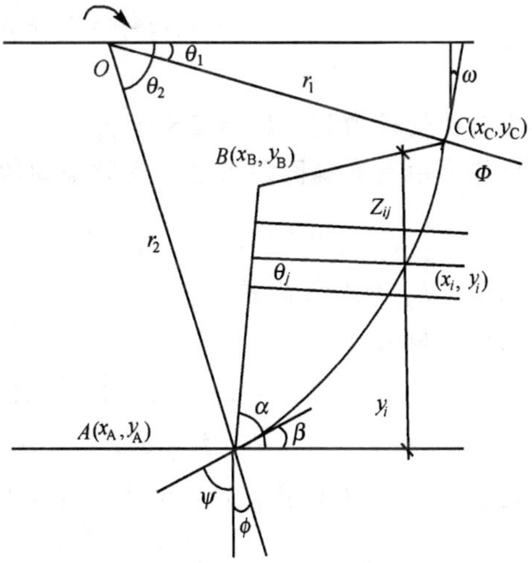

图 5-27 滑移线上土条中点图

式中：W_{si}为土条重，P_{ri}为条荷。

总作用矩 $M_T = M_W + M_P$

土体抗力矩为：

$$M_R = \sum_{i=1}^{m} [c_i r_{ri}(\theta_{i+1} - \theta_i)/\cos\phi + (W_{si} + P_{ri}) \cdot \sin(\theta_{ri} - \phi_i)\mathrm{tg}\phi_i] r_{ri}\cos\phi_i$$

式中：c_i 为 i 层土体黏聚力，ϕ_i 为 i 层土体摩擦角。

不平衡矩 $\Delta M = M_T - M_R$

(C) 土钉中的拉伸荷载，剪切荷载及土钉的抗拔力

如图 5-17 所示，坡面上土钉坐标（x_{si}，y_{si}），土钉与滑移线交点为（x_j，y_j），土钉与水平线的夹角为 ε_j，满足联立方程组：

$(y_j - y_{sj})/(x_j - x_{sj}) = \mathrm{tg}\varepsilon j$

$r_j = ae^{k\theta_j}$

$x_j = r_j\cos\theta_j - r_2\cos\theta_2$

$y_j = r_2\sin\theta_2 - r_j\sin\theta_j$

式中：j 为土钉排数变量，从上至下为 1，2，…，J_m。

由以上式子中得超越方程：

$$ae^{k\theta_j}(\cos\theta_j\mathrm{tg}\varepsilon j - \sin\theta_j) - ae^{k\theta_2}(\cos\theta_2\mathrm{tg}\varepsilon j - \sin\theta_2) - x_{sj}\mathrm{tg}\varepsilon j - y_{xj} = 0$$

用牛顿迭代法可求 θ_j，从而可得 r_j、x_j、y_j。

土钉所受剪力为：

$$S_j = \frac{\Delta M r_j \cos(\phi + \rho_j)(N_j)^{0.4}(Z_j)^{0.6}}{\sum_{j=1}^{J_m} \lambda_j r_j^2 \cos(\phi_j + \rho_j)(N_j)^{0.4}(Z_j)^{0.6}}$$

式中：$Z_j = H - y_j, N_j = j, \rho_j = \theta_j - \phi_j - \varepsilon_j$，

$$\lambda_j = \cos(\phi_j + \rho_j) + 2\mathrm{tg}(2\rho_j)\sin(\phi_j + \rho_j) - \sin\rho_j \mathrm{tg}\phi_j \sin\phi_j + 2\mathrm{tg}(2\rho_j)\cos\rho_j \mathrm{tg}\theta_j \sin\theta_j$$

土钉所受拉力为：$T_j = 2S_j \mathrm{tg}^2\rho_j$

抗拔力由有效锚固段求之，有效锚固段长度为：

$$L_{ej} = L_j - [(x_j - x_{sj})^2 + (y_j - y_{sj})^2]^{\frac{1}{2}}$$

式中：L_j 为土钉长度。

土钉抗拔力：

$$T_{Rj} = 2d_h \mathrm{tg}\phi_j \{\bar{\gamma} - Z_j[\cos\varepsilon_j + k_{sj}(1 + \sin\varepsilon_j)]\} L_{ej} + 1.5S_j \mathrm{tg}\phi_j + \pi c_j d_h L_{ej}$$

式中：d_h 为土钉孔直径，$\bar{\gamma}$ 为土体平均重度，c_j 为土体内聚力，k_{sj} 为土体主动土压力系数，$k_{sj} = \mathrm{tg}^2\left(\frac{\pi}{4} - \frac{\phi_j}{2}\right)$。

(D) 稳定性计算

整体稳定性是指所有的土钉均施工完毕而且强度达到要求的情况下整个边坡的稳定性。

总的拉拔力： $T_R = \sum_{j=1}^{J_m} T_{Rj}$

总的拉力： $T = \sum_{j=1}^{J_m} T_j$

以拉力为基准的安全系数为：$F_S = T_R / T$。

3）土性参数

在基坑开挖深度范围内的土性参数见表 5-14。

表 5-14

土层	土层厚度 (m)	内聚力 C (kPa)	内摩擦角 ϕ (°)	黏结强度 τ (kPa)	重 度 γ (kN/m^3)
杂填土	6.0	5	10	45	20.1
粉质黏土/黏质粉土	4.0	27	15	75	20.3
重粉质黏土/黏土	2.0	40	10	90	19.3
粉、细砂	1.3	5	28	105	19.8

4）土钉参数见表 5-15。

表 5-15

土钉排数	离地面高度（m）	土钉长度（m）	土钉倾角（°）
1	0.7	3.0	4
2	1.5	6.0	0
3	3.0	14.0	0
4	4.5	15.0	0
5	6.0	15.0	3
6	7.5	12.0	0
7	9.0	12.0	0
8	10.5	9.0	0
9	12.0	7.0	0
10	13.0	5.0	4

备注：土钉孔径均为 100mm，土钉钢筋直径为 22mm，排间距为 1.2～1.5m，列间距 1.5m；单排微桩间距为 1.5m，长度为 13.7m。

5）计算结果见表 5-16。

表 5-16

项　　目	结　　果	项　　目	结　　果
坡面角 α	84.3°	θ_2	46.6°
平均摩擦角 ϕ	13.3°	α	22.8m
ψ	76.7°	r_1	24.4m
k	0.237	r_2	27.6m
β	56.7°	b	4.7m
θ_1	16.3°		

总下滑力矩 $M_T = 9885.7$kN·m；

其中重力矩 $M_W = 7526.8$kN·m；

面荷矩 $M_P = 2358.9$kN·m；

土体抗力矩 $M_R = 5769.7$kN·m；

不平衡矩 $\Delta M = 4116$kN·m；

正因为有如此大的不平衡力矩，所以要采取加固措施（土钉支护），否则就会滑移。

土钉所受总的拉力 $T = 707.88$kN；

土钉总的抗拔力 $T_R = 1139.85$kN；

安全系数为 1.61。

(4) 边坡支护施工

1）施工遵循原则

(A) 边坡支护的设计思想和设计方案要靠正确的施工组织来实现。

(B) 采用动态设计与信息施工技术

工程技术人员跟随各作业班组，不离施工现场，及时处理施工中出现的问题。如基坑开挖过程中会出现每层每段的实际地质情况与地勘资料提供的情况存在局部差异；又如基坑边壁位移不收敛或位移变化速率增大等，这些都必须及时、果断、不失时机地调整一些设计参数和施工方法，保证边壁的稳定。边坡支护施工过程中及回填土施工前通过仪器及锚杆应力计算时刻观察边坡稳定情况。

2）主要机械设备见表 5-17。

表 5-17

序　号	设 备 名 称	序　号	设 备 名 称
1	空压机	5	搅拌机
2	喷浆机	6	洛阳铲
3	注浆机	7	锚杆钻机
4	电焊机	8	料管

3）施工工序

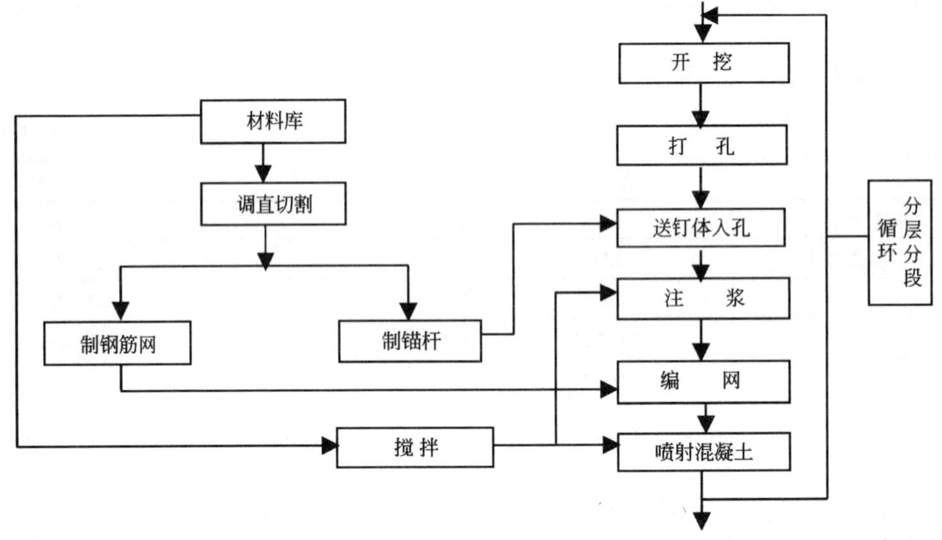

在喷锚前，先在基坑周边进行微桩施工，见图 5-28、图 5-29。

图 5-28　微桩成孔

图 5-29　待浇注混凝土的微桩钢管

4）各工序技术、质量要求

(A) 制锚

土钉主筋体采用 $\phi22$ 螺纹钢筋，在杂填土高度内采用 $\phi48$ 钢花管代替土钉。

技术质量要求：

a. 锚长误差 - 20cm；

b. 锚杆体每隔 3m 做对中架；

c. 锚杆体（钢筋）搭焊长度不小于 $5d$；

d. 特殊地段根据地质情况锚杆长度可调整。

(B) 开挖

土钉支护的特点是边开挖边支护，见图 5-30、图 5-31。为了保证基坑边壁在开挖过程中土体应力场和应变场不产生过大变化，因此，对土方开挖有严格要求，挖土必须分层分段开挖。层厚为 1.5m（即锚杆排距），段长一般不大于 30m。不允许超挖，不允许上层喷射混凝土面层和注浆体尚未达到一定强度时就开挖下层，以免造成边壁坍塌。

图 5-30 土钉成孔施工

图 5-31 边坡支护分层施工

(C) 钻孔

机械成孔和洛阳铲成孔相结合。

技术质量要求：

a. 孔径 10cm；

b. 孔深允许误差 - 20cm；

c. 打设角一般为 0°～8°；

d. 孔位遇障碍物时可调整，如障碍物大则在锚杆下方追加锚杆补强。

(D) 注浆

一般为底部注浆，仰角孔时为口部注浆。

技术质量要求：

a. 配比为：水泥 1∶水 0.5，并加三乙醇胺 0.3‰；

b. 注浆压力≥0.3MPa；

c. 水泥等级为 32.5、中细砂。

(E) 修坡面

注浆后进行修整坡面，定点、放线确保坡面平整，应严格控制坡面距地下室外边线的距离。

(F) 编网及焊接

技术质量要求：

a. 网筋 ϕ6.5@200×200；

b. 网筋搭接为点焊、绑扎；

c. 锚头“井”字形，25cm×25cm；用 ϕ16 螺纹钢通长焊接连接。

(G) 喷射混凝土护面

钢筋网片和锚杆头焊接好以后，立即进行喷射混凝土作业。喷射时，喷枪距作业面控制在1.5～2m距离，水灰比、所用材料必须符合设计要求。喷射混凝土的程序是，混凝土喷射机将水泥砂石料、添加剂均匀通过管路，用风压送到作业面。在作业面的枪头出口处有一注水装置，水和水泥、砂、石在枪头处通过风压在向外喷射时均匀的混合在一起，喷至作业面。见图5-32、图5-33。

图5-32　边坡喷射混凝土

图5-33　已施工完的边坡

技术质量要求：

a. 材料：普32.5水泥、中砂、碎石或豆石；

b.配比：（水泥）1：（砂）2：（石）2：（水）0.4。根据地质情况可加3%速凝剂（与水泥重量比）；对于冬季施工，按要求添加防冻剂外加剂等；

c. 配料的搅拌：上料前初拌，上料后水泥、砂、石经过喷浆机和输送料管混合，即可达到均拌目的；

d. 混凝土强度C20；

e. 喷射前坡面作喷射厚度标记，喷射混凝土面层厚度为8～10cm。

(H) 开挖下层

开挖下层土方时间与上层喷射混凝土面层强度、注浆强度、地质条件，边壁位移量有关，一般上层混凝土面层喷射24h后方可进行下层开挖。

5) 预防及应急方案

深基坑支护是一个综合性岩土工程问题，既涉及土力学中典型的强度与稳定问题，又包含了变形问题，同时还涉及到土与支护结构相互作用问题，这些问题又受到工程现场的地质、水文、环境、荷载、天气等诸多因素的影响。因此，施工中不可避免地要出现一些问题，这些问题的应急方案常采用同类工程的成功经验来处理，有时它比理论计算或规范更有效。如通过监测手段、分析基坑边壁位移过程曲线，确定其对基坑边壁稳定的影响程度，以便采用限制边壁位移的应急方案。如在挖土过程中，重粉质黏土地质层因挖土卸载引起的侧向变形；细粉砂层可能出现的表层崩落等应急方案。

(A) 预防措施

为了防止施工过程中出现一些问题，在施工时重要预控点如下：

a. 分层分段开挖；

b. 坡面开挖，待土钉成孔注浆后，再用人工将坡面修齐编网喷射混凝土；

c. 预置超前土钉，主要用在含水量丰富的地层；

d. 建立完整可靠的质量保证体系：基坑支护由基坑设计、施工以及质保人员组成。

(B) 应急方案

a. 基坑开挖过程中，局部坍塌的处理

基坑开挖过程中，在某些重粉质黏土层，有可能土钉支护还来不及实施时，就出现小范围的坍塌，这种情况的坍塌不会对边坡构成威胁，对于这种情况的处理一般是，正常施工，只是在喷射混凝土面层之前，用碎砖头等杂物将塌空的地方添齐，再喷射混凝土，待面层强度上来时，再注浆将回填地方的空隙填满，或者在喷射混凝土面层时，直接将混凝土和砂土一齐喷射至坍塌区喷平。

b. 基坑开挖过程中边坡位移增大的处理

土钉支护的核心内容，体现在信息化施工即反馈设计，由施工过程中的监测工序来完成，当边坡的位移变化速率超过警戒值时，就要采取措施。针对工程采取措施，如将上面已施工过的土层，根据情况追加土钉，并且要加长，对于下面的土层，土钉要缩小间距，钉体要加长，增加注浆压力，并且还可以追加微桩的密度、长度，再施加预应力锚杆加以约束。

如果以上措施来不及实施时，立即用挖土机将土方回填，回填后再实施方案。

(5) 边坡支护监测

土钉加微桩复合支护监测是边坡支护设计中的重要组成部分。通过监测，可随时掌握周边环境的变化以及支护土体的稳定状态、安全程度和支护效果，为设计和施工提供信息。通过信息反馈体系，可及时修改支护参数，完善施工方法，预防事故发生。同时，监测资料还可作为检验和评价支护结构稳定性的依据。因此在深基坑支护工作中对基坑工作状态的监测就显得特别重要。

基坑支护中，支护的方案是否可靠，设计所选的参数是否与实际相符，相差多大，基坑支护中的结构是否工作在安全可靠的状态，特别是在城市复杂的环境中，对深基坑工作状态的监测必不可少。它能够使我们知道基坑本身、基坑周围地上地下已有的建筑物是否会受到威胁、破坏。通过对基坑工作状态的全面监测，从基坑的开挖开始，到地下建筑物的建造完成，能够用数据回答一切问题。

1) 监测方案

一期结构施工时在基坑周边设立 10 个水平位移观察点，2 个边坡测斜点，还有 2 处内应力监测点。二期结构施工时在基坑周边设立 8 个水平位移观察点，2 个边坡测斜点，还有 1 处内应力监测点，见图 5-34，用以观察基坑边顶端的水平位移、基坑边坡倾斜变形

以及锚杆内应力变化情况，进而可分析基坑边壁的稳定性。

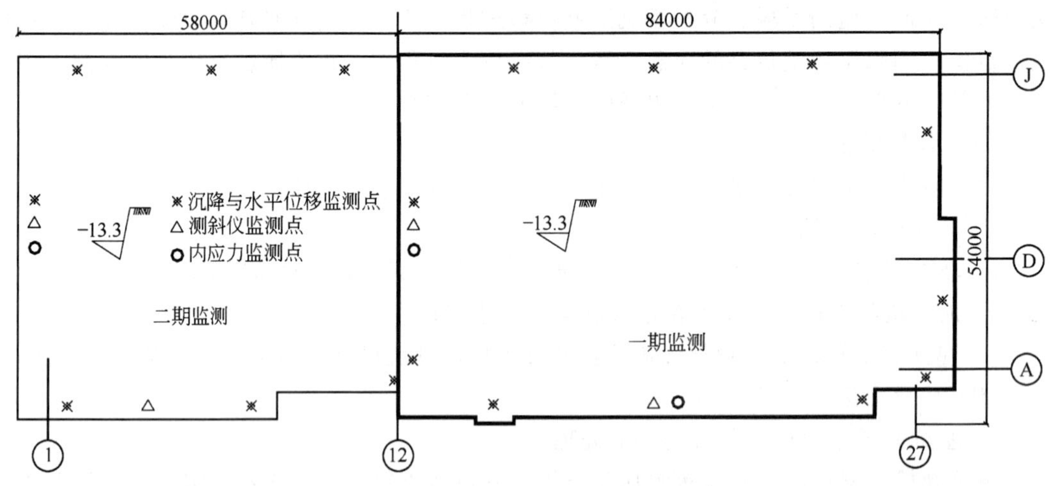

图 5-34　基坑监测点平面布置

(A) 边坡水平位移监测

水平位移的观测可提供基坑边壁的水平变形量、变形速率和变形分布信息。观测前在边坡顶端布置一系列水平伸出的短钢筋，用经纬仪进行标定，使经纬仪竖直中丝线与钢筋上的标定记号位于同一轴线上。观测时，将经纬仪架于原轴线上，观测竖直中丝视线在钢筋上的位置，量出视线新位置与原标定记号之间的距离，便是边坡水平位移的数值。

(B) 土钉应力测试

从土钉应力值的变化可知土钉工作情况。监测采用 GJL-2 型钢筋应力计及 GPC-1 型袖珍式钢弦频率测定仪。GJL-2 型钢筋应力计是一种钢弦式传感器，内部主要由激振圈、感应线圈、钢弦及弹性模板组成。其工作原理是在微幅振荡条件下，钢弦的固有频率 f 与其轴向应力 σ 的关系：

$$f=(\sqrt{\sigma}/\rho)/(2l) \tag{1}$$

式中　l——钢弦有效长度；

ρ——钢弦体密度。

压力 P 通过弹性模板作用于钢弦，且 $\sigma=\Phi(P)$，所以有：

$$f=(\sqrt{\Phi(P)}/\rho)/(2l) \tag{2}$$

即输出 f 与输入 P 有上述函数关系。

根据公式 (2)，每只传感器出厂前都进行标定，做出标定曲线。现场频率值所对应的拉力值就可从标定曲线上查得。

现场监测中，应力计按一定顺序和间距布置在测试土钉上，再将测试土钉按正常的施工方法埋置于需测量的土层内，见图 5-35，然后利用 GPC-1 型袖珍式频率测定仪测量每个应力计的输出频率，再根据标定曲线换算成土钉拉力值。

(C) 测斜

在一期及二期基坑的边侧均设置 2 组测斜管，用以监测从基坑开始到离开基坑不

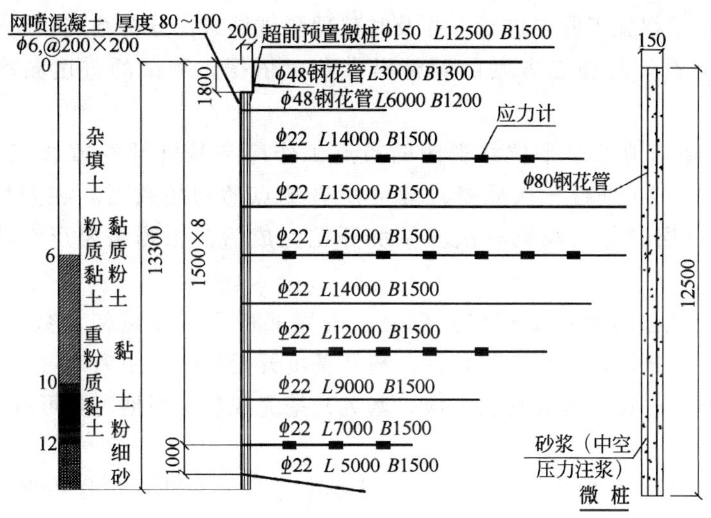

图 5-35 土钉内应力传感图

同距离的土中不同深度的位移变化，从而用来分析基坑边壁的滑移趋势。测斜管采用 ϕ70 制式测斜管，测斜仪采用航天工业总公司三院三十三所生产的 CX-01 型数字显示测斜仪。仪器主要由测头、电缆、测读仪组成。工作时，测头以其导轮沿测斜管的导槽提升，每 0.5m 读取一个数据。该数据是以测斜管导槽为方向基准，在某一深度处，测头上下导轮标准间距 L 上倾斜角的函数，其值可换算成水平位移。其工作原理是：当测头内的加速度计敏感轴在水平面时，矢量 g 在敏感轴上的投影为零，加速度计输出为零；当加速度计敏感轴与水平面存在一倾角 φ 时，加速度计输出一个电压信号：

$$U_1 = K_0 + K_1 \times G \times \sin\varphi \tag{3}$$

式中 K_0——加速度计偏值；

K_1——加速度计电压刻度因素，2.5V/g；

G——重力加速度。

为了消除 K_0 的影响，可以将测头旋转 180°，在该点进行第二次测量，得：

$$U_2 = K_0 - K_1 \times G \times \sin\varphi \tag{4}$$

（3）－（4）得：

$$U_1 - U_2 = 2 \times K_1 \times G \times \sin\varphi \tag{5}$$

而 $\sin\varphi = \Delta_i / L$

式中 Δ_i——上下导轮间的水平位移；

L——导轮间距 500mm。

所以得到：$\Delta_i = (U_{out1} - U_{out2}) L / (2GK_1)$

将 Δ_i 自下至上累加即可得出任何一深度的位移。

一期结构施工时由于已有建筑物的存在，为了保证在施工过程中不出现异常，在基坑西侧（I—I 剖面）特设立一个沉降观察点，用来监测已有建筑物受基坑开挖的影响有多大。监测采用光学经纬仪和光学水准仪。

2）测试频率

测试工作结合工程施工同步进行，并及时整理测试结果，分析基坑和周围建筑物的稳定与变形情况，为设计与施工方案的调整提供参考依据。测试的进度频率与要求简述如下：

(A) 地面沉降与地面水平位移观测的布点工作应与基坑开挖放线工作同时进行，并在基坑开挖前1～2d进行一次测量，建立所有测点的初始数据。在开挖过程中根据施工进度每开挖一层或每天观测一次。基坑开挖完成后，根据需要可继续观测一段时间。

(B) 地层倾斜位移的布点工作包括钻孔、安置测斜管、测量初读数，工作量较大，必须尽早着手进行，布设位置可预先估计，离开基坑开挖线一定距离即可。在开挖过程中根据施工进度每开挖一层或每天观测一次。基坑开挖完成后，根据需要可继续观测一段时间。

(C) 土钉内力的测试工作在开挖和支护过程中进行。在开挖过程中根据施工进度每开挖一层或每天观测一次。基坑开挖完成后，根据需要可继续观测一段时间。

3) 测试结果

由于地下结构施工期间每天均有测试记录，在此只介绍比较有特点的一些点在某一天的测试结果。

(A) 水平位移测试结果

在经纬仪测试精度范围内，未发现有因基坑施工所造成的不均匀沉降和水平位移。

(B) 土钉应力

a. 土钉应力计布置（见图5-36、图5-37）

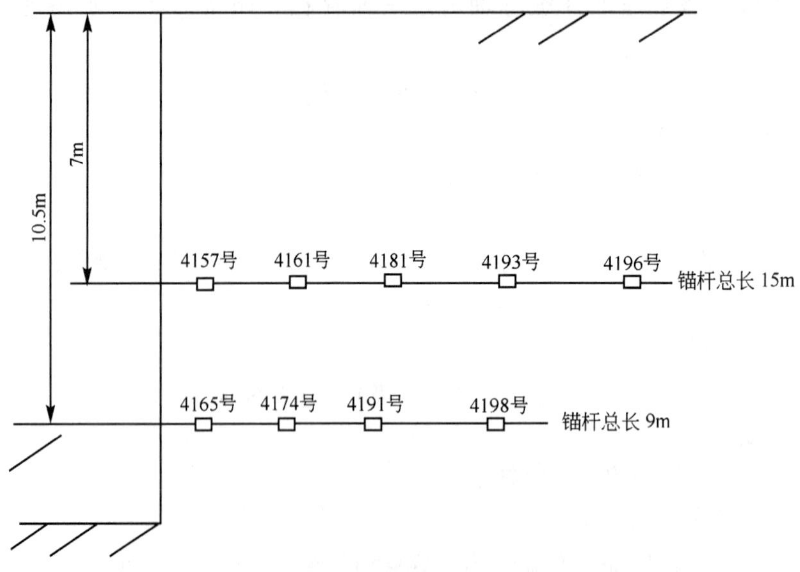

图5-36 一期I—I剖面（西坡）土钉应力计布置示意图

b. 应力曲线

分取土钉前端4157号、中端4181号和尾端4196号的测试数据，来观察土钉的工作状态。前端、中端和尾端应力曲线分别见图5-38、图5-39、图5-40。

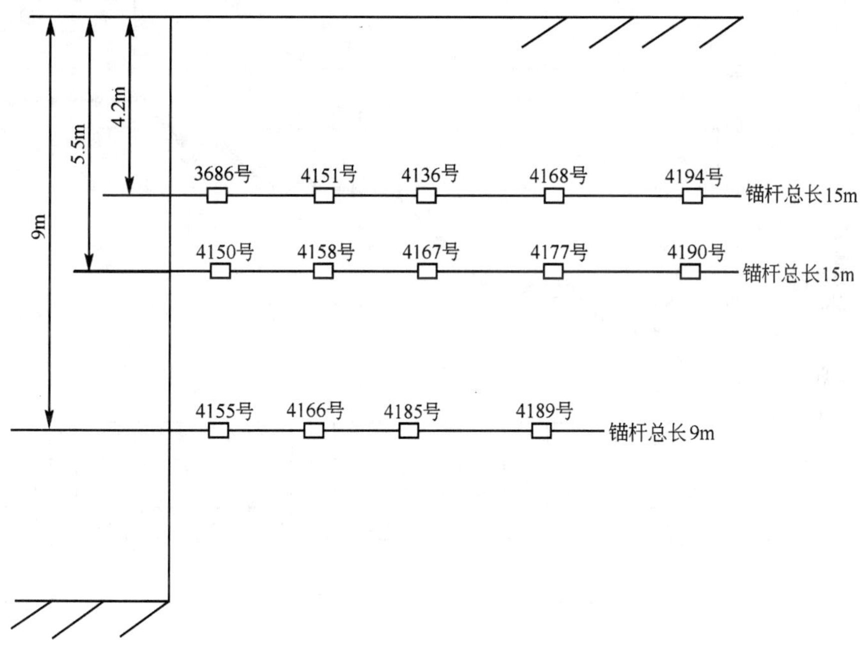

图 5-37　二期土钉应力计布置示意图

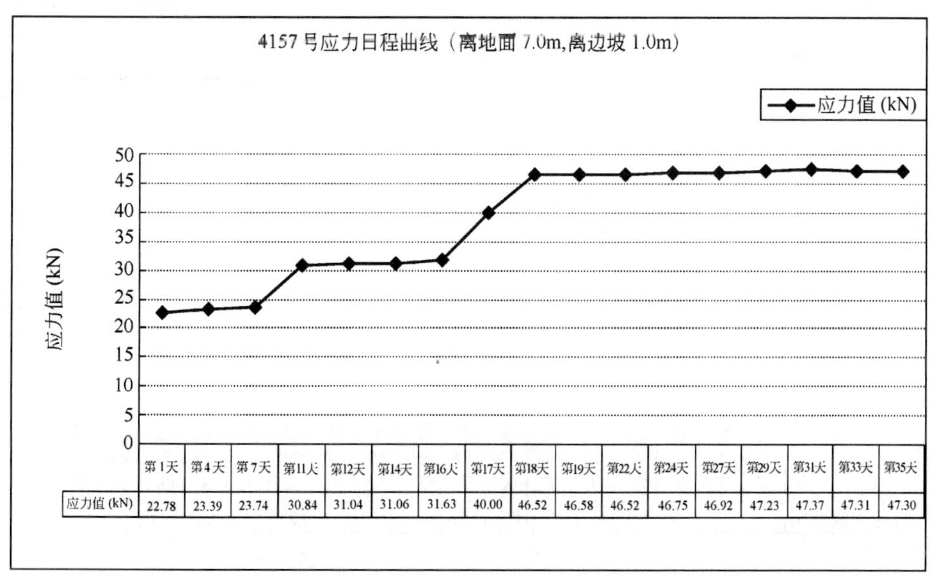

	第1天	第4天	第7天	第11天	第12天	第14天	第16天	第17天	第18天	第19天	第22天	第24天	第27天	第29天	第31天	第33天	第35天
应力值 (kN)	22.78	23.39	23.74	30.84	31.04	31.06	31.63	40.00	46.52	46.58	46.52	46.75	46.92	47.23	47.37	47.31	47.30

图 5-38　前端应力曲线图

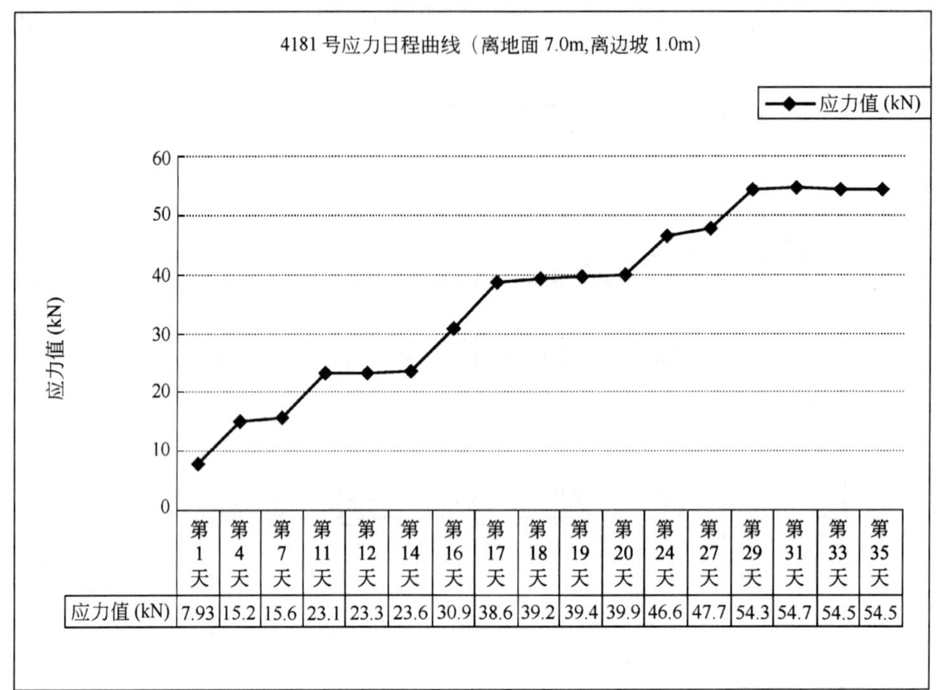

	第1天	第4天	第7天	第11天	第12天	第14天	第16天	第17天	第18天	第19天	第20天	第24天	第27天	第29天	第31天	第33天	第35天
应力值(kN)	7.93	15.2	15.6	23.1	23.3	23.6	30.9	38.6	39.2	39.4	39.9	46.6	47.7	54.3	54.7	54.5	54.5

图5-39　中端应力曲线图

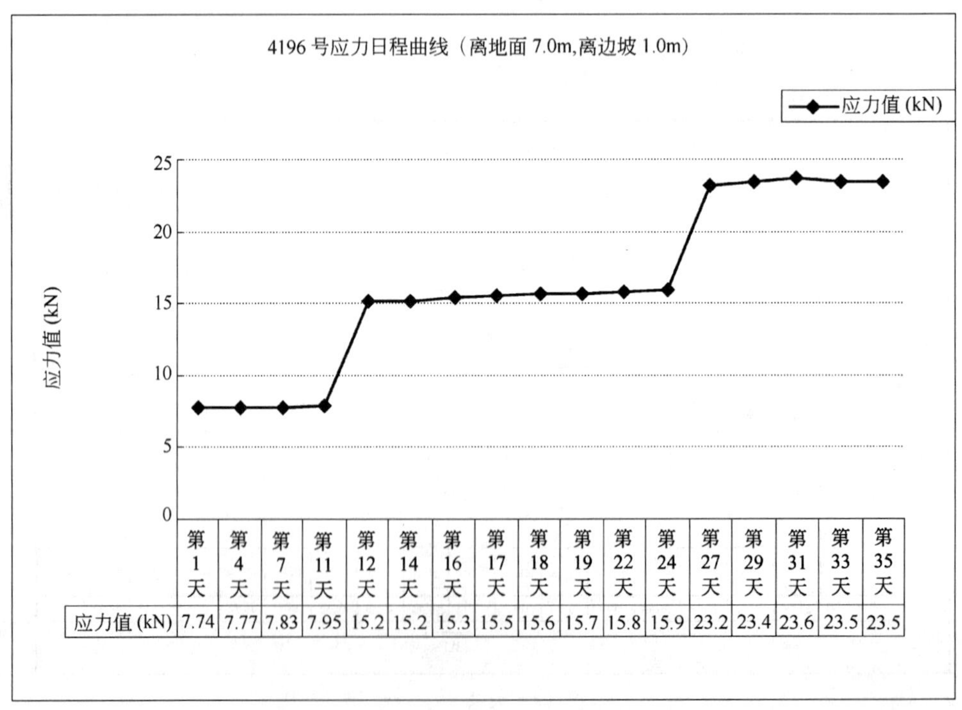

	第1天	第4天	第7天	第11天	第12天	第14天	第16天	第17天	第18天	第19天	第22天	第24天	第27天	第29天	第31天	第33天	第35天
应力值(kN)	7.74	7.77	7.83	7.95	15.2	15.2	15.3	15.5	15.6	15.7	15.8	15.9	23.2	23.4	23.6	23.5	23.5

图5-40　尾端应力曲线图

从这三幅应力曲线图可看出，随着时间推移，土钉各点应力持续增加，增加到一定数值即稳定下来，表明土钉进入正常工作状态。

从下图5-41中某一天土钉上所有应力计的观测数据再来分析一下土钉的工作情况。

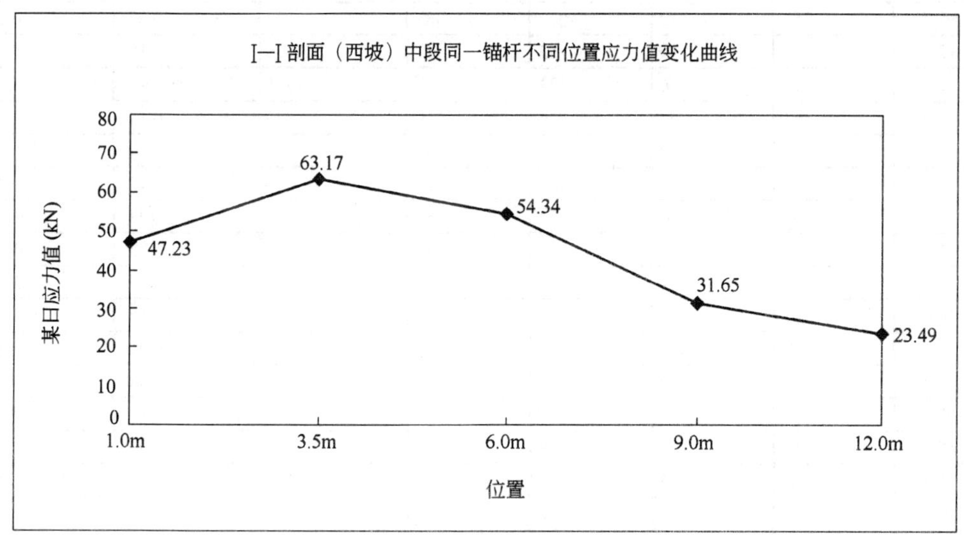

图5-41 同一锚杆不同位置应力值变化曲线图

从图中可看出土钉应力集中的部位在中部，而越靠近土钉的尾部受力越小。

(C) 基坑测斜情况

测斜记录见表5-18。

(四) 土方工程

1. 土方开挖

(1) 施工准备

1) 编制施工方案

绘制施工现场总平面图、土方开挖图，研究确定开挖的顺序、方向、步骤以及和基坑支护的密切配合；确定土方出土坡道留置的地方、收坡的方法；确定土方外运的路线、存土地点；确定基坑支护方案和降水方案；根据工期需要确定挖土机械设备、运土车和劳动力的计划。

2) 详细了解施工现场

收集施工现场的各种资料，如地下障碍物、地下废旧的人防、管线、地质水文条件、周边建筑物、周边环境、地貌、地下文物、古树、周边道路情况等，提前做好施工准备，为土方开挖提供可靠的资料和依据。如果妨碍土方开挖的，要及早进行拆除或清除；如遇有古墓的地区，要用洛阳铲进行铲探，发现古墓等文物要及时通知有关部门进行处理。

了解土方施工是否受夜施的限制，提前办理渣土运输证和夜施证，同时和交管部门、城管取得联系，为土方施工创造条件。

表 5-18

测点(东西)向		上一东	上一西		备注：位移方向"+"为东		
深度(m)	初测值	测值0	测值180	插值	变化值		位移值(mm)
−0.5	633	358	−392	750	117	1.17	7.63
−1.0	505	253	−286	539	34	0.34	6.46
−1.5	358	172	−213	385	27	0.27	6.12
−2.0	55	16	−55	71	16	0.16	5.85
−2.5	319	166	−134	300	−19	−0.19	5.69
−3.0	567	292	−256	548	−19	−0.19	5.88
−3.5	615	317	−279	596	−19	−0.19	6.07
−4.0	442	248	−209	457	15	0.15	6.26
−4.5	51	50	−12	62	11	0.11	6.11
−5.0	45	43	−4	47	2	0.02	6.00
−5.5	50	42	−2	44	−6	−0.06	5.98
−6.0	215	92	−133	225	10	0.10	6.04
−6.5	58	27	−68	89	31	0.31	5.94
−7.0	48	60	−99	159	111	1.11	5.63
−7.5	84	119	−154	273	189	1.89	4.52
−8.0	243	166	−129	295	52	0.52	2.63
−8.5	302	265	−229	494	192	1.92	2.11
−9.0	416	249	−212	461	45	0.45	0.19
−9.5	572	244	−308	552	−20	−0.20	−0.26
−10.0	558	313	−243	556	−2	−0.02	−0.06
−10.5	492	269	−222	491	−1	−0.01	−0.04
−11.0	475	289	−185	474	−1	−0.01	−0.03
−11.5	434	290	−143	433	−1	−0.01	−0.02
−12.0	504	211	−292	503	−1	−0.01	−0.01
−13.0	418	248	−170	418	0	0.00	0.00
−13.5	348	210	−138	348	0	0.00	0.00

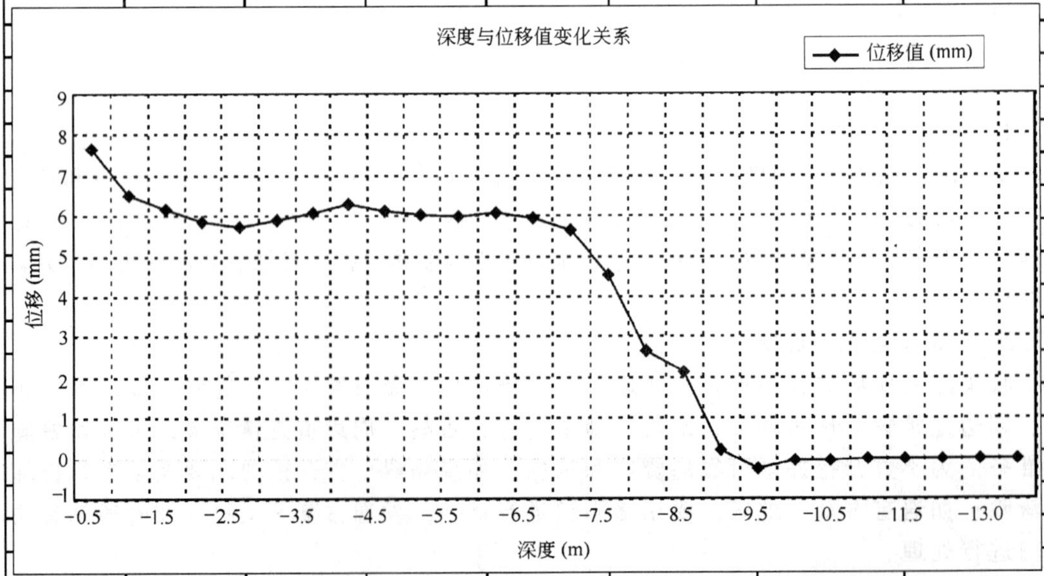

深度与位移值变化关系

位移值(mm)

位移(mm)

深度(m)

3）技术交底

土方开挖之前，要做好施工方案、开挖顺序、路线、开挖深度、和基坑支护各工序之间的配合等交底，做到施工方案贯彻到基层。

4）放出基坑开挖线

根据城市测绘院提供的基准点，由测量人员进行场区轴线网的布设和标高点的引测，再根据土方开挖图放出基坑开挖线。

5）现场准备

(A) 出口处铺设草袋，防止泥土被带出场地，污染周边环境、道路。运土车辆采用封闭式。

(B) 出口处作冲洗池和沉淀池，并派专人进行车辆的清理、清洗，最大限度的保护周边环境。

(C) 平整场地，清除障碍。

(D) 基坑开挖前应做好场外排水沟、排水井点的设置和排水设备的准备。

(E) 夜间施工做好照明准备。

(F) 疏通所有交通，做好开工前的民扰工作。

(2) 土方开挖的注意事项

1）在基础施工阶段，土方挖运是影响工期的关键。土方与土钉墙（护坡）施工之间要求有一定的技术间歇，若处理不好这两者的关系，将直接造成工期的延误和护坡的安全，因此必须在统一指挥的原则下，各施工工序之间本着相互配合、互创工作面的原则，密切合作。根据基础施工阶段的施工流程，先在基坑四周配合土钉墙（护坡）施工留出相应的工作面，具体深度为土钉位置下0.5m，为土钉墙（护坡）创造条件，然后再进行基坑中间土方的开挖。

2）土方开挖过程中，若基坑变形突然加大，应立即停止井挖，并及时通知工程技术人员，查明原因，及时采取加固或调整支护、开挖方案。

3）开挖过程中，若局部存水，可以采用明排集中，用潜水泵抽到地面排水管网或排水沟。

4）开挖过程中要做好基坑变形的监测，保证基坑支护的安全。

5）在开挖过程中由测量人员随时跟进测量，保证开挖线尺寸与标高。

(3) 基坑土方开挖

1）基坑开挖的程序：测量放线→降水、支护→分层开挖、土方外运→修坡、整平→预留土→钎探→验槽→清槽→浇筑垫层。挖土自上而下水平分段分层进行，中部每步挖土3～4m厚左右，边挖边检查基底标高和坡度，并及时进行修整。

2）土方开挖过程中若遇到大的障碍物用破碎机将其破碎再运走，见图5-42。

3）用机械开挖时注意不得超挖，严格控制基底标高，不得扰动地基土，基底应预留30cm厚的土采用人工清理。一般做法是：用人工跟随挖土机清除20cm厚的土，留下10cm的土（见图5-43），再进行钎探、验槽，验槽通过后，在用人工清除余下的10cm土，准备浇筑垫层混凝土。

(4) 坡道土方收尾

1）坡道处土方收尾采用长臂挖土机以接力方式进行挖除，见图5-44。如施工场地狭窄，在基坑外无法留置出土坡道时，用小型挖掘机在坑底挖除，土方用吊车（塔吊或汽车吊、履带吊）吊出，小型挖掘机在坡道土方挖除后也用吊车吊出来。

图 5-42　用破碎机清除地下障碍物

图 5-43　人工配合清土

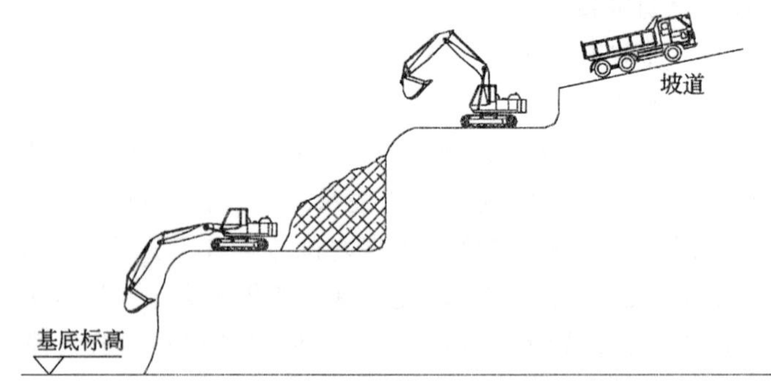

图 5-44　坡道接力挖土方式

2）坡道处土方收尾后再进行该处的护壁施工。

（5）钎探

1）施工准备

（A）主要机具和材料

标准钎探杆（直径 25mm，长 2.0m）和 10kg 穿心锤。麻绳或铅丝、梯子或凳子、撬棍、钢卷尺、中砂等。

（B）作业条件

a. 基槽已挖至设计标高，表面应平整，轴线及基槽长宽均符合图纸要求。

b. 绘制探孔平面布置图，按图放线并做好标记，在孔位上洒白灰点。钎探点间距为 1～2m，呈梅花形布置，深度为 1.5～2m，见图 5-45。

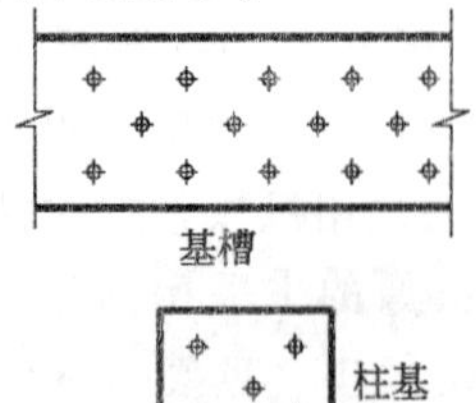

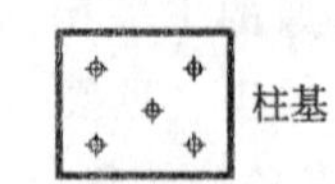

图 5-45　钎探点布置

2）工艺流程

确定打钎顺序⟶就位打钎⟶记录锤击数⟶拔钎盖孔⟶检查孔深⟶移位⟶灌砂⟶整理记录

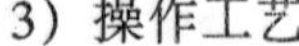

3）操作工艺

（A）就位打钎

将探杆尖对准孔位，一人扶正探杆，一人站在操作凳子上扶起穿心锤进行锤打，锤自由下落高度 50cm，将探杆垂直打入土层中。

(B) 记录锤击数

探杆每打入 30cm 土层时记录一次锤击数。

(C) 拔钎盖孔

用麻绳或铅丝将钎杆绑好，留出活套，套内插入撬棍，利用杠杆原理将钎拔出。每拔出一段将绳套往下移一段，直至完全拔出为止。钎杆拔出后，用废砖将孔盖住，并标上编号。

(D) 钎杆移位

将钎杆按照钎探点布置图中的顺序搬到下一个孔位，以便继续打钎。

(E) 灌砂

打完的钎孔，经过质量检查人员和有关工长检查孔深与记录无误后，即可进行灌砂。灌砂时每填入 30cm 左右即可用钢筋棒捣实一次。

(F) 整理记录

按孔顺序编号，将锤击数添入统一表格内，字迹要清楚，再经过打钎人员签字后统一归档。

4) 质量要求

(A) 钎探深度必须符合要求，锤击数记录准确，不得作假钎。

(B) 钎位准确，钎孔不得遗漏。钎孔灌砂应密实。

(C) 钎探完毕后，要保护好钎孔，未经质量检查、复验，不得堵塞或灌砂。

(D) 如打钎进行不下去，应请示有关工长，适当移位打钎。不得任意添锤击数。

(E) 基土受雨后，不能进行钎探。

(F) 冬季触探时，每打几孔及时掀或盖保温材料一次，不能大面积掀开，以免基土受冻。

5) 安全措施

操作人员要专心施工，扶锤人员与扶探杆人员要密切配合，以防出现意外事故。

(6) 验槽

基坑开挖到基底后，由业主、勘察院、设计院和施工单位共同进行验槽。验槽的方法为：

1) 核对地质资料，检查基底土是否与勘探报告、设计图纸相符，有无破坏原状土结构或发生较大的扰动现状。

2) 根据基底土层分布情况及走向，判断基底是否已挖至设计所要求的持力层。

3) 检查基底是否已挖至老土，是否需要继续下挖或进行处理。

4) 检查基底土的坚硬程度是否一样，土的颜色是否均匀一致，有无局部过松或过硬的部位，有无局部含水率异常现象，走上去有无颤动的感觉。发现异常及时会同设计等有关单位进行处理。

5) 通常用脚用力往下蹬尖锹，如发现费劲，则表明基底土未扰动，如很轻松能蹬下去，则表明基底土过松或被扰动，需挖除后再进行处理。见图 5-46。

6）若基底土为砂卵石，如发现局部有黏土块或黏土层应全部挖除，再按设计要求进行处理。见图5-47。

图5-46　验槽

图5-47　清除黏土

(7) 土方回填

1）材料要求

(A) 土：不得含有机杂物，使用前应过筛，灰土回填所需的土其粒径不得大于15mm。

含水量符合压实要求的黏性土，可选作各层填料；碎石类土、砂土和爆破石渣（粒径不大于每层铺厚的2/3），可用作表层下的填料；淤泥和淤泥质土，一般不能作用填料，但在填方的次要部位，可用经过处理的含水量符合压实要求的淤泥质土作填料。

(B) 石灰：用熟化过的石灰粉，其粒径不得大于5mm，不得含有过多的水分。

(C) 灰土：2:8或3:7灰土。

(D) 或级配砂石：天然级配或人工级配。

2）主要施工机具见表5-19

机具名称表　　　　表5-19

序号	机具名称	序号	机具名称
1	人力夯	5	平头铁锹
2	蛙式打夯机（或平板振动器）	6	溜槽（或串筒）
3	手推车	7	钢尺、粉笔
4	筛子孔径16～20mm	8	环刀

3）作业条件

(A) 回填前，应对基层、防水层等进行检查验收，并要办好隐蔽记录。

(B) 基底处理：回填土前应先清除基底积水和杂物；基底为松土时应充分夯实；基底为含水量很大的松软土，应采取排水疏干或换土等措施。

(C) 施工前，应做好填土厚度标志。如在外墙或墙体上，根据每层填土厚度划出水平控制线。

(D) 对于有密实度要求的填方，施工前应按所选用的土料、压实方法做试验，确定土料含水量控制范围、压（夯）实遍数、机械夯实行驶速度或人工夯实的操作要求。

4）工艺流程

检验土和石灰粉的质量，并过筛⟶灰土拌合⟶槽底清理⟶分层铺灰土⟶夯打密实⟶找平验收。

5）施工方法

(A) 首先检查土质和石灰的材料质量是否符合标准的要求，土要用16～20mm筛子过筛，见图5-48。

(B) 灰土拌合：灰土的体积比配合比为2∶8（或3∶7）。灰土必须严格控制配合比，见图5-49。用人工翻拌，不少于三遍，使达到均匀，颜色一致，并适当控制含水量，条件允许可采用机械拌合。

图5-48　土料过筛

图5-49　灰土配比的控制

(C) 灰土施工时，应适当控制含水量，工地检验方法是：用手将灰土紧握成团，两指轻捏即碎为宜。如土料水分过多或不足时，应晒干或洒水润湿（冬期施工土料不需洒水）。

(D) 分层铺灰土：为了控制铺土厚度，在边坡或混凝土外墙上划出每层虚土铺放的厚度线，每层灰土虚铺厚度为25cm，对于个别打夯机不能通过的地方，采取人工用木夯夯实，虚铺厚度为20cm。各层虚铺厚度都用木耙找平，与外墙上的虚铺厚度线相平。土方分层回填见图5-50。

(E) 夯打密实：夯压的遍数应根据土的性质、压实系数及所选机具来确定，一般不少于三遍（保证压实系数在0.93～0.96之间）。打夯应一夯压半夯，夯夯相连，行行相连，纵横交叉，每层夯压后都应用环刀取土送检，按规定分层取样试验，符合要求后方可进行上层土的回填。

(F) 留接槎规定：灰土分段施工时，不得在墙角处，上下两层灰土的接搓距离不得小于500mm。

(G) 找平和验收：灰土回填完成后，应拉线或用靠尺检查标高和平整度。高的地方用铁锹铲平，低的地方补打灰土，然后请质量人员验收。

6）冬期施工的要求

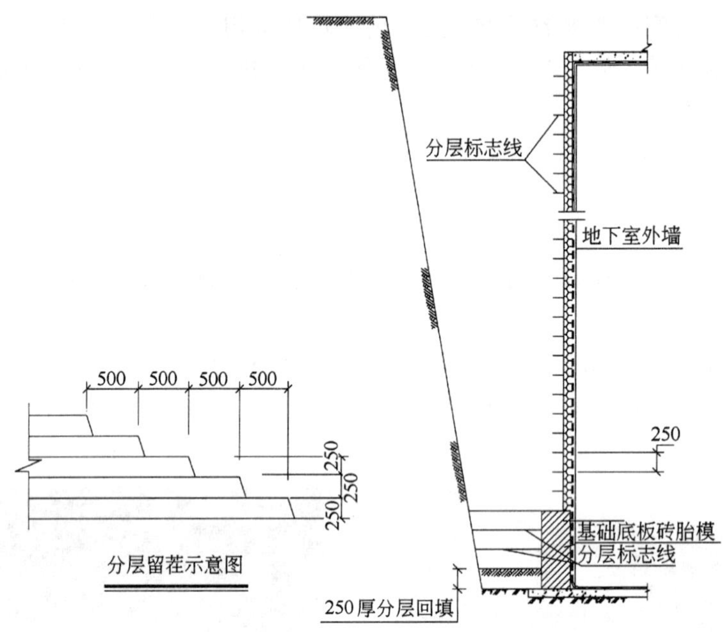

图 5-50　土方分层回填

(A) 冬期施工时铺土厚度要比常温薄，每层灰土虚铺厚度为 20cm，对于个别打夯机不能通过的地方，采取人工用木夯夯实，虚铺厚度为 15cm。

(B) 回填土应连续进行，尽快完成，施工中应防止地面水流入基坑内，以免边坡塌方或遭到破坏。已填完的土层应及时用保温材料进行覆盖。

(C) 冬期回填灰土用的土，不得含有大的冻土块，要做到随筛、随拌、随铺、随打、随盖，认真执行接槎、留槎和分层夯实的规定。气温在 -10℃ 以下时不宜施工。

(D) 冬期施工时土料和已回填完的部位应及时用阻燃草帘被进行覆盖保温。

7) 质量要求

(A) 灰土必须按规定分层夯压密实。灰土的质量检查，要用环刀取样，确定其干容重。检查点数量：基槽每 10～20m 应不小于 1 个，房心回填每 100～500m^2，应不少于 1 个，质量标准可按压实系数鉴定，一般为 0.93～0.96。

(B) 石灰粉中大于 5mm 的颗粒必须筛除。

(C) 配料正确，拌合均匀，分层虚铺厚度符合规定，夯压密实，表面无松散。

(D) 留槎和接槎，分层留接槎的位置、方法正确，接槎密实平整。

(E) 管道下部必须人工夯实，防止管道下方空虚，造成管道折断渗漏。

(F) 灰土应当日铺填夯实，入槽的灰土不得隔日夯打。

(G) 成品保护：在进行回填土施工时，一定要注意防水层及保护层等成品的保护。

8) 安全措施

(A) 打夯时，每台打夯机必须两人操作，一人操作夯机一人拖线，拖线者应随时将拖线整理通顺，盘圈送行，距夯机留有 3～4m 的余量，不要全长拉直，更不能拉的过紧或在夯下通行。操作者必须戴绝缘手套和穿绝缘胶鞋，操作手柄应采取绝缘措施。打夯机用后应切断电源，严禁在打夯机运转时清除积土。

(B) 基坑四周肥槽上面必须满挂安全网，避免交叉作业。

(C) 在回填土施工时，设专人看护和设警示标志。

(D) 打夯工人必须按操作规程操作，所用的电器设备必须安装漏电保护器。

二、地基与基础处理

地基处理工程一般称为地基加固工程，它主要是通过对基底下软弱土质进行处理，来满足基底的设计承载能力，保证建筑物的安全。一般有换垫法、夯实法、挤密桩法、深层密实法和高压喷射注浆法等施工方法。

(一) 换垫法施工要点

换垫法是先将基础底面下一定范围内的软弱土层挖去，然后分层回填素土、灰土、砂石、矿渣和粉煤灰等的一种工艺。该种方法主要适用于处理软弱土、湿陷性黄土和杂填土地基，由于承载力较低，一般仅用于上部建筑荷载不大和相对沉降差要求不高的浅层地基加固。

1. 需根据不同软弱层土质特点来决定采用何种回填材料。特别是几种材料混合回填时的级配、粒径的大小以及是否性能稳定、无侵蚀性等。

2. 回填的厚度一般根据垫层底部软弱土层的承载力来决定，应使垫层传给软弱土层的压力不超过软弱土层顶部的承载力。湿陷性黄土地基的垫层厚度根据地质勘察报告试验结果来确定。

3. 垫层的宽度需根据不同软弱层土质特点来决定垫层的宽度。特别是需结合回填材料的不同确定不同的回填宽度。比如在素土回填时根据其侧面土质的好坏来计算垫层宽度。特别在砂和砂砾石回填时，还需满足基底应力扩散的要求。

4. 铺设垫层前应验槽，将基底表面浮土、淤泥、杂物清除干净，两侧应设一定坡度，防止振捣时塌方。

5. 接近垫层底面标高时，土面应挖成阶梯或斜坡搭接，并按先深后浅的顺序施工，搭接处应夯实。

6. 对于有级配的回填材料应先拌合均匀后再回填。

7. 垫层应分层铺设，分层夯实或压实。需根据不同回填材料来决定垫层的分层厚度。

8. 每层铺设完成经检测合格后，需及时铺筑上层回填土，以防干燥、松散、起尘、污染环境。待全部回填完成后及时进行上部基础的施工。

(二) 夯实法施工要点

夯实法主要是利用起重机械将夯锤提升到一定高度，然后自然落下，重复夯击基土表面，使地基表面形成一层比较密实的硬壳层，从而使地基得到加固。对于夯实法一般分为两种，即重锤夯实法和强夯法。虽然两种叫法不同，但其原理基本相同。且强夯法因具有强大的冲击力冲击土层中的孔隙水和气体逸出，使土粒重新排列，达到地基处理效果。这也是我国目前最为常见和常用的最经济的地基加固方法之一，已得到广泛的应用。这里主要简单介绍强夯法的施工方法。

强夯法是在极短的时间内对地基土体施加一个巨大的力量，使得土体发生一系列的物理变化，如土体结构的破坏或液化、排水固结压密以及触变恢复等。

强夯法加固特点是：使用工地常备简单设备；施工工艺、操作简单；适用土质范围广，加固效果好等。一般情况可提高地基承载力 2～5 倍。

1．机具准备

（1）夯锤：用钢板作外壳，内部焊接钢筋骨架后浇筑 C30 混凝土，或用钢板制作组合成的夯锤，以便使用和运输。一般锤底面积为 3～4m^2，锤重为 8t、10t、12t、16t、25t。

（2）起重设备：一般使用履带式起重机，重量为 15t、20t、25t、30t、50t，亦可采用专用起重架或龙门架作起重设备。

（3）脱钩装置：主要通过动滑轮组用脱钩装置来起落夯锤。脱钩装置要求有足够的强度，使用灵活，脱钩快速安全。

2．做好强夯地基的地质勘察，对不均匀土层适当增多钻孔和原位测试工作，掌握土质情况，作为制定强夯方案和对比夯前、夯后加固效果之用。

3．强夯前需平整场地，周围做好排水沟。

4．施工前需进行试夯，确定有关技术参数，如夯锤重量、底面直径及落距、最后下沉量及相应的夯击遍数和总下沉量。

5．强夯应分段进行，顺序从边缘夯向中央。先深后浅。

6．落锤应保持平稳，夯位应准确，夯击坑内积水应及时排除。强夯后，基坑应及时修整，浇筑混凝土垫层。

（三）挤密桩法施工要点

挤密桩法分为灰土桩、石灰桩、砂石桩和水泥粉煤灰碎石桩（CFG 桩）等四类，以上仅是材质的不同而分成四类，但原理基本相似。均是利用锤击将钢管打入土中侧向挤密成孔，将管拔出后，桩孔中分层回填，桩间土共同组成复合地基以承受上部荷载。对于挤密桩法在具体实施中要注意以下几个方面：

1．桩直径的确定。一般根据土质类别、成孔机具设备条件和工程情况而定，一般为 30～60cm。

2．桩的长度的确定。当地基中的松散土层厚度不大时，可穿透整个松散土层；当厚度较大时，应根据建筑物地基的允许变形值和不小于最危险滑动面的深度来确定。

3．桩的布置和桩距。桩的平面布置宜采用等边三角形或正方形。桩距取决于桩径和要求达到的挤密程度且需通过现场试验确定，但不宜大于桩直径的 4 倍。

4．处理宽度。挤密地基的宽度应超出基础的宽度，每边放宽不应小于 1～3 排。

5．一般挤密桩均采用机械进行成孔。

6．桩机就位平整、稳固，沉管与地面保持垂直，垂直度偏差不大于 1%。

7．在沉管过程中用料斗在空中向桩管内投料，待沉管至设计标高后需尽快投料，直至填充料与钢管上部投料口齐平。

8．沉管此时可在原地留振 10s，即可边振动边拔管，每提升 1.5～2.0m，留振 20s。

9．在桩体经 7d 强度后，方可进行基槽的开挖。

（四）深层密实法施工要点

深层密实法分为振冲法和深层搅拌法，两者的不同在于振冲法是通过高频振动把振冲器逐步沉到土中的预定深度，经清孔后从地面向孔中回填碎石或振动使土密实；而深层搅拌桩主要利用水泥作为固化剂，通过深层搅拌机在地基深部，将软土与固化剂强制拌合，使其成为一个整体达到土层密实的目的。

1．振冲法

（1）构造要求

1）处理范围：大于建筑物基础范围，在建筑物基础外缘每边放宽不得小于5m；

2）振冲深度：当可液化土层不厚时，应穿透整个可液化土层；当液化土层较厚时，应按要求确定深度；

3）每一振点所需的填充量，随地基土要求达到的密实程度和振点间距而定，需通过现场试验确定。

（2）施工要点

1）施工前应先进行振冲试验，以确定成孔合适的水压、水量、成孔速度及填料方法；

2）振冲法施工流程：定位⟶成孔⟶清孔（边振边上提）⟶填料⟶振实；

3）振冲法施工关键是控制水量大小和留振时间。水量的大小是保证地基中砂土充分饱和，受到振动能够产生液化；足够的振动时间是使地基中的砂完全液化，在停振后土颗粒便重新排列，使孔隙比减少，土密实度提高。

2．深层搅拌法

（1）特点：在地基的加固过程中无振动、无噪声，对环境无污染；对土无侧向挤压，对临近的建筑物影响很小。

（2）桩平面布置：深层搅拌桩平面布置可根据上部建筑对变形的要求，采用柱状、壁状、格子状、块状等处理形式。

（3）施工要点

1）深层搅拌法施工流程：深层搅拌定位⟶预搅下沉⟶配制水泥浆⟶喷浆搅拌、提升⟶重复搅拌下沉、提升⟶清洗。

2）场地平整，清除桩位上的一切障碍物。

3）施工前标定搅拌机械的灰浆泵输送量、灰浆输送量到达搅拌机喷浆口的时间和起吊设备提升速度等施工工艺参数，并以此来确定搅拌桩的配合比。

4）开动砂浆泵将砂浆从深层搅拌中心管不断压入土中，并与软土搅拌。

5）搅拌机预搅下沉时，不宜冲水；当遇到较硬土层下沉太慢时，方可适量加水。

（五）高压喷射注浆法施工要点

高压喷射注浆法主要利用钻机把带有特殊喷嘴的注浆管钻进至土层的预定位置后，用高压脉冲泵将水泥浆通过钻杆下端的喷射装置，向四周以高速水平喷入土体，借助流体的冲击力使土体与水泥浆充分搅拌混合固化，从而使地基加固。高压喷射注浆法分为单管法、二重管法和三重管法。

1．桩径的选择。桩直径的选择由注浆方法、土的类别、密度、施工条件等来确定。

2．单管法与二重法可进行注浆管射水成孔至设计深度后，再一边提升一边进行喷射注浆。三重管法施工预先用钻机或振动打桩机钻成直径150～200mm的孔，然后将三重注浆管插入孔内，由上而下进行喷射注浆，注浆管分段提升的搭接长度不得小于100mm。

3．喷嘴直径、提升速度、旋喷速度、喷射压力、排量等需根据现场试验确定。

4．喷射时，先达到预定的喷射压力、喷浆量再逐渐提升注浆管。

5．喷到桩高后迅速拔出注浆管，用清水重洗管路，防止凝固堵塞。

三、桩基础工程

桩基础按材料分为 CFG 桩、灌注桩、预制桩等，下面介绍 CFG 桩、灌注桩的施工方法。

(一) CFG 桩

CFG 桩是采用长螺旋钻机成孔后立即利用泵送混凝土成桩的一种施工工艺，并在桩顶上铺碎石屑褥垫层，充分利用桩间土的承载力与 CFG 桩共同作用，形成 CFG 桩复合地基，将荷载传递到深层地基中。在地基承载力不够的情况下，CFG 桩复合地基在工程中的应用已越来越多，下面以某工程为例介绍 CFG 桩的施工方法。

1. CFG 桩的设计

因设计对地基强度要求 200kPa，而天然地基承载力标准值 140kPa，综合经济、技术和安全等指标，确定采用 CFG 桩复合地基方案。

CFG 桩布桩以正方形为主，局部调整为三角形，桩径 0.4m，设计桩顶标高 29.65m，按规范要求预留 0.5m 保护桩长，则有效桩顶标高 29.15m，设计桩端标高 21.15m，故设计桩长 8.5m，有效桩长 8.0m。桩体材料采用 C15 预拌混凝土，坍落度 18～22cm。级配砂石褥垫层厚度 15cm，虚铺 17cm，用平板振动器振实到 15cm。

复合地基的设计计算：依据《建筑地基处理技术规范》(JGJ 79—2002) 中的复合地基计算公式：

$$f_{sp.k} = mf_{p.k} + (1 - m)f_{s.k}$$

式中 $f_{sp.k}$——复合地基的承载力标准值；

$f_{p.k}$——桩体单位截面积承载力标准值；

$f_{s.k}$——桩间土的承载力标准值；

m——面积置换率；

$$m = d^2/d_e^2;$$

d_e——等效影响圆的直径 ($d_e=1.13s$，s 为桩间距)；

d——桩的直径。

单桩承载力按 370kN 设计，桩间土的承载力标准值参考勘察报告取 140kPa，复合地基承载力标准值要求 200kPa 经计算正方形为桩间距 1.9～1.93m。

在桩顶铺设 15cm 厚 0.3～0.5cm 的碎石垫层，以利于桩土应力的调节与发挥，并协调基础底板的变形。

验算如下：

置换率 $m=0.03364$

因变形要求控制很小，桩间土发挥系数取 0.75

则桩顶平均应力 $\sigma_p=[f_{sp.k}-0.75(1-m)f_k]/m=2928.3$kPa

单桩桩顶平均荷载 $Q_p=Apx\sigma_p=367.8$kN<[370]

混凝土 C15:$3\sigma_p=8.758$MPa<[10]

根据规范分层总和法和复合地基模量法计算复合地基的总沉降 $s = \varphi_s s' = \varphi_s \sum_{i=1}^{n} P_0(Z_i\bar{\alpha}_i - Z_i - 1\bar{\alpha}_i - 1)/E_{si} = 14.84\text{mm} < [30]$，满足要求。

2. 施工工艺流程

钻机就位，钻孔至设计深度→提钻，压灌混凝土→成桩→移位→封护桩顶→清槽至桩顶标高→凿桩头、检测→褥垫层施工→验收

3. 主要机具见表 5-20

主要机具表　　**表 5-20**

序　号	名　称	型　号	备　注
1	长螺旋钻机	ZKL600	
3	泵车	50 型高压	
4	经纬仪		放桩位
5	水准仪		测标高
6	压桩设备		静载试验
7	桩基动测仪	RS-1616J	低应变动力检测
8	小型挖土机		
9	小推车		

4. 施工方法

(1) CFG 桩定位

土方开挖至槽底（碎石垫层底）以上 50cm 基底，避免因机械设备行走造成对地基扰动。复核坑底标高和轴线位置，确定桩位。

(2) 钻孔

控制桩垂直度：钻机进到基槽组装就位后，调整机架与地面垂直，确保垂直度偏差不大于 1%，根据设计桩长，在机架上做一明显的控制标尺，以控制成孔深度。

孔深、位置控制：钻机按设计孔深、孔径对准桩位后开始匀速钻孔，孔深误差不超过 100mm，桩位偏差小于 20mm。

施工前试成孔，数量不少于两个，以便核对地质资料，检验所选的设备，施工工艺及技术要求是否适宜，如出现缩颈，坍孔回淤，贯入度（或贯入速度）不能满足设计要求时，制定补救技术措施。

(3) 提钻，压灌混凝土

钻机钻孔，钻孔深度达到设计要求后灌注混凝土，灌注过程中缓慢提升钻机，需确保提升速度小于 5m/min 且不大于灌注速度。浇注混凝土前，要检查混凝土的和易性和坍落度，并按照规范根据混凝土方量制作试块。

操作方法及控制要点：

1) 成孔至设计标高后，钻孔司机先将钻具提升 200～300mm，以利于活门打开，准备灌注混凝土。

2) 首盘料灌注前，因管道比较干燥，混合料容易失水，堵塞管道，灌注前先使砂浆润滑管道，然后再泵入预拌混凝土。

3) 灌注时，一次提钻高度小于 250mm，混凝土埋钻高度大于 1000mm，并保持连续灌注。灌注混凝土至桩顶时，适当超过桩顶设计标高 50cm，以保证桩顶标高和桩顶混凝

土质量均符合设计要求。

4）钻机提升速度保证措施

每根 CFG 桩桩径为 400mm，长度为 8500mm，混凝土体积为 1.17m^3。混凝土搅拌机每盘混凝土搅拌量为 0.6m^3，搅拌时间为 3min。地泵每分钟泵送混凝土量为 0.8m^3。为保证混凝土连续浇筑，现场要做好混凝土的调配，以保证预拌混凝土提前到场，如发现混凝土未到场，应立即停止提钻。

提钻速度＜每分钟泵送量/桩面积＝0.8/3.14×0.2×0.2＝6.3m/min

（4）封护桩头

成桩后应及时封护桩头，复核标高。一根桩施工完后移机施工下根桩。

（5）清槽

当桩体达到强度等级 50％时（即成桩 4～5d 后）开始进行清槽和桩间土外运，清槽土方量，采用小型机械设备和人工配合的方法开挖，以加快施工进度，但用机械清槽避免断桩及对地基土的扰动。

预留 100mm，待剔桩头后，进行人工清除，找平。

用人工清槽至槽底标高，方法是在基坑内每隔 5m 钉入 30cm 长的 ϕ6 钢筋，将标高抄测到钢筋上，每两根钢筋之间拉小线，以此严格控制清土标高。底面标高允许偏差为 0～－50mm，不允许超挖。

（6）凿桩头

用水准仪将设计桩头标高打在桩身上，然后由工人用钢钎在截断位置从相对方向同时剔凿，将多余的桩截掉，桩顶采用小钎修平。保证桩顶标高要进入砂石垫层 70mm。

（7）断桩及桩身达不到标高处理方法

桩顶下 1m 以上断桩，将断桩挖出，按 600mm 直径挖至断裂部位后，清除桩头泥土，用 C20 混凝土浇灌至设计标高。桩顶下 1m 以下断桩，应进行补桩。

桩身达不到标高，应按 600mm 直径开挖至现有标高，清除桩头泥土，用 C20 混凝土浇灌至设计标高。

（8）检测

1）检测时间

CFG 桩施工完成后（包括清槽和剔桩头）14d 以后（强度达 75％～80％）进行 CFG 桩检测。

2）检测项目和数量

静载荷试验和低应变反射波法测试。检测数量按总桩数 10％。

3）静载荷试验检测方法

（A）试验点平面布置及承压板尺寸

试验点平面布置：由设计、监理和业主共同确定。

承压板尺寸：采用面积 2m^2 和 1.44m^2 承压板。

（B）试验最大荷载

静力载荷试验的最大荷载取复合地基承载力标准值的 1.5 倍。荷载分级采用慢速维持荷载法，加荷分级按 10 级考虑。

（C）配载

采用配重堆载法，为降低工程造价，可以利用基坑内的余土作为配载。

(D) 静载荷试验要求

试验加载装置，荷载与沉降的量测仪表安装应符合"复合地基静载荷试验要点"的有关规定。

(E) 测读桩沉降量的间隔时间及稳定标准

a. 测读桩沉降量的间隔时间：每级加载后，按 5、10、15、15、15、30……30min 间隔读取数据。

b. 稳定标准：每一小时的沉降不超过 0.1mm，并连续出现两次，观测时间达 2.5h 以上，认为该级荷载的沉降已经稳定，可以加下一级荷载。

(F) 终止加载条件

当出现下列情况之一时，即可终止加载：

a. 某级荷载作用下，桩的沉降量为前一级荷载作用下沉降量的 5 倍。

b. 某级荷载作用下，桩的沉降量大于前一级荷载作用下沉降量的 2 倍，且经 24h 尚未达到相对稳定。

c. 累积沉降量超过 40mm（以 40mm 作为极限承载力的控制沉降量）。

d. 加载量已达单桩（即试验设计最大荷载）。

(G) 试验成果

试验结束后，提交试桩报告，其内容应包括：

a. 试验桩点试验成果曲线，即 Q-S 曲线，必要时以 S-lg$t$ 曲线作为辅助曲线；每级荷载对应的沉降量。

b. 根据试验数据，依照有关规范，对复合地基的承载力进行评价。

4) 低应变反射波法检测方法

采用低应变反射波法检测基桩。

检测目的：通过基桩低应变动力检测评价单桩桩身结构完整性。

检测依据标准：《基桩低应变动力检测规程》(JGJ/T 93—95)。

低应变反射波法验桩，该法对检测的桩顶施加冲击激振力，由安装在桩顶的传感器接收来自桩身的动态响应函数信息，根据反射波传播的运动学和动力学特性，推测桩体的混凝土完整性，推断可能存在的缺陷类型及其在桩身中的位置，推算混凝土的强度等级。

(9) 铺砂石褥垫层

CFG 桩检测合格后，进行褥垫层施工；褥垫层材料使用 5～20mm 级配砂石；褥垫层虚铺 17cm，采用平板振动器振密，平板振动器功率大于 1500kW，压振 3 遍，控制振速，振实后的厚度与虚铺厚度之比小于 0.9，即达到 15cm。

(10) 验收

由监理、设计、业主、施工单位共同验收，填写 CFG 桩验收单。

5. 质量保证措施

(1) 成孔质量保证措施

1) 长螺旋钻机成孔，孔深误差不超过 0.1m，根据设计桩长，在机架上做一明显的控制标志，以控制成孔深度必须达到设计要求。

2) 匀速钻进，避免形成螺旋孔。

3）钻杆直径不小于400mm，成孔直径大于420mm。

4）桩位偏差小于50mm。

5）垂度偏差小于1%，钻机就位后，通过线锤调节机座四个支腿，使机架与地面垂直。

6）桩端进入持力层深度大于200mm。

（2）混凝土灌注质量保证措施

1）成孔验收合格后，尽快灌注混凝土并保持连续灌注。灌注混凝土至桩顶时，适当超过桩顶设计标高50cm，以保证桩顶标高和桩顶混凝土质量均符合设计要求。

2）灌注混凝土之前，检查管路是否顺畅、稳固。

3）压灌混凝土冲开阀门桩底提钻高度小于30cm。

4）一次提钻高度小于25cm，混凝土埋钻高度大于1.0m。

5）每天灌注混凝土后，生产组长应认真填写混凝土日记。

6）专人负责检查混凝土灌注质量及意外情况的处理。

7）混凝土进场后立即灌注，时间不得超过2h。

8）保证桩身混凝土至少24h养护，避免扰动。

（二）混凝土灌注桩

混凝土灌注桩又分为泥浆护壁成孔灌注桩、干作业成孔灌注桩、人工挖孔和挖孔扩底灌注桩、套管成孔灌注桩等。

1．泥浆护壁成孔灌注桩

下面介绍泥浆护壁钻孔灌注桩后压浆施工方法，即正、反循环相结合回转钻进、泥浆护壁、导管水下混凝土灌注工艺。

（1）工艺流程

施工准备→测量放线定桩位→埋护筒→设备安装就位→钻进成孔→捞渣净化泥浆→换浆清孔→验孔深测沉渣（沉渣＜100mm）→吊放钢筋笼→下导管→安放球胆→水下混凝土浇筑→提导管→起拔护筒→成桩后不少于3d桩侧、桩端压浆→凿桩头。

（2）施工机具（见表5-21）

施工机具表 　　表5-21

名　称	规　格	用　途	名　称	规　格	用　途
钻　机	GPS-15	成孔	挖掘机	WY80	清渣、挖池
钻　头		成孔	装载机	ZL300	上料、平场地
砂石泵组	6BS	排渣、清孔	对焊机	110kW	焊接钢筋笼
泥浆泵	3PNL	灌注回灌补浆排污	电焊机		焊接钢筋笼
潜水泵		抽水	经纬仪	J6	定位
导浆管	ϕ259	灌注混凝土	水准仪		定位及水平
吊　车	QY16	吊放钢筋笼、设备	泥浆性能测定仪		测定泥浆性能

（3）放线

根据桩位平面布置图及现场水准点，进行桩位的定位和放线。

（4）埋设护筒

根据桩位预埋护筒，护筒内径比设计桩径大100mm，壁厚4～8mm。护筒中心与桩位中心埋设误差不得大于50mm，护筒埋设应保持垂直；埋设护筒的孔口要大于护筒直径100mm以上，周围须用土从下往上填满捣实。经测量人员用仪器复核后方可开钻。

（5）钻机就位

钻机就位时，要做到机座平稳，转盘中心与桩位偏差不得大于20mm。还必须做到“三点一线”，即天车中心，回转器中心与钻头中心线在同一铅垂线上。

（6）挖设循环系统

按照泵吸反循环钻进成孔要求，每台钻机施工前必须挖设一个沉淀池，每个沉淀池容量为40～60m^3，泥浆池用C20素混凝土浇注，壁厚大于100mm，或砌筑240mm砖墙，内壁抹水泥砂浆。

（7）钻进成孔

1）钻头

土层及卵石层选用四翼单腰带梳齿钻头或镶焊硬质合金刀头的笼式钻头。

2）钻进参数（见表5-22）

表5-22

钻进参数		钻压（kN）	转速（r/mim）	泵量（m^3/h）
地层	黏（粉）性土	10～25	23～42	180
	卵石层	20～40	11～23	150～200

3）钻进成孔操作要点

（A）砂石泵启动前要检查吸水系统密封情况，从砂石泵吸入口直到钻头吸渣口上，发现密封不好及时处理。

（B）砂石泵启动前，应将钻头提高孔底约200mm，各阀置于正循环工作状态下，按下泥浆泵启动，直到孔口返水时再启动砂石泵，关闭泥浆泵。

（C）钻进中应细心观察机械运转情况，注意观察排渣的种类、形态和大小，认真观察出水口的冲洗液流量大小调整钻进参数，适当控制钻进速度。

（D）下钻不得把钻头直接降至孔底，钻头应离孔底约200mm以上，以防止孔底钻渣堵塞钻头吸渣口。

（E）钻进黏土层进尺缓慢甚至不进尺时，应设计合理的钻头，吊起钻具轻压慢转钻进，或调节浆液相对密度和漏斗黏度，适当增大泵量，从孔口投入石块、砖头，解除钻头泥包或糊钻。

（F）浆液向孔内补给不足时要进行回灌，保证反循环正常进行。

（8）及时换浆和排渣，保证泥浆净化。

为提高钻进效率和保证孔壁稳定，必须及时换浆和排渣，确保泥浆性能指标满足钻进成孔需要。废浆排入废浆储备池内，用罐车运出场外；废渣用挖掘机堆至场地临时废渣堆放处，待工程结束挖土方时运出。

(9) 清孔

钻孔达到设计深度后，此时空转不进尺，加大泵量，以密度较低（1.05～1.10）的新泥浆替换孔内密度较大的泥浆。

(10) 质量验收

1）终孔验收

当钻至设计深度时即可停钻。桩孔终孔后，对其孔深、孔底沉渣等各项指标依据规范规定及设计要求进行验收。孔深由测绳及钻杆长度确定。达到标准后方可进行下道工序。

2）桩孔质量标准见表 5-23

表 5-23

序　号	质　量　标　准	检 测 方 法
1	深度满足设计桩长	尺量
2	孔底沉渣≤100mm	测绳
3	桩位水平偏差：群桩基础边桩为 $d/6$ 且不大于 100mm；群桩基础中间桩为 $d/4$ 且不大于 150mm；	尺量

(11) 钢筋笼制作与吊放

1）钢筋笼的制作方法要求

(A) 钢筋笼规格及配筋严格按设计图纸进行。

(B) 进场钢筋规格符合要求，并附有厂家的材质证明，经材质检验合格后使用。

(C) 笼子制作严格依设计要求进行，允许偏差符合规范规程规定。

(D) 搭接焊的钢筋，焊缝长度不小于 10d（单面焊）。

(E) 主筋与内环筋间点焊焊接，外环筋与主筋间绑扎并间隔点焊。

2）钢筋笼质量控制标准（见表 5-24）

表 5-24

序　　号	项　　目	允许偏差（mm）	检测方法
1	主筋间距	±10	尺量
2	箍筋间距	±20	尺量
3	钢筋笼直径	±10	尺量
4	钢筋笼长度	±50	尺量

3）钢筋笼的吊放

(A) 钢筋笼用吊车起吊入孔，应保证平直起吊。

(B) 笼子起吊离地 1m 左右时，利用重心偏移原理，通过起吊钢丝绳在吊车钩上的滑动并稍加人力控制，实现平直起吊转化为垂直起吊，以便入孔。

(C) 各起吊点应加强，防止因笼较重而变形。起吊过程中要注意安全、密切配合。

(D) 吊放钢筋笼入孔时，应对准孔位轻放慢放入孔，遇阻碍要查明原因，进行处理，不得强行下放。

(E) 入孔后，由垫块及通过插杆准确、牢固地定位，定位允许偏差±100mm。

（12）混凝土灌注

1）采用预拌混凝土，强度等级符合设计要求，按水下混凝土灌注规范要求施工，坍落度在180～220mm之间。

2）灌前导浆管安装必须加密封圈，连接坚固，不漏浆。

3）灌前必须放好球胆及盖板。

4）初灌量保证在1.2m^3以上，并保证初灌埋管深度不小于0.80m。

5）初灌时，导管底口距孔底距离控制在0.30～0.50m之内。

6）灌注连续不断，慢慢灌入，并保证在混凝土初凝时间内灌完一桩。

7）灌前控制好孔底情况，灌注过程中控制好埋管深度2～6m，严禁导管拔出混凝土面，灌注将要结束时，控制好最好一次混凝土灌量，保证浮浆厚度0.80m。严禁快速拔管。

8）按《混凝土结构工程施工质量验收规范》（GB 50204—2002）规定及时制作试块，每个浇注台班至少制作一组标养和同条件试块。每桩必须填写混凝土灌注记录。

（13）空孔回填

基桩后压浆结束后，空孔部分用现场废渣回填，或用钢筋网片覆盖作为孔口安全防护措施。

（14）泥浆及沉渣处理

1）泥浆处理：成孔过程中及成桩完成后，废弃泥浆及时用环卫车运出；

2）沉渣处理：成孔过程中沉渣分几处集中堆放、晾晒，待成桩结束后集中外运。

（15）验收

采用静载荷试验和低应变反射波法进行检测，检测数量按总桩数10%，检测桩的承载力和桩身质量、完整性。

2．干作业成孔灌注桩

（1）工艺流程

桩定位⟶钻机就位⟶钻孔⟶自检孔深⟶下钢护筒⟶孔底扩底⟶清底⟶自检⟶交验⟶钢筋笼入孔⟶浇混凝土⟶拔钢护筒（与浇混凝土同步）。

（2）施工要点

1）放桩位线

根据桩位设计图纸对桩进行测量放线。

2）钻机就位

钻机就位时，要做到机座平稳，转盘中心与桩位偏差不得大于20mm。见图5-51。

3）钻孔

第一根桩施工时，要慢速运转，掌握地层对钻机的影响情况，以确定在该地层条件下的钻进参数。见图5-52。

4）下钢护筒、孔底扩底

机钻成孔桩在机钻成孔后，吊入钢护筒，上方固定后，人工进入孔内扩底至设计和尺寸。

5）钢筋笼制作及吊放

笼子制作严格依设计要求进行，允许偏差符合规范规程规定；搭接焊的钢筋，焊缝长度不小于10d（单面焊）；主筋与内环筋间点焊焊接，外环筋与主筋间绑扎并间隔点焊。

同时要控制好钢筋笼的保护层。

图 5-51　钻机就位

图 5-52　钻孔

钢筋笼起吊：起吊钢筋笼采用扁担起吊法，起吊点在钢筋笼上部架立筋与主筋连接处，且吊点对称。钢筋笼设置 2 个吊点，以保证钢筋笼在起吊时不变形。

下放钢筋笼：在下放过程中，吊放钢筋笼入孔时应对准孔位，保证垂直、轻放、慢放入孔。入孔后应徐徐下放，不得左右旋转，若遇障碍停止下放，查明原因进行处理，严禁高提猛落和强制下放。

5）灌注混凝土

采用串筒灌注，5m 以下自重密实，5m 以上用振捣棒振密实。

3．人工挖孔和扩底灌注桩

（1）工艺流程

桩定位—→人工挖孔下 1m —→护筒支模校正—→拌制护壁混凝土—→浇护壁混凝土—→养护—→人工挖孔再下 1m —→……—→循环挖至设计标高—→扩底及清理—→桩孔验收—→钢筋笼入孔—→浇筑混凝土。

（2）主要机具设备（见表 5-25）

主要机具设备表　　　　表 5-25

机具名称	型　号	用　途
电动铰车	1～1.5t	土方提升
手动铰车		土方提升
电动气泵		送风
汽车吊	16t	吊装钢筋笼
电焊机	普通	钢筋笼成型对接
对焊机		钢筋对焊
机动翻斗车或手推车		土方水平运输
高压注浆机		锚杆及小型护壁桩注浆
其他常用工具：短锹，撅头，镐，洛阳铲，胶皮斗，灌浆漏斗，护壁用护筒，胶皮输送管，搅笼。		

（3）操作要点

1）平整场地及桩孔定位

首先进行场地的平整，使现场具备“三通一平”的条件，根据城市规划部门提供的坐标点及水准点进行高程及桩位的测设工作，在不受挖桩施工影响处设置桩孔轴线和水准点，确定桩位。成孔前，经质检部门进行复核无误后，方可进行下部施工。

2）桩孔开挖

桩孔开挖时，做好“十字线”，由四个临时定位桩钉拉线找中心点。然后开挖第一节，每节深度为1m，每开挖一节，支设护筒模板，再浇注护壁混凝土。同时将控制桩线及标高引测到孔壁上口处，每节以“十字线”对中，吊线锤控制中心线，用尺标找圆周，根据引测标高点测量孔深。

3）阶梯现浇护壁

挖孔由人工从上而下逐层用镐、锹进行，遇坚硬土层用锤、钎破碎；挖土次序为先挖中间部分后挖周边。每挖1m，支设护壁模板，再浇筑混凝土，待混凝土达到一定强度后，再开挖下1m，如此循环。混凝土护壁见图5-53。

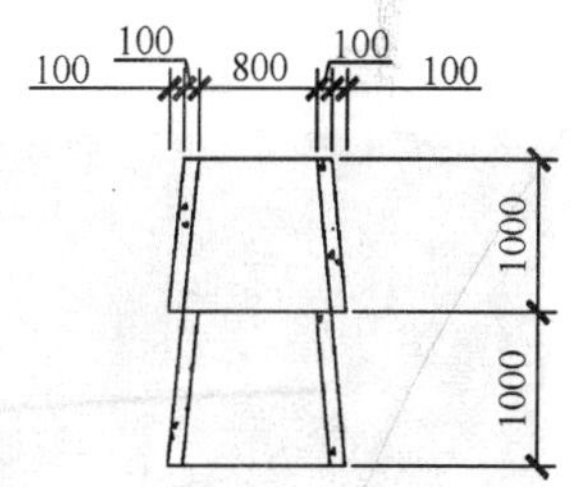

图5-53　混凝土护壁

人工挖掘到有高含量卵砾石层时，洛阳铲不能成孔，不能锚杆，采用阶梯模板现浇混凝土护壁。此时卵石坍塌严重，进尺缓慢，应边将卵石掏出，边插入钢筋挡住石块下落，当掘进0.5m时支模板灌注混凝土，即缩短现浇护壁长度。

为了加快速度和保证施工安全，尽快缩短护壁工序所需的时间，护壁混凝土用的水泥，采用早强水泥。根据土质情况，调整护壁高度。

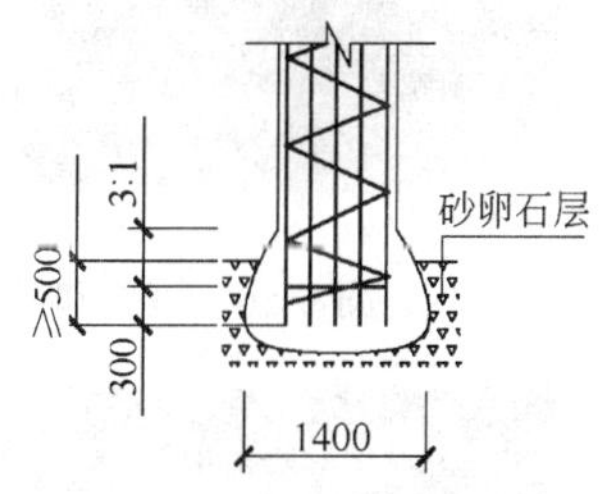

图5-54　扩底桩

4）桩孔掘进测量

做护壁时，每做一节护壁要检查一次，用“十字线”吊中，尺量检查不合要求的，不得浇注混凝土，要控制桩孔直径不小于设计桩径，每检查一次做好记录，成孔后，由专检员下孔检验，并填写隐蔽记录，合格后报监理验收。

5）扩底

扩底部分后挖桩身圆柱体，再按扩底部分尺寸从上到下削土成扩底形。见图5-54。

6）钢筋笼制作、吊放、灌注混凝土

同干作业成孔灌注桩施工方法。

7）清理基槽、凿桩头、施工垫层、防水

桩头处的防水是底板防水的关键，防水设计见图5-55。清理基槽、凿桩头、垫层、防水施工分别见图5-56、图5-57、图5-58、图5-59。

（4）控制措施

1）检查成孔质量后应尽快吊装钢筋笼和浇筑混凝土。

2）钢筋笼在制作时，应每隔断2～3m设置一道加劲箍筋。

3）钢筋笼吊装过程中要保证其混凝土保护层厚度，在钢筋笼侧面绑扎相当于保护层厚度的垫块。

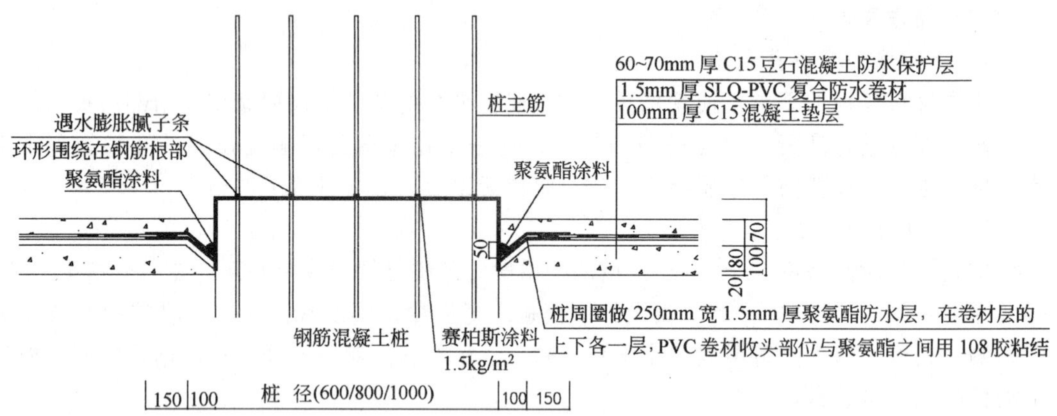

图 5-55　桩头防水处理

图 5-56　桩头和基槽清理

图 5-57　剔凿桩头

图 5-58　垫层施工

图 5-59　桩头和底板防水施工

4）混凝土除了满足设计强度外，尚应具备良好的流动性，混凝土应按规定留置试块。

5）桩混凝土浇筑到顶部时，应超过设计高度 500mm 以上，等基坑开挖时，再行凿除，以确保桩顶质量。

6）混凝土搅拌时，应对原材料计量结果、混凝土配合比、坍落度、强度等级进行检查，混凝土应分层浇注，每层浇注厚度不超过1.5m，采用插入振捣器，振捣要密实，尤其是扩大头的边缘部分，一定要振捣到位，保证混凝土充满扩大头，浇注时应使用串筒。

7）钢筋笼制作时应对钢筋规格、焊条规格、品种、焊口规格、焊缝长度、焊缝外观和质量、主筋和箍筋的制作偏差等进行检查，即时解决。

8）为检查桩身的可靠性，根据设计要求进行试桩工作。

3. 基础桩检测及分析

基础桩施工完毕后，为了解桩基结构的工作状况，达到科学化信息化施工的目的，需对桩基进行承载力和桩身完整性的检测。

(1) 检测方法

检测分三种进行，有些桩根据设计要求既做了高应变检测，也做了静载荷检测试验。

1）高应变动力检测——检测单桩极限承载力，同时评价桩身的完整性。

2）低应变动力检测——检测单桩的桩身质量及完整性，包括桩混凝土体质量，断裂，缩颈，扩颈，离析及沉渣等。随机抽样检测。

3）静载桩检测——检测单桩承载力，最大沉降量不大于6mm。

(2) 高应变测试方案

高应变桩测试方案须在基础桩施工时即确定，以便施工桩基时即将高应变所需测试桩头做好，届时桩头混凝土强度才能满足设计要求。

1）高应变桩基承载力测试原理

当桩顶端受到力 $F(t)$ 作用时，桩体将获得一加速度 $a(t)$，同时受到土的总阻力 $R(t)$，设桩体质量为 M，则：

$$R(t) = F(t) - Ma(t)$$

因此，如果测得 $F(t)$ 和 $a(t)$ 曲线，在知道 M 后，即可计算 $R(t)$。$a(t)$ 可通过桩头受到 $F(t)$ 作用时刻 t_1、桩头振动速度 $V(t_1)$ 和由桩反射回桩头时 t_2 的速度 $V(t_2)$ 算出，即

$$a(t) = [V(t_2) - V(t_1)]/\Delta_t$$

$$\Delta_t = 2L/C$$

这里 L 为桩底到加速度计之间的距离，C 为桩的纵波速度。

另外，桩受土体总阻力 R 实际由静阻力 R_s 和动阻力 R_d 组成，即：

$$R = R_s + R_d$$

而 $R_d = J_C V_b$

此处 J_C 为黏性阻尼系数，由实测曲线确定。V_b 为桩底处的运动速度。

$$V_b(t + 2L/C) = C/EA \times F(t) + V_p(t)$$

V_p 桩顶的速度。

最后可得

$$R_s(t_m) = 1/2(1 - JC)[F(t_m) + MC/L \times V_p(t_m)] + 1/2(1 + J_C)$$
$$[F(t_m + 2L/C) - MC/L \times V_p(t_m + 2L/C)]$$

这里的 t_m 最大加速度时刻，$R_s(t_m)$ 为最大极限承载力。

2）高应变测试方法

在桩头顶面以下1～1.5倍桩径处于桩体两侧将加速度计固定，在同一高度上加速度计附近安装力传感器，加速度计连接电荷放大器，应力计通过电桥与动态应变仪连接。激震源为2t重锤，悬吊后自由落体降落到桩顶产生冲击力，此时桩体在冲击力作用下向下运动，桩体因受土阻力产生变形。

加速度计经电荷放大后的信号和桩体上应力计的应变信号经应变仪放大后进入MEDA采集分析仪，同时在显示屏上显示里程曲线。调节重锤落距和仪器的放大倍数，使之获得最佳纪录。

加速度信号经积分为速度曲线，通过波速可求出弹性模量，进而求得 $F(t)$ 曲线。由 $V(t)$、$F(t)$ 实测的曲线可获得极限承载力 $RS(t)$ 曲线，从而获得单桩极限承载力。

(3) 反射波法低应变检测原理

当在桩顶激发一振动时，产生的振动波将沿桩体向下传播，根据波的传播性质，当波遇到阻抗界面时，波除部分仍按原方向传播外，将有部分能量在界面处向相反方向反射。如果在桩顶安装有传感器，除能记录到敲击桩头时直接到达的波以外，还会在其后依次记录到在各种界面处反射回的信号，界面处波阻抗的形式不同（如断裂、扩颈、缩颈、离析、沉渣等），反射波的振幅、相位、频率及衰减参量会有明显的差异。由这些反射波的到达时间及其他参量的变化则可推定相应的界面位置和性质。桩底往往是最明显的波阻抗界面，因此，桩底的反射也最明显。桩底反射是求得波速的主要依据，从而也是推定其他界面的主要依据。波速的大小可判断桩的混凝土质量，并进而推定混凝土体的强度。

(4) 静载桩测试方案

1）试桩要求

①试桩桩头如高应变试桩桩头，桩顶保护层下设2层保护钢筋网，间距200mm。

②加接桩头前必须去净浮浆，灌注混凝土前应冲洗干净。

③可从槽底下600mm处接桩头1500mm长，桩周开挖600mm宽，600mm深圆槽。

④桩头混凝土应采用C45，加早强剂。

⑤静载检测前在测试桩附近专门砌筑测试所用砖垛。

基础桩载荷试验见图5-60。

图5-60 基础桩载荷试验

2）加载方式

采用慢速维持荷载法。

①加载分级为10级，每级300kN。

②沉降观测。每级加载后，第一小时每15min测一次，以后每半小时测读一次。

③各级稳定标准。每小时沉降不超过0.1mm，且连续出现两次。稳定后方可加下级荷载，且每级维持时间小于2h。

④终止加载条件

a. 加荷稳定在3400kN后即可卸载；

b. 某级作用下，沉降量为上一级作用下沉降量的5倍；

c. 某级作用下，沉降量为上一级作用下沉降量的2倍，且24h仍不稳定；

d. 荷载已超过极限荷载二级以上，或超过极限2倍荷载后36h仍不稳定。

3）卸载及观测

每级卸载值为600kN，测值时间间隔为0～15～15～30min。全部卸载完后3～4h后再读一次。

四、地下防水工程

地下防水工程对建筑物的使用至关重要，一般遵循“防排结合、刚柔并用、多道设防、综合治理”的原则。一般地下工程都采用“刚柔并用”的方法进行防水设计。所谓“刚柔并用”即采用刚性与柔性防水相结合方式来防止水进入建筑物的一种做法，也是目前我国最为常见和较为有效的方法。刚性防水（也称防水混凝土、砂浆）即在混凝土（砂浆）中添加一定量的外加剂，来缩小混凝土（砂浆）中的孔隙率，以此来堵断水进入建筑的通道。柔性防水即在建筑物外围通过胶粘材料来粘贴防水卷材或滚刷防水涂膜，使建筑物达到封闭，阻止水进入建筑物。

住宅工程中，地下室的防水显得尤为重要，它和建筑物的使用功能和人们的生活密切相关，所以防水工程的质量是施工应该进行重点管理和控制的关键内容，也是工程质量控制的重点之一，在施工中必须加以严格监控与管理，采取切实可行的施工措施，确保防水的施工质量，保证地下室处于绝对干燥的使用要求。

下面分别介绍刚性与柔性防水的施工要点。

（一）防水混凝土（刚性防水）的介绍

防水混凝土是以本身的密实性而具有一定防水功能的整体式混凝土，它同时具备承重、围护、抗渗、防开裂等功能。一般基础底板、外墙、人防顶板以及室外有防水要求的地下室顶板均设计为防水混凝土，抗渗等级有P6、P8、P10等。

1. 混凝土原材料的选择

(1) 选择良好级配的骨料，严格控制砂、石的含泥量，砂、石含泥量超标的禁止使用。

1）水泥：普通硅酸盐42.5；

2）砂子：中砂，含泥量不大于3%；

3）石子：采用5～20碎石或碎卵石，含泥量不大于1%；

4）掺入一定配比的优质粉煤灰。

掺用Ⅰ或Ⅱ级粉煤灰，这不但降低混凝土内部水化热，改善混凝土的和易性，增加泵送性，而且节约水泥用量。

5）外加剂的选择

对于防水混凝土，尤其是大体积混凝土，外加剂的选用至关重要，目前外加剂常用的系列有 UEA、HEA、CEA、FS 等。这些外加剂，具有抗渗、补偿收缩、缓凝、延迟水化热峰值等功效，有效的防止混凝土内部裂缝的产生。

2. 防水（微膨胀）混凝土的机理

工程中通常在混凝土中掺入一定配比的膨胀剂，以达到在混凝土内部产生微膨胀，从而达到防水混凝土的目的。下面以 UEA 为例介绍膨胀剂的机理。

(1) 使用 UEA 可提高混凝土密实度，配制高等级防水混凝土

由于 UEA 在水化、硬化过程中形成了膨胀结晶体水化硫铝酸钙，它具有填充、堵塞毛细孔、缝，改善孔结构和孔级配的作用。通过高压水银测孔仪测定：掺入 UEA 的水泥总孔隙率为 $0.11cm^3/g$，而水泥为 $0.21cm^3/g$，减少近 50%。从孔分布来看，由于 UEA 混凝土的大孔减少，总孔隙率下降，改善了混凝土的孔结构，故抗渗能力高于普通混凝土。另外，UEA 具有减水作用，使混凝土用水量降低，密实度、抗渗能力也相应提高。填孔和减水二者的叠加，使 UEA 混凝土的密实度、抗渗能力远远高于普通混凝土，因此它可配制高等级防水混凝土。

用 UEA 补偿收缩混凝土作为结构材料，在硬化过程中产生的膨胀作用，由于钢筋和邻位约束，在结构中建立少量预压应力 σ_C。考虑结构强度的安全，膨胀不能太大，且在硬化 14d 基本结束。经研究 UEA 系列产品替代水泥量 8%～10% 范围内，对强度不影响，其膨胀率 $\varepsilon_2=(2\sim3)\times10^{-4}$，在配筋率 $\mu=0.2\%\sim0.8\%$ 下，可在结构中标建立 0.2～0.7MPa 预压应力，这一预压应力大致可以补偿混凝土在硬化过程中产生温差和干缩的拉应力；从而防止收缩裂缝，或把裂缝控制在无害裂缝范围内（小于 0.1mm）。

(2) 可补偿大体积混凝土的温度应力

在大体积混凝土施工中，控制混凝土中心温度与表面温度，表面温度与环境温度是非常重要的。采用普通混凝土，温差严格控制在 25℃之内。而采用 UEA 混凝土，这个温差便可适当放宽，原因如下：

设：大体积混凝土中心温度为 T_1，表面温度为 T_2，大气温度为 T_3，UEA 混凝土限制膨胀率为 ε_2，混凝土的线膨胀系数为 α，产生的当量温度 $T_4=\varepsilon_2/\alpha$，一般：$\varepsilon_2=(1\sim3)\times10^{-4}$，$\alpha=1.0\times10^{-5}/℃$，则 $T_4=10\sim30℃$。

若采用普通混凝土，则

$$\Delta T_1 = T_1 - T_2 \leqslant 25(℃)$$
$$\Delta T_2 = T_2 - T_3 \leqslant 25(℃)$$

否则，混凝土便开裂。

而采用 UEA 混凝土后，

$$\Delta T_1 = T_1 - T_2 \leqslant 25 + T_4(℃)$$
$$\Delta T_2 = T_2 - T_3 \leqslant 25 + T_4(℃)$$

这意味着在大体积混凝土施工时，采用 UEA，放宽了温控指标，一般不必再采用冷却集料、在混凝土设冷却管、表面升温或施工时水平分层浇筑等传统方法，一次浇筑即

可。采用 UEA 施工的 2.0～4.0m 厚的大体积混凝土均一次连续浇筑成功，取得了良好的抗裂效果。

(3) 使用 UEA 可适当延长伸缩缝间距

延长伸缩间距是 UEA 混凝土对结构设计、施工的另一贡献。由于 UEA 混凝土具有补偿收缩的作用，其原理如图 5-61。

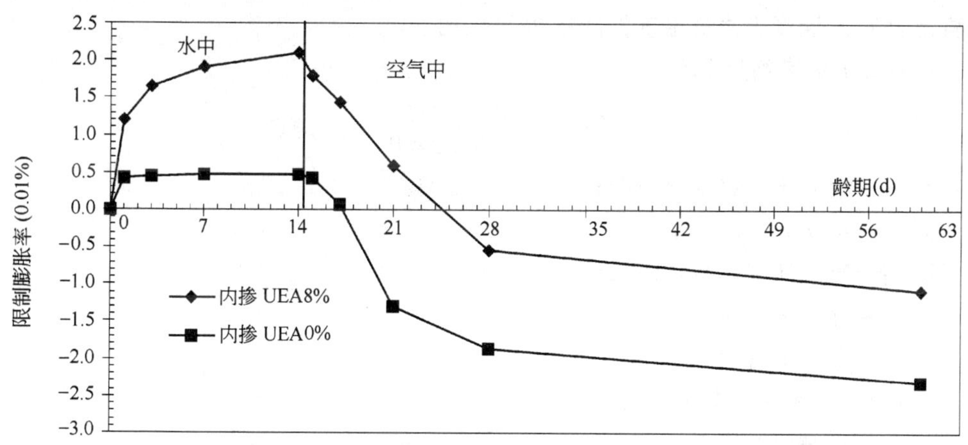

图 5-61　UEA 的膨胀率曲线图

从应力角度看，由于 UEA 混凝土在养护期间产生 0.2～0.7MPa 的自应力值，可大致抵抗由于干缩、冷缩等引起的拉应力，并由于在膨胀过程中推迟了混凝土收缩发生的时间，混凝土抗拉强度得以进一步增长，当混凝土开始收缩时，其抗拉强度已可以或基本可以抵抗收缩应力，从而使混凝土不裂，达到延长伸缩间距，连续施工的目的。

从变形角度讲，结构中混凝土主要变形有：冷缩（S_t）、干缩（S_d）和受拉徐变（C_T），采用 UEA 混凝土后，引入限制膨胀变形（ε_2），这些变形中 S_t、S_d 是有害变形，它们是抵抗导致混凝土开裂的原因，而 C_T 和 ε_2 是有益变形，它们是抵抗混凝土开裂的因素。当 $\varepsilon_2 - (S_t + S_d - C_T) \leqslant S_k$，（$S_k$ 是混凝土的极限延伸率）时，混凝土不开裂，也就不必设伸缩缝。若采用普通混凝土，则总收缩为 $C_T - S_s - S_d$，这个量比较大，规范要求约 30m 设伸缩缝。

UEA 混凝土与普通混凝土主要区别在于：(1) 由于限制膨胀的作用，改善了混凝土的状态；(2) 由于钙矾石的填充作用使水泥石中的大孔变小，总孔隙率下降，改善了混凝土的孔结构，从而提高了混凝土的抗渗性。

抗渗的前提是抗裂，UEA 混凝土同时具有抗裂和防渗之功能，这是它适用作结构自防水及抗裂工程的原因。

(二) 防水混凝土的施工

下面以一工程为例介绍底板大体积混凝土的施工技术。

1. 概况

基础为筏基（上反梁），南北长 81.4m，东西长 71.2m，底板大部分厚度为 1m，局部为 1.4m、1.6m。底板混凝土强度等级为 C35 P8，底板混凝土总量为 8500m^3，全部采用商品混凝土。

2. 底板大体积混凝土温度裂缝计算分析

大体积混凝土施工的关键是控制裂缝的产生，尤其对于超大体积混凝土，难度较大，为验算由温差和混凝土收缩所产生的温度应力是否超过当时的基础混凝土极限抗拉强度，我们进行了严格的防裂理论计算，以便制定相应的防裂措施，从而确保底板混凝土质量。

根据 C35 P8 配合比设计，普 42.5 水泥 398kg，水泥发热量 335kJ/kg，7 月份施工平均气温为 25℃，混凝土浇筑温度控制在 28℃ 以内。

(1) 混凝土最终绝热温升

$$T_h = \frac{WQ_0}{C\gamma} = \frac{398 \times 335}{0.97 \times 2400} = 57.3℃$$

式中　T_h——混凝土最终绝热温升；

W——每立方米混凝土水泥用量；

Q_0——每公斤水泥水化热量；

C——混凝土比热；

γ——混凝土密度。

(2) 混凝土内部不同龄期温度

1) 求不同龄期绝热温升

混凝土块体的实际温升，受到混凝土块体厚度变化的影响，因此与绝热温升有一定的差异。根据水电科学院资料，算得水化热温升与混凝土块体厚度有关的系数 ξ 值，见表 5-26。

不同龄期水化热温升与混凝土厚度有关系数 ξ 值　　表 5-26

龄期 厚度	3d	6d	9d	15d	21d	27d
1.0m	0.36	0.29	0.17	0.05	0.01	
1.6m	0.49	0.46	0.38	0.21	0.12	0.05

$$T_t = T_h \cdot \xi$$

式中　T_t——混凝土不同龄期的绝热温升；

T_h——混凝土最高绝热温升；

ξ——不同龄期水化热温升与混凝土厚度有关值。

经计算列于表 5-27。

不同龄期的绝热温升（℃）　　表 5-27

龄期 (d)		3	6	9	15	21	27
绝热温升 (T_t)	1.0m	20.63	16.62	9.74	2.87	0.57	
	1.6m	28.08	26.36	21.77	12.03	6.88	2.87

2) 不同龄期混凝土中心最高温度

$$T_{max} = T_j + T_t$$

式中　T_{max}——不同龄期混凝土中心最高温度；

T_j——混凝土浇筑温度；

T_t——不同龄混凝土绝热温升。

计算结果列于表 5-28。

不同龄期混凝土中心最高温度　　**表 5-28**

龄期（d）		1	3	6	9	15	21	27
温度（℃）	1m	28	48.63	44.62	37.74	30.87	28.57	
	1.6m	28	56.08	54.36	49.77	40.03	34.88	30.87

由上表可知，混凝土到 3～6d 左右，内部温度最高。

(3) 混凝土温度应力

本底板面积大，按外约束为二维时的温度应力（包括收缩）来考虑计算。

1）各龄期混凝土的收缩变形值及收缩当量温差

①各龄期收缩变形

$$\&_y(t) = \&_y^0(1 - e^{-0.01t}) \times M_1 \times M_2 \times \cdots\cdots \times M_n$$

式中　$\&_y(t)$——龄期 t 时混凝土的收缩变形值；

$\&_y^0$——混凝土的最终收缩值，取 3.24×10^{-4}/℃；

M_1、$M_2\cdots\cdots M_n$——各种非标准条件下的修正系数。

本工程根据用料及施工方式修正系数取值如表 5-29。

修正系数取值　　**表 5-29**

M_1	M_2	M_3	M_4	M_5	M_6	M_7	M_8	M_9	M_{10}	积 M
1.25	0.93	1.00	1.21	1.20	1.09	1.04	1.40	1.00	0.90	2.41

经计算得出收缩变形见表 5-30。

各龄期混凝土收缩变形值　　**表 5-30**

龄期（d）	3	6	9	15	21	27
收缩变形值 $\&_y(t)$ $\times10^{-6}$	23	45.5	67.1	108.6	147.7	184.6

②各龄期收缩当量温差

将混凝土的收缩变形换算成当量温差

$$T_y(t) = \&_y(t)\alpha$$

式中　$T_y(t)$——各龄期混凝土收缩当量温差（℃）；

$\&_y(t)$——各龄期混凝土收缩变形；

α——混凝土的线膨胀系数，取 10×10^{-6}/℃。

计算结果列于表 5-31。

各龄期收缩当量温差　　**表 5-31**

龄期（d）	3	6	9	15	21	27
当量温差 $T_y(t)$	2.30	4.55	6.71	10.86	14.77	18.46

2）各龄期混凝土的最大综合温度差

$$\Delta T(t) = T_j + \frac{2}{3}T(t) + T_y(t) - T_q$$

式中 $\Delta T(t)$——各龄期混凝土最大综合温差；

T_j——混凝土浇筑温度，取28℃；

$T(t)$——龄期 t 时的绝热温升；

$T_y(t)$——龄期 t 时的收缩当量温差；

T_q——混凝土浇筑后达到稳定时的温度，取平均气温25℃。

计算结果列表5-32。

各龄期混凝土最大综合温度差 **表5-32**

龄期（d）		3	6	9	15	21	27
综合温差 $\Delta T(t)$	1.0m	19.05	18.63	16.20	15.77	18.15	
	1.6m	24.02	25.12	24.22	21.88	22.36	23.37

3）各龄期混凝土弹性模量

$$E(t) = E_h(1 - e^{-0.09t})$$

式中 $E(t)$——混凝土龄期 t 时的弹性模量（MPa）；

E_h——混凝土最终弹性模量（MPa），C35混凝土取 3.3×10^4（MPa）。

计算结果见表5-33。

混凝土龄期 t 时的弹性模量 **表5-33**

龄期（d）	3	6	9	15	21	27
弹性模量 $E(t)\times10^4$	0.78	1.37	1.83	2.44	2.80	3.01

4）混凝土徐变松弛系数、外约束系数、泊松比及线膨胀系数

①松弛系数，根据有关资料取值见表5-34。

混凝土龄期 t 时的松弛系数 **表5-34**

龄期（d）	3	6	9	15	21	27
松弛系数 $S_{h(t)}$	0.570	0.519	0.462	0.411	0.374	0.336

②外约束系数（R_k），取 $R_k=0.4$。

③混凝土泊松比（μ），取0.15。

④混凝土线膨胀系数（α），α 取 10×10^{-6}/℃。

5）不同龄期混凝土的温度应力

$$\sigma_{(t)} = -\frac{E(t)\times\alpha\times\Delta T(t)}{1-\mu}\times S_h(t)\times R_k$$

式中 $\sigma(t)$——龄期 t 时混凝土温度（包括收缩）应力；

$E(t)$——龄期 t 时混凝土弹性模量；

α——混凝土线膨胀系数；

$\Delta T(t)$——龄期 t 时混凝土综合温差；

μ——混凝土泊松比；

S_h（t）——龄期 t 时混凝土松弛系数；

R_k——外约束系数。

计算结果见表 5-35。

不同龄期混凝土温度（包括收缩）应力　　**表 5-35**

龄期（d）	3	6	9	15	21	27
温度应力 σ（MPa）1.0m	-0.400	-0.623	0.644	0.745	0.895	
温度应力 σ（MPa）1.6m	-0.503	-0.840	0.963	1.033	1.102	1.112

（4）结论

根据经验资料，我们把混凝土浇筑后的 15d 作为混凝土开裂的危险期。

C35 混凝土：28d $R_L=1.6$（MPa）

而现在 15d 混凝土温度应力：底板厚 1.0m 处，$\sigma_1=0.745$MPa

底板厚 1.6m 处，$\sigma_2=1.033$MPa

因为同龄期混凝土 $R_{L(15d)}=0.75R_L=1.2$（MPa）

所以 $\frac{R_{L(15d)}}{\sigma_1}=\frac{1.2}{0.745}=1.61>1.15$（抗裂安全度）

$\frac{R_{L(15d)}}{\sigma_2}=\frac{1.2}{1.033}=1.61>1.15$（抗裂安全度）

结论：由上述结果可知，对于 1.0m 和 1.6m 厚的底板，抗裂安全度均满足要求，混凝土底板内不会产生贯穿性裂缝。

3. 施工部署

（1）混凝土的供应

由于混凝土量很大，选择两家商品混凝土搅拌站来集中供料。由现场统一协调、调度混凝土的供应。为了确保混凝土的质量，两家搅拌站使用同一品牌、同一强度等级的水泥，外加剂（HEA）和粉煤灰掺和料也使用同一品牌。

（2）混凝土设备和机具的投入

1）混凝土泵的平均泵送量 Q_1 的计算

根据有关经验公式，混凝土输送泵的平均输出量 Q_1 的计算如下：

$$Q_1 = Q_{max} \times \alpha \times e$$

Q_1——混凝土泵的平均输出量（m^3/h）；

α——配管系数，0.8～0.9；

e——作业效率，0.5～0.7。

本工程采用的混凝土泵的平均输送能力为 $60m^3/h$，$\alpha=0.85$，e 取 0.7。

$\therefore Q_1=60\times0.85\times0.7\approx35m^3/h$。

2）混凝土泵的布置

现场布置 6 台混凝土泵（其中两台汽车泵）。理论上浇筑所需时间为：8500/（6×35）

≈41h，实际浇筑时间控制在48h内。混凝土泵布置详见图5-62。

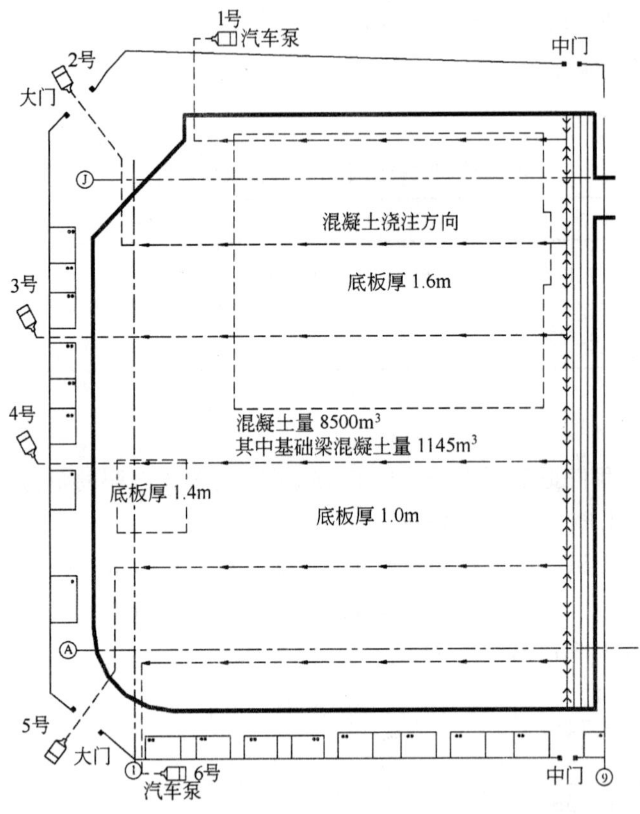

图5-62 混凝土泵布置图

3）混凝土运输车辆的配置

每台混凝土泵所需配备的混凝土搅拌运输车辆数：

$$N=\frac{Q_1}{60V}\left(\frac{60L}{S}+T_1\right)$$

式中 N——混凝土罐车台数（台）；

Q_1——每台混凝土泵的实际平均输出量（m^3/h）；

S——混凝土搅拌运输车平均行驶速度（km/h）；

L——混凝土搅拌运输车往返距离（km）；

T_1——每台混凝土搅拌运输车总计停歇时间（min）。

所以 $$N=\frac{35}{60\times6}\left(\frac{60\times17\times2}{25}+30\right)=10\text{ 台}$$

混凝土机械设备投入见表5-36。

表5-36

序号	机械名称	规格、型号	单位	数量	备注
1	混凝土地泵	大象牌，$60m^3/h$	台	6	其中两台为汽车泵
2	混凝土运输车	$6m^3$/辆	辆	60	准备3辆机动
3	振捣棒	$\phi50$	根	18	另准备3根备用
		$\phi30$	根	4	

(3) 劳动力组织

将劳动力分白班和夜班两大班，每班按地泵的数量分成小组，每班劳动力安排见表 5-37。

表 5-37

序号	工种	每组人数	共计人数	备　注
1	混凝土工	5	30	包括下料、平仓、振捣
2	架子工	2	12	安拆泵管和拆架子
3	抹灰工	3	18	混凝土表面搓光
4	木工		3	看模
5	钢筋工		2	混凝土浇筑时看筋
6	测量工		2	控制标高和核对尺寸
7	养护		4	养护、测温等
7	指挥		2	指挥车辆
8	下灰	2	12	混凝土泵处下灰
9	试验工		2	做混凝土试块
10	其他		5	
	合计		92	

(4) 现场组织

底板混凝土量大，又位于市内，这给混凝土运输和现场组织带来了难度，又由于是超大体积混凝土施工，技术要求高，为了确保底板大体积混凝土的顺利浇筑和浇筑质量，现场必须成立以项目经理为首的大体积混凝土领导小组，浇筑之前召开了专题交底会和动员大会，为大体积混凝土的浇筑奠定基础。

4. 混凝土的浇筑

(1) 混凝土浇筑前的准备工作

1) 底板钢筋内必须彻底清理干净，不得有渣土、杂物及积水。

2) 墙、柱插筋位置和底板标高的控制

墙、柱插筋位置的控制：为了保证墙、柱插筋的绝对准确，把墙、柱边线放出来，用红油漆标注在基础梁或底板的钢筋上，柱根部保证有一道定位箍筋，墙根部保证有一道定位水平筋和底板钢筋焊接牢固，同时柱、墙钢筋上部至少绑扎一道定位箍筋和水平筋。在浇筑混凝土过程中，测量工和看筋人员随时复查墙、柱插筋位置，以防发生偏位。

底板标高的控制：在底板钢筋上焊设立筋，在立筋上统一用红油漆标注 +0.5m 线，并拉上十字线，用刮杠找平标高，找平过程中随时用水平仪进行复测，严格控制板面标高。

3) 浇筑之前，先用与混凝土成分相同的砂浆湿润泵管。

4) 现场备用一部分减水剂，当混凝土坍落度达不到要求时，可以掺入适量的减水剂，经搅拌车搅拌后，再进行浇筑。

(2) 泵管的架设

基坑内竖向泵管支设见图 5-63。为了避免泵管的振动影响底板钢筋和基础梁模板的位置，泵管需架设在支设的钢管架上，钢管上铺放钢跳板作为工作面，钢管下为 $\phi32$ 的钢筋支撑，钢筋浇注在混凝土内不需拔出来，泵管架设图5-64。

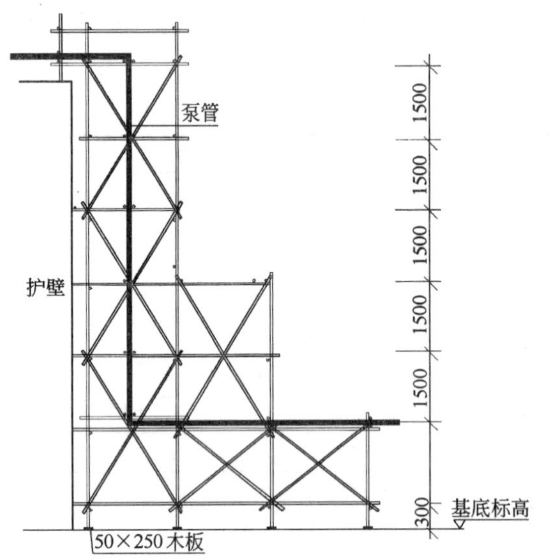

图5-63 基坑内竖向泵管支设图

ϕ32的钢筋支撑钢管下

图5-64 泵管架设图

(3) 混凝土浇筑方法

混凝土采用自然流淌分层浇筑，每层混凝土浇筑厚度控制在50cm左右，见图5-65，在上层混凝土浇筑前，使其尽可能多的向外界散发热量，降低混凝土的温升值，缩小混凝土的内外温差及温度应力。

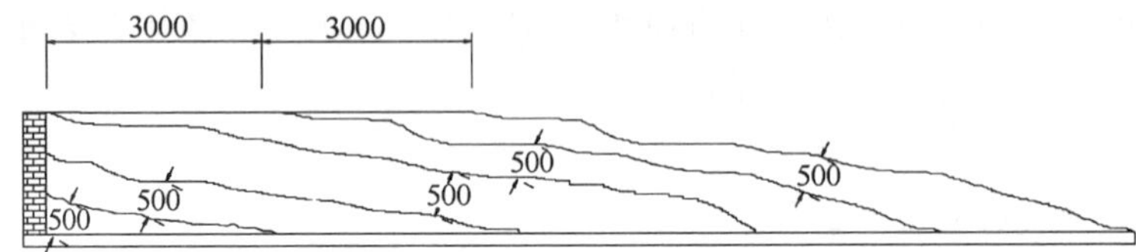

图5-65 底板混凝土分层浇筑

厚1.6m的底板分三层浇筑，厚1.0m的底板分两层浇筑。浇筑方向：6台泵并肩从东往西进行，所有泵尽量共同推进，步骤基本一致。为不使上下两层产生施工冷缝，要在下一层混凝土初凝之前浇筑上一层混凝土，并采取二次振捣法，在振捣上一层时，应插入下层中5cm左右，以消除两层之间的接缝。

(4) 混凝土的振捣

加强混凝土的振捣，增加混凝土的密实度，提高混凝土的抗裂性能。

根据混凝土泵送时自然形成的坡度，在每个浇筑带的前后、中部布置三道振动器，这样通过混凝土的振动流淌达到均匀铺坍的要求。振动器的振捣要做到快插慢拔。快插是为了防止先将表面混凝土振实而与下面混凝土发生分层、离析现象；慢拔是为了使混凝土填满振动棒抽出时所造成的空洞。

振动器插点要均匀排列，可采用“行列式”或“交错式”的次序移动，不应混用，以免造成混乱而发生漏振，一般插棒间距40～50cm。每一插点要掌握好振捣时间，过短不易捣实，过长可能引起混凝土产生离析现象。每点振捣时间应视混凝土表面呈水平不再显著下沉，不再出现气泡，表面泛出灰浆为准，一般每点振捣时间为 15～30s。

(5) 混凝土的表面处理

及时排除混凝土在振捣过程中产生的泌水，消除泌水对混凝土层间粘结能力的影响，提高混凝土的密实度及抗裂性能。

由于泵送混凝土表面的水泥浆较厚，在混凝土浇到顶面后，及时把浮浆赶跑，浇筑 2～3h后，用刮杆初步按标高刮平，用木抹子反复（至少 3 次）搓平压实，使混凝土在硬化过程初期产生的收缩裂缝在塑性阶段就予以封闭填补，以控制混凝土表面龟裂。

(6) 混凝土的测温

为了有效的控制混凝土内外温差，使混凝土内外温差不大于 25℃，防止混凝土裂缝的产生，混凝土必须测温。采用电子测温仪进行测温。测温点布置详见图 5-66。其中 4、6 测温点要埋三根探头线，测三处温度，即表面、1/2 处、底部。

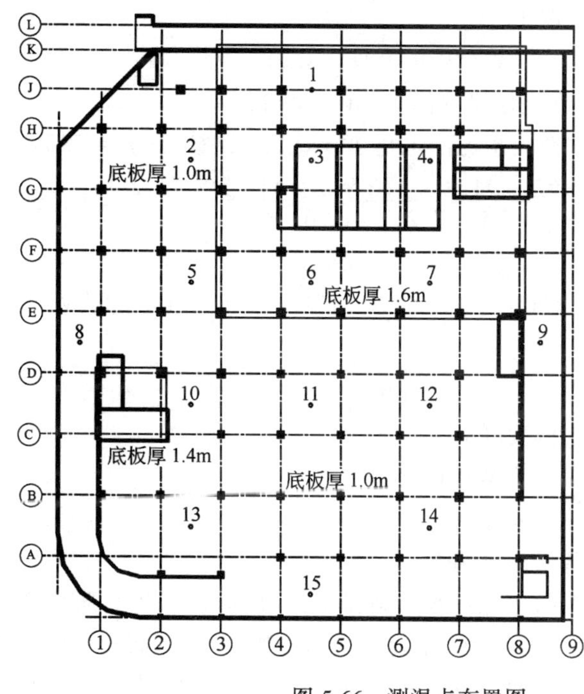

注：每个测温点布置两根探头线，一根测块体表面温度，一根测块体厚度二分之一处温度。其中 4、6测温点要布置三根探头线，测三处温度，即：表面、二分之一处、底部（底板底面往上 10cm）

图 5-66　测温点布置图

混凝土的测温频率：

①龄期 5d 内，每 2h 测温一次；

②龄期 6～14d 内，每 4h 测温一次；

③龄期 15～28d 内，每 8h 测温一次。

现场派专人负责测温，测定的温度随时记录，并把数据及时反馈给技术部，以便检查混凝土内外温差是否超过 25℃。测温时同时测量混凝土体内、体表、大气和混凝土的入模（浇筑）温度。混凝土的浇筑温度是指混凝土浇筑振捣后，在混凝土 50～100mm 深处的温度。电子测温见图 5-67。

图 5-67　电子测温示意图

(7) 混凝土的养护

防水混凝土的养护很关键，必须养护及时、到位。混凝土表面搓光后能上人时（约4～6h）即进行养护。采用蓄水养护，蓄水深度为9cm，现场派专人进行浇水。养护时间持续28d。

对于1.6m厚底板，$T_b = T_{max} - 25℃ = 56.08℃ - 25℃ = 31.08℃$，蓄水深度的计算：

$$R = \frac{XM(T_{max} - T_b)}{700T_j + 0.28WQ(\tau)}k$$

式中　R——混凝土表面的热阻系数（k/W）；

X——混凝土维持到指定温度的延续时间（h），$X = 10 \times 24 = 240h$；

M——混凝土构筑物的表面系数（1/m）；

T_b——混凝土表面温度（℃）；

T_{max}——混凝土中心平均最高温度（℃）；

k——传热系数修正值，取1.3；

T_j——混凝土浇筑振捣完毕开始养护的温度（℃）；

W——混凝土每m^3中的水泥用量（kg），$W = 398kg$；

$Q(\tau)$——混凝土在指定的龄期内水泥的水化热（kJ/kg），$Q(\tau) = 335kJ/kg$。

$$M = \frac{F}{V} = \frac{44.75 \times 1.6 \times 2 + 71.2 \times 1.6 \times 2 + 44.75 \times 71.2}{44.75 \times 712.2 \times 1.6} = 0.70(1/m)$$

$$T_{max} - T_b = 25℃$$

所以　$R = 240 \times 25 \times 1.3 / (700 \times 25 + 0.28 \times 398 \times 335) = 0.142k/W$

蓄水深度：

$$h_s = R\lambda_s$$

式中　h_s——混凝土表面的蓄水深度（m）；

λ_s——水的导热系数，取0.58W/（m·K）。

$\therefore h_s = 0.142 \times 0.58 \approx 0.09m = 9cm$

所以施工时混凝土表面的蓄水深度为9cm。

采用蓄水养护，能保证水泥的水化用水，确保UEA膨胀剂产生膨胀所需要的外部条件（UEA膨胀剂在干燥的环境中不水化，不能产生膨胀作用），从而充分保证混凝土的内部质量，尤其是在强度和密实性方面，可以有效地防止混凝土裂缝的产生。同时，利用顶面的蓄水来减缓表层混凝土与外界环境温度进行热交换的速度，降低混凝土内外温差，避免混凝土温度应力的产生。

对于墙体防水混凝土的养护，要采用麻布覆盖并浇水湿润，使混凝土保证在湿润的环境中，从而保证水泥和膨胀剂的水化、硬化所需的水分，保证混凝土的质量，避免混凝土内部裂缝的出现。

5. 细部节点的防水处理

(1) 底板后浇带的处理

底板因设计或长度超长等原因需留设后浇带，为达到防水的目的，后浇带两侧加设钢板止水带（$b = 300$或450）或BW止水条，后浇带的方式通常有①后浇带下不做处理，只加设防水卷材附加层一道，见图5-68；②后浇带下加设钢筋网起加强作用，且加设防水卷材附加层一道，见图5-69；③由于后浇带内的垃圾不易清除，后浇带下特意留设垃圾清理槽，见图 5-70。

施工缝处采用木模支设，并采取可靠的加固措施确保模板的牢固，且封堵严密，保证不漏浆。钢板止水带需要接长时，采取对接满焊。为了保证止水带的止水效果，使用电焊时一定要注意不能把止水带焊透。

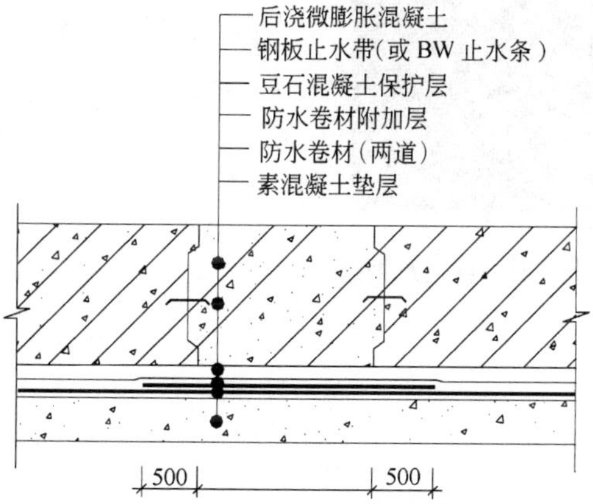

后浇微膨胀混凝土
钢板止水带(或 BW 止水条)
豆石混凝土保护层
防水卷材附加层
防水卷材(两道)
素混凝土垫层
500
500

图 5-68 后浇带处理示意图①

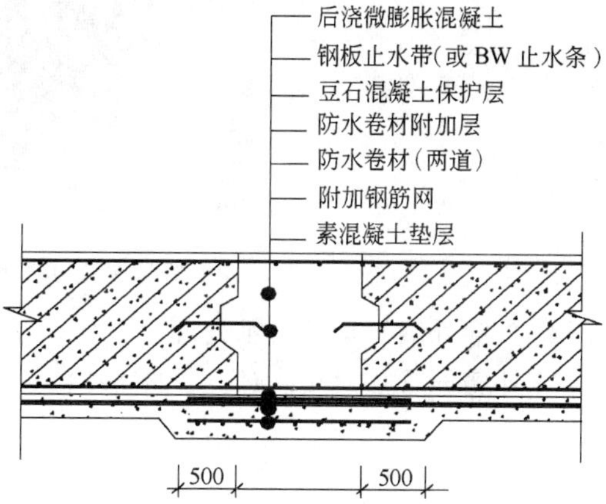

后浇微膨胀混凝土
钢板止水带(或 BW 止水条)
豆石混凝土保护层
防水卷材附加层
防水卷材(两道)
附加钢筋网
素混凝土垫层
500
500

图 5-69 后浇带处理示意图②

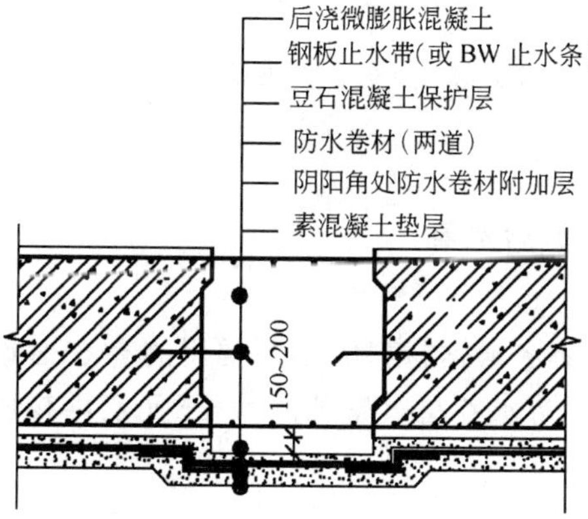

后浇微膨胀混凝土
钢板止水带(或 BW 止水条)
豆石混凝土保护层
防水卷材(两道)
阴阳角处防水卷材附加层
素混凝土垫层
150~200

图 5-70 后浇带处理示意图③

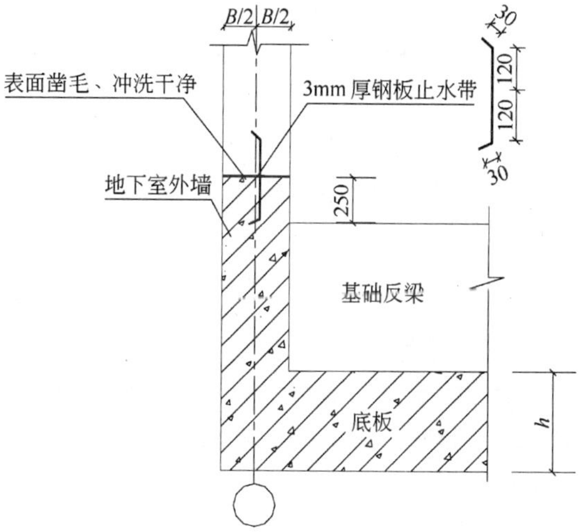

B/2 B/2
表面凿毛、冲洗干净
3mm 厚钢板止水带
地下室外墙
250
基础反梁
底板
h
30
120
120
30

图 5-71 外墙水平施工缝处理

(2) 外墙水平施工缝或后浇带的处理

外墙水平施工缝采用平槽，并加设钢板止水带或 BW 止水条，图 5-71、图 5-73。外墙后浇带为了保证防水能提前施工，在外侧作 80mm 厚预制板或砌 240mm 砖墙做保护，再在外面作防水层，见图 5-72。

后浇膨胀混凝土
钢板止水带或 BW 止水条
80 厚预制板
或 240 砖墙，表面抹灰
防水附加层
防水层
50 厚聚苯板保护
或 120 砖墙保护

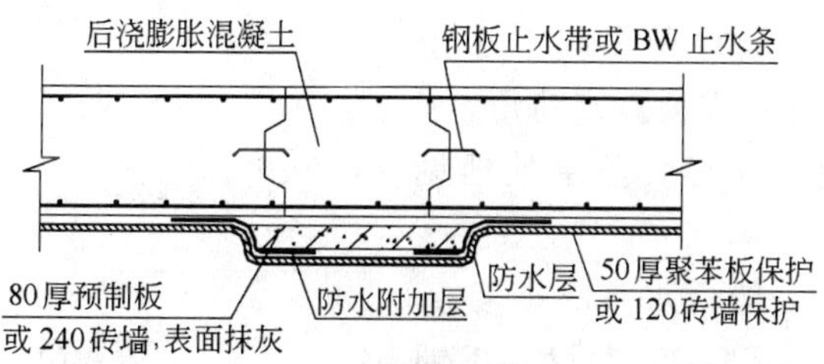

图 5-72 外墙后浇带处理

图 5-73　外墙水平施工缝采用钢板止水带

(3) 穿外墙导管的防水处理

穿外墙导管加设止水环，见图 5-74。

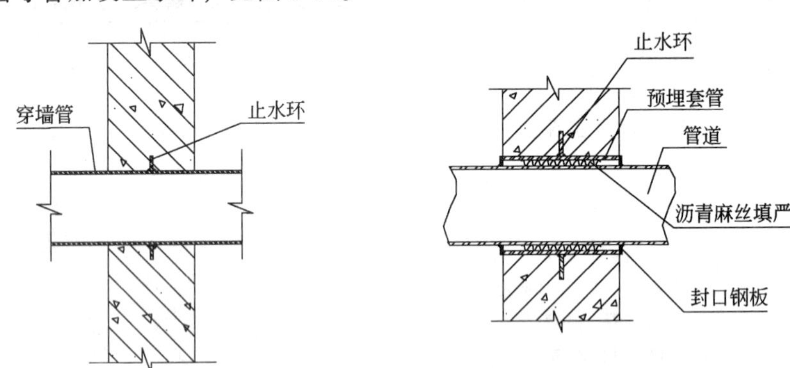

图 5-74　穿外墙导管的防水处理

(三) 柔性防水

柔性防水又分为卷材防水、涂膜防水。卷材防水根据材料的不同常用的有 SBS 改性沥青防水材料（玻纤胎、聚酯胎)、APP 改性沥青防水卷材（聚酯胎)、三元乙丙橡胶防水卷材等。

1. 基层要求

(1) 基层表面应平整，其平整度为：用 2m 长直尺检查，基层与直尺间的最大空隙不应超过 5mm，且每米长度内不得多于一处，空隙只允许平缓变化。

(2) 基层必须牢固，不得有凹凸不平、松动、空鼓、起砂、开裂等现象。

(3) 基层表面的阴阳角和立面内角和外角必须做成不小于 50mm 的圆弧或不小于 70mm 的八字角处，均应做成圆弧或钝角。

(4) 基层表面应清洁干净。基层处理见图 5-75。

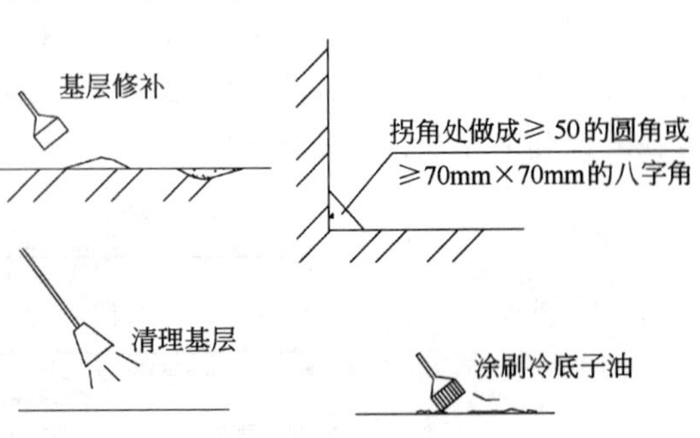

图 5-75　基层处理

(5) 基层应干燥，一般含水率小于 9%。简易的检验方法：将 1m×1m 的卷材，平铺在打扫干净的基层上，静置 3～4h，揭开检查覆盖部位与卷材无水珠出现，即证明基层合格，否则不能施工。

2．材料防水的设置方法和施工方法

地下室外防水有“外防外贴法”和“外防内贴法”两种设置方法。卷材防水的施工方法有热熔法和冷粘法。

（1）外防外贴法

“外防外贴法”是直接将卷材铺设在需防水结构的外墙外表面上，见图 5-76。

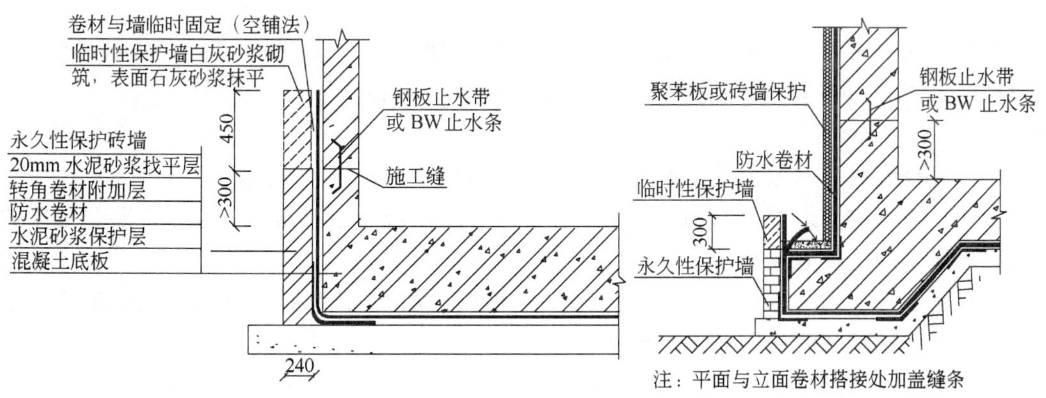

图 5-76　外防外贴法

（2）外防内贴法

“外防内贴法”是先砌筑永久性保护墙，其次在永久性保护墙做防水层，永久性保护墙充当单面模板，再施工结构，见图 5-77。

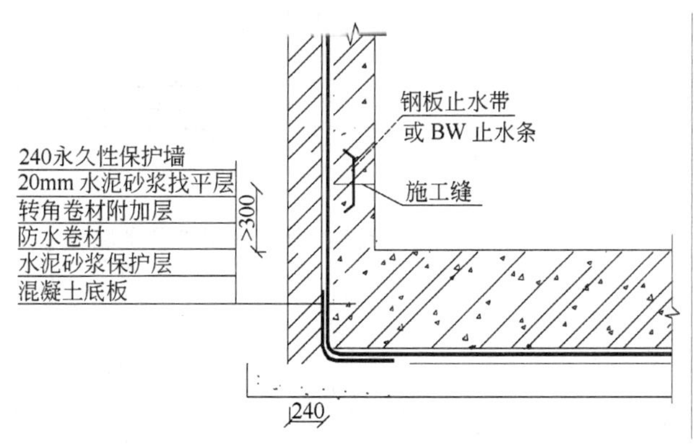

图 5-77　外防内贴法

3．一般规定

卷材防水采用热熔法和冷粘法施工时，应符合以下规定：

（1）底板垫层混凝土平面部位的卷材宜采用空铺或点粘的方法，其他与混凝土结构相接触的部位应采用满粘法。

（2）从底面折向立面的卷材与永久性保护墙的接触部位，应采用空铺法施工。与临时性保护墙或围护结构模板接触的部位，应临时贴附在该墙上或模板上，卷材铺好后，其顶端应临时固定。

(3) 两幅卷材长边和短边的搭接宽度均不小于100mm。采用双层卷材时，上下两层和相邻两幅卷材的接缝应错开1/3～1/2幅宽，且两幅卷材不得相互垂直铺贴。见图5-78。

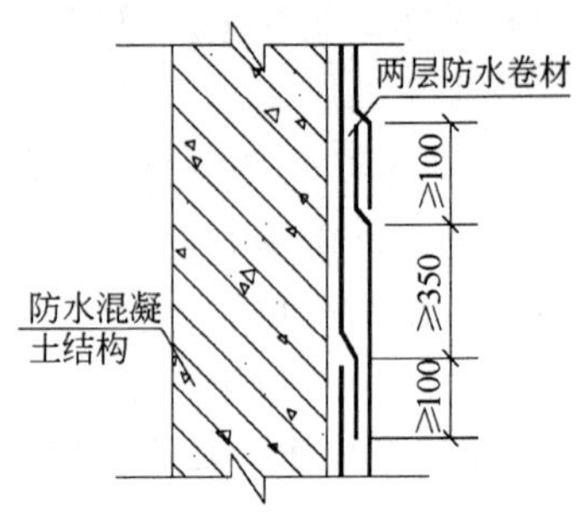

图5-78 卷材的搭接宽度

(4) 铺贴卷材时应先铺平面，后铺立面，交接处应交叉搭接。在底板与立面甩茬处的卷材接缝处应加盖缝条。

(5) 采用满粘法施工时，卷材与基层、卷材与卷材之间应粘结牢固，不得有空鼓、皱折。采用热熔法施工的卷材厚度不应小于3mm。

(6) 底板卷材防水层上的细石混凝土保护层厚度不应小于50mm。

(7) 顶板卷材防水层上的细石混凝土保护层厚度不应小于70mm，且细石混凝土保护层与防水层之间宜设置隔离层。

(8) 侧墙宜采用软保护（聚苯乙烯泡沫塑料保护层），或砌砖保护墙（120砖墙，边砌边填实）和铺抹30mm厚的水泥砂浆。

4. 防水节点做法（见图5-79～图5-85）

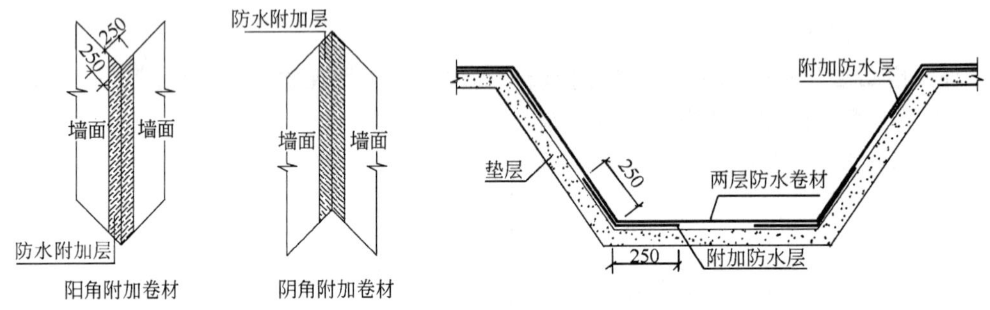

图5-79 阴阳角、集水坑拐角处附加防水层

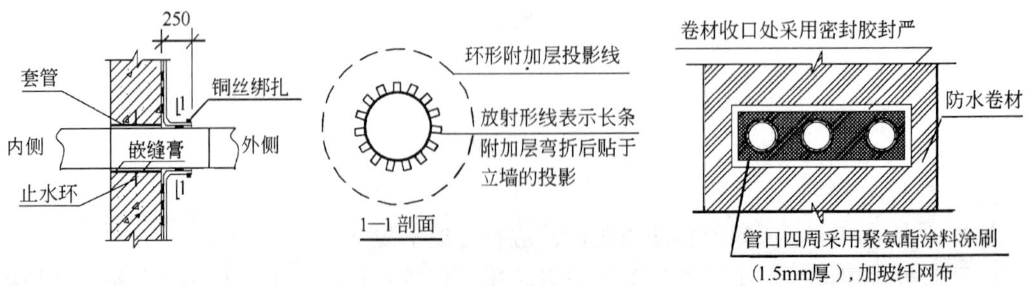

图5-80 穿墙管道处的防水做法

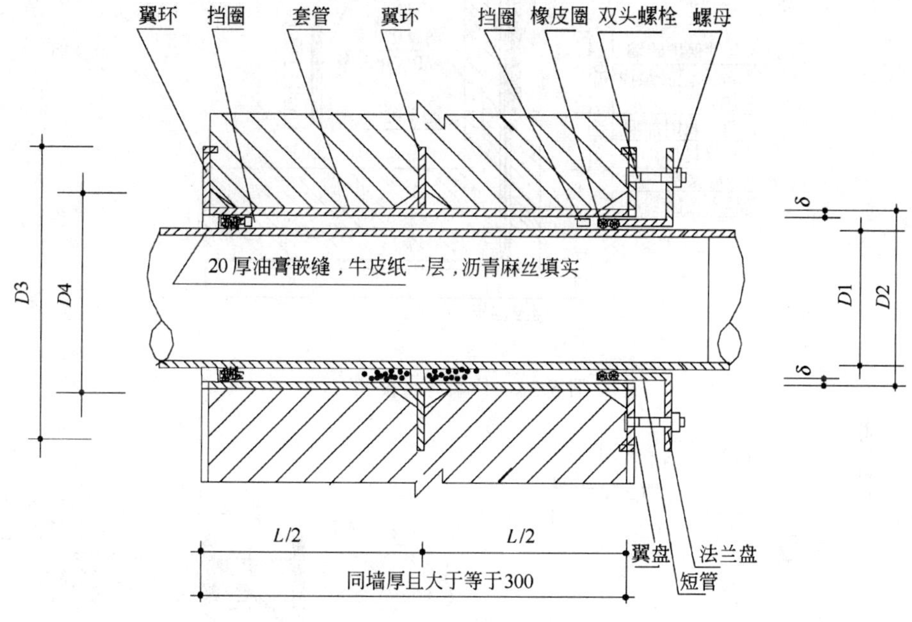

图 5-81 刚性防水套管图

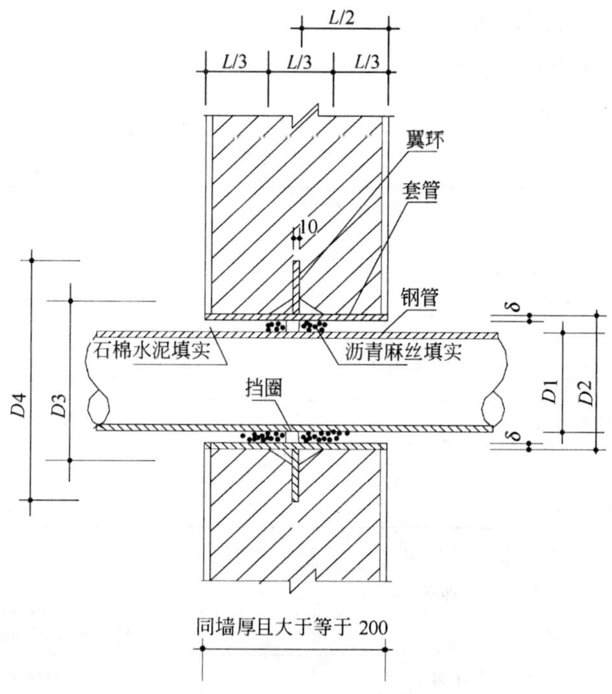

图 5-82 柔性防水套管图

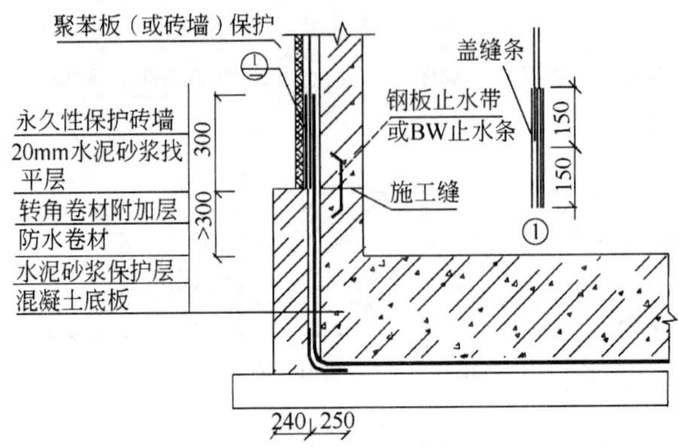

图 5-83　外墙防水接茬

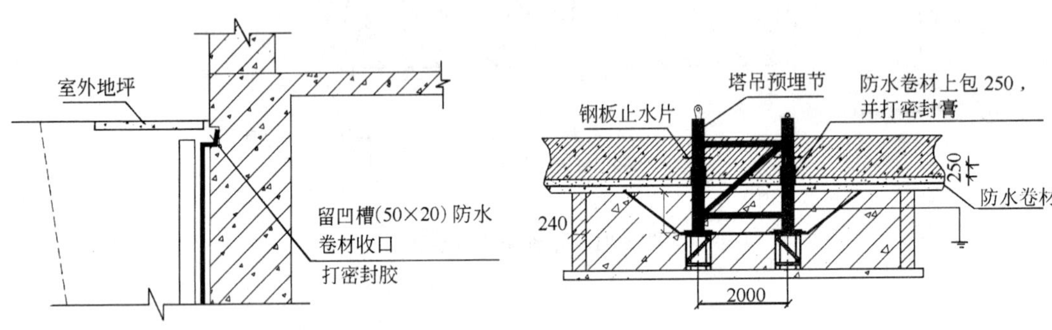

图 5-84　外墙防水收头

图 5-85　塔吊基础预埋节防水处理

5．SBS 改性沥青防水材料的施工

（1）材料质量要求（见表 5-38）

表 5-38

外观质量要求		
项　目		外观质量要求
断裂、皱折、孔洞、剥离		不允许
边缘不整齐、砂砾不均匀		无明显差异
胎体未浸透、露胎		不允许
涂盖不均匀		不允许
物　理　性　能		
项　目		性能要求（聚酯胎）
拉伸性能	拉力	≥800N
	延伸率	≥40%
低温柔性（≤-15℃）		绕规定直径圆棒无裂纹
不透水性	压力	0.3MPa
	保持时间	≥30min

（2）机具准备（见表 5-39）

表 5-39

序　号	机具名称	规　格	用　途
1	棕扫帚	普通	清理基层
2	钢丝刷	普通	清理基层
3	扁铲或铲刀		清理基层
4	羊毛滚刷		涂刷基层处理剂
5	剪　刀	普通	裁剪卷材
6	壁纸刀	大号	裁剪卷材
7	彩色粉袋		弹基准线用
8	粉　笔		做标记用
9	钢卷尺	2m 或 5m	度量尺寸
10	皮卷尺	30m 或 50m	度量尺寸
11	喷　灯	3kg	烘烤卷材用
12	封闭式手提汽油桶		喷灯加汽油用

(3) 工艺流程

基层检查，清扫→涂刷基层处理剂→阴阳角、节点附加层铺设→定位、弹线、试铺→加热底熔胶滚铺→辊压、排气压牢→加热烧去搭缝面薄膜→加热搭接缝卷材热熔胶→搭接缝粘合、滚压排气→收头固定、密封→清理、检查、验收→保护层施工

(4) 施工方法

1) 涂刷基层处理剂

基层须涂刷基层处理剂，要涂刷均匀，薄厚一致，不得漏刷、露底。基层处理剂涂刷完毕，必须经过 8h 以上（或手摸不粘手）达到干燥程度后，方可进行热熔法施工。

2) 细部附加层施工

对阴、阳角、管道根部均应铺贴附加层，附加层采用 3mm 厚的卷材，附加层宽度为 500mm，见图 5-86、图 5-87。具体操作如下：

图 5-86 基坑阴阳角附加层

图 5-87 砖胎模阴阳角附加层

首先根据细部形状将附加卷材（宽度为500mm）剪好，加热之前，先在细部贴一下，视尺寸、形状合适后，再将卷材的底面（有热熔胶的一面），用汽油喷灯烘烤，待其底面呈热熔状态，立即粘贴在已涂刷基层处理剂的基层上，并压实铺牢。附加卷材铺贴时，不要拉紧，要自然松铺无皱折即可；如穿墙管根部，在管径较小的情况下，先在管径周围500mm内涂以聚氨酯涂料，再将卷材根据管径予以开洞，穿过套管铺贴在管子根部，最后用密封材料封严。

3）弹线

在已处理好并干燥的基层表面，依据卷材的宽度留出搭接缝尺寸，弹好铺贴卷材的基准线，见图5-88。

图5-88　弹线

4）热熔铺贴卷材

在正式铺贴卷材之前，先在立墙与平面交接处做附加层（宽度为500mm）。粘贴前将卷材试铺裁剪度量好尺寸后，先把接茬粘贴好，然后平行滚动粘贴。

铺贴平面和立面相连的卷材时，先铺贴平面，然后由下向上铺贴，并使卷材紧贴阴角，不得空鼓。

(A) 起始端卷材铺贴

将卷材置于起始位置，对好长、短方向搭接缝，滚展卷材1000mm左右，掀开已展开的部分，开启喷枪点火，喷枪头与卷材距离0.5m，与基层呈37.5°±7.5°角，将火焰对准卷材与基层交接处，同时加热卷材底面（有热熔胶一面）和基层，至热熔胶层出现黑色光泽、发亮至稍有微泡出现，慢慢放下卷材平铺于基层，然后进行排气辊压使卷材与基层粘结牢固。当起始端铺贴至剩下300mm左右长度时，将其翻放在隔热板上，用火焰加热余下起始端基层后，再加热卷材起始端余下部分，然后将其粘贴于基层。加热时要均匀，控制好火焰温度，掌握火候。

说明：由于基础垫层的干燥程度一般难以达到，又由于工期的需要，所以底板防水施工平面可采用空铺或点粘的方法，其他与混凝土结构相接触的部位应采用满粘法。

(B) 滚铺

大面积滚铺时，持枪人位于卷材滚铺的前方，按上述方法同时加热卷材和基层。推滚卷材人蹲在已铺好的卷材起始端上面，等卷材充分加热后缓缓推压卷材，并随时注意卷材的平整顺直和搭接缝宽度。其后紧跟一人用棉纱团等从中间向两边抹压卷材，赶出气泡，并用刮刀将溢出的热熔胶刮压接边缝。另一人用压辊压实卷材，使之与基层粘贴密实。滚铺时不要卷入空气和异物，要求压实、压平。见图5-89。

5）卷材搭接封边

施工人员一手用刮刀将搭接缝卷材掀起，另一手持喷灯从搭接缝外斜向里喷火烘烤卷材，随烘烤熔融随粘贴，必须将熔融的沥青挤出，以刮刀刮平，抹压封严。见图5-90。

图 5-89　热熔铺贴卷材

图 5-90　仔细封边

6）验收

防水卷材施工完成后，及时验收，合格后尽快浇筑保护层。防水施工应分层按隐蔽工程检查验收：

（A）基层验收；

（B）冷底油和附加层上报一次隐蔽验收；

（C）第一层防水卷材上报一次隐蔽验收；

（D）第二层防水卷材上报一次隐蔽验收。

7）外墙立面防水卷材的施工

（A）拆除临时保护墙，对预留的卷材甩茬进行整理和检查，并对四周肥槽内的杂物进行彻底清理。

（B）铺贴立面卷材时应竖向进行铺贴，且自下而上铺贴。尤其要注意底板与立面甩茬处的卷材搭接处的施工，在接缝处应加盖缝条。

（C）外墙防水由于为立面施工，操作难度稍大，质量不易控制，所以施工时更要仔细，同时要加强过程检查与控制。外墙防水施工时，一般三人到四人为一组，两人托住卷材两端，一人拿喷灯，由下往上进行热熔滚铺。铺贴时不能太快，协调配合，以确保施工质量。

（D）防水卷材铺贴完成经检查合格后，立即进行保护层和土方回填的施工。

（5）质量标准及要求：

1）防水卷材及主要辅助材料，必须符合要求规定的品种规格和相应的质量标准。防水材料进场后，按大于 1000 卷抽取 5 卷；500～1000 卷抽取 4 卷；100～499 卷抽取 3 卷；小于 100 卷抽取 2 卷进行抽检，其技术性能指标必须符合要求；

2）防水基层必须符合防水层施工的要求。

3）防水卷材铺粘方向和搭接顺序、搭接宽度、粘结方法均要符合规定，粘结点必须牢固、严密，不得有皱折、翘边和封口不严等缺陷。

4）防水施工应分层按隐蔽工程检查验收：

（A）基层验收；

（B）冷底油和附加层上报一次隐蔽验收；

(C) 第一层防水卷材上报一次隐蔽验收；

(D) 第二层防水卷材上报一次隐蔽验收。

(6) 施工注意事项

1) 避免工程中质量通病

(A) 空鼓：基层不干燥、卷材潮湿、烘烤卷材不足、粘结不严、有气泡出现。

(B) 翘边：烘烤卷材后辊压不及时、在搭接边烘烤不到位、卷材加热温度太低及加热不均匀。

(C) 喷灯灌注汽油不要在已粘铺的防水层上，以防汽油外泄在防水卷材上。

2) 安全措施

(A) 防水材料为易燃物，应库存于干燥通风远离火源处。

(B) 所有溶剂性材料均不得放在露天场所，必须用封闭容器包装。

(C) 喷灯灌注汽油要远离操作点和其他正在烘烤卷材的地点，一定要选择避风安全的地点。铺贴卷材施工，在点火时以及在烘烤施工中，火焰喷嘴严禁对着人。

(D) 每天操作前要开据安全用火证，并专人负责。

(E) 所有操作者必须经过安全三级教育培训并持有安全操作上岗证。

(F) 现场附近不得有火源或焊接作业，操作者不准吸烟。施工作业面应有禁火标志，并配备灭火器材，操作时应注意风向。不能在大风或雨天施工，五级风以上天气不得施工。

(G) 外墙防水施工时，上口要搭设安全防护网，见图 5-91。

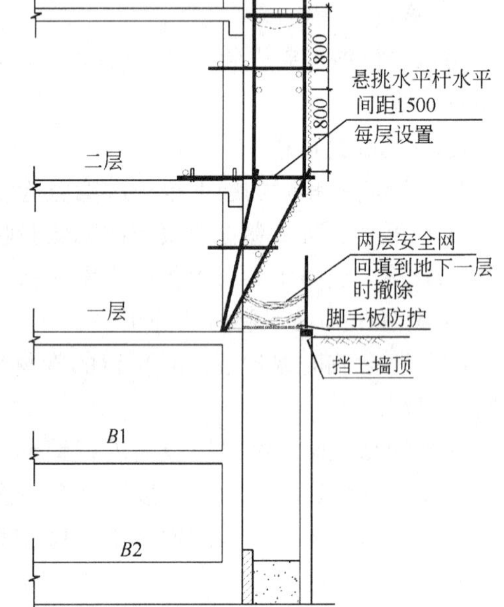

图 5-91　外墙防水施工时的安全防护

3) 成品保护

(A) 操作人员应穿软底鞋、带手套进行操作。

(B) 注意保护已做好的防水层，施工中要防止施工机具把防水层碰破。

(C) 做防水层所使用的工具，器具应及时清理，存放在安全地点。

(D) 做好的防水层，不堆放杂物，发现防水层损坏的情况，应及时维修。

(E) 防水层施工完成后，要及时验收并根据设计要求作保护层。

6. 三元乙丙橡胶防水卷材

(1) 材料特性

三元乙丙防水材料是乙烯、丙烯和少量的双环戊二烯共聚合成的三元乙丙橡胶，具有重量轻、使用温度范围广，耐候性能优异、抗拉强度高、延伸率大，对基层伸缩如开裂适应性强等特点。技术参数见表 5-40。

三元乙丙橡胶技术参数　表 5-40

<table>
<tr><th rowspan="2">序号</th><th colspan="2" rowspan="2">项　目</th><th colspan="2">产品指标</th></tr>
<tr><th>一等品</th><th>合格品</th></tr>
<tr><td>1</td><td colspan="2">拉伸强度，常温（MPa）</td><td>8</td><td>7</td></tr>
<tr><td>2</td><td colspan="2">扯断伸长率（%）</td><td>450</td><td>450</td></tr>
<tr><td>3</td><td colspan="2">直角形撕裂强度，常温（N/cm）</td><td>280</td><td>245</td></tr>
<tr><td>4</td><td>不透水性</td><td>0.3MPa×30min</td><td>合格</td><td>合格</td></tr>
<tr><td rowspan="2">5</td><td rowspan="2">加热伸缩量（mm）</td><td>延伸</td><td>2</td><td>2</td></tr>
<tr><td>收缩</td><td>4</td><td>4</td></tr>
<tr><td rowspan="3">6</td><td rowspan="3">热空气老化
80℃×168h</td><td>拉伸强度变化率（%）</td><td>－20～40</td><td>－20～50</td></tr>
<tr><td>扯断伸长率变化率，减少值不超过（%）</td><td>30</td><td>30</td></tr>
<tr><td>撕裂强度变化率（%）</td><td>－40～40</td><td>－50～50</td></tr>
<tr><td rowspan="2">7</td><td rowspan="2">耐碱性
[10%Ca（OH)$_2$168h×室温^2]</td><td>拉伸强度变化率（%）</td><td>－20～20</td><td>－20～20</td></tr>
<tr><td>扯断伸长率变化率，减少值不超过（%）</td><td>20</td><td>20</td></tr>
<tr><td>8</td><td>脆性温度（℃）</td><td></td><td>－45</td><td>－40</td></tr>
</table>

（2）规格（见表 5-41）

表 5-41

项　目	厚度（mm）	宽度（m）	每卷长度（m）
规　格	1.0，1.2，1.5，2.0	1.0，1.2	20

（3）主要机具

钢丝刷，手持大、小压辊，小平铲，高压吹风机，滚刷，铁抹子，油刷，剪刀，橡皮刮板，电动搅拌器等。

（4）施工工艺

基层清理→底胶配制→涂刷聚氨酯底胶→特殊部位增补处理→第一层卷材涂胶→铺第一层卷材→接头处理→卷材末端收头→第二层卷材涂胶→铺第二层卷材→接头处理→卷材末端收头→清理、检查、修补→验收。

（5）防水卷材的施工

1）保护墙施工

在混凝土垫层上，结构墙外侧用 1∶3 水泥砂浆砌厚 120mm 的永久性保护墙，其下干铺一层隔离层（同墙厚）；永久性保护墙抹 1∶2.5 水泥砂浆找平层，转角部位抹圆角（R＝100mm）。

2）基层表面处理和底胶配制

基层干燥后，将基层上尘土、杂物清扫干净。同时将聚氨酯涂膜材料按甲∶乙∶二甲苯以 1∶1.5∶3 的比例（重量比）配合搅拌均匀，配制成底胶。

3）涂刷聚氨酯底胶

将底胶用长把滚刷均匀涂刷在大面积基层上，厚薄一致，不得有漏刷和透底现象，阴阳角、管根等部位可用毛刷涂刷；常温下，干燥 4h 以上，手感不粘时，即可进行下道工序。

4）阴阳角处理和特殊部位进行增补处理

阴阳角处增加500宽的附加层。管根、伸缩缝等处采用聚氨酯涂膜材料按甲:乙组分以1:1.5的比例（重量比）配合搅拌均匀，用毛刷均匀涂刷，作为附加层，厚度2mm，待其固化24h后，即可进行下道工序。

5）防水卷材涂胶

将卷材摊开在干净、平整的基层上清扫干净，用长把滚刷蘸404胶均匀涂刷在卷材表面，卷材接头部位留出100mm不涂胶，刷胶厚度必须均匀，不得有漏底或凝胶块存在，当404胶基本干燥，手感不粘时，用原来卷材用的纸筒再卷起来，卷时要求端头平整，不得卷成笋状，并防止带入砂粒、尘土和杂物。

6）铺贴卷材防水层

铺贴前在未涂胶的基层表面排好尺寸，弹好标准线。

基层底胶干燥后，在表面涂刷404胶，涂刷时用力适当，不要在一处反复涂刷，防止粘起底胶，形成凝聚块；复杂部位用毛刷均匀涂刷，用力均匀，涂胶后手感不粘时，开始铺贴卷材。

将已涂刷好404胶预先卷好的卷材，一端粘结固定，然后沿弹好的标准线向另一端铺贴；操作时卷材不要拉得太紧，每隔1m向标准线靠贴一下，依次顺序边对线边铺贴。

铺贴卷材时避免在阴阳角处接头和接头位置集中。

铺贴平面与立面相连接的卷材，应由下向上进行，使卷材紧贴阴角，不得有空鼓或粘贴不牢现象。

排除空气：每铺完一张卷材，立即用干净的长把滚刷从卷材的一端开始在卷材的横方向顺序用力滚压一遍，使空气彻底排除。

滚压，使卷材粘贴牢固：排除空气后，用30kg重、30cm长外包橡皮的铁辊滚压一遍。

7）接头处理

在未刷404胶的长、短边10cm处，每隔1m用404胶涂一下，在其干燥后，将接头翻开临时固定。

卷材接头用丁基胶粘剂粘结，将A、B两组分材料按1:1（重量比）的配合比搅拌均匀，用毛刷均匀涂刷在翻开的接头表面，待其干燥30min后，即可进行粘合，从一端开始用手一边压合一边挤出空气；粘贴好的搭接处，不允许有皱折、气泡等缺陷，然后用铁辊滚压一遍；并骑缝粘贴一条宽120mm的卷材胶条，进行附加补强处理。在用铁辊滚压粘结牢固后，要在附加补强条的两侧边缘，用双组分聚氨酯密封膏进行密闭处理。

8）卷材末端收头

卷材末端收头附加120mm宽盖缝条，并用聚氨酯密封膏密封严密。

9）第二层防水卷材施工

第一层防水卷材验收合格后，即可在其上涂刷404胶，涂胶后手感不粘时，开始铺贴卷材，方法同上。第二层卷材的搭接缝与第一层的搭接缝错开卷材幅宽的1/3。

10）保护层的施工

第二层防水卷材验收合格后，即可进行防水保护层的施工。

7. 聚氯乙烯防水卷材

(1) 材料及机具准备

材料：1.5mm 厚复合型 PVC 防水卷材、PVC 垫片直径 10cm、固定螺钉、无纺布、清洁剂、密封膏、收口压条等。

机具：盛料容器、钢丝刷、拌料桶、电动搅拌机、焊枪、压滚、剪刀、软刷、劳动安全保护品、安全帽、橡胶手套等。

(2) 卷材特性

聚氯乙烯（PVC）防水卷材，是采用聚氯乙烯树脂为主要原料，以挤出法生产的。此卷材属合成高分子防水卷材，具有耐老化、使用寿命长、拉伸强度高、延伸率大、对基层开裂变形适应性强、冷作业施工等特点。

聚氯乙烯（PVC）防水卷材主要物理性能见表 5-42。

聚氯乙烯技术参数 **表 5-42**

检验项目	单位	标准值
拉伸强度	MPa	≥8.0
断裂伸长率	%	≥200
低温弯折性		-20℃，1h 无裂纹
抗渗透性		0.3MPa，30min 不透水

(3) 施工工艺

平面铺贴防水卷材：

基层清理⟶弹线⟶铺贴附加层⟶大面积空铺卷材⟶检查验收⟶无纺布保护层⟶细石混凝土保护层。

立面铺贴防水卷材：

基层清理⟶弹线⟶铺贴附加层⟶大面积空铺卷材⟶射钉垫片固定⟶焊接⟶检查验收⟶10mm 厚聚乙烯板保护层。

(4) 施工要点

1) 弹线

在已处理好并干燥的基层表面，留出搭接缝尺寸，将铺贴卷材的基准线弹好，以便按此基准线进行卷材铺贴施工。

2) 附加层卷材的施工

平面与立面阴阳角处铺设一层 500mm 宽防水卷材附加层，用 801 胶与基层满粘连接。

3) 底板卷材的铺设

在卷材筒中心插入一根 ϕ30、长 2.5m 的铁管，两人分别手执铁管两端，先将卷材一端粘贴固定在起始部位，然后沿弹好的标准线铺展卷材，要求平整顺直，注意不要拉伸卷材，不得使卷材折皱。每铺完一张卷材应立即用干净而松软的长把滚刷从卷材一端开始沿卷材横向用力滚压一遍，以排除卷材与基层之间的空气。

依次铺贴相邻卷材。卷材长边搭接 50mm，搭接处采用自动焊机进行焊接，焊接速度应保持稳定，由专人进行操作；短边采用对接处理，并附加一层 150mm 宽不复合防水卷材。防水卷材的搭接详见图 5-92。

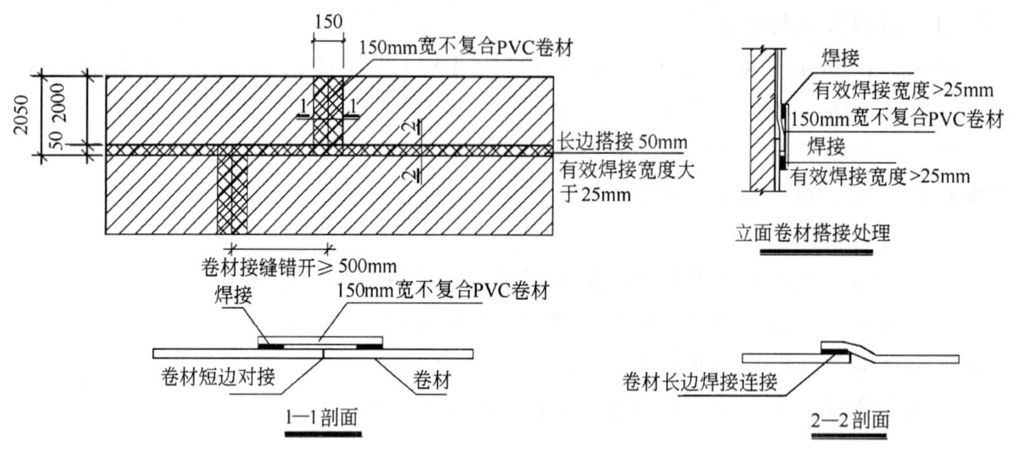

图 5-92　防水卷材的搭接

卷材焊接前，检查搭接尺寸是否准确、焊接缝的结合面是否清扫干净。卷材焊接时，先焊长边搭接缝，后焊短边搭接缝。

卷材的接缝焊接：防水卷材焊接搭接部位，须擦拭干净，无水露点、无油污及附着物。采用手枪式焊枪焊接时，焊接要求为双道焊（预焊和施焊），先进行预焊，后进行施焊，焊嘴与焊接方向呈45°角，压辊与焊嘴平行并保持大约5mm的距离；采用自动焊接时，焊接速度保持稳定，由专人进行操作，按照自动焊接机的施工手册的要求执行。试焊后结合面上的剥离试验——完全冷却的焊接面在剥离试验中决不能分离。焊缝要求：搭接边缘须有熔浆溢出，呈亮色，不得出现漏焊和虚焊现象。

焊缝检验：当焊缝完全冷却，对其进行机械检查，应使用带圆边的螺丝刀（不能损坏卷材），逐一检查焊接质量，看有无漏焊、跳焊现象。对各个细部处理，须由熟练操作人员施工并逐一做好检查，取保达到质量要求。机械焊缝检查不是为了检查渗漏，而是有助于查找没有完全焊接好的任何接缝部位。施工过程中须注意现场保护，如发现意外损伤，及时修补。

4）立面卷材的铺贴

立面卷材从阴阳角部位向上铺贴，卷材与基层之间采用射钉垫片进行固定，长边射钉间距为1000mm，短边射钉间距为400mm；长边搭接100mm，短边从上向下搭接30mm，并附加一层150mm宽不复合防水卷材。卷材之间采用手持式焊枪焊接，焊接部位应擦拭干净，表面干燥，焊接要求双道焊（预焊和施焊），先进行预焊，后进行施焊，焊嘴与焊接方向成45°，压辊与焊嘴平行并保持50mm的距离。

5）粘贴保护层

在卷材防水层外侧直接用氯丁系胶粘剂花粘固定8mm厚的聚氯乙烯泡沫塑料板，完工后即可回填土。

8. 沥青基聚氨酯防水涂膜（厚度3mm）

1）材料简介

沥青基聚氨酯防水涂料是反应固化型弹性防水材料。它以聚氨酯聚合物并掺加石油沥青作为填充剂混合加工而成。沥青基聚氨酯防水涂料在固化前是一种粘稠状液态物质，特别适用于形状复杂、管道纵横的防水部位。固化后形成一个整体无接缝的弹性防水材料，具有很好的力学性能，对基层的伸缩或开裂变形的适应性强，并且具有耐化学腐蚀的功能和无毒无污染的优点。它由甲、乙双组分组成，甲组分是以聚醚树脂和二异氰酸酯等原料，经过聚合反应制成的含有端异氰酸酯基（—NCO）的聚氨基甲酸酯预聚物。乙组分是用交联剂、促进剂、增韧剂、增粘剂、防霉剂、石油沥青和稀释剂等混合加工而成。

沥青基聚氨酯防水涂料适用于地下室和带保护层的屋面防水。性能指标见表5-43。

沥青基聚氨酯防水涂膜性能参数 **表5-43**

序　号	主要性能	指　　标
1	拉伸强度	≥2.0MPa
2	断裂伸长率	450%
3	低温柔性	-35℃对折无裂纹
4	不透水性	0.3MPa，30min合格

2）施工材料及机具

材料：沥青基聚氨酯甲组分（16kg/桶）、乙组分（24kg/桶）、潮湿基层涂料。

施工机具：开刀、凿子、锤子、钢丝刷、扫帚、抹布、台秤、水桶、称料桶、拌料桶、搅拌器、剪刀、滚子、毛刷、橡胶刮板。

3）作业条件

(A) 基层平整、牢固、干净、无积水，基层含水率不超过20%。

(B) 阴阳角处做成圆弧或钝角。

(C) 冬期施工时，施工温度不得小于-5℃，不得在雪天及五级以上大风时施工。

4）施工工艺

底板及外墙：

基层清理→细部处理滚涂0.2mm厚防潮涂料→12h后第一道涂刷→再过12h后第二道涂刷→再过12h后第三道涂刷…→达到设计厚度→检验。

阴阳角部位：

基层清理→滚涂0.2mm厚防潮涂料→12h后第一道涂刷，加0.2mm厚无纺布→12h后第二道涂刷，加无纺布→12h后第三道涂刷→12h后…→达到设计厚度→检验。

5）配料

甲料与乙料各一桶倒入搅拌桶内搅拌，直至均匀。

6）涂刷基层处理剂

第一道涂刷潮湿基层处理剂，干燥后再进行涂膜施工。

7）涂膜施工

将已配好的聚氨酯涂膜防水材料用滚子滚涂，涂滚时不得有流坠、起皮、漏涂。涂滚后涂层干固时间约为12h。防水材料用量4.5kg/m^2，每道涂刷1kg/m^2，厚度0.7mm。集水井阴阳角防水均要用0.2mm聚酯无纺布加强，此处防水层厚度4.5～5mm，见图5-93。配好的材料需在1h内用完。

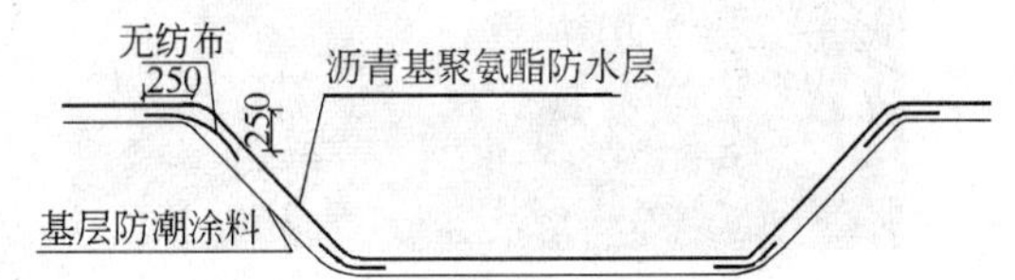

图5-93 集水井阴阳角防水作法

基础底板采用滚涂方法，每遍滚涂方向与前一方向垂直。墙体采用滚涂和刮涂相结合的方法。涂膜施工见图 5-94、图 5-95。

图 5-94 底板涂膜施工

图 5-95 墙体涂膜施工

在前一遍涂膜干燥 12～24h 后方可进行下一遍涂膜施工，干燥程度以不粘手为准，见图 5-96。

配好的涂料应在 30min 内使用完，配料时可根据现场情况加入适量的甲苯调整黏度，甲苯掺入量不得大于物料总量的 10%。在现场灰砂较大或大风天时，应对施工后的涂膜进行遮挡保护，以免涂膜中混入大量灰砂影响粘结。

图 5-96 干燥程度以不粘手为准

由于材料自重的影响，立面防水施工易出现流坠现象，工人采用橡胶刮板将流坠现象集中的部位刮平，达到薄厚均匀的目的，见图 5-97。

图 5-97 立面涂膜涂刮

图 5-98 涂膜厚度检测

8）检查

施工后，认真检查各部位，发现问题及时修复，合格后办理隐检手续。最后要进行厚度检查，见图 5-98，当达不到规定厚度时，再补刷。

9）沥青基聚氨酯涂料的优点

(A) 环保型

使用石油沥青替代原有聚氨酯防水涂料产品中的煤焦油作为填充剂，代替原有聚氨酯防水产品中的煤焦油成分。煤焦油具有一定的挥发性和毒性，其中所含的稠杂环芳烃对人具有致癌的作用。石油沥青是一种惰性填充剂，不挥发、不迁移，极大地减少了生产和施工过程中的环境污染。

(B) 适应潮湿基层施工

通过涂刷潮湿基层处理剂封闭基层，沥青基聚氨酯防水涂料可以在不见明水的潮湿基层上施工，并避免剥离、起泡、防水层固化不完全等不符合质量要求的现象发生。涂刷潮湿基层处理剂后，在基层干燥达到饱和含水率的变化范围内，防水层与基层的粘接强度稳定在 0.5MPa 以上。沥青基聚氨酯防水涂料施工时规定基层不见明水，有明确、直观地判定，减少了对施工条件的限制，有助于缩短工期，并解决了雨期施工的问题。

(C) 可冬期施工

由于石油沥青不参与固化反应，固化速度由固化剂促进剂掺量决定，因此可以通过相应地调整，精确控制防水涂膜的固化速度，使之可以在－5℃以上的环境温度下进行防水施工并完全固化，解决了冬期低温条件下，聚氨酯防水施工工期延长，防水固化不完全，容易出现漏水隐患等问题。

(D) 性能优良

由于石油沥青不参与固化反应，固化剂和聚氨酯预聚体反应可以形成较为规整的聚氨酯高聚物网络。宏观上体现为防水涂层具有较大的强度和短裂伸长率，可以抵抗较大的基层开裂变形。同时，具有更强的抵抗温度、酸碱、紫外线等老化因素影响的能力，延长了防水的使用寿命。

(E) 特别适用复杂部位的处理

沥青基聚氨酯防水涂料在固化前是一种粘稠状液态物质，特别适用于形状复杂、管道纵横的防水部位。

10）缺点

本材料粘结力很强，大风天气，空中飞扬的稻草、泡沫、塑料很容易被粘贴到防水层表面，如若强行铲除，则会破坏防水效果。解决办法就是在风力低于 5 级以下，方可进行施工。

第二节　主体结构工程

一、钢筋工程

(一) 钢筋原材料的控制

1. 钢筋原材质量控制图，见图 5-99

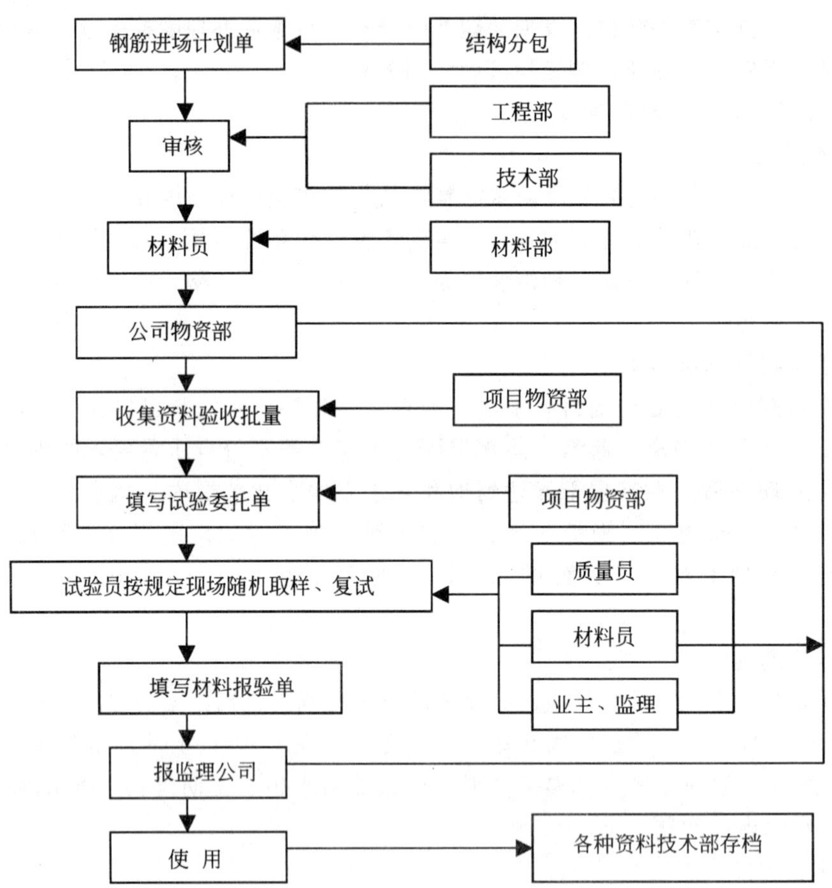

图 5-99　钢筋原材质量控制图

2. 钢筋检验

(1) 进场热轧光圆钢筋必须符合《普通低碳钢热轧圆盘条》(GB 701) 和《钢筋混凝土用热轧光圆钢筋》(GB 13013) 的规定；进场热轧带肋钢筋必须符合《钢筋混凝土用热轧带肋钢筋》(GB 1499) 的规定。

(2) 进场钢筋须具有出厂合格证明或试验报告单，钢筋表面或每捆（盘）钢筋均须有标志。钢筋进入加工或施工现场时须按炉罐（批）号及直径分批检验；检验内容包括查对标志、外观检查，并按现行国家有关标准的规定抽取试样做力学性能试验，合格的钢筋方能使用。在钢筋的加工过程中如发现钢筋脆断、焊接性能不良或机械性能显著不正常时，须立即停止使用，并须进行化学成分分析，确认合格后才能继续使用。

(3) 钢筋外观检查

钢筋表面不得有裂纹、折叠、结疤、耳子及夹渣。盘条允许有压痕及局部的凸块、凹块、划痕、麻面，但其深度或高度（从实际尺寸算起）不得大于 0.2mm。带肋钢筋表面凸块不得超过横肋高度。钢筋表面其他缺陷的深度和高度不得大于所在部位尺寸的允许偏差。冷拉钢筋不得有裂纹和局部缩颈。

(4) 力学性能检查见图 5-100

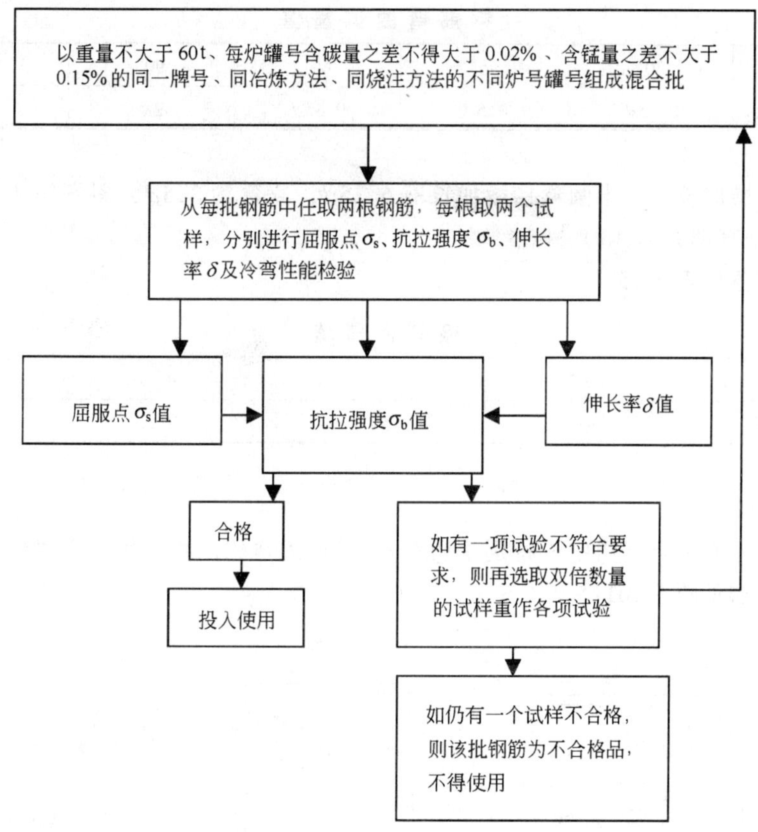

图 5-100　力学性能检查图

原材复试见证取样数必须不小于总试验数的30%。

(5) 对有抗震设防要求的框架结构，其纵向受力钢筋的强度应满足设计要求；当设计无具体要求时，对一、二级抗震等级，检验所得的强度实测值应符合下列规定：

1) 钢筋的抗拉强度实测值与屈服强度实测值的比值不应小于1.25；

2) 钢筋的屈服强度实测值与强度标准值的比值不应大于1.3。

(二) 钢筋加工

1. 钢筋放样

钢筋加工前，由技术人员依据结构施工图、规范要求、施工方案及有关洽商对各种构件的每种规格钢筋放样并填写《钢筋配料单》，《钢筋配料单》中注明钢筋的规格、形状、长度、数量、应用部位等。《钢筋配料单》经专业责任师审核签字认可后方可加工。

2. 钢筋下料

钢筋加工先进行放样，经试验加工合格后再批量加工。

直筋下料长度 = 构件长度 − 保护层厚度 + 弯钩增加长度（+ 接头搭接长度)。

弯起筋下料长度 = 直段长度 + 斜段长度 − 弯曲调整值 + 弯钩增加长度（+ 接头搭接长度）

箍筋下料长度 = 箍筋周长 + 箍筋调整值。

其中：钢筋弯曲调整值见表 5-44

钢筋弯曲调整值　　表 5-44

钢筋弯曲角度	30°	45°	60°	90°	135°
钢筋弯曲调整值	$0.35d$	$0.5d$	$0.85d$	$2d$	$2.5d$

钢筋弯钩增加长度：半圆弯钩增加长度 $6.25d$，直弯钩 $3.5d$，斜弯钩 $4.9d$（弯心直径为 $2.5d$，平直部分为 $3d$）。

箍筋调整值见表 5-45

箍筋调整值　　表 5-45

箍筋直径（mm）	4～5	6	8	10～12
量外包尺寸	40	50	60	70

3. 钢筋加工

(1) 梁柱主筋弯折（图中未特别注明者），箍筋的弯钩，板、墙内Ⅰ级钢筋端部弯钩，应满足以下要求见图 5-101：

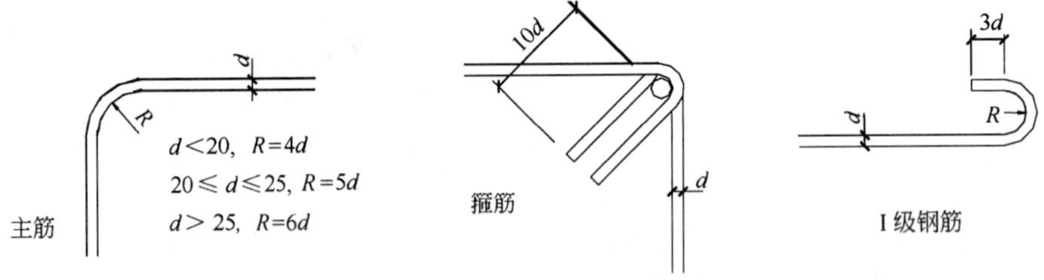

图 5-101　钢筋弯折和弯钩示意

(2) 钢筋弯折时，需根据不同的弯折角度、直径，使用不同的弯心模具详见表 5-46：

表 5-46

弯折角度	钢筋弯折直径 D			
	ϕ6.5～ϕ16	ϕ12～ϕ22	ϕ25～ϕ32	备注
90°	$2.5d$	$4d$	$4d$	弯起钢筋中间部位弯折处为 $5d$
135°	$2.5d$	$4d$	$4d$	
180°	$2.5d$			

(3) 钢筋加工的允许偏差见表 5-47

表 5-47

项　目	允许偏差（mm）
受力钢筋顺长度方向全长的净尺寸	±10
弯起钢筋的弯折位置	±20
箍筋内净尺寸	±5

4．钢筋的加工区

（1）钢筋原材料堆放场地须平整夯实并做混凝土硬化或铺砂石，并须有良好的排水措施。钢筋存放时要用木方或砖墙、混凝土基础将钢筋垫高，离地高度不小于20cm为宜，以防锈蚀或污染。钢筋原材要设标识牌，并表明是否经过复试或待检验，标识牌式样见表5-48。原材料存放见图5-102。

表 5-48

名　　称	钢材（带肋钢或圆钢）
规格、型号	
数量	
产地	
进货日期	
状态	合格或待检
标识人	

图 5-102　原材料的存放

（2）现场钢筋加工场地要搭设加工棚，加工好的半成品钢筋存放须按品种、规格、构件名称分类堆放整齐。每捆（垛）钢筋上需扎有标牌，标牌须写有钢筋的品种、等级、直径、数量及构件名称等。半成品钢筋加工及存放见图5-103。

图 5-103　钢筋加工及存放

加工的箍筋样品见图5-104。

图 5-104　加工的箍筋样品

(三) 钢筋接头要求

1. 钢筋绑扎接头

(1) 钢筋绑扎接头的搭接长度及接头位置须符合结构设计说明及抗震规范要求。

(2) 直径不大于12mm的受压Ⅰ级钢筋的末端，以及轴心受压构件中任意直径的受力钢筋的末端，可不做弯钩，但搭接长度不小于钢筋直径的35倍。

(3) 钢筋搭接处，须在中心和两端用铁丝扎牢。

(4) 各受力钢筋之间的绑扎接头位置须相互错开。从任一绑扎接头中心至搭接长度L_1的1.3倍区段范围内，有绑扎接头的受力钢筋截面面积占受力钢筋总截面面积百分率，须符合下列规定：受拉区不得超过25%；受压区不得超过50%。

2. 钢筋锚固和搭接长度

钢筋锚固和搭接长度要符合设计和规范要求。

抗震构件纵向受拉钢筋的最小锚固和搭接长度（d为钢筋直径）见表5-49：

表5-49

钢筋级别 \ d \ 混凝土等级 \ L_a/L_e			锚固长度（L_a）		备注	搭接长度（L_e）		备注
			C30，C35	C40		C30，C35	C40	
HPB235		$d \leqslant 25$	$25d$	$25d$	在任何情况下不得小于250	$36d$	$36d$	在任何情况下不得小于300
HRB335	月牙肋	$d \leqslant 25$	$35d$	$30d$		$48d$	$42d$	
		$d>25$	$40d$	$35d$		$48d$	$42d$	

非抗震构件中，纵向受拉钢筋的最小锚固和搭接长度见表5-50：

表5-50

钢筋级别 \ d \ 混凝土等级 \ L_a/L_e			锚固长度（L_a）		备注	搭接长度（L_e）		备注
			C30，C35	C40		C30，C35	C40	
HPB235		$d \leqslant 25$	$20d$	$20d$	在任何情况下不得小于250	$24d$	$24d$	在任何情况下不得小于300
HRB335	月牙肋	$d \leqslant 25$	$30d$	$25d$		$36d$	$30d$	
		$d>25$	$40d$	$35d$		$42d$	$36d$	

(四) 钢筋的连接

钢筋连接方式主要有剥肋滚压直螺纹连接、冷挤压、电渣压力焊等，下面介绍剥肋滚压直螺纹连接。

1. 施工准备

(1) 设备由厂家调试检测，使其处于完好状态。

(2) 将套丝机设在现场，并架设钢筋套丝支架和防雨棚，每一支架两端各设一台套丝机，支架高度与套丝机刀口中心平齐，以保证被套丝钢筋轴线与刀具轴线重合。

(3) 厂家提供有效的直螺纹接头型式检验报告。

(4) 由厂家根据其工艺要求对操作人员进行技术交底和技术培训，经考核合格发给上岗证后方可上岗操作；

(5) 对钢筋直螺纹接头进行工艺检验，确定其各项工艺参数，合格后方可正式施工。

(6) 提供连接钢套筒合格证和力矩扳手检定证书。

2．钢筋加工

(1) 按钢筋配料单进行钢筋下料，且钢筋接头距弯折点不少于 $10d$。钢筋下料采用砂轮切割机，不得用气割下料，见图 5-105，要求下料断面垂直钢筋轴线，无马蹄形或弯曲头。如丝扣不饱满者，切掉 2cm 重新套丝。用通规及止规检查其套丝长度时，如出现丝扣超长，则用手持砂轮机磨掉，直至满足规定的长度要求为止。如丝扣长度不足时，需重新调整限位器并重新套丝，直至满足要求为止。

图 5-105 钢筋下料

(2) 钢筋套丝每加工 10 个，要求用通规、止环规检查一次钢筋丝头的加工质量；

(3) 丝头加工长度为标准型套筒长度的 1/2，其公差为 $+2P$（P 为螺距）。

(4) 经自检合格的丝头，应由质检人员随机抽样进行检验，以一个工作班内生产的丝头为一个验收批，随机抽检 10%，且不得少于 10 个，并填写钢筋丝头检验记录表。当合格率小于 95%时，应加倍抽检，复检中合格率仍小于 95%时，应对全部钢筋丝头逐个检查，切去不合格丝头，查明原因并解决后重新加工螺纹；

(5) 自检合格的丝头，一头拧上同规格的塑料保护帽，另一头拧上同规格的连接套，按规格分类堆放整齐；

(6) 加工丝头时，应用水溶性切削液，当气温低于零度时，应掺入 15%～20%亚硝酸钠，严禁用机油做切削液或不加切削液加工丝头。

3．连接钢筋

(1) 拧入前应仔细检查钢筋规格是否与连接套规格一致，钢筋连接丝扣是否干净完好无损，直螺纹接头同一断面不大于 50%，相互错开不小于 $35d$。

(2) 用管钳和力矩扳手按下表规定的力矩值把钢筋接头拧紧直至力矩扳手在调定的力矩值发出“咔哒”声为止，并随手画上油漆标记，以防钢筋接头漏拧，见图 5-106、图 5-107。力矩值控制见表 5-51。

表 5-51

钢筋直径 mm	22	25	28	32
拧紧力矩 N·m	200	250	280	320

4．钢筋连接质量

(1) 经拧紧后的直螺纹接头应做出标记，单边外露丝扣长度不应超过 $2P$。钢筋与连接套之间无间隙。如发现有一个完整丝扣外露，应重新拧紧，然后用检查用的扭矩扳手对接头质量进行抽检。

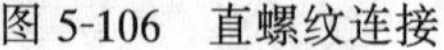

图 5-106　直螺纹连接

图 5-107　油漆标记

（2）用质检力矩扳手检查接头拧紧程度。

（3）直螺纹接头试验

直螺纹接头等级为 A 级。

（4）接头检验：在同一施工条件下的同一批材料的同等级、同型式、同规格接头，以 500 个接头为一批进行检验与验收，不足 500 个也作为一个验收批。对于每一验收批，必须在工程结构中随机截取 3 个接头作单向拉伸强度试验，若有一个试件不合格，须再切取 6 个进行复验。复验后仍有一个不合格，则该批接头为不合格。

5．注意事项

（1）钢筋丝头经检验合格后应保持干净无损伤；

（2）所连钢筋规格必须与连接套规格一致；

（3）连接水平钢筋时，必须从一头往另一头依次连接，不得从两头往中间或中间往两端连接；

（4）连接钢筋时，一定要先将待连接钢筋丝头拧入同规格的连接套之后，再用力矩扳手拧紧钢筋接头，以防损坏接头；连接成型后用红油漆做出标记，以防遗漏。

（5）力矩扳手不使用时，将其力矩值调为零，以保证其精度。

（6）力矩扳手的精度为 ±5%，要求每半年检定一次。

（7）钢筋机械连接接头应符合《钢筋机械连接通用技术规程》（JGJ 107）的要求。

（五）钢筋绑扎

1．底板钢筋

（1）底板钢筋施工流程见图 5-108

（2）底板钢筋绑扎

1）基础底板钢筋绑扎之前，根据结构底板钢筋网的间距，先在防水混凝土保护层上弹出黑色墨线，放出集水坑、墙、柱、地梁位置线和后浇带的位置边线。为了醒目便于日后定位插筋方便，在各边线每隔 2.0m 划上红色油漆三角。墙柱拐角处各划一个红三角，并将边线延长。

2）为了保证底板上层筋的标高、位置正确，保证钢筋的顺直、美观，采用 $\phi48$ 钢管脚

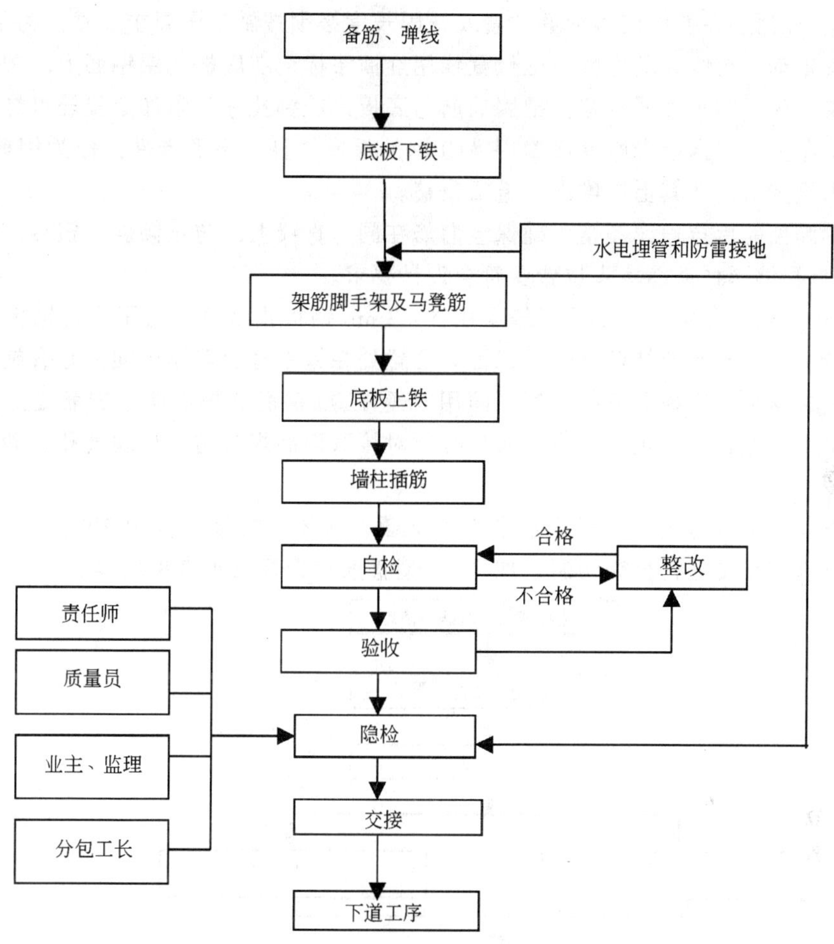

图 5-108 底板钢筋施工流程图

手架作为上层钢筋的临时支撑，便于施工人员操作。搭设时根据底板上层筋的底标高确定脚手架的横杆上表面标高。待底板上层筋绑扎完成后，由一端逐渐拆除脚手架。随即将上层筋平稳落在支撑马凳筋上，然后将板筋与马凳筋绑扎牢固。绑扎铁丝必须牢固，绑扎节点不得松动（不少于 2 圈半），相邻绑扎节点铁丝必须成“八”字状，使钢筋网格不易变形。

3）用 $\phi20$、$\phi25$ 钢筋制作马凳支撑，形式见图 5-109：图中，L = 通长，h = 板厚 − 2 × 保护层 − 下铁主筋直径 − 上铁双向直径之和。

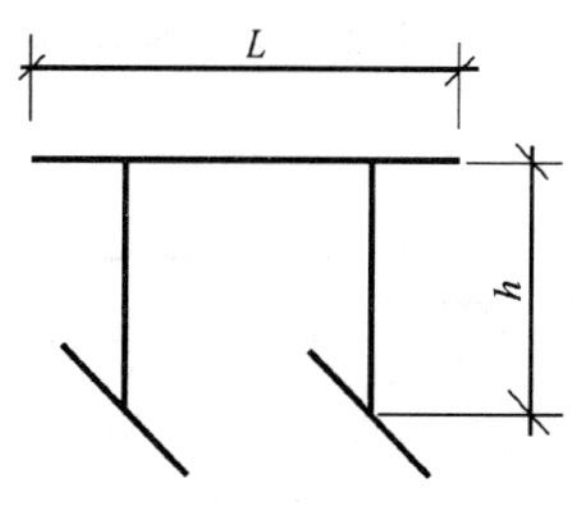

图 5-109 钢筋马凳

4）地梁钢筋的绑扎：地梁钢筋较密，在地梁钢筋下布设的混凝土保护层垫块间距要加密。在底板钢筋绑扎时，在有地梁的位置先绑扎地梁钢筋，然后绑扎底板钢筋。待地梁钢筋完成后平稳地坐在底板筋上。

5）根据底板构造柱的位置，在绑扎底板钢筋时，将构造柱钢筋插在底板钢筋内，并预留搭接长度。

6）为了保证底板钢筋保护层厚度，钢筋下设细石混凝土垫块（厚度按设计要求），垫块采用与所浇筑的混凝土同强度等级细混凝土制成，标准养护 28d。

7）墙、柱插筋在基础底板内的位置及锚固长度必须按施工图要求设置，为了保证墙、柱插筋位置正确，放线人员把墙、柱位置线用红油漆标记在底板上层钢筋上，按标记线进行插筋施工。为了防止插筋位移，把墙插筋与底板钢筋绑扎并与附加定位筋点焊。为保证墙筋保护层厚度，根据墙身厚度设置用 ϕ10 钢筋焊成“Π”字形卡件，作为钢筋网限位，柱筋按要求设置后，在其上口增设一道限位箍。

墙、柱筋插完后拉通线校正，确保竖向筋在同一直线上，防止倾斜、扭转、偏位。

8）底板、墙、柱钢筋接头位置要符合设计要求。

9）钢板止水带固定：水平施工缝采用 $\delta=3$mm 钢板止水带，为了保持钢板止水带顺直，在此带上、下与墙拉结筋点焊，保证其位置处在施中缝及墙厚中间。垂直施工缝处钢板止水带直接支承于底板上铁，两侧中间用 ϕ8@1200 钢筋点焊于墙附加筋之上，以保证钢板止水带上下顺直，钢板止水带接头处必须对接双面满焊，防止出现气孔、砂眼而造成漏水隐患。

水平方向止水带与竖直钢板止水带必须交圈、封闭，搭接长度为 200mm。外墙柱箍筋与钢板止水带相交处将箍筋切断，加“L”型箍筋与钢板止水带单面焊。

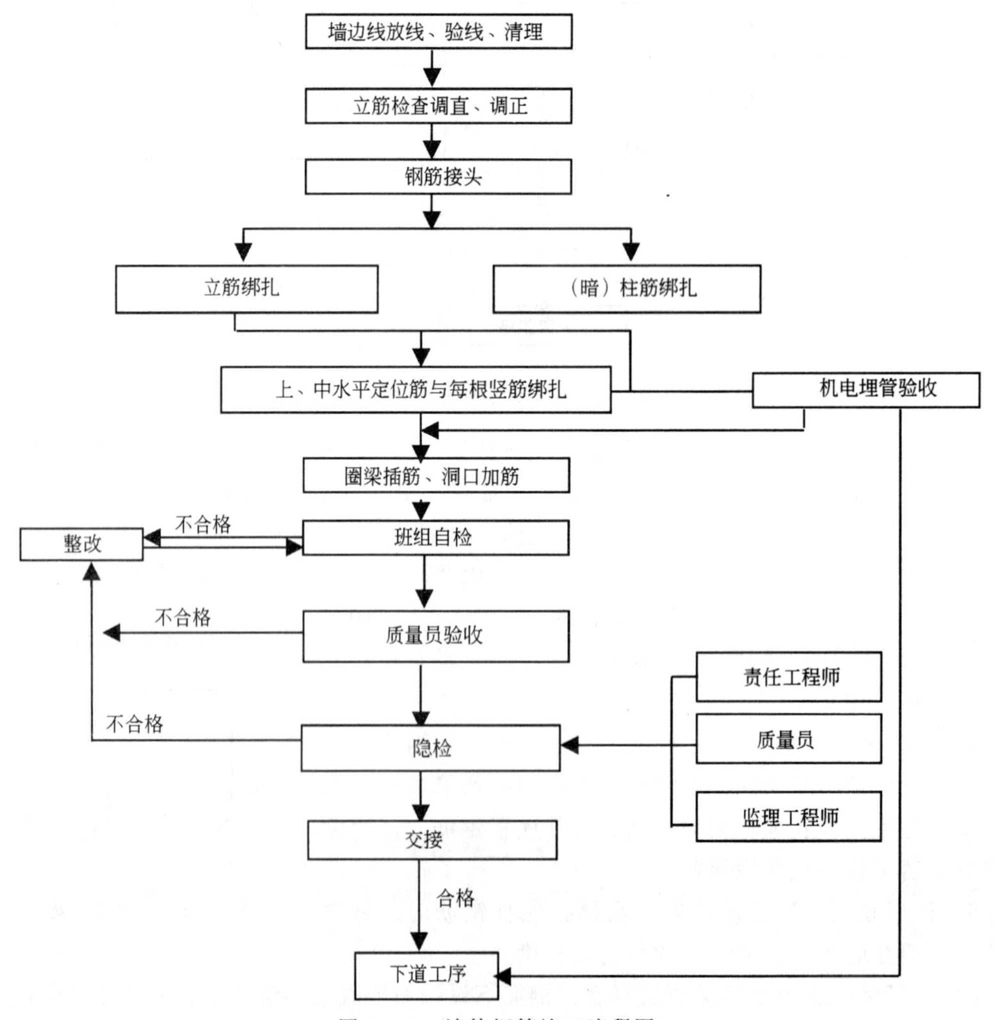

图 5-110　墙体钢筋施工流程图

10）为了防止墙柱插筋在浇筑混凝土时移位，现场派钢筋工专门看守钢筋，一旦有影响钢筋位置的事情发生，及时更正，如不能看清偏移的尺寸，则由坑上轴线控制桩投测定位，校核其位置，直至正确为止。

2. 墙体钢筋

（1）墙体钢筋施工流程见图 5-110

（2）墙筋绑扎

1）墙体上口钢筋保护层控制措施

在墙体上方设置一道水平“梯型架”定位筋，该“梯型架”位于顶板上皮 10cm。这一道水平“梯型架”定位筋在绑扎下一层墙体钢筋时就绑扎到位，直到打完顶板混凝土后拆除。上口水平梯子筋见图 5-111。

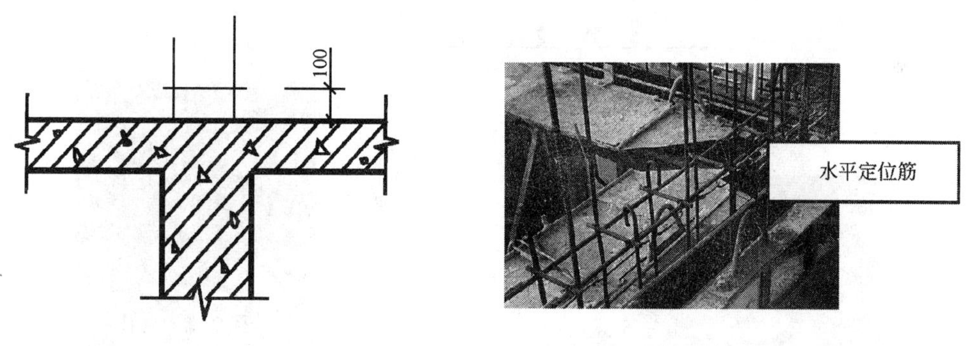

图 5-111 上口水平梯子筋

2）墙体钢筋竖向控制措施

采用竖向“梯子筋”来定位墙体钢筋的位置和控制钢筋保护层，“梯子筋”采用比墙立筋直径大一号的钢筋制作，间距 1.2m 布置，“梯子筋”取代其位置上的主筋，“梯子筋”立筋之间的上、中、下三道横筋，其长度与墙体等宽，直接作为大模板的内撑，其端头采用切割机切割并涂刷防锈漆，保证端头平整且不会出现锈痕。墙体竖向梯子筋见图 5-112。

为保证梯子筋加工形状、尺寸准确，制作梯子筋的加工平台。通过梯子筋的加工平台定位梯子筋的横撑长度、横撑两端的长度和横撑的间距，并且在梯子筋一批加工完毕后，进行预检，保证梯子筋符合要求，梯子筋梯棍长度比墙体宽小 2mm（图 5-113、图 5-114）。

3）绑扎前先对预留竖筋拉通线校正，之后再接上部竖筋。水平筋绑扎时拉通线绑扎，保证水平一条线。墙体的水平和竖向钢筋错开搭接，钢筋的相交点全部绑扎，钢筋搭接处，在中心和两端用铁丝扎牢，保证墙体两排钢筋间的正确位置。

4）对于较宽墙体钢筋的位置和保护层控制，采用在墙体水平筋之间加撑铁，间距 1.5m 左右，呈梅花形布置，见图 5-115。

5）墙体内暗柱和暗梁用塑料卡控制保护层，将塑料卡卡在箍筋上，每隔 500mm 纵横设置一个。见图 5-116。塑料卡采用中部加厚的，以增加刚度。

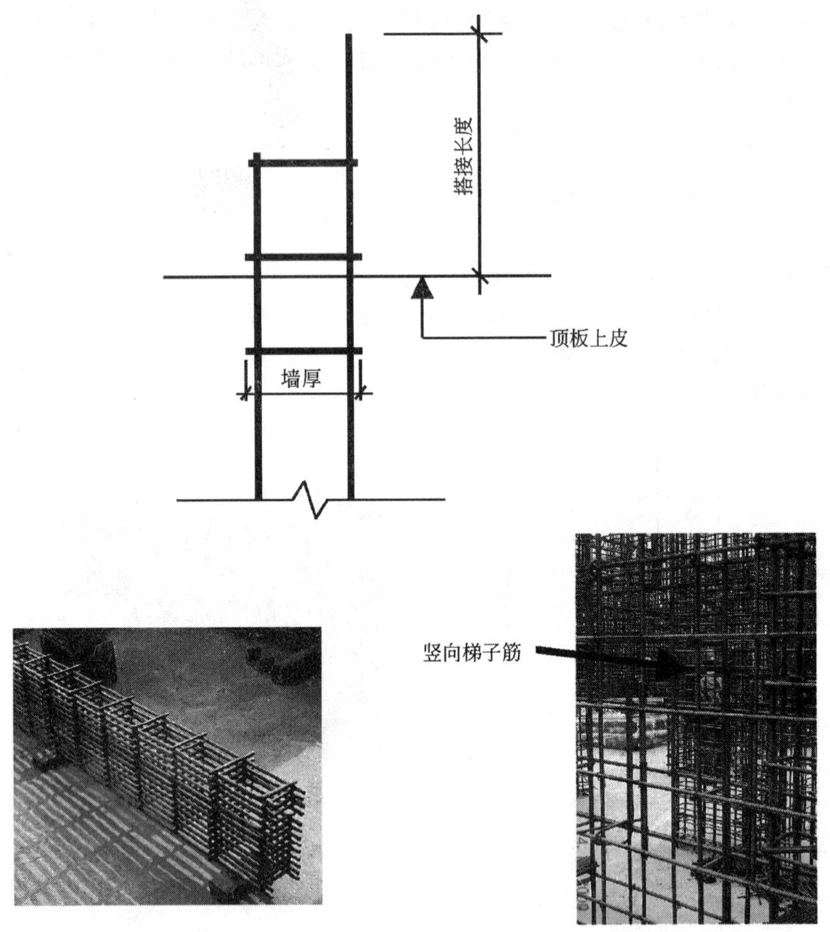

图 5-112　竖向梯子筋

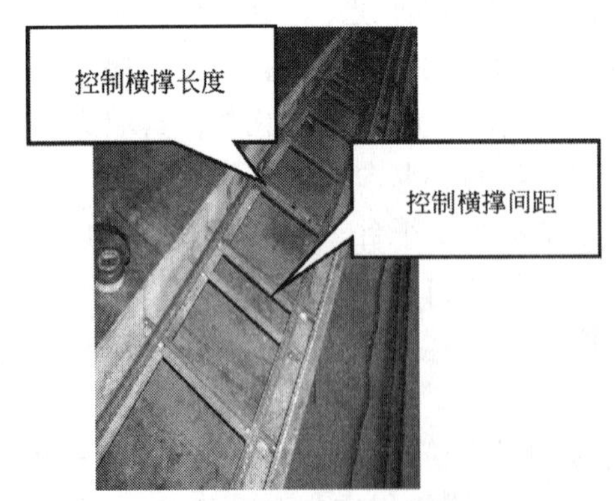

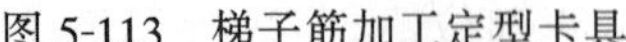

图 5-113　梯子筋加工定型卡具

图 5-114　梯子筋梯棍长度检查

6）墙插筋在基础底板内的位置及锚固长度必须按施工图要求设置，为了保证墙位置正确，放线人员把墙位置线用红油漆标记在底板上层钢筋上，按标记线进行插筋施工，为了防止插筋位移，把墙插筋与底板钢筋绑扎并与附加定位筋点焊。墙、柱插筋的接头位置要符合设计要求，见图 5-117。

图 5-115 钢筋撑铁

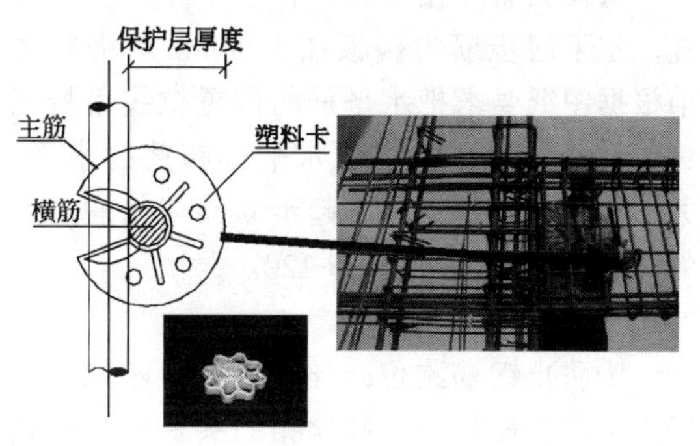

图 5-116 采用塑料卡控制保护层

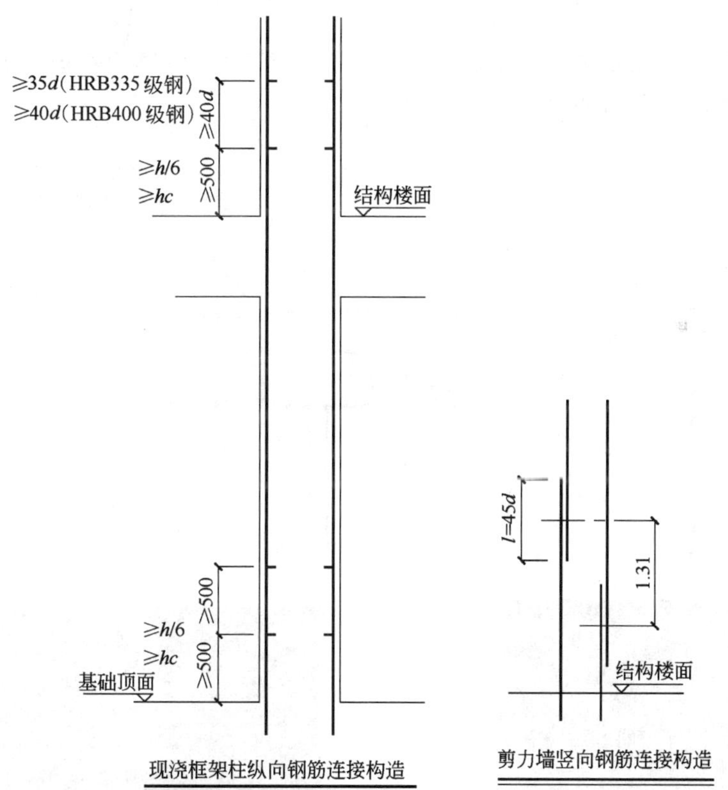

图 5-117 墙、柱插筋的接头位置

7）门洞口处暗梁的箍筋在过门洞口两侧（50mm）各绑扎一个，在顶层要全部绑扎，钢筋构造见图 5-118。

8）预埋盒的埋设

对于墙体预埋的电盒为达到一次成型的效果，在墙筋施工时，让电盒外表面比墙面突出出来 2mm，这样大模板合模时将其顶回，使得电盒与模板面紧贴不漏浆。PVC 电盒背后有两个预留的小孔，用 $\phi6$ 钢筋穿过后绑在主筋上。电盒固定见图 5-119。

9）墙体水平分布起步筋的设置

墙体立筋绑扎完后进行水平分布筋的绑扎，水平起步筋为楼板往上 50mm。绑扎之前根据图纸要求把水平筋的位置拉线用粉笔标注在立筋上，以保证水平分布筋的水平，并增加观感质量。墙体起步立筋与暗柱主筋的间距为 50mm。见图 5-120。

10）丝扣

为防止钢筋跑位，丝扣不能一顺扣，要间隔采用正反扣。所有丝扣的头最后一律朝里。

11）墙体模板上口钢筋保护层的控制措施

钢筋高度越高，其可变形程度越大，因此，除在墙体钢筋上口加设水平梯子筋外，

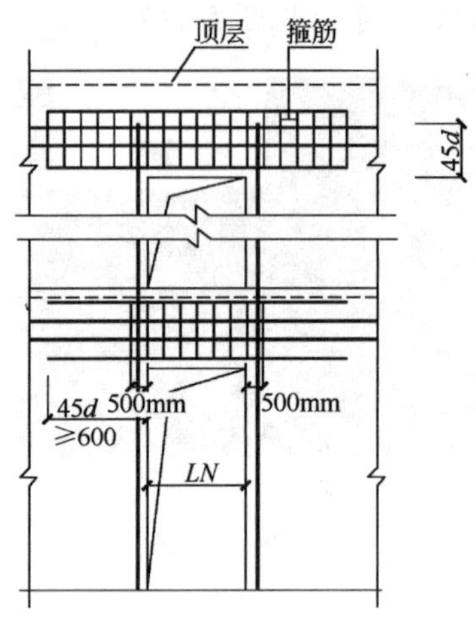

图 5-118 门洞口处暗梁钢筋构造

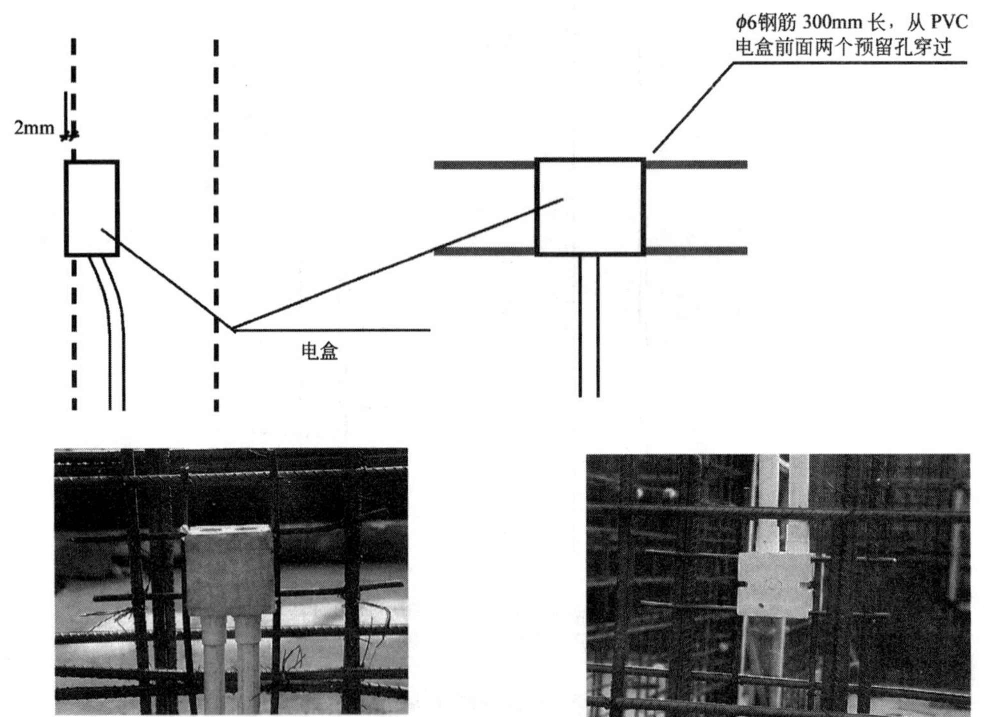

图 5-119 电盒的固定

控制模板上口处的钢筋保护层也是非常重要的。采用 5mm 厚的钢板做成定位钢板固定在大钢模板上口部位，定位钢板顶在墙体竖向钢筋上，保证钢筋不向外靠，从而确保钢筋保护层的精确（见图 5-121），同时也可准确的控制混凝土浇筑的标高，从而保证水平施工缝的高度。

（3）梁钢筋

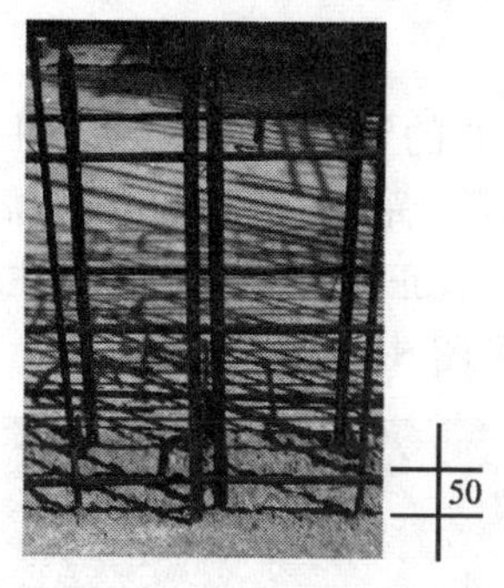

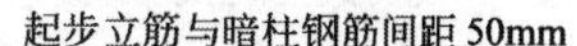

图 5-120 起步筋的绑扎

图 5-121 墙体模板上口钢筋保护层的控制

1）梁钢筋施工流程

支设梁底模板→布设主梁下、上部钢筋、架立筋和弯起筋→穿主梁箍筋并与主梁上下筋固定→穿次梁下、上部纵筋→穿次梁箍筋并与次梁上下筋固定→布设吊筋。

2）梁钢筋绑扎

（A）布设主梁下、上部钢筋、架立筋和弯起筋。

（B）在主次梁或次梁间相交处，两侧按图纸要求设附加箍筋和吊筋。第一道箍筋为距梁边 50mm。

（C）根据设计要求，次梁上下主筋应置于主梁上下主筋之上；纵向框架梁的上部主筋应置于横向框架梁上部主筋之上；当两者梁高相同时纵向框架连梁的下部主筋应置于横向框架梁下部主筋之上；当梁与柱或墙侧平时，梁该侧主筋应置于柱或墙竖向纵筋之内，构造按设计说明。

（D）梁内纵向钢筋的接头位置：下部钢筋应在支座 1/3 处，上部钢筋应在跨中 1/3 跨范围内；

（E）在梁箍筋上加设塑料定位卡，保证梁钢筋保护层的厚度。

（F）对于梁上部纵向钢筋的箍筋采用套扣绑扎方式。见图 5-122。

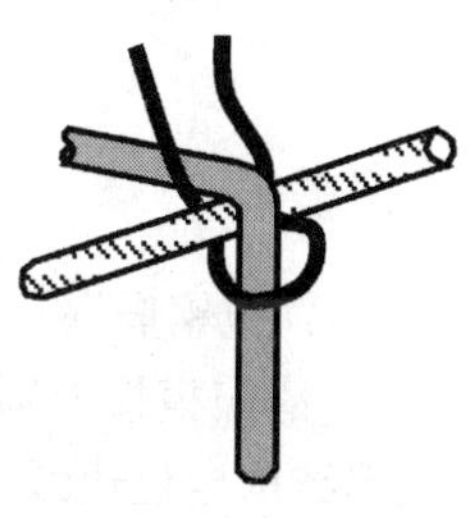

图 5-122 梁丝扣

（4）柱钢筋

1）柱钢筋施工流程

套柱箍筋→连接竖向受力筋→画箍筋间距线→绑箍筋。

2）柱钢筋绑扎

(A) 柱筋位置的控制：采用定型柱箍控制。事先用 ϕ20 的钢筋根据柱筋的图纸位置加工成定型柱箍，在顶板混凝土浇筑之前架设在柱子的上部，距顶板标高 60～80cm。在浇筑混凝土之前要根据柱的边线对柱钢筋位置和保护层进行校正，并进行固定。柱筋按要求设置后，在根部增设一道限位箍，保证柱钢筋的定位。见图 5-123。

图 5-123　柱钢筋位置采用定型柱箍控制

(B) 柱钢筋绑扎完成后，在模板的上口位置四周加设木条垫块（木条厚度为主筋保护层），用以控制钢筋保护层。见图 5-124。

图 5-124　柱上端钢筋保护层的控制

(C) 纵向受力钢筋混凝土保护层厚度按设计要求，且不小于受力钢筋直径。

(D) 柱接头位置要按设计要求错开。

(E) 柱上、下两端箍筋加密，加密区长度及箍筋的间距均应按设计要求。

(F) 丝扣：柱筋采用缠扣绑扎方式，见图 5-125。

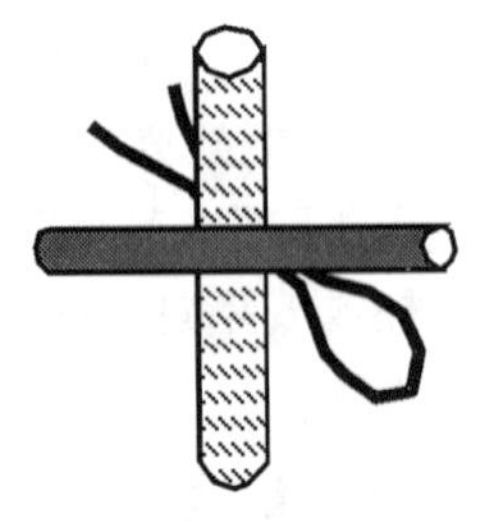

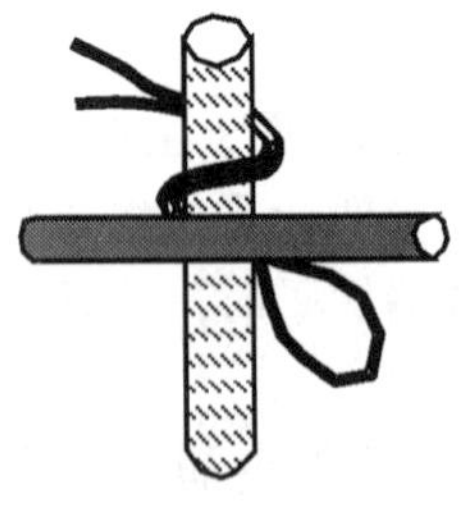

图 5-125　丝扣

(5) 板钢筋绑扎

1）清扫模板上刨花、碎木、电线管头等杂物。模板上表面刷涂脱模剂后，放出轴线及上部结构定位边线。在模板上划好主筋，分布筋间距，用红色墨线弹出每两根主筋的线，依线绑筋。起步筋为距梁边 50mm。

2）按弹出的间距线，先摆受力主筋，后放分布筋。预埋件、电线管、预留孔等及时配合安装。

3）板端下部钢筋锚入梁支座长度不小于 1/2 支座宽，上部钢筋锚入梁支座长度锚固长度。

4）楼板短跨向上部主筋应置于长跨向上部主筋之上，短跨向下部主筋应置于长跨向下部主筋之下。

5）板内的通长钢筋，其板底钢筋应在支座 1/3 处搭接，板上部钢筋应在 1/3 范围的跨中搭接，钢筋搭接长度按设计要求。

6）绑扎板钢筋时，用顺扣或八字扣，除外围两根钢筋的相交点全部绑扎外，其余各点可交错绑扎。板钢筋为双层双向筋，为确保上部钢筋的位置，在两层钢筋间加设马凳铁。见图 5-126。当板上部筋为负弯矩筋，绑扎时在负弯矩筋端部拉通长小白线就位绑扎，保证钢筋在同一条直线上，端部平齐，外观美观。负弯矩筋端部不能接触模板。

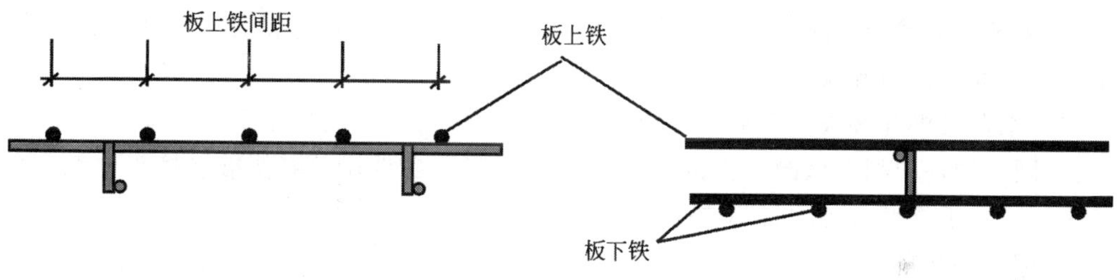

图 5-126 马凳铁

7）为了保证楼板钢筋保护层厚度，采用塑料垫块横纵每间隔 1000mm 设置一个固定在楼板最下部钢筋上。见图 5-127。

图 5-127 板下铁采用塑料垫块控制保护层

8）尤其要注意后浇带处梁、板钢筋保护层的控制。

4. 钢筋绑扎

钢筋安装绑扎质量，钢筋的钢种、直径、外形、形状、尺寸、位置、排距、间距、根数、节点构造、锚固长度、搭接接头、接头错位和绑扎牢固以及保护层控制措施等，必须符合规范、规程、标准。

(1) 钢筋的绑扎应符合下列规定：

1) 钢筋的交叉点应扎牢。

起步钢筋的绑扎。墙水平筋从底板或楼板顶 50mm 处起步；底板或楼板钢筋从墙边 50mm 处起步；暗柱箍筋从底板或楼板顶面 50mm 处起步。

不同部位钢筋绑扎采用不同的绑扣：墙、板用八字扣，梁用缠扣，暗柱用套扣。

规定钢筋绑扎丝的铁丝扣绑扎完成后，丝头不能触及模板，以免混凝土表面出现锈点；要求墙、柱钢丝头一律朝里，梁板面上铁的丝头一律朝下弯、下铁的丝头一律朝上弯。

2) 板和墙的钢筋网，除靠近外围两行钢筋的相交点全部扎牢外，中间部分交叉点可间隔交错扎牢，但必须保证受力钢筋不产生位置偏移；双向受力的钢筋，必须全部扎牢。

3) 梁和柱的箍筋，除设计有特殊要求外，应与受力钢筋垂直设置；箍筋弯钩叠合处，应沿受力钢筋方向错开设置。

(2) 钢筋的绑扎接头应符合下列要求：

1) 同一构件中相邻纵向受力钢筋的扎接接头宜相互错开。绑扎搭接接头中钢筋的横向净距不应小于钢筋直径，且不应小于 25mm。

2) 钢筋绑扎搭接接头连接区段的长度为 $1.3l$（l 为搭接长度）。凡搭接接头中点位于该连接区段长度内的搭接接头均属于同一连接区段。同一连接区段内，纵向钢筋搭接接头面积百分率为该区段内有搭接接头的纵向受力钢筋截面面积与全部纵向受力钢筋截面面积的比值。

3) 同一连接区段内，纵向受拉钢筋搭接接头面积百分率应符合设计要求；当设计无具体要求时，应符合下列规定：

a. 对梁类、板类及墙类构件，不宜大于 25%；

b. 对柱类构件，不宜大于 50%；

c. 当工程中确有必要增大接头面积百分率时，对梁类构件，不应大于 50%；对其他构件，可根据实际情况放宽。

4) 纵向受力钢筋绑扎搭接接头的最小搭接长度应符合表 5-52 的规定。

纵向受拉钢筋的最小搭接长度　　　　**表 5-52**

钢筋类型		混凝土强度等级			
		C15	C20～C25	C30～C35	≥C40
光圆钢筋	HPB235 级	45d	35d	30d	25d
带肋钢筋	HRB335 级	55d	45d	35d	30d
	HRB400 级、RRB400 级	—	55d	40d	35d

注：两根直径不同钢筋的搭接长度，以较细钢筋的直径计算。

(3) 钢筋安装绑扎允许偏差和检查方法见表 5-53。

钢筋安装位置的允许偏差和检查方法 表 5-53

<table>
<tr><th colspan="3">项 目</th><th>允许偏差
(mm)</th><th>检验方法</th></tr>
<tr><td rowspan="2">绑扎钢筋网</td><td colspan="2">长、宽</td><td>±10</td><td>钢尺检查</td></tr>
<tr><td colspan="2">网眼尺寸</td><td>±20</td><td>钢尺量连续三档，取最大值</td></tr>
<tr><td rowspan="2">绑扎钢筋骨架</td><td colspan="2">长</td><td>±10</td><td>钢尺检查</td></tr>
<tr><td colspan="2">宽、高</td><td>±5</td><td>钢尺检查</td></tr>
<tr><td rowspan="5">受力钢筋</td><td colspan="2">间距</td><td>±10</td><td rowspan="2">钢尺量两端、中间各一点，取最大值</td></tr>
<tr><td colspan="2">排距</td><td>±5</td></tr>
<tr><td rowspan="3">保护层厚度</td><td>基础</td><td>±10</td><td>钢尺检查</td></tr>
<tr><td>柱、梁</td><td>±5</td><td>钢尺检查</td></tr>
<tr><td>板、墙、壳</td><td>±3</td><td>钢尺检查</td></tr>
<tr><td colspan="3">绑扎钢筋、横向钢筋间距</td><td>±20</td><td>钢尺量连续三档，取最大值</td></tr>
<tr><td colspan="3">钢筋弯起点位置</td><td>20</td><td>钢尺检查</td></tr>
<tr><td rowspan="2">预埋件</td><td colspan="2">中心线位置</td><td>5</td><td>钢尺检查</td></tr>
<tr><td colspan="2">水平高差</td><td>+3，0</td><td>钢尺和塞尺检查</td></tr>
</table>

注：1. 检查预埋件中心线位置时，应沿纵、横两个方向量测，并取其中的较大值；
2. 表中梁类、板类构件上部纵向受力钢筋保护层厚度的合格点率应达到 90% 及以上，且不得有超过表中数值 1.5 倍的尺寸偏差。

4. 洞口构造加筋、预埋件、电器线管、线盒、预应力筋及其配件等，位置准确，绑扎牢固，需焊接固定部位，不准咬伤受力钢筋。

二、模板工程

（一）基本要求

模板及其支架应根据工程结构形式、荷载大小、地基土类别、施工设备和材料供应等条件进行设计。模板及其支架应具有足够的承载能力、刚度和稳定性，能可靠地承受浇筑混凝土的重量、侧压力以及施工荷载。

（二）模板设计和制作要求

1. 模板设计结构构造合理，选材适当，符合基本规定要求。模板材料，宜选用钢板、胶合板、竹胶板、塑料、玻璃钢等，模板支架宜选用钢材（碗扣式支撑、普通钢管、门式）、钢木结合等。

2. 设计模板及其支架，应依据工程结构形式、各项荷载、地基土类、施工方法等条件进行，并应符合国家相应规范、标准。

模板设计中必须要有模板体系的计算，计算内容应包括以下几项：

——混凝土侧压力及荷载计算；

——板面强度及刚度验算；

——次龙骨强度及刚度验算；

——主龙骨强度及刚度验算；

——穿墙螺栓强度的验算（对板模要有支撑体系的验算）；

——大模板自稳角的验算。

模板及其支架设计应考虑的荷载有：

——模板及其支架自重；

——新浇筑混凝土自重；

——钢筋自重；

——施工人员及施工设备荷载；

——振捣混凝土时产生的荷载；

——新浇混凝土对模板侧面的压力；

——倾倒混凝土时产生的荷载。

3. 模板结构构造合理，强度、刚度满足要求，牢固稳定，拼缝严密，规格尺寸准确，便于组装和支拆。封闭型模板，宜加排气孔。

4. 新模板使用前，应检查验收和试组装，并按其规格、类型编号和注明标识。

5. 模板设计规格类型和制作数量，应兼顾其后续工程的适用性和通用性，宜多标准型、少异型，多通用、多周转，不断改进和创新。

（三）设计原则

1. 模板工程是影响工程质量的最关键的因素，为了使混凝土的外形尺寸、外观质量都达到清水混凝土的质量要求，要精心优化模板设计，利用最科学、最合理的模板体系和施工方法，满足工程结构质量的要求。

2. 清水混凝土外观要求应达到：表面平整光滑，线条顺直，几何尺寸准确（在允许偏差以内），色泽一致，无蜂窝、麻面、露筋、夹渣和明显的气泡，模板拼缝痕迹有规律性，结构阴阳角方正且无损伤，上下楼层的连接面平整搭接，表面不需抹灰即可进行刮腻子和装修。

3. 在本着投入经济的原则下，力求模板能最大限度的周转，提高模板周转次数，减少模板投入，从而降低成本。

4. 采取早拆支撑的方法，加快模板周转，减少模板投入。

5. 模板工程要能保证施工快捷、方便、安全，易于操作，尽量做到工具化、标准化。

（四）模板体系的选用

工程施工中，模板选型是一个非常重要的环节，公用建筑和住宅工程的结构形式又有所不同。公建工程一般为框架或框剪结构，而住宅多为全现浇剪力墙、框架或砖混结构，并由一个个的单元组成，每一层又基本相同。结构形式不同，使用功能不同，决定了模板选型的差异。因此项目在选择模板时，要根据工程的特点并充分考虑以下方面：一是选择的模板体系要先进、合理、适用；二是能有效控制工程质量，使结构达到清水混凝土的效果；三是要重视细部节点的设计；四是降低成本，少投入。

模板选型后，选择模板厂家就非常重要。对模板厂家的要求是：具有一定资质和生产规模，有可靠的质量保证和良好的售后服务。在合同中对模板厂家的供货质量、供货时间、服务条款提出明确要求。并要求厂家编制详细的模板设计方案，经审核后方可生产。

（五）地下室模板

1. 底板外侧模板

底板外侧模板通常采用240砖胎膜，砖强度等级MU5，M7.5水泥砂浆砌筑，里侧抹灰，待干燥后做防水。底板砖胎模见图5-128。

2．底板集水坑、电梯井坑内模板

集水坑底模采用竹胶板，底模下方用50mm×50mm角钢支撑在底板钢筋的附加筋上并与之焊接。集水坑的侧模按照集水坑位置线支设，侧模的背后设置50mm×100mm木方做龙骨，再支设竖撑固定集水坑侧模，并保证集水坑侧模的垂直度。集水坑、电梯井坑内模支设见图5-129。浇筑混凝土时要注意四周对称浇筑，防止模板发生侧移。

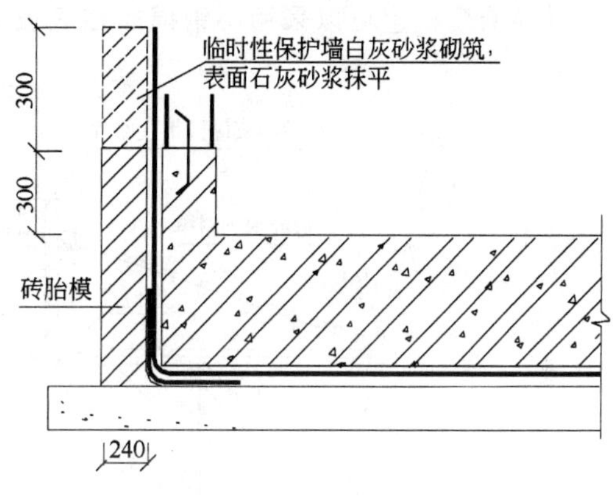

图5-128 底板砖胎模

待混凝土达到强度（在模板拆除时不缺棱掉角），拆除集水坑、电梯井坑内模板，先拆除横撑，然后拆除龙骨和侧模。

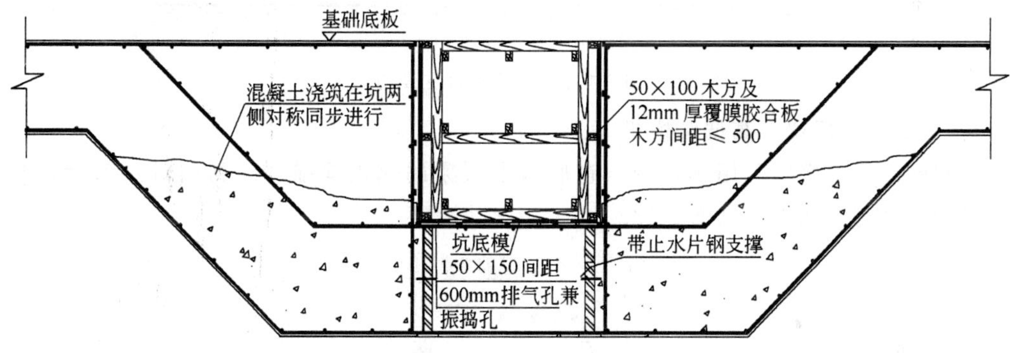

图5-129 集水坑、电梯井坑内模支设图

3．导墙模板

根据规范要求，外墙随底板浇筑300mm高的导墙，导墙模板采用12mm厚覆膜竹胶板，横向龙骨为50mm×100mm木方，竖向背楞为ϕ48钢管，导墙支模见图5-130。

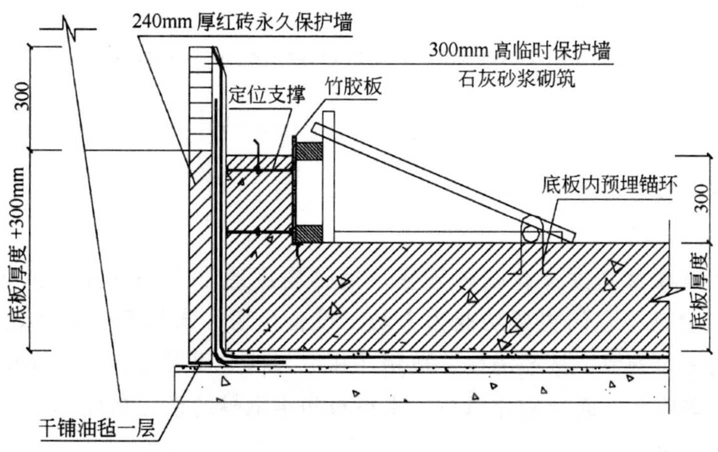

图5-130 导墙支模图

导墙模板也可以采用小钢模，在底板上预埋锚环，再用钢管进行加固，见图 5-131。

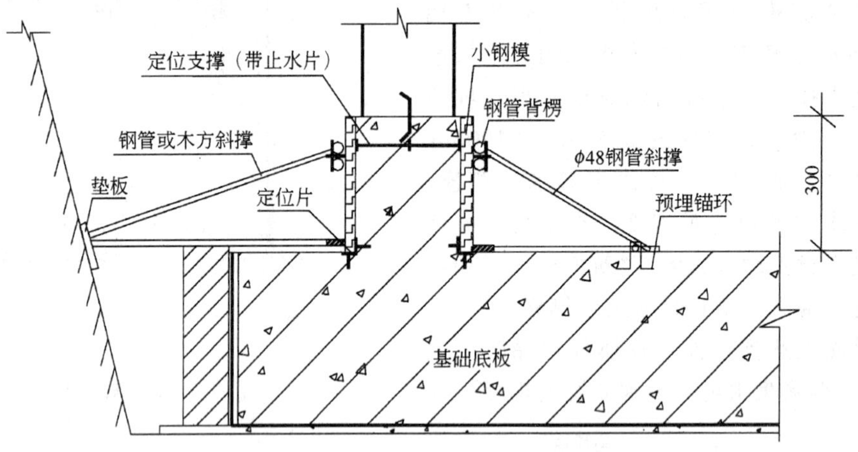

图 5-131　导墙模板支设图

4. 基础梁或反梁、高低跨模板

基础梁或反梁模板采用小钢模，在底板上反梁两侧预埋锚环，利用对拉螺栓进行支模，再用钢管进行加固，见图 5-132。

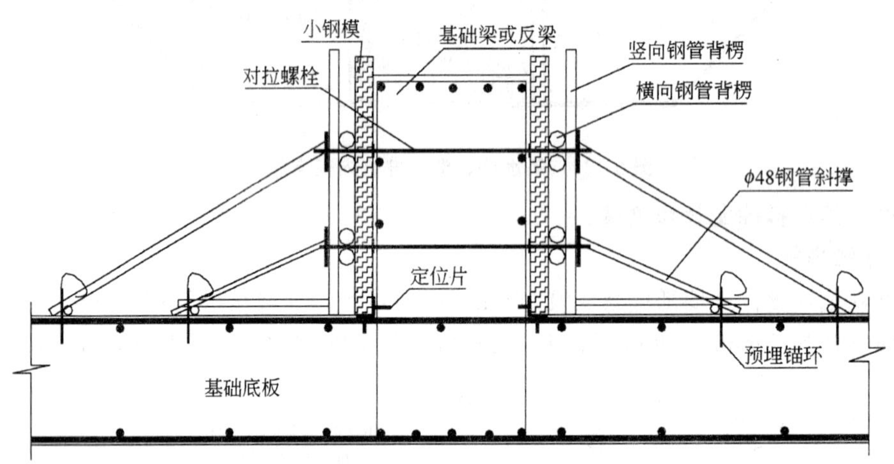

图 5-132　基础梁或反梁模板支设图

底板高低跨模板支设见图 5-133。

5. 地下室墙体模板

地下室墙体厚度及高度变化往往较多，墙体厚度通常为 200mm、250mm、300mm、350mm 等，又加之地下室的主要功能为人防、设备用房、水箱等，墙体比较多，一般无法配制定型钢模或大钢模，从经济性、适用性和可行性方面考虑，一般模板选型采用竹胶板、胶合板或小钢模。下面分别介绍竹、木模板和小钢模的设计和使用。

(1) 竹、木模板

面板选用 δ12 厚双面覆膜竹胶板（或 15 厚胶合板），根据结构实际尺寸尽量配置成 2440mm 宽或 3660mm 宽的整体大模板。整体大模板边框采用 100mm×100mm 木方，边框距竹胶板外两侧各预留 50mm 宽用于模板之间拼接，但一侧缩进，一侧伸出。竖向背肋为 50mm × 100mm 的木方，中心间距 250mm。横向增加 100mm × 100mm 木方，间距 1000mm 左右，用钩头螺栓与竖向背楞木方连接在一起用于加强模板的整体刚度。竹胶板用螺钉固定在竖向背楞木方上，自攻螺钉间距不得大于 150mm，且应吊角布置。水平背楞为 2ϕ48 钢管，最下一道水平背楞距板底 250mm，高度 1/3 墙高以下间距 400mm，1/3 墙高以上间距 600mm。

木模板见图 5-134。

水平背楞也可以采用 2［10 号槽钢，见图 5-135。

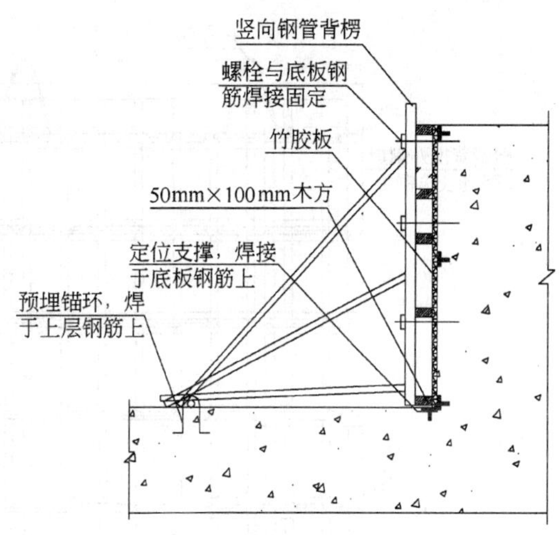

图 5-133 底板高低跨模板支设图

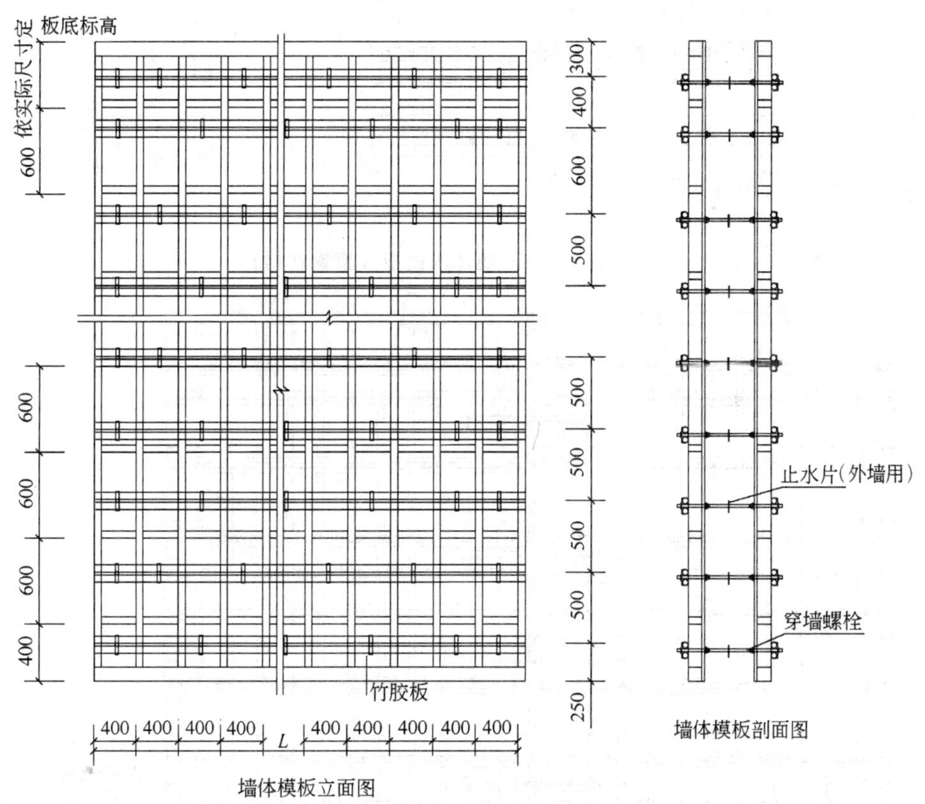

图 5-134 墙体木模板（钢管背楞）

墙体模板的关键在于相邻两块单元模板之间的拼接处，在拼接处需附加钢管（或槽钢）加强带，以保证其刚度和不发生跑模现象。模板拼接见图 5-136。

在进行配模时，相邻两块模板要配成子母口，以保证面板拼缝严密、平整，不致出现错台现象，模板配制见图 5-137。

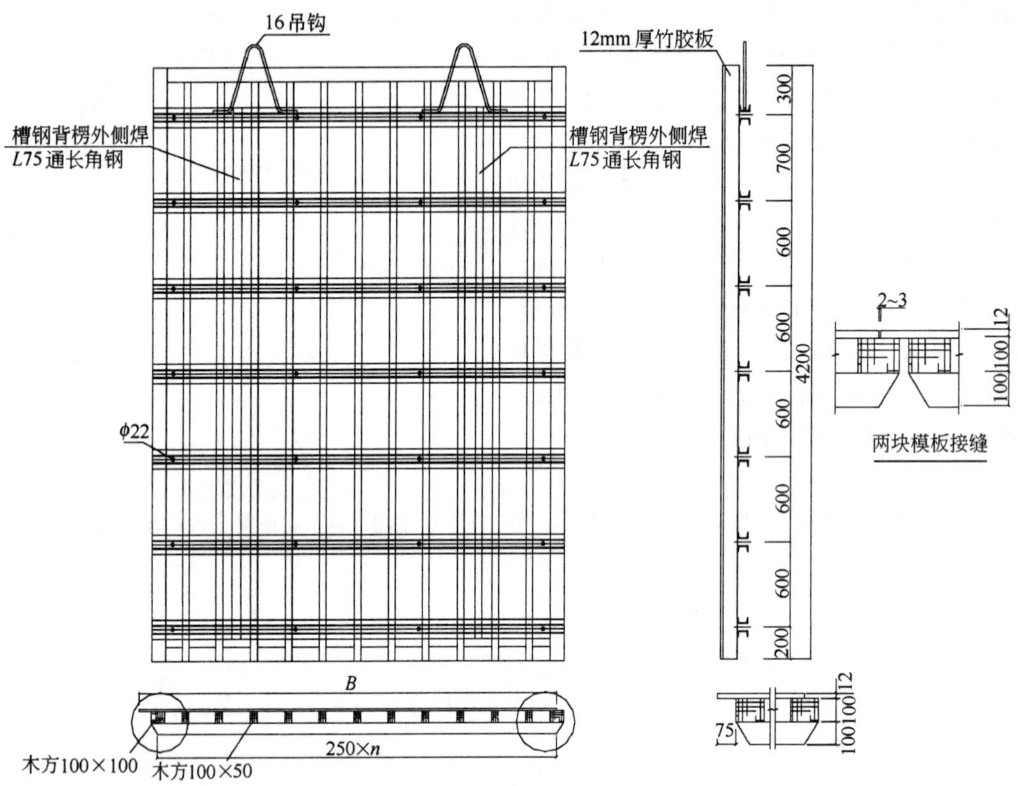

图 5-135　墙体木模板（槽钢背楞）

图 5-136　模板拼接图

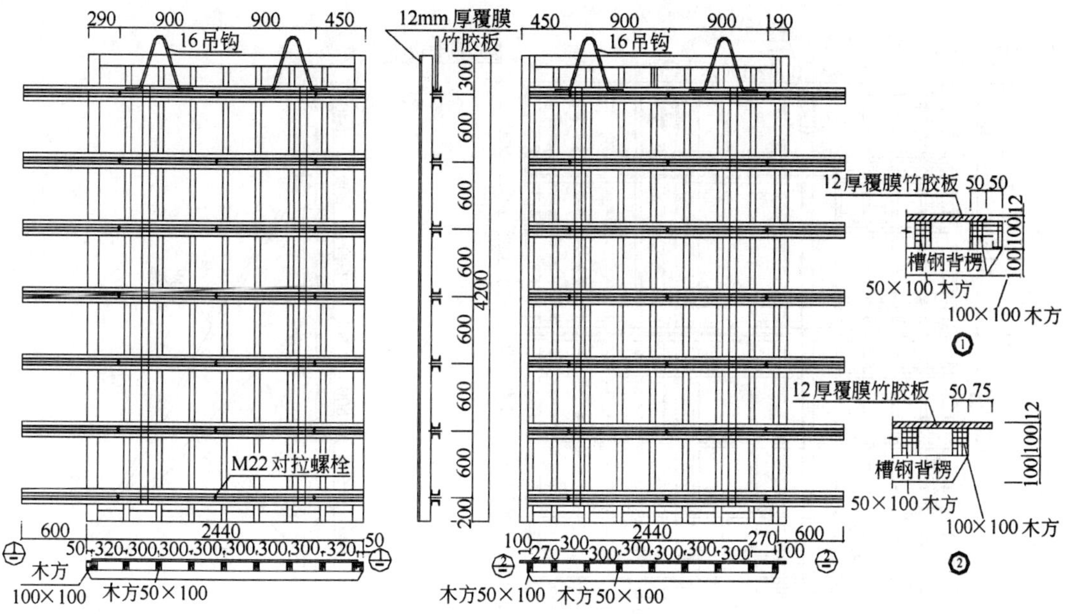

图 5-137 模板面板子母口配制图

模板制作时应先将背楞木方铺设在平整的硬化后加工场地上，木方固定好后检验木方表面的平整度，合格后再将竹胶板铺设固定在木方表面上。

墙模高度按图纸尺寸进行设计，墙体外墙模板配置到板面高 100mm 处，内墙模板配至板底向上 50mm 处。面层板接缝要留在木方上以保证强度。模板的配制很重要，既要保证模板的整体刚度和强度，尤其是要注意细部节点的设计与配制，模板的强度要经过计算，图 5-138～图 5-144 为某一工程的木模板配制加工图。

在支设模板时，在墙根部混凝土粘贴两道高密度海绵条，模板压在海绵条上，以保证混凝土不产生漏浆。

支设模板时外侧采用 ϕ48 钢管作斜支撑。每次楼板混凝土施工时，沿墙线外侧 2～3m（具体根据墙体的高度来定）预埋 L型 ϕ25 钢筋，出地面 150mm，用于模板的斜向支撑钢管的固定。

（2）阴阳角、附墙柱模板

（3）小钢模

由于地下室为非标准层，墙体模板可以采用小钢模，质量标准高的应该采用新的小钢模，宜采用大规格的 60 系列，以减少模板的拼缝。采用小钢模，施工简便、快捷，拼装、拆除灵活，无需使用大的起重设备，不需占用大的场地，可以采用租赁的方式，且价格低。尤其是小钢模特别适用于圆弧墙体模板。小钢模和小钢模支设见图 5-145～图 5-147。

（4）施工缝和后浇带处模板支设

施工缝和后浇带处采用木条（或竹胶条板）支设，在木条上按钢筋间距锯成小槽，以便钢筋通过，支设时要保证该处严密不漏浆。缝处的模板要支成凸槽，以便成型后的混凝土成凹槽。见图 5-148、图 5-149。

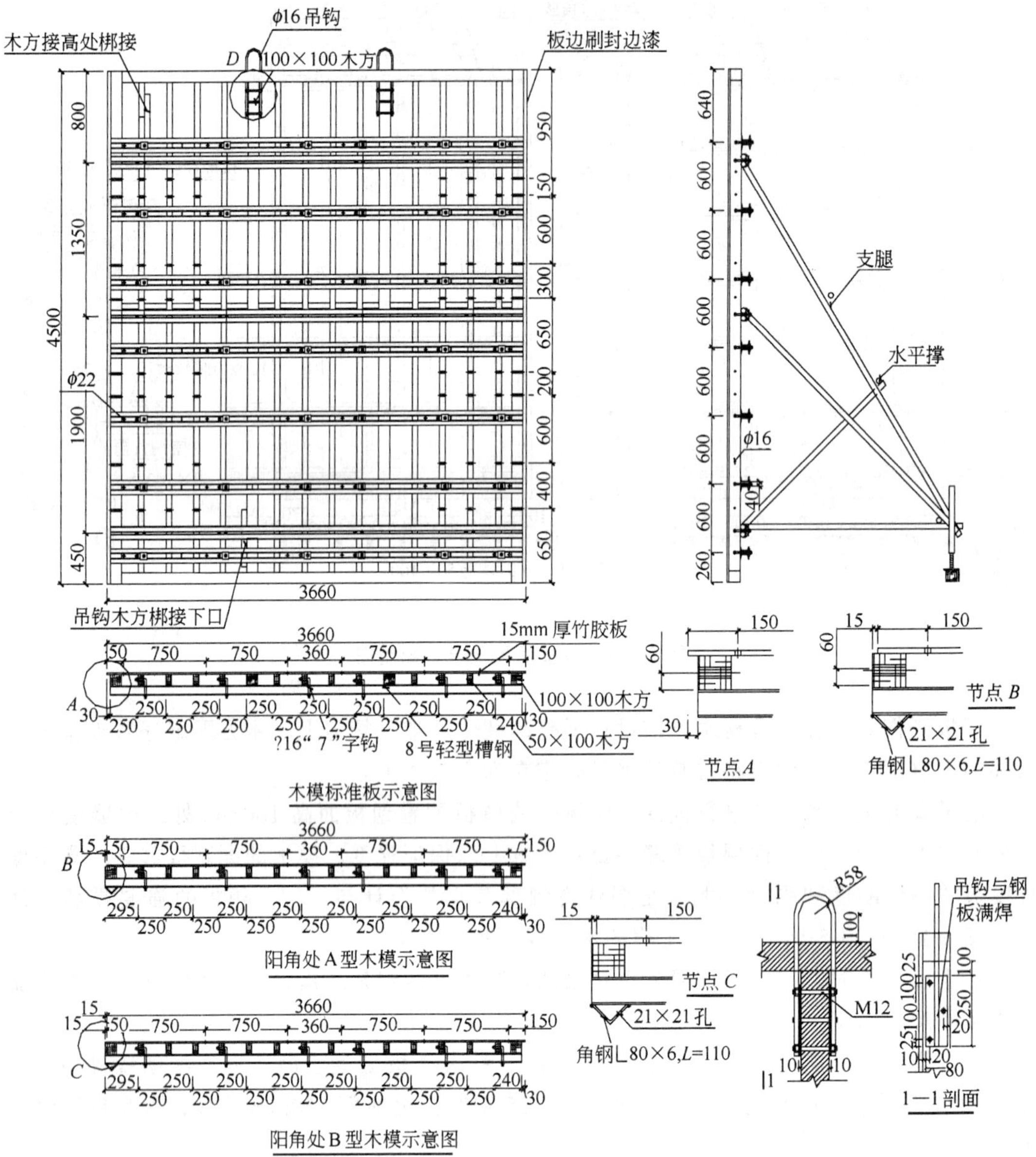

图 5-138 木模板加工图

在有梁处，墙上要留设梁豁，见图 5-150。

(5) 地下室门洞口模板

一般地下室门洞口尺寸和标准层不一致，无法配制定型模板，一般采用竹胶板和木方配制，面板采用 12mm 厚竹胶板，为了防止漏浆，在模板两侧边沿贴硬海绵条，见图 5-151。

(6) 穿墙螺杆

穿墙螺栓采用直径 18mm 的三节螺栓，由中间一次性使用、两端周转使用的螺杆、锥形接头、螺母、垫片、垫板组成，见图 5-152。

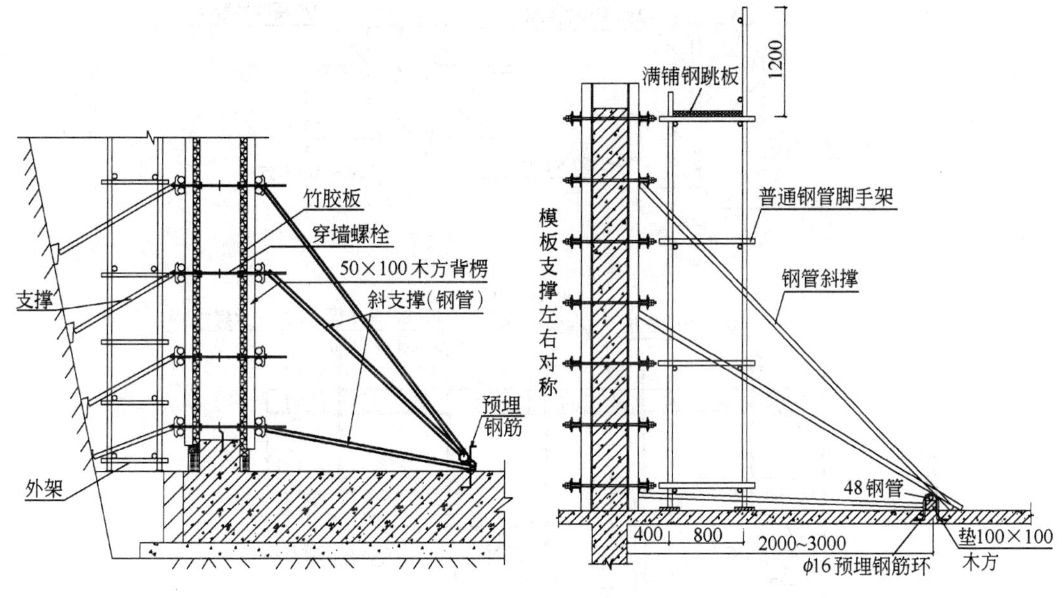

图 5-139　外墙模板支撑图　　　　图 5-140　内墙模板支撑图

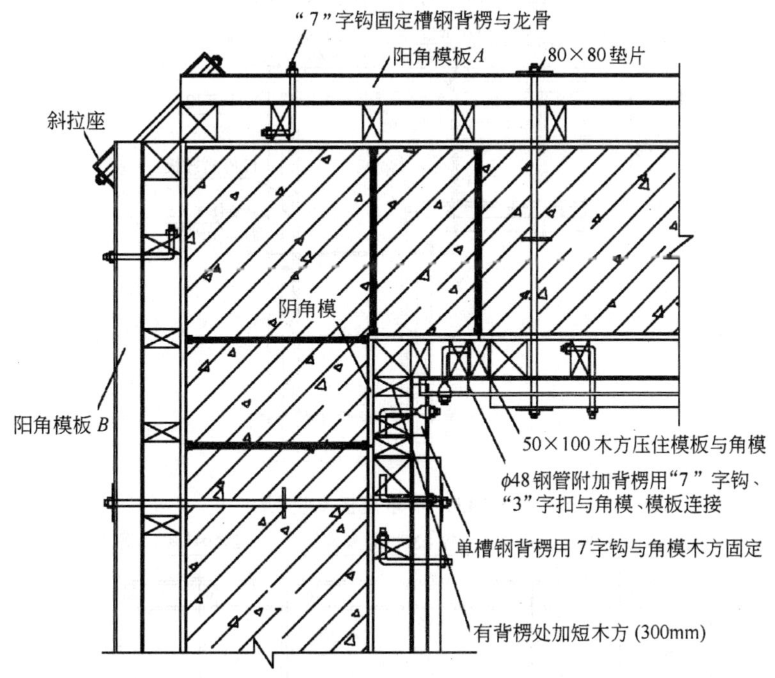

图 5-141　阳角模板支设图

墙螺杆也可以用 ϕ16 的普通钢筋加工而成，为了保证模板拆除后螺杆的割除面在混凝土内，在两端的钢板定位片处加 10mm 厚的塑料垫圈（也可以用木模板代替），模板拆除后，把塑料垫圈剔出来，螺杆的割除端就在混凝土内，割除后直接用 1∶1 的水泥砂浆补平就行。见图 5-153。

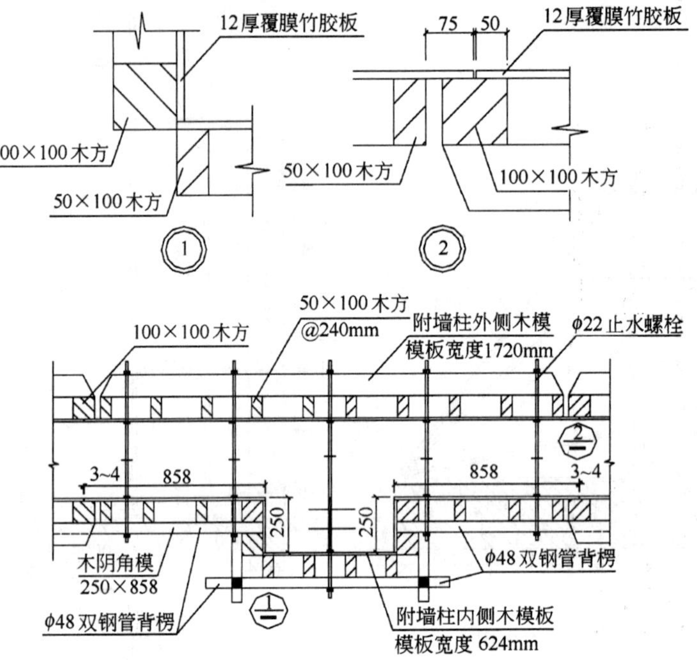

图 5-142　附墙柱模板支设图

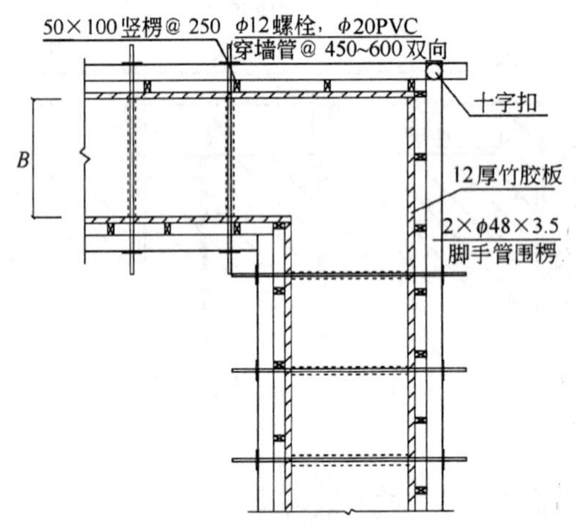

图 5-143　阳角模板支设图

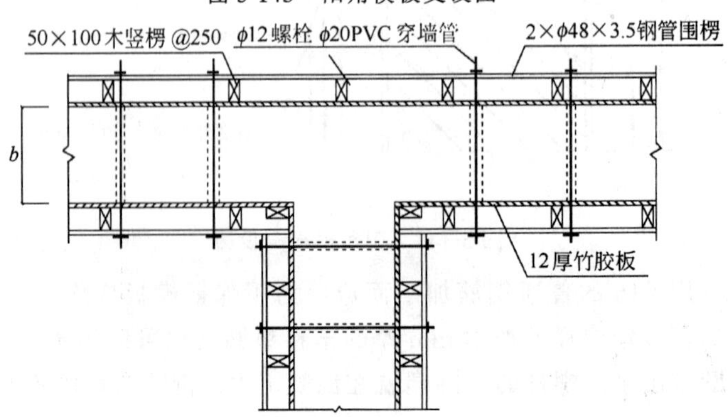

图 5-144　丁字墙模板支设图

图 5-145 小钢模图

图 5-146 小钢模支设示意图

图 5-147 圆弧墙采用小钢模

图 5-148 板施工缝处支模（凸槽状）

图 5-149 板后浇带处支模

图 5-150　墙上梁豁留设

图 5-151　地下室门洞口模板

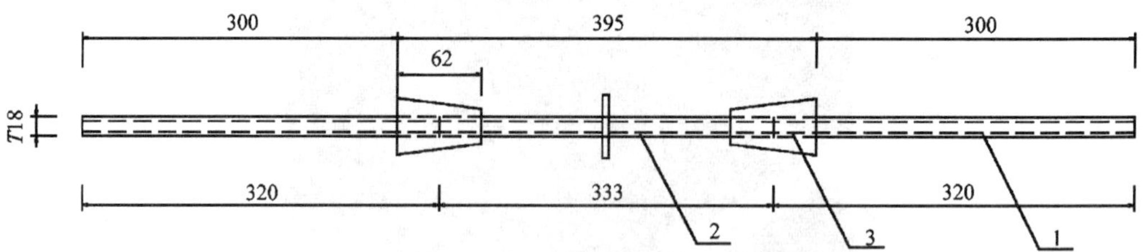

序号	名称	规　格	备　注
1	螺杆	$\phi18$ $L=320$	周转使用
2	螺杆	$\phi18$ $L=320$	一次性
3	锥形接头	$L=62$	
	垫片	100×100	
	螺母		

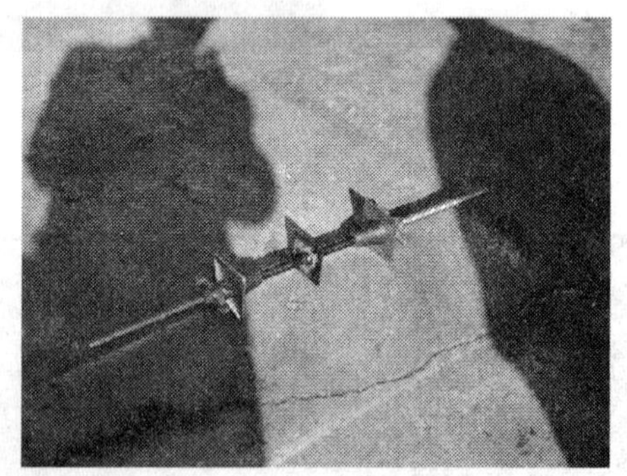

图 5-152　外墙穿墙螺杆 1

230
墙宽
230
10
100
塑料垫圈
也可用木模板代替
钢板固定片
止水片（用于外墙和水池墙）
套丝

图 5-153　外墙穿墙螺杆 2

(六) 地上模板

1．墙体模板

(1) 墙体模板的设计

1) 大钢模板

住宅工程剪力墙模板采用企口搭接式大钢模板。根据该工程结构形式及开间进深尺寸确定模板规格，为突出大模板施工整体性的特点，在满足塔吊起重量允许的条件下，模板尽量加工成大块，模板块的面板采用 6mm 钢板，竖肋采用 8 号槽钢，间距 300mm，上下封头为 80×8 角钢。模板的横背楞（主龙骨）采用双向 10 号槽钢焊接而成，槽钢间距 55mm，穿墙螺栓从两根槽钢空档穿越。横背楞与竖肋焊成整体，横背楞纵向间隔 900～1200mm。由于该模板为横背楞模板，可借助芯带这种独特的锁紧工具，对各个联结节点进行加固处理，这样足可以保证模板的强度和刚度。模板构造详见图 5-154～图 5-156 模板构造图。

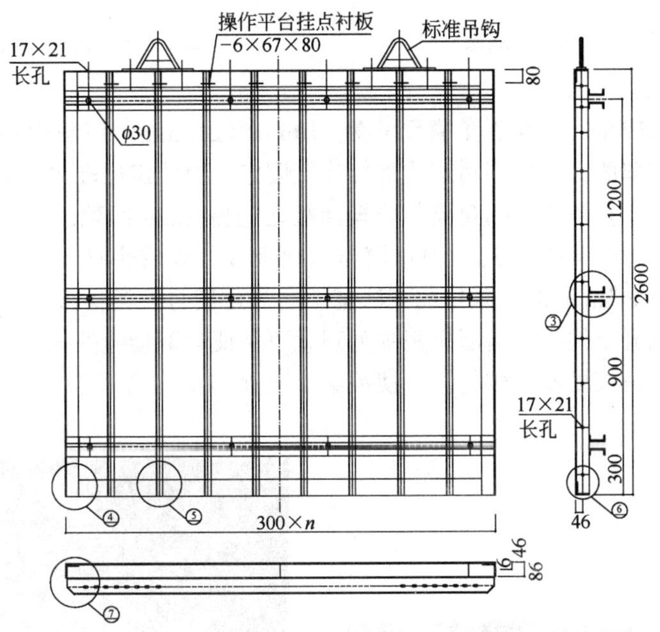

图 5-154 定型大钢模板

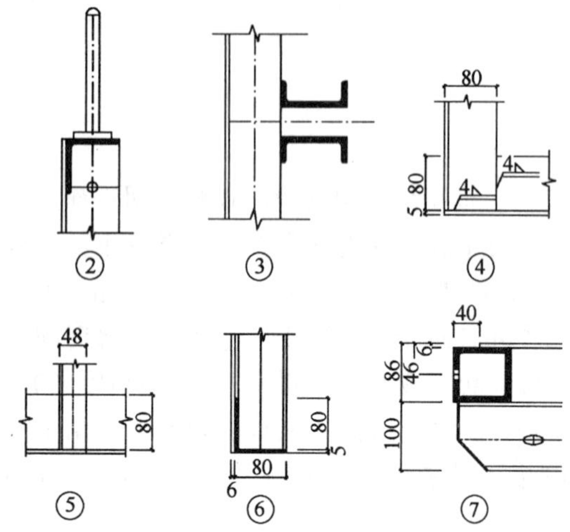

图 5-155　大钢模板节点图

图 5-156　大钢模板实物图

2）阴阳角模板

采用小阴角大阳角，标准阴角模尺寸为 210mm×210mm，该小阴角模选材与大钢模板相同，并可与相邻的大模板利用钩头螺栓连接固定，因此定位准确。该角阴角模与相邻墙模成企口（子母口）搭接，阴角模与墙模面板之间留 2mm 间隙，以便支拆。标准大阳角模尺寸为 410×410、430×430，阳角模与墙模板接口处成企口（子母口）搭接，阳角模与大模面板间留 2mm 间隙。采用此方法施工后，角模与大模搭接处混凝土表面施工后接逢处仅留一条混凝土线，用角磨机稍加处理就可保证角部接缝处过渡自然，这样就能确保墙模板与角模，搭接处施工质量，以使混凝土表面施工达到清水效果，见图 5-157、图 5-158。

图 5-157　阴阳角模板

图 5-158　阴阳角模板

3）模板高度的设计

以某工程为例，首层层高2815mm，标准层层高为2700mm，内模配置高度=层高-板厚+20～50mm=2600mm。外墙模板配置高度=层高+搭接尺寸（50mm）=2750mm。考虑首层模板的使用，模板下垫100×100木方，以满足首层使用。

4）模板之间的连接

阳角模与相邻大模板以及直墙连接处两块大模先采用M16标准螺栓连接，然后再用直芯带连接，钢楔子锁紧加固。所有接缝内塞海绵条，以防止漏浆，确保混凝土表面的清水效果，见图5-159～图5-162。

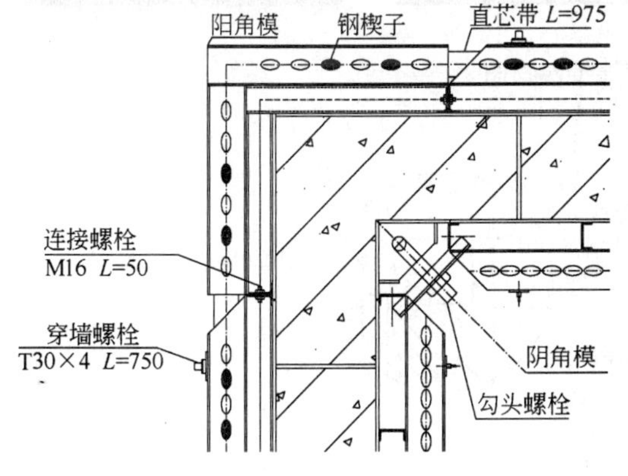

图5-159 阴阳角模连接图

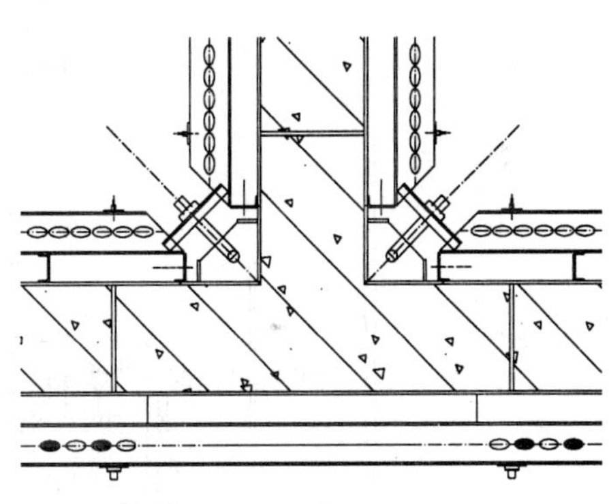

图5-160 丁字墙角模连接

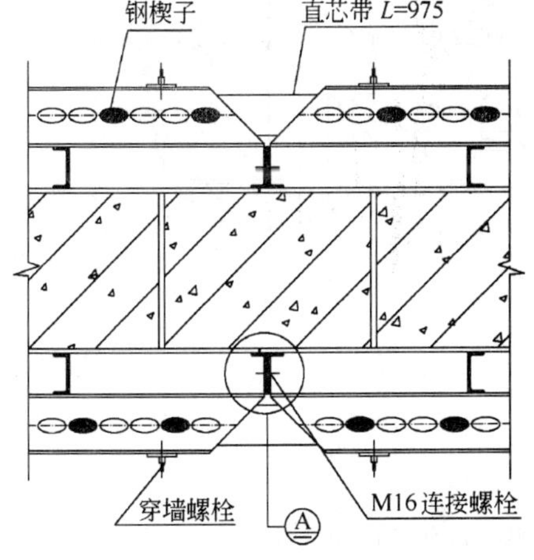

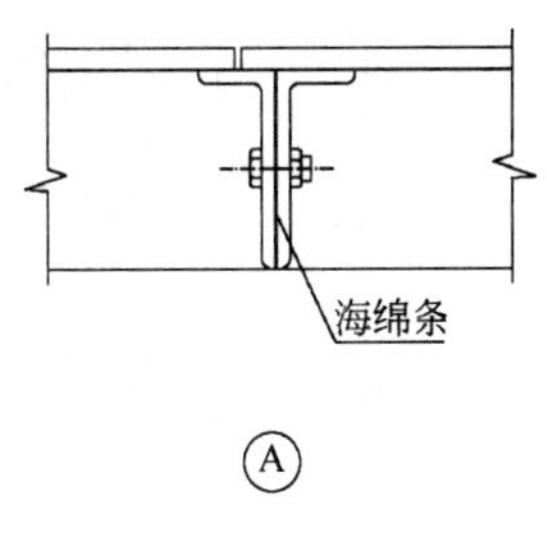

图5-161 相邻大钢模之间的连接

5）墙模上口和下口的处理

为保证外墙上下楼层施工缝的衔接，保证外墙施工后能够达到清水效果，防止施工时混凝土的流淌，先在外墙模上贴焊一条厚度为6mm，宽80mm的通长钢板带，钢板条与墙模面板塞焊，下口刨45°角，以方便拆模。本层施工时先在墙体上口处预留凹槽，下层施工时，在凹槽内塞6mm厚橡胶条，下包部分模板压紧橡胶条，这样就可防止漏浆，且上下楼层间只有一条接逢。外墙上口和下口处理方案见图5-163。

6）穿墙螺杆

图 5-162　芯带连接实物图

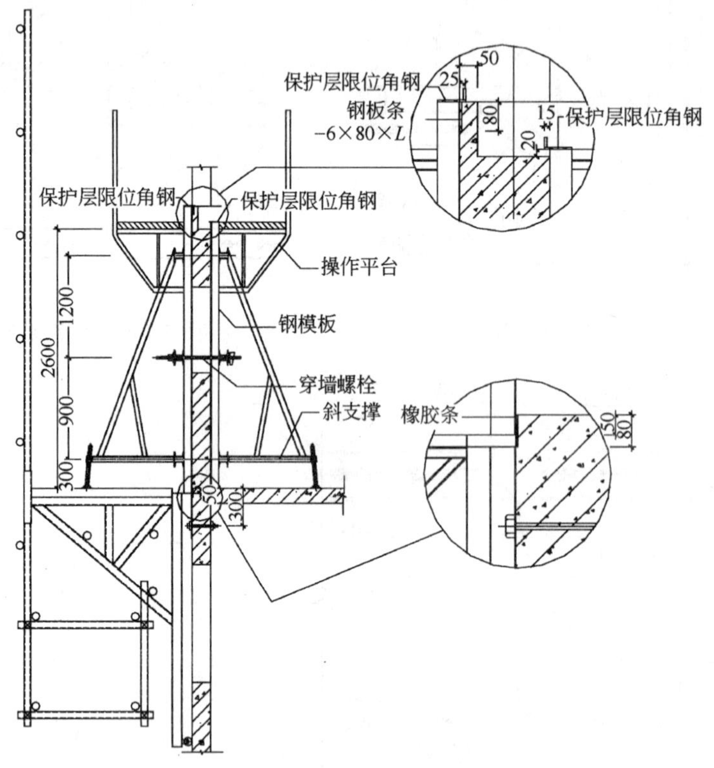

图 5-163　外墙模上口和下口的处理

穿墙螺栓采用直径 30mmT 型扣锥形（大小头）螺栓，由螺母、销板、垫板组成，施工时可不加塑料套管，考虑螺栓的紧固，螺母一侧要加弹簧垫圈，见图 5-164。

7）操作平台

模板后部配置斜支撑，施工时用来调整模板垂直度，拆模后作为模板堆放与支撑的支架。模板上部配置操作平台架，间距 1.2m，作为施工人员操作行走平台。见图 5-165。

模板上口加保护层限位钢板，开长孔以调节保护层的变化。见图 5-166。

（2）墙体模板数量的配置

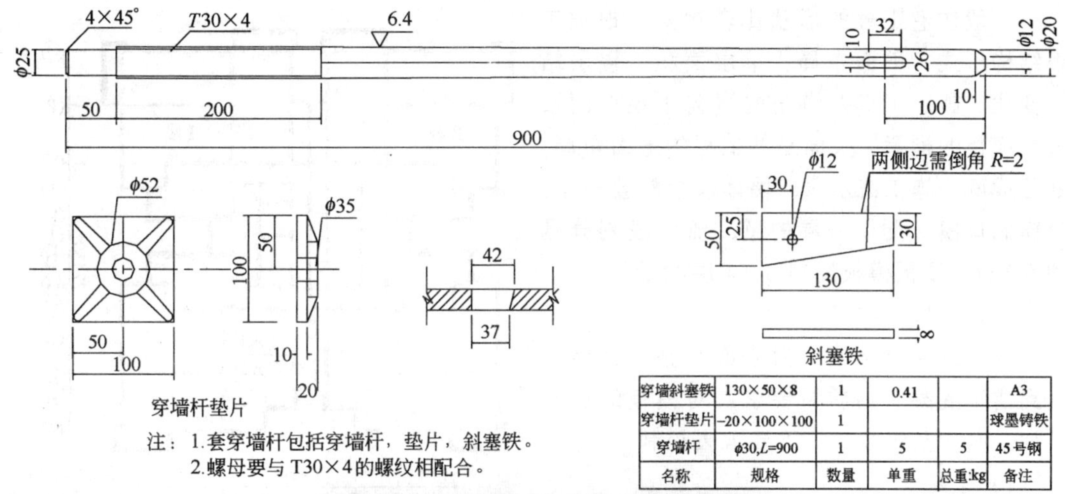

穿墙斜塞铁	130×50×8	1	0.41		A3
穿墙杆垫片	-20×100×100	1			球墨铸铁
穿墙杆	ϕ30,L=900	1	5	5	45号钢
名称	规格	数量	单重	总重:kg	备注

图 5-164　T 型扣锥形（大小头）螺栓

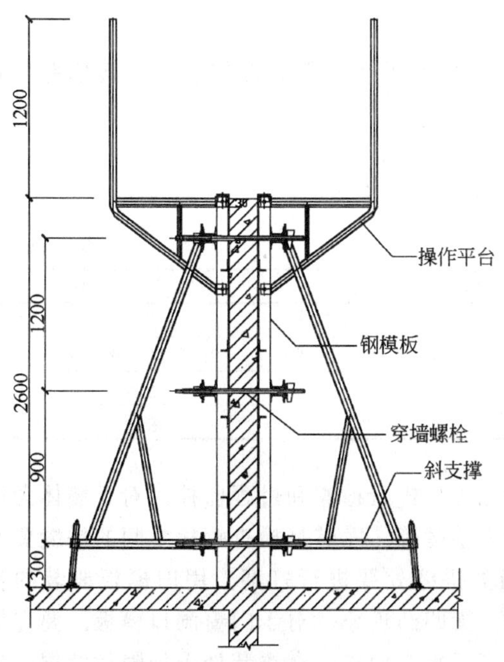

图 5-165　大钢模板操作平台

图 5-166　保护层限位钢板

一般住宅工程的形状比较规矩，根据工程结构形式、平面布局、单层面积、楼层结构变化、施工工期及塔吊的覆盖半径等因素进行模板的配置，下面是某工程的平面布局，划分成两个施工流水段，墙体模板配置一半，门窗洞口模板配制一层的量，流水段划分见图 5-167。顶板模板配制 3～4 层的量。

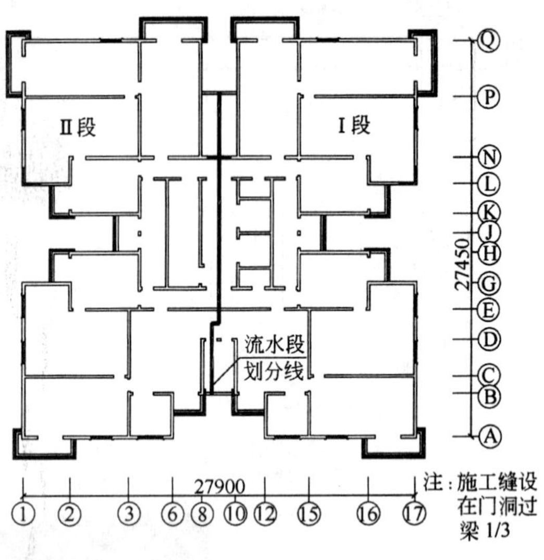

图 5-167 流水段划分

（3）模板的加工

为保证混凝土施工后表面平整，并能够达到清水混凝土的质量要求，对模板的选材及加工制作及组装按如下要求去控制：

1）选材

（A）面板采用国家大型钢厂的原平热轧钢板，面板要求平整，不允许有波浪纹，平整度误差控制在 1.0/1000，钢板厚度偏差小于 0.2mm。

（B）型材全部使用国标材料，要保证材料的壁厚及控制扎口。

（C）辅材（包括电焊条、油漆）选正规厂家的产品，焊条的焊接性能要适合主材的要求。

2）加工制作

（A）型钢下料后要全部调直，半成品后再调直。

（B）面板采用专用剪板设备剪板，剪板后面板拼缝两边采用专用龙门刨床进行刨边处理，确保接缝处平整严密。

（C）在高强平台上进行胎具化组对，采用反变形焊接，节点部位满焊，其他部位要以 30/300 间段焊接，焊缝高度为 4mm。

（D）在专用的液压调平工装台上进行板面调平处理。

（E）大模板制作质量按下表 5-54 的要求去控制：

表 5-54

项 次	项 目	允许偏差（mm）	检 验 工 具
1	平面尺寸	2	卷尺
2	表面平整	1	2m 平尺、塞尺寸
3	对角线	3	卷尺
4	螺栓孔位置	2	卷尺

为了控制模板的加工质量，要深入到模板加工厂进行检查和过程监控，对于墙体大模板要检查面板的厚度、整体刚度、强度、表面平整度等，尤其是检查钢板之间的拼缝要严密，平整（不超过 1mm），无错台。钢板之间的拼缝处要进行打磨，用旧模板改装的模板，原来的穿墙孔要封堵，并要进行仔细打磨，无凹凸现象。对于门窗洞口模板，要仔细检查夹具处的平整，并进行打磨。如果由两块模板组合而成，在拼装处需加附加背楞。见图 5-168。

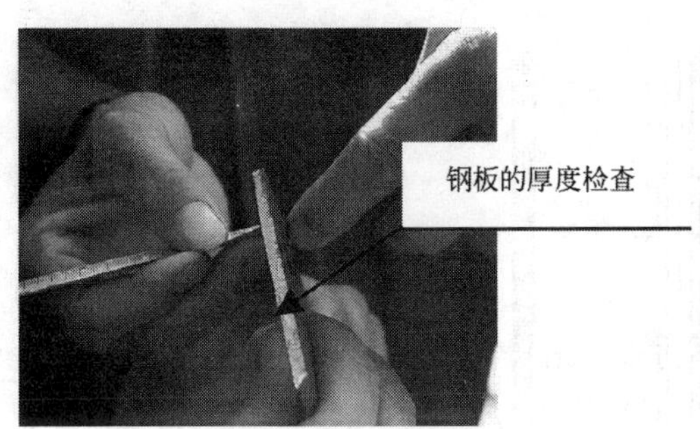

图 5-168 加工厂的模板质量控制

(4) 电梯井筒模

伸缩式电梯井筒模，它由三部分组成：①提升底座平台；②折页角模、墙体模板；③伸缩机构。该筒模具有准确的中心定位机构，可保证筒模的垂直度，芯带的锁紧功能能够保证筒体的整体性，使折页角模不会转动，确保方正，见图 5-169。

(5) 模板的安装

1) 立模前的准备工作

——安装放线：模板安装前先放控制轴线、边线和模板控制线。根据平面控制轴线网，在楼板上放出墙、柱边线和检查控制线（30cm)，待竖向钢筋绑扎完成后，在每层竖向主筋上部标出标高控制点，见图 5-170 模板边线、控制线；

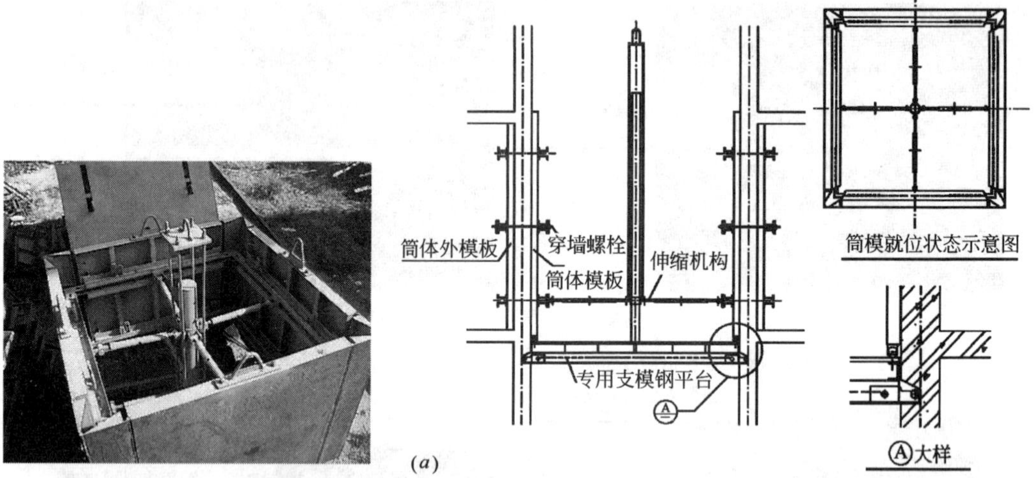

(*a*)

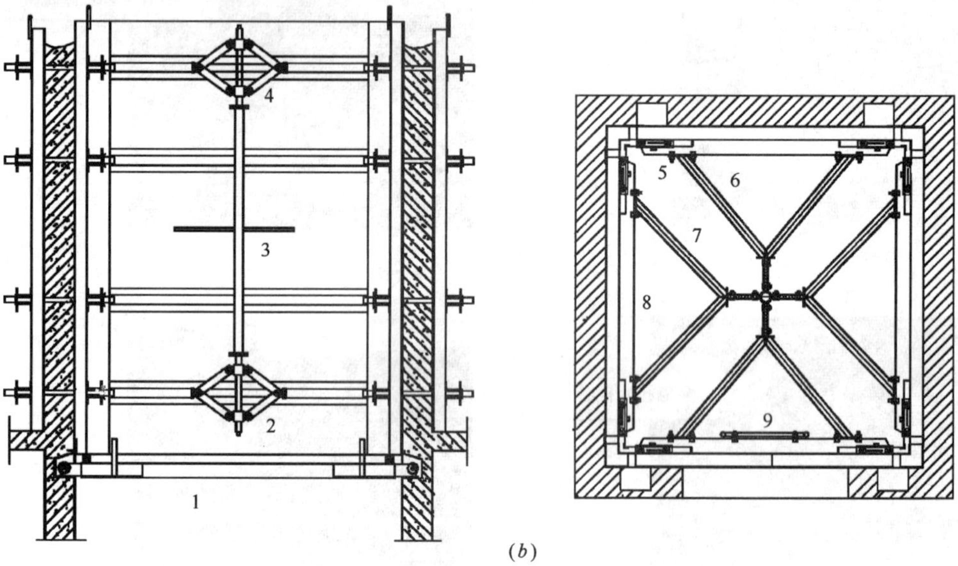

(*b*)

图 5-169　电梯井筒模

1—底盘；2—下部调节杆；3—旋转杆；4—上部调节杆；5—角模接件；6—支撑架 A；7—支撑架 B；8—墙模板；9—钢爬梯

图 5-170　模板边线、控制线

——模板安装前首先检查模板的杂物清理情况、浮浆清理情况、板面修整情况、脱模剂涂刷情况等。模板安装前，施工缝处已硬化混凝土表面层的水泥薄膜、松散混凝土及其软弱层，应剔凿、冲洗清理干净，受污染的外露钢筋应清刷干净。顶板浇筑前将模板、钢筋上的杂物用高压气泵清理干净；

——模板安装应拼缝严密、平整，不漏浆，不错台，不涨模，不跑模，不变形。浇筑混凝土前防止模板漏浆、烂根、错位等的设施设置完毕。堵缝所用橡胶条、海绵条、不干胶带等不得突出板模表面，以防进入混凝土；

——上道工序（钢筋、水电安装、预留洞口等）验收完毕，签字齐全；

——按要求安装好门、窗洞口模板；

——现浇结构模板的安装允许偏差及检验方法见表 5-55。

模板安装允许偏差（mm） **表 5-55**

项目		允许偏差	检验方法
轴线位置		5	钢尺检查
底模上表面标高		±5	水准仪或拉线、钢尺检查
截面内部尺寸	基础	±10	钢尺检查
	柱、墙、梁	+4 −5	钢尺检查
层高垂直度	不大于 5m	6	经纬仪或吊线、钢尺检查
	大于 5m	8	经纬仪或吊线、钢尺检查
相邻两板表面高低差		2	钢尺检查
表面平整度		5	2m 靠尺和塞尺检查

注：检查轴线位置时，应沿纵、横两个方向量测，并取其中的较大值。

2）模板支架相关要求

模板安装支架、拉杆、斜撑符合基本规定，牢固稳定。模板竖向支架的支承部位，当安装在土层地基时，基土必须坚实，且有排水措施，支架支柱与基土接触面加设垫板。要有雨期施工防基土沉陷和冬期施工防基土冻胀措施。

在安装上层梁、板底模及其支架时，下层楼板应具有足够的强度，能承受上层荷载。上层支架立柱应与下层支架立柱对准同一中心线，并铺设垫板。层间高度大于 5m 时，宜采用多层支架或桁架支模，并应保持横垫板平整，上下层支柱垂直在同一中心线上，拉杆、支撑牢固稳定。

3）墙体模板安装

安装模板前，钢筋办完隐蔽工程验收，弹好楼层的墙身线，门口线，及标高线。必须将安装处楼面清理干净，检查墙体中心线、边线、模板安装线。施工现场备好脱模剂、木方、护身栏杆及操作平台铺板等。钢筋网片就位，电线管、电线盒等与钢筋固定，门窗套内部设对撑，凡预埋盒与混凝土面相接触的部位需刷脱模剂，门窗套侧面与模板面相接触的侧面也需粘海绵条。

模板吊装每次只准一块，严禁两块模板同时吊装，吊装时必须使用卡环。安装模板前，要对照模板平面布置图，首先安装支腿、挑架。模板宽度 $L>4.5$m 时安装 3 榀斜支腿，$2.1\text{m}\leqslant L\leqslant 4.5$m 时安装 2 榀斜支腿，$L<2.1$m 时安装 1 榀斜支腿，挑架的安装间距

为 1200mm。（有些模板由于房间开间及进深的限制，无法安装支腿、挑架）。挑架的安装位置一般距模板边 900mm。

安装模板时，按照先横墙、后纵墙的安装顺序，根据模板平面布置图，将横墙模板由塔吊吊至安装位置初步就位，用撬棍按照墙位线调整模板位置，通过调整支腿上的调平丝杆，校正模板垂直度，安装穿墙杆。纵横墙相交处十字点模板安装时，要求先立阴角模，阴角模必须按模板平面布置图就位，给予临时固定。模板在流水段之间周转时，视模板相接情况，部分模板需要调整边角钢。

为防止墙体出现漏浆、烂根现象，在内墙模板就位前，模板底口需贴海绵条。外墙模板就位前在墙上粘贴两道海绵条防止漏浆，就位后模板最下一道螺栓必须锁死，防止下口出现流坠，漏浆。

内墙模板在安装前必须检查墙板位置下口混凝土面的平整度，一面墙体墙板两边下口混凝土面平整度必须小于 3mm，不满足要求的必须进行修整后方可支模，确保模板下口平整防止模板下口和板缝之间漏浆。

模板安装完毕后，检查每道模板上口是否平直，穿墙杆是否锁紧，拼缝是否严密，经检查合格后，才能浇筑混凝土。

4）梁、板模板起拱

梁、板的底模板应按规范或设计要求的起拱高度支模，起拱线要顺直，不得有折线。现浇钢筋混凝土梁、板，当跨度等于或大于 4m 时，模板应起拱；当设计无具体要求时，起拱高度宜为全跨长度的 1/1000～3/1000。

5）预埋件和预留孔洞的允许偏差应达到表 5-56 的要求

预埋件和预留孔洞允许偏差 **表 5-56**

项　目		允许偏差（mm）
预埋钢板中心线位置		3
预埋管、预留孔中心线位置		3
插筋	中心线位置	5
	外露长度	+10，0
预埋螺栓	中心线位置	2
	外露长度	+10，0
预留洞	中心线位置	10
	尺　寸	+10，0

6）梁柱节点、主次梁节点或板墙与顶板、楼梯、阳台等模板，应尺寸准确，边角顺直，拼缝平整。

7）后浇带和结构各部位的施工缝，应按规范或设计规定的位置、形式留置，模板固定牢固，确保留茬截面整齐和钢筋位置准确。

8）模板安装后，应进行自检，互检和专业检查验收。

（6）模板的拆除

1）底模及支架拆除时的混凝土强度应符合设计要求；当设计无具体要求时，应达到表 5-57 中的混凝土强度后才能拆除底模。

底模拆模时的混凝土强度要求 **表 5-57**

构件类型	构件跨度（m）	达到设计的混凝土强度立方体抗压强度标准值的百分率（%）
板	≤2	≥50
	>2，≤8	≥75
	>8	≥100
梁、拱、壳	≤8	≥75
	>8	≥100
悬臂构件	—	≥100

2）侧模板拆除时的混凝土强度应能保证其表面及棱角不受损伤。

3）对后张法预应力混凝土结构构件，侧模宜在预应力张拉前拆除；底模支架的拆除应按施工技术方案执行，当无具体要求时，不应在结构构件建立预应力前拆除。

4）模板拆除时，不应对楼层形成冲击荷载。拆除的模板和支架宜分数堆放并及时清运。

5）结构拆除底模板后，其结构上部的荷载应控制在设计允许范围内，当必须超载时应经过计算，加设临时支撑。

6）拆除的模板，应及时维修保养，清理干净刷油或脱模剂，并分类整齐堆放。

7）墙体模板的存放、维护

模板进场后必须按图纸核对编号，安装支腿、挑架及铺设平板。

钢模板进场后，要对面板用电动钢丝轮仔细打磨，清除表面的浮锈以及其他杂物。再用机油进行表面处理，使用前要用棉纱把机油擦除干净，以防污染钢筋，见图 5-171～图 5-174。

图 5-171 钢模板表面处理

图 5-172 擦除多余机油

图 5-173　钢模的清理

图 5-174　钢模涂刷脱模剂

模板开始使用后每次混凝土浇筑完毕必须对模板面进行清理，先用小铲将模板表面的灰浆清理下来，再用纱布将模板擦干净。在模板就位前认真涂刷脱模剂。(不允许在模板就位后涂刷脱模剂，防止污染钢筋与混凝土接触面)，涂刷脱模剂要均匀，不得漏刷。

钢模板要集中堆放，并进行安全围护，堆放时必须尽量紧凑整齐、面对面放置，并保证模板的抗倾覆角度（安全角）70°～75°。采用专门的定型量角器检查模板堆放角度。设置模板管理制度标牌，使模板的拆装、堆放、清理、维修严格按要求进行，保证模板堆放角度，确保安全。模板存放见图 5-175。

图 5-175　模板堆放的存放管理

钢模堆放区内设一工具架，用于放置自制角尺、拖布、清洗桶、工具柄、铁铲子、扫帚、棉纱、电动钢丝刷、滚刷等维护、保养用工具。

2. 门窗洞口模板

(1) 门窗洞口模板的设计

1) 定型钢模板

门窗洞模板采用全钢整支散拆方案，这种定型钢制模板具有刚度大，不易变形，装拆方面，能有效保证门窗洞口的尺寸等优点。模板角部配置钢角，以保证角部成 90°，门窗洞口方正，外角 140×140 角铁，用 8mm 钢板对焊而成，内角 100×100 角钢，四侧模板为 4mm 的钢板，肋为 6.3 号槽钢。同时在上、左、右三侧窗框模板上附加 10mm 厚的 PVC 梯形塑料板，将框做成凸起形状，成型后的门窗套为凹槽。这种在窗洞口周边所预留的10mm深的凹槽用作填充发泡胶（保温层）用。塑料板用自攻螺钉固定。安装时支撑用脚手管，用扣件与模板上的管连接即可。

外窗滴水线在结构施工时一次成型，在外窗上口预埋10mm×10mm的PVC滴水线，滴水线离两端据墙各20mm。在窗框模板的面板上焊接通长$\phi 6$钢筋条，用来固定外径10mm宽的槽型PVC塑料滴水条。在混凝土浇筑完毕且达到拆模强度后，将窗框模板拆下，PVC塑料条便永久留在结构中，这样滴水线一次预埋到位，具有整齐、顺直、观感好等优点。见图5-176～图5-179。

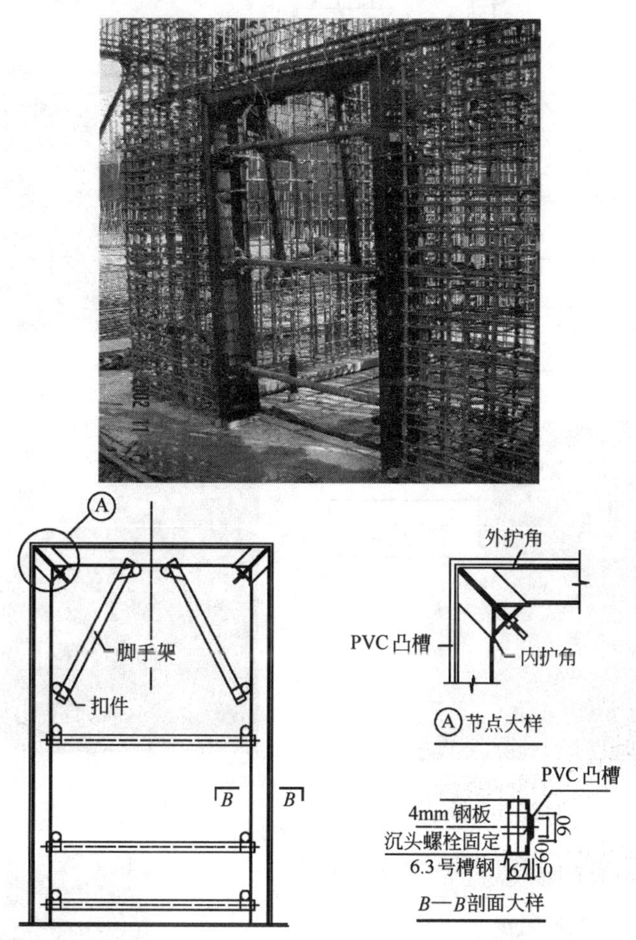

图5-176 门洞口模板

2）木模板

门窗洞口模板采用木模，板厚50mm，面板加12厚竹胶板，四角采用∟120×6的角钢夹具，内部用钢管做支撑。在窗洞模板的下口木板上钻透气孔，便于排气，见图5-180。对于地下室非标准层门窗洞口模板其内部可用木方做支撑，见图5-181。

门窗洞口模板内部也可用角钢做成支撑，见图5-182。

2）门窗模板的加固

门窗模板就位后，根据门窗的模板边线，在门窗的下口、左右两侧加设钢筋定位支撑，并与暗柱钢筋或墙体钢筋水平筋焊接，为了保证模板不位移，在与水平筋焊接的另一端也要焊接与墙体模板的定位支撑。见图 5-183。

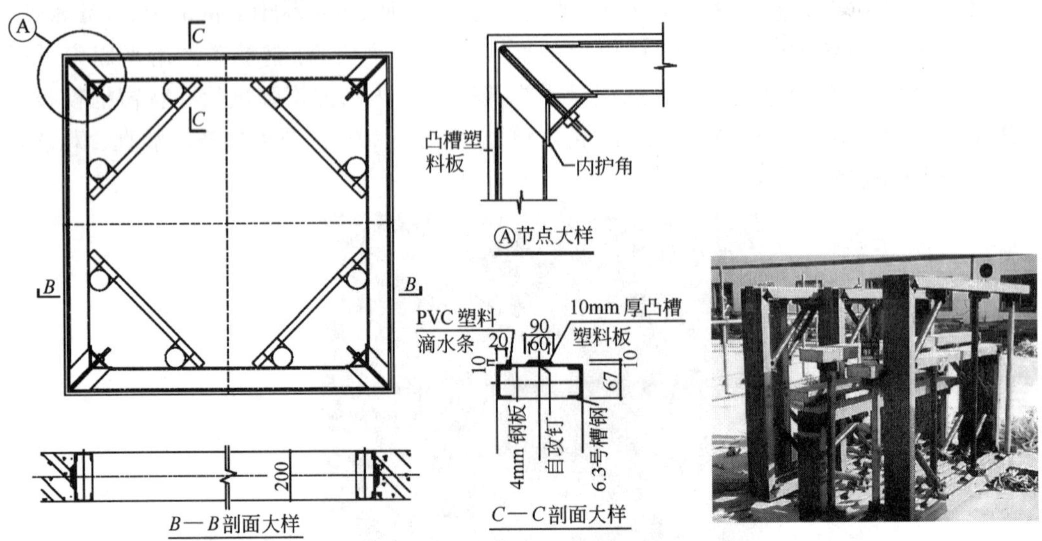

图 5-177　窗洞口模板

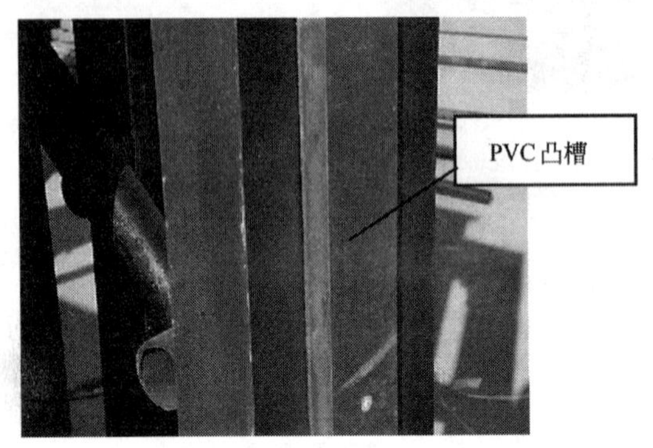

图 5-178　窗洞口模板大样

图 5-179　洞口一次成型

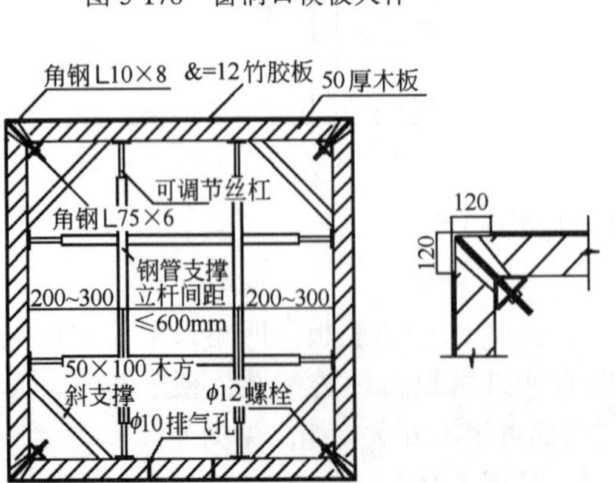

图 5-180　门窗洞口模板 1

图 5-181　门窗洞口模板 2

图 5-182 门窗洞口模板 3

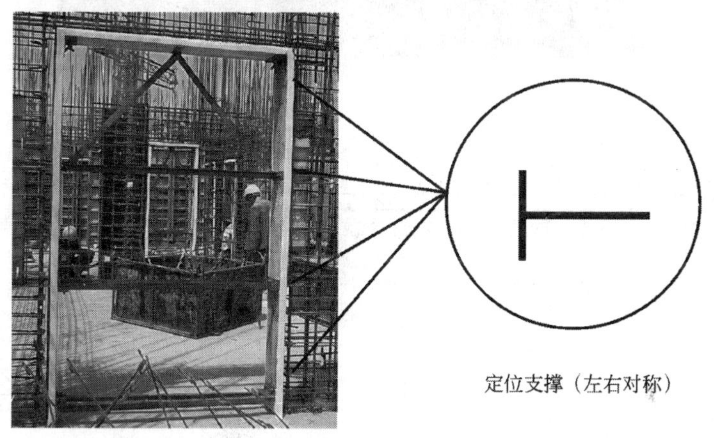

图 5-183 洞口模板加固

3．顶板模板

（1）顶板模板的设计

顶板采用 12mm 厚的双面覆膜竹胶板，支撑采用碗扣式脚手架、钢管脚手架、多卡支撑等。碗扣架立杆上端设有可调顶托。顶板次龙骨采用 50mm×100mm（或 100mm×100mm）木方，主龙骨采用 100mm×100 木方。模板支撑采用钢管脚手架，扫地杆距地面 300mm，见图 5-184。

顶板为有梁板时，支模方式见图 5-185。

梁采用卡具时支模方式见图 5-186、图 5-187。

（2）顶板模板的起拱

现浇钢筋混凝土梁、板，当跨度等于或大于 4m 时模板必须起拱，起拱高度宜为跨度的 1/1000～3/1000。模板起拱实行中间起拱，用木楔间距 1000mm 钉进主龙骨和面板的中间使模板中间抬高至所需起拱高度。起拱高度检查见图 5-188。

（3）早拆体系

为了加快模板和架料的周转，降低成本，顶板支撑采用早拆体系，即减少跨度，缩短达到规范所要求的混凝土强度而拆除顶板的时间，见图 5-189。

施工实例：如图 5-190 所示，支撑体系采用多卡支撑，配合养护支撑，支撑间距 2m，当混凝土强度达到 50%即可拆除顶板模板，而保留养护支撑。

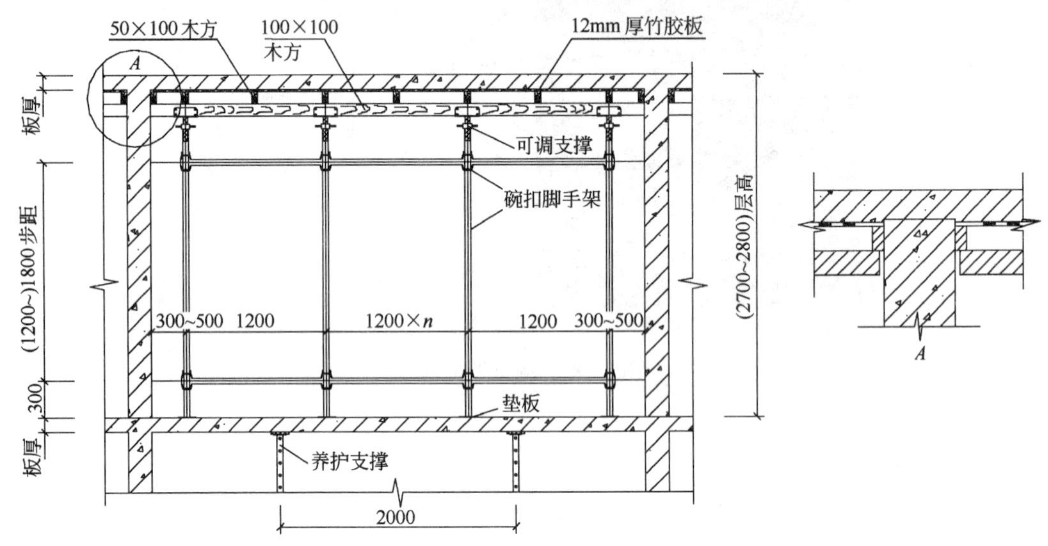

图 5-184　顶板支模 1

(4) 轻质隔墙处顶板节点处理

凡轻质隔墙的位置处用 3mm 厚的胶合板粘贴在顶板模板上，宽度大于该部位的轻质隔墙厚 10mm，此处顶板混凝土呈凹槽形状。

这种施工技术大大提高了机电施工配合速度及预埋管线位置的准确性。顶板混凝土拆模后此部位出现凹槽形状，隔墙施工时，工人只需放出地面位置线即可准确安装隔墙板，既能保证上口位置准确，且提高了隔墙板安装速度。由于顶板的凹槽形状，使得隔墙板略微进入顶板，使隔墙板固定牢固，且有效地防止了顶端腻子开裂现象。轻质隔墙处顶板节点大样及混凝土效果见图 5-191。

(5) 梁柱节点模板

梁柱节点模板就是在柱的第一次混凝土浇筑完成后，第二次进行的柱上部、梁、顶板交汇处模板，梁柱节点模板高度到顶板底部。梁柱节点模板每套由 4 块组成，如没有梁的位置为一块面板，如有梁的位置则在面板相应的位置上开一梁槽。具体尺寸依不同梁的规

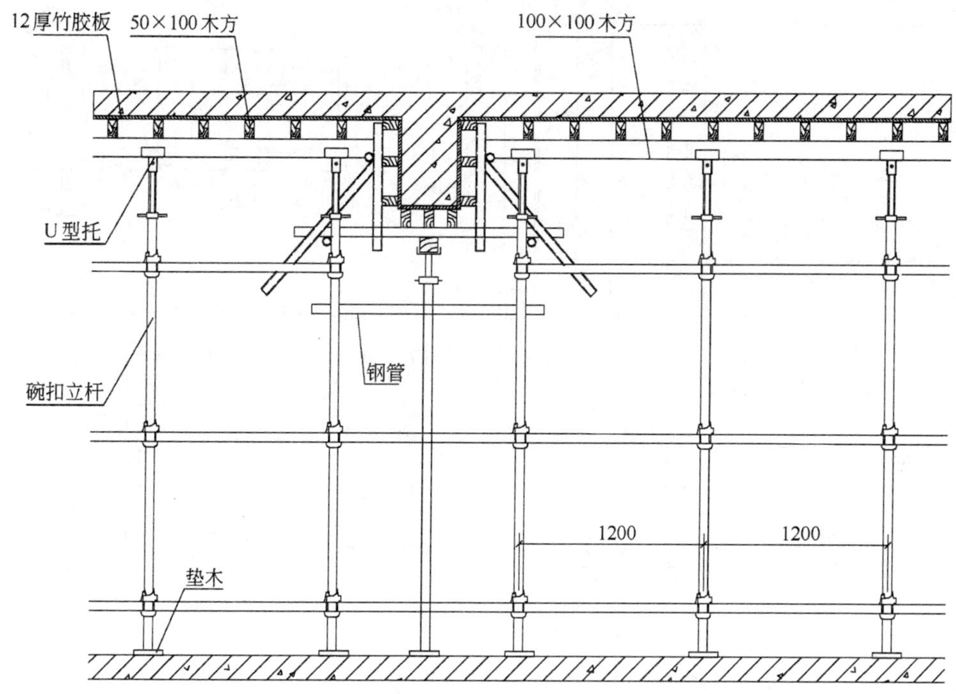

图 5-185 梁、板支模 2

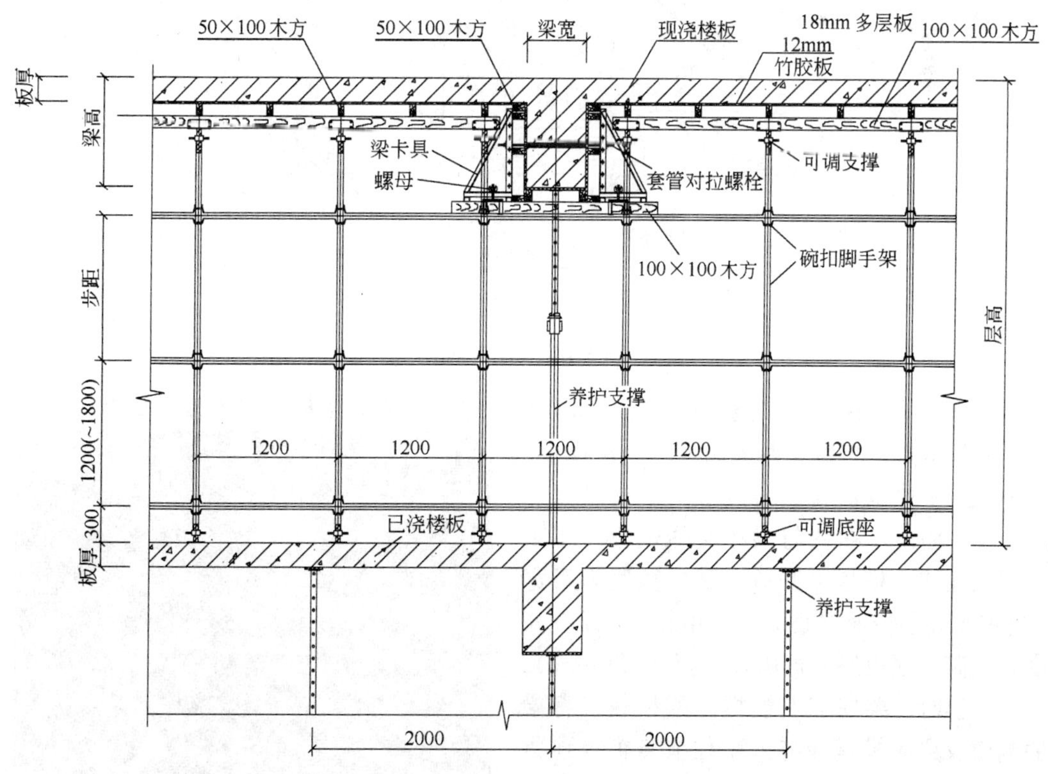

图 5-186 梁、板支模 3

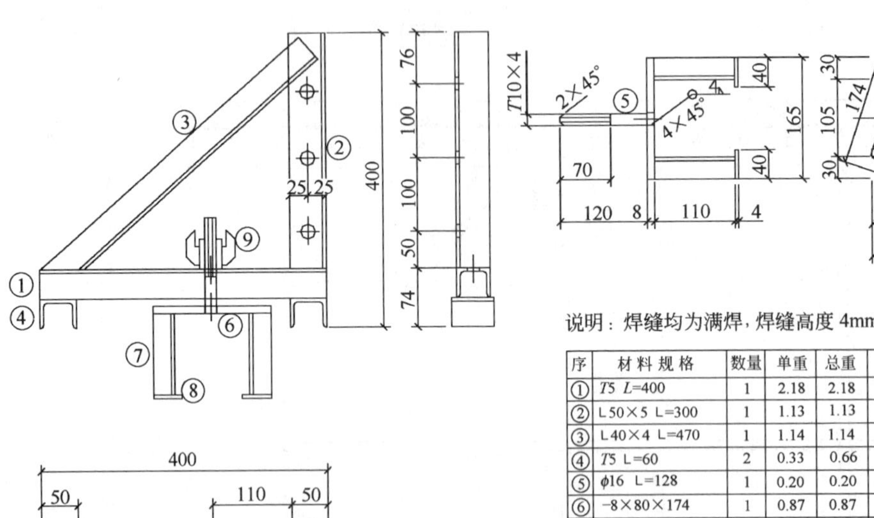

说明：焊缝均为满焊，焊缝高度 4mm，孔均为 ϕ17 孔。

序	材料规格	数量	单重	总重	备 注
①	T5 L=400	1	2.18	2.18	
②	∟50×5 ∟=300	1	1.13	1.13	
③	∟40×4 ∟=470	1	1.14	1.14	
④	T5 ∟=60	2	0.33	0.66	
⑤	ϕ16 ∟=128	1	0.20	0.20	
⑥	−8×80×174	1	0.87	0.87	
⑦	∟30×3 ∟=110	2	0.15	0.30	
⑧	−4×40×40	2	0.05	0.10	另计
⑨	铸钢螺母 T16×4	1			每套总重:6.58kg

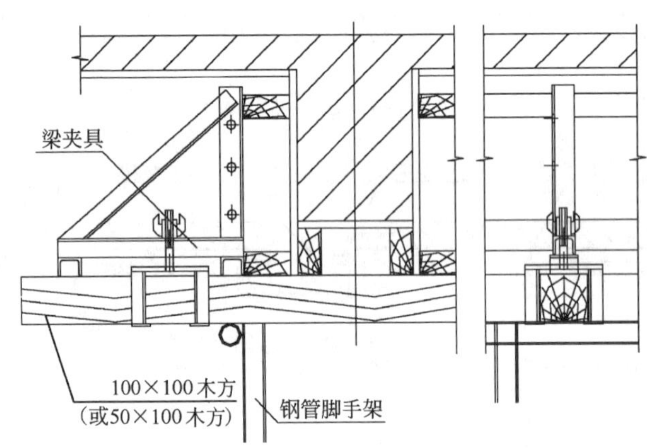

图 5-187 梁卡具图

格而定。在第一次支模、浇筑混凝土、拆模后，第二次安装梁柱节点模板至楼板底。

梁柱节点模板每套共配制 4 块单片模板，采用 12mm 厚双面覆膜竹胶板，同梁模板一起支设、固定。在柱与梁相交的位置，有梁一侧梁柱节点模板上开口，开口宽度为梁宽 2 倍覆膜多层板厚（15×2 = 30mm），开口高度为梁高 − 顶板厚 + 覆膜多层板厚（15mm）。

图 5-188 检查起拱高度

支模时，梁柱节点模板压梁模板（将梁的侧模及梁底模模板伸入梁柱节点模板预留开口处），接缝贴海绵条或胶带。梁柱节点支模见图 5-192。

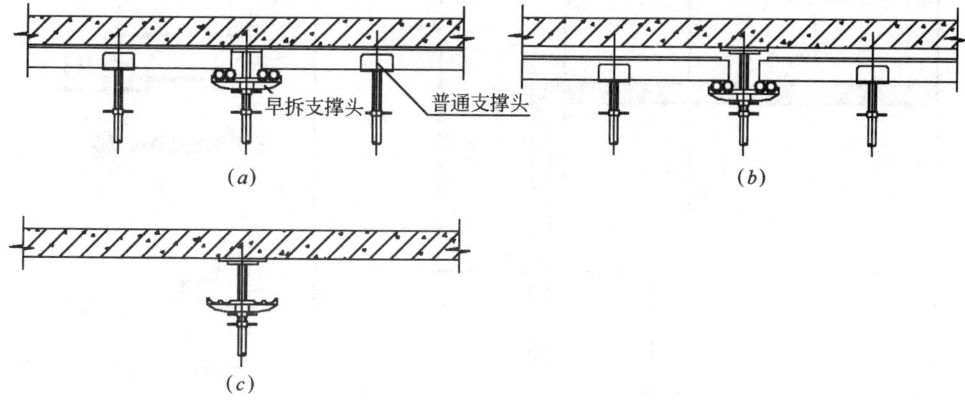

图 5-189 早拆支撑体系图示

（a）支模，浇筑混凝土；（b）调节支撑头螺母，使其下降，模板同混凝土脱开，实行早拆；（c）养护支撑头继续支撑，其余拆除

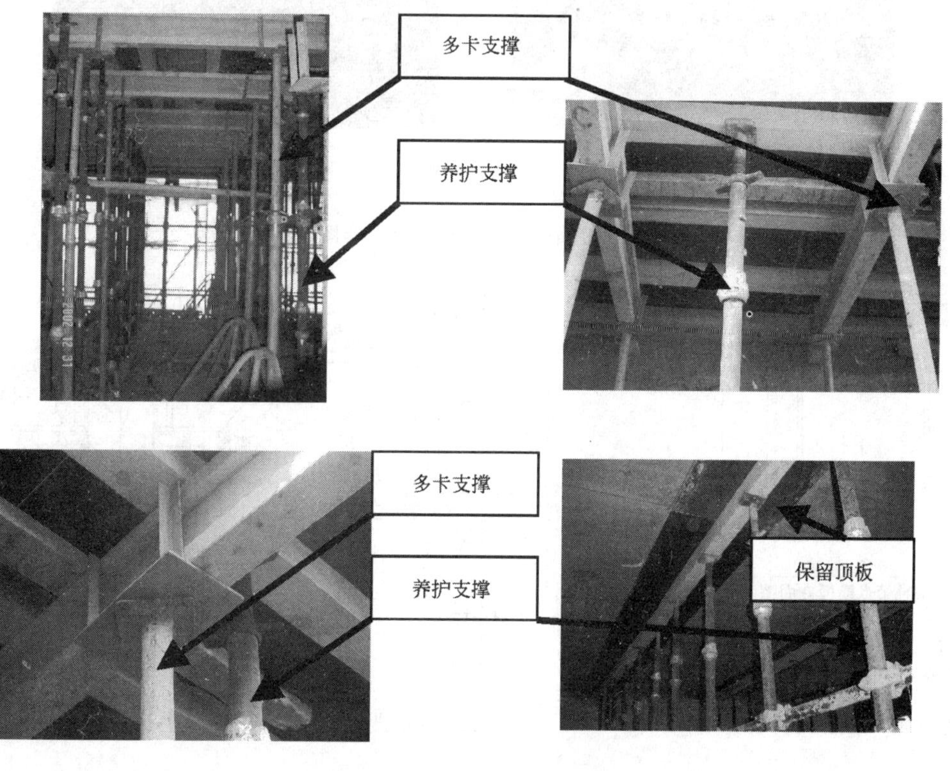

图 5-190 早拆支撑体系

（6）顶板模板安装

1）脚手架从墙边开始往另一侧开始搭设。立杆下口必须垫 100mm×100mm 木方，距墙边的距离必须一致，立杆上下层位置应对应。住宅楼每间屋脚手架搭设完后支设主次龙骨，然后在墙柱钢筋上用白线拉设 50 线网，调节龙骨高度，再铺设顶板。龙骨事先必须刨平，尺寸一致。

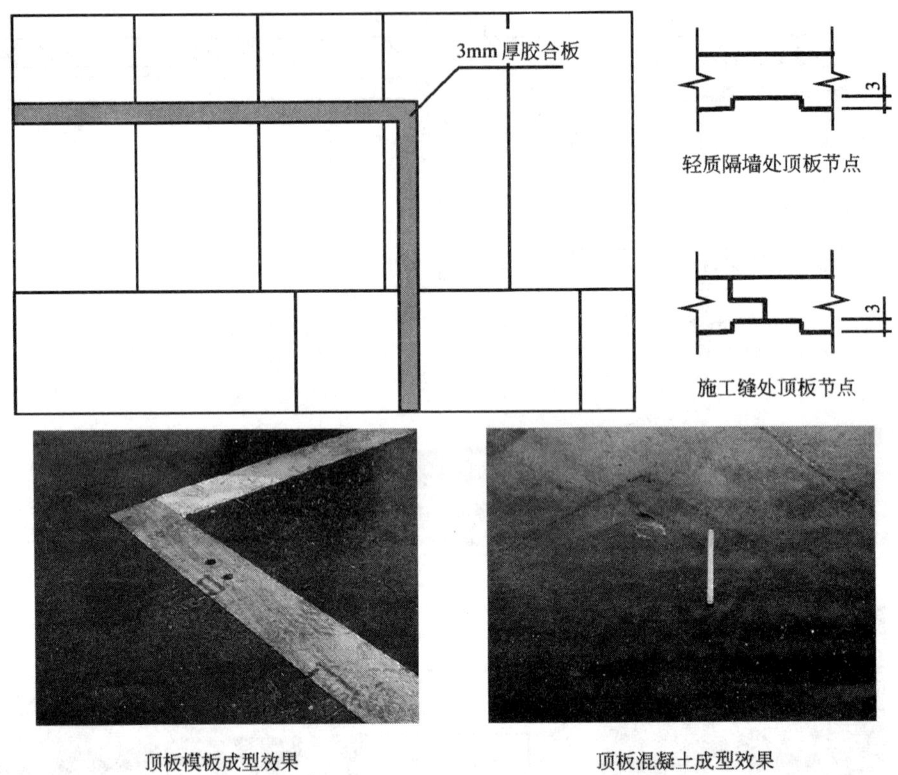

顶板模板成型效果　　顶板混凝土成型效果

图 5-191　轻质隔墙处顶板节点大样图及混凝土

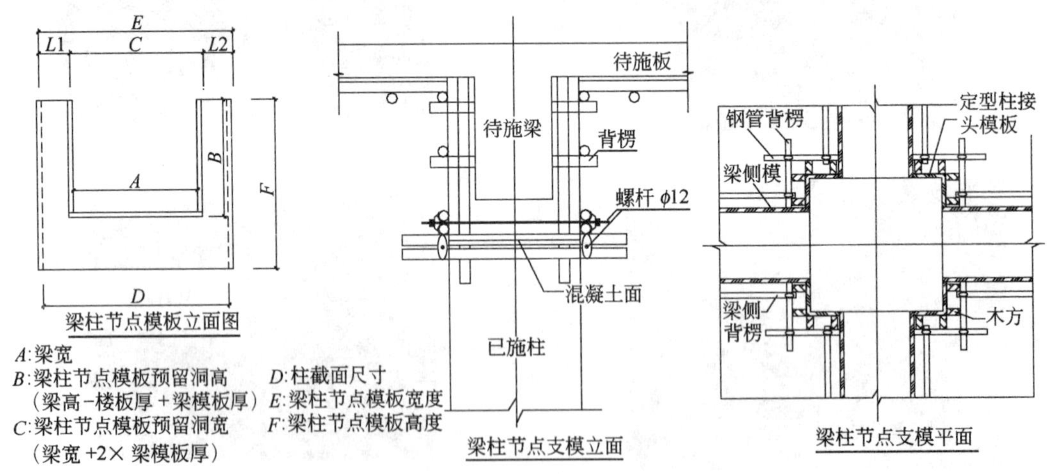

图 5-192　梁柱节点支模

2）顶板由墙边或梁边开始铺设，向中心部位后退铺设。墙边或梁边模板尽量选用整张板，铺设前对单张竹胶板四边的方正进行校对，不方正的必须经过修理后再铺设，防止接缝不严密导致漏浆。顶板模板与墙体接触面在模板的侧面贴单面海绵条，海绵条粘贴时必须准确，严禁贴出板面。模板与墙体的接触面必须挤实压紧。

3）横向主龙骨必须延伸至板下墙边木方处，主龙骨与木方之间空隙用木楔塞死，但严禁过紧导致模板面抬高，木楔就位后必须用小钉固定。

4）板施工缝在首次浇筑混凝土时可用木方或钢丝网封堵。后接板施工时必须首先对施工缝进行剔凿，剔除浮浆和松散石子。支模时在施工缝边板面上粘贴两道海绵条防止漏浆。后支模板必须延伸至先浇注楼板一侧至少 500mm，在施工缝位置竹胶板下必须使用 100mm×100mm 木方支撑，防止错台。

4．柱模板

（1）矩形柱模板

1）柱模设计

①可调截面矩形钢柱模板专门用于独立柱施工，既能保证独立柱的混凝土成形质量、截面尺寸，又能根据工程的需要，调节柱模的截面尺寸，组装简便、周转性强。

②柱模板整体厚 105mm，面板为 5mm 的热轧钢板，骨架为 100mm×50mm 的方钢管，连接螺栓竖向间距 600mm、900 mm，竖向筋间距为 300 mm 左右，在水平连接螺栓的位置为双根方钢管做柱模的背楞。

③柱模主要材料参数（见表 5-58）：

柱模材料参数 表 5-58

	面　板	竖向龙骨	横向龙骨	钢　销
材料	钢板	方钢	双根槽钢	圆钢
规格 mm	$\delta=5$mm	□10×5	[10×6	T18 杆
间距 mm		300mm	600mm	600mm

④可调柱模是同一套柱模，可以调节出不同截面的柱子。由模板、钢销、支腿、挑架以及其他柱模配件组成。柱模面板连接螺栓开孔直径为 $\phi20$，可以调整出多种规格截面的柱子。相邻两块柱模的连接采用的直径 T18 杆钢销。在支柱模时，现场将每片柱模安装好支腿、挑架，支腿为 2100mm 可调支腿一榀，挑架为 600mm 二榀。施工时，选用合适的连接孔，其余的连接孔可用专用塑料塞或宽胶带封闭。这种柱模即能保证成型后柱面的混凝土质量、截面尺寸、垂直度、阳角的方正，又能根据工程的需要，调节柱子的截面尺寸、组装简便、通用性强，做到一模多用。既可以节约模板的使用费用，又可以解决施工场地狭小的问题。

柱模见图 5-193。

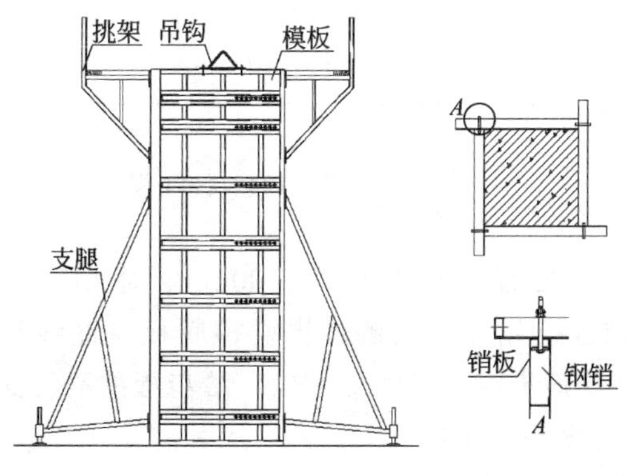

图 5-193 柱模图

2）柱模安装

首次安装时，柱模为一块一块依次安装。浇筑混凝土完毕后拆模时，为两块一组呈对开式拆卸。以后再次组装时，只需将两个对组的柱模用钢销锁住即可。

施工准备：柱模施工放线完毕（柱模定位线、柱外皮外返500mm控制线），经验收合格，做好预检记录；柱筋绑扎完毕，办完隐检记录，柱模内杂物清理干净；柱模板单片安装完支腿、挑架；将本柱模中不用到的穿墙孔堵住，并涂刷脱模剂；柱模定位钢筋焊好、预埋线管、线盒布置好；柱、墙模下口原浆压光，距柱、墙边15cm宽带。

柱模安装：将安装支腿、挑架后的柱模吊装到柱边线处；用钢销将4片柱模锁紧，调整柱模的截面尺寸；旋转支腿上的调节丝杆，调整柱模的垂直度；将柱模的支腿固定在预埋地锚上，如柱子较高时需加一些斜向支撑。

柱混凝土的浇筑高度为梁底标高+2cm，严格控制此浇筑高度，柱模下口垫3mm橡胶条，禁止使用海绵条。

拆模方法：当柱模拆除时保证其表面及棱角不受损伤（现场以手指略用力压，混凝土表面无指痕）后，方可开始拆模；先将柱模连接用的对角钢销松开，使柱模间分离；调节柱模支腿的可调丝杆，使柱模与混凝土墙面分离；将柱模吊到地面，进行清灰、涂刷脱模剂，以备再周转；在柱混凝土表面涂刷养护剂。下一次安装柱模时，只需将柱模的对角钢销锁紧即可。

模板就位测量

大模板和柱模采用轴线、边线、模板检查线来控制。顶板模板采用下面拉线检查，上面用水准仪控制标高的双控措施。

（2）圆柱模板

圆柱模板采用定型钢模，见图5-194。

5．楼梯模板

楼梯踏步采用反打法定型钢模板，它刚度好，整体支拆，可保证楼梯踏步的施工质量，能达到清水混凝土同时也有利于成品。

（1）楼梯模板的设计与安装

1）墙体施工时在楼梯位置预留楼梯钢筋。

2）楼梯踏步模板用加工的定型楼梯钢模板，楼梯段底模采用双面覆膜竹胶板，背楞采用50mm×100mm木方。在楼梯间墙上放线弹出楼梯底板厚度线及踏步位置控制线。根据放线先支设休息平台梁，平台板模板，立杆间距不大于1200mm，木楞间距不大于500mm。然后支设楼梯外帮侧板，外帮侧板应先在其内侧弹出楼梯底板厚度线和侧板位置线，吊装加工的钢踏步模板到位。为确保踏步线条尺寸的准确，踏步板的高度必须与楼梯踏步的高度一致，其支模方式见图5-195和图5-196。

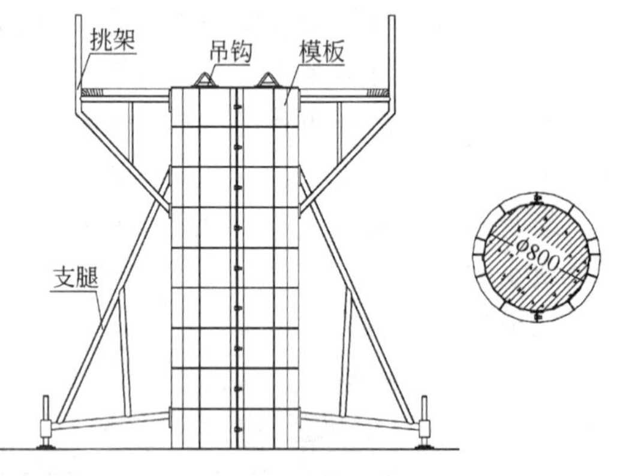

图5-194 圆柱模板

（2）施工缝留设位置

楼梯施工缝为保证施工方便和观感，留设在休息平台1/3处，留设位置如图5-197。

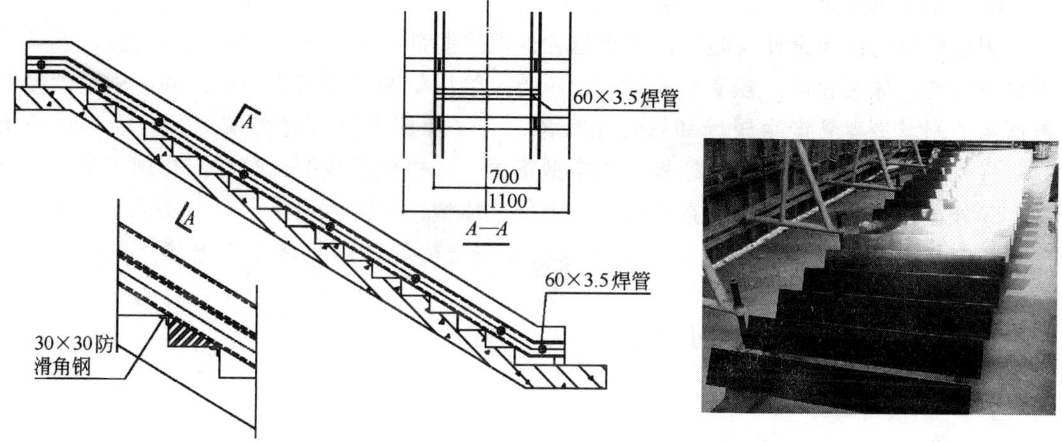

图 5-195　楼梯踏步定型钢模

图

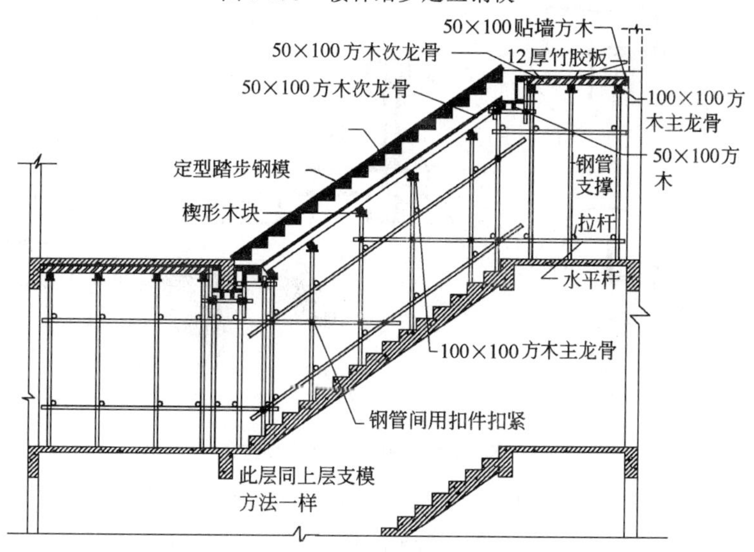

图 5-196　楼梯支摸图

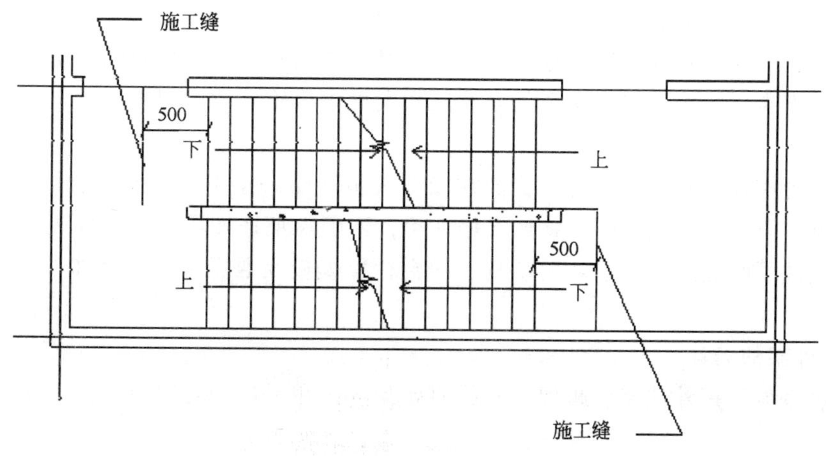

图 5-197　楼梯施工缝留设位置

6. 阳台栏板模板

阳台栏板的模板设计及施工往往被忽视，但这些部位产生的质量通病又较多，尤其是阳台窗四周的抹灰收口，容易引起空鼓、脱落，给质量和安全带来隐患，同时阳台处经常被雨水冲刷，最容易产生尿墙和被污染现象，为了克服上述质量弊端，我们经过仔细研究，进行了如下创新：①阳台栏板采用定型钢模；②栏板腰线的鹰嘴在结构施工中一次成型；③外窗台下鹰嘴、上批水在结构施工中一次成型；④阳台栏板上口一次成型，留置的起口和窗户上部梁所留凹槽对齐；⑤阳台栏板与结构墙采用凹槽形式连接，保证连接紧密、不产生裂缝。

阳台栏板节点做法见图 5-198。

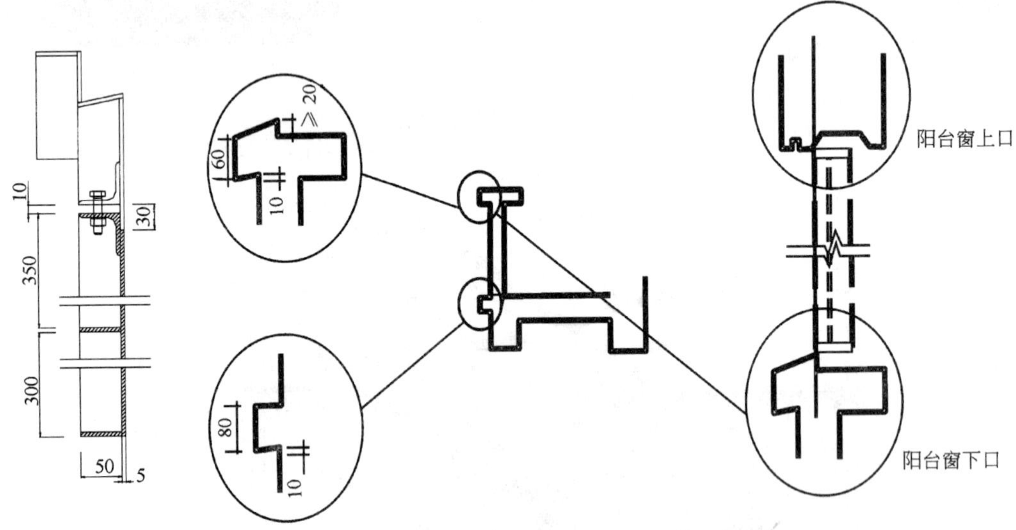

图 5-198　阳台栏板节点做法

阳台栏板钢模在设计过程中，我们通过几次实践，将模板加工成两部分，上半部分成鹰嘴形状，并且 5cm 厚面板向下加长 3cm，保证施工时不漏浆，且抗疲劳强度较大。两部分在角钢背楞处使用螺栓连接，拆模时先松开螺栓，将下半部分拆出来，再将上半部分向下拆除。采用定型钢模成型出来的阳台栏板混凝土，表面不再抹灰，且鹰嘴一次成型，减少了因抹灰产生的质量通病，且减少了外用吊篮占用时间，大大降低了成本。本工程五栋楼的阳台鹰嘴均一次成型，在今年夏季几次大雨中检验，效果理想。阳台栏板钢模节点见图 5-199。

对于阳台栏板与侧墙连接处，我们在墙体模板上贴一条 PVC 板，墙体混凝土在此处成型一凹槽，阳台栏板施工时，将此凹槽凿毛，不但保证连接质量，还使原来易出现的裂缝由明缝变成了暗缝，保证了观感质量。阳台栏板模板及混凝土成型效果见图 5-200～图 5-204。

（七）外架的设计

外墙脚手架采用外挂架、爬架、双排脚手架等，用来作为外墙模板的支撑架和安全防护架。

1. 外挂架

图 5-199 鹰嘴模板

5-200 阳台混凝土成型效果

(1) 外挂架介绍

外挂架是一种三角形架的分跨、不落地的工具式脚手架。其高度为 2100mm，外挂架防护高度为 4m 左右（可根据楼层高度设定)，悬挂在外墙穿墙拉杆上，依靠塔吊分层提升，可以用于结构工程外墙模板施工和外墙安全防护。

图 5-201 铝合金窗直接安装打胶

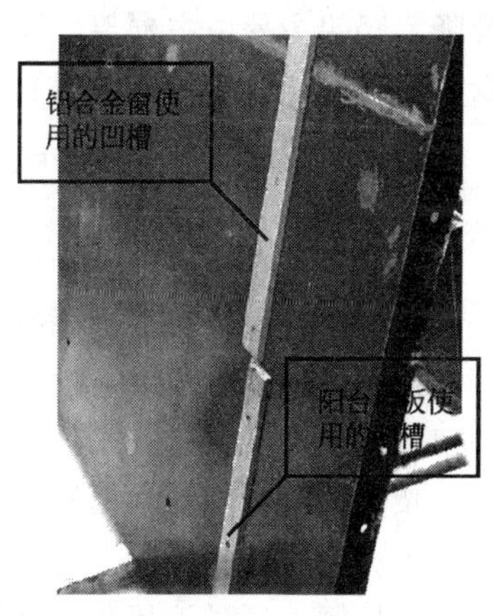

图 5-202 阳台侧墙模板

图 5-203 阳台混凝土成型效果

图 5-204 阳台铝合金窗安装效果

（2）外墙挂架结构

1）结构由三角形架，大小横杆、立杆，安全防护栏杆，安全网，操作平台封板，穿墙拉杆，保险螺栓，吊钩等组成。

2）三角型架，是由6.3槽钢焊接而成，架的一侧设有2个附墙支座，三角斜撑和加强斜杆采用ϕ48×3.5钢管焊接，供现场安装时用十字扣件相互连接。

3）大小横杆、立杆、安全栏杆，均采用ϕ48×3.5钢管用十字扣件连接成整体。

4）穿墙拉杆采用ϕ28圆钢制作，每个三角形架上设1根附墙支座，拉杆形状一端为L型，另一端有M27螺纹，配M27双螺母和120mm×10mm垫片。

5）吊钩使用ϕ16圆钢焊接成环，每组设两个。

6）安全网从外挂架外侧顶部开始向下设置密目安全网，绕过外挂架底部后到墙边架子处绑扎。

7）封板为$\delta=50$mm厚的木板，作为操作人员通道及防止物体坠落。

2．GKP-I型框架式多功能液压爬架

（1）外爬架简介

GKP-I型框架式多功能液压爬架是通过附着支承结构附着在工程结构上，依靠自身的液压升降设备实现升降的悬空脚手架，即沿建筑物外侧搭设一定高度的外脚手架，并将其附在建筑物上，脚手架带有液压升降机构及升降动力设备，随着工程进展，脚手架沿建筑物升降。爬架主要由主框架、底部支撑框架、架体板、液压升降设备、安全装置等组成，可以单跨升降，也可以多片整体升降，同时可以携带大模板。适用于框架、框剪、剪力墙、筒型等高层、超高层建筑。

（2）主要技术参数

架体高度：单跨升降为4层楼高，多片整体升降为4～4.5层楼高；

架体跨度：最大跨度为8m；

架体悬挑长度：最大悬挑长度1.2m；

架体悬臂高度：4.2m；

组架方式：以刚性主框架及底部支撑桁架为主要承力结构，承受上部架体板传下的施工荷载等；

同步控制：通过液压装置溢流阀控制单个行程的同步误差。

防坠装置：采用经过国家知识产权局认可的专用防坠器。

作业组完成1跨架体的提升的时间约为30min。

（3）安装流程图

主框架整体组装→主框架安装调整→架体搭设→铺脚手板、安全网封闭→安装液压提升装置→检查验收投入使用。

液压爬架见图5-205。

三、混凝土工程

（一）原材料控制要求

1．水泥进场时应对其品种、级别、包装或散装仓号、出厂日期等进行检查，并应对其强度、安定性及其他必要的性能指标进行复验，其质量必须符合现行国家标准《硅酸盐水泥、普通硅酸盐水泥》GB 175等的规定。

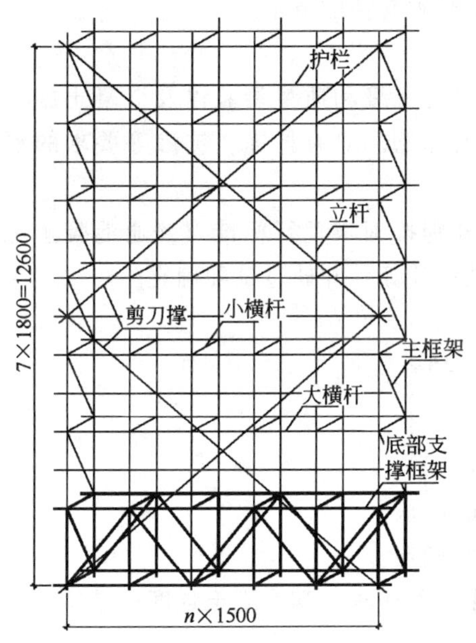

图 5-205 液压爬架

当在使用中对水泥质量有怀疑或水泥出厂超过三个月（快硬硅酸盐水泥超过一个月）时。应进行复验，并按复验结果使用。

钢筋混凝土结构、预应力混凝土结构中，严禁使用含氯化物的水泥。

2. 混凝土中掺用外加剂的质量及应用技术应符合现行国家标准《混凝土外加剂》GB 8076、《混凝土外加剂应用技术规范》GB 50119 等和有关环境保护的规定。

预应力混凝土结构中，严禁使用含氯化物的外加剂。钢筋混凝土结构中，当使用含氯化物的外加剂时，混凝土中氯化物的总含量应符合现行国家标准《混凝土质量控制标准》GB 50164 的规定。

3. 混凝土中氯化物和碱的总含量应符合现行国家标准《混凝土结构设计规范》GB 50010和设计的要求。应检查原材料试验报告和氯化物、碱的总含量计算书。

4. 混凝土中掺用矿物掺合料的质量应符合现行国家标准《用于水泥和混凝土中的粉煤灰》GB 1596 等的规定。矿物掺合料的掺量应通过试验确定。需检查出厂合格证和进场复验报告。

5. 普通混凝土所用的粗、细骨料的质量应符合国家现行标准《普通混凝土用碎石或卵石质量标准及检验方法》JGJ 53、《普通混凝土用砂质量标准及检验方法》JGJ 52 的规定。检查进场复验报告。

注：混凝土用的粗骨料，其最大颗粒粒径不得超过构件截面最小尺寸的 1/4，且不得超过钢筋最小净间距的 3/4；对混凝土实心板，骨料的最大粒径不宜超过板厚的 1/3，且不得超过 40mm。

6. 拌制混凝土宜采用饮用水；当采用其他水源时，水质应符合国家现行标准《混凝土拌合用水标准》JGJ 63 的规定。

（二）混凝土配合比

混凝土配合比是保证混凝土质量的基础，配制混凝土拌合物的配合比必须准确，以保证设计要求的混凝土的强度等级和耐久性以及施工时和易性的要求。

混凝土配制强度设计应符合以下规定。

1. 混凝土施工配合比，应根据设计的混凝土强度等级和质量检验以及混凝土施工和易性的要求确定，并应符合合理使用材料和经济的原则，对有抗冻、抗渗等要求的混凝土，尚应符合有关的专门规定。

2. 普通混凝土和轻骨料混凝土的配合比，应分别按国家现行标准《普通混凝土配合比设计技术规程》和《轻集料混凝土技术规程》进行计算，并通过试配确定。

3. 混凝土的配制强度可按下式确定：

$$f_0 \geqslant f_{cu,k} + 1.645\sigma$$

式中 f_0——混凝土的配制强度（N/mm^2）；

$f_{cu,k}$——设计的混凝土强度标准值（N/mm^2）；

σ——施工单位的混凝土强度标准差（N/mm^2）。

4. 施工单位的混凝土强度标准差应按下列规定确定。

（1）当施工单位具有近期的同一品种混凝土强度资料时，其混凝土强度标准差。应按下列公式计算：

$$\sigma = \sqrt{\frac{\sum_{i=1}^{N} f_{cu,I}^2 - N u_{fcu}^2}{N-1}}$$

式中 $f_{cu,I}$——统计周期内同一品种混凝土第Ⅰ组试件的强度值（N/mm^2）；

u_{fcu}——统计周期内同一品种混凝土 N 组强度的平均值；

N——统计周期内同一品种混凝土试件的总组数，$N \geqslant 25$。

注：

——同一品种混凝土系指混凝土强度等级相同且生产工艺和配合比基本相同的混凝土；

——对预拌混凝土厂和预拌混凝土构件厂，统计周期可取为 1 个月；对现场拌制混凝土的施工单位，统计周期可根据实际情况而定，但不宜超过 3 个月；

——当混凝土强度等级为 C20 或 C25 时，如计算得到的 $\sigma < 2.5N/mm^2$，取 $\sigma = 2.5N/mm^2$；当混凝土强度等级高于 C25 时，如计算得到的 $\sigma < 3.5N/mm^2$，取 $\sigma = 2.5N/mm^2$。

（2）当施工单位不具有近期的同一品种混凝土强度资料时，其混凝土强度标准差 σ 可按表 5-59 取用。

混凝土强度标准差 σ 值（N/mm^2） **表 5-59**

混凝土强度等级	低于 C20	C20～C35	高于 C35
σ	4.0	5.0	6.0

5. 混凝土的最大水灰比和最小水泥用量，应符合表 5-60 的规定。

混凝土的最大水灰比和最小水泥用量 **表 5-60**

混 凝 土 强 度 等 级	最大水灰比	最小水泥用量（kg/m^3）			
		普通混凝土		轻骨料混凝土	
		配筋	无筋	配筋	无筋
受雨雪影响的混凝土	不作规定	250		250	225

续表

混凝土强度等级	最大水灰比	最小水泥用量（kg/m³）			
		普通混凝土		轻骨料混凝土	
		配筋	无筋	配筋	无筋
1. 受雨雪影响的露天混凝土 2. 位于水中或水位升降范围内的混凝土 3. 在潮湿环境中的混凝土	0.70	250	225	275	250
1. 寒冷地区水位升降范围的混凝土 2. 受水压作用的混凝土	0.65	275	250	300	275
严寒地区水位升降范围内的混凝土	0.60	300	275	325	300

注：1. 本表中的水灰比，对普通混凝土系指水与水泥（包括外掺混合材料）用量的比值，对轻骨料混凝土系指净用水量（不包括轻骨料 lh 吸水量）与水泥（不包括外掺混合材料）用量的比值；

2. 本表中的最小水泥用量，对普通混凝土包括外掺混合材料，对轻骨料混凝土不包括外掺混合材料，当采用人工捣实混凝土时，水泥用量应增加 25kg/m³，当掺用外加剂且能有效地改善混凝土的和易性时，水泥用量可减少 25kg/m³；

3. 当混凝土强度等级低于 C10 时，可不受本表的限制；

4. 寒冷地区系指最冷月份平均气温在 -5℃～15℃之间，严寒地区系指最冷月份平均气温低于 -15℃；

5. 防水混凝土应符合现行国家标准《地下防水工程施工质量验收规范》GB 50208 的有关规定。

6. 混凝土的最大水泥用量不宜大于 550kg/m³。

7. 混凝土浇筑时的坍落度，宜按表 5-61 选用，坍落度测定方法应符合现行国家标准《普通混凝土拌合物性能试验方法标准》GB/T 50080 的规定。

混凝土浇筑时的坍落度（mm） **表 5-61**

结构要求	坍落度
基础或地面等垫层、无配筋的大体积结构（挡土墙、基础等）或配筋稀疏的结构板、梁和大型及中型截面的柱子等	10～30 30～50
配筋密列的结构（薄壁、斗仓、筒仓、细柱等）	50～70
配筋特密的结构	70～90

8. 泵送混凝土配合比，应符合下列规定：

(1) 骨料最大粒径与输送管内径之比，碎石不宜大于 1:3，卵石不宜大于 1:2.5。通过 0.315mm 的筛孔的砂不应少于 15%。砂率宜控制在 40%～50%；

(2) 最小水泥用量宜为 300～550kg/m³；

(3) 混凝土的坍落度宜为 80～180mm；

(4) 混凝土内宜掺加适量的外加剂。

（三）混凝土的配制

1. 基本要求

混凝土配制应严格按照法定检测单位提供的配合比进行，并应严格控制水灰比和混凝土的和易性及坍落度。拌制混凝土的强度等级必须符合设计的强度等级，并应符合《混凝土强度检验评定标准》(GBJ 107) 和《混凝土质量控制标准》(GB 50164) 的规定。

为了满足设计要求的混凝土的强度等级，以及抗渗性、耐蚀性和耐久性等性能，同时也为了满足施工操作要求混凝土拌合物的和易性，必须执行混凝土的设计配合比。因为组成混凝土的各种成分的多少，直接影响混凝土的质量。所以要对水泥、砂、石等组成混凝土级配的原料应进行控制。其温度、湿度和体积经常在变化，同体积的材料有时重量相差很大，所以，拌制混凝土级配应按重量进行计算，才能保证配合比正确、合理，使拌制混凝土质量达到要求。

配制混凝土组成的原材料允许偏差，不得超过表5-62中允许偏差值的规定。

混凝土原材料重量的允许偏差 **表5-62**

材料名称	允许偏差(%)
水泥、混合材料	±2
粗细骨料	±3
水、外加剂	±2

注：各种衡器应定期校验，保持准确；骨料含水率应经常测定，雨天施工应增加测定次数。

2. 影响混凝土质量的因素

(1) 水泥强度等级达不到配合比设计强度等级，导致降低混凝土强度等级；水泥用量过大时，如果在大体积混凝土中，水泥水化反应放出的热量会使混凝土内外温差过大而导致裂缝。

(2) 砂石骨料级配、砂率过小或过大，粗骨料相对增多或减少，则流动性变差。只有通过实验确定最佳砂率，才能使拌合物有良好的流动性，易于施工和保证混凝土质量。

(3) 水灰比的大小不仅影响混凝土的强度等级和密实性，而且也影响混凝土的抗渗性、抗冻性、抗蚀性和抗碳化性能。

(4) 混凝土的坍落度小，使混凝土拌合物流动性不良，直接影响混凝土浇筑，而导致混凝土结构构件产生麻面、蜂窝、孔洞和露筋等质量缺陷，降低混凝土的密实性。

(5) 外加剂的掺量过多或过少都会影响混凝土的质量，为了改善混凝土的性能，提高混凝土的早强性、抗冻性、抗渗性，掺入外加剂必须按试验后确定外加剂的品种和掺量来拌制混凝土。

3. 混凝土搅拌

(1) 混凝土搅拌的最短时间应符合表5-63的规定。

混凝土搅拌的最短时间 (s) **表5-63**

混凝土坍落度 (mm)	搅拌机型	搅拌机出料量 (L)		
		<250	250～500	>500
≤30	强制式	60	90	120
	自落式	90	120	150
>30	强制式	60	60	90
	自落式	90	90	120

注：1. 混凝土搅拌的最短时间系指自全部材料装人搅拌筒中起到开始卸料为止的时间；
2. 当掺有外加剂时，搅拌时间应适当延长；
3. 当采用其他形式的搅拌设备时，搅拌的最短时间应按设备说明书的规定或经试验确定。

(2) 混凝土搅拌应符合以下规定：

1) 原材料计量应建立岗位责任制，计量方法力求简便易行、可靠，特别是水的计量，应制作标准计量量具。

2) 外加剂应用台秤计量。

3) 应在拌制点和浇筑点定时分别检查混凝土的坍落度或工作度。

4) 当拌制混凝土受到外界因素的影响时，应及时调整和修正配合比，使拌制的混凝土达到设计的要求。

5）混凝土拌合物必须均匀，且色泽一致。

（四）混凝土浇筑

1．混凝土的和易性

混凝土拌合物的和易性是指混凝土运输、浇筑、振捣等过程中便于施工、适合操作和有利于硬凝的一系列性质。因而和易性是混凝土拌合物的流动性、黏聚性和保水性的综合表现。目前，对混凝土拌合物的和易性还只能用坍落度（维勃稠度）来表示其流动性。坍落度对混凝土质量具有重要的影响：坍落度小，将使混凝土拌合物流动性差，混凝土浇筑困难并易产生蜂窝、麻面、孔洞和露筋等质量缺陷；坍落度大，使混凝土拌合物流动性好，便于浇筑，也有利于消除混凝土的质量通病。影响混凝土拌合物和易性的有以下一些因素：

（1）单位用水量：合适的用水量可使构件便于成型，亦可防止内部产生蜂窝。但用水量过大（保持水灰比不变），不仅多用水泥，还会造成混凝土的黏聚性和保水性下降，如用水量过小混凝土稠度大也不易成型密实，施工困难，因此用水量一定要按配合比控制使用，在天气变化时则应予以调整。

（2）混凝土拌合物中的粗（细）骨料颗粒级配合理，可确保混凝土结构的密实度。如果粗（细）骨料颗粒级配不良，会导致混凝土的空隙率增大，使混凝土强度降低。

（3）含砂率适当，不但能用砂填充粗骨料之间的空隙还可部分地起润滑作用，使混凝土和易性好。但砂率过大，则砂石总的表面积也随之增大，混凝土拌合物就显得干稠，流动性减小；如果砂率过小，砂浆量不足，使石子形成松散的状态。因此，砂率过大或过小都会影响混凝土拌合物的和易性。所以，要严格按试验配合比试配确定的最佳砂率。

（4）水灰比是影响混凝土拌合物和易性的重要因素之一：

1）水灰比过大，便水泥浆的黏聚性降低导致拌合物保水性降低，使混凝土出现泌水现象；

2）水灰比小，水泥浆变稠，使混凝土拌合物黏聚性增大，导致拌合物成团；

3）水灰比大，混凝土拌合物的流动性增大，坍落度也增大。在运输、浇筑及捣固过程中会产生分层离析现象，难以保证混凝土拌合物的匀质性。

（5）混凝土拌合时必须保证拌合时间充分和搅拌均匀。

（6）混凝土拌合物掺入的减水剂，是一种表面活性材料。它对混凝土中的水泥颗粒起扩散作用，使水泥浆的凝聚体结构破坏，从而把水泥凝聚体中被水泥颗粒所包围的游离水释放出来，以达到减少拌合用水的目的。

（7）拌合混凝土时掺入适量的早强剂，可以提高混凝土早期强度，对模板周转、施工进度及节约冬期施工费用都有明显效果。

（8）保水性是指混凝土拌合物保持水分不易析出的能力。混凝土在浇捣操作中，随粗、细骨料的下沉，则水分极易上浮到混凝土表面，这就是通常所说的泌水现象。如果混凝土保水性差，泌水现象严重，将直接影响混凝土质量。

综上所述，混凝土拌合物的和易性对混凝土的匀质性、密实性有很大的影响，对保证混凝土的强度，以及抗渗性、抗冻性、抗蚀性、耐久性等指标起着重要的作用。只有混凝土拌合物的和易性性能良好，才能使混凝土的质量达到要求标准。

2．混凝土的运输

混凝土从搅拌机中卸出到浇筑完毕的延续时间不宜超过表 5-64 的要求。

混凝土从搅拌机中卸出到浇筑完毕的延续时间（s） **表 5-64**

混凝土强度等级	气温	
	不高于 25℃	高于 25℃
不高于 C30	120	90
高于 C30	90	60

（1）运送混凝土，宜采用搅拌运输车，如果运距不远，也可采用翻斗车。运送的容器应严密，其内壁应平整光洁。粘附的混凝土残渣应经常清除。

（2）混凝土运至浇筑地点时，应具有浇筑所规定的坍落度。如果产生分层离析现象，浇筑前必须进行二次搅拌。

（3）泵送混凝土必须符合以下规定：

1）泵送混凝土必须保证混凝土泵的连续工作；

2）输送管道宜直，转弯宜缓；

3）进行泵送混凝土之前，应预先用水泥砂浆润滑输送管道内壁。如果发现混凝土离析时，应用高压水冲洗管内残留的混凝土；

4）泵送混凝土的受料斗内应经常有足够的混凝土，以防止吸入空气阻塞输送管道。

3．混凝土浇筑前的准备工作

（1）编制混凝土浇筑施工技术方案。

（2）做好施工组织设计和技术交底。这是两项很重要的工作。其中包括施工前的准备、材料试验、配合比设计、计量器具、施工方法（如需留置施工缝时，应按指定位置及采取适当节点构造，并应符合设计要求和施工规范规定、质量标准等）。

（3）检查施工准备条件。模板制作、钢筋加工、配合比的设计、预埋件及垫块的安装与设置等。

（4）物资准备工作：

1）水泥、砂石、外加剂等要根据同批材料的数量进行质量检验和验收；

2）对所需的搅拌机、运输车辆、料斗、振捣器等机具，要保证机具的完好率，使生产机具处于完好状态。

（5）检查模板、支架、钢筋及预埋件

1）模板的强度、刚度是否符合规定，标高、位置与结构截面尺寸是否符合设计要求，预留拱度是否正确；

2）支撑系统是否稳定，支架与模板的结合处必须稳定可靠，出现变形时应及时调正；

3）钢筋与埋设件规格、数量、安装的几何尺寸与位置，以及钢筋接头等是否与设计要求相符，对于已变形和位移的钢筋应及时校正。检查和安放保护层垫块、铁马凳，钢筋骨架上应铺设马道跳板，严防踩压钢筋骨架；

4）浇筑混凝土前，应清除模板内的垃圾、木片、刨花、锯屑、泥土等杂物，确保模板内干净，钢筋上的污染物应清除干净；

5）模板预留的三孔（即观察孔、振捣孔、清扫孔）是否符合施工要求；

6）木模应浇水润湿，并将缝隙塞严，金属模板预留孔洞应堵塞严密，以防漏浆。脱模剂涂刷应均匀；

7）混凝土浇筑令、开盘鉴定等相关准备资料签认完毕；

8）施工缝处混凝土表面必须满足下列条件：已经清除浮浆、剔凿露出石子、用水冲洗干净、湿润后清除明水、松动砂石和软弱混凝土层已经清除、地下结构外墙钢板止水带均已安装、已浇筑混凝土强度≥1.2MPa（通过同条件试块来确定）；

9）混凝土泵、泵管铺设、承台或塔吊、吊斗已经准备（或调试）好。浇筑混凝土的人员（包括试验、水电工、振捣工等）、机具（包括振动棒、电箱等）、冬雨等季节性施工的保温覆盖材料、水、电（需要调试的必须预先调试好）等已经安排就位。浇筑前清整现场道路，保证混凝土运输通畅。

4. 混凝土浇筑

(1) 混凝土浇筑间歇时间的控制

浇筑混凝土应连续进行。当必须间歇时，其间歇时间宜缩短，并应在前层混凝土初凝之前，即将次层混凝土浇筑完毕。

混凝土运输、浇筑及间歇的全部时间不得超过表5-65的规定，当超过时应留置施工缝。

混凝土运输、浇筑和间歇的允许时间（s） **表5-65**

混凝土强度等级	气温	
	不高于25℃	高于25℃
不高于C30	210	180
高于C30	180	150

注：当混凝土中掺有促凝或缓凝型外加剂时，其允许时间应根据试验结果确定。

(2) 混凝土施工缝的留置

两次浇筑间的接触面称之为施工缝。施工缝的留置会影响混凝土的整体性，并能使混凝土强度降低。所以，施工缝就成为混凝土结构的薄弱环节。为此，施工缝的留置必须遵守设计要求和规范的规定。

1）施工缝的位置应在混凝土浇筑前确定，并应留置在结构受剪力较小且便于施工的部位；

2）柱，宜留置在基础的顶面、梁或吊车梁牛腿的下面、吊车梁的上面、无梁楼板在柱帽的下面；

3）与板连成整体的大截面墙梁，留置在板底面以下20～30mm处。当板下有梁托时，留置在梁托下部；

4）单向板，留置在平行于板的短边的任何位置；

5）有主次梁的楼板宜顺着次梁方向浇筑，施工缝应留置在次梁跨度的中间1/3范围内；

6）墙，留置在门口过梁跨中1/3范围内，也可留在纵横墙的交接处；

7）双向受力楼板、大体积混凝土结构、拱、穹拱、薄壳、蓄水池、斗仓、多层刚架及其他结构复杂的工程，施工缝的位置应按设计要求留置。

(3) 施工缝处混凝土的浇筑

在施工缝处继续浇筑混凝土时，应符合以下规定：

1）已浇筑的混凝土，其抗压强度不应小于1.2N/mm^2；

2）在已硬化的混凝土表面上，应清除水泥薄膜、松动石子以及软弱混凝土层，并充分湿润和冲洗干净，且不得有积水；

3）浇筑混凝土前，宜先在施工缝处铺一层与混凝土内成分相同的水泥砂浆；竖向结构混凝土灌筑前，应先均匀铺3～5cm厚与混凝土内砂浆相同成分的水泥砂浆。使用泵车浇筑的可以采用润管砂浆，润管后用料斗接回，严禁无接浆浇筑混凝土；

4）混凝土应仔细捣实，使新旧混凝土紧密结合。

（4）混凝土分层浇筑

浇筑混凝土时为了保证混凝土的密实性和强度，必须分层浇筑和振捣，并应根据不同的振捣方法和使用不同的振捣工具限制投料的厚度。如果一次投料过厚，就会因振捣不实而影响混凝土的密实性，密实性不良会导致混凝土强度降低。因此，浇筑混凝土时必须分层进行，并限制其分层的厚度。可采用测杆检查分层厚度。如50cm一层，测杆每隔50cm刷红蓝标志线，测量时直立在混凝土上表面上，以外露测杆的长度来检验分层厚度，并配备检查、浇筑用照明灯具。为了保证柱子的分层浇筑厚度，可计算出各柱子的分层混凝土用量，并根据用量定制相应规格的小灰斗，用以控制每层浇筑的混凝土量。

（5）混凝土振捣

混凝土浇筑后振捣是用各种振动器使混凝土受振，把混凝土内部的空气排挤出，让砂子充满石子间的空隙，水泥浆充满砂子之间的空隙，以达到混凝土的密实。常用的振动器有内部振动器、表面振动器和外部振动器。

1）内部振动器，又称插入式振动器。操作方式有两种，一种是垂直振捣，即使振动棒与混凝土表面垂直；一种是斜面振捣，即使振捣棒与混凝土表面成一角度，约40°～50°。采用振动棒振捣时要"快插慢拔"，快插是为了防止先将表面混凝土振实而与下部混凝土产生分层离析。慢拔是为了使混凝土能填满振动器抽出时所造成的空洞。

浇筑混凝土时要分层浇筑，每层混凝土厚度不得超过振动棒长的1.25倍；上层混凝土的振捣要在下层混凝土初凝之前进行；振捣时要插入下层5cm左右。每一插点要掌握好振动时间，对塑性混凝土一般为20～30s。插点要均匀排列，可以排成"行列式"或"交错式"。插点距离应不大于振动棒作用半径的1.5倍。一般振动棒的作用半径为300～400mm，在振动30～60s后，必须停30s；操作中应避免碰撞钢筋、模板、预埋件等等。振动完毕后应将表面清洗干净。

2）表面振动器，又称平板振动器，用于振捣平板、地面或预制楼板等。表面振动器在混凝土表面成行列依次移动振捣，在每一振捣位置上应连续振动25～40s，每一振捣位置包括行与行之间的位置应搭接30～40mm。表面振动器的有效作用深度，在无筋及单筋平板中约200mm；在双筋平板中约120mm。振动器使用完毕后要清洗干净。

3）外部振动器，又称附着式振动器，仅适用于振捣钢筋较密，厚度较小以及不宜用插入式振动器的结构构件。外部振动器的振捣作用深度约250mm；其设置间距应通过试验确定，并应与模板牢固和紧密连接。

4）采用振捣器捣实时，每一振点的振捣延续时间，应使混凝土表面呈现浮浆和不再沉落。

施工中要严防漏振或过振。并应随时检查钢筋保护层和预留孔洞、预埋件及外露钢筋位置，确保预埋件和预应力筋承压板底部混凝土密实，外露面层平整。施工缝符合要求。封闭性模板可增设附着式振捣器辅助振捣。

（6）柱混凝土的浇筑

1）柱浇筑前在底部先铺垫与混凝土配合比相同的减石子砂浆，并使底部砂浆厚度为50mm。柱混凝土分层浇筑，每层浇筑柱混凝土的厚度为50cm，振捣棒不得触动钢筋和预埋件，振捣棒插入点要均匀，防止过振或漏振（见图5-206）。

2）柱高在2m之内，可在柱顶直接下灰浇筑，超过2m时应在布料管上接一软管，伸到柱内，保证混凝土自由落体高度不得超过2m。下料时使软管在柱上口来回挪动，使之均匀下料，防止骨浆分离（见图5-207）。

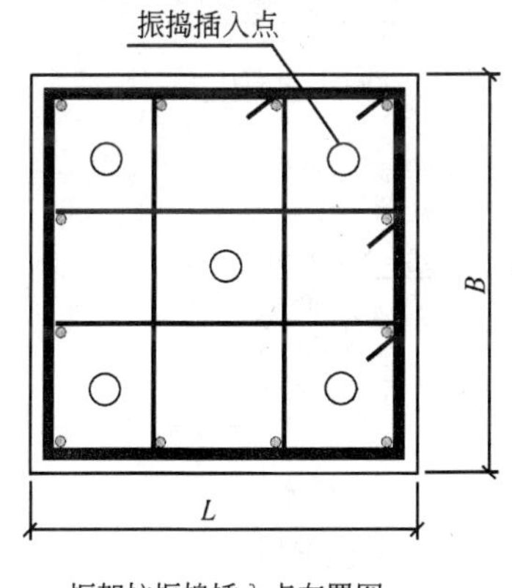

框架柱振捣插入点布置图

图5-206

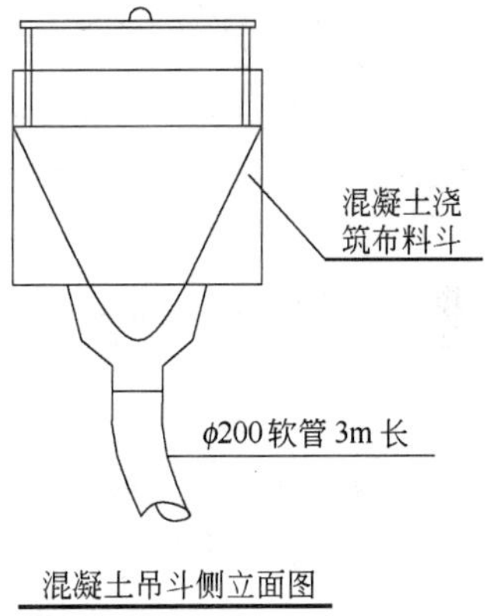

混凝土浇筑布料斗

φ200软管3m长

混凝土吊斗侧立面图

图5-207

3）柱子混凝土一次浇筑到梁底或板底，且高出梁底或板底3cm（待拆模后，剔凿掉2cm，使之露出石子为止）。施工缝留在梁或板下面并设置BW-91型软性止水条。由于柱和梁（或板）混凝土强度等级不同，在浇筑梁、板混凝土时，先浇筑柱头处C40的混凝土，且在混凝土初凝前再浇筑C30梁、板混凝土（见图5-208）。

4）浇筑完后应随时将伸出的搭接钢筋调整到位。

（7）剪力墙混凝土浇筑

1）由于墙、柱混凝土强度等级相同，墙、柱混凝土可同时浇筑。外墙距底板500mm高处设置施工缝，在施工缝处设置400mm×3mm通长的钢板止水带。墙体混凝土一次浇筑到梁底（或板底），且高出梁底或板底3cm（待拆模后，剔凿掉2cm，使之露出石子为止）施工缝处设置BW止水条（见图5-209）。

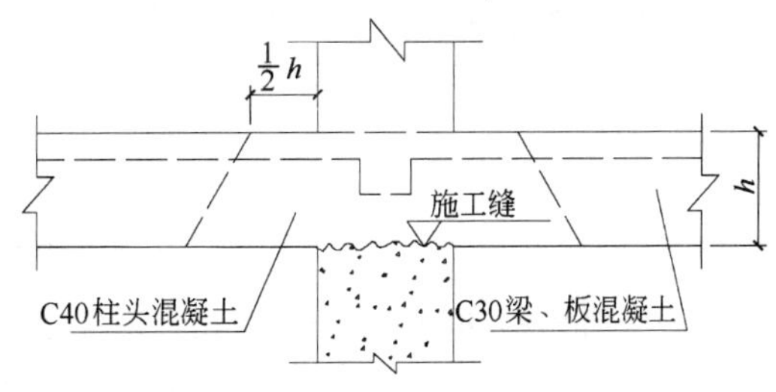

图5-208

2）当墙体混凝土浇筑方量较大时，采用泵送混凝土输送。当方量较小时（$10m^3$以内），采用塔吊入模。墙浇筑混凝土前，先在底部均匀浇筑50mm厚与墙体混凝土成分相同的减石子砂浆。砂浆放入$2m^3$吊斗内，并用铁锹入模，不应用吊斗直接灌入模内，使接浆大量粘结在水平钢筋上。

3）浇筑墙体混凝土应连续进行，内外墙混凝土浇筑分别按照自身的浇筑顺序进行，每层浇筑厚度控制在50cm左右，上下层的间隔时间不应超过2h，预先安排好混凝土下料点位置和振捣棒操作人员数量、振捣插入点位置（见图5-210）。

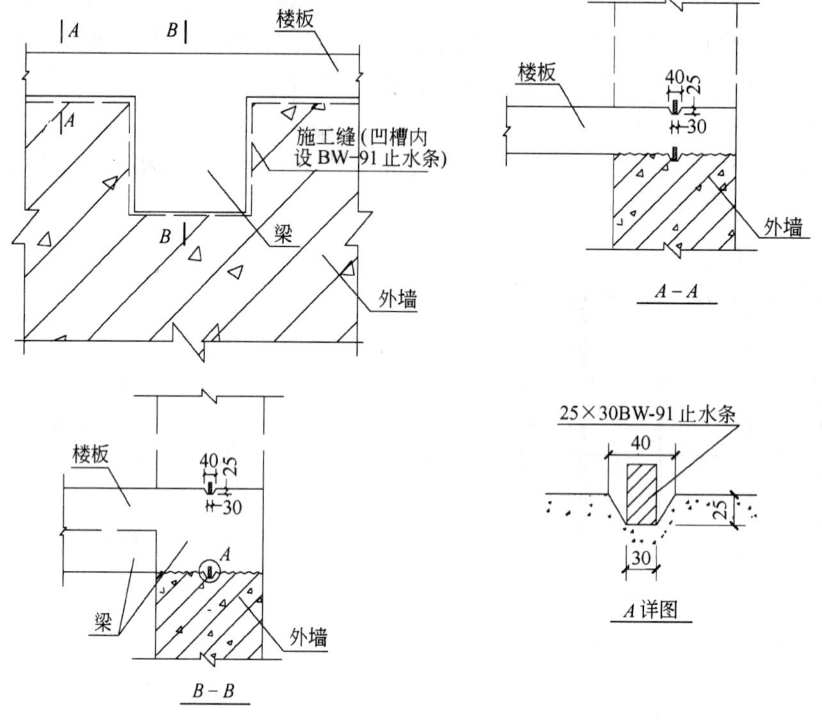

图 5-209

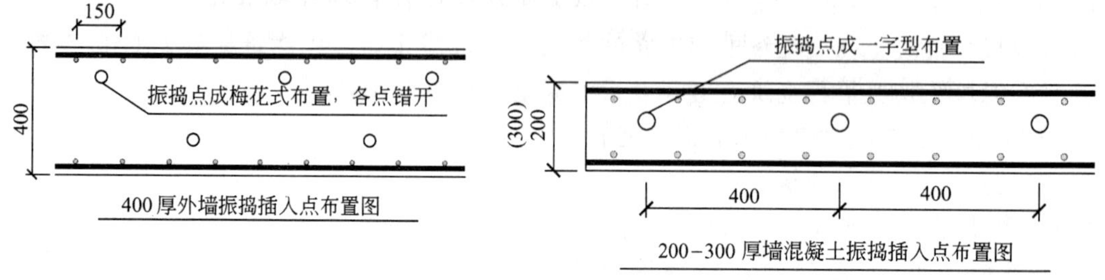

图 5-210 振捣插入点布置图

4）振捣棒移动间距小于40cm，每一振点的延续时间以表面呈现浮浆为度，为使上下层混凝土结合成整体，振捣棒应插入下层混凝土5cm。振捣时注意钢筋密集及洞口部位，为防止出现漏振，须在洞口两侧同时振捣，振捣棒应距洞边30cm以上，下灰高度也要大体一致，大洞口的洞底模板应开口，并在此处浇筑振捣。

5）墙上口找平：墙体混凝土浇筑完后，将上口甩出的钢筋加以整理，用木抹子按标高线添减混凝土，将墙上表面混凝土找平，高低差控制在10mm以内。

（8）梁、板混凝土浇筑

1）梁、板混凝土应同时浇筑，浇筑方法由一端开始用“赶浆法”即先浇筑梁，根据梁高分层浇筑成阶梯形，当达到板底位置时再与板的混凝土一起浇筑，随着阶梯形不断延伸，梁板混凝土浇筑连续向前进行。浇筑与振捣必须紧密配合，第一层下料慢些，梁底充分振实后再下第二层料，保持水泥浆沿梁底包裹石子向前推进，每层均应振实后再下料，梁底及梁帮部位要注意振实，振捣时不得触动钢筋及预埋件。

2）梁柱节点钢筋较密时，浇筑此处混凝土时用小粒径石子同强度等级的混凝土用塔吊吊斗浇筑，并用 $\phi30$ 振捣棒振捣。

3）浇筑板混凝土的虚铺厚度应略大于板厚，用平板振捣器垂直浇筑方向来回拖动振捣，并用铁插尺检查混凝土厚度，振捣完毕后用木刮杠刮平，浇水后再用木抹子压平、压实。施工缝处或有预埋件及插筋处用木抹子抹平。浇筑板混凝土时不允许用振捣棒铺摊混凝土。

(9）楼梯混凝土的浇筑

1）楼梯间竖墙混凝土随结构剪力墙一起浇筑混凝土。

2）楼梯段混凝土自下而上浇筑，先振实底板混凝土，达到踏步位置时再与踏步混凝土一起浇捣，不断连续向上推进，并随时用木抹子将踏步上表面抹平。

3）施工缝位置：楼梯混凝土宜连续浇筑完；多层楼梯的施工缝应留置在楼梯梁部位(因楼梯竖墙使用大钢模)。

(10）构造柱、圈梁混凝土浇筑

1）构造柱混凝土浇筑前，先构造柱两侧的砖墙或陶粒空心砌块墙砌筑完毕，在构造柱其他侧面支设模板，再浇筑构造柱混凝土，构造柱混凝土应分层浇筑，每一层厚度控制在50cm。构造柱振捣要密实，每一振点的延续时间，以表面呈现浮浆和不再沉落为度（为使上下层混凝土结合成整体振捣器宜插入下层混凝土 5cm)。要注意不要碰撞各种埋件。

2）圈梁混凝土浇筑前，要支设梁侧模板，检查钢筋、模板的位置是否准确，浇筑圈梁混凝土时从一端开始向另一端浇筑。圈梁、构造柱混凝土方量较小，只能采用人工送料，用 $\phi48\times3.5$ 钢管搭设操作平台，塔吊运送的混凝土临时堆放在操作平台上，工人再用铁锹入模。因此每次每罐混凝土将要浇筑完后，再提下一车，控制混凝土罐车进场速度，防止混凝土罐车等待时间过长而混凝土不能使用。

(11）混凝土现浇结构允许偏差和检查方法见表 5-66。

混凝土现浇结构允许偏差和检查方法　　**表 5-66**

项　目			允许偏差（mm）	检验方法
轴线位置	基础		15	钢尺检查
	独立基础		10	
	墙、柱、梁		8	
	剪力墙		5	
垂直度	层高	≤5m	8	经纬仪或吊线、钢尺检查
		>5m	10	经纬仪或吊线、钢尺检查
	全高（H）		H/1000 且≤30	经纬仪、钢尺检查
标高	层高		±10	水准仪或拉线、钢尺检查
	全高		±30	
截面尺寸			+8，－5	钢尺检查
电梯井	井筒长、宽对定位中心线		+25，0	钢尺检查
	井筒全高（H）垂直度		H/1000 且≤30	经纬仪、钢尺检查
表面平整度			8	2m 靠尺、塞尺检查

续表

项　目		允许偏差（mm）	检验方法
预埋设施中心线位置	预埋件	10	钢尺检查
	预埋螺栓	5	
	预埋管	5	
预留洞口中心线位置		15	钢尺检查

注：检查轴线、中心线位置时，应沿纵、横两个方向量测，并取其中的较大值。

（12）注意事项

灌注倾倒混凝土入模，不得集中下料冲击模板或冲砸钢筋骨架，应按浇筑顺序分层均匀下料，柱、墙板灌注高度大于3m时，应采用布料管、溜管或串筒下料，出料管口至浇筑层自由高度不宜大于1.5m，严防混凝土离析，分层灌注混凝土厚度，宜采用尺杆量测，一般厚度可在40cm左右。

梁、板与柱和墙连成整体同时浇筑混凝土时，要特别注意在柱和墙浇筑完毕后，必须停歇1～1.5h，使柱和墙的混凝土达到一定强度后，再继续浇筑梁和板的混凝土。如果忽略了这一点，柱、墙、梁和板连续浇筑，就会造成因柱、墙部位混凝土沉陷量较大，使位于柱、墙部位的梁和板混凝土产生裂缝，影响混凝土结构的整体性和耐久性。

为了确保小截面及钢筋密集部位的混凝土质量，必须采用与母体相同强度等级的细石混凝土浇筑，采取人工捣固工具来配合机械振捣。对小截面及钢筋密集的结构部位，采用的人工捣固工具有：捣固锤、捣固钎、有孔捣固铲和无孔捣固铲；捣固锤是用来捣实混凝土的，捣固钎是用来排放混凝土内空气的。捣固铲是用来插模的。所以，用人工捣固混凝土时应综合使用人工捣固工具。人工捣固操作要精心，使节点混凝土密实，整体性好。

（13）混凝土养护与成品保护

1）混凝土的养护：

混凝土浇筑后，应及时采取有效养护措施，严防脱水和收缩裂缝。采用养护剂宜选用保水性好，且表面涂层薄膜可自行脱落的产品，不宜选用在结构表面残留粉状物的产品；采用塑料薄膜养护，应封闭严密，防止风吹掀起或脱落；浇水养护应设专人喷水，保持混凝土湿润不脱水。冬期施工应有保温防冻措施。大体积混凝土和冬期施工应有测温措施。

对已浇筑完毕的混凝土，应在12h后加以覆盖和浇水。对采用硅酸盐水泥、普通硅酸盐水泥或矿渣硅酸盐水泥拌制的混凝土，不得少于7h，对掺用缓凝型外加剂或有抗渗性要求的混凝土，不得少于14h；浇水次数应能保持混凝土处于湿润状态；对立面可以采取涂刷养护剂的办法进行养护，对楼板夏季高温时增加浇水次数并要保证表面湿润，用塑料布覆盖严密，并保持塑料布内有凝结水，严防混凝土裂纹的出现。

2）混凝土成品保护：

（A）已浇筑的楼板、楼梯踏步的上表面混凝土要加以保护，必须在混凝土强度达到1.2MPa后方可上人，为防止现浇板受集中荷载过早而产生变形裂纹，钢筋焊接用电焊机、钢筋不得直接放于现浇板上，外墙外挂架在墙体混凝土达到7.5MPa后方可提升。

（B）冬期施工阶段，混凝土表面覆盖时，要站在脚手板上操作，尽量不踏出脚印。

（C）混凝土浇筑振捣及完工时，要保持钢筋的正确位置，保护好洞口、预埋件及水电管线等。

(D) 混凝土施工过程中，对玷污墙面、楼面的水泥浆和遗洒在地面的混凝土要及时清理干净，不得损坏棱角。

(E) 楼梯踏板可采用废旧的竹胶板或木模板保护，楼梯角处用 $\phi 10$ 的圆钢防止破损；门窗洞口、预留洞口、墙体及柱阳角在表面养护剂干后采用废旧的竹胶板或木模板做护角保护，见图 5-211。

(五) 混凝土质量检验

1. 混凝土坍落度测试

当采用预拌混凝土时，混凝土坍落度必须做到每车必测。试验员负责对当天施工的混凝土坍落度实行抽测，混凝土责任工程师组织人员对每车坍落度测试，负责检查每车的坍落度是否符合商品混凝土小票技术要求，并做好坍落度测试记录。如遇不符合要求的，必须退回搅拌站，严禁使用。具体坍落度的控制指标由项目技术部制订，对墙体和楼板等不同构件要有不同的控制范围，以满足不同构件混凝土凝结时间的不同要求。

图 5-211 柱护角

实测混凝土坍落度与要求坍落度的允许偏差应符合表 5-67 的规定。

混凝土要求坍落度与坍落度的允许偏差 (mm) 表 5-67

要求坍落度	允许偏差
<50	±10
50～90	±20
>90	±30

2. 混凝土强度等级检测

应符合《普通混凝土力学性能试验方法》(GBJ 81) 的有关规定。

(1) 混凝土试件一般技术规定

1) 混凝土物理力学性能试验一般以 3 个试件为 1 组。每组试件所用的拌合物应从同盘或同一车运送的混凝土取出，或者在试验室用机械或人工单独拌制。用以检验现浇混凝土工程或预制构件质量的试件分组及取样原则，应按现行《混凝土结构工程施工质量验收规范》(GB 50204—2002) 及其他有关规定执行。

2) 所有试件应在取样后立即制作。在确定混凝土设计特征值、强度等级或进行材料性能研究时，试件的成型方法应视混凝土设备条件、现场施工方法和混凝土稠度而定，可采用振动台、振动棒或人工插捣。检验工程和构件质量的混凝土试件成型方法应尽可能与实际施工采用的方法相同。

棱柱体试件宜采用卧式成型。

特殊方法成型的混凝土（离心法、压浆法、真空作业法及喷射法等），其试件的制作应按相应的规定进行。

3）混凝土骨料最大粒径应不大于试件最小边长的1/3。

（2）试块制作：

1）检查试模，拧紧螺栓并清刷干净，在其内层涂刷一层矿物油脂。

2）室内混凝土拌合应按混凝土拌合规定执行。

3）振捣成型：

——采用振动台时，应将混凝土拌合物一次装入试模，装料时应用抹刀沿试模内壁插捣并应使拌合物稍有富裕。振动时要防止试模在振动台上自由跳动，并振动到表面呈现水泥浆为止，刮除多余混凝土用抹刀抹平。

——用插入式振捣棒时，混凝土拌合物应一次装入试模并稍有富裕。振动时将振捣棒从试模中心插入，振动至表面呈现水泥浆为止，试件面凹坑应及时填补抹平。

——人工振捣时，混凝土拌合物分二层装入试模，每层厚度应大致相等。振捣应按螺旋方向从边缘向中心均匀进行。插捣底层时，捣棒应达到试模底面，插捣上层时，应深入层深度约2～3mm。捣棒应垂直插捣，并用抹刀沿试模内壁插入数次，防止产生麻面。最后刮除多余混凝土，沿模口初步抹平。

4）试件成型后，在混凝土初凝前1～2h内须进行抹面，沿模口抹平。

5）成型后带模试件应用湿布或塑料布覆盖，并在20±5℃的室内静置1d（但不得超2d），然后拆模编号。

6）拆模后试件应立即送人工标准养护室养护，试件间应保持10～20mm的距离，并避免直接用水冲淋试件。

无标准养护室时，试件可在水温为20±3℃不流动的水中养护。

同条件养护的试件成型后应将表面加以覆盖。试件拆模时间可与构件的实际拆模时间相同；拆模后，试件仍须保持同条件养护。

3．检验混凝土质量的一般规定

（1）混凝土在拌制和浇筑过程中应按下列规定进行检查：

1）检查拌制混凝土所用原材料的品种、规格和用量，每一工作班至少两次；

2）检查混凝土在浇筑地点的坍落度，每一工作班至少两次；

3）在每一工作班内，当混凝土配合比由于外界影响有变动时，应及时检查；

4）混凝土的搅拌时间应随时检查。

（2）检查混凝土质量应进行抗压强度试验。对有抗冻、抗渗要求的混凝土，尚应进行抗冻性、抗渗性等试验。

（3）当采用预拌混凝土时，预拌厂应提供下列资料：

1）水泥品种、标号及每立方米混凝土中的水泥用量；

2）骨料的种类和最大粒径；

3）外加剂、掺合料的品种及掺量；

4）混凝土强度等级和坍落度；

5）混凝土配合比和标准试件强度；

6）对轻骨料混凝土尚应提供其密度等级。

4. 混凝土试件的留置、取样要求

(1) 结构混凝土的强度等级必须符合设计要求。用于检查结构构件混凝土强度的试件。应在混凝土的浇筑地点随机抽取。取样与试件留置应符含下列规定:

1) 每拌制100盘且不超过$100m^3$的同配合比的混凝土，取样不得少于一次。

2) 每工作班拌制的同一配合比的混凝土不足100盘时．取样不得少于一次;

3) 当一次连续浇筑超过$1000m^3$时．同一配合比的混凝土每$200m^3$取样不得少于一次;

4) 每一楼层、同一配合比的混凝土。取样不得少于一次;

5) 每次取样应至少留置一组标准养护试件，同条件养护试件的留置组数应根据实际需要确定。

(2) 对有抗渗要求的混凝土结构。其混凝土试件应在浇筑地点随机取样。同一工程、同一配合比的混凝土，取样不应少于一次，留置组数可根据实际需要确定。

5. 结构实体检验用同条件养护试件强度检验

(1) 同条件养护试件的留置方式和取样数量，应符合下列要求:

1) 同条件养护试件所对应的结构构件或结构部位，应由监理(建设)、施工等各方共同选定;

2) 对混凝土结构工程中的各混凝土强度等级，均应留置同条件养护试件;

3) 同一强度等级的同条件养护试件，其留置的数量应根据混凝土工程量和重要性确定，不宜少于10组，且不应少于3组;

4) 同条件养护试件拆模后，应放置在靠近相应结构构件或结构部位的适当位置，并应采取相同的养护方法。

(2) 同条件养护试件应在达到等效养护龄期时进行强度试验。等效养护龄期应根据同条件养护试件强度与在标准养护条件下28d龄期试件强度相等的原则确定。

(3) 同条件自然养护试件的等效养护龄期及相应的试件强度代表值，宜根据当地的气温和养护条件，按下列规定确定:

1) 等效养护龄期可取按日平均温度逐日累计达到600℃·d时所对应的龄期，0℃及以下的龄期不计入；等效养龄期不应小于14d，也不宜大于60d;

2) 同条件养护试件的强度代表值应根据强度试验结果按现行国家标准《混凝土强度检验评定标准》GB 107的规定确定后，乘折算系数取用；折算系数宜取为1.10，也可根据当地的试验统计结果作适当调整。

第三节 屋 面 工 程

一、屋面找平层

(一) 施工准备

1. 找平层施工前，屋面保温层应进行检查验收，并办理验收手续。

2. 各种穿过屋面的预埋管件、烟囱、女儿墙、伸缩缝等根部，应按设计及规范要求处理好。

3. 根据设计要求的标高、坡度，找好规矩并弹线。

4. 施工找平层时应将原表面清理干净，进行处理，有利于基层与找平层的结合。

（二）工艺流程

基层清理⟶管根封堵⟶标高坡度弹线⟶施工找平层⟶养护⟶验收

（三）控制要点

1. 基层清理：将结构层、保温层上表面的松散杂物清扫干净，凸出基层表面的灰渣等粘结杂物铲平，以保证找平层的有效厚度。

2. 管根封堵：大面积做找平层前，应先将出屋面的管根、变形缝、屋面天沟墙根部处理好。

3. 水泥砂浆找平层：

(1) 洒水湿润：抹找平层水泥砂浆前，应适当洒水湿润基层表面。

(2) 贴点标高、冲筋：根据坡度要求，拉线找坡，一般按 1～2m 贴点标高（贴灰饼），按流水方向以间距 1～2m 冲筋。

(3) 铺水泥砂浆：水泥砂浆一般配合比为 1:3，待第一遍水泥砂浆的浮水沉失后，再抹压第二遍即可。

(4) 养护：找平层抹平、压实以后 24h 可浇水养护，一般养护期为 7d。

4. 沥青砂浆找平层：

(1) 喷刷冷底子油：基层清理干净，喷涂两道均匀的冷底子油，作为沥青砂浆找平层的结合层。

(2) 铺设沥青砂浆：先铺找平、找坡层，间距 1～1.5m，沥青砂浆压实后达到表面平整、密实、无蜂窝、看不出压痕为好。

（四）质量标准

1. 原材料及配合比，必须符合设计要求和施工规范的规定。

2. 找平层的排水坡度应符合设计要求。平屋面采用结构找坡不应小于 3%，采用材料找坡宜为 2%；天沟、檐沟纵向找坡不应小于 1%，沟底水落差不得超过 200mm。

3. 基层与突出屋面结构（女儿墙、山墙、天窗壁、变形缝、烟囱等）的交接处和基层的转角处，找平层均应做成圆弧形，圆弧半径应符合规范的要求。内部排水的水落口周围，找平层应做成略低的凹坑。

4. 找平层宜设分格缝，并嵌填密封材料。分格缝应留设在板端缝处，其纵横缝的最大间距：水泥砂浆或细石混凝土找平层，不宜大于 6m；沥青砂浆找平层，不宜大于 4m。

5. 主控项目

(1) 找平层的材料质量及配合比，必须符合设计要求。

(2) 屋面（含天沟、檐沟）找平层的排水坡度，必须符合设计要求。

6. 一般项目

(1) 基层与突出屋面结构的交接处和基层的转角处，均应做成圆弧形，且整齐平顺。

(2) 水泥砂浆、细石混凝土找平层应平整、压光，不得有酥松、起砂、起皮现象；沥青砂浆找平层不得有拌合不匀、蜂窝现象。

(3) 找平层分格缝的位置和间距应符合设计要求。

(4) 找平层表面平整度的允许偏差为 5mm。

（五）成品保护

1. 找平层施工完毕，强度不到80%不得上人踩踏，抹好的找平层，推小车时，应先铺脚手板车道，以防止破坏找平层表面。

2. 抹好的找平层上，推小车运输时，应先铺脚手板车道，以防止破坏找平层表面。

二、屋面保温层

（一）施工准备

1. 铺设保温材料的基层（结构层）施工完后，将表面清扫干净，不得有松散、干裂等缺陷，经检查验收合格后方可铺设保温材料。

2. 穿过结构的管根部位，应用细石混凝土填塞密实，以使管子固定。

3. 板块保温材料运输、存放应注意保护，防止损坏和受潮。

4. 松散材料保温层或整体现浇保温层压实密度已做小样试验，符合设计所要求的密度。

（二）工艺流程

1. 正置式屋面的保温层施工流程

基层清理⟶弹线找坡⟶管根固定⟶隔气层施工⟶保温层铺设⟶检查验收⟶进入下一道工序施工

2. 倒置式屋面的保温层施工

基层处理⟶抹找平（坡）层⟶施工防水层⟶铺设保温层⟶施工保护层

（三）控制要点

1. 正置式屋面施工

（1）基层清理：将结构层表面的杂物、灰尘清埋干净，检查基层情况。

（2）管根固定：穿结构的管根在保温层施工前，用细石混凝土堵塞密实。固定在屋面结构层表面的出气管用卡箍、锚脚与结构层连接牢固。

（3）保温层的坡度与厚度控制

按设计保温层最小厚度和排水坡度，找出屋面坡度线，作标准灰饼。

（4）保温层的含水率控制：对现场材料拌和实行计量监督与检查。

（5）隔气层施工：隔气层在屋面与墙面连接处沿墙向上连续铺设高出保温层上表面150mm。

（6）松散保温材料的保温层施工

1）铺设隔气层。

2）松散保温材料分段分层铺设，其顺序从一端开始向另一端铺设，并适当压实，每层虚铺厚度不大于150mm，压实密度（程度）以小样为准。

3）经压实后的保温层不得直接在上面行车或堆放重物，并及时进行下一道工序。

（7）板状保温材料的保温层施工

1）干铺的板状保温材料紧靠基层表面铺平、垫稳，分层铺设的板块，上下两层的接缝错开，缝隙用同类型材料的碎屑填嵌密实。表面坡度符合设计要求，相邻板块接缝平顺。

2）粘贴的板状保温材料与基层贴紧、铺平，分层铺设的板块上下接缝错开，并符合下列要求：

①用沥青玛琋脂及其他胶结材料粘贴时，板块之间及基层之间满涂胶结材料，以便互

相粘牢。

②用水泥砂浆粘贴时，板缝用保温灰浆填实并勾缝。保温灰浆配合比宜为1:1:10（水泥:石灰膏:同类保温材料的碎粒，体积比）。

(8) 整体现浇保温层施工

1）沥青膨胀珍珠岩、沥青膨胀蛭石采用机械搅拌，拌合时以色泽一致、无沥青团即可。

2）整体保温层分层分段铺设，压实程度根据试验确定，做到表面平整，厚度符合设计要求。

3）硬质聚氨酯泡沫塑料按配比准确计量，发泡厚度均匀一致。

2. 倒置式屋面的保温层施工

(1) 倒置式屋面的保温层必须使用吸水率小、长期浸水不腐烂的憎水性保温材料，如闭孔泡沫玻璃、聚苯泡沫板、硬质聚氨酯泡沫板等保温材料。

(2) 在檐口部位的找坡层内设置 ϕ14～16mm 的排水管（孔），间距1m左右。当有女儿墙时，排水管穿过女儿墙。

(3) 板块保温材料从一端向另一端分段干铺；当采用两层保温材料时，上下层的接缝相互错开，相邻板块接槎应平整；当采用泡沫塑料板做保温层时，在保温层上铺设玻纤薄毡加涂层。

(4) 保温层铺好一段随即施工保护层。保护层分整体、板块和洁净卵石等。

1）整体保护层可采用35～40mm厚，强度等级不低于C20的细石混凝土或25～35mm厚的1:2水泥砂浆。

2）板块保护层，板块下用低强度等级砂浆座浆、铺平垫稳，板块之间留10mm宽空隙，用1:3水泥砂浆或沥青玛瑞脂灌满勾平，并同时做好檐口部位的水泥砂浆找坡工序。

3）采用洁净卵石作保护层时，依据卵石粒径大小和铺设厚度，先做好檐口部位的水泥砂浆找坡。然后将卵石均匀铺设在保温层上，洁净卵石要覆盖均匀，不留空隙。

（四）质量标准

1. 主控项目

(1) 保温材料的堆积密度或表观密度、导热系数以及板材的强度、吸水率，必须符合设计要求。

(2) 保温层的含水率必须符合设计要求。

2. 一般项目

(1) 保温层的铺设应符合下列要求：

1）松散保温材料：分层铺设，压实适当，表面平整，找坡正确。

2）板状保温材料：紧贴（靠）基层，铺平垫稳，拼缝严密，找坡正确。

3）整体现浇保温层：拌合均匀，分层铺设，压实适当，表面平整，找坡正确。

(2) 保温层厚度的允许偏差：松散保温材料和整体现浇保温层为+10%，-5%；板状保温材料为±5%，且不得大于4mm。

(3) 当倒置式屋面保护层采用卵石铺压时，卵石应分布均匀，卵石的质（重）量应符合设计要求。

（五）成品保护

1. 隔气层施工前将基层表面的砂、土、硬块杂物等清扫干净，防止降低隔气效果。

2. 在已铺好的松散、板块或整体保温层上不连续施工时，应采取必要的措施，保证保温层不受损坏。

3. 保温层施工完成后，应及时铺抹水泥砂浆找平层，以保证保温效果。

三、卷材防水屋面工程

（一）施工工艺流程

基层表面处理——涂刷冷底子油——弹线——特殊部位防水附加层处理——铺贴第一层改性沥青防水卷材——第一层卷材热熔封边——铺贴第二层改性沥青防水卷材——第二层卷材热熔封边——防水层清理、检查、修补——验收——防水保护层施工

（二）控制要点

1. 基层表面处理

基层表面必须平整、无起砂、空鼓、开裂等缺陷；用 2m 直尺检查，基面与直尺间的缝隙不超过 5mm，且每米长度内空隙不多于一处；基层的转角部位（如阴阳角、三面角、管根处）要用 1:2.5 水泥砂浆抹出 150mm 的平顺圆角；并用空压机将基层表面浮尘吹净。同时检验基层表面干燥度，方法是：将 $1m^2$ 卷材覆盖在基层表面上，放置 3h，如紧贴基层一面无水印，说明基层含水率小于 9%，适宜做防水施工。

2. 涂刷冷底子油

基层隐检合格后，在基层用滚刷涂刷一道冷底子油，涂刷质量要均匀一致，不得漏刷。干燥 12h 或手摸涂层表面不粘手后，方可进行下道工序施工。

3. 弹线

用彩色粉袋在基层表面弹出均匀的铺贴边线。方法是：根据卷材宽度、留出卷材搭接宽度（长边不小于 100mm，短边不小于 150mm）弹出平面横线；根据相邻卷材搭接要错缝 500mm 宽的原则弹出平面纵线；根据立面卷材搭接缝必须留在距根部 600mm 处的原则弹出立面纵线。

4. 铺设方向和铺贴顺序

屋面坡度图纸设计为 0.5%、1%、2%，故卷材平行于屋脊铺贴。天沟、檐口卷材铺贴时，顺天沟、檐口方向，但上下层不得相互垂直铺贴。

防水层施工时，先做好节点、附加层和屋面排水比较集中部位（如檐口、天沟等）的处理，然后由屋面最低标高处向上施工。

5. 特殊部位防水附加层处理

（1）转角部位防水附加层处理：

阴阳角处的基层做成 $R=50$ 的圆弧，加铺一层附加卷材，阴阳角处以全粘实铺，附加层的宽度 500mm。根据阴阳角的细部形状剪好宽度为 500mm 的卷材，在细部试贴一下，合适后，将卷材底面用汽油喷灯加热烘烤（喷灯与卷材距离保持 50～100mm，下同），待其底面呈热熔状态（热熔胶熔化并发黑有光泽，下同）时，立即粘贴在已处理好的基层上（不要刻意拉紧卷材，自然松铺无皱折即可，下同），并用橡胶压滚压实铺牢。

（2）穿墙管防水附加层处理：

根据穿墙管管径大小，在宽度为（500mm + 管径）的方形卷材上开洞，同时在穿墙管根部 500mm 范围内涂一道改性沥青胶粘剂，卷材穿过套管铺贴在管子根部，用密封膏

封严。

(3) 屋面排气孔

1) 屋面排气孔做到大小一致，外形美观。

2) 防水要求按图 5-212 施工。

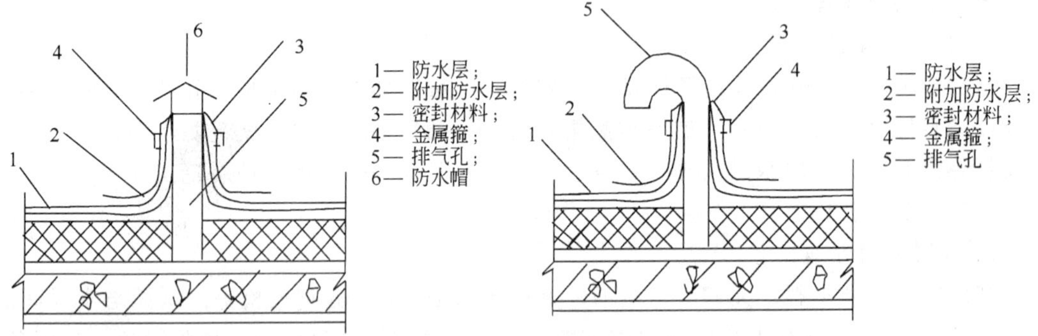

图 5-212　排气孔

6. 滚铺法施工

(1) 起始端卷材铺贴：

将卷材置于起始位置，对好长、短方向搭接缝，滚展卷材 1000mm 左右，掀开已展开的部分，开启喷枪点火，喷枪头与卷材保持适当距离（视外界大气温度，先试铺确定一合适距离），与基层呈 37.5°±7.5°角，将火焰对准卷材与基层交接处，同时加热卷材底面（有热熔胶一面）和基层，至热熔胶层出现黑色光泽、发亮至稍有微泡出现，慢慢放下卷材平铺于基层，然后进行排气辊压使卷材与基层粘结牢固。当起始端铺贴至剩下 300mm 左右长度时，将其翻放在隔热板上，用火焰加热余下起始端基层后，再加热卷材起始端余下部分，然后将其粘贴于基层。

(2) 滚铺：

大面积滚铺时，持枪人位于卷材滚铺的前方，按上述方法同时加热卷材和基层。推滚卷材人蹲在已铺好的卷材起始端上面，等卷材充分加热后缓缓推压卷材，并随时注意卷材的平整顺直和搭接缝宽度。其后紧跟一人用棉纱团等从中间向两边抹压卷材，赶出气泡，并用刮刀将溢出的热熔胶刮压接边缝。另一人用压辊压实卷材，使之与基层粘贴密实。

7. 铺贴改性沥青防水卷材

(1) 铺贴平面第一层改性沥青防水卷材：

在弹好的边线上裁剪并试铺卷材，合格后，按间隔法分步骤铺贴卷材。即第一步铺贴单数段，一人从铺贴起始端开始用汽油喷灯烘烤卷材，一人缓慢向前滚铺熔好的卷材，随后一人手持压滚滚压卷材，排出空气，将卷材粘牢在基层上。第二步铺贴双数段，操作方法同单数段，只是双数段的卷材要按规定与单数段卷材在横纵两个方向搭接。

(2) 铺贴立面与底面相连的第一层卷材：

铺贴立面与底面相连的第一层卷材（包括三角面的卷材）时，一定由平面向立面自下而上紧贴阴阳角热熔铺贴，并用压滚压实排气

(3) 铺贴立面第一层改性沥青防水卷材：

采用外防外贴法从底面转到立面铺贴的卷材，恰为有热熔胶的底面背对立墙基面，因

此这部位卷材用冷贴法粘铺在立墙上，与其衔接继续向上铺贴的卷材仍用热熔法铺贴，且上层卷材盖过下层卷材应不小于 150mm；同时注意在不能连续做防水施工的间隙，立面防水层外部应做临时保护墙，其顶端应临时固定。

（4）第一层卷材热熔封边：

将卷材边缝用压铲轻轻掀起，手持喷灯从接缝外斜向烘烤卷材，热熔后用压铲抹压一遍至封口密实。

（5）铺贴第二层改性沥青防水卷材：

第一层卷材铺贴完毕并验收合格后方可铺贴第二层卷材，第二层卷材铺贴方法与第一层基本相同，只是上下两层卷材的搭接缝应错开 1/3 幅宽。同时注意在三面角的面层卷材接缝应留在底面上，距墙根不小于 600mm 处（屋面热熔卷材搭接处大样见图 5-213）。

图 5-213 屋面热熔卷材搭接处大样

（6）第二层卷材热熔封边：

大面积铺完面层卷材后，将卷材边缝用压铲轻轻掀起，按照底层卷材封边方法，将面层卷材封边压实。

8. 防水层清理、检查、修补

对于已铺好的卷材要及时清理表面杂物和堆放品，未铺牢的卷材用压铲掀起重新热熔铺贴，破损处要重新铺贴。

9. 屋面防水找平层

（1）铺设卷材的找平层可采用水泥砂浆、细石混凝土或沥青砂浆。

（2）找平层宜留设分格缝，缝宽宜为 20mm，并嵌填密封材料（找平层分格缝见图 5-214）。

（3）分格缝应留设在板端缝处，采用水泥砂浆或细石混凝土时，纵横分格缝间距不宜大于 6m；采用沥青砂浆时，不宜大于 4m。

（4）屋面防水找平层表面平整允许偏差 5mm，且无空鼓裂缝。

图 5-214 屋面防水找平层分格缝

四、涂膜防水屋面

（一）施工准备

1. 图纸已会审，施工方案已编制并审批，技术交底已进行，施工作业人员经培训持证上岗。

2. 施工所用的涂料、胎体增强材料、密封材料等均已进场，并检验合格。

3. 机具进场、检修完善，保养待用。

4. 涂膜防水层的基层应坚实、平整、无松动、起砂，必须干燥，清洁干净，表面无尘土、砂粒等污物；对于残留的砂浆或突出物应铲平，不允许有凹凸不平现象，阴阳角处应做成圆弧或钝角。

5. 使用溶剂型涂料时，如果稀释剂和涂料接触火种，都会引起火灾，并有发生爆炸的危险。同时，施工时一定要特别注意安全，施工现场必须设立“严禁烟火”的标志和消防设施。

6. 材料要求

(1) 防水涂料应采用高聚物改性沥青防水涂料、合成高分子防水涂料。

(2) 高聚物改性沥青防水涂料、合成高分子防水涂料的胎体增强材料宜采用聚酯无纺布，也可采用化纤无纺布，但不宜采用玻纤网布。

(3) 防水材料应有说明书、合格证，必须符合材料质量标准及设计要求，进场材料应抽样经当地建设主管部门指定的检测机构复检合格后方可使用。

（二）工艺流程

1. 水乳型或溶剂型薄质涂料二布三涂施工工艺流程：

基层表面清理、修整—→喷涂基层处理剂—→特殊部位附加增强处理—→配料、搅拌—→刷第一遍涂料—→干燥—→刷第二遍涂料—→铺第一层胎体增强材料—→刷第三遍涂料—→干燥—→刷第四遍涂料—→铺第二层胎体增强材料—→刷第五遍涂料—→干燥—→刷第六遍涂料—→散铺保护层材料

2. 反应型薄质涂料一布二涂施工工艺

基层表面清理、修整—→喷涂基层处理剂—→特殊部位附加增强处理—→配料、搅拌—→刮涂第一遍涂料—→铺胎体增强材料—→刮涂第二遍涂料—→干燥—→刮涂第三遍涂料—→散铺保护层材料—→养护

（三）控制要点

1. 基层：屋面基层的干燥程度应视所用涂料特性确定。当采用溶剂型涂料时，屋面基层应干燥。干燥程度应进行测试，测试时将1m卷材或塑料膜平坦地铺在找平层上，静置3～4h后掀开检查，找平层覆盖部位与卷材或塑料膜上未见水印即可施工。

2. 节点部位：大面积涂膜施工前，应先对水落口、板端缝、阴阳角、天沟、檐口、檐沟、泛水等节点部位作附加增强处理，铺放二层胎体增强层，板缝处理处还要作空铺附加层。板端缝和阴阳角增强层和空铺层铺设胎体材料时，距中心每边宽度应不小于80mm。铺设时要松弛，不得拉伸过紧和皱折。

3. 配料和搅拌：多组分涂料应按配合比准确计量，搅拌均匀，并应根据有效时间确定使用量。搅拌应充分，时间一般3～5min，可电动或人工搅拌。混合料色泽均匀一致为标准，如涂料稠度太大涂布困难时，可根据厂家提供的品种和数量掺加稀释剂，切忌任意

使用稀释剂稀释。

4. 基层处理剂：为了增强涂料与基层粘结，在涂料涂布前，必须对基层进行处理，即先涂刷一道较稀的涂料作为基层处理剂。有些防水涂料，如油膏稀释涂料，其浸润性和渗透性强，可不刷基层处理剂，直接在基层上涂刷第一道涂料。

5. 涂层厚度：每道涂料涂刷的厚度以及每个涂层需要涂刷的遍数应由实验确定，太厚会出现涂膜表面已干燥成膜，而内部涂料的水分或溶剂却不能蒸发或挥发的现象，使涂膜难以实干而形不成具有一定强度和防水能力的防水膜。太薄需要增加涂刷遍数、增加劳动力及拖延施工工期。

6. 涂刷间隔时间：各种防水涂料都有不同的间隔时间，应根据气候条件、试验确定间隔时间，薄质涂料每遍涂层表干时实际上已基本达到了实干，因此可用表干时间控制涂刷间隔时间。一般在北方常温下 2～4h 即可干燥，而在南方湿度较大的季节二、三天也不一定能干燥。

7. 成品保护：涂膜防水层未实干前，不得在防水层上堆放任何物品或进行其他施工作业，及时保护。应避免在已完工的防水层上打眼凿洞，如确需打眼凿洞时，损坏的防水层应做重点防水密封处理。

（四）施工工艺

1. 涂刷基层处理剂

应用刷子用力薄涂，使涂料尽量刷进基层表面的毛细孔中，并将基层可能留下来的少量灰尘等无机杂质，像填充料一样混入基层处理剂中，便之与基层牢固结合。

2. 涂料的涂刷

（1）涂料涂刷可采用棕刷、长柄刷，胶皮板、圆棍刷等进行人工涂布，也可采用机械喷涂。

（2）涂料涂布应分条或按顺序进行，分条进行时，每条宽度应与胎体增强材料的宽度相一致，以避免操作人员踩踏刚涂好的涂层。

（3）每次涂布前，应严格检查前遍涂层有无缺陷，如气泡、露底、漏刷、胎体增强、材料皱折、翘边、杂物混入等现象，如发现上述问题，应先进行修补再涂布后遍涂层。

（4）涂刷致密是保证质量的关键，应按规定的涂层厚度均匀、仔细地涂刷。各道涂层之间的涂刷方向应相互垂直，以提高防水层的整体性和均匀性。涂层间的接茬，在每遍涂刷时应退茬 50～100mm，接茬边时也应超过 50～100mm，避免在搭接处发生渗漏。

3. 胎体增强材料的铺设

（1）在涂料第二遍涂刷时，或第三遍涂刷前，即可加铺胎体增强材料。胎体增加材料应尽量顺屋脊方向铺贴，方便施工，提高劳动效率。

（2）胎体增强材料可采用湿铺法和干铺法铺贴。

1）湿铺法：就是边倒料，边涂刷、边铺贴的操作方法。施工时，先在已干燥的涂层上用刷子将涂料仔细刷匀，然后将成卷的胎体增强材料平放在屋面上，逐渐推滚铺贴于刚刷上涂料的屋面上，用滚刷滚压一遍，务必将全部布眼浸满涂料，使上下两层涂料能良好结合，确保其防水效果。铺贴胎体增强材料时，应将布幅两边每隔 1.5～2.0mm 间距各剪 15mm 小口，以利铺贴平整。铺贴好的胎体增强材料不得有皱折、翘边、空鼓等现象，也不得有露白现象。如发现露白，说明涂料用量不足，应再在上面蘸料涂刷，使之均匀一致。

2）干铺法：就是在上道涂层干燥后，边干铺胎体增强材料，边在已展开的表面上用橡皮刮板均匀满刮一道涂料。也可将胎体增强材料按要求在已干燥的涂层上展开后，先在边缘部位用涂料点粘固定，然后再在上面满刮一道涂料，使涂料浸入网眼渗透到已固化的涂膜上。由于干铺法施工时，上涂层是从胎体增强材料的网眼中渗透到已固化的涂膜上而形成整体，因此，当渗透性较差的涂料与比较密实的胎体增强材料配套使用时不宜采用干铺法。

(3) 第一层胎体增强材料应越过屋脊 400mm，第二层应越过 200mm，搭接缝应压平，否则容易进水。胎体增强材料长边搭接不得少于 50mm，短边搭接不得小于 70mm，搭接缝应顺流水方向或主导风向。采用二层胎体增强材料时，上下层不得互相垂直铺设，搭接缝应错开，其错开间距应不小于 1/3 幅宽。

(4) 胎体增强材料铺设后，应严格检查表面有否缺陷或搭接不平等现象。如发现上述情况应及时修补完善，使它形成一个完整的防水层，此后才能在其上继续涂刷涂料，面层涂料应至少涂刷两遍以上，以增加涂膜的耐久性。如面层做粒料保护层，可在涂刷最后一遍涂料时随即撒铺覆盖粒料。

(5) 收头处理

1）为防止收头部位出现翘边现象，所有收头均应用密封材料压边，压边宽度不得小于 10mm。

2）收头处理胎体增强材料应裁剪整齐，如有凹槽时，应压入凹槽内，不得出现翘边、皱折、露白等现象，否则应先进行处理后再涂封密封材料。

(五) 质量要求

1. 主控项目

(1) 防水涂料和胎体增强材料必须符合设计要求。应检查出厂合格证、质量检验报告和现场抽样复验报告。

(2) 涂膜防水层不得有渗漏或积水现象。

(3) 涂膜防水层在天沟、檐沟、檐口、水落口、泛水、变形缝和伸出屋面管道的防水构造，必须符合设计要求。

2. 一般项目

(1) 涂膜防水层的平均厚度应符合设计要求，最小厚度不应小于设计厚度的 80%。

(2) 涂膜防水层与基层应粘结牢固，表面平整，涂刷均匀，无流淌、皱折、鼓泡、露胎体和翘边等缺陷。

(3) 涂膜防水层上的撒布材料或浅色涂料保护层应铺撒或涂刷均匀，粘结牢固；水泥砂浆、块材或细石混凝土保护层与涂膜防水层间应设置隔离层；刚性保护层的分格缝留置应符合设计要求。

五、刚性防水屋面

(一) 细石混凝土防水层施工流程

基层处理→隔离层施工→立分格缝模板→钢筋网绑扎（按分格缝位置配料）→浇筑细石混凝土防水层→振捣滚压抹光→二次压光→拆分格缝模板及边模→三次压光修整分格缝→养护→分格缝内嵌填密封材料

（二）控制要点

（1）细石混凝土按防水混凝土的要求由试验室配制设计配合比，每立方混凝土技术参数：水泥用量不少于 330kg/m^3；含砂率为 35%～40%；灰砂比为 1:2～1:2.5；水灰比不应大于 0.55；坍落度以 30～50mm 为宜。普通细石混凝土中宜掺入膨胀剂、减水剂或防水剂等外加剂，现场采用机械搅拌，拌合要均匀，必须采用机械振捣密实。

（2）细石混凝土防水层的设计厚度不得小于 40mm，应配置直径为 ϕ4～6mm、间距为 100～200mm 的双向钢筋网片。钢筋网片在分格缝处要断开，混凝土强度等级不低于 C20。

（3）配筋细石混凝土防水层在屋面板支承端处、屋面转折处、防水层与突出屋面结构的交接处设置分格缝，其纵横缝间距不大于 6m；无配筋细石混凝土防水层除在上述部位留置分格缝外，板块中间还须留置分格缝，分格缝最大距离不超过 2m，分格缝深度不小于混凝土厚的 2/3，缝宽 10～20mm，缝中嵌填密封材料。

（4）细石混凝土防水层与女儿墙、山墙交接处施工时在离墙 250～300mm 处留置分格缝，缝内嵌硅胶或玻璃胶等填密封材料。

（5）保温屋面的保温层可兼做隔离层，隔离层可采用纸筋灰、麻刀灰、低强度等级砂浆、干铺卷材等材料施工。

（6）天沟、榜沟采用水泥砂浆找坡，但找坡厚度大于 20mm 时，采用细石混凝土找坡。

（7）细石混凝土防水层内严禁埋设管线。

（8）细石混凝土防水层施工时环境温度应在 5～35℃之间，避免在负温度或烈日曝晒下施工。

（三）施工工艺

1. 隔离层施工

隔离层可选用于铺卷材、砂垫层、低标号砂浆等材料。干铺卷材隔离层做法：在找平层上干铺一层卷材，卷材的接缝均匀粘牢，表面涂刷两道石灰水或掺 10%水泥的石灰浆以防止日晒卷材发软，待隔离层干燥有一定强度后进行防水层施工。

采用低强度等级砂浆隔离层效果较为埋想，一般采用黏土砂浆或石灰砂浆施工。黏土砂浆配合比为石灰膏:砂:黏土＝1:2.4:3.6；石灰砂浆配合比为石灰膏:砂＝1:4。

铺抹前基层先润湿，铺抹厚度取 10～20mm，表面要平整、压实、抹光后养护至基本干燥即可做防水层。

2. 分格缝留置与钢筋网片施工

（1）分格缝截面做成上宽下窄形，采用木板或玻璃条做分格模板，分格缝模板安装位置要准确，并拉通线找直、固定，确保横平竖直，起条时不得损坏分格缝处的混凝土。

（2）钢筋网铺设：钢筋网的钢筋规格、间距必须符合设计要求，网片采用绑扎或焊接，分格缝处断开并应弯成 90°。绑扎铁丝收口应向下弯，不得露出防水层表面，钢筋网片必须置于细石混凝土中部偏上位置，但保护层厚度应大于 10mm。

（3）现浇细石混凝土防水层施工

1）细石混凝土浇捣方法

细石混凝土防水层施工质量的好坏，关键在于保证混凝土的密实度和及时养护。

(A) 细石混凝土浇筑时应注意防止分层离析，搅拌时间不少于2min，混凝土浇筑应从远到近，由高往低逐格进行。混凝土浇筑时，要确保钢筋不错位。分格板块内的混凝土应一次整体浇筑，不留施工缝。

(B) 细石混凝土采用平板振捣器振捣密实，然后用滚筒十字交叉来回滚压至表面平整、泛出水泥浆。在分格缝处，应于两侧同时浇筑混凝土后再振捣，以免模板移位，表面刮平、抹压应密实。

(C) 屋面泛水严格按设计节点大样要求施工，如设计无要求时，泛水高度不低于120mm，并与防水层细石混凝土一次浇捣密实，泛水转角处做成圆弧形。

(D) 表面处理：表面由专人用刮尺刮平，用铁抹子压光压实，达到平整并符合排水坡度设计要求。抹压时，不得在表面洒水、加水泥浆或撒干水泥。当混凝土初凝后，起出分格缝模板并修整。混凝土收水后进行二次表面压光，终凝前再次压光，以闭合混凝土收缩裂缝。

(E) 养护：混凝土浇筑12～24h以后进行养护，养护时间不少于14d。养护方法采用淋水、覆盖砂、锯末、草帘、塑料薄膜密封遮盖、涂刷养护液等。养护初期屋面不允许上人。

2）分格缝内嵌硅胶或玻璃胶

细石混凝土养护完成后，应将分格缝内清扫、冲洗干净，所有纵横缝要互相贯通，缺棱损角要修补好，待干燥后涂刷基层处理剂，再嵌填密封材料。要求表面平直光滑，不得有起鼓、龟裂等现象。

（四）质量要求

1．主控项目

(1) 细石混凝土的原材料及配合比必须符合设计要求。

(2) 细石混凝土防水层不得有渗漏或积水现象。

(3) 细石混凝土防水层在天沟、檐沟、檐口、水落口、泛水、变形缝和伸出屋面管道的防水构造，必须符合设计要求。

2．一般项目

(1) 细石混凝土防水层应表面平整、压实抹光，不得有裂缝、起壳、起砂等缺陷。

(2) 细石混凝土防水层的厚度和钢筋位置应符合设计要求。

(3) 细石混凝土分格缝的位置和间距应符合设计要求。

(4) 细石混凝土防水层表面平整度的允许偏差为5mm。

3．密封材料嵌缝

(1) 密封防水部位的基层质量应符合下列要求：

1）基层应牢固，表面应平整、密实，不得有蜂窝、麻面、起皮和起砂现象。

2）嵌填密封材料的基层应干净、干燥。

(2) 密封防水处理连接部位的基层，应涂刷与密封材料相配套的基层处理剂。基层处理剂应配比准确，搅拌均匀。采用多组分基层处理剂时，应根据有效时间确定使用量。

(3) 接缝处的密封材料底部应填放背衬材料，外露的密封材料上应设置保护层，其宽度不应小于200mm。

(4) 密封材料嵌填完成后不得碰损及污染，固化前不得踩踏。

(5) 密封材料嵌填必须密实、连续、饱满，粘结牢固，无气泡、开裂、脱落等缺陷。

(6) 嵌填密封材料的基层应牢固、干净、干燥，表面应平整、密实。

(7) 密封防水接缝宽度的允许偏差为±10%，接缝深度为宽度的0.5～0.7倍。检验方法：尺量检查。

(8) 嵌填的密封材料表面应平滑，缝边应顺直，无凹凸不平现象。

六、瓦屋面工程

(一) 平瓦屋面

1. 施工工艺流程

屋面基层施工及验收→挂屋面瓦→挂斜沟、斜背、山墙半瓦→找平、作斜屋面脊→做屋面泛水→验收

2. 控制要点

(1) 混凝土基层的防渗

平瓦屋面的防水、防漏功能是由基层混凝土和屋面平瓦共同承担。由于一般坡屋面配筋为双层双向，混凝土浇筑难度较大。施工前，应采取必要的措施，编写施工专项方案和详细的技术交底，保证基层混凝土的密实，减少混凝土缺陷的发生。必要时，可在混凝土基层上采用聚合物砂浆兼作找平层，以增加屋面的防水性能。

(2) 屋面找平层的施工

找平层的平整度直接关系到屋面瓦铺设后的平整度。施工前先进行分格（一般为6m×6m），并作灰饼，严格控制其平整度偏差。找平层应杜绝空鼓、壳裂、起砂等现象。对于钢、木结构屋面可能出现的起伏不平，可采用满铺木板，加铺垫毡来调节。

(3) 材料的选择

材料进场使用前，必须进行检查，平瓦的色彩必须一致，其外观质量必须达到规范要求。

(4) 屋瓦的三线标齐

瓦片的铺设必须达到水平、垂直、对角线的三方面对齐。铺瓦前必须对基层进行处理，精确放线，并事先排瓦；必须保证挂瓦条的端面尺寸和准确定位。

(5) 节点部位的处理

檐口、天沟、屋脊、排水沟、与出屋面构造物相交处等部位的处理是杜绝屋面渗漏的关键。

3. 施工工艺

(1) 平瓦施工一般采用挂瓦条法施工。挂瓦条法施工的优点：钢筋混凝土基层与瓦面之间形成一个空气隔热层，摄入室内的热量减少，屋面施工方便、快捷、干净，轮廓平直挺括，并减轻屋顶自重，降低综合造价。

采用挂瓦条法施工，还须注意以下几点：

1) 采用挂瓦条法施工前，先确定挂瓦条的做法，木质挂瓦条建议材质为杉木，并浸入柴油沥青中不少于24h，并置于阴凉处风干，挂瓦条的固定材料用钢钉，木质挂瓦条必须保证端面尺寸；对混凝土挂瓦条，在屋面找平层施工时应在挂瓦条位置留设加强连接筋。

2) 安装挂瓦条前，应确定屋面排水沟的位置及中心线，在距中心线100～140mm的

两边弹平行线，各钉一根挂瓦条。两侧山墙檐口用一根木条连接所有横向挂瓦条，以便固定山墙檐口瓦配件。

3）对木质挂瓦条，取挂瓦条最佳直角按屋面上弹的墨线圃定，安装挂瓦条时，优先采用挂瓦条支架，使挂瓦条与现浇屋面层有 5mm 左右的空隙，以保证挂瓦条防潮、通风干爽，支架间隔 600mm 为宜，用钢钉固定于室面。挂瓦条的接驳应用两个支架吻接固定。对于钢、木结构，挂瓦条可直接在椽于上固定。

4）固定的挂瓦条必须承受大于 750N/m 的上掀风荷（如开放式屋面安装挂瓦条前应安装垫毡以便屋面潮气排出和减弱风力对瓦片的上掀作用）。

（2）施工放线：放线不仅要弹出屋脊线及檐口线、水沟线，还要根据屋面瓦的特点（主要是平瓦允许的最小搭接长度以及因屋瓦平整度的要求，平瓦在其长方向不允许切割，只允许通过调节其搭接长度来铺设，平瓦的短方向在山墙处可进行切割）和屋面的实际尺寸，通过计算，得出屋瓦所需的实际用量，并弹出每行瓦及每列瓦的位置线，便于瓦片的铺设。具体的施工计算方法如下：

1）在现浇屋面找平后放线，先确定屋面的屋脊、斜脊、排水沟等的位置，在屋脊弹出屋脊的控制线（屋脊线向下 50mm），然后从屋檐向上量出 A，A = 屋瓦长 − 槽口预留尺寸（50～75mm），弹线确定屋檐第一排瓦位置，再量出屋面坡长 B，如两侧坡长不等，以较长一侧计算。

2）为保证每排瓦的间距均匀相等，按下述方法计算确定铺瓦的排数及间距：铺瓦的排数 D = （$B-A$）/（屋瓦长一其允许的最小搭接长度），这时 D 极少为整数，为满足上下搭接大于最小搭接，取大于 D 的一个整数 C，再以（$B-A$）/$C=E$，E 即铺瓦时每排瓦之间的间距。

3）由于现浇屋面在施工中可能出现的误差，山墙与屋檐不一定成垂直，所以需画一条与屋檐成直角的山墙边线。再根据实际的误差调节山墙檐口处的平瓦配件的预留位置。两侧山墙檐口可预留 50～75mnm 分别弹线，这两条线也是主瓦铺设的始端与终端。

4）屋檐口第一根挂瓦条要距檐口不少于 30～50mm，并用水泥砂浆封实，以防长时间风雨对挂瓦条产生腐蚀。

5）当屋面坡度小于 20℃时，挂瓦条的间距要比计算间距适当减少 30～50mm。

6）挂瓦条材质分为木质挂瓦条和混凝土（或水泥砂浆）挂瓦条，木质挂瓦条必须经过防腐处理（浸入柴油沥青），固定挂瓦条宜采用钢钉、或铜丝，不得使用铁钉、铁丝，挂瓦条必须平直，安装牢固，接头要错开，材质符合设计要求；对于混凝土挂瓦条（水泥砂浆），与基层的粘结必须牢固，无脱壳、断裂现象。

（3）为保证屋面达到三线标齐，应在屋脊第一排瓦和屋脊处最后一排瓦施工前进行预铺瓦，大面积屋面利用平瓦扣接的 3mm 调整范围来调节瓦片。

（4）坡度大于 35°比较陡的屋面铺设瓦片时，需用铜丝穿过瓦孔系于钢钉或加强连接筋上，钢钉或加强连接筋在浇筑屋面混凝土时预留；或用相应长度的钢钉直接固定于屋面层混凝土中。对于普通屋面檐口第一排瓦、山墙处瓦片以及屋脊处的瓦片必须全部固定，其余可间隔梅花状固定，当坡度大于 35°时，必须全部固定。檐口及屋脊处砂浆必须饱满。

（5）安装平瓦配件由山墙榜口瓦开始，用冲击钻钻约 30mm 深的孔，将 30mm ×

40mm 的小木塞固定于小孔中。从第一片山墙檐口瓦开始封，每片檐口瓦顶部与上排主瓦的底部对齐，一直铺到檐口顶端，安装好的檐口瓦必须成一直线。采用的固定方法是：砂浆饱满卧实，并用钢钉固定于小木塞内。

(6) 脊瓦安装由斜脊瓦开始，施工时拉通线。脊瓦搭口和脊瓦与平瓦之间的缝隙要用麻刀灰嵌严刮平，脊瓦与平瓦的搭接每边不少于 40mm。首先安装斜脊封（配件名），后用脊瓦铺至屋脊，最后铺脊瓦至末端以小封头（配件名）结束。

(7) 配件安装完成后，在有砂浆明显裸露的部位，用颜料砂浆自然勾缝抹平，颜料砂浆的配比由厂家提供，任何鸟类可能筑巢的空隙都必须封实。

(8) 排水沟部位的瓦片用手提切割机裁切，应切割整齐，底部空隙用砂浆封堵密实、抹平，水沟瓦可外露，也可用颜色砂浆找补、封实。平瓦伸入天沟、檐沟的长度不应小于 50mm。排水沟应预先在地面上制作，铺入后应包住挂瓦条，并用钢钉固定，屋檐处铝板（或其他材料）应向下折叠，以防雨水倒灌。

4. 质量要求

(1) 主控项目

1) 平瓦及其脊瓦的质量必须符合设计要求。

2) 平瓦必须铺置牢固。地震设防地区或坡度大于 50% 的屋面，应采取固定加强措施。

(2) 一般项目

1) 挂瓦条应分档均匀，铺钉平整、牢固；瓦面平整，行列整齐，搭接紧密，檐口平直。

2) 脊瓦应搭盖正确，间距均匀，封固严密；屋脊和斜脊应顺直，无起伏现象。

3) 泛水做法应符合设计要求，顺直整齐，结合严密，无渗漏。

(二) 油毡瓦屋面

1. 控制要点

(1) 油毡瓦屋面的防渗

油毡瓦屋面的防渗取决于两个方面：第一是油毡瓦的施工方法是否正确；第二是节点部位的处理，对于屋面基层为混凝土，必须保证基层混凝土的密实。

(2) 油毡瓦屋面的平整度控制

必须控制屋面基层的平整度，当采用混凝土基层时，其平整度偏差不得大于 8mm，找平层应杜绝空鼓、壳裂、起砂等现象的出现；当采用钢、木结构时，对于可能出现的起伏不平，可采用垫毡来调节。二是油毡瓦铺设的质量，铺瓦前必须精确放线，并事先排瓦。

(3) 油毡瓦屋面安装的牢固性

油毡瓦的安装必须牢固，施涂玛琋脂的饱满度及油毡钉的间距均必须满足设计要求及规范规定。

2. 施工工艺

(1) 油毡瓦铺设在钢、木基层上时，可用油毡钉固定；油毡瓦铺设在混凝土基层上时，可用射钉与玛琋脂粘结固定。

(2) 油毡瓦的基层必须平整。铺设时，在基层上应先铺一层沥青防水卷材垫毡，从檐口往上用油毡钉铺钉；垫毡搭接宽度不应小于50mm。

(3) 油毡瓦应自檐口向上铺设，第一层瓦应与檐口平行，切槽应向上指向屋脊，用油毡钉固定。第二层油毡瓦应与第一层叠合，但切槽应向下指向檐口。第三层油毡瓦应压在第二层上，并露出切槽100mm。油毡瓦之间的对缝，上下不应重合。

(4) 每片油毡瓦不应少于4个油毡钉。

(5) 铺设脊瓦时，应将油毡瓦沿槽切开，分成4块作为脊瓦，并用两个油毡钉固定。脊瓦应顺当地主导风向搭接，并应搭盖住两坡面的油毡瓦接缝的1/3。脊瓦与脊瓦的压盖面不小于脊瓦面积的1/2，并不应少于100mm。

(6) 屋面与突出屋面结构的连接处，油毡瓦应铺设在立面上，其高度不应小250mm。

在屋面与突出屋面的烟囱、管道等连接处，应先做二毡三油垫层，待铺瓦后，再用高聚合物改性沥青防水卷材做单层防水。

在女儿墙泛水处，油毡瓦可沿基层与女儿墙的八字坡铺贴，并用镀锌薄钢板覆盖，钉入墙内；泛水口与墙间的缝隙应用密封材料封严。

3. 质量要求

(1) 主控项目

1) 油毡瓦的质量必须符合设计要求。

2) 油毡瓦所用固定钉必须钉平、钉牢，严禁钉帽外露油毡瓦表面。

(2) 一般项目

1) 油毡瓦的铺设方法应正确；油毡瓦之间的对缝，上下层不得重合。

2) 油毡瓦应与基层紧贴，瓦面平整，檐口顺直。

3) 泛水做法应符合设计要求，顺直整齐，结合严密，无渗漏。

(三) 金属板材屋面

1. 施工工艺流程

(1) 非保温屋面

固定支架→钢板安装→连接件固定→屋脊、泛水、封板、包角板安装→密封胶

(2) 单层压型钢板保温层屋面

保温材料支托固定→保温材料铺设→压型钢板安装（含固定支架）→连接件固定→屋脊、泛水、包角板、封板安装→密封胶

(3) 双层压型钢板保温层屋面

底层压型钢板安装→保温材料铺设→面层压型钢板安装（固定支架）→连接件固定→屋脊、泛水、封板、包角板安装→密封胶

2. 控制要点

(1) 金属板屋面的吊装

金属屋面钢板的吊装需用专用机具进行，机具的吊索角度及吊点间距要作专门设计。吊装不能勒坏屋面钢板，同时要确保安全。

(2) 金属板屋面下檩条水平度偏差的控制

金属板屋面的平整及屋面坡度均匀一致的关键在于保证其基层檩条的水平度。如有偏差，可在钢板下铺设木板或用垫圈来调节。

(3) 金属板屋面安装的牢固性

钢板和固定支架应用钩头螺栓连接。两块板铺设后，两板的侧向搭接部位还应用拉铆钉连接。

(4) 金属板屋面的防渗

檐口、天沟、屋脊、排水沟、与出屋面构造物相交处等部位的处理要按设计及施工规定进行。

3. 施工工艺

(1) 铺设屋面板前应对屋面金属板及檩条的连接点进行精确定位。薄钢板下屋面全铺垫板时，要在垫板上事先找出檩条的中心线并画出标志，作为钉子固定的依据，减少在屋面铺板施工时对金属涂层的污染和破坏。

(2) 金属板应用专用吊具吊装，在钢梁和檩条上不应存放过多的钢板，并宜堆放在钢梁附近，吊装时不得勒坏压型钢板。

(3) 屋面钢板的安装应从山墙起安装第一块板。事先应在屋面的低端设一条基准定位线，以确保安装位置的准确，然后依次安装。

(4) 铺设金属板前，应核对屋面支架（一般为钢、木结构）基层的平整度。铺板应挂线铺设，便纵横对齐，长向（侧向）搭接、端部搭接应顺流水方向。压型钢板铺设时，应先在檩条上安装固定支架，压型钢板和固定支架应用钩头螺栓连接。

压型钢板应预先在四角钻钉孔，并应按此孔位置在檩条上定位钻孔，其孔径比螺栓直径大 0.5mm。钻孔时，应垂直不偏斜，并将板与檩条钻穿。螺栓固定时，先垫好密封圈，套上橡胶垫和不锈钢压盖一起拧紧。

压型钢板之间应使用单向螺栓或拉铆钉连接固定。压型钢板与固定支架应用螺栓固定。

(5) 屋面板的安装过程中应定段检测（一般间隔 10 块板），检查板两端的平直度，以保证不出现移动和变形。若需调整，则可在其后安装时，逐块作微量调节。

(6) 压型钢板在长度方向（纵向）的搭接一般在支撑构件上，搭接长度应不小于 200mm，在短方向的搭接应不小于一个波。

(7) 屋面板（包括屋脊板、泛水板、包角板等）长向搭接处应设置两道密封胶，距板端约 15mm，密封胶应连续不间断。底层板搭接长度为 80～100mm，搭接处可不打密封胶。

(8) 屋面板在屋脊处，相对的两块板间宜留出 50mm 间隙，并宜将钢板端上弯 75°～90°，形成挡水板；在天沟处钢板宜外挑 150mm，下弯 100°～150°，形成滴水线。

(9) 泛水板和包角板的自身搭接长度应不小于 100mm，并应有足够的宽度和翻边，连接件间距不宜大于 50mmn。搭接部位应设密封胶。泛水板的安装应平直，每块泛水板的长度不宜大于 2m，与压型钢板的搭接宽度不应小于 200mm。压型钢板挑出墙面的长度不应小于 200mm，其伸入檐沟内的长度不小于 150mm。

天沟用镀锌薄钢板制作时，应伸入压型钢板的下面，其长度不应少于 150mm；当设有檐沟时，压型钢板应伸入檐沟内，其长度不少于 50mm。檐口用异型镀锌钢板的堵头封檐板，山墙应用异型镀锌钢板的包角板和固定支架封严。

屋脊板及高低跨相交处的泛水板与屋面压型钢板间采用搭接连接，搭接长度不宜少于 200mm，并应在搭接部位设置防水堵头。

（10）波形薄钢板屋面的施工与压型钢板屋面基本相似，但需注意以下几点：

1）波形瓦屋面的搭接宽度：大波瓦和中波瓦不应少于半个波；小波瓦不应少于一个波。上下两排波瓦的搭接长度应根据屋面坡长确定，但不应少于 100mm。

2）当波瓦采用上下两排瓦长边搭接缝错开的方法铺设时，宜错开半张波瓦；当采用上下两排瓦长边搭接缝不错开的方法铺设时，在相邻 4 块瓦的搭接处，应随盖瓦方向的不同，先将对瓦割角，对角缝隙不宜大于 5mm。

3）波瓦应采用带防水垫圈的镀锌钩头螺栓固定在金属檩条上或用镀锌螺钉固定在木檩条上，螺栓或螺钉应设在靠近波瓦搭接部位的波峰上。

4）波瓦上的钉孔应用电钻成孔，其孔径应比螺栓（螺钉）的直径大 2～3mm；固定波瓦的螺栓（螺钉）不应拧得太紧，以垫圈稍能转动为度。

5）屋脊、斜脊应采用脊瓦铺盖，亦可采用镀锌薄钢板或其他材料；屋面设有天沟、檐沟时，波瓦伸入沟内的长度不应小于 50mm；屋面与突出屋面的墙或构造物的连接处采用镀锌薄钢板做泛水时，波瓦与泛水的搭接宽度不小于 150mm。脊瓦与波瓦之间的空隙、沟底防水层与波瓦间的空隙、波瓦与泛水间的空隙等宜用麻刀灰或密封胶等材料嵌填密实。

4．质量要求

（1）主控项目

1）金属板材及辅助材料的规格和质量，必须符合设计要求。

2）金属板材的连接和密封处理必须符合设计要求，不得有渗漏现象。

（2）一般项目

1）金属板材屋面应安装平整，固定方法正确，密封完整；排水坡度应符合设计要求。

2）金属板材屋面的檐口线、泛水段应顺直，无起伏现象。

七、屋面排水系统

（一）屋面排水沟

檐沟纵向流水坡度不应小于 1%，水落口周遍直径 500mm 范围内坡度不应小于 5%，檐沟表面平整美观、线条顺直，流水畅通、无积水现象，如图 5-215 所示。

图 5-215　屋面排水沟

图 5-216　屋面直式落水口

（二）屋面直式落水口

水落口周围直径 500mm 范围内坡度不应小于 5%，水落口杯与基层接触处应留宽 20mm、深 20mm 凹槽，嵌添密封材料；水落口面层排砖整齐、勾缝光滑平整、水落口处无积水现象、水篦子起落灵活，整体达到最佳观感质量，如图 5-216、图 5-217 所示。

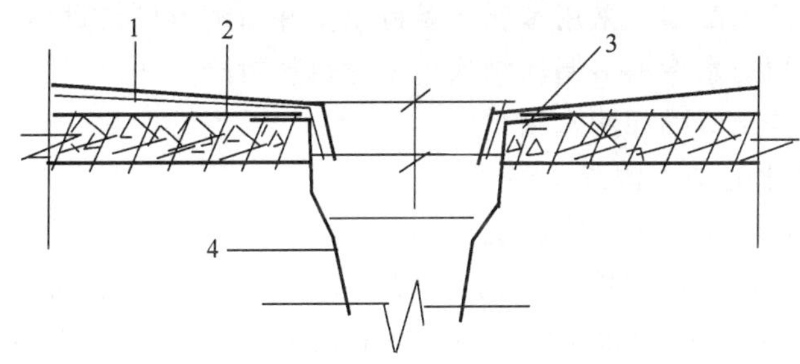

图 5-217　屋面直式落水口结构图

1—防水层；2—防水附加层；3—密封材料；4—水落口杯

（三）屋面反梁过水口

反梁过水孔构造应符合下列规定：留置过水孔高度不应小于 150mm，宽度不应小于 250mm；当采用预埋管做过水孔时，管径不得小于 75mm；过水孔可采用防水涂料、密封材料防水；预埋管道两端周围与混凝土接触处应留凹槽，用密封材料封严。

（四）屋面横式排水口

横式水落口杯埋设时应考虑保温层、防水层的总厚度。防水材料应铺贴进防水杯口内 50mm，并粘结牢固、表面平整光滑达到观感质量。横式水落口外侧 500mm 范围内坡度不应小于 5%，并应用防水涂料或密封材料涂封，其厚度不应小于 2mm。横式水落口杯与基层接触处应留宽 20mm、深 20mm 凹槽，嵌填密封材料（见图 5-218）。

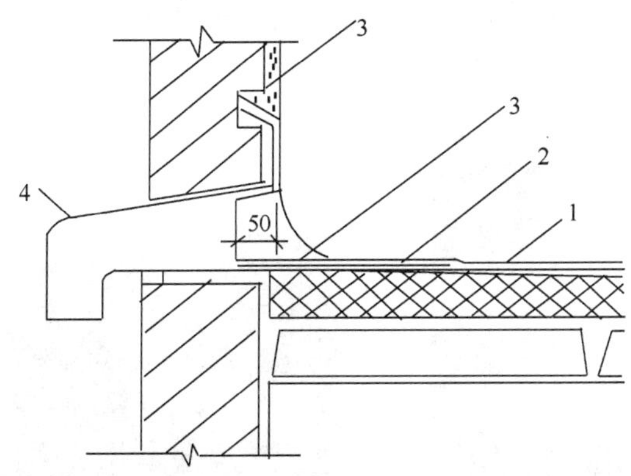

图 5-218　横式落水口

1—防水层；2—附加层；3—密封材料；4—横式水落口

八、屋面细部控制要点

（一）天沟、檐沟的防水要求

1. 沟内附加层在天沟、檐沟与屋面交接处宜空铺，空铺的宽度不应小于 200mm。

2. 卷材防水层应由沟底翻上至沟外檐顶部，卷材收头应用水泥钉固定，并用密封材料封严。

3. 涂膜收头应用防水涂料多遍涂刷或用密封材料封严。

4. 在天沟、檐沟与细石混凝土防水层的交接处，应留凹槽并用密封材料嵌填严密。

（二）檐口的防水构造要求

1. 铺贴檐口 800mm 范围内的卷材应采取满粘法。

2. 卷材收头应压入凹槽，采用金属压条钉压，并用密封材料封口。

3. 涂膜收头应用防水涂料多遍涂刷或用密封材料封严。

4. 檐口下端应抹出鹰嘴和滴水槽。

（三）女儿墙泛水的防水构造要求：

1. 铺贴泛水处的卷材应采取满粘法。

2. 砖墙上的卷材收头可直接铺压在女儿墙压顶下，压顶应做防水处理；也可压入砖墙凹槽内固定密封，凹槽距屋面找平层不应小于 250mm，凹槽上部的墙体应做防水处理。

3. 涂膜防水层应直接涂刷至女儿墙的压顶下，收头处理应用防水涂料多遍涂刷封严，压顶应做防水处理。

4. 混凝土墙上的卷材收头应采用金属压条钉压，并用密封材料封严。

（四）变形缝的防水要求

1. 变形缝的泛水高度不应小于 250mm。

2. 防水层应铺贴到变形缝两侧砌体的上部。

3. 变形缝内应填充聚苯乙烯泡沫塑料，上部填放衬垫材料，并用卷材封盖。

4. 变形缝顶部应加扣混凝土或金属盖板，混凝土盖板的接缝应用密封材料嵌填（见图 5-219）。

（五）伸出屋面管道的防水要求

1. 管道根部直径 500mm 范围内，找平层应抹出高度不小于 30mm 的圆台。

2. 管道周围与找平层或细石混凝土防水层之间，应预留 20mm×20mm 的凹槽，并用密封材料嵌填严密。

图 5-219　屋面排烟道盖板

图 5-220　屋面管根做法

3. 管道根部四周应增设附加层，宽度和高度均不应小于 300mm。

4. 管道上的防水层收头处应用金属箍紧固，并用密封材料封严（见图 5-220）。

第四节　装　饰　工　程

一、工程施工过程控制

（一）施工工艺流程编制

在施工前编制施工工艺流程，协调好土建施工、水电安装施工和装修施工的关系，使整个装修工程做到有条不紊，装饰成品得到有效保护。这里列举几个装饰工程施工的工艺流程，供参考见图 5-221。

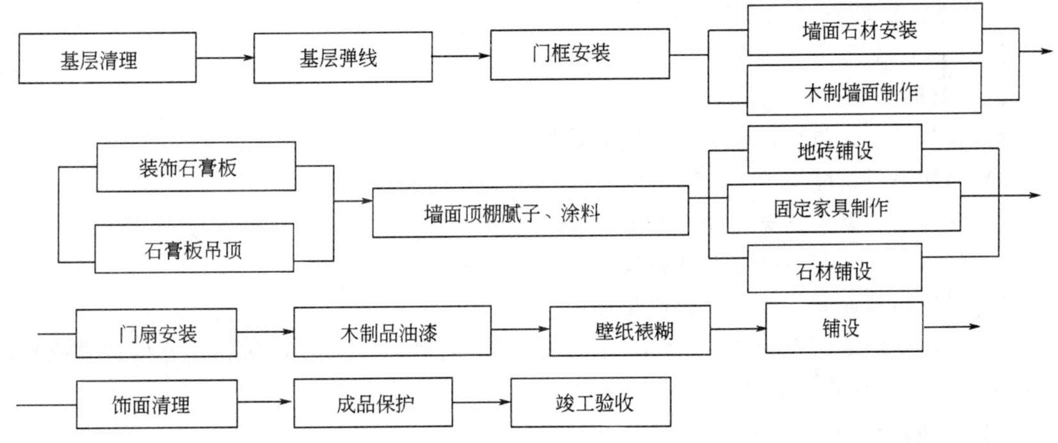

图 5-221　某室内装修工艺流程

（二）某公寓厨卫间施工工艺流程图

1. 某卫生间施工工艺流程图

建筑 1 m 线→隔墙砌筑安装→房间找方→门窗框安装

管井内各管安装→管道打压→污水管通球→水电预留洞封堵→墙面防水及保护层→墙面贴砖→楼地面洞口封堵→地面防水及保护层→地砖→浴缸安装→吊顶龙骨→排风扇安装→吊顶封板→坐便器、脸盆、

电管穿线→门窗扇安装

台面板及镜子安装→门窗五金安装→开关及灯具→验收

2. 某厨房施工工艺流程图

建筑 1m 线→烟道安装、隔墙砌筑安装→水电配管安装→管道打压→水电预留洞封堵→房间找方→门窗框安装→墙面防水及保护层→墙面贴砖→楼地面封堵→地面防水及保护层→地砖→电管穿线→门窗扇安装→吊顶龙骨→排风扇安装→吊顶封板→开关及灯具→厨具、五金安装→验收

（三）样板间施工

为保证装修工程的施工质量和建筑效果，在大面积的装修施工开展前应进行样板间的施工，目的是通过样板间施工来深化设计，选择装修材料，完善各装修工序的工艺流程和

工艺标准，为开展大面积的装修工程做好技术准备工作。

二、分项工程控制要点

（一）门窗工程控制要点

1. 门框安装

（1）门框外边口距墙的缝宽超过30mm时应用细石混凝土堵缝；门框外边口距墙的缝宽不足30mm时应用较干硬性水泥砂浆堵缝。

（2）门框外边与墙的缝宽超过30mm时缝内加木砖不少于两根钉子，上下错开。固定门框的钉子钉进木砖50mm，（钉帽砸扁）并钉正。

（3）木门框与墙间缝隙填堵砂浆、豆石混凝土时两框间加支撑，防止木门框受潮走型。

（4）木门框靠墙一侧要做防腐。

2. 门扇安装

（1）门扇安装的偏差限制

1）框与扇、扇与扇接触处高低差允许偏差1mm；

2）门窗扇对口缝1.5～2.5mm；

3）框与扇上缝留缝宽度允许偏差1.0～1.5mm；

4）门扇与地面间留缝宽度允许偏差外门5～6mm；

5）门扇与地面间留缝宽度允许偏差内门6～7mm

6）门拉手距地面宜为0.9～1.05m，（门锁安装地到锁中为0.95m）开槽位置准确，开启灵活，槽边整齐、美观。

（2）门扇合页安装标准

1）合页安装距门扇上下端宜取立梃高度的1/10，并避开上下冒头；

2）合页安装距门上下端一般为200mm；

3）上下合页安装垂直（防止门扇开关不灵、自行走扇）；

4）合页安装节点

①合页开槽方正，开槽深度、开槽长宽应与合页相互吻合达到观感质量美观；

②固定合页的螺钉拧紧卧平，螺钉帽一字、十字拧口方向基本一致观感美观。

③合页安装后要采取保护措施防止污染，确保观感质量。

5）门扇侧面插销安装要求

①插销处剔槽深度、剔槽宽度、长度与插销吻合，边缘整齐，观感质量美观；

②插销孔位置准确，深度适当，固定螺钉拧紧卧平；门扇插销开启灵活，无污染、锈蚀。

6）木门扇弹簧合页安装

①安装弹簧合页剔槽深度、长度、宽度标准与合页应相互吻合，边缘整齐美观，弹簧合页拧紧卧平，螺钉帽拧口方向基本一致。

②弹簧合页与木门扇剔槽（开门时外露部分）保证光滑、平整、美观。

③弹簧合页安装后应采取保护措施，防止污染保持原件本色，确保观感质量。

3. 铝合金弹簧门

（1）门扇对口缝或扇与框之间立纵缝留缝限值允许偏差2～4mm。

(2) 门扇与地面间留缝限值允许偏差 2～7mm。

(3) 门扇对口缝关闭时平整度允许偏差 2mm。

(4) 铝合金弹簧门自动定位准确，开启角度 90±1.5°，关闭时间在 6～10s 范围之内。

4. 铝合金推拉门

(1) 铝合金门窗框两对角线长度差允许偏差：不大于 2000mm 允许偏差 3mm；大于 2000mm 允许偏差 4mm。

(2) 铝合金门扇开启力限值：扇面积≤1.5m^2 允许偏差≤40N；扇面积＞1.5m^2 允许偏差≤60N。

(3) 铝合金门表面无划痕，无污染；接缝严密、平整。

(4) 铝合金橡胶压条严密平直转角处应 45°角连接，缝隙紧密、美观。

5. 门锁安装

(1) 门锁心、锁窝位置正确、开槽尺寸准确安装牢固、开启灵活，门扇锁心与门扇面平整，钉帽拧紧、卧平，整体安装牢固（见图 5-222）。

(2) 门（锁窝）位置安装正确与锁心相互吻合，与框表面平整、方正。螺钉帽拧口方向基本一致（见图 5-223）。

(二) 室内装饰

1. 室类木制类装饰

(1) 室内木制角线（见图 5-224）

1) 木线条阴阳角接口缝隙严密、端正平齐（45°相接）。

2) 严禁木线条油漆对墙面污染。

3) 达到清漆的观感效果。

4) 木线条接头允许偏差 2mm。

(2) 楼梯木扶手（图 5-225）

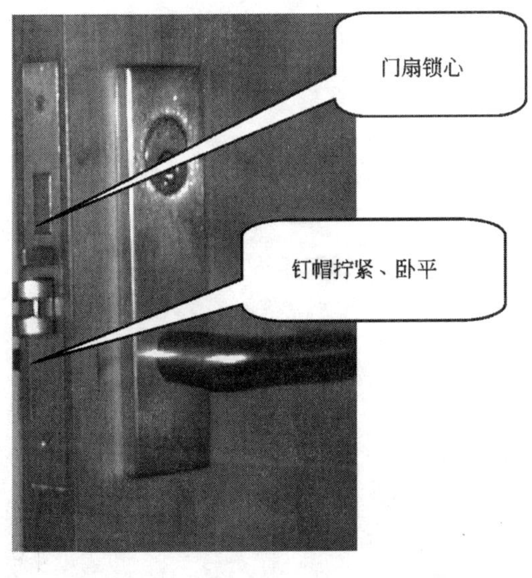

图 5-222 门锁安装（锁心、螺帽）

图 5-223 门锁安装（锁窝）

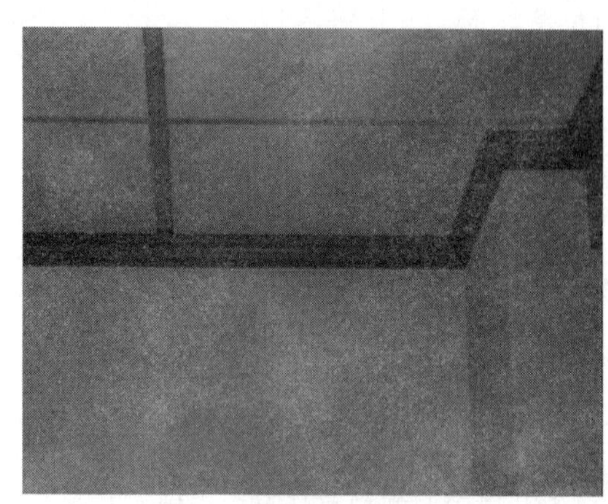

图 5-224 木制角线

图 5-225 楼梯木扶手

1）楼梯扶手接头缝隙严密、平整对称。

2）整体弯头与扶手接头及宽度大于 70mm 的扶手要作暗大头榫，45°拼接。

3）扶手底部扁铁槽深浅一致，螺钉拧紧卧平。

4）清漆扶手平整光滑，达到观感效果。

5）扶手纵向弯曲允许偏差 4mm。(拉 5m 通线检查)

（3）楼梯扶手竖向栏杆

1）扶手转弯处焊接牢固、平整美观。

2）竖向栏杆焊接（生根）牢固、上口焊缝平滑美观。

3）竖向栏杆间距允许偏差：栏杆垂直度 3mm，栏杆间距 3mm，扶手横向弯曲 4mm。

（4）木制窗帘盒

1）控制窗帘盒两端的水平度允许偏差 2mm。

2）窗帘盒两端伸出窗口长度差允许偏差 2mm。

3）窗帘盒安装牢固，油漆达到观感质量好。

（5）木护墙

1）木护墙以观感效果为主，要做好材料选择，安装牢固。

2）木护墙钉帽卧进板内 1mm。

3）木护墙上口压条平直度允许偏差 3mm，木护墙压缝条间距允许偏差 2mm。

（6）木制窗台板

1）木制窗台板板面水平，与木砖钉牢。

2）木制窗台板伸出窗框两侧长度一致。

3）木制窗台板泛水向内允许 1mm。

4）木制窗台板两端允许高低差 2mm。

（7）门贴脸、压条

1）压条接缝平整严密，角度正确。

2）贴脸粘结牢固、阴角方正接缝严密，板边锯口处无损伤。

3）压条、贴脸锯口处无戗槎，钉眼无外露，板材花纹对称目测美观。

4）棕眼刮平、木纹清晰，光亮柔和，光滑无挡手感（达到观感效果）。

2．室内顶板类装饰

（1）走道顶板梁宽度均匀、标高准确、阴阳角方正、角度一致（图 5-226）。

（2）顶板与龙骨安放紧密。半块板裁割尺寸准确无黑缝（图 5-227）。

图 5-226 走道顶板梁

图 5-227 顶板与龙骨

（3）吸声板吊顶

1）吊顶安装偏差要求

①吊顶起拱高度应为房间短向跨度 1/200，纵横拱度均匀。

②两边顶板（非整块）尺寸正确、对称无黑缝，与龙骨相接到位不悬空。

矿棉吊顶板表面平整允许偏差 2mm。

③吸声板压条平直允许偏差 3mm（拉 5m 线检查）。

④次龙骨十字交接点应对接齐平、接缝严密。

2）吊顶附属物安装

①灯架安装与顶板平整对称、美观，空调风口安装与顶板平整、对称美观（整体线条通顺）。

②灯架、通风口周边与顶棚连接平整无缝，相互吻合达到观感效果，见图 5-228、图 5-229。

图 5-228 通风口周边

图 5-229 灯架、通风口周边

(4) 室内石膏板吊顶、灯具

1) 表面平整无凹凸状（主要为观感效果）；四边与墙连接部位的标高、平整度达到要求。

2) 吊顶中心起拱高度，为室内短向 1/200。

3) 吊顶板与灯周边接合平整严密、美观（图 5-230)。

4) 下阳角对齐整体目测美观，纵向阳角平直、方正纵向阴角方正、通顺，小立面平整无高低弯曲现象。

5) 石膏角线接缝严密、平整美观线角与墙面（石材或不同颜色墙体）无污染（图 5-231)。

图 5-230　吊顶板与灯周边

石膏角线

图 5-231　石膏角线

3. 室内墙面类装饰

(1) 墙面壁纸

1) 接缝垂直严密、纹路对称，第一张应吊线。

2) 控制阴角、大面部位的空鼓。

3) 壁纸面花有阴阳，仔细区别防止花饰相同。

4) 上下口与顶角线、踢脚板连接到位。

5) 裁割壁纸不得错位。

6) 搭缝不出毛边。

7) 防止翘边（基地清理不净)、死折（选材)、起光（质感不强）及表面未擦干净。

(2) 墙面电盒安装

1) 与墙面安装平整、方正，抹灰到位盒内洁净整体美观。

2) 多个电盒连接一排时，电盒盖安装要方正，上口平直，与墙连接密实整体美观。

3) 电盒安装位置

①做好预测工作提高观感质量；

②电盒安装在墙面砖十字角中（图 5-232)；

③电盒安装在整砖中心或砖缝中。

④电盒上口平直、标高准确，电盒与墙面无相互污染，电盒与墙面结合紧密无缝隙、整体方正美观（图 5-233）。

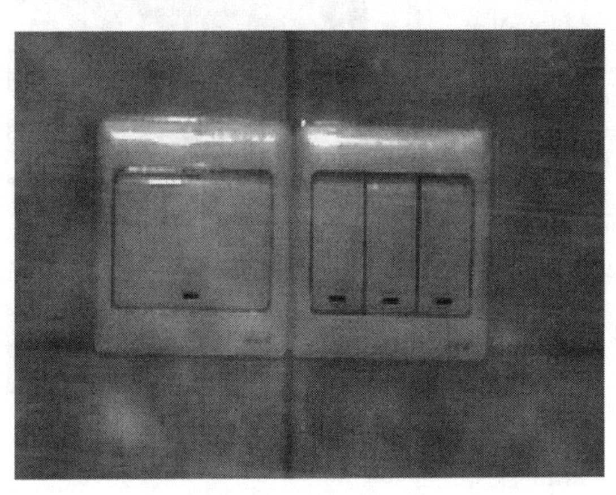

图 5-232 瓷砖饰面电盒安装

图 5-233 墙面电盒安装

(3) 室内墙面砖

1) 阴角半砖不小于整砖 1/2。阴角砖压向正确。

2) 浴盆上口与墙接触部位密封胶封堵，表面平整光滑。

3) 墙壁上的水管、衣件、扶手等通过面砖时开口吻合扣盖平整美观。

4) 墙面镜子安装牢固，密封胶宽度均匀、表面平整光滑无气泡。

5) 墙面砖十字角部位四角平整。十字角部位缝宽均匀。墙面砖勾缝宽度、深度均匀一致，表面平整光滑（图 5-234、图 5-235）。

图 5-234 墙面砖十字角大样

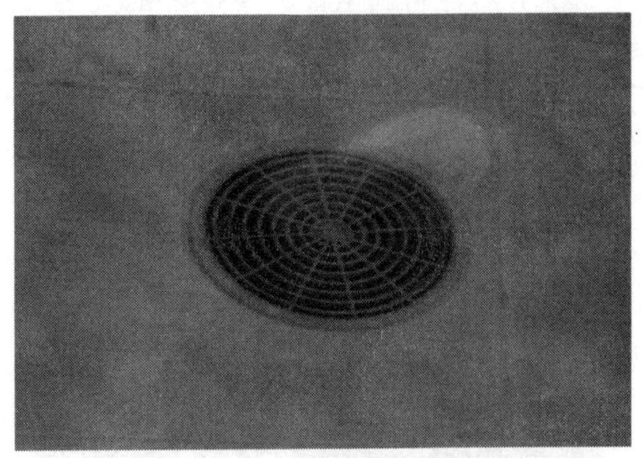

图 5-235 室内厨房排气孔装饰罩

(4) 室内墙面阴角

1) 阴角方正允许偏差 3mm，阴角垂直度允许偏差 2mm。

2) 线角平直方正清晰美观达到观感效果。

(5) 室内墙面阳角（图 5-236）

1) 阳角方正允许偏差 3mm。

2）阳角垂直度允许偏差 2mm。

3）线角平直方正清晰美观，达到观感效果。

（6）室内踢脚线

1）室内（粉刷）踢脚线上口平直，拉 5m 线检查允许偏差 4mm。

2）踢脚线与墙面无污染。

3）踢脚线下口应刷到地面 5mm，这样观感效果较好。

4）阴角光滑通顺。

（7）室内（花纹）墙面石材

1）认真选料（颜色、花纹、尺寸、方正、边角损伤）；

2）缝格平直，勾缝饱满、平整光滑，十字相接处不错位确保观感效果；

图 5-236　室内阳角

3）允许偏差：表面平整度允许偏差 2mm；
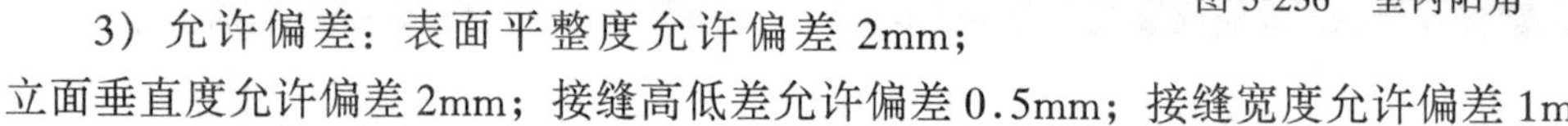
立面垂直度允许偏差 2mm；接缝高低差允许偏差 0.5mm；接缝宽度允许偏差 1mm；

4）无空鼓、无污染，提高整体观感质量。

5. 室内穿墙管类装饰

（1）洗手盆周边密封胶（图 5-237）

洗手盆周边密封胶不要过宽，保持清秀、美观的观感效果。密封胶封口严密平整光滑、宽度均匀、整洁美观。

（2）管道顶板相交处节点做法

1）顶板与管道分色清晰美观

2）顶板涂料刷至管道 6～8mm。

3）管与顶板分界处无相互污染。

4）管根护套装饰。暖气管与顶板相交处是装饰工作的薄弱环节，采用橡胶圈、塑料套安装此部位解决相互污染、阴角不齐的质量通病，提高了观感质量（图 5-238）。

图 5-237　洗手盆周边密

图 5-238　暖气管管根护套

(三) 地面装饰

1. 室内外不同材料地面分界位置(图 5-239)

(1) 室内外不同材料的地面分界位置应在门框裁口外侧留置。

(2) 地面留口平直、位置准确为另一侧地面施工时做好基础工作。

(3) 门内外不同颜色地面表面平整,缝宽均匀、清晰,无污染。

(4) 门内外地面接缝高低差 0.5mm,表面(内外)平整允许偏差 2mm。

2. 木地板地面

(1) 施工前对木地板的颜色进行挑选,按颜色分类编号调配使用。

(2) 松木不大于 1.0mm,硬木不大于 0.5mm,拼花不大于 0.2mm。木地板含水率一般不大于 12%,留排气孔(防起鼓)。

(3) 缝隙大于规定时(1mm)应进行修补提高观感质量。

(4) 木地板表面平整,无刨痕、戗茬、与踢脚板相接部位的平整度。允许偏差:松木长条 3mm,硬木长条 2mm,拼花 2mm。

3. 木踢脚板(图 5-240)

图 5-239 室内外不同材料地面分界位置

图 5-240 木踢脚板

(1) 木制踢脚板安装上口平直,允许偏差 3mm。

(2) 木制踢脚板接头平整,允许偏差 0.5mm。

(3) 木制踢脚板上口宽度均匀,接缝严密。

4. 水泥砂浆地面

(1) 水泥砂浆地面表面平整、颜色均匀;无起砂、空鼓、开裂。

(2) 水泥砂浆地面管根部颜色一致、无空鼓、开裂。

(3) 水泥砂浆地面与踢脚板相交部位平整;

(4) 水泥砂浆地面,门口处采用玻璃分格条提高观感质量。

5. 水泥砂浆踢脚板

(1) 水泥砂浆踢脚板上口平直、上口宽度均匀。

(2) 水泥砂浆踢脚板表面平整、颜色均匀,无空鼓开裂。

(3) 水泥砂浆踢脚板与地面的阴角、转角处的阴阳角平直、方正达到观感质量。

6. 通体砖地面

(1) 铺前选砖地面通体砖十字相交平直、缝格通顺，勾缝深浅、宽度一致，表面光滑，无污染。

(2) 控制门口部位标高、平整，室内外分界位置及接槎的平整、美观。

(3) 室内两边非整砖尺寸对称，非整砖使用尺寸的要求不小于整砖 1/2。

(4) 表面平整 2mm；两砖高低差 0.5mm。无空鼓。

7. 通体砖踢脚板

(1) 踢脚板上口平直，上口宽度均匀，保持本色勿刷涂料。

(2) 踢脚板阴角转角处踢脚板的压向，门口两边半砖大小对称。

(3) 砖缝宽度，勾缝颜色均匀无污染。

8. 石材地面（图 5-241）

图 5-241 石材地面

(1) 铺设前选材，要求颜色、花纹对称。

(2) 十字角处对称平整、无空鼓。

(3) 石材切割部位掉角（飞边)、切割边应平直。

(4) 防止勾缝污染和石材其他污染，加强成品保护，提高观感质量。

(5) 石材地面表面平整度偏差控制在 1.0mm 范围内。

9. 石材踢脚板

(1) 踢脚板接缝宽度均匀、勾缝光滑、平整，颜色一致无污染。

(2) 踢脚板上口平直宽度均匀一致。立面接缝平整。

(3) 踢脚板阴角铺贴压向正确，阳角对接美观。

(4) 拉 5m 线检查，允许偏差 1mm。板块间隙不大于 1mm（塞尺检查)。

10. 现浇水磨石地面（图 5-242）

(1) 铜条外露清晰平直、不错位，接缝严密。

(2) 地面石渣分布均匀，颜色一致。

(3) 门口、镶边的分界定位尺寸正确，防止后补降低观感质量。

(4) 现浇水磨石地面镶边颜色一致、石子分布均匀，与踢脚板相接平整。

11. 洗手间地面

(1) 洗手间门口挡水台：门口挡水台高于洗手间地面 2cm；门扇下口距地面 2cm，门下口刷漆到位。

(2) 洗手间地漏：洗手间地面排水坡度 2%，地漏周边 500mm 范围内坡度 5%；管口做密封处理；地漏盖应低于地面层，地漏内周边平整光滑；洗手间地面无积水（图 5-243）。

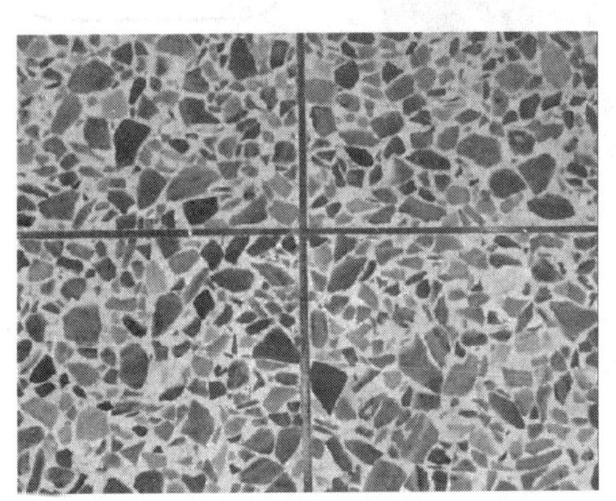

图 5-242 水磨石地面

图 5-243 地漏

(3) 洗手间厨房间管根防护墩（图 5-244）：方正美观，高度不少于 2cm。

(4) 洗手间浴盆打胶

1) 浴盆与地面相接处打胶光滑、平直，无气泡。

2) 浴盆与墙交接处打胶光滑、平直，无气泡。

3) 打胶的宽度均匀（不要太宽），提高观感质量。

4) 镜子周边打胶平整，宽度均匀，线条顺直、转角处衔接美观。

12. 楼梯踏步

(1) 石材楼梯踏步

1) 踏步板无空鼓。

2) 防滑条安装牢固钉帽平整。

3) 相邻两步高差值允许偏差 ±10mm。楼梯踏步石材面层无污染。

(2) 楼梯踏步板侧面观感

1) 楼梯踏步板侧面光滑平整，楞角方正。

2) 滴水线宽度厚度适当。

3) 固定楼梯扶手的螺钉拧紧、卧平。

(3) 水泥砂浆楼梯踏步

1）无空鼓，颜色均匀。

2）楼梯踏步阳角设钢筋保护条。

3）楼梯踏步相邻两步高低差（10mm）。

（4）楼梯踏步底板滴水槽（图 5-245）

图 5-244　管根防护墩

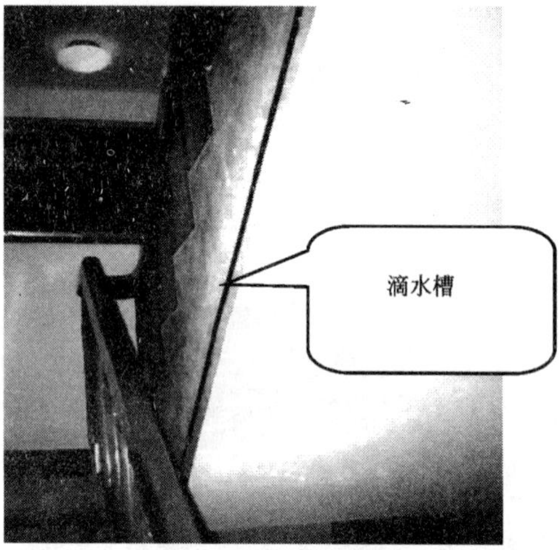

图 5-245　楼梯踏步底板滴水槽

1）楼梯踏步底板滴水槽，槽内方正、线条平直、清晰无污染。

2）楼梯踏步板侧面装饰做到方正，无污染、有线条感。

（四）外檐工程

1. 外檐大角

（1）外墙表面平整光滑，线条清晰无污染，达到观感质量。

（2）窗边阳角目测上下通顺美观。

（3）外檐大角垂直度允许偏差，全高 $H/1000$ 且不大于 20mm。

（4）阳台阳角线条垂直允许偏差全高不大于 20mm。

（5）阳台外立面垂直度允许偏差全高不大于 20mm。

（6）外墙阴角垂直度允许偏差全高不大于 20mm。

（7）外窗口上下线条垂直、美观（观感）。

2. 滴水槽

（1）外墙面砖滴水槽

滴水槽两边砖角平直整齐。滴水槽深度、宽度基本符合水泥砂浆滴水槽的标准。滴水槽内勾缝光滑平整，达到整体观感质量的效果。

（2）外檐滴水槽

外檐滴水槽距阳角 3～3.5mm。滴水槽内口宽 8mm，外口宽 10mm，深 10mm。滴水槽内光滑平整内外线角平直。

3. 外檐窗台

（1）窗台阳角应标高准确、线角平直。

（2）窗台里口标高应低于室内窗台。

（3）窗台板应有适当的泛水。

4. 外檐石材踏步转角

（1）外檐石材踏步转角处阳角方正上下对齐形成一条线。

（2）外檐石材踏步相邻两阶高低差允许偏差±10mm。

（3）外檐石材踏步阴角方正通顺，阳角平直无损伤、颜色均匀。

5. 雨水管安装（图 5-246）

（1）落水管距墙边不小于 20mm。

（2）接头承插长度不应小于 40mm。

（3）管箍每节不少于一个，严禁木楔固定管箍销子。

（4）水落管距地面不应大于 200mm，不小于 150mm。

6. 外墙涂料

（1）外墙喷涂喷点均匀颜色一致。

（2）分格缝宽度一致线角平直。

（3）分色线清晰无污染，整体观感美观。

7. 外墙分格缝与窗相接做法（图 5-247）

图 5-246 雨水管

图 5-247 外墙分格缝

（1）分格缝线条通顺，槽内平整光滑，无污染。

（2）分格缝宽度、深度均匀，楞角方正。

（3）分格缝的上口与窗上口平齐通过。分格缝下口应在窗台上口平齐通过。

8. 外墙干挂石材

（1）石材安装锚固孔位置准确深度达标。

（2）石材选料认真，达到颜色均匀一致。

（3）石材缝隙宽度均匀、纵横缝格平直。

（4）石材缝格密封胶平整光滑，十字角处不出疙瘩。偏差限制：表面平整 3mm，立面垂直 3mm，接缝平直 4mm，接缝高低差 3mm。

9. 外墙面砖

（1）认真排砖放线，合理使用半砖，半砖边缘平直、整齐无锯齿。

（2）纵横缝格宽度均匀，横平竖直。

（3）偏差控制：表面平整允许偏差 4mm，立面垂直 3mm，接缝高低 1mm，接缝平直

3mm，阳角方正 3mm。

（4）窗边半砖使用合理美观。

（5）勾缝饱满平整光滑、宽度、深度均匀、颜色一致，无污染。

10. 外墙块石砌筑

（1）砌筑砂浆必须饱满。

（2）轴线位移允许偏差 10mm，墙面垂直允许偏差 5mm，表面平整允许偏差 7mm，石材砌体灰缝不宜大于 10mm。

11. 玻璃幕墙打胶

（1）玻璃幕墙密封胶平整光滑，玻璃幕墙密封胶边口平直宽度均匀，交接点平顺美观。

（2）玻璃幕墙橡胶密封条安装牢固平整，转角对接美观到位，（采用 45°对接要美观准确）。

（3）玻璃幕墙表面洁净无污染。

（4）玻璃幕墙与其他装饰衔接处做到整洁、干净整体美观。

12. 铝板安装、打胶

（1）板材搭接尺寸正确不得有透缝现象。

（2）接缝封口胶应填嵌密实、线条平直、宽窄均匀、表面平整光滑无气眼（图 5-248）。

（3）铝板安装牢固铆钉间距 100～150mm。

（4）接缝平直允许偏差 0.5mm。接缝高低差 1mm。

图 5-248　铝板接缝封口胶

13. 外窗

（1）外窗打胶

铝合金窗密封胶转角处基本做到光滑、平整与窗角吻合；表面平整、光滑，厚度、宽度均匀，线条顺直无飞边、气泡；防止密封胶堵住排水孔。

（2）铝合金窗橡胶压条节点

1）铝合金窗橡胶压条应 45°相接，保证接缝严密，提高观感质量。

2）铝合金窗橡胶密封条规格型号应符合设计要求，嵌填密实，接头正确。

3）铝合金窗橡胶压条安装牢固、表面平整、线条平直，转角处搭接正确、美观。

14. 外檐水磨石勒脚

（1）勒角表面平整无凹凸状，石渣密实均匀无反浆现象。

（2）勒角上口阳角平直通顺、宽度均匀。

（3）勒角无空鼓、开裂，无污染。

15. 外檐豆石混凝土散水

（1）散水坡度应较明显（2%～3%）。

（2）散水分格缝应通到散水基层面。

(3) 散水距墙边间距 20～30mm，分格缝宽度 20mm。缝内灌沥青砂浆。

(4) 散水分格缝宽度均匀、楞角方正，间距不大于 6m。沥青砂浆灌缝饱满平整，无开裂无污染。

三、主要装修分项及质量保证措施

由于装修材料层出不穷，材料更新换代的速度特别快，对装修施工也提出了新的做法要求，对施工质量要求更严格。本节以几个常见的装修施工分项工程为例，讲述施工方法及质量保证措施。

(一) 一般抹灰工程

1. 施工准备

(1) 结构工程经相关部门质量验收合格，并弹好 +50cm 水平线。

(2) 抹灰施工用水及养护用水从现场临水平面布置图上就近支管上接管。

(3) 内外墙抹灰用脚手架、脚手板、安全防护设施设置完毕，注意架子离开墙面 200～250mm。

(4) 墙体表面的灰尘、污垢和油渍等清除干净，并洒水润湿。砖墙在抹灰前一天浇水湿透，黏土空心砖及混凝土空心砌块墙提前两天浇水湿润，每天两遍以上；混凝土墙体抹灰前一天浇水湿润，抹灰时再用毛刷淋水或喷水湿润（视天气情况现场控制）。

(5) 混凝土墙体表面凸出部分剔平；蜂窝、麻面、疏松部分等剔除到实处后，用 1:2.5 水泥砂浆分层补平。外露钢筋头和铅丝头等清除掉。脚手眼等孔洞填堵严实；蜂窝、凹洼、缺棱掉角处，应填补抹平。

(6) 混凝土墙体浇水湿润后，用扫帚甩上一层 1:1:3（体积比）= 水泥:界面剂:砂子的水泥砂浆，甩点要均匀，终凝后浇水养护，直到水泥砂浆疙瘩全部粘满混凝土光面上，并有较高强度（用手掰不动）为止。

(7) 两种材料的墙体（混凝土墙体与砖墙体、混凝土墙体与陶粒混凝土墙体等）相接处基体表面的抹灰前，先铺钉 5m×5m 的钢丝网，并绷紧牢固，钢丝网与各基体的搭接宽度不应小于 100mm。

(8) 抹灰前必须将管道穿越的墙洞和楼板洞及时安放套管，并用 1:3 水泥砂浆或豆石混凝土填嵌密实，散热器和密集管道等背后的墙面抹灰，宜在散热器和管道安装前进行，抹灰面接槎顺平。

(9) 抹灰前，检查门窗框位置是否正确，与墙体连接是否牢固。连接处缝隙用 1:3 水泥砂浆分层嵌塞密实，若缝隙太大，在砂浆中加入少量麻刀。无副框的木门窗框先用塑料薄膜包裹，再钉 1500mm 高的木条加以保护。

(10) 抹灰前检查基体表面的平整，并在大角的两面、阳台两侧弹出抹灰层的控制线，作为打底的依据。

2. 抹灰砂浆

(1) 抹灰砂浆经过严格计量并拌制，其配合比和稠度等经检查合格后，方可使用。水泥砂浆及掺有水泥或石膏拌制的砂浆，必须在初凝前使用完毕。

(2) 水泥使用前必须按照规范要求做复试，如果出厂日期超过三个月时，应复查试验，并按试验结果使用。不合格产品坚决退场，严禁使用废品水泥。

(3) 砂采用中砂，含泥量不大于 5%（试验报告中必须反映），并不得含有草根及其他有机物等有害杂质，使用前根据使用要求过不同孔径的筛子。

(4) 石灰膏：用块状生石灰淋制，淋制时必须用孔径不大于 3mm×3mm 的筛过滤，并储存在沉淀池中。熟化时间常温下一般不少于 15d；用于罩面时，不得少于 30d。使用时，石灰膏内不得含有未熟化的颗粒和其他杂质。

采用磨细生石灰粉时，细度通过 4900 孔/cm^2 筛，用于罩面，熟化时间不小于 3d。石灰池上部用木板覆盖，视气温情况加盖塑料布（雨期）或岩棉被（冬期）。严禁使用脱水硬化的石灰膏。

3. 施工工艺流程

门、窗口四周堵缝→墙面清理粉尘、污垢→浇水湿润墙体→吊直、套方、找规矩、贴灰饼→作护角→抹水泥窗台板→抹底及中层灰→粘分格条（先弹线）→抹面层水泥砂浆

4. 技术措施

(1) 基层处理

见施工准备。

(2) 吊垂直、套方、找规矩、贴灰饼

抹底层灰前必须先找好规矩，即外墙大角垂直，墙面横线找平，立线顺直。贴灰饼时先在左右墙角上各做一个标准饼，然后用线锤吊垂直线做墙下角两个标准饼，设在勒脚线上口（内墙抹灰时，上灰饼做在 1.8m 高处，下灰饼做在踢脚板上口，用托线板找好垂直，下灰饼也可作为踢脚板依据），再在墙角左右两个标准饼面之间拉通线，做中间灰饼，间距 500mm，门窗口阳角等处上下增设灰饼。

(3) 护角

室内墙面、柱面和门洞口的阳角，用 1:2 水泥砂浆作护角，高度不应低于 2m，每侧宽度 50mm。根据灰饼厚度抹灰，然后粘好八字靠尺，并找方吊直，用 1:2 水泥砂浆分层抹平，待砂浆稍干后，再用捋角器和水泥浆捋出小圆角。

(4) 抹水泥砂浆窗台板

先把窗台基层清理干净，把碰坏的和松动的砖重新用水泥砂浆修复好。用水浇透，然后用 1:2:3 豆石混凝土铺实，厚度不薄于 25mm。次日用 1:1:3 水泥砂浆抹面，压实压光，养护 2～3d。下口要求平直，不得有毛刺。

(5) 抹底层及中层砂浆

在墙体湿润的情况下抹底层灰，先刷水泥浆一遍，随刷随抹底层灰。底层灰采用 1:3 水泥砂浆，厚度为 5～7mm，待底层灰稍干后，再以同样砂浆抹中层灰，厚度为 7～9mm。若中层灰过厚，则应分遍涂抹。然后以灰饼为准，用靠尺刮平找直，用木抹板搓毛。中层灰抹完搓毛后，全面检查其垂直度、平整度、阴阳角是否方正、顺直，发现问题及时修补（或返工）处理，对于后做踢脚线的上口及管道背后位置等及时清理干净。

(6) 抹面层砂浆

中层砂浆抹好后第二天，即可抹面层砂浆。首先将墙面洇湿，按图纸规定尺寸弹分格线，粘分格条，滴水槽，抹面层砂浆。面层用 1:2.5 水泥砂浆，厚度 5～8mm。抹时先在薄地刮一层灰使其与底灰粘牢，紧跟着抹第二道，与分格条抹平。并用大杠横竖刮平，木抹子搓平，铁抹子溜光压实。待表面无明水后，用刷子蘸水按垂直与地面的同一方向，轻

刷一遍，以保证面层抹灰面的颜色均匀一致，避免减少收缩裂缝。及时将分格条取出，待灰层干后，用素水泥膏将缝子勾好。对于难起的分格条，待灰层干透后再起条，防止起坏边棱。

（7）滴水线（槽）：在檐口、窗台、窗眉、雨篷、阳台、压顶和突出墙面的凸线等上面做出流水坡度。

5. 一般抹灰的允许偏差和检验方法符合表5-68规定：

抹灰的允许偏差和检验方法 **表5-68**

项次	项目	允许偏差（mm）		检验方法
		普通抹灰	高级抹灰	
1	立面垂直度	4	3	用2m垂直检测尺检查
2	表面平整度	4	3	用2m靠尺和塞尺检查
3	阴阳角垂直度	4	3	用2m垂直检测尺检查
4	阴阳角方正	4	3	用直角检测尺检查
5	分格条（缝）平直	4	3	拉5m线，不足5m拉通线，用钢直尺检查
6	墙裙、勒脚上口直线度	4	3	

6. 抹灰中常见的质量通病及原因分析

（1）门窗洞口、墙面、踢脚板、墙裙等处抹灰空鼓、裂缝，其主要原因如下：

1）门窗框两边塞灰不严，墙体预埋木砖间距过大或木砖松动，经门窗开关振动，在门窗框周边处产生空鼓、裂缝。处理办法：设专人负责门窗框缝堵塞。

2）基层清理不干净或处理不当，墙面浇水不透，抹灰后，砂浆中的水分很快被基层（或底灰）吸收。处理办法：认真清理和提前浇水。

3）基底偏差较大，一次抹灰过厚，干缩率较大。处理办法：分层找平，每遍厚度宜为7～9mm。

4）配制砂浆和原材料质量不好或使用不当，必须针对不同基层配制不同的砂浆，同时加强对原材料的使用管理工作。

（2）抹灰面层起泡，有抹纹、开花（爆灰仔）。主要原因有如下几点：

1）抹完面层灰后，灰浆还未收水就压光，因而出现起泡现象。处理办法：适时掌握压光时间。

2）底灰过分干燥，又没有浇透水，抹面层灰后，水分很快被底层吸去，因而来不及压光，故残留抹纹。

3）淋制石灰膏时，对过大灰颗粒及杂质没有过滤好，石灰膏熟化时间短。抹灰后，继续吸收水分熟化，体积膨胀，造成抹灰面出现开花（爆灰仔）现象。

（3）抹灰表面不平，阴阳角不垂直，不方正。主要是抹灰前吊垂直，套方以及作灰饼不认真。

（4）门窗洞口、墙面、踢脚板、墙裙等面灰接槎明显或颜色不一致。主要是由于操作时施工缝留设位置不当。处理办法：施工缝尽量留在分格条、阴角处或门窗框边。

(5) 踢脚板、水泥墙裙和窗台板上口出墙厚度不一致，上口毛刺和口角不方等。主要是操作不细，墙面抹灰时下部接近踢脚板等处不平整，凹凸偏差大及踢脚板等施工时没有拉线找直，抹完后又不反尺把上口赶平、压光。

(6) 管道抹灰不平。主要是工作不认真细致，没有分层找平，压光。

7. 成品保护措施

(1) 推小车或搬运物料时，不得碰撞墙角、门框等。靠尺和铁铲等工具不要靠在刚完成抹灰的墙面上。

(2) 拆除脚手架时要注意轻拆轻放，不得撞坏门窗和墙面。

(3) 保护好墙上已安装的配件、窗帘钩（罩）、电线槽盒等室内设施，对被砂浆粘上、污染的要及时清刷干净，特别是粘在门窗框上的砂浆要及时清理干净。

(4) 抹灰层凝结硬化前防止水冲、撞击、振动和挤压。

(5) 保护好地漏、粪管等处不被堵塞。

(6) 门窗框上沾着的砂浆要及时清理干净。

(7) 搭铺平桥板不得直接压在门窗框上，应在适当位置垫放木枋（板）将平桥板架离门窗框。

(8) 搬运料具时要注意不要碰撞已完成的设备、管线、埋件及门窗框和已完成粉刷饰面的墙柱面。

(9) 砂浆水平运输及垂直运输装在固定容器中，运输前将容器边沿擦洗干净，不得溢洒。

(10) 严禁在地面上拌制砂浆及直接在地面上堆放砂浆。

（二）地面水磨石

1. 施工工艺流程

弹水平标高线→基层处理→铺抹 1:2.5 水泥砂浆找平层→弹分格线→镶铜分格条→养护→拌制石渣灰→铺抹石渣灰层→养护粗磨→刮浆→细磨→刮浆→精磨→草酸清洗→晾干→打蜡

2. 技术措施

(1) 基层处理

1) 检查地面平整度和标高，凸出处剔平，对楼板面落地灰、杂物、油污等清除干净。

2) 水泥砂浆找平层

根据墙面建筑 100cm 线，下返尺量至地面标高，留出面层厚度，沿墙边拉线做灰饼，并用同找平层的砂浆冲筋，冲筋间距 1～1.5m（依据房间实际尺寸可调整）。标筋硬化后，浇水湿润基层，进行装档，先用木抹子将灰摊平拍实，用 2m 刮杠刮平，随即用木抹搓平，用 2m 靠尺检查底灰上表面平整度，浇水养护 2d（时间视气温情况由现场责任师确定）。

(2) 弹分格线、镶分格条

在房间中部弹十字线，周边先弹出 150mm 宽的镶黑边宽度，以十字线中心点往四周分格。

铜条事先调整平直。嵌条时跟线嵌条，先将平口板尺按分格线位置靠直，将铜条就位紧贴板尺，用铁抹子在分格条底口，抹素水泥浆八字角，八字角抹灰高度为铜条高度2/3。

拆去板尺再抹另一侧八字角，两边抹完八字角后，用毛刷蘸水轻刷一遍。镶条后拉5m通线检查，偏差不得超过1mm。镶条后12h开始浇水养护48h。

（3）抹面层石渣

1）面层石渣配合比为：1∶2.5（水泥∶石）

2）按规定比例将黄粉加入白水泥掺水搅拌，再按规定比例将各类石渣拌匀，最后将水泥石渣浆先沿分格条铺设，然后将分格条中间摊平，摊平后用铁碾子纵向、横向、斜向反复碾压，随时将面层出现的低洼处用石渣垫平，用碾子将石渣压平压实压出水泥浆为止，2～3h后用抹子将水泥浆压平，24h后洒水养护，养护2～3d。

（4）磨光酸洗

1）开磨前先试磨，以表面石粒不松动方可正式开磨。

2）面层使用磨石机分次磨光。

头遍用5.5kW金刚石高速磨石机粗磨，边磨边加水，要求磨平磨匀，使全部分格嵌条外露，石渣磨到最大粒径为止。磨后将泥浆冲洗干净，用同色水泥浆涂抹，以填补面层表面所呈现的细小孔隙和凹痕，适当养护后再磨。

二遍用120号金刚石磨石机磨细磨一遍后清洗，用掺黄粉的灰浆将面层的砂眼堵平，养护3～5d。

三遍用240号金刚石磨石机将表面石子粒粒显露，平整光滑，无砂眼细孔，用水冲洗后，涂抹草酸溶液（热水∶草酸＝1∶0.35重量比，溶化冷却后用）。清洗干净后晾干。晾干后用抛光机进行第一次抛光。待彻底晾干后，用抛光机进行第二次抛光，抛光后亮度要求达到75～80°。

（5）打蜡

在不影响面层质量的其他工序全部完成后进行。用干净的布或麻丝沾稀糊状的成蜡，涂在磨面上，涂抹要均匀，用磨石机压磨，擦打第一遍蜡及第二遍蜡，要求光亮，颜色一致。

3. 常见的质量问题及原因分析

（1）空鼓

易出现在分格块四角。其主要原因为：基层表面及镶分格条时，条高1/3以上部位有浮浆，扫浆不匀造成。施工中应坚持随扫浆随铺灰，压实后注意养护。

（2）漏磨

易出现部位：边角、管根等

施工中注意磨完头遍后全面检查，漏磨处及时补磨。

（3）磨纹、砂眼

磨光时按工艺擦两遍浆，并注意养护后按工艺程序操作。

（4）面层石渣不匀

石渣规格不好，石渣灰拌合不匀，铺抹不平，滚压不密实。施工中认真操作每道工序。

（5）强度偏低

严格掌握配合比，拌合均匀，拌合好的灰应掌握铺抹滚压时间，注意养护及管理。

（6）分格条掀起，显露不清楚

分格条应镶压牢固、平整，石渣灰铺抹后，滚压应高出分格条，高度一致，磨光严格掌握平顺。

4. 质量允许偏差见表 5-69

水磨石允许偏差与检查方法　　　**表 5-69**

项　目	允许偏差（mm）		检　查　方　法
	普通	高级	
表面平整度	3	2	用 2m 靠尺和楔形塞尺检查
缝格平直	3	2	拉 5m 线或不足 5m 拉通线尺量检查

5. 成品保护措施

（1）铺抹打底和罩面灰时，水电管线、各种设备及预埋件不得损坏。

（2）运料时注意保护门口、栏杆等，不得损坏。

（3）面层装料等操作应注意保护分格条，不得损坏。

（4）磨面时将磨石废浆及时清除，不得流入下水口及地漏内以防堵塞。

（5）磨石机应设罩板，防止溅污墙面等。重要部位、设备加苫盖。

（6）四周墙面粘贴 1.2m 高塑料布，以防溅污墙面。

（三）地面石材

1. 施工工序流程

基层处理→基层弹线→预铺→石材铺设→勾缝→成品保护→饰面清理→打蜡→分项验收

2. 主要施工技术措施

（1）基层处理

施工前应将地面尘土、杂物彻底清扫干净，检查地面不得有空鼓、开裂及起砂等现象，保持地面干净且具备规范要求的强度，并能满足施工结合层厚度的要求。在正式施工前用少许清水湿润地面。

（2）弹线

在施工前要按四周弹出标高控制线和做出标高控制。清理完毕后，在地面弹出十字线，并根据石材分格图在地面弹出石材分格线。

（3）预铺

首先应在图纸设计要求的基础上，对石材的颜色、纹理、几何尺寸、表面平整等进行严格的挑选，然后按照图纸要求预铺。对于预铺中可能出现的误差进行调整、交换，直至达到最佳效果（调整后的石材编号画在石材分格图上，按铺贴顺序堆放整齐备用）。

（4）铺贴石材

镶贴应采用 1:4 干硬性砂浆经充分搅拌均匀后进行施工，先在清理好的地面上，刷一道素水泥浆，把已搅拌好的干硬性砂浆铺到地面，用灰板拍实，应注意砂浆铺设宽度要超过石材宽度 1/3 以上，砂浆厚度控制在 30mm。把已编号的石材按照要求放在干硬性砂浆上，用橡皮锤砸实，根据装饰标高，调整好干硬性砂浆厚度，从中间往四周铺贴。取下石材，在干硬性水泥砂浆上撒素水泥浆，把石材放上，用橡皮锤砸实，然后用棉纱擦干净接缝。

（5）勾缝

石材铺完 24h 后进行勾缝，若勾缝需调色时，最好一次调出，一次勾完。

(6) 清理

勾完缝后，当水泥浆凝固后再用棉纱等物对石材表面进行清理（一般宜在 12h 之后)。

(7) 石材打蜡

打蜡一般应按所使用蜡的操作工艺进行，原则上烫硬蜡，擦软蜡，蜡洒分布均匀，不露底色，色泽一致，表面干净。

3. 石材铺设的质量要求

任何一处独立空间的石材颜色一致，花纹通顺基本一致，石材板痕与石板颜色一致，擦缝饱满与板齐平，洁净美观；板块挤靠严密，无缝隙，缝痕通直无错缝，表面平整，洁净，图案清晰，无磨划痕，周边顺直方正；石材地面烫硬蜡、擦软蜡，蜡洒分布均匀不露底，色泽一致，厚薄均匀，图纹清晰，表面洁净。

4. 成品保护

地面石材施工完毕应在饰面铺设一层塑料布，然后再铺设一层 18mm 厚的多层板进行保护。

(四) 墙面砖镶贴

1. 施工工艺

基层清理→基层弹线→预排→做标志块→镶贴面砖→勾缝→清理→成品保护→单项验收

2. 施工技术措施

(1) 基层清理

对抹灰墙面表面的灰尘等污物清理干净并保持表面干燥。

(2) 弹线

根据已弹出的建筑 50 线，按照室内墙砖排版方向弹出水平及垂直控制线。

(3) 预排

根据弹线对墙砖预排，如发现误差要及时调整。墙面如发现少于半块砖的位置要与相邻的墙砖进行调整。

(4) 做标志块

墙面面砖排列为直缝。铺贴大面前，先用废块材做标准厚度块，用靠尺和水平尺确定水平度，这些标准厚度块，将作为粘贴面砖厚度的依据，以便施工中随时检查表面的平整度。

(5) 垫底尺

根据计算好的最下一皮砖的上口标高，垫放好尺板作为第一皮砖上口的标准。底尺安放必须水平，摆实摆稳。

(6) 抹胶贴砖

粘结胶采用 YJ—9，其配合比为胶∶水∶水泥 = 1∶1∶5（重量比)。根据配合比充分搅拌，在墙面上抹上胶层（厚度＜5mm)，随抹胶随贴砖。要求块材表面必须干燥，砖缝控制在 2mm 以内。(石材镶贴顺序为：阳角→阴角，大面→小面，由下向上)。勾缝：在墙砖贴好 24h 后进行勾缝处理，勾缝采用 YJ—9 瓷砖胶进行，擦镶密实即可。

(7) 清理

用棉纱对饰面进行清理，面砖表面及砖缝部位要擦净。

3. 质量要求见表 5-70

墙面砖镶贴允许偏差与检查方法　表 5-70

项次	项目	允许偏差（mm）		检验方法
		外墙面砖	内墙面砖	
1	立面垂直度	3	2	用 2m 垂直检测尺检查
2	表面平整度	4	3	用 2m 靠尺和塞尺检查
3	阴阳角方正	3	3	用方尺和楔形塞尺检查
4	接缝直线度	3	2	用直角检测尺检查
5	接缝高低差	1	0.5	拉 5m 线，不足 5m 拉通线，用钢直尺检查
6	接缝宽度	1	1	用钢直尺检查

4. 成品保护

在进行其他作业时，注意保护墙面不要磕碰和污染饰面。

（五）地砖铺设

1. 施工工序流程

基层处理→弹线→预铺→铺贴→勾缝→清理→成品保护→分项验收

2. 主要施工技术措施

（1）基层处理

将尘土、杂物彻底清扫干净，不得有空鼓、开裂及起砂等缺陷。

（2）弹线

施工前在墙体四周弹出标高控制线，在地面弹出十字线，以控制地砖分隔尺寸。

（3）预铺

首先应在图纸设计要求的基础上，对地砖的色彩、纹理、表面平整等进行严格的挑选，然后按照图纸要求预铺。对于预铺中可能出现的尺寸、色彩、纹理误差等进行调整、交换，直至达到最佳效果，按铺贴顺序堆放整齐备用。

（4）铺贴

铺设选用 1:4 干硬性水泥砂浆，砂浆厚度 25mm 左右。铺贴前应将地砖背面湿润，需正面干燥为宜。把地砖按照要求放在水泥砂浆上，取下地砖，在干硬性水泥砂浆上撒素水泥浆，把地砖放上，用橡皮锤轻敲地砖饰面直至密实平整达到要求。

（5）勾缝

地砖铺完后 24h 进行清理勾缝，勾缝前应先将地砖缝隙内杂质擦净，用 1:1 水泥砂浆勾缝。

（6）清理

当水泥浆凝固后再用棉纱等物对地砖表面进行清理（一般宜在 12h 之后）。

3. 地砖铺设的质量要求

地砖表面洁净，图案清晰，色泽一致，接缝均匀，周边顺直，勾缝平整光滑，板块无裂纹、掉角和缺楞等现象。

允许偏差项目质量要求见表 5-71

地砖铺设允许偏差与检验方法 表 5-71

项 次	项 目	允许偏差（mm）	检 验 方 法
1	表面平整	2	用 2m 靠尺和楔形塞尺检查
2	接缝平直	3	拉 5m 线检查
3	接缝高低	0.5	用方尺和楔形塞尺检查
4	接缝宽度	2	用塞尺检查

4. 成品保护

铺设 48h 内，禁止上人。如需要在上作业时，需 48h 后进行，并应在地面铺塑料布或层板，以免破坏地面。

（六）地毯铺设：

1. 施工工序流程

基层清理—→地毯裁割—→钉倒刺板—→接缝—→铺弹性垫层—→找平—→固定收边—→修整—→清理—→分项验收

2. 主要施工技术措施

（1）基层处理

清扫地面，要保证原水泥地面表面平整、光滑、洁净，如有油污，须用丙酮或松节油擦拭干净。对于凹坑处用水泥腻子修补平整。

（2）弹线

根据地毯的幅宽及地毯的铺贴方向，在地面上划出每幅地毯接缝处分格线。

（3）剪裁

地毯剪裁应在比较宽阔的地方集中统一进行。一定要精确测量房间尺寸，并根据房间尺寸、形状用裁边机断下地毯料，每段地毯长度的要比房间长出 5cm 左右，宽度要以裁去地毯边缘线后的尺寸计算。

（4）钉倒刺板挂毯条

沿房间四周踢脚板边缘，用高强水泥钉将倒刺板钉在基层上（钉朝向墙的方向），其间距约 40cm。倒刺板应离开踢脚板面 8～10mm，以便于钉牢倒刺板。

（5）铺设衬垫

将 5mm 厚的衬垫采用点粘法刷 401 胶，粘在地面基层上，离开倒刺板 10mm 左右。

（6）铺设地毯

1）缝合地毯：将裁好的地毯虚铺在垫层上，然后将地毯卷起，在拼接处缝合。缝合完毕，用塑料胶纸贴于缝合处，保证接缝处不被划破或勾起，然后将地毯平铺，用弯针在接缝处做绒毛密实的缝合。

2）拉伸与固定地毯：先将地毯的一条长边固定在倒刺板上，用地毯撑子拉伸地毯。拉伸时，用手压住地毯撑，用膝撞击地毯撑，从一边一步一步推向另一边。反复拉伸，直至拉平为止。然后将地毯固定在另一条倒刺板上，掩好毛边。长出的地毯，用裁割刀割掉。一个方向拉伸完毕，再进行另一个方向的拉伸，直至四个边都固定在倒刺板上。

3）细部处理及清理：要注意门口压条的处理和门框、走道、与门厅、地面与管根、暖气罩、槽盒，走道与卫生间门槛，内门与外门，踢脚板等部位的固定和掩边工作，必须粘结牢固，不应露出拼接和补条等不完整现象。地毯铺设完毕，固定收口条后，应用吸尘器清扫干净，并将毯面上脱落的绒毛等彻底清理干净。

3．地毯铺设的质量要求：

地毯固定要牢固，毯面平挺不起鼓，不起皱，不翘边，拼缝密实平整，不显拼缝。

4．成品保护

地面地毯铺设完毕，进行减少人员在上走动，如必须进入应在地毯饰面铺设塑料布一层，并应穿拖鞋进入。

（七）墙面石材安装：

1．墙面石材湿贴工艺

（1）施工工序流程

基层清理→基层弹线→镶贴石材→擦缝→饰面清理→成品保护→分项验收

（2）施工技术措施

1）基层处理

除一般常规清理外，应注意墙体构造层的密实度和强度，保证基层不出现起皮、空鼓等现象，均匀地刷一道界面剂。

2）弹线

在墙体上弹出底排石材标高线，并在墙上做好控制线；根据石材分格图弹出石材分隔线。

3）石材安装

安装墙面石材前，应把石材平铺在地面试拼，并按石材颜色、纹理、规格、表面平整、光洁度等进行编号；安装石材应从下往上安装。由于采用墙面石材压地面石材的做法。所以最下一排石材先不粘贴，从第二排石材开始施工。施工时，用木垫块垫起。待地面石材施工完毕后再进行最下一层石材的粘贴施工，施工完毕在地面石材与墙面石材接缝处要打胶一道。石材镶贴采用1∶3水泥砂浆进行粘贴，粘贴厚度控制在15mm左右。

4）擦缝

石材安装完毕，用白水泥对石材缝隙进行擦缝处理。

5）饰面清理

石材安装完毕后，用白棉纱对饰面进行清理，注意不要划破石材饰面。

2．墙面石材干挂工艺

（1）施工工序流程

基层清理→基层弹线→钢制骨架制作安装→挂件安装→石材开孔→安装石材→缝隙处理→饰面清理→成品保护→分项验收

（2）主要施工技术措施：

1）基层清理

除一般常规清理外，应注意墙体构造层的密实度和强度，保证基层不出现起皮、空鼓等现象。

2）弹线

在墙体上弹出底排石材标高线，并在墙上做好控制线；根据石材分格图弹出石材分隔线。

3）钢制骨架安装

4）石材安装

石材安装时石材需先根据石材调节片的位置，在石材上打眼，打眼位置应根据石材挂件的形式及尺寸确定。但打眼位置距石材边不得小于边长的$\frac{1}{4}$。安装墙面石材前，应把石材平铺在地面试拼，并按石材颜色、纹理、规格、表面平整、光洁度等进行编号；石材应从下往上安装，安装时应先根据挂件位置调整石材的垂直度及平整度，调整完毕，再对石材打孔位置进行灌胶，用以固定石材。

5）勾缝

石材安装完毕，用石材密封胶对石材缝隙进行勾缝处理。

6）饰面清理

石材安装完毕后，用白棉纱对饰面进行清理，注意不要划破石材饰面。

3．成品保护

墙、柱面石材安装完毕，对1m以下部位用层板进行保护，以免磕碰。

（八）木制墙面制作

1．施工工序流程

基层处理→基层弹线→木龙骨安装→衬板安装→面板安装→面板清理→面板油漆

2．主要技术措施

（1）基层处理

先将基层浮灰等进行清理，对于墙面平整度、垂直度不满足要求的进行修复。

（2）基层弹线

根据图纸要求在清理完毕的基层上先弹好木制墙面的位置线，然后在木制墙面位置线中弹出饰面板分格线。

（3）木龙骨架制作安装

根据饰面板分格线，在墙面上安装预先制作的木龙骨网片，木龙骨网片采用开口榫连接。木龙骨可选用30mm×20mm的松木龙骨，间距不大于400mm，木龙骨经防火及防腐处理后，用圆钉与墙内木楔固定。检查木龙骨平整、垂直度，阴阳角方正度，木龙骨有无松动现象。

（4）安装衬板

木龙骨上封9mm厚多层板，层板背面涂刷一遍防火涂料，接缝处用乳胶粘结，气钉固定，气钉沿龙骨方向间距80～100mm，多层板拼口，上下口收边处及阴阳角处必须赶在龙骨上。检查衬板平整度、垂直度，阴阳角方正度，层板有无松动现象。

（5）饰面板制作安装

按照设计木制墙面的分隔方式，进行预拼面板板块，板块采用3mm厚的红影木层板制作，再检查合格后进行安装，安装采用乳胶与气钉固定的方法。

（6）饰面油漆

安装完毕的饰面板做好成品保护，根据设计要求进行饰面油漆。

3．质量要求见表5-72

木制墙面质量标准及检验方法　　表 5-72

<table>
<tr><th rowspan="3">检验项目</th><th colspan="3">允许偏差 (mm)</th><th rowspan="3">检验方法</th></tr>
<tr><th rowspan="2">木制墙面</th><th colspan="2">石材</th></tr>
<tr><th>墙面</th><th>柱面</th></tr>
<tr><td>表面平整</td><td>1</td><td>1</td><td>1</td><td>用 2m 靠尺和楔形塞尺检查</td></tr>
<tr><td>立面垂直</td><td>2</td><td>2</td><td>2</td><td>用 2m 托线板检查</td></tr>
<tr><td>阴阳角方正</td><td>—</td><td>3</td><td>—</td><td>用方尺和楔形塞尺检查或内外直角尺</td></tr>
<tr><td>接缝高低</td><td>0.5</td><td>0.3</td><td>0.3</td><td>用直尺和塞尺检查</td></tr>
<tr><td>接缝平直</td><td>—</td><td>3</td><td>2</td><td>拉 5m 线（不足 5m 拉通线），用尺量检查</td></tr>
</table>

(九) 墙面、顶棚涂料施工

1. 施工工序流程

基层处理⟶刮腻子⟶砂纸打磨⟶涂料涂刷⟶成品保护⟶分项验收

2. 施工技术措施

(1) 基层处理

首先检查原墙的平整度、垂直度，保证基层平整干净。顶棚石膏板基层部分要进行嵌缝处理。

(2) 刮腻子

在清理完的墙、顶面刮两至三遍腻子，每道腻子之后用砂纸打磨，以保证墙面的平整度。

(3) 涂料涂刷

涂料在涂刷施工之前应将门框、窗框、木制墙面等处加以保护，以免污染。涂刷顺序为：先顶棚、后墙面，同一饰面应先竖向再横向，操作时用力要均匀，保证不漏刷。第一遍涂料涂刷后将局部不平整处打磨，然后涂刷第二遍、第三遍涂料，饰面施工完后注意成品保护。

3. 质量要求

涂料施工质量标准应符合表 5-73 的要求。

涂料施工质量标准及检验方法　　表 5-73

<table>
<tr><th>项次</th><th>施工方法</th><th colspan="2">检验项目</th><th>质量标准</th><th>检验方法</th></tr>
<tr><td rowspan="10">1</td><td rowspan="10">薄涂料涂饰质量允许偏差</td><td rowspan="2">颜色</td><td>普通涂饰</td><td>均匀一致</td><td rowspan="8">观察检查</td></tr>
<tr><td>高级涂饰</td><td>均匀一致</td></tr>
<tr><td rowspan="2">泛碱、咬色</td><td>普通涂饰</td><td>允许少量轻微</td></tr>
<tr><td>高级涂饰</td><td>不允许</td></tr>
<tr><td rowspan="2">流坠、疙瘩</td><td>普通涂饰</td><td>允许少量轻微</td></tr>
<tr><td>高级涂饰</td><td>不允许</td></tr>
<tr><td rowspan="2">砂眼、刷纹</td><td>普通涂饰</td><td>允许少量轻微砂眼、刷纹通顺</td></tr>
<tr><td>高级涂饰</td><td>无砂眼、无刷纹</td></tr>
<tr><td rowspan="2">装饰线、分色线直线度</td><td>普通涂饰</td><td>2</td><td rowspan="2">拉 5m 线，不足 5m 拉通线，用钢直尺检查</td></tr>
<tr><td>高级涂饰</td><td>1</td></tr>
</table>

续表

项次	施工方法	检验项目		质量标准	检验方法
2	厚涂料涂饰质量允许偏差	颜色	普通涂饰	均匀一致	观察检查
			高级涂饰	均匀一致	
		泛碱、咬色	普通涂饰	允许少量轻微	
			高级涂饰	不允许	
		点状分布	普通涂饰	——	
			高级涂饰	疏密均匀	
3	复层涂饰质量允许偏差	颜色		均匀一致	观察检查
		泛碱、咬色		不允许	
		喷点疏密程度		均匀，不允许连片	
4	色漆涂饰质量允许偏差	颜色	普通涂饰	均匀一致	观察检查
			高级涂饰	均匀一致	
		光泽、光滑	普通涂饰	光泽基本均匀光滑无挡手感	观察、手摸检查
			高级涂饰	光泽均匀一致光滑	
		刷纹	普通涂饰	刷纹通顺	观察检查
			高级涂饰	无刷纹	
		裹棱、流坠、皱皮	普通涂饰	明显处不允许	
			高级涂饰	不允许	
		装饰线、分色线直线度	普通涂饰	2	拉 5m 线，不足 5m 拉通线，用钢直尺检查
			高级涂饰	1	
5	清漆涂饰质量允许偏差	颜色	普通涂饰	基本一致	观察检查
			高级涂饰	均匀一致	
		木纹	普通涂饰	棕眼刮平、木纹清楚	
			高级涂饰	棕眼刮平、木纹清楚	
		光泽、光滑	普通涂饰	光泽基本均匀光滑无挡手感	观察、手摸检查
			高级涂饰	光泽均匀一致光滑	
		刷纹	普通涂饰	刷纹通顺	观察检查
			高级涂饰	无刷纹	
		裹棱、流坠、皱皮	普通涂饰	明显处不允许	
			高级涂饰	不允许	

4．成品保护

墙面刮腻子滚刷涂料过程中，用纸胶带、旧报纸、塑料布对消防箱、配电箱、开关、插座进行粘贴遮盖保护。

（十）壁纸裱糊

1．施工工序流程

基层处理→基层弹线→裁纸→刷胶→裱糊→饰面清理→成品保护→分项验收

2. 施工技术措施

(1) 基层处理

对于原有基层要进行除尘除胶处理，用铲刀对原表面的腻子进行铲除，表面浮粉清除干净，再整面刮一遍腻子，达到基层坚实牢固，无疏松、起皮、掉粉现象。

(2) 基层弹线

根据壁纸的规格在墙面上弹出控制线作为壁纸裱糊的依据。

(3) 裁纸

根据壁纸裱糊的高度，预留出50mm的余量，再按照墙体长度裁割出需要的壁纸数量。

(4) 刷胶

壁纸背面和墙面都应涂刷胶粘剂，刷胶应薄厚均匀，墙面刷胶宽度应比壁纸宽50mm。胶粘剂调制后，通过400孔/cm^3筛子过滤，除去胶中的疙瘩和杂质，调制出的胶液应在当日用完。

(5) 裱糊

裱糊壁纸时，首先要垂直，后对花纹拼缝，再用刮板用力抹压平整。原则是先垂直面后水平面，先细部后大面。贴垂直面时先上后下，贴水平面时先高后低。一般无花纹的壁纸，纸幅间可拼缝重叠20mm，并用直钢尺自上而下，在重叠部分切断。壁纸裱糊时，阳角不能出现拼缝，保证直视1.5m处不显缝。

(6) 饰面清理

表面的胶水、斑污要及时擦干净，各种翘角翘边应进行补胶，并用木棍或橡胶辊压实，有气泡处可先用注射针头排气，同时注入胶液，再用辊子压实。如表面有皱折时，可趁胶液不干时轻刮。最后将各处多余部分用壁纸刀裁去。

3. 成品保护措施

壁纸应放置在货架上保存，不得受潮和挤压变形。

(十一) 石膏板吊顶施工工艺

1. 施工工序流程

弹线→安装主龙骨吊杆→安装主龙骨→安装次龙骨→安装石膏板→涂料→饰面清理→分项验收

2. 主要施工技术措施

(1) 弹线

根据楼层标高水平线，根据设计标高，沿墙四周弹顶棚标高水平线，并沿顶棚的标高水平线，在墙上划好龙骨分档位置线。

(2) 安装主龙骨吊杆

在弹好顶棚标高水平线及龙骨位置线后，确定吊杆下端头的标高，安装吊筋。间距宜为900～1200mm，吊点分布要均匀。

(3) 安装主龙骨

间距宜为900～1200mm。主龙骨用与之配套的龙骨吊件与吊筋安装。

(4) 安装边龙骨

边龙骨安装时用水泥钉固定，固定间距在300mm左右。

(5) 安装次龙骨

间距不得大于600mm，在潮湿地区和场所间距宜为300～400mm。次龙骨悬挑不大于150mm。

(6) 安装石膏板

石膏板与轻钢骨架固定的方式采用自攻螺钉固定法，在已装好并经验收轻钢骨架下面(即做隐蔽验收工作)，安装石膏板。安装石膏板用自攻螺丝固定，固定间距为150～170mm，均匀布置，并与板面垂直，钉头嵌入石膏板深度以0.5mm为宜，钉帽应刷防锈涂料，并用石膏腻子抹平。

(7) 刷防锈漆

轻钢骨架罩面板顶棚吊杆、固定吊杆铁件，在封罩面板前应刷防锈漆。

3. 质量要求

(1) 石膏板吊顶要表面平整，洁净，无污染。边缘切割整齐一致，无划伤，缺楞掉角，色泽一致，美观；龙骨顺直，接缝严密平直；收口条割向准确，无缝隙，无错台，无划痕、麻点、凹坑，色泽一致，美观。

(2) 注意龙骨与龙骨架的强度与刚度。龙骨的接头处、吊挂处是受力的集中点，施工时应注意加固。如在龙骨上悬吊设备，必须在龙骨上增加吊点。

(3) 所有连接件、吊挂件要固定牢固，龙骨不能松动，既要有上劲，又要有下劲，上下都不能松动。

(4) 控制吊顶的平整度：应从标高线水平度、吊点分布与固定、龙骨的刚度等几方面来考虑。标高线水平度准确要求标高基准点和尺寸要准确，吊顶面的水平控制线应拉通线，线要拉直，最好采用尼龙线。对于跨度较大的吊顶，在中间位置加设标高控制点。吊点分布合理，安装牢固，吊杆安装后不松动不产生变形，龙骨要有足够的刚度。

(5) 要处理好吊顶面与吊顶设备的关系：吊顶表面装有灯槽盘、空调出风、消防烟雾报警器和喷淋头等，这些设备与顶面的关系处理不好，会破坏吊顶的完整性，影响美观，故安装灯盘和灯槽时，一定要从吊顶平面的整体性来着手，不能把灯槽和灯盘装得高低不平，与顶面衔接不吻合。安装自动喷淋头、烟雾器时，必须安装在吊顶平面上，自动喷淋头必须通过吊顶平面与自动喷淋系统的水管相接。水管不能预留太短，否则，自动喷淋头不能在吊顶面与水管连接，另外，喷淋头边不能有遮挡物。

(6) 吊顶安装允许偏差项目符合表5-74要求。

吊顶工程安装允许偏差及检验方法 **表5-74**

项次	检验项目		允许偏差(mm)				检验方法
			纸面石膏板	金属板	矿棉板	木板、塑料板、格栅	
1	暗龙骨吊顶	表面平整度	3	2	2	2	用2mm靠尺和楔形塞尺检查
2		接缝直线度	3	1.5	3	3	拉5m线，不足5m拉通线，用钢直尺检查
3		接缝高低差	1	1	1.5	1	用钢直尺和塞尺检查

续表

项次	检验项目		允许偏差（mm）				检验方法
			石膏板	金属板	矿棉板	塑料板、玻璃板	
4	明龙骨吊顶	表面平整度	3	2	3	2	用2mm靠尺和楔形塞尺检查
5		接缝直线度	3	2	3	3	拉5m线，不足5m拉通线，用钢直尺检查
6		接缝高低差	1	1	2	1	用钢直尺和塞尺检查

4．成品保护

吊顶施工待吊顶内管线、设备施工安装完毕后，办理好交接后，再调试龙骨，封罩面板，并做好吊顶内的管线、设备的保护，并配合好各专业，对灯具、喷淋头、烟感、回风、送风口用纸胶带、塑料布进行粘贴、扣绑保护。

吊顶石膏板安装时要戴白手套，以免污染已完的装饰饰面。

（十二）木门安装

1．施工工序流程

弹线→基层处理→门框、贴脸安装→门扇安装→小五金安装→饰面油漆→成品保护→分项验收

2．主要施工技术措施

（1）弹线

安装时应根据门的尺寸、高度、安装位置和开启方向，在墙上、地面上划出门框的位置线。门框安装标高，以墙上弹出的50cm水平线为依据，为保证相邻门框的平顺和墙面交圈，应在墙上拉小线找平，找直。并用水平尺将线引入洞内，作为立框时的标高，再用线坠校正吊直。

（2）门框安装

（3）门扇安装

安装时要根据设计要求，确定门的开启方向及小五金的型号和安装位置；安装上部的合页时，其顶边要在框边以下200mm处，下部合页的底边应在完工地面以上250mm处，中部合页处于上下合页中间处。对运动件进行润滑，以保证正常和正确运作。

（4）门锁安装

按照设计要求的安装高度，根据门锁的安装要求在现场用开孔器开孔安装。安装时要小心，注意不要划破门扇饰面。

3．成品保护措施

木门及门框等木制品放置在干燥的地方，下部用木方垫起，上部用塑料布覆盖，以防止木材受潮变形，影响施工质量。

木门框安装完毕，应用废旧层板进行保护，避免磕碰饰面。木门油漆施工前应对五金用纸胶带进行保护，门锁用塑料布捆绑保护。

4．质量要求

（1）木门扇及五金安装的质量要求：

裁口顺直刨口平整、光滑、无锤印，开关灵活、严密，无回弹、翘曲和变形，缝隙符

合有关规定；安装牢固，位置适宜，槽深浅一致，边缘整齐。小五金齐全，规格符合要求，木螺丝拧紧卧平、螺丝槽口方向一致，合页、闭门器的安装符合有关要求。

检验方法：观察、开闭、尺量，用螺丝刀拧试。

（2）允许偏差项目质量应符合表 5-75 的要求。

木门安装质量标准及检验方法 **表 5-75**

<table>
<tr><th rowspan="2">项次</th><th rowspan="2" colspan="2">项　　目</th><th colspan="2">留缝限值（mm）</th><th colspan="2">允许偏差（mm）</th><th rowspan="2">检 验 方 法</th></tr>
<tr><th>普通</th><th>高级</th><th>普通</th><th>高级</th></tr>
<tr><td>1</td><td colspan="2">门窗槽口对角线长度差</td><td>—</td><td>—</td><td>3</td><td>2</td><td>用钢尺检查</td></tr>
<tr><td>2</td><td colspan="2">门窗框的正、侧面垂直度</td><td>—</td><td>—</td><td>2</td><td>1</td><td>用 1m 垂直检测尺检查</td></tr>
<tr><td>3</td><td colspan="2">框与扇、扇与扇接缝高低差</td><td>—</td><td>—</td><td>2</td><td>1</td><td>用钢直尺和塞尺检查</td></tr>
<tr><td>4</td><td colspan="2">门窗扇对口缝</td><td>1～2.5</td><td>1.5～2</td><td>—</td><td>—</td><td rowspan="6">用塞尺检查</td></tr>
<tr><td>5</td><td colspan="2">工业厂房双扇大门对口缝</td><td>2～5</td><td>—</td><td>—</td><td>—</td></tr>
<tr><td>6</td><td colspan="2">门窗扇与上框间留缝</td><td>1～2</td><td>1～1.5</td><td>—</td><td>—</td></tr>
<tr><td>7</td><td colspan="2">门窗扇与侧框间留缝</td><td>1～2.5</td><td>1～1.5</td><td>—</td><td>—</td></tr>
<tr><td>8</td><td colspan="2">窗扇与下框间留缝</td><td>2～3</td><td>2～2.5</td><td>—</td><td>—</td></tr>
<tr><td>9</td><td colspan="2">门扇与下框间留缝</td><td>3～5</td><td>3～4</td><td>—</td><td>—</td></tr>
<tr><td>10</td><td colspan="2">双层门窗内外框间距</td><td>—</td><td>—</td><td>4</td><td>3</td><td>用钢尺检查</td></tr>
<tr><td rowspan="4">11</td><td rowspan="4">无下框时门扇与地面间留缝</td><td>外门</td><td>4～7</td><td>5～6</td><td>—</td><td>—</td><td rowspan="4">用塞尺检查</td></tr>
<tr><td>内门</td><td>5～8</td><td>6～7</td><td>—</td><td>—</td></tr>
<tr><td>卫生间门</td><td>8～12</td><td>8～10</td><td>—</td><td>—</td></tr>
<tr><td>厂房大门</td><td>10～20</td><td></td><td>—</td><td>—</td></tr>
</table>

（十三）木制品油漆

1. 清漆饰面

（1）施工工序流程

基层处理→润油粉→刮腻子→砂纸打磨→涂刷清漆→点漆片修色→饰面清漆→成品保护→饰面清理→分项验收

（2）主要施工技术措施：

1）基层处理

施工前应清除表面的尘土和油污，并打磨砂纸，要求磨光、磨平，并清理干净。

2）润油粉

根据样板颜色配置。油粉调得不可太稀，以调成粥状为宜，油粉应润色均匀，包括边角等都要擦到位。

3）满刮腻子

刮腻子要刮到、收净，不应漏刷。

4）打磨砂纸

待腻子干透后用 1 号砂纸打磨平整，磨后用干布擦抹干净。再用同样的腻子满刮第二遍，同 3)。刮后用同种腻子将钉眼和缺棱掉角处补刮腻子，要求饱满平整。然后进行打磨砂纸，要求打磨平整，做到木纹清晰，不得磨破棱角，磨光后清扫并用湿布擦净，晾干。刷清漆：清漆采用业主选定品牌的饰面油漆，涂刷时要横平竖直，薄厚均匀，不流坠，刷纹通顺，不许漏刷。干后用1号砂纸打磨，并用湿布擦净晾干。以后每道清漆间隔时间约6h，干后用280～320号砂纸打磨，要求磨光、磨平并清理干净。

5）点漆片修色

对已刷过头遍漆的腻子疤、钉眼等处进行修色，修好的颜色应与原色基本一致。

6）饰面清漆

刷时动作要快、刷纹通顺、薄厚均匀一致、不流坠、不得漏刷，干后用320号水砂纸打磨，磨后用湿布擦干。第二遍刷涂方法同第一遍。

2. 混漆饰面

（1）施工工艺流程

基层清理⟶刷底漆⟶嵌缝处理⟶刷油色⟶刷面漆⟶面层清理

（2）主要施工技术措施：

1）基层处理

将层板上的粉尘土及缝隙内的灰砂剔扫干净，用2号砂纸打磨，顺木纹反复打磨，磨至光滑，然后换用1号砂纸加细磨平、磨光，将磨下的粉尘清扫干净。将木制品表面清理干净后，按选定好的油漆品牌刷一遍底漆。将拌好的腻子嵌填裂缝、拼缝，并修补较大缺陷处，应补好塞实。腻子干后，用1号砂纸磨平，并将粉尘清扫干净，再满刮一道腻子，腻子应根据样板颜色配点，刮施工面，采用钢板刮板将腻子刮平，并及时将残余的腻子收尽。接槎时腻子不能重叠过厚，披腻子应分两次进行，头遍应顺木纹满刮一道，干后，将塌陷不平处再用腻子补平，待补平腻子干后用1号砂纸磨平，清净再满刮腻子一道，要刮匀刮平，干后，用1号砂纸磨光，并将粉尘打扫干净。

2）刷油色

刷油要匀，接槎要错开，且深层不应过厚和重叠，要将油色用力刷开，使之颜色均匀。

3）刷面漆

油色干后（一般为48h）用1号砂纸打磨，并将粉尘用布擦净，即可涂刷地板漆。漆膜要涂刷厚些，待其干燥后有较稳定的光亮，干后，用1～2号砂纸轻轻打磨刷痕，不能磨穿漆皮，将粉尘擦净后，刷第二遍面漆，依次再涂刷第三遍漆等，直到达到设计要求的效果和规范规定的要求。施工完毕要做好成品的保护，防止漆膜损坏。

3. 质量要求

油漆施工质量标准应符合表5-76的要求。

油漆施工质量标准及检验方法　　表5-76

项　次	检 验 项 目	质 量 标 准	检 验 方 法
1	脱皮、漏刷、返锈	没有	观察检查
2	分色、裹楞	没有	观察检查
3	透底、流坠、皱皮	没有	观察检查
4	颜色、刷纹	颜色一致、无刷纹	观察检查
5	光亮、光滑	光亮足、光滑无挡手感	观察检查

续表

项 次	检 验 项 目	质 量 标 准	检 验 方 法
6	装饰线分色线平直	平直	拉5m线（不足5m拉通线），用尺量检查
7	门窗、玻璃、灯具等	全部洁净	观察检查

注：如刷无光油漆不检查光亮。

（十四）卫生间台架、台板安装施工技术措施

1. 施工条件

在卫生间地面石材和墙面及吊顶施工完毕进行台架和台板安装。

2. 主要施工技术措施

(1) 弹线

按照设计图纸的要求，并依据洗手盆的具体订货尺寸，将台架和石材台面的安装标高和位置线在墙面和地面弹出控制线。

(2) 骨架制作、安装：卫生间的台架采用的角钢焊接，骨架延长度方向两端深入墙体100mm，在沿墙的角钢上预留出安装孔，骨架在加工车间预制好后运至现场。制作完毕的钢制骨架在检查合格后，均匀涂刷一道防锈漆。台架安装时用钢制膨胀螺栓打入结构墙，与支架焊接（或栓接）的方式。

(3) 台板安装

按照脸盆的设计要求，考虑安装台面板，安装台面板采用胶粘与挂件结合的方式。

(4) 接缝处理

台板与脸盆下口接缝、台板周边与墙面石材接缝打透明玻璃胶。

第五节 机 电 工 程

一、给排水与采暖

（一）基本要求

1. 给水、消防、排水、采暖及燃气系统所使用的主要材料、配件、器具和设备应具有出厂合格证和质量证明书，并应符合设计要求或地方有关规定。进场时应做验收和按规定复验。

2. 给水、消防、排水、采暖及燃气系统必须满足使用功能，对涉及安全、卫生和使用功能的检验和检测，如暗装或埋地排水管道灌水试验，雨水管道灌水试验，各种卫生器具盛水试验及排水、排污立管通球试验，给水、消防、采暖、燃气管道强度试验和严密性试验和管道冲（吹）洗试验，排水管道通水试验以及机电设备试运转记录等资料应填写及时，数据应正确、字体工整、各方签字手续应齐全。

3. 各种隐蔽工程验收记录签字手续齐全，如能用简图表示的应画出简图。

4. 管道穿过地下室或地下构筑物外墙敷设时，应采取防水措施。对有严格防水要求的建筑物，必须采用柔性防水套管；一般防水要求的建筑物可采用刚性防水套管。

5. 管道穿过结构伸缩缝、沉降缝处应设置补偿器；在穿越建筑物墙时应留孔，以防

建筑沉降对管道的损坏，管顶上部净空不得小于建筑物的沉降量，一般不小于150mm。

6. 明装管道成排安装时，直线部分应互相平行。弯曲部分：当管道水平或垂直平行时，应与直线部分保持等距；管道水平上下并行时，弯管部分的曲率半径应一致。明敷安装的管道不得有半明半暗现象。

7. 管道穿楼板、屋面及墙体均需设置套管，套管规格比管道规格大2号。管道需要保温时，套管内径应大于保温层外径。套管一般采用铁皮套管和钢套管两种，如设计无规定，宜优先选用钢套管。套管预埋前需在内外表面及端口做防腐处理，且断口平整。穿墙套管应保证两端与装饰墙平齐，穿楼板套管应使下部与楼板平齐，上部有防水要求的房间应高出地面50mm，其他房间应为20mm，套管环缝应均匀，用阻燃材料填塞密实，且穿墙套管两端根部设装饰护口，厨卫间穿楼板套管上部砌方形或圆形水泥止水台。

8. 管道支、吊、托架的安装，应符合下列规定：

（1）位置正确，埋设应平整牢固；

（2）固定支架与管道接触应紧密，固定应牢靠；

（3）滑动支架应灵活，滑托与滑槽两侧间应留有3～5mm的间隙，并留有一定的偏移量；

（4）无热伸长管道的吊架，吊杆应垂直安装；有热伸长管道吊架，吊杆应向膨胀的反方向偏移；

（5）处于同一层面上不同管道的支吊架型式、朝向应协调一致，吊杆应平直、吊环或吊钩大小应匹配，管托、管卡应与管径相符；

（6）固定在建筑结构上的管道支吊架不得影响结构安全；

（7）支吊架在安装之前应调平调直，清除毛刺、焊渣、飞溅物、锈斑，并做防腐处理，安装后固定螺栓外露长度应一致，露出螺母部分应为螺栓直径的1/2。

9. 管道油漆涂层应完整，无损伤、漏涂、流淌现象，管道安装后不能涂漆的部分应预先涂漆。镀锌管螺纹外露处应涂刷防锈漆两道、紫铜管焊口焊接后应在清洗后及时作防腐处理。各系统管道标识应齐全明显，有文字说明及介质流动方向。

10. 管道保温层与管道应紧贴、密实，不得有空隙和间断，表面平整、圆弧均匀。管道穿墙、穿楼板处保温层应同时过墙过楼板，保温层与支架处接缝应严密，不应将支架包成半明半暗状态。管道保温用金属壳做保护层时，其搭口应顺水，咬缝应严密、平整。

11. 安装在水系统中的阀门，其安装位置和进出口方向应正确，连接应牢固紧密。阀门安装前应作耐压强度和严密性试验。试验应以每批（同牌号、同规格、同型号）数量中抽查10%，且不小于1个，对于安装在主干管上起切断作用的闭路阀门，应逐个作强度和严密性试验。阀门试验压力为公称压力的1.5倍；严密性试验压力为公称压力的1.1倍。

（二）室内给水、消防工程

1. 生活给水管道应采用（热）镀锌钢管或塑料给水管以及铝塑复合管，当管径大于80mm时可以采用给水铸铁管；消防和生活合用的给水管道，应按生活用水管道选用管材。

2. 管道连接：镀锌钢管直径小于等于100mm时采用螺纹连接，不得焊接，管件安装后应留有尾丝2～3扣，尾丝的防腐处理应良好；管径大于100mm采用法兰连接时，法兰应采用双面焊，镀锌钢管与法兰之间的焊口必须做镀锌处理，连接时螺栓头朝向一致、露出螺母的长度为螺栓直径的 1/2；碳素钢管焊接连接时，应根据钢管的壁厚作坡口处理，在对口处留有一定的间隙（1.5～2.5mm），焊缝应平整、饱满、焊肉均匀一致，焊渣及飞溅清理干净；塑料给水管分不同材质，有热焙连接，卡箍、卡套式连接和粘结几种方式，当采用承插粘结时，粘结用胶粘剂应满足粘结强度和系统供水的卫生要求；铸铁给水管承插连接用油麻石棉水泥捻口或用橡胶卷、膨胀水泥捻口，要求承插口环缝捻打紧密平整均匀。

3. 暗敷管：埋地安装要求管沟底应为坚实土，不得在冻土层上排管，管道敷设后应按规定做压力试验检查、各接口无渗漏，做好记录完成会签后方可回填土，回填土管顶上 100mm 应为软土，不得有石块等坚硬物，回填土应经夯实；嵌墙安装要求嵌墙管沟平直，不破坏墙体结构的整体性，管道埋墙深度从管外壁至墙面的距离不应小于 15mm，管件外表面不得突出墙面，管道在槽内应固定。暗配管接至各配水点设备的坐标位置应正确，在施工前应先完成定位工作。嵌墙管在压力试验合格后方可采用 M10 水泥砂浆补槽。管道安装完毕，初装修工程应在墙面上标出冷、热水管道走向标线，以免二次装修时损坏管道。

4. 明敷设管道在水表、水嘴、角阀等配水点、受力点以及穿墙支管节点处应采取可靠的固定措施、且固定距离均匀一致。明敷管道和阀门安装的允许偏差如表 5-77。

管道和阀门安装的允许偏差 表 5-77

序号	项目				允许偏差（mm）	检验方法
1	水平管道纵横弯曲	钢管	10m	管径≤100 管径＞100mm	5 10	用水平尺、直尺、检线和尺量检查
		横向弯曲全长 25mm 以上			25	
		塑料管	10m	室内	10	
		铸铁管	10m	室内 室外	10 15	
2	立管垂直度	钢管	每 5m 以上		2 ≯8	吊线和尺量检查
		塑料管	每 5m 以上		≯3 ≯10	
		铸铁管	每 5m 以上		≯3 ≯10	
3	平行管道和成排阀门		在同一直线上间距		3	尺量检查

5. 冷、热水管和龙头平行安装应符合下列规定：

(1) 上下平行安装，热水管应在冷水管上面；

(2) 垂直安装，热水管应在冷水管的左侧；

(3) 在卫生器具上安装冷、热水嘴，热水水嘴应安装在人面对墙体左侧。

6. 明装在室内的分户水表，表外壳距墙面不得大于 30mm，不得小于 10mm，表前后直线管段长度大于 300mm 时，其超出部分管段应煨弯沿墙敷设，水表应水平安装，管段应水平，不得使用水表活节找正。如使用塑料管和铝塑复合管时，水表应单独加支架。

7. 生活给水管道系统的试验压力不得小于 0.6MPa，生活和消防合用管道试验压力应为设计工作压力的 1.5 倍，但不超过 1.0MPa。塑料给水管道的试压应符合设计规定。当设计无规定时，聚丙烯（PP-R）冷水管道试验压力应为设计工作压力的 1.5 倍，但不小于 1.0MPa；热水管道试验压力应为设计工作压力的 2.0 倍，但不小于 1.5MPa；交联聚乙烯（PEX）和硬聚乙烯（PVC-U）管道的试验压力为设计工作压力的 1.5 倍，但不小于 0.6MPa。

8. 消防管道当管道公称直径小于或等于 100mm 时，应采用镀锌钢管螺纹连接；当管道公称直径大于 100mm 时，可采用焊接或法兰连接。

9. 消防喷淋管道支架、吊架的安装位置不应妨碍喷头的喷水效果；管道支架、吊架与喷头之间的距离不宜小于 300mm；与末端喷头之间的距离不宜大于 750mm。当管子的公称直径等于或大于 50mm 时，每根配水干管应在其始端和终端设防晃支架或采用管卡固定；当管道改变方向时，应增设防晃支架。管道的焊接环缝不得位于套管内。

10. 同一房间内的喷洒头横、竖方向应在一条直线上，护口盘应与吊顶接触紧密，不得脱落、污染。喷洒支管位置在灯位上方时，应将喷洒支管位置与灯位错开。喷洒头溅水盘与吊顶、门、窗、梁、墙面的距离应符合设计要求，不得影响喷洒效果。

11. 室内消火栓安装栓口应朝外，并不应安装在门轴侧，栓口中心离地为 1.1m，允许偏差 20mm，消火栓距箱侧面内表面为 140mm，距箱后侧内表面为 100mm，允许偏差 5mm。

12. 消防喷淋系统当设计工作压力等于或小于 1.0MPa 时，水压试验压力应为工作压力的 1.5 倍，并应不低于 1.4MPa，当系统设计工作压力大于 1.0MPa 时，水压系统的压力应为工作压力加 0.4MPa。

13. 水泵等设备安装，当采用垫铁找平时，每个地脚螺栓旁边至少应有一组垫铁，每组垫铁不宜超过 5 块，并应将各垫铁相互固定焊牢。地脚螺栓在预留孔中应垂直，螺母与垫圈，垫圈与设备机座间的接触均应紧密、拧紧螺母后，螺栓应露出螺母的长度为螺栓直径的 1/3～2/3。当采用隔震器时，不应将隔震器装入基础或地面中，隔震器安装位置受力均匀，不应有偏心或变形现象，水泵出入水口管道的重量不应直接支撑在水泵泵体上，应单独设定支、吊架。

14. 支架安装：

(1) 给水及热水供应立管，建筑层高不大于 5m，距地面 1.5～1.8m 安装 1 个立管卡，层高大于 5m，安装 2 个立管卡，可匀称安装。

(2) 一根管道垂直安装，应使用单立管卡子，两根管道垂直安装，应使用双立管卡子，多根管道垂直安装，分别使用 U 型卡固定。

(3) 角钢支架应使用无齿锯切割，露墙外端部做 45°倒角。支架孔径不大于 1.2cm 时应使用台钻钻孔，当孔径大于 1.2cm 时可使用气焊开孔，应对开孔及切割处进行处理，保证支架孔眼及支架边缘平整光滑。

15. 管道防腐、保温：

(1) 明装管道防腐：一丹二银（一道防锈漆、两道面漆）。

(2) 暗装管道防腐：二丹（两道防锈漆）。热水管道应采取保温措施，防止管道散热引起墙面起鼓、开裂，管道不经试压合格不得隐蔽。暗装管道不宜使用活接头，如果必须安装活接头、法兰连接件，应安装在便于检修处。

(3) 埋地管道：冷底子油一道、沥青漆两道。

(4) 室内给水管道穿越门厅、居室、壁橱、门口上部、吊顶管井内或结露影响使用的部位，均应做防结露保温，防结露保温材料最好采用聚乙烯板或管，保温后能保证其外观平整，但施工时应注意，聚乙烯板或管与墙面接触处应保持紧密；用板材缠绕时，应保证板材拼缝接触严密，缠塑料布或玻璃丝布时，其缝隙应与板材缝隙错开；用管材时应保证对口处用胶封严。

16. 质量要求

(1) 给水管道水平度、垂直度（表 5-78）。

给水管道水平度、垂直度 表 5-78

序号	管材	项目		允许偏差（mm）
1	给水铸铁管	水平管道弯曲	每米	1
	碳素钢管		每米（管径≤100mm）	0.5
2	碳素钢管	立管垂直度	每米	2

(2) 单立管卡规格：扁钢 25mm×3mm，螺栓 M6×14mm：双立管卡规格：扁钢 25mm×3mm，螺栓 M10mm 栽墙固定，尾部做成燕尾形式。管卡及角钢支架均应平正，面漆均匀。

(3) 碳素钢管焊接：焊口表面无烧穿、裂纹、焊波均匀一致，无结瘤夹渣和气孔等缺陷。

(4) 碳素钢管法兰连接：对口平行、紧密，与管子中心线垂直，螺母在同侧，螺栓长度相同，螺栓外露丝扣不得大于螺杆直径 1/2。

(5) 面漆：明装及管井中管道应刷两道面漆，面漆应均匀，不污染，未出现流坠现象，管道背后不漏刷。

(6) 保温：保温外观平整、顺直、玻璃丝布毛边应翻向内侧。

(三) 室内排水管道

1. 生活排（污）水管道

应使用塑料管、铸铁管，雨水管道应使用塑料管、铸铁管、镀锌钢管。

2. 管道坡度

排水管道坡度应按设计要求安装，如设计无要求应按表 5-79 选用安装：

排水管道坡度 表 5-79

序号	管径（mm）	坡度	
		标准坡度	最小坡度
1	50	0.035	0.025
2	75	0.025	0.015
3	100	0.020	0.012
4	125	0.015	0.010
5	150	0.010	0.007
6	200	0.008	0.005

3．管道连接

（1）硬质聚氯乙烯（UPVC）管应使用无齿锯断管，断口应平齐，粘结前应对承插口先插入试验，一般为承口的3/4深度。试插合格后，用棉布将承插口需粘结部位的水分、灰尘擦拭干净。如有油污需用丙酮除掉。用毛刷涂抹胶粘剂，先涂抹承口后涂抹插口，插入胶粘剂时将插口稍作转动，以利胶粘剂分布均匀，粘牢后立即将溢出的胶粘剂擦拭干净。

（2）安装硬质聚氯乙烯（UPVC）采用承口粘结或螺栓挤压橡胶密封圈的连接方式，立管必须按照设计要求的位置和数量设置伸缩节，在横管上设置伸缩节的应在伸缩方向后方加固定卡子，立管上应每层设置一个立管固定卡子，非专用U型卡子与管道之间应加橡胶垫。

（3）硬质聚氯乙烯（UPVC）过墙管道（包括支管）应加套管或加2mm厚胶皮，便于维修。

（4）铸铁承插排水管，承口应迎水流方向，并以油麻嵌缝，石棉水泥捻口；铸铁柔性排水管用活套法兰挤入橡胶密封圈以螺栓紧固。

4．暗敷管道

（1）埋地敷设：应保持排水坡度，埋地管道的管沟底部应经夯实避免因回填土沉降而造成埋地管倒坡，UPVC管埋地时，管底应平整，无突出的坚硬物，宜设置厚度为100～150mm的砂垫层。埋地排水管道在隐蔽前应做灌水试验，灌水高度应不低于底层楼地面高度。

（2）管井敷设：排水管道在管井中敷设应按明管要求。在施工完毕封闭管井前应作通水、通球试验，并作隐蔽工程验收。立管的检查口、清扫口处应设有检修门，UPVC排水管用于高层建筑时，在管井内可不设防火套管或阻火圈，但横支管接出管井处应设置防火套管或阻火圈。

（3）吊顶内敷设：排水横管在吊顶内敷设的应保持足够的坡度，且有独立的支吊架，铸铁管支架间距应不大于2m，UPVC管支架间距应不大于管外径的10倍，排水管的检查口、清扫口应在吊顶相应处设置检修孔。

5．明敷管道

（1）立管安装：铸铁排水立管上应每两层设置一个检查口，但最底层和有卫生器具的最高层必须设置，其高度由地面至检查口中心一般为1m。如为两层建筑，可仅在底层设置。但高层建筑排水立管应每层设置一个检查口，便于做灌水试验。UPVC排水立管每隔两层或在低层和楼层转弯时，距地面1m处应设检查口，检查口的朝向应便于检修。UPVC排水管应按设计要求设置伸缩节，当层高小于或等于4m时，污水立管和通气立管应每层设一伸缩节；当层高大于4m时，其数量应根据管道设计伸缩量和伸缩节允许伸缩量计算确定。立管固定支架或管卡间距应根据不同材质按规范施工，但同室（层）固定支架高度应一致。多层建筑排水立管在底层与排水横管的连接转弯处，应在立管底部设置可靠支座，高层建筑排水立管在地下室与排水横管连接处必须设置型钢支架加以固定。

（2）横管安装：排水横管坡度应符合设计及规范要求。连接2个及2个以上大便器或3个及3个以上卫生器具的污水横管上应设置清扫口；UPVC排水横管在水流转角小于135°的干管上应设置清扫口，在连接4个及其以上大便器的污水横管上应设置清扫口。

UPVC排水横管上设置伸缩节应位于水流汇合管件的上游端，伸缩节插口应顺水流方向。

(3) 高层建筑明敷塑料管道应采取防止火灾贯穿措施：当立管管径大于或等于110mm时，在楼板贯穿部位设置阻火圈或长度不小于500mm的防火套管；当横干管穿越防火分区隔墙时，管道穿越墙体的两侧应设置阻火圈或长度不小于500mm的防火套管。

(4) 排水管道支吊架安装：排水管道支架应位于承重结构上，排水管的支吊卡应位于承口上。

(5) 排水通气管高出屋面（包括隔热层），不得小于0.6m且顶端应设风帽或网罩。上人屋顶通气管应高出层面2m。通气管周围4m以内有门窗时，通气管高出门窗顶0.6m或引向无门窗侧。当采用铸铁管时，应做防雷跨接。

(6) 吊顶内、管井、设备层等需做防结露保温的排水管道以及埋设的排水管道，在隐蔽前必须进行灌水试验，否则不得进行隐蔽；灌水方法及要求应符合规范规定，同时应做好灌水试验记录。

6. 支架安装

(1) 排水管道立管底部的拐弯处应设支墩或吊架。

(2) 塑料排水横管固定件的间距（表5-80）：

塑料排水横管固定件的间距 表5-80

序 号	管 径 (mm)	间 距 (m)
1	50	0.6
2	75	0.8
3	100	1.0

注：扁钢吊架与管道之间应加橡胶垫。

7. 管道防腐、保温：

(1) 明装管道防腐：一丹两银（防锈漆一道，面漆两道）

(2) 暗装铸铁管钢管防腐：两丹（防锈漆两道）

(3) 埋地铸铁管、钢管防腐：冷底子油一道，沥青漆两道。

(4) 设在吊顶内、公共厕所及管道结露影响使用要求的污水横管均应按设计要求做防结露保温层，保温层厚度及材料应由设计决定。

8. 质量要求

(1) 室内排水管道安装允许偏差（表5-81）。

室内排水管道安装允许偏差 表5-81

<table>
<tr><th>管 材</th><th colspan="2">内 容</th><th>允许偏差 (mm)</th><th>坐标 (mm)</th><th>标高 (mm)</th></tr>
<tr><td>铸铁管</td><td rowspan="2">水平管道弯曲</td><td>每米</td><td>1</td><td rowspan="5">15</td><td rowspan="5">±15</td></tr>
<tr><td>塑料管</td><td>每米</td><td>1.5</td></tr>
<tr><td>铸铁管</td><td rowspan="3">管道垂直度</td><td>每米</td><td>3</td></tr>
<tr><td>碳素钢管</td><td>每米</td><td>2</td></tr>
<tr><td>塑料管</td><td>每米</td><td>3</td></tr>
</table>

(2) 排水管道应保证坡度，不允许倒坡。

(3) 铸铁管道面漆应均匀、不应流坠，铸铁管道面漆和塑料管道表面不应污染。

(4) 排水主立管应做通球试验，球径为管内径 3/4 的木球或皮球；隐蔽或埋地的排水管道在隐蔽前必须做灌水试验，其灌水高度应不低于顶层卫生器具的上边缘或底层地面高度；雨水管道安装后应做灌水试验，灌水高度必须到每根立管最上部的雨水漏斗。

(四) 卫生器具安装

1. 卫生器具的固定应采用预埋件或膨胀螺栓，凡是固定卫生器具的螺栓、螺母、垫圈均应使用镀锌件，膨胀螺栓只限于混凝土板、墙，轻质隔墙不得使用。

2. 坐便器地脚螺栓不小于 M6，便器背水箱固定螺栓不小于 M10，螺母下面须用平光垫和橡胶垫（3mm 厚），螺栓外露螺母长度应为螺栓直径的一半。

3. 挂式小便器应使用预埋螺栓，加平光垫和橡胶垫固定，并在小便器与墙体之间加密封胶或玻璃胶。

4. 蹲便器延时自闭冲洗阀安装应垂直，冲洗管与冲洗阀之间不应扭曲。

5. 洗脸盆、家具盆支架安装必须牢固，器具与支架接触紧密，器具与支架不得用垫块的方法固定器具标高，各类支架均应做好防腐及面漆。下水管与排水管连接处应用油麻和密封膏密封。

6. 家具盆使用扁钢支架时，扁钢不小于 40mm×3mm，螺栓不小于 M8，家具盆扁钢支架扳边部分不能小于 20mm，不得大于 50mm，扳边部分应光滑，不得有割口、糙边，并与盆面接触紧密。

7. 洗脸盆支架如使用 DN15 钢管制作，应采用镀锌钢管，尾端做好燕尾，栽墙牢固，前端用钢筋调节与脸盆固定孔眼距离，并用镀锌螺栓固定，固定脸盆不得活动，脸盆与墙面或台面接触处用密封胶或玻璃胶封严。单眼脸盆应在脸盆孔眼处加护口套，防止检修损坏脸盆。

8. 浴盆的排水口处应设置检修门：不带裙边的浴盆应在侧面设置检修门；带裙边的浴盆应在管井侧面或现浇楼板预留检修口。浴盆的周边与墙面接触的部位应用玻璃胶封严。

9. 地漏水封深度不得小于 50mm，地漏篦子顶面应低于设置处 5mm，扣碗安装位置正确，铸铁篦子及地漏内侧均应做沥青防腐并开启灵活，不得用灰抹住，铸铁篦子应刷面漆一道。

10. 质量要求

(1) 卫生器具安装允许偏差（表 5-82）

卫生器具安装允许偏差（mm） **表 5-82**

坐标 单独器具	坐标 成排器具	标高 单独器具	标高 成排器具	器具水平度	器具垂直度
10	5	±15	±10	2	3

(2) 卫生器具在交工前应清洗干净。

(3) 卫生器具安装后应做盛水试验，盛水试验时间不少于 24h，液面不下降，排水管口不渗漏。

（五）室内采暖管道安装

1. 管道坡度

(1) 热水采暖和热水供应管道及热水同向流动的蒸汽和凝结水管道坡度一般为0.003，但不得小于0.002。

(2) 汽水逆向流动的蒸汽管道，坡度不得小于0.005。

(3) 散热器支管长度不小于1m时，坡度为0.01；散热器支管长度小于1m时，坡度为0.006。

2. 管道连接

(1) 管径不小于40mm宜采用焊接，管径小于40mm宜采用螺纹连接，干管上使用可拆卸件时应使用法兰连接。

(2) 采暖干管应按设计位置设置固定支架，干管变径处应采用收口焊接，保证上口平齐，下口收缩，变径长度应为大管外径的1～1.5倍。

(3) 暖气立管与横干管连接时，如立管直线长度小于15m时，立管与干管可以采用两个弯头连接；立管直线长度大于15m时，立管与干管采用3个900弯头与干管连接，横节长度应为300mm，且有1%坡度，不得使用对丝加弯头来代替管段横节作为连接方法，保证立管胀缩得以补偿。

(4) 变电、配电所的开关、控制室内不应设置采暖管道及设备，若因安装需要必须在变电、配电所里布管，应在管道外面加套管。管道应全部焊接，并不允许安装阀门。

3. 管道布置

(1) 采暖干管距墙帘盒墙壁尺寸不得小于200mm；

(2) 采暖立管管中距墙为5～6cm；

(3) 采暖支管管中距墙为5～6cm。

4. 排气装置安装

(1) 干管末端的集气罐或自动排气阀应放置在厨、厕间内，若因实际位置不允许，应改变管道坡度把最高点及排气装置放置在厨、厕间内，集气罐引下管阀门高度不低于2.2m，自动排气阀的进水端应装阀门。

(2) 集气罐分为卧式和立式两种，可根据实际位置选用。集气罐的进水口，应开在偏下方1/3处。放风管应稳固，集气罐位于系统末端时应装托吊卡。

(3) 自动排气装置应加装硬塑料排气管引至地漏或洗池。

(4) 吊顶内不得安装自动排气装置，应装设集气罐并通过放风管将排出的气体引至吊顶外的设置处，为便于检修与调节阀门，在集气罐吊顶处应安装检修口。

5. 管道支、吊架

(1) 建筑层高不大于5m，安装1个卡子，高度1.5～1.8m；建筑层高大于5m，安装两个卡子，匀称安装。应使用所安装管相同管径的管道调整卡子，卡子安装之前应调整其合口程度。

(2) 活动支架安装，U形卡只一端套扣，上下各上一个螺母，另一端不得套扣，只需穿进孔里。

(3) 固定支架由U形卡、制动板组成，制动板宽度50mm，厚度8mm，制成弧形管

(或用角钢代替)，紧靠角钢支架两侧加焊在钢管上，U 型螺栓两端各拧一个螺母。

(4) 采暖管道砖墙支架不宜使用膨胀螺栓固定安装卡子，支架应栽墙以保证支架固定牢固。

6. 套管

(1) 采暖管道穿墙套管应保证两端与墙面平齐，穿楼板套管应使下部与楼板平齐，上部有防水要求的房间及厨房中的套管应高出地面 5cm，其他房间应为 2cm，套管环缝应均匀，用油麻填塞，外部用腻子或密封胶封平，套管规格应比管道管径大二号。

(2) 穿墙壁套管宜做成两半截套管，两节长度要比实际抹灰面墙厚度小 10mm，以保证套管与饰面两端平齐。

(3) 穿楼板套管要内外刷防锈漆，两端面刷防锈漆；穿墙套管要内外刷防锈漆，两对面刷防锈漆，必须先做防腐后安装。

7. 管道防腐、保温

(1) 管道明装：一丹两银（一道防锈漆、两道银粉）。

(2) 管道暗装：两丹（两道防锈漆）。

(3) 主立管使用岩棉保温时，应每隔 2m 做一个托盘，托盘的宽度应比保温厚度小 50mm，如岩棉保护层使用玻璃丝布时，应搭接均匀，毛边处应翻进 10mm，从管道下部向上部缠裹，每次压玻璃丝布宽度的一半，缠裹紧密，外刷防火漆两道。

8. 散热器安装

(1) 散热器组对要用石棉垫或石棉橡胶垫，不得使用双垫。

(2) 柱形散热器带足安装时，14 片及以下装两个足片；15～24 片时装 3 个足片，25 片及以上时装 4 个足片，20 片及以上安装时，应在上下各加两根拉条，拉条规格为 $\phi10$。

(3) 散热器安装应保证垂直度与水平度，固定卡、托钩安装位置应准确、平正、牢固，与散热器接触紧密，安装数量符合图集要求。

(4) 散热器距窗安装，散热器中心与窗口中心线应一致，允许偏差 20mm。

(5) 散热器挂装，设计无要求时，散热器距地面一般不得低于 150mm，散热器上表面不得高于窗台标高。

(6) 散热器支管灯叉弯应上下、大小、位置一致并保持水平，不得出现使用灯叉弯找坡度现象。

9. 质量要求

(1) 管道安装允许偏差（表 5-83）。

管道安装允许偏差 **表 5-83**

序号	项目			允许偏差（mm）	检验方法
1	水平管道纵横方向弯曲(mm)	每 1m	管径≤100	0.5	用水平尺、直尺、拉线和尺量检查
			管径>100	1	
		全长(25m 以上)	管径≤100	≤13	
			管径>100	≤25	

续表

序 号	项 目		允许偏差（mm）	检 验 方 法
2	椭圆率 $D_{max}-D_{min}$	管径≤100	10/100	用外卡钳和尺量
	D_{max}	管径＞100	8/100	
	折皱不平度	管径≤100 管径＞100	4 5	

（2）散热器安装允许偏差（表 5-84）。

散热器安装允许偏差 **表 5-84**

项 目		允许偏差（mm）	检 验 方 法
坐标	内表面与墙面距离与窗口中心线	6 20	用水准仪（水平尺）、直尺、拉线和尺量检查
标高	底部距地面	±15	
中心线垂直度 侧面倾斜度		3 3	用吊线和尺量检查

（3）采暖系统安装完毕，管道保温之前应进行水压试验，试验压力应符合设计要求或符合以下规定：

1）工作压力小于或等于 0.07MPa 的蒸汽采暖系统，系统水压试验不应小于 0.25MPa。

2）工作压力大于 0.07MPa 的蒸汽采暖系统，热水采暖及热水供应系统应以系统顶点设计工作压力加 0.1MPa 做水压试验，同时在系统顶点的试验压力不得小于 0.3MPa。

3）高温热水采暖系统，工作压力小于 0.4MPa，试验压力等于设计工作压力的 2 倍；工作压力为 0.4～0.7MPa，试验压力等于设计工作压力的 1.3 倍，外加 0.3MPa。

4）室外供热管道试验压力应为设计工作压力的 1.5 倍，且不小于 0.6MPa。

5）散热器组对后在安装前应作水压试验，试验压力如表 5-85：

散热器试验压力表 **表 5-85**

工作压力（MPa）	＜0.25	0.25～0.4	0.41～0.6
试验压力（MPa）	0.4	0.6P	0.8

注：保压 2～3min，外观检查不渗不漏为合格

（4）阀门刷漆规定：铸铁阀门应将阀体刷上黑漆，手轮刷上红漆；铜阀门应保持阀体清洁，手轮刷上红漆。

（5）管道及散热器所刷银粉要色泽一致、无漏刷、补刷、流坠现象。

（6）管卡高度一致、平正，管卡合口严密。

（7）散热器托钩和固定件银粉无漏刷、效果好。

（8）安装地板辐射散热管道应与厂家配合，管道连接方式及固定方式应写入隐检中，

并应画出管道走向图，防止今后居民安装木地板而打坏管道。

(六) 燃气管道系统

1. 燃气管道的选材可采用碳素钢管、镀锌钢管、无缝钢管。

2. 管道连接：镀锌钢管及碳素钢管（焊接钢管），应采用丝扣连接，无缝钢管应采用焊接及法兰连接形式。

3. 燃气管道安装：室内燃气管道应以明敷为主，不得穿越卧室、浴室、地下室、半地下室、易燃易爆贮藏室、有腐蚀性气体的房间、变配电室、电缆沟、烟道和风道等地方。管道排放应有坡度，其坡向原则为：室内坡向室外，小口径坡向大口径，支管坡向干管。坡度为0.002mm/m。敷设在地面上的主管上、下两端宜安装三通和堵头。燃气管道在穿越楼板、墙时应设置套管，套管直径比燃气管管径大二挡。各类支、吊架、墙卡设置应正确合理、整齐美观。

4. 管道防腐处理：镀锌钢管螺纹连接的明露丝牙部分应有防腐，碳素钢管，无缝钢管应有二度底漆及二度面漆防腐，燃气管道色标应符合设计要求。

5. 燃气管道安装完毕应做强度试验和严密性试验，试验压力为设计工作压力的2倍，但不小于3kPa，试压时应采用气体，严禁用水，试验合格后采用压缩空气吹扫。

二、通风空调工程

(一) 风管制作

1. 金属风管

(1) 风管的规格、尺寸应符合设计要求。钢板厚度小于或等于1.2mm时，宜采用咬接；镀锌钢板及含有保护层的钢板应采用咬接或铆接。不锈钢板风管壁厚小于或等于1.0mm时，应采用咬接；铝板风管壁厚小于或等于1.5mm时应采用咬接。钢板厚度大于1.2mm宜采用焊接；不锈钢风管壁厚大于1.0mm时宜采用氩弧焊；铝板风管壁厚大于1.5mm时应采用氩弧焊。

(2) 矩形风管边长大于或等于630mm，且管段长度大于1200mm时均应采取加固措施。对于边长小于或等于800mm的风管宜采用楞筋、楞线的方法加固。当中压和高压风管的管段长度大于1200mm时，应采用加固框的形式加固。

(3) 风管的连接：当采用法兰连接时，角钢法兰必须保证法兰的平整度，偏差不超过±1mm。法兰螺栓及铆钉的间距：低压和中压风管应小于或等于150mm；高压风管应小于或等于100mm。风管翻边应平整严密、宽度一致，保证在6～9mm。无法兰连接风管的接口应采用机械加工，接口处应严密，无法兰矩形风管接口处的四角应有固定措施。

(4) 净化系统风管的咬口缝、铆钉缝、法兰翻边处应涂抹密封胶，且风管内表面必须平整光滑，严禁有横向拼接缝和管内加固或凸筋加固，保证管内清洁，无油污和浮尘。

2. 非金属风管

(1) 热成型的硬聚氯乙烯风管和配件不得出现气泡、分层、碳化、变形和裂纹等缺陷。

(2) 玻璃钢风管及配件不得扭曲，内表面应平整光滑，外表面应整齐、美观、厚度均匀、边缘无毛刺，不得有气泡、分层等缺陷。

(二) 部件制作

1. 风口类：风口规格应以颈部外径或外边长为准，尺寸偏差应符合规范规定；风口的外装饰表面应平整光滑，不得有明显的划伤、压痕、颜色与花纹应一致。风口的转动、调节部分应灵活、可靠，定位后应无松动现象。百页式风口的叶片间距应均匀；散流器的扩散环和调节环应同轴，径向间距匀称。

2. 风阀类：一般风阀的结构应牢固，调节应灵活，定位应准确可靠，并应标明风阀的启闭方向及调节角度。防火阀及排烟阀转动件应采用黄铜、青铜、不锈钢及镀锌铁件等耐腐蚀的金属材料制作，并应转动灵活；易熔件应为消防部门认可的标准产品，阀门的动作可靠，出厂前应作动作调整和漏风试验。

（三）风管及部件安装

1. 风管支、吊架位置应正确，方向一致，吊杆要求垂直，不得有扭曲现象，且风管支、吊架间距：水平管不得超过3m，垂直管不得超过4m，悬吊的风管与部件应设置防止摆动的固定点。

2. 风管连接时，法兰螺栓穿接方向应与风管内空气的流动方向相同，且螺栓应长短一致。风管法兰垫片的厚度宜为3～5mm，垫片与法兰平齐，不得挤入管内，法兰螺栓应均匀拧紧，达到密封要求。玻璃钢风管连接法兰螺栓两侧应加镀锌垫圈。

3. 支吊架槽钢及角钢的朝向，在同一区域内应一致，且风管支吊架间距应统一、均匀，弯头和风阀两端均应设支吊架。支吊架应防腐良好。

4. 风管及部件穿墙、过楼板或屋面时，应设预留孔洞，穿出屋面的风管应设防雨罩。塑料风管穿墙或穿楼板应设金属保护套管。风管法兰接口及风阀不得装在墙或楼板内，以免影响操作和维修。

5. 保温风管的支吊架宜放在保温层外部，不得破坏保温层。

6. 柔性短管的安装应松紧适度，不得扭曲。可伸缩性的金属或非金属软风管的长度不宜超过2m，并不得有死弯及塌凹现象。柔性管与法兰的连接处应牢固和严密。

7. 风口安装应与风管连接牢固、严密；边框与建筑饰面贴实，外表面平整不变形。同一厅室、房间内相同规格的风口高度应一致，排列应整齐。

8. 风管及部件安装完毕后，应按系统压力等级进行严密性检验即漏光或漏风量测试，并做好测试记录。

9. 质量要求

(1) 允许偏差项目（表5-86）。

风管、风口安装的允许偏差 **表5-86**

<table>
<tr><th>项 次</th><th colspan="3">项 目</th><th>允许偏差（mm）</th><th>检 验 方 法</th></tr>
<tr><td>1</td><td rowspan="4">风管</td><td rowspan="2">水平度</td><td>每米</td><td>3</td><td rowspan="2">拉线、液体连通器和尺量检查</td></tr>
<tr><td>2</td><td>总偏差</td><td>20</td></tr>
<tr><td rowspan="2"></td><td rowspan="2">垂直度</td><td>每米</td><td>2</td><td rowspan="2">吊线和尺量检查</td></tr>
<tr><td>总偏差</td><td>20</td></tr>
<tr><td rowspan="2">3</td><td rowspan="2">风口</td><td colspan="2">水平度</td><td>5</td><td>拉线、液体连通器和尺量检查</td></tr>
<tr><td colspan="2">垂直度</td><td>2</td><td>吊线和尺量检查</td></tr>
</table>

(2) 空调机房内部风管若使用岩棉或聚乙烯板保温时，应对风管进行包角处理，缠裹玻璃丝布时应紧密，保持风管棱角顺直，玻璃丝布外刷防火漆时，不应污染吊架；横担及吊架应刷银粉。

(四) 空调制冷

1. 制冷设备安装

(1) 混凝土基础达到养护强度，表面平整，位置、尺寸、标高、预留孔洞预埋件符合设计要求，并进行了交接验收。

(2) 机组就位安装，其机身纵横水平度允许偏差符合产品出厂说明书要求。对有振动的机组，其底座应设置隔振器，隔振器压缩量应均匀一致，偏差不得大于2mm。

2. 制冷管道安装

(1) 制冷剂管道：液体管道不得向上安装成“Ω”形，气体管道不得向下安装成“Ʊ”形。管道穿越楼板或墙体处应设置钢套管，管道的焊缝不得置于套管内。管道与管道的空隙应用不燃隔热材料堵塞，不得将套管作为管道支承。

(2) 冷冻水系统管道：冷冻水、冷却水及冷凝水管道安装的一般规定应符合现行国家标准《工业金属管道工程施工及验收规定》与《采暖与卫生工程施工及验收规范》的有关规定。管道安装后应进行系统冲洗，系统清洁后方能与制冷设备或空调设备连接。管道安装后必须进行水压试验：冷冻水和冷却水系统试验压力为工作压力的1.5倍，最低不小于0.6MPa。冷凝水的水平管应坡向排水口，软管连接应牢固，不得有瘪管和强扭现象，冷凝水系统应做灌水试验，无渗漏为合格。

(3) 管道与泵的连接应采用弹性连接，并在管道处设置独立支架。

(4) 管道支、吊架的型式、位置、间距、标高应符合设计要求，连接制冷机的管道须单独设支架。管道上下平行敷设时，冷管道应在下部。保温管道与支吊架之间应垫以绝热衬垫或经防腐处理的木衬垫，其厚度应与绝热层厚度相同，表面平整，衬垫接合面的空隙应填实。

3. 制冷系统试验及试运转：空调制冷系统安装结束后，应做系统试验及试运转，具体内容应按《通风与空调工程施工及验收规范》和有关设备技术文件规定执行，并做好各项记录。

4. 通风机及风机盘管安装：

(1) 通风机安装：通风机基础经交接验收，基础混凝土强度和各部位尺寸符合设计要求；安装隔振器的地面应平整，各隔振器的压缩量应均匀；固定通风机的地脚螺栓应有防松装置；进出风管应顺气流，单独支撑；安装合格后，应进行单机试运转，检查叶轮转向、轴承温度，单机试运转时间不少于2h，并做好记录。

(2) 风机盘管安装：风机盘管安装前应做外观检查、单机三速试运转及水压试验，试验压力为系统工作压力的1.5倍，不得渗漏；卧式风机盘管应由支吊架固定，排水坡度正确，冷凝水应畅通地流到指定位置不得渗漏，冷凝水管软连接管长度为150～200mm；供、回水管与风机盘管机组应为弹性连接（金属或非金属软管）；风管、回风箱及风口与风机盘管机组连接处应严密、牢固。

(五) 油漆及绝热

1. 通风管道及制冷管道油漆：风管和管道喷刷底漆前，应清除表面的灰尘、污垢和锈斑；面漆和底漆漆种宜相同，喷涂油漆应使漆膜均匀光滑、无杂色；漏涂和流淌等缺陷；支吊架的防腐处理应与风管、管道相一致；空调制冷各系统管道外表面，应按设计规定做色标。

2．风管绝热

（1）绝缘材料的品种、规格、厚度应符合设计要求。

（2）绝热层施工：用粘贴法施工的绝热层，粘贴必须牢固，胶粘剂应均匀地涂满在风管及设备表面上，绝热材料应均匀压紧，接缝处用密封膏填实；用保温钉施工的绝热层，保温钉的数量、规格符合规范规定，保温钉的粘贴必须牢固，保温钉的长度应能满足压紧绝热层及固定压片的要求；绝热材料纵向接缝不宜设在风管或设备底面，带有防潮层的绝热材料的拼缝应采用胶粘带封严，且不得胀开和脱落。

（3）防潮层应完整无破损，且封闭良好。

（4）保护层：石棉水泥抹面，配料应正确，涂层厚度均匀（10～15mm），表面光滑平整，无明显裂纹；金属保护壳搭接应顺水流方向，外表应整齐、美观，弯头、三通、异径管的保护壳不得有孔洞；保护壳应贴紧绝热层，且与外墙面或屋顶的交接处应设泛水。

3．制冷管道绝热

（1）绝热制作的材料材质和规格应符合设计要求。粘贴应牢固、铺设平整、绑孔紧密、无滑动、松弛、断裂现象。

（2）硬质和非硬质绝热管壳之间的缝隙，应用粘结材料勾缝填满；用松散及软质材料做绝热层，应按规定的密度压缩其体积、疏密应均匀；用橡塑材料做绝热，所有接缝必须粘贴牢固、平整，弯头、三通、异径管等处的绝热层应衔接自然。

（3）阀门、过滤器及法兰处的绝热结构应能单独拆卸。

（4）管道防潮层，应紧贴绝热层，且封闭良好；防潮层应由管道的低端向高端敷设，环向搭缝口应朝向低端，纵向搭缝应在管道的侧面。

（5）管道保护层的质量要求同风管保护层。

（六）系统试运转及调试

通风与空调系统安装完毕在投入使用前必须进行系统的测定和调整。调试是一个平衡过程，通过系统各参数的整定、各支路和各系统的平衡，使整个系统达到设计和使用的要求。

1．系统调试前：通风机、水泵、制冷机已分别通过单机试运转，并有会签记录。风管系统的漏风量已测试并合格。

2．通风与空调系统测定和调试内容：

（1）通风机的风量、风压及转速测定；

（2）系统与风口的风量测定调整；

（3）通风机、制冷机、空调器噪声的测定；

（4）制冷系统运行压力、温度、流量的测定；

（5）防排烟系统正压送风前室静压的检测；

（6）空调系统带冷（热）源的正常联合试运转时间应大于 8h。

3．通风与空调系统的调试检测须由取得检测调试资质的单位组织进行，并形成测试报告。

三、电梯安装工程

——每台电梯应单独设主电源开关，该开关位置应设在机房入口处，并安装牢固，其标高应为1.3～1.5m，但该开关不应切断轿厢、机房、轿顶、井道和底坑的照明、插座和报警装置。

——动力与控制线路应分别敷设，导线绝缘电阻应大于0.5MΩ。电气设备金属外壳应有良好保护接地，PE保护线应分别直接接至接地汇流排上，不得互相串接，零线与接地线不得混接。

——限速器运转应平稳，动作速度与电梯额定速度应相符，铅封标记应完好无误。限速器的底座固定在机房，采用膨胀螺栓固定时，当与安全钳联动时无颤动现象。

——随行电缆两端应可靠固定，不应有打结和扭曲现象。轿厢将缓冲完全压缩后，应保护运行电缆在运动中不得与线槽、电管发生卡阻和底坑地面或轿厢边框碰擦，且应有防护措施。

——电梯运行功能应符合设计要求，指令、召唤、选层、定向、程序转换、起制动速度、开车、停车、平层精度等均应正确可靠，声光信号显示应清晰正确。

——各种安全保护开关安装应牢固可靠，严禁焊接固定，安装后不得应电梯正常运行的碰撞使开关产生移位、损坏和误动作。

——消防电梯必须在基站或撤离层设置消防开关，消防开关装于召唤盒的上方。

——限速器与安全钳电气开关联动试验动作应可靠，限速动作前，该开关应先动作，然后机械动作，迫使限速钢丝绳将安全楔块提拉起，紧紧卡住轿厢导轨，使轿厢立即制停。

——液压电梯应有齐全的安全装置：错断相保护装置，缓冲装置，超越上、下极限工作位置时的保护装置，厅门门锁与轿门电气装置，停电或电气发生故障时，能使轿厢移动放人的装置，液压油温升的保护装置，超载或超速保护装置。

——自动扶梯或自动人行道及周围，特别是在梳齿的附近应有足够的照明；梯级间或踏板间的间隙在工作区域内的任何位置，从踏面测得两个相邻梯级或两个基本点相邻踏板之间的间隙不应超过6mm；自动扶梯或自动人行道的围裙板设置在梯级、踏板或胶带的两侧，任何一侧的水平间隙应不大于4mm，在两侧对称位置处测得的间隙总和应不大于7mm。

——电梯安装隐蔽验收记录完整，签字齐全，并有绝缘电阻，接地电阻测补记录，电梯安装调试、试运转记录，数据准确，签字齐全。最终有经当地具备对外检测资质的部门进行检测的合格报告后方可交付使用。

四、电气工程

（一）配管

1．施工特点

配管是电气施工中的基础性工作，它的质量好坏决定后续工序能否顺利开展，并影响产品最终质量。暗配管多在主体配合、初装修阶段进行，时间紧、开展被动，隐蔽工程多；明配管多在装修阶段进行，多位于暗配管与器具安装的中间环节，多处于机房、竖井、活动吊顶等与其他专业交叉的场所，交叉作业多，现场条件复杂、且质量直接影响观感。由于在客观上施工较困难，在主观上因技术单一，点多面大、周期长，容易忽视等诸多原因。因而该项分项工程是存在质量通病的主要环节，大量事实证明，因配合方式粗糙，事后人工剔凿，既费工费料，又不能保证质量和现场各工序顺利配合，尤其对创优及住宅工程，应改变该工艺的粗放型施工方法。

配管要求是：保护导线，因而要管路通顺到位便于穿线、换线，并接地可靠：明配管在此基础上对观感有更高要求。

2. 具体内容与要求

(1) 材料要求：电气安装明导管必须符合国家标准 GB/T 13381.1—92 的通用技术要求和 GB/T 14823.1—14823.2—93、GB/T 14825.4—93、GB 50045—95 的特殊要求。

1) 钢管

(A) 制造和检验依据国家标准 GB/T 13381.1—92 和 GB/T 14823.1—93 (2) 每根导管上应标有：

制造厂名称，商标或其他识别符号；型号（或制造材料），外径尺寸；性能标记；附加性能标记。

(B) 壁厚均匀，焊缝均匀，无劈裂、砂眼、棱刺和凹扁现象；

(C) 镀锌钢管应用热镀锌，内外镀层均匀良好、无表皮脱落、锈蚀现象；

(D) 铁制灯头盒、开关盒、接线盒等壁厚宜大于 1mm，承接厚度宜大于 1.5mm，面板安装孔与地线焊接脚齐全，镀锌层无脱落，盒体无变形开焊现象；

(E) 螺栓、胀管螺栓、螺母、垫圈等配件均应为镀锌件；

(F) 明配管时必须使用配套的附件，明管配明盒，暗管配暗（埋）型盒；

(G) 套接扣压式（KBG）薄壁钢管管材、连接附件及箱盒，宜采用同一金属材料制作，套接管件的长度不应小于连接管外径的 2.2 倍，中心呈现的凹形槽弧度均匀，位置准确、垂直。施工及验收按标准 CECS100:98 实施；

(H) 紧定式（JDG）钢导管应采用专用直通管接头和管盒（箱）连接接头，其附件紧定螺钉和爪型垫必须是配套产品，在混凝土中敷设的管接头处必须涂电力复合脂或用防水胶布裹好。施工及验收按推荐标准 CECS120:2000 实施。

2) 塑料管

(A) 制造及检验依据国家标准 GB/T 13381.1—92 及 GB/T 14823.2—93 和 GB/T 14823.4—93；

(B) 管材上应有如下标示：

制造厂名称，商标或其他识别符号；型号（或制造材料），外径尺寸；性能标记；附加性能标记；

(C) 凡使用塑料管材及其附件，应具有阻燃、耐冲击的要求，其氧指数应大于 27，特殊情况下，使用在吊顶内的塑料管，其氧指数应大于 30。管材内外应光滑，无凸棱凹陷、针孔、气泡，管壁厚度均匀一致；

(D) 塑料盒壁厚宜大于 2.5mm，安装孔内橡胶皮固定牢固；

(E) 配管时必须使用配套的管件。

3) 金属软管

(A) 金属软管或包塑金属软管，管内外须镀锌，不脱丝，不锈蚀；

(B) 采用同材质的配套附件。

(2) 适用场所

1) 钢管一般适用于室内、外场所，但对金属管有严重腐蚀场所不宜使用。

2) 建筑物顶棚内必须采用金属配管，或金属线槽布线 (GB 50054—95)。

3) 金属软管应敷设在不易受损伤的干燥场所，且不应直埋入地下或混凝土中。当在潮湿场所使用金属软管时，应采用带有非金属护套且附配套连接器件的防液型金属软管，其护套应经过阻燃处理。

4) 消防联动控制，自动灭火控制、通讯、应急照明及紧急广播等线路，应采用穿金属管保护，并应敷设在非燃烧体结构内，其保护层厚度不应小于 15mm，如必须明敷时，应在金属管或金属线槽上涂防火涂料保护。当采用绝缘和护套为不延燃材料的电缆时，可不穿金属管保护，但应敷设在电缆井内。

5) 在系统中，应遵守一管到底的原则，不同材质，不同型号线管不得混用。

6) 软管只能用在管路末端 (进设备处)，不应串在系统内任何形式的管路中。

7) 暗敷在混凝土中的钢管壁厚不应小于 1.5mm；直埋于垫层，渣土层内的钢管壁厚应小于 2.5mm，且宜采用套丝连接或套管焊接。

8) 在工程中应尽量避免采用软波纹塑料管。

(3) 管路敷设

1) 管材的处理：

①钢管内外壁均应做防腐处理；仅在混凝土内敷设时，钢管外壁可不做防腐处理；直埋于垫层、渣土层内的钢管外壁应采取三油两布的处理办法；采用镀锌管时，在锌层剥落处应刷防腐漆；

②焊接钢管在明配时内外壁都要刷防锈漆，外壁刷面漆，面漆颜色与建筑物表面颜色分界清晰，不得发生交叉感染。

2) 管材的切割：

管材切割时保证切割口平齐、不歪斜，管口刮铣干净，无毛刺。

3) 管子的煨弯：

在暗配管时，管子弯曲半径不应小于管外径的 6 倍，当埋设于地下或混凝土内时，管子弯曲半径不宜小于管外径的 10 倍。

①明配管时弯曲半径不应小于管外径的 6 倍，当只有一个弯曲时，管子弯曲半径不应小于管外径的 4 倍，见表 5-87；

②管子弯扁度不得大于 0.1 倍管外径，管子弯曲处不能有明显皱折、凹陷，见表 5-88。

常用焊接钢管按管径对应的弯曲长度及弯扁度表　　**表 5-87**

直　径 (mm)	外　径 D (mm)	弯曲半径 ≥ (mm)	对应弧长 (mm)	弯　扁　度 ≤ (mm)
SC-15	21.25	6D=127.5	200.175	2.125
SC-20	26.75	160.5	251.99	2.675
SC-25	33.50	201	315.57	3.350
SC-32	42.25	253.5	397.99	4.225

续表

直　径 (mm)	外　径 D (mm)	弯曲半径 ≥ (mm)	对应弧长 (mm)	弯扁度 ≤ (mm)
SC-40	48.00	288	452.6	4.800
SC-50	60.00	360	565.20	6.000
SC-70	75.50	453	711.21	7.550
SC-80	88.50	531	833.67	8.850
SC-100	114.00	684	1073.88	11.4

常见塑料管按管径对应的弯曲长度及弯扁度表　　表 5-88

直　径 (mm)	外　径 D (mm)	弯曲半径 ≥ (mm)	对应弧长 (mm)	弯扁度 ≤ (mm)
TC-15 TC-20	15.87 19.05	6D=95.22 114.30	149.5 179.45	1.587 1.905
TC-25	25.40	152.40	239.27	2.540
TC-32	31.75	190.50	299	3.175
TC-40	38.10	228.60	358.9	3.180
TC-50	50.80	304.80	478.5	5.080

(4) 管材的连接

1) 对套管连接要保证套管长度为所连接管外径的 1.5～3 倍，套管管径应与所连接管子的管径相匹配，对口处要位于套管中间，套管两端的焊口要牢固严密，薄壁钢管 (δ≤2mm) 严禁套管焊接。

2) 管子套丝连接时，要用通丝管箍，套丝不得乱扣，管口要在管箍中间对紧，连接后管箍外所露螺纹为 2～3 扣，螺纹表面应光滑丝扣清晰，不应有缺损。

3) 明配管必须采用套丝连接，不得采用套管连接。吊顶内的配管应按照明配管的要求进行施工。套丝连接后在管箍两端焊接跨接地线。镀锌钢管在套丝连接时，跨接地线应采用卡接，截面不小于 $4mm^2$。

4) 镀锌钢管和薄壁钢管应采用套丝连接，不应采用套管连接；

5) 薄壁钢管建议采用套管扣压式连接；

——连接应用专用工具进行，不应敲打形成压点；

——管路水平敷设时，扣压点宜在管路上、下侧分别扣压；管路为垂直敷设时，扣压点宜在管路左右侧分别扣压；

——当管径为 ϕ25 及以下时，每端扣点不应少于 2 处；当管径为 ϕ32 及以上时，每端扣点不应少于 3 处，且扣压点宜对称，间距均匀；

——扣压点深度不应小于 1.0mm，扣压形成的凹凸点不应有毛刺，且扣压牢固，表面光滑，扣压后，接口处的缝隙应采用封堵措施。

6）塑料管可采用插入法和套管连接，连接处结合面应涂专用胶粘剂，套管长度宜为连接管外径的1.5～3倍，插入深度宜为管外径的1.1倍。

7）敷设在多尘或潮湿场所为防止灰尘和水汽进入管、箱（盒）和设备内，降低绝缘强度，加速金属腐蚀，各连接处和管口均应做密封处理。尤其是建筑物室外彩灯的配管应具有防水功能，管路连接处，丝头应缠防水胶布或缠麻抹铅油。

8）金属软管应不退绞、松散，中间不得有接头，与设备器具连接时，应采用专用接头，连接处应牢固、密封、可靠，金属软管两端戴好非金属护口，防液型金属软管的连接处应密封良好，外层防液护套不能有破损。

（5）管路布置

1）暗配管

①暗配管宜按沿最近的线路敷设，尽量减少弯曲；

②线管不宜穿过设备或建筑物、构筑物的基础，当必须穿过时，应采取保护措施；

③当配管长度超过下列长度时要加过线盒，且过线盒的安装位置要便于穿线。无弯时30m；有1个弯时20m；有2个弯时15m；有3个弯时8m。钢管暗配时管子要固定牢靠，在现浇混凝土中每隔1m用钢丝与钢筋绑扎，禁止在管子与管子、管子与钢筋间用电焊固定。箱（盒）和钢筋间固定时，应加附加筋；

④现浇混凝土内配管时管路应敷设在两层钢筋中间、埋入墙或地面的管子应减少重叠高度，管子离结构表面的净距不得小于15mm；

⑤塑料管在暗配时要尤其注意，加大固定的密度，浇捣混凝土时要防止发生机械损伤，在管接头、拐弯处的两端均得增加应一道固定措施，塑料管配完后应把管口堵好堵实；

⑥塑料管垂直走向敷设时，管子宜沿同侧竖向钢筋敷设，水平走向时管子宜沿同侧横向钢筋敷设，以减少混凝土浇注时对管子的冲击；

⑦在墙上剔槽敷设的管线，剔槽深度要保证管外壁离墙体表面净距15mm，剔凿面积不能太大，不能剔横槽，影响墙体强度，对小于净距的要贴铁丝网或玻璃丝布抹面；

⑧在墙上剔槽敷设成排的管线，进箱处的管间距不能太小，尤其不能重叠，否则将来不好灌浆抹灰造成局部抹灰空裂；

⑨吊顶内设置的线管应有单独的支吊架，不得在管道、龙骨等上面固定，但直径在20mm及以下的钢管（SC)，直径在25mm及以下的电线管（TC）可利用吊顶的吊杆敷设。

2）明配管

①明配管时管路布置要横平竖直，注意观感的原则。在明配管时管路要弹线定位，在任意2m段配管平直度和垂直度偏差不大于1mm，全长偏差不应超过管子内径的1/2。明配管的空间布置要合理。沿墙敷设的明配管要与土建抹灰配合好，不能出现半明半暗的情况；

②暗配管必须保证管路通顺，在公共场所如楼梯间，走廊等部位，如管路不通，不得用明配管代替不通的一段管路，以免显出暗配管的缺陷；

③明配管的固定支架、吊架要考虑其受力情况、外观形状、高度调节方式，确定后要

统一预制，刷防锈漆且面漆颜色一致，安装时排列朝向一致，间距一致，无变形扭曲现象；

④支架与建筑物表面的固定预埋铁件时，预埋件位置要准确，铁件尺寸一致，支、吊架与铁件焊接质量良好；采用膨胀螺丝、塑料胀管固定时，钻孔大小与螺丝型号配套，外露丝长度一致；严禁采用木楔子固定。成排管并列敷设应保证管间距一致，卡具一致，连接点、接线盒设置排列有规律；

⑤明配管固定间距为：管卡与终端、转弯中点、电气器具或接线盒边缘的距离为150～500mm，中间管卡的最大距离见表5-89、表5-90。

钢管管路固定间距表（mm） **表5-89**

钢管间距	钢管直径（mm）			
	15～20	25～30	40～50	65以上
厚壁管	1500	2000	2500	3500
薄壁管	1000	1500	2000	—
塑料管	800	1200	1500	—

塑料管路固定间距表（mm） **表5-90**

敷设方式	管内径（mm）		
	20及以下	25～40	50及以上
吊架、支架或沿墙	1000	1500	2000

⑥在上人吊顶、竖井内严禁做拦腰管和拌脚管。不上人吊顶内配管虽属暗配管但按明配管的做法施工。管路与各种水暖管线的间距（表5-91）。

电气线路与管道的最小距离（mm） **表5-91**

管道名称	与管道位置关系		配线方式	最小允许距离
蒸汽管	平行	管道上	穿管配线	1000
		管道下	穿管配线	5000
	交叉		穿管配线	300
暖气管 热水管	平行	管道上	穿管配线	300
		管道下	穿管配线	200
	交叉		穿管配线	200
通风及压缩空气管 给排水	平行		穿管配线	100
	交叉		穿管配线	50

⑦煤气管道与电线管的水平间距均不小于100mm，电线管交叉净距不小于30mm；

⑧明配硬塑料管在穿过楼板时易受机械损伤的地方，应采用钢管保护，其保护高度距楼板表面的距离不应小于500mm；

⑨钢管与电气设备、器具间的金属软管不得直埋地下或混凝土中，长度不宜大于2m，固定间距不应大于1m，管卡与终端、弯头中点的距离宜为300mm与嵌入式灯具及类似器具连接时，其末端固定管卡，宜安装在自灯具边缘起沿软管长度的1m处；

⑩明配管系统和结构预埋盒（箱）间不得用软管过渡连接。

(6) 管入箱盒处理

1）开孔应整齐并与管径一致，要求一管一孔，不得开长孔，如开孔面积大于管子面积，要用砂浆或石膏补齐，不得露洞。

2）对配电盘、箱的开孔还得注意与二次板的间距，应考虑开在靠配电箱后部。

3）铁制箱盒严禁用电气焊开孔，管口露出箱盒应小于5mm，有锁母者与锁紧螺母平，露出2～4扣。

4）明配管及吊顶内敷设的线管在进入箱、盒时，其内外侧应装有锁母固定。

5）进入灯头盒、开关盒的线管数量不宜超过4根，否则应选用大型盒。

6）两根及以上明配管并排接入线盒，要间距均匀，排列整齐一致，只有垂直段露出地面。

7）明装定型盘、箱，需在下侧100～150mm处加稳定支架，将管路固定在支架上。

8）进入落地式配电箱柜的线管，排列应整齐，管口宜高于基础面50～80mm。

(7) 特殊处理

1）钢管过伸缩缝、变形缝要做伸缩补偿处理；过基础承重结构或设备基础时要增加保护管。

2）明配管过墙、楼板处建议做细部处理（图5-249），土建应收口在外轮廓线，且管的面漆颜色与墙、地面颜色界定清晰，或用橡皮套保护根部，以提高观感。

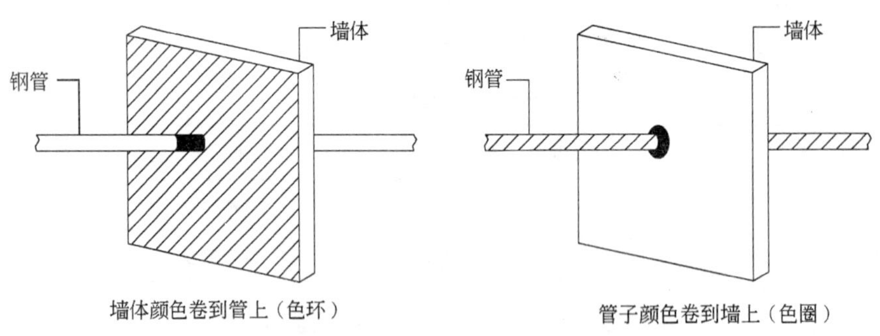

图5-249 明配管过墙、楼板处细部处理示意图

3）管子穿过吊顶处，吊顶材料开口套边应和管径大小相吻合，不得留黑边，宜用塑料套保护接口处，以提高观感。

(8) 对后续工序的衔接和保护

1）对地面的插座甩出管、顶板的开关甩出管、电机的出线管、暗管做法与明管做法的接口部位要考虑将来的观感，尽量做到位置准确。

2）在墙上要后贴保温板的情况，要考虑保温板的厚度，如果将来接盒套边太深或不好操作，宜先在墙体内埋管到盒位下方，到贴保温板时再煨管接盒到位。

3）管口朝上处均应加管堵，以防杂物进入管内；从地板甩出的钢管（欲进二次结构）应尽量短（后接），小直径的夹扁，大管口用薄钢板盖死点焊，确保不堵管。

4）直埋于地下或楼板内的塑料管，在露出地面易受损伤的一段，应采取保护措施。

5）如发现堵管或移位需剔凿结构时，必须经土建技术人员同意，按规定剔，任何情况下不得随意切断钢筋。

（9）引入设备的处理

1）当钢管与设备直接连接时，应将钢管敷设到设备的接线盒内。

2）如不能直接引入，应满足以下要求：

——在干燥房屋内，可在钢管端部增设电盒再用电线保护软管或金属软管引入设备的接线盒内，或采用过渡接头与转换软管进设备。

——在室外或潮湿房间内，可在管口处设防水弯头，由防水弯头引出导线应套包塑金属软管，经弯成防水弧度后再引入设备接线盒内，连接处密封良好。

3）与设备连接的钢管管口与地面的距离宜大于200mm。

4）消火栓暗装时，严禁将接线盒敷设在消火栓后侧面的墙上，内配线应穿阻燃管或包塑金属软管。

3. 箱盒口的处理

（1）箱盒口的空间位置

1）要引入施工详图，结合土建轴线，明确各箱盒口、预留孔洞的空间位置，尽量保证各楼层相对应位置一致。

2）保证标准层各箱盒口与同一轴线的距离、与建筑物阴阳角的距离一致；成排的开关盒之间的距离应保持一致。

①要保证强电盒口与弱电盒口的距离在50cm以上，保证盒口与暖气片、管道等距离，当插座上方有暖气管时，其间距不应小于200mm，下方有暖气管时，其间距不应小于300mm，不符合时要采取技术措施；

②室内煤气管与明装或暗装在墙内的配电箱盘、接线盒的水平距离不得小于100mm；

③配电箱、开关盒的位置不应设在门窗开启面后及影响设备操作处；

④中间接线盒宜设置在不影响视线观感的地方；

⑤对开关盒、插座盒影响观感的重要部位如：门厅的大理石墙面、浴室、厨房瓷砖墙面，要结合土建排砖，对其位置加以调整，见图5-250；

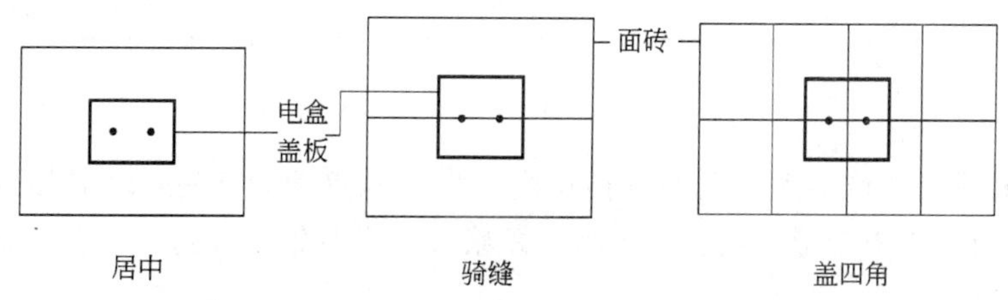

图5-250 开关盒、插座盒的空间位置

⑥对消防探测器的安装位置应注意：

——在宽度小于3m的走道顶棚上的探测器，宜居中布置，感温探测器的安装间距不应超过10m，感烟探测器的安装间距不应超过15m，探测器距墙的距离，不应大于探测器安装间距的一半。

——探测器距墙壁、两边的距离，不应小于0.5m，且探测器周围0.5m内，不应有遮拦物。

——探测器至空调送风口的水平距离不应小于1.5m，不应接近风口安装。

——在楼梯间、走廊等处安装感烟探测器时，应选在不直接受外部风吹的位置；当采用光电感烟探测器时，应避开日光或强光直射探测器。

——在与厨房、开水间、浴室等房间连接的走廊安装探测器时，应避开其入口边缘1.5m安装。

——安装在天棚上的探测器边缘与下列设施边缘水平间距宜保持在：

与照明灯具的水平净距不小于0.2m；

感温探测器距高温光源灯具（如碘钨灯、容量大于100W的白炽灯等）的净距不小于0.5m；

距电风扇的净距不小于1.5m；

距不突出的扬声器净距不小于0.3m；

距送风口的净距不小于0.5m；

与各种自动喷水灭火喷头净距不于小0.5m；

与防火门、防火卷帘的间距，一般在1～2m的适当位置。

（2）箱盒口的高度应满足表5-92的要求：

箱　盒　口　高　度　　　　**表5-92**

名　　称	安装一般要求	允　许　偏　差	
翘板开关	开关边缘距门框150～200mm，距地1.4m	同一室内	＜5mm
		并列安装	＜1mm
		垂直度	＜0.5mm
		成排安装	＜2mm
拉线开关	距地2～3m出口垂直向下，距门框150～200mm	相邻安装	＞20mm
插座	暗装和工业用插座地不应小于30mm	同开关安装要求	

（3）箱盒的要求：

1）箱盒要固定支撑牢固，在砌筑结构内暗埋箱宽度超过50cm时应加过梁保护，保证暗装的盒、箱不受力变形，箱盒内不得有砂浆，不得有钢筋穿过，开关、插座盒的安装孔不被破坏。

2）明装灯头盒开关及接线盒的备用敲落孔一律不得敲落。

3）暗装在具有易燃结构部位及易燃材料附近时，应对其周围的易燃物做好防火隔热处理。

4）中间接线盒或分线盒均应加盖封闭，盖板应涂刷与该墙壁或顶棚相同颜色的油漆两道。（塑料定型盖板除外）

5）自制的箱盒要处理方正坚固，周围磨口干净无毛刺，刷防锈漆。

6）箱盒底部距外墙面小于30mm时，需加金属网固定后再抹灰，防止空裂。

7）结构预留孔洞，稳定箱（盒）周边要用高一强度等级水泥砂浆或豆石混凝土塞实抹干，不得用砖头块填塞，箱体四周用高强度等级水泥砂浆抹平。

（4）线盒的设置：

1）敷设于垂直管路中的导线，当超过下列长度时应在管口处或接线盒处加以固定，不宜在接线盒处断线做接头：

——截面积为50mm^2及以下的导线为30m；

——截面积为70～95mm^2的导线为20m；

——截面积为120～240mm^2的导线为18m；

2）封闭吊顶内的敷管，嵌入式灯头盒距灯位盒不得大于0.5m，活吊顶内敷管，嵌入式灯头盒距灯位盒不应大于1m，以便于检查维修；

3）为便于安装维修，不上人吊顶轻钢龙骨墙内、封闭竖井及通道内除灯具和电气器具的接线箱盒外，不应装设接线盒，由于线路分支必须加盒时，应留检查孔。

4）吊顶内装设的接线盒、灯头盒，接完线后，必须加盖严密，其朝向应便于检修和接线。

（5）箱盒口的处理：

1）箱、盒口与墙体、梁、柱、顶板等的装饰面应平齐。

2）为保证面板及器具的牢固、方正，对缩进装饰面15mm以上的箱盒必须进行技术处理，套边要采用与盒体相同的材料，处理后要没有缝隙、黑边。

3）对凹进面较深但不足15mm者，要用1:3水泥沙浆抹灰收口方正，与盒内壁平齐光滑，不得用腻子找补。

4）对软包墙面上的盒口，要进行包边处理，采取隔热散热等保护措施，不让易燃材料伸入盒内。

5）对木墙裙上的盒口，除要套边外，还要刷防火漆进行防火处理。

4．管路接地

（1）总体要求：必须保证整个管路接地的连续性、可靠性、要有头有尾。

（2）额定电压为交流50V及以下，直流120V及以下属于安全电压、安全电压配线的金属线管可不做接地处理。

（3）管路采用如下几种连接方式的接地形式：

1）当焊接钢管采用套管焊接连接时，可不做跨接地线，但一定要保证套管的焊接质量和焊接面积及套管的壁厚。

2）当钢管采用套丝连接时，可采用如下两种接地做法：

——管箍两端、线盒处必须焊接接地线，每端焊接长度不应小于圆钢直径的6倍，并且双面焊；扁钢应不小于其宽度的2倍，并且三面施焊。

——镀锌管或金属软管的跨接地线宜采用专用接地线卡连接，不得采用熔焊连接。

3）套接扣压式薄壁钢管及其金属附件组成的线路，可不设置跨地线。

紧定式钢管连接系统及其附件，可不设置跨接地线。

4）金属软管应可靠接地，不得利用金属软管做接地导体。防液型金属软管可不做地线。

（4）接地线线径的选择：

1）在钢管上焊接圆钢或扁钢时按表 5-93 选择：

钢管上焊接接地线选定规格表 **表 5-93**

管 径 （mm）	圆 钢 （mm）	扁 钢 （mm）
15～25	$\phi5$ 或 $\phi6$	
32～38	$\phi6$	
50～63	$\phi10$	25×3
≥70	$\phi8\times2$	25×3×2

2）在各种用导线做接地线的场合均按表 5-94 选择导线。

做接地线导线的选择（mm^2） **表 5-94**

装置的相线面积 S	相应的保护线最小截面 S_P
$S\leqslant16$	$S_P=S$
$16<S\leqslant35$	$S_P=16$
$S>35$	$S_P=S/2$
$35<S\leqslant400$	$S_P=S/2$
$400<S\leqslant800$	$S_P=200$
$S>800$	$S_P=(1/4)S$

（5）管路的整体接地：

1）进箱盒的成排管子上的接地做法。

——用金属圆钢焊接时必须保证每根线上的焊接长度和接地线的连续。（双面焊 6 倍 D，在连接成排管子中，以大的管径为主选钢筋截面）。见图 5-251。

——在进箱盒的成排管子，用导线或铜线串联式压接在管上焊的接地螺丝上时，应注意将导线或铜线用线鼻子涮成一体后压接于各点上。见图 5-252。

——在进箱盒的成排管子上，用专用接地线卡连接时，宜采用硬铜线，且保证硬铜线连续不断的压接于各卡子内。硬铜线截面不小于 $4mm^2$。见图 5-253。

——金属管进配电柜、箱盘要与其进行整体接地连接，其一端从箱柜内的接地排上并出。

2）金属管进金属槽或桥架要与其做整体接地，如桥架是镀锌的，就可以直接打眼压接，如桥架不是镀锌，则要将其上的绝缘漆层清除后压接或用爪形垫压接，另一端压在金属管上的焊接接地螺钉上。

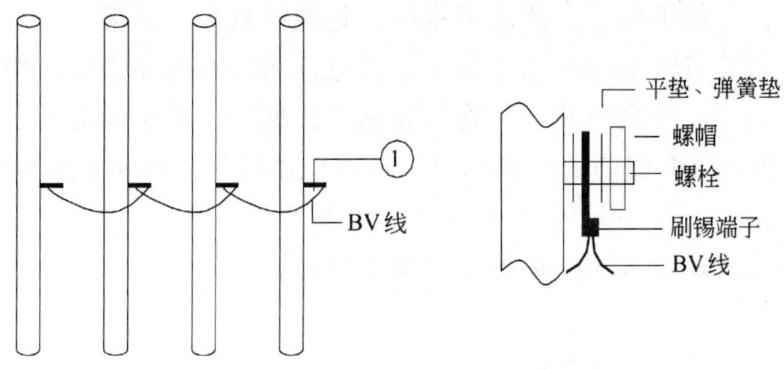

图 5-251 金属圆钢焊接时接地做法

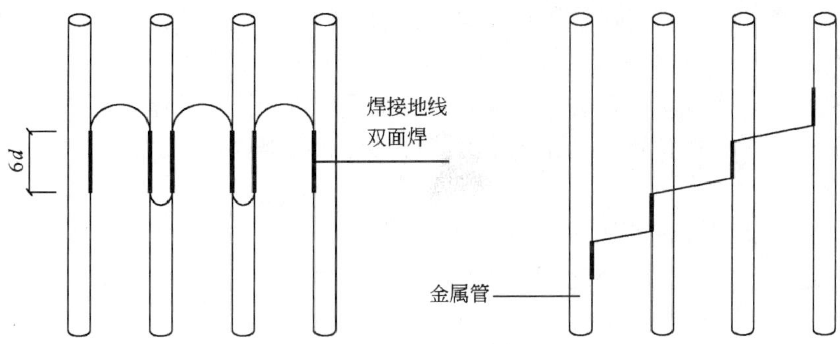

图 5-252 导线或铜线串联式压接

3）从盒口到用电器间的金属软管要与金属管接地，做法是从管中地线分支路伸出盒外与金属软管连接，或在金属管外壁焊接地螺钉，与金属软管用接地卡卡接或涮锡连接。

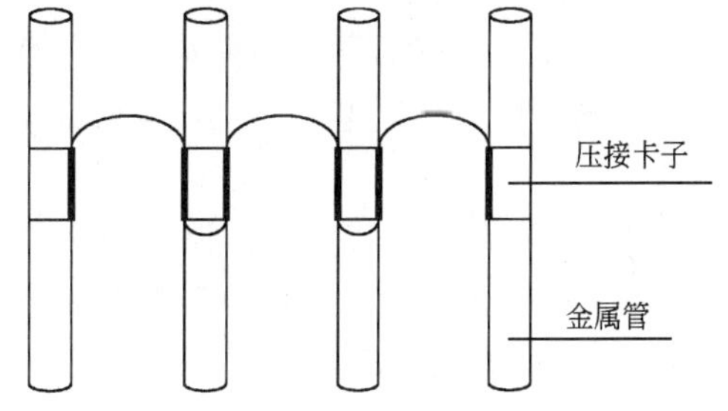

图 5-253 专用接地线卡连接

4）当金属管、金属箱盒、塑料管、塑料箱盒混合使用时金属线管、金属盒必须与保护地线有可靠连接。

5）配电箱在明装暗配时，要将暗配在墙体内的金属盒与明装的配电箱内地排做整体接地连接。

6）金属箱、盒本体必须连接保护地线，须在箱盒有专用接地点。

7）壁厚小于2.5mm的金属箱、盒本体不得作为管路的跨接地线和用电器具的保护地线压接点。

(6) 等电位接地

卫生间管道金属部件、实验室金属部件应做等电位接地处理。

(二) 管内穿线

1. 材料要求

(1) 线、缆的规格，型号必须符合国家标准 GB—3956 和 GB 5023.1～5023.7—1997

的要求和设计要求，导线不偏心，线芯不亏径，绝缘层良好无破损。

(2) 线缆的产品应有清晰的标志，数字标志应以相等的间隔出现，相邻两组数字标志彼此颠倒。标志应耐擦。产品包装上应附有表示产品型号、规格标准号、厂名和产地的标签，每1m长度电线内应有明确的厂家标识，标识应用汉字注明电线的型号、规格、厂家名称及技术参数等。

(3) 焊锡在熔化后应少杂质，粘附在金属上应为银色。

2. 导线选择

(1) 穿入管内的干线可不分颜色。

(2) 为保证安全和施工方便，线口至配电箱、盘总开关的一段干线回路及各用电支路应按色标要求回路及各用电支路应按色标要求分色；L_1 为黄色，L_2 为红色，L_3 为绿色，N（中性线）为淡蓝色，PE（保护线）为绿/黄双色线，开关控制线为白色或其他区别色线。

(3) 颜色标记可用规定的色或用绝缘导体的绝缘颜色标记在导体的全部长度上，也可标记在所选择的易识别的位置上（如：端部或可接触到的部位）。

3. 穿线

(1) 穿线时应满足如下条件：

1) 混凝土结构工程必须初装修完成以后：

2) 砖混结构工程必须初装修完成以后：

3) 做好成品保护，箱、盒及导线不应破损及被灰浆污染：

4) 穿线后不得有积水及潮气侵入，必须保证导线绝缘强度符合要求。

(2) 穿线应注意如下问题：

1) 同一交流回路的导线必须穿于同一管内；

2) 不同回路、不同电压和交流与直流的导线，不得穿入同一管内，但以下几种情况除外：

①标称电压为50V以下的回路；

②同一设备或同一流水作业线设备的电力回路和无特殊防干扰要求的控制回路；

③同一花灯的几个回路；

④同类照明的几个回路，但管内的导线总数不多于8根。

(3) 导线在变形缝、伸缩缝处，补偿装置应活动自如，导线应留有一定的余量。

(4) 穿入管路的导线，不准接头、背扣，在穿线前应在管口带护口，管内清扫干净以保证导线绝缘不受破损，送线时要尽量减少导线缠结，严禁出现死弯。

(5) 断线时应考虑导线的预留长度：

1) 接线盒、开关盒、插座盒及灯头盒内导线预留长度应为15cm。

2) 配电箱内导线的留长度为配电箱体周长的1/2。

3) 出户线的预留长度应为1.5m。

4) 共用导线在分支处，可不剪断导线而直接穿过。

(6) 为保证载流导体良好的散热性，导线外径总截面不应超过管内面积的40%，线槽内导线的截面积包括绝缘层在内不应超过线槽截面积的40%，根数不宜超过30根。

(7) 不同电压等级、不同用途的线路应分槽敷设，或用隔板屏蔽隔开，以避免线路间干扰。

(8) 采用暗配管敷设的各个部位，导线均须用线管保护，在任何情况下，导线均不得明露（金属软管的保护地线除外），箱盒须用盖板封闭，盖板螺钉齐全紧固。

(9) 敷设在线槽内的导线应按回路绑扎成束并固定牢固，导线不得在线槽内接头，安装在任何场所的线槽均须盖板齐全，子母扣一一对应不错位。

(10) 导线不得敷设在没盖板的桥架或托盘中。

4. 导线连接

(1) 导线连接的原则：

1) 导线接头不能增加电阻值；

2) 受力导线不能降低原机械强度；

3) 不能降低导线绝缘强度。

(2) 导线剥削绝缘时严禁损伤线芯或导致多股线断股。

(3) 导线分支不得利用器具上的接线端子压接并出，而应作接头。

(4) 涮锡缠头法连接。

1) 必须按图集工艺要求缠绕，至少要缠绕5圈，保证接触面积和机械强度。

2) 焊锡要饱满，表面光滑，不得有虚焊、夹渣，涮锡要均匀，接头部位清洁，要控制涮锡的温度尽量少烧坏导线绝缘层，之间的间隙要缠绝缘带。

3) 涮锡后要马上包扎，内缠橡胶（或粘塑料）绝缘带，外用黑胶布包扎严密。

4) 必须采用此做法的场所：

——多股软线和硬导线相连接处；

—潮湿、多尘场所如卫生间、厨房、机房、室外等处的接线。

(5) 压线帽压接法。

1) 要根据导线线径、压接根数选择适当的压线帽规格。

2) 导线剥削后，要清除氧化膜，将线芯插入压线帽内，若填不实，可将线芯折回头、填满为止，线芯必须插到底，导线绝缘层与压线帽口平齐。

3) 必须用专用压接钳压接，要依据压接根数和压线帽规格选择适当的咬齿模数，以防压不到位虚接或受力过大线芯受损、变形。

(6) 套管压接。

1) 影响其质量的3个特点：连接管的形状、尺寸和材料；压模的形状、尺寸；导线表面的氧化膜处理。

2) 连接导线要从两端插入，各插入到套管的一半处，用压接钳和压模压接时，压接模数的深度应与套管的尺寸相对应。

(7) 导线与平压式接线柱连接。

1) 单芯线与机螺钉压接：

(A) 导线要顺螺钉旋进方向紧绕一圈后再紧固，不许反圈压接，盘圈开口不得大于1mm。

(B) 用配套的镀锌弹簧垫、平垫，导线不得挤出平垫外，要保证有效接触面积。

(C) 多于一根导线压接在同一接线柱上时，导线之间必须用平垫隔开或在接线柱正反面分别压接，同一接线柱要用压接或涮接线鼻子法与接线柱相接。

(D) 同一处的接线柱上的螺钉必须使用同种类型，一字或十字，不得混用。

2) 多芯线与机螺钉压接：

(A) 多芯硬线，可采用压接或涮接线鼻子与接线柱相接，要保证接线柱与线鼻子匹配，弹簧垫，平垫齐全，压接牢固。

(B) 多芯软线可采用涮接线鼻子法与接线柱相接。

(C) 多股软线可做成圈状，涮锡，将其用螺钉垫片压紧牢固。

(8) 导线与针孔式接线柱连接

1) 把要连接的导线线芯插入接线柱针孔内，导线裸露出针孔 1～2mm。

2) 针孔大于导线直径 1 倍时，必须折回头后插入压接。

3) 导线连接可采用 T 型接头。

5. 线路检查与绝缘摇测

(1) 照明线路的绝缘摇测一般选用 500V，量程为 1～500MΩ 兆欧表，线路的绝缘阻值不小于 0.5MΩ，动力线路的绝缘电阻值不小于 1MΩ。

(2) 采用 1kV 以下电缆时应使用 1000V 的摇表进行绝缘摇测，其线间及对地的绝缘电阻应不低于 10MΩ。

(3) 采用 3～10kV 电缆应事先做耐压和泄漏试验，试验标准应符合国家和当地供电部门规定，必要时敷设前仍需用 2.5kV 摇表测量绝缘电阻是否合格。

(三) 桥架安装

1. 材料要求

(1) 金属线槽分镀锌和不镀锌制品，其规格、型号应满足设计规范 GB 7251.2～1997 要求。线槽内外应光滑平整，无棱刺，不应有扭曲，翘边等变形现象。有产品质量认证和检测报告。

(2) 对镀锌制品，要采用配套的镀锌配件，镀锌层表面应光滑均匀、致密，不得有起皮、气泡、局部未镀、局部锈蚀和划伤等缺陷，不得有影响安装的锌瘤。

(3) 对非镀锌制品，漆层应坚固，无锈蚀现象，在每段上应焊接地螺钉。

(4) 板材推荐用冷轧钢板，允许最小板材厚度见表 5-95。

冷轧钢板允许厚度 **表 5-95**

宽 度 (mm)	允许最小厚度 (mm)
<150	1.0
150～300	1.4
300～500	1.6
500～700	2.0
>700	2.3

(5) 支吊架的结构应满足刚度、强度及稳定性的要求

(6) 焊缝的机械性能不得小于本体材料的机械性能，焊缝表面均匀，不得有漏焊、裂

纹、夹渣、烧穿等缺陷。

2. 桥架敷设

(1) 空间布置

1) 做出施工详图，依据配电箱、柜、电气器具、空间管道等确定敷设的位置走向，弹线定位，并确定支吊架的固定位置；在竖井机房内要考虑垂直干线与分支干线的连接方式。

2) 应保证桥架安装横平竖直，在有坡度的建筑物上应保证与建筑物表面相同的坡度。

3) 桥架水平敷设时距地高度不宜低于 2.5m，垂直敷设时不低于 1.8m，低于上述高度时应加盖金属盖板保护，但敷设在电器专用房间（配电、电气竖井、设备层等）内除外。

4) 电缆托盘、桥架多层敷设时其层间距离为：控制电缆间不应小于 0.2m，电力电缆间不应小于 0.3m，弱电电缆与电力电缆间不小于 0.5m，如有屏蔽盖板可减少到 0.3m，桥架距离顶棚或其他障碍物不应小于 0.3m。

5) 桥架与各种管道平行或交叉最小净距应符合表 5-96：

桥架与各种管道平行或交叉最小净距（mm） **表 5-96**

管道类别		平等净距	交叉净距
一般工艺管道		0.4	0.3
有腐蚀性液体或气体管道		0.5	0.5
热力管道	有保温层	0.5	0.5
	无保温层	1.0	1.0

6) 桥架不宜敷设在腐蚀性气体管道和热力管道的上方及腐蚀性液体管道的下方，否则应采取防腐隔热措施。

7) 桥架、线槽在室外敷设时，考虑桥架进户处的防水处理，以防止水顺流进室内，进入配电箱、柜内。

(2) 支吊架安装的要求

1) 尽量使用厂家配套的支、吊架，在需要自制的场所，支吊架要统一预制，规格尺寸控制统一，焊接牢固，切口无卷边、毛刺，刷防锈漆；支吊架的规格不应小于扁铁 30mm×3mm，角钢 25mm×25mm×3mm，支吊架的强度应能达到桥架的承载能力要求。

2) 支吊架固定采用：

——预埋铁时，自制加工尺寸应大于 120mm×60mm×60mm，其锚固圆钢的直径不应小于 8mm，配合土建结构施工，拆模后，预埋铁的平面应明露或吃进 2～3mm，再用扁钢或角钢焊接固定；

——钢结构上可将支吊架直接焊接在钢结构固定位置处，也可用万能吊具进行安装；

——用金属膨胀螺栓固定，应根据承重选择相应的螺栓及钻头，所选钻头应大于套管长度；适用于 C5 以上的混凝土构件及实心砖墙上，不准在空心砖墙上固定；不得使用木楔固定。

3）桥架水平敷设时应按荷载曲线选取最佳跨距进行支撑，跨距一般为1.5～3m，垂直敷设时，固定点间距不宜大于2m，支架与吊架应安装牢固，朝向一致，间距均匀，相同场所的支吊架位置应一致。

4）在进出接线盒、箱、柜、拐角、转弯和变形缝及丁字接头的三端500mm应设置固定支持点。

5）在水平敷设时，支吊架应与桥架底面贴平没有缝隙，无悬空现象，以保证各支吊架均匀受力，至少每隔1个支架与桥架本体固定1次。禁止浮搁在托架上。

6）在非直线段的支吊架配置

——当直径大于300mm时，应在距非直线段与直线段结合处300～600mm的直线段设置一个支吊架。

——当半径大于300mm时，除应按上述要求外，在非直线段中部还应增设支吊架。

（3）桥架的连接

1）桥架的接口应平整，接缝处应紧密平直，槽板盖上后应平整，无翘角。

2）桥架进箱、盒、柜时，进线和出线口等处应采用抱角连接，并用螺钉紧固。

3）线槽连接应采用连接板，用垫圈、弹簧垫、螺母紧固，螺母必须在线槽壁外侧。

4）桥架在交叉、转弯、丁字连接时，应尽量使用厂家配套生产单通、二通、三通、四通或平面二通、平面三通等进行变通连接。

5）如空间尺寸不允许，要自制弯通时要注意：

①要使用和桥架本体相同规格的材料；

②在各拐角处要留有斜坡，以保护电缆；

③拼接的弯通、拐角应保证连接平顺，空间布置合理；

④在采用焊接法连接时，要保证焊接的面积，不能只是数点焊接，应将整个焊口焊严密，焊完后，刷防锈漆和桥架本体颜色一致的面漆；螺钉连接法只适用于镀锌桥架，每段连接板之间至少有两处螺钉做可靠连接。

6）从桥架上分支的线管不得用电气焊开孔，管子要用套丝用锁母与桥架固定，在距开孔处300mm内管子应加一道支架固定。

7）桥架的连接处不得设置于过楼板、墙壁处，不得设置于支吊架支撑处，必须离支吊架100mm以上。

8）桥架经过建筑物的变形缝（伸缩缝、沉降缝）时，本身应断开，断开距离以100mm为宜，桥架内用连接板搭接，不需固定，保护地线和桥架内导线应留有补偿余量，桥架直线段每50mm（30mm）应预留伸缩缝20～30mm。

9）金属地面线槽应采用配套附件，线槽在转角、分支等处应设分线盒，直线段超过6m要加装接线盒，连接时注意各配件之间做好防水密封处理。

（4）桥架的接地

1）当利用桥架本体系统构成接地回路时，连接接头处的电阻值不得大于0.00033Ω。

2）对镀锌制品的桥架，本体的连接片连接可作为接地连接，但必须保证连接牢固，配套的螺钉、垫片上齐全，连接处绝无锈蚀现象和砂浆、渣土等污染。

3）对非镀锌制品，除本体连接外，应在共接的螺钉（螺钉必须在加工时就与桥架焊成一体）上用编织软铜线连接，此连接必须在每一段都连续，尤其在拼接处的非直线段上更应做到位、否则中间一点遗漏或无效，则整个桥架系统接地形同虚设。

4）沿桥架全长另敷设接地干线时，每段（包括非周线段）托盘、梯架应至少有一点与接地干线可靠连接。

5）在接地连接处应将接触点和接触面的任何不导电涂层和类似表层清除干净后再连接。

6）桥架穿墙、板防火措施：桥架穿越防火分区隔墙及楼板不应抹灰封死，过墙处土建收口方正，在桥架（线槽）四周留一定空间（5～10cm），在空间内填充防火枕或防火堵料（防火泥），在墙或板的两侧用加工方正、尺寸适合，油漆一致均匀的盖板封盖，过墙做法见图 5-254（过板做法类似）。

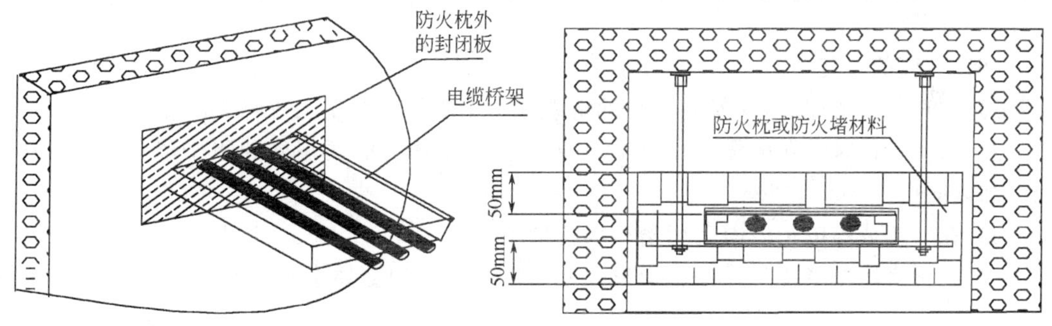

图 5-254 桥架过墙做法

7）桥架应与配电箱、柜、分支管路，用电器具、设备做好接地，以保证电气系统接地在此环节中的可靠性、连续性。

8）金属地面线槽的宽度在 100mm 以内，两段线槽用连接板连接处（即用连接板做地线时），每端螺钉固定点不少于 4 个，宽度在 200mm 以上（含 200mm），每两端螺钉固定点不少于 6 个，螺钉直径不小于 6mm，加平垫、弹簧垫紧固；全部金属线及金属线管应连成一体，并可靠接地。

3. 桥架内线缆的敷设

（1）敷设的电缆不得有绞拧、护层断裂、铠装压扁和表面严重划伤等缺陷。

（2）电缆托盘、梯架上的电缆可以无间距敷设，电缆在托盘、梯架内的横断面填充率：电力电缆不大于 40%，控制电缆不大于 50%，宜留 10%～25% 的工程发展余量，线槽内的导线的填充率不大于 40%。

（3）不同电压、不同用途的电缆不宜敷设在同一层桥架上：

1）1kV 以上和 1kV 以下的电缆。

2）同一级负荷供电的双回路电源电缆。

3）应急照明和其他照明电缆。

4）强电和弱电电缆。

5）如受条件限制安装在同一层桥架上时，应用隔板隔开。

（4）电缆沿桥架或托盘敷设时，应单层敷设，排列整齐，不得有交叉，拐弯处应以最大截面电缆允许弯曲半径为准（表 5-97）。

电缆最小允许半径　　**表 5-97**

项目			弯曲半径
电缆最小允许半径	油浸纸绝缘电力电缆	单芯	≥20d
		多芯	≥15d
	橡皮绝缘电力电缆	橡皮或聚乙烯护套	≥10d
		裸铅护套	≥15d
		钢护套铠装	≥20d
	塑料绝缘电力电缆		≥10d
	控制电缆		≥10d

（5）电缆的固定

1）垂直敷设或超过 45°倾斜敷设的电缆在每个支架，桥架上每隔 2m 处。

2）水平敷设时，在电缆首末两段及转弯、电缆接头的两端处和水平段每隔 5～10m 处，加以固定。

3）在桥架或配电柜内固定用塑料绑扎带。

4）在垂直段或电缆直径大、受力大处固定时，要用金属卡具，在卡具内要加绝缘衬垫。

5）线槽内导线应按回路用塑料绑扎成束，在向下配线时固定在线槽底板上。

（6）电缆桥架内的电缆应在首端、尾端、转弯、进出配电柜处，每隔 50m 处设有注明电缆编号、型号、起止点等的标牌，标牌的字迹应清晰不易脱落，标牌规格统一应能防腐，挂装应在桥架、接线箱内进行。

（7）在下列地点，电缆应有一定机械强度或加以保护罩。

1）电缆进入建筑物、隧道、穿过楼板及墙壁处。

2）从沟道引至电杆、设备、墙壁外表面或室内行人容易接近处，距地面高度 2m 以下的一段。

3）其他可能机械损伤的地方。

4）保护管埋入非混凝土地面的深度不应小于 100mm；深入建筑物散水坡的长度应不小 250mm，保护罩根部不应高出地面。

（8）电缆管的加工应满足以下要求：

1）管口应无毛刺和尖锐棱角，管口宜做成喇叭型。

2）电缆管在弯制后，有裂缝和明显凹瘪现象，其弯扁度不应大于管外径的 10%，电缆管的弯曲半径不应小于所穿入电缆的最小允许弯曲半径。

3）金属电缆管应在外表刷防腐漆或涂沥青，镀锌管锌层剥落处也应涂防腐漆。

4）电缆终端头外皮及铠层的接地线截面按表 5-98 选择。

电缆终端头外皮及铠层的接地线截面选择　　**表 5-98**

电缆截面（mm^2）	接地线截面（mm^2）
120 及以下	16
150 及以下	25

（四）成套配电箱柜安装

配电箱柜是电气系统的控制中心，直接关系到整个系统的运行及安全，因而也是质量控制的重中之重，电气创优工程在满足使用、安全功能的基础上，要达到较高观感的要求，在此也体现得很明确。

1．箱柜的布置

（1）配电室内除本室需用管道以外，不应有其他的管道通过；室内的暖气管道不应有阀门、管道与散热器的连接采用焊接。

（2）成排配电柜的长度超过 6m 时，柜后的通道应有两个通向本室或其他房间的出口，并应设置在通道的两侧，当两出口之间的距离超过 15m 时，其间还应增加出口。

（3）低压配电柜、箱的平面位置应按图施工，标准层竖井内的空间位置应按统一标准尺寸控制，为了安全和操作方便，不应安装于门后或妨碍操作的设备旁。

2．材料要求

（1）箱柜体外形冲压尺寸方正，周边平整无损伤，油漆无脱落，箱体有一定的机械强度，二层底板厚度不小于 1.5mm，箱内仪表、控制元件齐全，安装牢固，布置合理满足电气间距与爬电距离要求，接线质量符合规范要求：

（2）公用建筑物的照明配电箱、盘应设置 N 线及 PE 线端子排，端子排最好采用平压式接线，不采用顶针式接线柱，以保证有足够的、与线径相配套的接线柱：

（3）定货时要考虑盘内接线的数量、接线的形式以合理确定配电箱的大小、规格，不能拥挤，要保证电气间隙及爬电距离。

（4）二次板、带电器设备的门、柜体上均应焊有接地螺钉，暗装配电箱还应在箱体外焊接接地扁钢以便与暗配钢管焊接。(在箱子四个角上带一段小扁钢)

（5）在箱、柜上部进线处和下部接线端子处，尤其是进出多芯电缆时，要预留足够空间以保证外接导线，多芯电缆分开线芯的接线空间。配电柜下部端子排，离地宜大于 350mm。

3．技术要求

（1）民用住宅总配电箱、盘内应设置 N 线和 PE 线端子排，各照明支路的 N 线和 PE 线应经端于排配出。有特殊要求时层箱及户箱、盘可不设 PE 线端子排，各用电器具 PE 线支线与 PE 线干线采用直线连接，并包好放于二层板后。

（2）在照明工程中，当采用 TN-C 系统供电时，N 线干线不应设接线端子排。当采 TN-C-S 系统时，应在建筑物进线接配电箱内分别设置 N 母线和 PE 母线，并自此分开。电源进线的 PEN 线应先接到 PE 母线上，再以连接板或其他方式与 N 母线相连。

4．箱、柜的组立

（1）暗装配电箱应安装平正，箱的面板贴紧墙面，不吃墙，门扇开启灵活。

（2）配电柜的基础槽钢要找平放正，槽钢高出地面 10mm 以上，与地面连接牢固，焊接处焊渣处理干净，油漆刷均匀，槽钢上不得开孔进管，在槽钢内要抹水泥层，保证槽钢的内底部干净平整，不露渣露筋，在地面有水的机房，水泥层要高于槽钢外的地坪的高度。

（3）配电柜就位后，基础槽钢用 M12 镀锌螺栓固定，柜立稳后，水平度、垂直度、柜间间隙满足规范要求。

5. 盘、柜接线

(1) 盘线应走向合理、导线顺直、横平竖直、棱角清晰、拐角进线的造型一致平行，不得任意歪斜交叉相连，导线要留有一定余量用塑料绑扎带绑扎成束，绑扎间距均匀。

(2) 各相导线分色清晰，且各相颜色区分一致，多股线涮锡部位用和导线颜色一致的绝缘带缠绕，缠绕长度应一致，干净利索，线管进线处，带塑料护口。

6. 箱柜的接地

(1) 配电箱、盘、柜、控制台等低压控制、配电设备保护接地应牢固良好。

(2) 各处接地线在各压接点不得串接。

(3) 配电设备中的接地包括：各用电支路、二层板、箱柜本体、带电气仪表设备的门扇、进箱柜的桥架、金属线管、基础槽钢、明装暗配时在墙体内的金属盒。

(4) 不能用固定器件接到保护电路上的可接近导电部件（如带元件的箱柜门）接地线按表 5-99 选择：

导线最小截面（mm）　　**表 5-99**

额定电流 I_e（A）	导线最小截面
$I_e \leqslant 20$	$S_p = S$
$20 < I_e \leqslant 25$	$S_p = 2.5$
$25 < I_e \leqslant 32$	$S_p = 4$
$32 < I_e \leqslant 63$	$S_p = 6$
$63 < I_e$	$S_p = 10$

（五）器具安装

1. 灯具安装

(1) 材料要求。

灯具的型号规格应符合 GB 7000.1～7000.6—1996 标准要求，灯内配线严禁外露，灯具配件齐全，无机械损伤、变形、油漆剥落、灯罩破裂、灯箱歪翘等现象：其电压等级不应低于交流 500V，其最小线芯截面应符合表 5-100：

最小线芯截面　　**表 5-100**

安装场所的用途		线芯最小截面（mm^2）		
		铜芯软线	铜线	铝线
照明用灯头	民用建筑室内	0.4	0.5	2.5
	工业建筑室外	0.5	0.8	2.5
	室外	1.0	1.0	2.5
移动式用电设备	生活用	0.4	—	—
	生产用	1.0	—	—

(2) 灯具的安装场所应符合以下要求：

1) 在易燃易爆场所应采用防爆式灯具。

2) 在腐蚀性气体及特别潮湿场所应采用封闭式灯具。

3) 潮湿厂房内和户外灯具应采用有泄水孔的封闭式灯具。

4）多尘的场所应采用封闭式灯具。

5）可能受机械损伤场所，应采用带保护网的灯具。

6）除敞开式外，其他种类灯具的灯泡容量在 100W 及以上均应采用瓷灯口。

7）可燃物品库房不应设置卤钨灯等高温照明器具。

8）高层建筑的楼梯间、防烟楼梯间前室、消防楼梯间前室、合用前室和避难层（间）、配电室、消防用电房间及观众厅等人员密集场所、公共建筑内的疏散走道和居住建筑内走道长度超过 20m 的内走道应设应急照明。

9）除二类居住建筑外，高层建筑的疏散走道和安全出口处应设灯光疏散指示标志，应急照明灯和灯光疏散指示标志应设玻璃或其他不燃烧材料制作的保护罩。

（3）灯内配线应达到以下要求：

1）穿入灯箱的导线在分支连接处不得承受额外应力及磨损，多股软线应盘圈涮锡。

2）灯箱内的导线不应过于靠近热光源，并采取隔热措施。

3）使用螺口灯时，相线应压在灯头的中心柱上。

4）各种标志灯的指示方向正确无误。

5）应急灯必须灵敏可靠。

6）事故照明的线路和白炽灯容量在 100W 以上的密封安装时，均应采用 BV-105 型耐热线。

（4）镇流器的噪声不得大于 35dB。

（5）有接地要求的灯具，必须有专用的接地螺钉。

（6）筒灯、装饰石英灯、牛眼灯等应有接线盒。

2. 注意事项

（1）成排安装的灯具，其中心线的偏差不应超过 5mm；

（2）安装在装饰吊顶上的灯具，与装饰分格应均匀对称，方形、长方形的灯具轮廓线与吊顶框线平行顺直；

（3）灯具安装应尽量避开下方的障碍物如管道、风管线槽等，灯具应悬挂在其下方，并保持一定间距，以不形成阴影；

（4）在配电室、机房不宜使用链吊式安装灯具；

（5）配电室的灯具不应安装在配电柜或母线的上方。

3. 各种灯具的安装

（1）带有自镇器的软线软灯，吊线应选用护套软线或套塑料软管保护，塑料管上口加热粘合好，挽好保险扣，灯口应选用安全灯口，吊线垂直展开后灯具底部对地面距离应按图施工，图纸未明确时不宜低于 0.8m，不高于 1.0m。

（2）链吊式灯具的吊链应使用法兰盘、镀锌链或 RVVG 承载电线等配套产品，不宜使用铝制瓜子型链吊装灯具。导线应从其一个固定点处引下，导线分开在各链孔之间编花，进灯箱处要套塑料管，吊链应垂直于地而，不应出现八字或倒八字型，灯罩应水平，成排安装的灯罩下口在同一平面上。

（3）灯具吸顶安装时木台安装应在土建刷完一遍浆后进行，木台应固定牢固与建筑物表面没有缝隙，不露黑边，木台直径在 150mm 以上时，应用三条螺钉成三角形固定，灯具安装应在木台中心。在保证灯具底座不漏光及维修时不损坏吊顶的情况下，底座在

ϕ250mm以上灯具吸顶安装时不加装木台，导线进灯箱处应加塑料套管保护。

(4) 灯具在吊顶上嵌入式安装，应固定在专设的框架、支吊架上，不应使吊顶龙骨受灯具荷载，支吊架形式要统一，下口留长节螺纹以便调节高度，支吊架必须固定在楼板上，不得固定在管道、风管上，且一套灯具对应一套支吊架，不得用铅丝固定。

(5) 照明灯具在易燃结构、装饰部位及木器家具上安装时，灯具周围应采用防火隔热措施，易燃物周围刷防火涂料或垫石棉圈隔热，最好使用冷光源灯具。超过的60W的白炽灯、卤钨灯、荧光高压汞灯（包括镇流器）等不应直接安装在可燃装修或可燃构件上。照明器表面的高温部位靠近可燃物时，应采取隔热、散热等防火保护措施。卤钨灯和额定功率为100W及100W以上的白炽灯泡的吸顶灯、槽灯、嵌入式灯的引入线应采用瓷管、石棉、玻璃丝等非燃烧体材料做隔热保护。

(6) 自重超过3kg的灯具必须预埋吊钩或螺栓，预埋件必须牢固可靠，花灯吊圆钩的钢直径不应小于吊钩挂销钉的直径，且不得小于6mm，大型花灯吊装的固定装置应做灯具重量的1.25倍过载试验。

(7) 室外安装的灯具，如为贴墙安装，应在木台与墙面间加胶垫防水，如线管到灯具有距离，在管头装防水弯头，用包塑金属软管引线进入灯具内。

4. 灯具的接地

(1) 灯具的保护地线应与灯具的专用接地螺钉可靠连接或压接在灯具不可拆卸的螺钉上，其保护接地线截面应根据灯具的相线截面选择，当灯具相线截面小于1.5mm时其保护地线截面应不小于1.5mm^2。

(2) 凡能进入吊顶上的一般及特殊用途灯具，为了使用维修安全，其灯具金属外壳均应连接保护地线。

(3) 凡安装距地高度低于2.4m其灯具金属外壳均必须连接保护地线。

5. 灯具的接线

(1) 灯具的灯头线应用金属软管或阻燃波纹管保护，且保护软管长度不宜超过1m，灯头保护软管的两端应用软管专用接头分别与线管、灯头盒及灯箱的箱罩、接线盒连接牢固。

(2) 原则上一个灯具对应一个灯头盒、灯头盒要到位，禁止用金属软管替代正式配管长距离串接灯具。

(3) 灯具的电源线应穿管保护，不得明露导线、接头。

(4) 灯具本身的引上线是多股软线时、在卫生间、厨房、机房、室外等潮湿场所时，和电源线相接，不得采用压接帽，而应采用涮锡缠头法连接。

（六）开关、插座面板安装

1. 材料要求

(1) 应符合国家标准GB 2099.1—1996的要求；

(2) 塑料板有足够强度，应平整无弯翘变形，色度均匀不含杂质，半透明：有长城标志；

(3) 面板的紧线螺钉为光滑的圆头，不应为十头，以防硌伤导线；

(4) 安全插座的各插接孔均应带安全门，安全门应使用合成阻燃材料，硬度高、耐高温、不变形、单孔插不进去；

(5) 插座簧片弹性好簧片采用磷青铜，厚度不小于 0.7mm。插拔时力度感均匀一致，不费力；

(6) 铜件连接采用滑镏工艺，连接牢固，没有裂痕，外观光滑细腻。

2. 安装位置

(1) 开关、插座的位置应按图施工，任何场所的窗、镜箱、吊柜上方及管道背后、门后均不应有控制灯具的开关；

(2) 开关插座距暖气片、管道、接地干线、设备、弱电插座太近要移位；

(3) 安装高度、间距控制应一致。

3. 接线开关

(1) 开关的接线应正确无误，开关必须切断相线；开关位置与灯位应一致，同一单位工程其翘板开关的开、关方向应一致；

(2) 单相两孔插座在横装时，对插座为“左零右火”，竖装时面对插座为“下零上火”，单相三孔及三相四孔的接地均在上方；

(3) 民用插座的保护线应选用与相线截面、绝缘同等级的铜芯导线；

(4) 在配电回路中的各种导线连接，均不得在开关、插座的接线端子处以套接压线方式连接其他支路。

4. 安装要求

(1) 住宅、学校、托儿所、幼儿园安装插座低于 1.8m 时，应使用安全插座；

(2) 潮湿场所应使用防水、防溅型插座；

(3) 民用住宅严禁装设床头开关；

(4) 面板的螺钉应为镀锌件，并且一字或 + 字；

(5) 开关、插座的盒内清洁，无杂物、表面清洁、不变形，盖板端正、紧贴建筑物表面，不吃墙、没有黑边、缝隙；

(6) 如线盒太深大于 15mm 时，要进行套边处理。

(七) 防雷接地

1. 材料要求

(1) 所有金属材料均使用镀锌件，如圆钢、角钢、扁钢、钢管、卡子，螺钉、螺栓、垫片弹簧垫等；

(2) 卡子最好采用顶式卡，且应具有强度，不易变形；

(3) 引下线甩出女儿墙处应采用不小于 $\phi12$ 的镀锌圆钢；

(4) 避雷网宜采用不小于 $\phi10$ 圆钢制作，调直后不易变形，以增强观感；

(5) 人工接地体（极）的最小尺寸，见表 5-101。

钢接地体和接地线的最小规格 **表 5-101**

种类规格		地上		地下
		室内	室外	
圆钢直径（mm）		5	6	8
	截面（mm^2）	24	48	48
	厚度（mm）	3	4	4
角钢厚度（mm）		2	2.5	4
钢管管壁厚度（mm）		2.5	2.5	3.5

2. 焊接要求

(1) 在防雷接地分项工程中，焊接质量是关键工序。

(2) 连接应采用焊接，焊缝应饱满并有足够机械强度，不得有夹渣、咬肉、裂纹、虚焊、气孔等缺陷，焊接处的药皮敲净后，刷沥青做防腐处理。

(3) 采用搭接焊时、其焊接长度如下：

1) 镀锌扁钢不小于其宽度的 2 倍，且至少 3 个棱边焊接，煨弯不能太死，直线段不得有明显弯曲，并应立放。

2) 镀锌圆钢焊接长度为其直径的 6 倍，并应双面焊。

3) 镀锌圆钢与镀锌扁钢焊接，其长度应为其直径的 6 倍，双面施焊。

(4) 镀锌扁钢与镀锌钢管（或角钢）焊接时，为了连接可靠，除应在接触部位两侧进行焊接外，还应将扁钢本身弯成弧形（或直角）与钢管（或角钢）焊接。

(5) 对上述每种情况的焊接处的搭接长度应做到同一工程一致，尤其在明装做法时，如明装避雷网、明装接地干线。

3. 接地装置

(1) 人工接地体

1) 应选用角钢或圆钢，长度不小于 2.5m，相互之间间距不应小于 5 m，其顶部应做成尖角。

2) 埋设时应挖深为 0.8～1m、宽为 0.5m 的沟，沟上宽下窄，打桩时，应采取措施防止接地角钢或圆钢打劈，接地体应垂直设置不得打偏，其顶部离地高度为 600mm。

3) 接地体之间用镀锌扁钢焊接连接，扁钢应侧放，与接地体连接的位置距接地体顶部 100mm，焊接达到上条要求，并留出足够长的连接长度。

4) 接地体埋设位置距建筑物不应小于 1.5m，遇有垃圾灰渣等地埋设接地体时，应换土，并分层夯实。

5) 当接地装置必须埋设在建筑物出入口或人行道小于 3 m 时，应采用均压带做法或在接地装置上敷设 50～80mm 厚度沥青层，其宽度应超过接地装置 2m。

(2) 自然接地体利用无防水底板钢筋或深基础做接地体，应按设计要求，将底板，钢筋搭接焊好；

(3) 将柱内两根相邻或对角的钢筋与底板筋搭接焊好，并将柱内主筋用色标做好标记，色标颜色在同一单位工程中，应一致并与土建工程上使用的颜色区分开。

4. 接地干线

(1) 室外接地干线敷设。

室外接地干线一般敷设在沟内，回填土应分层填实不需打夯，末端露出地面 500mm，以便接引线。

(2) 室内接地干线明敷设。

1) 室内接地干线多为明敷设，但部分设备连接的大线需经地面的也可埋在混凝土内。

2) 明敷接地线不应妨碍设备的拆卸与检修。

3) 接地线应水平或垂直敷设，也可沿建筑物表面敷设，不应有高低起伏及弯曲情况。

4) 接地线沿建筑物墙壁水平敷设时，接地干线距地面应不小不 200mm，距墙面不小于 100m，支持件间的水平直线距离一般为 1m，垂直部分为 1.5m，转弯部分为 0.5m。

5）接地干线敷设应平直，水平度及垂直度允许偏差 2/1000m，但全长不得超过 100m：转角处接地干线弯曲半径不得小于扁钢厚度的 2 倍。

6）明敷的接地线表面应刷黄/绿相间色，油漆应均匀无遗漏，但接地卡子及接地端子等处不得刷油。如因建筑物设计刷其他颜色时，则应在连接处及分支处刷各宽为 150mm 的两条黑带，其间距 150mm。

7）穿墙时，应套管保护，跨越伸缩缝，应做煨管补偿。

8）在室内接地干线每隔 10m，装设一接地端子。

9）接地线引向建筑物入口处，应标以黑色接地标志。

5. 引下线安装

(1) 引下线暗装。

1）当利用建筑物主筋作引下线时应满足：

(A) 主筋截面积不得小于 90mm^2，每条引下线不得少于两根主筋；

(B) 主筋搭接处按接地线的要求焊接，当主筋采用压力埋弧焊、对焊、冷挤压时其接头处可不焊接跨地线。

2）引线扁钢不得小于 25mm×4mm，圆钢直径不得小于 12mm；

3）现浇混凝土墙内暗敷设引下线时不做防腐处理，焊接要满足要求；

4）引下线应躲开建筑物的入口和行人较易接触的地点，以免发生危险；

5）每栋建筑物至少有两根引下线（投影面积小于 50m^2 的建筑物例外），防雷引下线最好为对称位置，引下线间距不应大于 20m，当大于 20m 时应在中间多引一根引下线；

6）柱内主筋应用 ϕ12 镀锌圆钢于屋顶避雷网焊接；

7）引下线应距层面拐角 500mm 以上，以便于和防雷网焊接。

(2) 引下线明装。

1）引下线的垂直允许偏差为 2/1000；

2）引下线必须调直后敷设，弯曲处不应小于 90°，并不得弯成死角；

3）引下线除设计要求，镀锌扁钢不得小于 48mm^2,，镀锌圆钢直径不小于 8mm：将接地线地面以上 2m 处套上保护管，保护管不得为金属管，用塑料管或镀锌钢管拼装，以免形成涡流，阻碍雷电流顺利通过。

(3) 断接卡子或测试点。

1）防雷引下线、接地体需要装设断接卡子或测试点的部位、数量按图施工，无要求时按以下规定设置：

(A) 建、构筑物只有一组接地体时，可不做断接卡子，但要设置测试点。

(B) 建、构筑物采用多组接地体时，每组接地体均要设置断接卡子。

(C) 断接卡子或测试点设置的部位应不影响建筑物外观应便于测试，暗设时距地高度为 0.5m，明设时距地高度为 1.8m。测试点亦可利用距构筑物一定距离专用测试井引出。

2）断接卡子暗装盒应干净方正，最好为统一预制加工的镀锌件，所用螺栓直径不得小于 10mm，并加镀锌垫圈、弹簧垫，同时加装盒盖并做上接地标记，参照 92DQ13-29、92DQ13-30 的做法。

6. 避雷网（均压环）安装

(1) 避雷网

1) 避雷网应平直牢固，不应有变形扭曲现象，距离建筑物表面距离应一致，平直度每 2m 允许偏差 3/1000，但全长不得超过 10mm；

2) 避雷线弯曲处不得小于 90°，弯曲半径不得小于圆钢直径的 10 倍；

3) 避雷线如用扁钢，截面积不得小于 $48mm^2$，如为圆钢直径不得小于 8mm；

4) 避雷网支架高度为 10～20cm，各支点间距不应大于 1m，离拐弯中心点为 300mm。支架应有机械强度，不易变形；

5) 遇有变形缝应做煨弯补偿，各处煨弯造型应一致；

6) 建筑物屋顶上的金属突出物，如金属旗杆、透气管、金属天沟、铁爬梯、冷却水塔、电视天线、风机、烟囱、广告牌等都必须与避雷网焊成一体；

7) 上人屋面上尽量采取接地线暗敷，不宜设墩子明装避雷线，各处要接地金属部件均在做屋面做保温层时，用 $\phi12$ 镀锌圆钢暗敷到位（防雷系统引线通过结构都要用不小于 $\phi12$ 圆钢）；

8) 透气管的接地应与镀锌圆钢焊接，不宜采用抱箍卡接，且出屋面的各段管段都得焊跨接地线。焊点要垂直统一，焊缝饱满，焊渣清除干净（必要时用手砂轮打磨）后刷银粉漆；

9) 对体积大，各金属部分连接不好处理的设备，如风机的风管、水塔、大型设备的防雷方式最好做避雷针，避雷针用锌钢管时，管壁厚度不小于 3mm，针尖应涮锡，垂直安装固定牢固；

10) 沿建筑物外轮廓线的室外彩灯应低于避雷网 30mm。

(2) 均压环

1) 建筑物应根据设计要求设置均压环的高度，如没要求应在 30m 以上每隔三层围绕建筑物外轮廓的墙内做均压环，利用结构圈梁内主筋或腰筋与预先准备好的约 20cm 的连接钢筋头焊接成一体，并与主筋中引下线焊成一个整体，当建筑物柱与圈梁有贯通性连接时（绑孔或焊接）可不另设均压环；

2) 从圈梁上各金属门窗、洞口处，预留 20cm 的连接钢筋头，以与金属门窗接地连接；

3) 外檐金属门窗栏杆、扶手等金属部件的预埋焊接点不应少于 2 处，与均压环焊成一体；

4) 铝、钢制门窗与均压环连接，在加工门窗时就应要求甩出 30cm 的铝带或镀锌扁钢 2 处，如超过 3m，就需 3 处连接。

7. 封闭式母线安装

(1) 开箱检查：根据装箱单检查设备及附件，其规格、数量及品种符合设计要求。

(2) 检查设备及附件，分段标志应清晰齐全，外观无损伤、变型，母线绝缘电阻值大于 0.5MΩ。

(3) 弹线、支架制作及安装。

1) 弹线定位，根据楼层层高确定支架的数量和位置；

2) 支架制作和安装按设计和产品技术文件的规定制作和安装；

3) 封闭插接母线的拐弯处以及与箱（盘）连接处必须加支架，直段插接母线支架距离必须小于 2m，转弯处小于 300mm；

4）一个吊架用两根吊杆固定牢固，膨胀螺栓应加平垫、弹簧垫、吊架应用双螺母夹紧；

5）支架安装位置正确，横平竖直，固定牢固，成排安装排列整齐，间距均匀，油漆均匀无漏刷现象。

（4）封闭插接母线安装

1）封闭插接母线直接用螺栓固定在支架上，螺栓加平垫、弹簧垫固定牢固；

2）在封闭插接母线与设备连接处必须加固定支架；

3）封闭插接母线外壳连接：按设计选定的保护系统进行安装，地线跨接板连接应固定，防止松动，严禁焊接；

4）在组装前逐段进行绝缘测试，安装完毕后封闭插接母线的绝缘电阻值大于 0.5MΩ。

（5）试运行

1）封闭插接母线安装完毕后，整理清扫干净，用绝缘摇表检测相间、相对地的绝缘电阻值是否符合规范规定；

2）检查时应符合设计要求，送电空载运行 24h，无异常现象，办理验收手续同时提交验收资料。

8．电机的检查及接线

（1）电动机安装前检查

电动机完好，盘动转子轻快无卡阻及异常声响，电动机的引出线端子焊接或压接良好且编号齐全，附件备件齐全，润滑脂情况正常。无异常或不超过出厂保质期，无需进行抽芯检查。

（2）安装及接线

1）电机本体安装应由电工、钳工、起重工配合进行，按设计图就位。稳固稳装时电机垫片一般不超过 3 块，各种传动形式的轴向、径向、中心线平行误差都应在允许范围内；

2）严格按照相线颜色接线，固定牢固，金属软管必须接地。

（3）电动机试运行前检查

1）条件：

①土建工程结束，现场清扫整理完毕，电机本体安装检查结束；

②冷却、调速、润滑等附属系统安装完毕，验收合格，分部试运行情况良好；

③电机的保护、控制、测量、信号、励磁回路调试完毕，动作正常。

2）检查内容

①测定电机定子线圈、转子线圈及励磁回路的绝缘、轴承座及台板的接确面清洁干燥，用 500V 摇表测量，绝缘电阻值不小于 0.5MΩ；

②电刷与换向器或滑环的接触良好；

③盘动电机转子时，转动灵活无碰卡现象；

④电机引出线相位正确、固定牢固、连接紧密，接线与铭牌一致；

⑤电机外壳油漆完整，接地良好；

⑥照明、通风、消防装置齐全。

(八) 住宅（公寓）电气施工特点及要求

1. 住户配电系统（图 5-255）

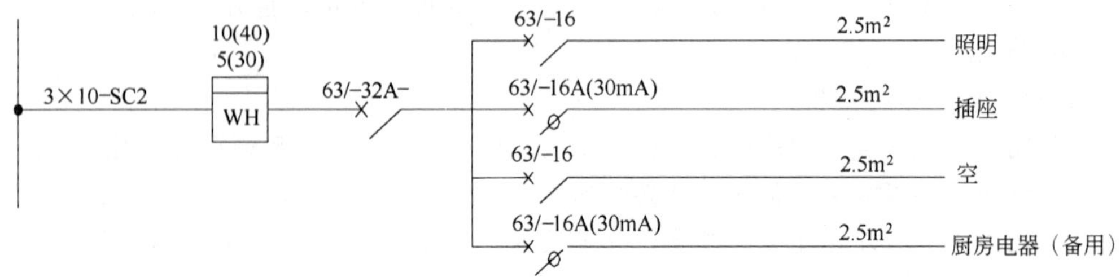

图 5-255　住户配电系统图例

(1) 户用电度表选用不应小于 5（20）A 的 4 倍宽幅表；

(2) 各用户必须采取接地保护，确保人身安全；

(3) 为确保用电安全，单相户表后应采用双极隔离电器；

(4) 表前进线不小于 $6mm^2$ 铜线，户内不小于 $2.5mm^2$ 铜线；户内电路应按照明、空调和其他电器用插座分三路以上设计施工。

(5) 户内电气防火等级不低于二级

2. 主要电气设备及安全标准

(1) 应在每幢住宅建筑的电源引入处设置总等电位联结；对潮湿场所卫生间宜设置辅助等电位联结；

(2) 采用铜芯绝缘导线暗配，不得小于 $2.5mm^2$；

(3) 在起居厅和大厅的灯位处应预留有安装重型灯具（≤50kg）的灯具吊勾；

(4) 厨房、卫生间等潮湿房间的照明灯具应采用瓷灯头或防潮型灯具；

(5) 公共部位的灯具选型应以开启式灯具为主，以方便光源更换和维修；

(6) 照明开关宜采用扳把式，开关容量不宜小于 10A；

(7) 多层住宅的楼梯间当有直接采光窗时，其照明灯具开关可采用节电型的定时开关；

(8) 高层住宅的楼梯间宜采用就近或两地控制式的扳把开关，电梯厅应采用扳把式开关；

(9) 每户户门宜设有由户内控制开关的门灯，或采用物理型自动控制方式，每户应设有门铃；

(10) 每户各类插座的设置数量见表 5-102：

各类插座的设置数量（个）　　**表 5-102**

房间名称	电源插座不小于（组）	空调专用插座	洗衣机专用插座	电话插座	电视插座
大厅	2+2	1		1	1
起居厅	2+2	1		(1)	(1)
主卧室	2+2	1		1	1

续表

房间名称	电源插座不小于（组）	空调专用插座	洗衣机专用插座	电话插座	电视插座
卧室	2	(1)		(1)	(1)
厨房	2		1		
卫生间	2		(2)		

注：表中数字带有括号者系表示条件不允许时可选设的房间。

（11）电源插座及专用插座皆应选用安全型 10A，电源插座应分散安装在不同墙面上，并且两只插座为一组（靠近安装）；

（12）厅室内插座无特殊要求时宜距地 0.3m 安装，插座位置的选择应配合排气管道，灶具位置，采暖气设置，以及家具壁柜布置等条件确定，通常电源插座宜靠近墙面近端或灯开关垂直线下侧装设，大厅内的电源插座应选用带开关型式；

（13）空调电源专用插座应靠近外或采光窗附近的承重墙上，并应避免两室的空调器（分体式空调器室内机）背靠同一墙体的两侧安装；

（14）空调插座宜距地 1.8m 安装，并在垂直对应距地 1.4m 处设有带电源指示灯和可控制空调器电源的开关面板，或将电源指示灯及电源开关与空调插座组合在一个面板上；

（15）洗衣机专用插座应距地 1.1m 处安装，并应选用带指示灯和开关的型号。

（16）卫生间内排风机及美容（或热水器）用电源插座应在潮湿场所等级分类中Ⅲ区以外处安装。距地高度宜不低于 1.8m，插座上宜带有指示灯和开关，并应采用防溅水型插座；

（17）厨房内排烟机用电源插座宜在距地 1.8～2m 处安装，并采用防溅型；厨房内小家电用电源插座可安装于备餐台上方或吊柜下方，安装高度视性能而定，尽量往高装，不超过 1.8m，并带有开关和指示灯；

（18）在电话、共用电视天线插座相邻处应备有电源插座，相距宜在 50cm 以上；

（19）每户电话宜按 2 对设计，大厅起居室和卧室皆宜备有电话插座；每户的阳台如为封闭形式可设有照明灯和电源插座，（距地 1.8～2m），如为开启式阳台则宜仅设有电源插座。

第六章　售　后　服　务

第一节　住宅工程用户手册的编制

住宅工程必须编制二套手册：

——《房屋维护维修手册》（交建设单位或物业管理公司）；

——《房屋使用手册》（每户一册）。

一、《维修手册》编制内容

（一）概述

（二）土建部分

1. 基础与结构

2. 建筑装修

3. 防水工程

（三）机电部分

1. 电器工程

2. 给排水、（热水）系统

3. 暖气系统

4. 消防工程

5. 电梯工程

6. 电视、电话

（四）本建筑物所用材料汇总明细表

1. 土建部分材料汇总

2. 机电部分材料汇总

3. 大型设备材料汇总

（五）以下为《维修手册》编制内容，供参考。

概　　述

一、工程概况

二、参建单位概要

三、工程主要楼层立面、剖面、平面图

第一篇　土　建　部　分

第一章　基础与结构

一、工程地基与沉降

1. 地基的设计与施工
2. 工程沉降观测
二、基础与主体结构
1. 基础类型
2. 结构类型
3. 特殊结构部位
4. 设计允许活荷载
5. 抗震等级
6. 施工质量
7. 设计与施工
8. 使用注意事项

第二章 建 筑 装 修

一、房间装修做法一览表
二、主要建筑配件
三、主要公共部分装饰工程的维护保养要点
1. 楼地面的维护
2. 门窗的维护管理
3. 饰面板（砖）工程的维护
4. 油漆工程的维护
5. 刷（喷）浆工程的维护
6. 裱糊工程的维护
7. 吊顶工程的维护

第三章 防 水 工 程

一、各部位防水工程的做法
1. 屋面　2. 室内　3. 地下室底板
4. 地下室外墙　5. 室外
二、屋面排水
三、防水工程的保养维修要点
1. 防水工程的维护要点
2. 防水工程的渗漏检查及补漏原则
3. 防水工程的保修年限

第二篇 机 电 部 分

第六章 电 气 工 程

一、电气工程说明
1. 电气工程范围　2. 电力技术指标

二、系统图及设备机房位置图

1. 电气系统图及说明 2. 变配电室、发电机房位置

3. 标准层配电室、户表箱位置

三、电气照明

四、防雷接地

五、机房管理

1. 配电室管理规定的内容 2. 发电机房管理规定的内容

3. 电源切换

六、主要电气设备的操作与保养

(一) 操作注意主要内容

1. 高低压开关装置 2. 变压器

(二) 保养周期与保养内容

1. 高压开关柜 2. 低压开关柜 3. 变压器

七、故障处理与维修保养

(一) 常见电气线路故障及修理

1. 电气线路故障判断

2. 管线的绝缘电阻测量及旧线更换

(二) 配电箱（盘）

1. 照明配电箱（盘）的常见故障及其原因

2. 电力配电柜（箱）的常见故障及其原因

3. 预防措施和维护要点

(三) 室内配线和照明用具

1. 常见故障及其原因

2. 预防措施和维护要点

(四) 防雷系统的维护

(五) 白炽灯和日光灯修理

第七章 给排水系统

一、给水（热水）系统

1. 系统概述 2. 管材及连接方式

3. 保温 4. 压力

二、排水系统

1. 系统概述 2. 管材及连接方式

3. 保温

三、雨水系统

1. 系统概述 2. 管材及连接方式

四、注意事项及维修保养

1. 上、下水管道故障检修 2. 上、下水管道的检查与维护

3. 水龙头与阀门的维修 4. 卫生设备的维修

5. 水泵保养及维修　　6. 检查压力表
7. 潜水泵的检查保养　　8. 气压罐
五、主要设备技术参数

第八章　消　防　工　程

一、水灭火系统概述
1. 系统说明　　2. 管材及连接方式　　3. 试压
二、水灭火系统组成
三、水灭火系统——室内消火栓系统
1. 系统简介　　2. 工作原理
四、注意事项及维修保养
1. 自动喷水灭火系统　　2. 其他灭火系统
3. 电接点压力表　　4. 管道、阀门及水泵维修保养
五、主要设备技术参数
六、主要楼层消防通道平面图

第十章　电　梯　工　程

一、电梯的分布和功能说明
二、电梯的日常保养与维修
1. 电梯的维护保养和维修周期
2. 电梯常见故障和检修方法

第十一章　电视、电话系统

一、系统说明
二、系统布置
三、日常维护

第三篇　本建筑物所用材料汇总明细表

1. 土建部分材料汇总明细
2. 机电部分材料汇总明细
3. 大型设备材料汇总明细

二、《房屋使用手册》编制内容

(一) 土建部分
1. 设计允许活荷载　　2. 抗震等级
3. 房间装修做法一览表　　4. 防水工程
5. 主要装饰、五金材料明细　　6. 使用注意事项
7. 紧急情况的应急处理
(二) 电气部分

1. 电表、闸箱位置以及容量　　2. 使用和注意事项

3. 紧急情况的应急处理

（三）煤气

1. 室内煤气系统简介　　2. 使用和注意事项

3. 紧急情况的应急处理

（四）给排水管道及卫生洁具

1. 室内水系统简介　　2. 使用和注意事项

3. 紧急情况的应急处理

（五）供暖

1. 使用和注意事项　　2. 紧急情况的应急处理

（六）电梯

1. 使用和注意事项　　2. 紧急情况的应急处理

（七）公共通道

使用和注意事项

（八）户型及房屋开间尺寸平面图

（九）紧急逃生路线图

（十）水暖电材明细表

（十一）保修范围和期限

（十二）以下为一房屋使用手册示例，供参考。

尊敬的住户您好，恭喜您和您的家人迁入新居，如您在新居使用过程中发现问题，请您与物业管理部门联系，我们将随时为您提供热情周到的服务。

××居住小区一期工程××号住宅楼由甲乙两楼组成，其中甲楼11层（局部12层），为现浇剪力墙结构；乙楼7层，为砖混结构。层高2.7m，室内楼板厚度100～120mm，室内净高度2.56m，设计抗震烈度为8度，总建筑面积17411.76m^2，由××公司承建。

为了使每一位住户都能更好的了解该楼功能，确保您使用安全，为您营造一个舒适温馨的生活、休息、学习环境，我们特别将这份住宅使用说明书奉献给您，希望对您有所帮助。

一、土建方面

1. 本工程地下室承重墙体为250mm双向钢筋现浇混凝土墙、首层以上承重墙为180mm双向钢筋现浇混凝土墙，隔墙采用60mm厚增强水泥方孔隔墙板。

2. 房间墙体是经过科学的力学计算而设计的，自行剔凿和拆除都将破坏结构整体受力或引起不安全事故的发生，由于内隔墙为轻质隔墙，为安全起见不得拉挂重物。

3. 本工程楼板厚度为100～120mm，您在装修时请不要任意剔凿地面，以免破坏结构面层而渗水。

4. 室内及阳台不得集中堆放重物，一般控制结构均布荷载数值如下：

（1）住宅室内：300 kg/m^2

（2）阳台：100 kg/m^2

（3）厨房、卫生间：250kg/m^2

5. 本工程卫生间、厨房已装修可以直接使用，如需要重新装修时，要注意避免损坏相邻的装修或设备。

6. 除厨房、卫生间外，一般房间均无防水要求，切勿用水直接冲洗，防止楼板渗水。

7. 在使用厨房时应把房间门关紧，以免油烟蒸气进入房间，造成房间墙面污染、起皮。

8. 房间内（除厨房、厕所外）墙面仅施工至腻子完，地面按水泥砂浆施工，达到粗装修标准，住户入住后可根据各自的要求自行进行二次装修。

二、电气

1. 甲楼1～11层每户的电负荷量为2kW/户，12层为2.5kW/户，配电户表箱位于每层楼梯间的墙上。1～6层总闸在一层配电箱内，7～12层总闸在7层配电箱内。配电户表箱内每户电表下相对应的为本户的照明开关、插座漏电保护器和空调开关。电话组线箱分别位于1、5、8、11层的楼梯间墙上，电视分支器箱分别位于2、3、4、6、7、9、10、12层的楼梯间墙上（见图1、图2）。

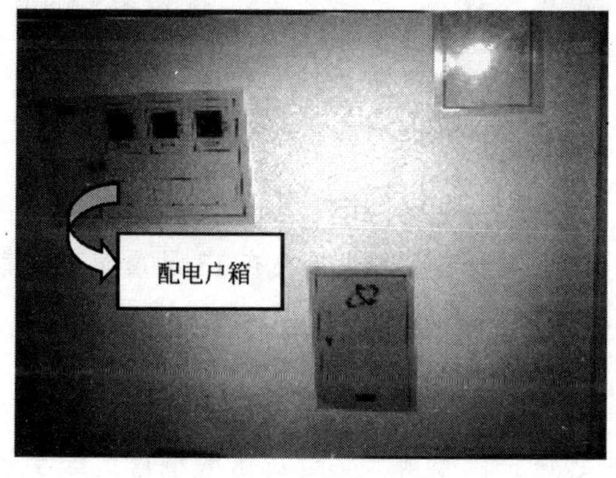

图1　电视、电话、配电户表箱

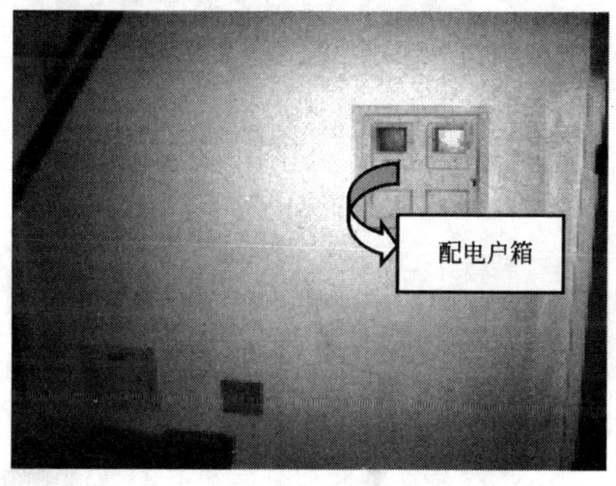

图2　电视分支箱、配电户表箱

2. 乙楼1～5层左户的用电负荷是为4kW，右户的用电负荷为4.5kW，6层用户的电负荷为6kW，配电户表箱位于每层楼梯间墙上。配电户表箱内电表下相对应为本户的照明开关，插座漏电保护器和空调开关，总闸在首层配电箱内，电话组线箱和电视前端箱位于首层楼梯间内（见图3）

3. 请您注意，使用的电气器具功率不得大于电气系统图上标识的总功率数。

4. 用电时请您注意供、停电应按以下操作程序进行，停电拉闸时，先断各支路分闸后再断电源总闸。送电时，先合电源总闸，后合各支路分闸，配电箱内各户开关当扳到“on”位置时为合闸，扳到“off”位置时拉闸，没有特殊情况，不要随意扳弄配电户表箱。

5. 请不要在电气器具工作状态下拔、插电源插头，以免引起火花，烧坏电气设备。应先关掉电气设备的电源开关，再拔插电源插头。

6. 客厅和主卧室内均设有空调插座、电视插孔和电话机插孔。

7. 楼梯间的灯为声光控制，当光线降低一定暗示度，且有声音时楼梯灯会自动亮起，当发生事故时，消防信号强起全楼道灯。

8. 在1～4层东西两端楼梯间和5、7、9、11的通廊内设有消火栓，内有启动按钮，火灾时击碎玻璃起动消防泵，按钮指示灯亮，返回启泵信号。

9. 不能随意私自改动楼内的电气线路和设备。

三、给排水系统

给水管及排水管如图4所示。

图3　配电箱

图4　给水管、排水管

1. 甲楼1～4层给水管单元总阀门设在地下室顶棚下，5～13层设在13层顶棚下，每户在水表旁还设有阀门，乙楼总阀门设在首层厨房内。

2. 户用水点（水嘴等）需更换或维修时，应请专业人员关掉户内阀门，必要时还应关掉单元总阀门，防止大量跑水。

3. 户内高位水管均有保温材料包裹，请注意保护，否则，将造成水管结露，给生活带来诸多不便。

4. 排水管根部均已做好防水处理，请勿随意改动，否则将会破坏防水层，产生渗漏。

5. 大便器根部均已做好防水处理，请勿随意改动，否则会渗漏，给您和他人生活带来不便。

6. 卫生间内地漏扣盖应经常清洗，保持畅通，避免杂物流入造成堵塞、产生异味。

四、采暖系统（见图5）

1. 暖气管道主控制阀有两处，分别设于地下室东西两侧。

2. 散热器不热时，可先打开暖气片上的平动放气阀，排除空气后关闭。如还不热，须请专业人员处理。

3. 暖气片上不能放重物、杂物，否则会影响暖气片各对接头，并导致漏水。

4. 住户请勿自行拆改、挪动暖气设施，否则会导致系统水流不平衡，造成暖气不热。

5. 住户在二次装修施工暖气罩时，应注意预埋足够的管道和阀门维修空间，否则将给维修工作带来困难。

五、消防系统（见图6）

图5 采暖管、暖气片

图6 消防栓

各单元1～4层每层楼梯平台处，设有一消防箱，5～13层在隔层通廊处设有7个消防箱，地下室设有8个消防箱

六、建材设备及配套设施

外　　观：外墙采用进口高级防水涂料，预留空调机位。

电 梯 厅：首层为防滑地砖，彩釉面砖墙面。

厅、卧室：墙面、地面为水泥抹平，预留装修面可尽情发挥主人的想象空间。

厨　　房

地面为防滑地砖，墙面为面砖，预留料理台，吊柜、抽油烟机等装修位。

卫生间

地面为防滑防水地砖、墙面为面砖、配置中外合资卫生洁具。

门

内门三夹板门，4层以下户门为细质防火门。

窗

铝合金窗。

电梯

5层以上1梯两层停置，OTHS电梯

电

小区为双回路供电系统，每户采用20A大容量电表。

燃气

市政燃气入户。

暖气

集中热力供暖。

通讯系统

每户预留二部IDD电话，客厅与主卧均预留电话插座。

电视接收系统

特批卫星，有线电视网。

安全系统

每层设消防灭火及报警系统。

第二节　回访保修工作

建筑企业需制定回访保修工作流程，以及部门各岗位的工作要求和标准，促进工程回访保修工作的规范化和制度化，便于进行岗位工作考核。

一、回访保修准备工作

竣工工程在正式移交后，由工程保修责任部门正式委任保修责任人（见附表一）。保修责任人在接受委任之后，与竣工工程项目相关人员联系，与业主确定访问日期。在与项目相关人员共同回访时，保修责任人应记录业主代表和保修联系人的姓名、职务和联系电话，在回访结束后将该信息进行登记。

保修责任人与项目相关人员联系，共同确定召开分包见面会的相关事宜，包括会议地点、参加见面会的分包名单、分包会议通知，并根据工程特点制定工程保修注意事项。完成以上工作后报工程保修责任部门负责人确定会议日期，联系会议室。分包见面会由部门负责人主持，由保修责任人准备会议签到表，登记分包商的保修联系人和联系电话，并下发工程保维修注意事项。

保修责任人在接受委任之后，对竣工工程移交资料和竣工图进行整理和研究，对工程保修的特点进行分析，制订工程保修计划书，报部门业务经理备案。

二、工程回访

每年要进行定期回访：雨季回访、采暖期回访、节日回访、保修期终止回访，特殊情况随时进行。

（一）雨期回访

在每年的6～7月间进行，由部门负责人制定雨期回访计划，各保修责任人根据委任项目的特点填写《雨期注意事项》（附表二），并按照计划要求进行回访，向业主递交《雨期注意事项》，配合业主进行检查，并填写《工程回访纪要》（附表三）。回访结束后部门负责人汇总《工程回访纪要》，对雨期回访进行总结。

（二）供暖期回访

在每年统一供暖期前一个月进行，由部门负责人制定供暖期回访计划，各保修责任人根据委任项目的特点填写《供暖期注意事项》（附表四），并按照计划要求进行回访，向业主递交《供暖期注意事项》，配合业主进行检查，并填写《工程回访纪要》。回访结束后部门负责人汇总《工程回访纪要》，对供暖期回访进行总结。

（三）节日回访

春节回访：在每年春节前，由部门负责人制订春节回访计划，各保修责任人按照计划要求对负责的项目进行回访，向业主进行节日慰问，并进行用户意见调查。回访结束后由部门负责人对春节回访用户意见调查进行总结。

五一、元旦、国庆节日前，由部门负责人制定节日值班表，购买节日贺卡和准备慰问信，各保修责任人填写通讯地址，由指定的速递公司送交建设单位。

（四）保修期终止回访

在土建保修期和防水保修期满前一个月内进行，了解用户对建筑产品的全面评价及后期出现的质量缺陷，填写《工程回访纪要》(附表三)，并予以解决。待保修期结束和遗留问题处理完成后填写《工程保修截止通知单》(附表五、附表六) 交业主确认。

(五) 特殊回访

特殊情况的回访指建设单位的来人、来函和电话反映的急需处理的问题，必须按质量保修书中规定的时间内进行回访，并填写《工程回访纪要》(附表三)。

三、工程保修

(一) 电话投诉

各项目保修责任人在接到用户投诉电话后，立即填写《电话登记表》，并在保修责任书中约定的时间内进行回访，查明质量缺陷的原因，并组织专业维修队伍。

(二) 信函、传真投诉

各项目保修责任人在接到用户信函、传真后，立即将信函、传真上报部门负责人，由部门负责人进行归档并安排相关人员处理，并在质量保修书中约定的时间内进行回访，查明质量缺陷的原因，并组织专业维修队伍。

(三) 组织维修

对专业维修队伍下达《工程维修指令单》(附表七)，对业主上报《工程维修确认单》(附表八)。当维修完毕时，将确认后的《工程维修指令单》和《工程维修确认单》归档。

对出现业主责任造成的质量缺陷，设计原因造成的质量缺陷等特殊情况，及时向部门负责人汇报，由部门负责人根据各个项目的不同特点采取相应办法和措施。

附表一

××公司工程保修委任单

<table>
<tr><td>工程名称：</td></tr>
<tr><td>工程地点：</td></tr>
<tr><td>土建、机电保修期限：　　年　　月　　日 到　　年　　月　　日</td></tr>
<tr><td>防水工程保修期限：　　年　　月　　日 到　　年　　月　　日</td></tr>
<tr><td>尊敬的用户：
　　根据双方签订的《建设工程保修合同》，××××公司将履行对贵工程的保修责任。×××××公司特委派______同志负责贵工程的保修工作。
　　服务热线电话：×××××
　　传真：×××××××

×××公司
年　　月　　日</td></tr>
<tr><td>用户意见和建议：

签字：
（盖章）</td></tr>
<tr><td>备注：</td></tr>
</table>

本表一式两份，用户单位和××公司各一份。

附表二

×××公司雨期注意事项

<table>
<tr><td colspan="2">工程名称：</td></tr>
<tr><td colspan="2">工程地点：</td></tr>
<tr><td colspan="2">土建、机电保修期限：　　年　月　日　到　　年　月　日</td></tr>
<tr><td colspan="2">防水工程保修期限：　　年　月　日　到　　年　月　日</td></tr>
<tr><td colspan="2">尊敬的用户：
　　由于即将进入雨期，根据贵工程的特点，需注意以下事项：</td></tr>
<tr><td colspan="2">备注：</td></tr>
<tr><td>用户单位：
　　签字：
　　　　　　年　月　日</td><td>×××公司
　　　　　　年　月　日</td></tr>
</table>

本表一式两份，用户单位和×××公司各一份。

附表三

×××公司工程回访纪要

工程名称：	
□雨期　□供暖期　□节日　□其他	
回访地点：	
回访时间：	
参加人员：	
会议纪要：	
备注：	
用户单位： 签字： 年　月　日	×××公司 年　月　日

本表一式两份，用户单位和×××公司各一份。

附表四

×××公司供暖期注意事项

<table>
<tr><td colspan="2">工程名称：</td></tr>
<tr><td colspan="2">工程地点：</td></tr>
<tr><td colspan="2">尊敬的用户：
由于即将进入供暖期，需注意以下事项：
1. 检查系统通水是否渗漏，锅炉运行是否正常；
2. 集中供热的热交换站系统运行是否正常；
3. 阀门开启、关闭是否灵活；
4. 物业部门是否准备有常见的管件、工具，以便应付抢险工作。
如发现问题，请及时与×××公司联系。

电话：××××

传真：××××</td></tr>
<tr><td colspan="2">备注：</td></tr>
<tr><td>用户单位：

签字：

年　月　日</td><td>×××公司

年　月　日</td></tr>
</table>

本表一式两份，用户单位和×××公司各一份。

附表五

×××公司工程保修截止通知单（土建/机电）

<table>
<tr><td>工程名称：</td></tr>
<tr><td>工程地点：</td></tr>
<tr><td>土建、机电保修期限：　　年　　月　　日　到　　年　　月　　日</td></tr>
<tr><td>施工单位意见：
根据双方签订的《建设工程保修合同》的规定，我公司对贵工程的土建/机电保修时间已经到期，对于该工程的保修工作已经结束，如果在保修期后发生的质量问题由双方协商解决。
×××公司
年　　月　　日</td></tr>
<tr><td>建设单位意见：
签字：
（盖章）</td></tr>
<tr><td>备注：</td></tr>
</table>

本表一式两份，建设单位和×××公司各一份。

附表六

×××公司工程保修截止通知单（防水）

工程名称：
工程地点：
防水保修期限： 年 月 日 到 年 月 日
施工单位意见： 根据双方签订的《建设工程保修合同》的规定，我公司对贵工程的防水保修时间已经到期，对于该工程所有分项工程的保修工作已经结束；如果在保修期后发生的质量问题由双方协商解决。 ×××公司 年 月 日
建设单位意见： 签字： （盖章）
备注：

本表一式两份，建设单位和×××公司各一份。

附表七

×××公司工程维修指令单　　　　**编号：**

<table>
<tr><td colspan="2">工程名称：</td></tr>
<tr><td colspan="2">工程地点：</td></tr>
<tr><td colspan="2">分包单位：</td></tr>
<tr><td>分包维修负责人：</td><td>分包电话：</td></tr>
<tr><td colspan="2">发生部位、问题内容和处理方法：</td></tr>
<tr><td colspan="2">要求完成时间：</td></tr>
<tr><td colspan="2">处理结果：</td></tr>
<tr><td colspan="2">确认人：</td></tr>
</table>

附表八

×××公司工程维修确认单

编号：

<table>
<tr><td colspan="2">工程名称：</td></tr>
<tr><td colspan="2">工程地点：</td></tr>
<tr><td colspan="2">报修方式：□电话 □传真/信函 □回访 □其他</td></tr>
<tr><td>报修时间：</td><td>报修人联系电话：</td></tr>
<tr><td colspan="2">发生部位：</td></tr>
<tr><td colspan="2">问题内容：</td></tr>
<tr><td colspan="2">原因和处理结果：</td></tr>
<tr><td colspan="2">用户意见和建议：

用户评价
□很满意 □满意 □一般 □不满意 □很不满意</td></tr>
<tr><td>用户单位
签字：
年 月 日</td><td>×××公司
签字：
年 月 日</td></tr>
</table>

附录1　关于在住宅建设中淘汰落后产品的通知

各省、自治区、直辖市、计划单列市建委（建设厅）、经贸委（经委、计经委）及新疆生产建设兵团经贸会、质量技监局、建材主管部门：

为了贯彻落实《国务院办公厅转发建设部等部门关于推进住宅产业现代化提高住宅质量若干意见的通知》（国办发［1999］72号文），加快推进住宅产业现代化，提高住宅质量，强制淘汰不符合资源节约和环境保护要求与质量低劣的材料和部品，积极采用符合国家标准的资源节约型优质材料和部品，现将有关事项通知如下：

一、自2000年1月1日起，在大中城市新建住宅中禁止使用螺旋升式铸铁水嘴，已立项但尚未开工的住宅建设项目也应限制使用螺旋升降式铸铁水嘴。

积极采用符合《陶瓷片密封水嘴》（JC—663—1997）及《水嘴通用技术条件》（QB/T 1334—98）标准的陶瓷片密封水嘴。

陶瓷片密封水嘴生产行业要尽快完善陶瓷密封芯片标准化工作。生产企业要确保产品质量和售后服务。积极开发生产、推广应用新型节水水嘴。

二、自2000年6月1日起，在城镇新建住宅中禁止使用长江、黄河上中游等天然林保护、生态建设工程地区的天然林及天然珍贵树种为原料生产门窗、地板。

使用速生丰产林木材生产门窗、地板要经过干燥、防腐、防虫、防潮、阻燃、改性处理，提高其使用寿命。

要提高木材综合利用率，积极开发生产、推广应用新型复合木质门窗、地板。鼓励采用木材采伐加工的剩余物、竹材、农作物秸秆、回收旧木材为原料生产复合门窗、地板。

三、自2000年6月1日起，各直辖市、沿海地区的大中城市和人均占有耕地面积不足533.6m^2的省的大中城市的新建住宅，应根据当地实际情况，逐步限时禁止使用实心黏土砖，限时截止期限为2003年6月30日。

各地应采取切实措施，抓紧做好实心黏土砖的替代材料及制品的衔接工作，积极推广采用新型建筑结构体系及与之相配套的新型墙体材料。要加大研究开发力度，完善配套技术，落实生产企业，提高产品质量，尽快解决新型墙体材料的有关技术、质量问题。并根据可能的条件逐步限制其他黏土制品的生产和使用。

各地对积极使用新型墙体材料的开发企业、设计单位、施工企业给予相应的奖励；对违反《民用建筑节能管理规定》的企业按规定予以处罚。

四、自2000年6月1日起，在城镇新建住宅中，淘汰砂模铸造铁排水管用于室内排水管道，推广应用硬聚氯乙烯（UPVC）塑料排水管和符合《排水用柔性接口铸铁管及管件》（GB/T 12772—1999）的柔性接口机制铸铁排水管。

自2000年6月1日起，在城镇新建住宅中，禁止使用冷镀锌钢管用于室内给水管道，并根据当地实际情况逐步限时禁止使用热镀锌钢管，推广应用铝塑复合管、交联聚乙烯（PE-X）管、三型无规共聚聚丙烯（PP-R）管等新型管材，有条件的地方也可推广应用铜管。

五、自 2000 年 12 月 1 日起，在大中城市新建住宅中，禁止使用一次冲洗水是在 9L 以上（不含 9L 冲洗水量）的便器。推广使用一次冲洗水量为 6L 的坐便器。积极开发生产新型节水便器，并完善相应的标准规范。

便器与水箱配件要实行成套供应，保证便器的密封性能和冲洗性能。便器生产企业作为产品质量的第一责任人，保证其配套产品的节水功能和质量，并在产品上标明冲洗水量。

六、自 2000 年 12 月 1 日起，在大中城市新建住宅中，禁止使用不符合建筑节能要求的 32 系列实腹钢窗和 25 系列、35 系列空腹钢窗。

推广应用具有节能、密封、隔音等优良性能的，符合《民用建筑节能设计标准》（JGJ 26—95）要求的建筑用窗。当前应重点推广应用符合《PVC 塑料窗》（JG/T 3018）标准的 PVC 塑料窗，以及符合《平开、推拉彩色涂层钢板门窗》（JG/T 3041—97）标准的彩色涂层钢板窗等新型节能窗。

积极开发生产、推广应用木塑和铝塑复合窗、钢塑复合共挤节能保温窗及隔热保温型铝合金窗等新型节能窗。

七、各省、自治区、直辖市建设行政主管部门同当地有关部门，负责对本辖区住宅建设中禁止使用落后产品、推广应用优势产品工作的监督实施。

八、对违反本通知规定，采用禁止使用产品的住宅建设项目，不予通过设计审查，不予通过竣工验收，不得发放《商品房预售许可证》。对违反规定的开发企业、设计单位和施工企业，按国办发［1999］72 号文件规定处理。

九、在小城市及村镇住宅建设中，各地可根据实际情况，参照本通知执行。

各省、自治区、直辖市建设行政主管部门要依据本通知的规定，认真落实禁止使用落后产品、推广应用优质产品的工作，并将执行情况报建设部住宅产业化办公室。

建设部　　国家经贸委

质量技监局　　建材局

一九九九年十二月十三日

附录2　民用建筑节能管理规定

第一条　为了加强民用建筑节能管理，提高能源利用效率，改善室内热环境，依据《中华人民共和国节约能源法》、《中华人民共和国建筑法》和有关行政法规，制定本规定。

第二条　本规定适用于下列建设项目的审批、设计、施工、工程质量监督、竣工验收和物业管理：

（一）《建筑气候区域标准》划定的严寒和寒冷设置集中采暖的新建、扩建的居住建筑及其附属设施；

（二）新建、改建和扩建的旅游旅馆及其附属设施。

第三条　国务院建设行政主管部门负责全国民用建筑节能的监督管理工作。县级以上地方人民政府建设行政主管部门负责本行政区域内民用建筑节能的监督管理工作。建筑节能的日常工作可以由建设行政主管部门委托的建筑节能机构负责。

第四条　国家鼓励建筑节能技术进步，鼓励引进国外先进的建筑节能技术，禁止引进国外落后的建筑用能技术、材料和设备。

国家鼓励发展下列建筑节能技术（产品）：

（一）新型节能墙体和屋面的保温、隔热技术与材料；

（二）节能门窗的保温隔热和密闭技术；

（三）集中供热和热、电、冷联产联供技术；

（四）供热采暖系统温度调控和分户热量计量技术与装置；

（五）太阳能、地热等可再生能源应用技术及设备；

（六）建筑照明节能技术与产品；

（七）空调制冷节能技术与产品；

（八）其他技术成熟、效果显著的节能技术和节能管理技术。

第五条　新建居住建筑的集中采暖系统应当使用双管系统，推行温度调节和户用热量计量装置，实行供热计量收费。

第六条　新建民用建筑工程项目的可行性研究报告或者设计任务书，应当包括合理用能的专题论证。依法审批的机关要依照国家的有关规定，对工程项目可行性研究报告或者设计任务书组织节能论证和评估。对不符合节能标准的项目，不得批准建设。

第七条　建设单位应当按照节能要求和建筑节能强制性标准委托工程项目的设计。

建设单位不得擅自修改节能设计文件。

第八条　设计单位应当依据建设单位的委托以及节能的标准和规范进行设计（以下简称节能设计），保证建筑节能设计质量。

（一）严寒和寒冷地区设置集中采暖的新建、扩建的居住建筑设计，应当执行中华人民共和国行业标准《民用建筑节能设计标准（采暖居住建筑部分）》。

（二）新建、扩建和改建的旅游旅馆的热工与空气调节设计，应当执行中华人民共和国《旅游旅馆建筑热工与空气调节节能设计标准》。

第九条 建设行政主管部门或者其委托的设计审查单位，在进行施工图设计审查时，应当审查节能设计的内容，并签署意见。

从事建筑节能设计审查工作的设计人员，应当接受节能标准与节能技术知识的培训。

第十条 国家和省、自治区、直辖市人民政府建设行政主管部门负责组织编制符合建筑节能标准要求的建筑通用设计或者标准图集。

第十一条 施工单位应当按照节能设计进行施工，保证工程施工质量。

第十二条 建设工程质量监督机构，对达不到节能设计标准要求的项目，在质量监督文件中应当予以注明。

第十三条 供热单位、房屋产权单位或者其委托的物业管理单位应当做好建筑物供热系统的节能管理工作，建立健全节能考核制度。认真记录和上报能源消耗资料，接受对锅炉运行的检测。对超过能源消耗指标或者达不到供暖温度标准的，由县级以上地方人民政府建设行政主管部门责令其限期达标。

第十四条 国家实行建筑节能产品认证和淘汰制度。

第十五条 县级以上地方人民政府建设行政主管部门应当加强对基本建设、技术改造和其他专项资金中安排的节能资金的监督管理，专款专用。

第十六条 建设单位未按照建筑节能强制性标准委托设计或者擅自修改节能设计文件的，责令改正，处以 20 万元以上 50 万元以下的罚款。

第十七条 设计单位未按节能标准和规范进行设计的，应当修改设计。未进行修改的，给予警告，处以 10 万元以上 30 万元以下的罚款；造成损失的，依法承担赔偿责任；两年内，累计三项工程未按节能标准和规范设计的，可以责令停业整顿，降低资质等级或者吊销资质证书，对注册执业人员，可以责令停止执业一年。

第十八条 对未按照节能设计进行施工的，责令改正；整改所发生的工程费用，由施工单位负责；可以给予警告，情节严重的，处工程合同价款 2% 以上 4% 以下的罚款；两年内，累计三项工程未按照符合节能设计标准要求的设计进行施工的，责令停业整顿，降低资质等级或者吊销资质证书。

第十九条 建设行政主管部门在建设工程竣工验收过程中，发现达不到节能标准的，责令建设单位改正，重新组织竣工验收。

第二十条 本规定的责令停业整顿、降低资质等级和吊销资质证书的行政处罚，由颁发资质证书的机关决定；其他行政处罚，由建设行政主管部门依照法定职权决定。

第二十一条 省、自治区、直辖市人民政府建设行政主管部门可以依据本规定制定实施细则。

第二十二条 严寒和寒冷地区未设置集中采暖的新建、扩建的居住建筑也应当参照本规定执行。

第二十三条 本规定由国务院建设行政主管部门负责解释。

第二十四条 本规定 2000 年 10 月 1 日起施行。

附录3　关于推进住宅产业现代化　提高住宅质量的若干意见

建设部　国家计委　国家经贸委　财政部
科技部　税务总局　质量技术监督局　建材局

为了满足人民群众日益增长的住房需求，加快住宅建设从粗放型向集约型转变，推进住宅产业现代化，提高住宅质量，促进住宅建设成为新的经济增长点，现提出如下意见：

一、指导思想

（一）提高居住区规划、设计水平，改善居住环境和住房的居住功能，合理安排住房空间，力求在较小的空间内创造较高的居住生活舒适度。

（二）坚持综合开发、配套建设的社会化大生产方式。住宅建设应规模化，并与市政设施及公共服务设施建设相配套，提高住宅建设的经济效益、社会效益和环境效益。

（三）以经济适用住房建设为重点，建设二、三居室套型为主的小套型住房，使住宅建设既能满足广大居民当前的基本需要，又能适应今后居住需求的变化。

（四）加快科技进步，鼓励技术创新，重视技术推广。积极开发和大力推广先进、成熟的新材料、新技术、新设备、新工艺，提高科技成果的转化率，以住宅建设的整体技术进步带动相关产业的发展。

（五）促进住宅建筑材料、部品的集约化、标准化生产，加快住宅产业发展。要十分重视产业布局和规模效益，统筹规划，合理布点，防止重复建设。住宅建筑材料、部品的生产企业要走强强联合、优势互补的道路，发挥现代工业生产的规模效应，形成行业中的支柱企业，切实提高住宅建筑材料、部品的质量和企业的经济效益。

（六）坚持可持续发展战略。新建住宅要贯彻节约用地、节约能源的方针。新建采暖居住建筑必须达到建筑节能标准，并积极采用符合国家标准的节能、节材、节水的新型材料和部品，鼓励利用清洁能源，保护生态环境；已建成的旧住宅也要逐步实施节能、节水和改善功能的改造。

（七）加强和改善宏观调控。要制定有利于推进住宅产业现代化、提高住宅质量的住宅产业政策。以住房商品化、社会化为导向，充分发挥市场在资源配置中的基础性作用，搞好住宅建设的总量控制与结构调整。

二、主要目标

（一）到2005年解决城镇住宅的工程质量、功能质量通病，初步满足居民对住宅的适用性要求；到2010年城镇住宅应符合适用、经济、美观的要求，居住环境有较大改善。

（二）到2005年初步建立住宅及材料、部品的工业化和标准化生产体系；到2010年初步形成系列的住宅建筑体系，基本实现住宅部品通用化和生产、供应的社会化。

（三）到2005年城镇新建采暖住宅建筑要在1981年住宅能耗水平的基础上，达到降低能耗50%的要求；到2010年，在2005年的基础上再降低能耗30%。非采暖地区的住宅建筑，也应贯彻节能的方针，制定节能标准，采取节能措施。

（四）到2005年，科技进步对住宅产业发展的贡献率要达到30%，到2010年提高到35%。

三、加强基础技术和关键技术的研究，建立住宅技术保障体系

（一）要高度重视基础技术和关键技术的研究工作，采取积极有效的措施，加快完善住宅建设的规划、设计、施工及材料、部品和竣工验收的标准、规范体系，特别是重视住宅节能、节水和室内外环境等标准的制定工作。

（二）尽快完成住宅建筑与部品模数协调标准的编制，促进工业化和标准化体系的形成，实现住宅部品通用化。重点解决住宅部品的配套性、通用性等问题。

（三）加强新型结构技术的开发研究。在完善和提高以混凝土小型空心砌块和空心砖为主的新型砌体结构、异型柱框轻结构、内浇外砌结构和钢筋混凝土剪力墙结构技术的同时，积极开发和推广使用轻钢框架结构及其配套的装配式板材。要在总结已推行的大开间承重结构的基础上，研究、开发新型的大开间承重结构。

（四）要通过住宅设计的技术创新和标准设计，缩短施工工期，降低成本，提高劳动生产率。要把住宅设计的标准化、多样化、工业化和提高住宅的工程质量、功能质量、环境质量紧密地结合起来。

（五）建立居住区及住宅的给水、排水、供暖、燃气、电气、电讯等各种管网系统统一设计、统一施工的管理制度。住宅建设项目要编制统一的管网综合图，在保证各专业安全技术要求前提下，合理安排管线，统筹设计和施工，以改善住宅的适用性，提高住宅建设的效率和质量。

四、积极开发和推广新材料、新技术，完善住宅的建筑和部品体系

（一）住宅建筑体系的选择，应当符合区域地理、气候特征，符合地方社会经济发展水平和材料供应状况，有利于新材料、新技术的推广使用，有利于工业化水平的提高，有利于住宅产业群体的形成。

（二）积极发展各种新型砌块、轻质板材和高效保温材料，推行复合墙体和屋面技术，改善和提高墙体保温及屋面的防水性能。要开发有利于空间利用、方便施工的坡屋顶结构。

（三）要开发经济、方便、性能良好，便于灵活分隔室内空间，满足住宅适应性要求的轻质隔断板材及其配套产品。

（四）要树立厨房、卫生间整体设计观念，在完善、提高厨房、卫生间功能的基础上，推行厨房、卫生间装备系列化、多档次的定型设计，确保产品与产品、建筑与产品之间合理的连接与配合。

（五）水、暖、电、卫、气、通风等设施应积极采用节能、节水、节材并符合环境保护和计量要求的新技术、新设备，电度表、水表、燃气表、热量表安装使用前应进行首次强制检定。要积极推广应用各种塑料管材，并妥善解决大开间住宅的管网铺设问题。严格禁止使用无生产许可证的产品和假冒伪劣商品。

（六）积极发展通用部品，逐步形成系列开发、规模生产、配套供应的标准住宅部品体系。重点推广并进一步完善已开发的新型墙体材料、防水保温隔热材料、轻质隔断、节能门窗、节水便器、新型高效散热器、经济型电梯和厨房、卫生间成套设备。

（七）建设部、国家经贸委、国家质量技术监督局、国家建材局要根据有关法律、法规和实际情况，对不符合节能、节水、计量、环境保护等要求及质量低劣的部品、材料实行强制淘汰，同时根据技术进步的要求，编制《住宅部品推荐目录》，并适时予以公布，公布内容包括产品的形状尺寸、性能、构造细部、施工方法及应用实例等，提高部品的选用效率和组装质量，促进优质部品的规模效益，提高市场的竞争力。

（八）积极推广应用塑料管材、塑钢窗和节水型卫生洁具，分地区限时淘汰铸铁管、镀锌管、实腹钢窗和冲水量 9 升以上的便器水箱。从 2000 年 1 月 1 日起，大中城市新建住宅强制淘汰铸铁水龙头，推广使用陶瓷芯水龙头。从 2000 年 6 月 1 日起，禁止用原木生产门窗，沿海城市和其他土地资源稀缺的城市，禁止使用实芯黏土砖，并根据可能的条件限制其他黏土制品的生产和使用。

五、健全管理制度，建立完善的质量控制体系

（一）住宅开发企业、建设单位为住宅产品质量的第一责任人。设计单位、施工企业、材料供应部门的质量责任，依据有关法律、法规规定或以合同约定。

（二）住宅开发企业都应向用户提供《住宅质量保证书》和《住宅使用说明书》，明确住宅建设的质量责任及保修制度和赔偿办法，对保修 3 年以上的项目要通过试点逐步向保险制度过渡。

（三）强化规划、设计审批制度。对住宅建设项目规划及设计方案是否符合城市规划要求，对单项工程是否符合设计规范等进行审查审批，保证规划、设计的质量和标准、规范的实施。要进一步完善住宅设计的市场竞争机制，优化规划、设计方案。

（四）实行住宅市场准入制度。对从事住宅建设的开发企业、设计单位和施工企业要进行资质管理；对设计、建设劣质住宅，违反规定使用淘汰产品的开发企业、设计单位和施工企业，要依法吊销其资质证书，并进行经济处罚，造成严重后果的，要依法追究刑事责任。

（五）加强对住宅装修的管理，积极推广一次性装修或菜单式装修模式，避免二次装修造成的破坏结构、浪费和扰民等现象。

（六）加强住宅建设中各个环节的质量监督，完善单项工程竣工验收和住宅项目综合验收制度，未经验收的住宅，不得交付使用。对违反法规、违反强制性规范的行为要依法严肃查处。

（七）重视住宅性能评定工作，通过定性和定量相结合的方法，制定住宅性能评定标准和认定办法，逐步建立科学、公正、公平的住宅性能评价体系。

六、加强领导，认真组织实施

（一）地方各级人民政府应根据当地经济发展水平和住宅产业的现状，确定推进住宅产业现代化、提高住宅质量的目标和工作步骤，统筹规划、明确重点、集中力量、分步实施。

（二）促进科研单位、生产企业、开发企业组成联合体，选择对提高住宅综合性能起关键作用的项目，集中力量开发攻关，并进行单项或综合性试点，以带动和推进住宅产业现代化的全面实施。

（三）加强对住宅产业政策的研究，通过税收、价格、信贷等经济杠杆，鼓励小套型、功能良好的经济适用住房的建设，鼓励推广应用有利于环境保护、节约资源的新技术、新材料、新设备和新产品。对节能住宅按照有关规定免征投资方向调节税。

（四）国家对规划设计水平高、环境质量好、工程质量及功能质量优秀、住宅建设科技含量高的住宅小区的开发建设单位，予以表彰。

中华人民共和国建设部

二〇〇一年十二月九日

附录4　推广应用化学建材和限制淘汰落后技术与产品管理办法

第一章　总　　则

第一条　为规范推广应用化学建材和限制、淘汰落后技术与产品，提高工程建设质量和技术水平，根据《中华人民共和国促进科技成果转化法》、《中华人民共和国建筑法》和《关于加强技术创新推进化学建材产业化的若干意见》，制定本办法。

第二条　本办法所称化学建材、主要包括塑料门窗、塑料管道、塑料管道、新型防水材料、建筑涂料以及建筑密封材料、隔热保温材料、建筑胶粘剂、混凝土外加剂等。

第三条　推广应用化学建材、是指在工程建设中组织化学建材技术与产品应用的活动。限制、淘汰落后技术与产品，是指在化学建材推广应用领域中对危害人身健康和安全、能耗高、不符合环保要求、技术落后的建材产品限制使用或予以淘汰的活动。

第四条　全国化学建材协调组负责协调指导和监督全国推广应用化学建材和限制、淘汰落后技术与产品的工作。

省、自治区、直辖市化学建材协调组负责协调指导和监督本行政区域内推广应用化学建材和限制、淘汰落后技术与产品的工作。

第五条　化学建材的推广应用和限制、淘汰、实行定期发布《化学建材技术与产品公告》(以下简称《公告》和《化学建材技术与产品推广应用目录》（以下简称《目录》）制度。建设部会同国家有关行政主管部门组织编制并发布《公告》，一般每三年编制发布一次。省、自治区、直辖市不另行编制《公告》。

《目录》分为部级《目录》和省级《目录》。部级《目录》由建设部会同国家有关行政主管部门每年编制发布一次。省级《目录》由省、自治区、直辖市建设行政主管部门会同有关行政主管部门每年编制发布一次。

第六条　凡列人部、省两级《目录》的化学建材技术与产品，即为当年建设部、省建设科技推广项目，有效期为三年。

第二章　《公告》的编制与管理

第七条　编制原则：

1. 符合国家有关技术政策和产业政策；

2. 符合化学建材产业技术发展方向；

3. 促进化学建材产品结构调整和产业技术升级；

4. 提高化学建材生产应用技术水平，符合经济效益、社会效益、环境效益协调发展的原则；

5. 编制工作要坚持严谨务实、客观公正、科学合理。

第八条　编制内容：

依据技术水平和产品性能编制《公告》，分为优先选用、推荐使用、限制使用及淘汰的技术与产品四类。

技术与产品的《公告》内容：

依据技术水平和产品性能编制《公告》，分为优先选用、推荐使用、限制使用及淘汰的技术与产品四类。

技术与产品的《公告》内容：

1. 技术（产品）类别

2. 推荐技术（产品）名称

3. 技术（产品）性能指标

第九条　编制程序

1. 组织专家按照编制原则和编制内容要求，编制《公告》，拟定《公告》（征求意见稿）。

2.《公告》（征求意见稿）送有关部门和单位征求意见，经修改形成《公告》（报批稿）。

3.《公告》（报批稿）由建设部会同国家有关行政主管部门审批。

4. 批准后的《公告》由全国化学建材协调组和建设部联合公布。

第十条　管理与实施

《公告》发布后，各级化学建材协调组和相关行政主管部门，要采取积极措施，加强《公告》的实施与管理。

1. 及时将《公告》内容通告有关部门和单位；

2. 制订政策措施，确保《公告》贯彻执行。切实按《公告》内容的要求指导化学建材技术与产品的开发、生产应用，禁止淘汰类技术与产品的生产应用；

3. 凡在工程中使用《公告》淘汰的技术与产品，工程质量监督部门应责令纠正，否则不予验收；

4. 各地要加强对《公告》实施过程的跟踪管理，及时反馈情况。

第三章　《目录》的编制

第十一条　编制依据

按照《公告》确定的优先选用和推荐使用技术与产品的性能指标要求，部、省两级建设行政主管部门会同有关行政主管部门分别组织编制《目录》。

第十二条　《目录》内容

1. 技术（产品）类别；

2. 推荐技术（产品）；

3. 型号；

4. 注册商标；

5. 主要技术内容（含主要技术指标）；

6. 适用范围和典型应用实例；

7. 推广方式；

8. 开发生产单位名称。

第十三条 凡申请列入《目录》的技术与产品项目的申报、评审按照《建设科技推广项目管理办法》执行。

第四章 《目录》的管理

第十四条 凡列入部级《目录》的技术与产品，均具备在全国推广应用的资格；凡列入省级《目录》的技术与产品，即具备在省内推广应用的资格。

第十五条 国家标准设计编制单位要根据推广应用《目录》，组织编制标准设计图集，提供设计、施工等单位在工程中使用。

第十六条 《目录》中技术与产品的完成单位有责任提供完整配套的技术文件和先进有效的服务，协助有关方面做好技术推广工作。凡列入《目录》的技术与产品，其质量达不到相关标准要求的，编制《目录》的建设行政主管部门可以撤销其列入《目录》的资格。

第十七条 设计、施工单位和生产企业要建立健全技术创新制度，保证《目录》项目的应用。凡宜采用而未采用《目录》中的技术与产品的工程，不得参加设计、工程评优和科技评奖等活动。

第十八条 组织推广单位和勘察、设计、施工、监理、质量监督检查单位的工作人员在推广过程中不得以权谋私、弄虚作假。

第十九条 参加《目录》技术（产品）评审工作的专家有意做出虚假结论，造成不良后果的，取消其评审专家的资格，并予以相应的处罚。

第二十条 任何单位和个人不得假冒《目录》中的技术与产品在工程中应用。

第五章 附 则

第二十一条 省、自治区、直辖市建设行政主管部门可以根据本办法和当地的情况会同有关部门制定实施细则。

第二十二条 本办法由全国化学建材协调组和建设部负责解释。

第二十三条 本办法自发布之日起实施。

附录5　商品住宅性能认定管理办法（试行）

第一章　总　　则

第一条　为适应社会主义市场经济体制，实行住宅商品化的需要，促进住宅技术进步，提高住宅功能质量，规范商品住宅市场，保障住宅消费者的利益，推行商品住宅性能认定制定，制定本办法。

第二条　本办法所称的商品住宅性能认定，系指商品住宅按照国务院建设行政主管部门发布的商品住宅性能评定方法和标准及统一规定的认定程序，经评审委员会进行技术审查和认定委员会确认，并获得认定证书和认定标志以证明该商品住宅的性能等级。

第三条　本办法适用于新建的商品住宅。

凡列入国家、省级住宅试点（示范）工程的新建住宅小区商品住宅应申请认定。其他商品住宅可申请认定。

第四条　商品住宅性能根据住宅的适用性能、安全性能、耐久性能、环境性能和经济性能划分等级，按照商品住宅性能评定方法和标准由低至高依次划分为“1A（A)”、“2A（AA)”、“3A（AAA)”三级。

第五条　房地产开发企业申请商品住宅性能认定，应具备下列条件：

（一）房地产开发企业经资质审查合格，有资质审批部门颁发的资质等级证书；

（二）住宅的开发建设符合国家的法律、法规和技术、经济政策以及房地产开发建设程序的规定；

（三）住宅的工程质量验收合格，并经建设行政主管部门认可的质量监督机构的核验，具备入住条件。

第六条　凡拟申请商品住宅性能认定的预售商品住宅，房地产开发企业在销售期房前应在相应的商品住宅性能认定委员会备案，并落实相应的技术措施。

第七条　国务院建设行政主管部门负责指导和管理全国的商品住宅性能认定工作。县级以上地方人民政府建设行政主管部门负责指导和管理本行政区域内的商品住宅性能认定工作。

第二章　组　织　管　理

第八条　商品住宅性能认定工作由各级认定委员会和评审委员会分别组织实施。

第九条　国务院建设行政主管部门指定负责住宅产业化工作的机构组建全国商品住宅性能认定委员会，该认定委员会的职责是：

（一）组织具体实施全国商品住宅性能认定工作；

（二）组织起草全国商品住宅性能认定工作的规章制度、商品住宅性能评定方法和标准；

（三）负责全国统一的商品住宅性能认定证书和认定标志的制作和管理；

（四）组织制定商品住宅性能认定委员会章程和评审委员会章程；

（五）负责组织和管理全国商品住宅性能评审委员会和国家住宅试点（示范）工程的性能认定工作；

（六）负责 3A 级商品住宅性能认定的复审工作；

（七）对全国商品住宅性能认定管理工作实行监督、检查。

第十条　省、自治区、直辖市人民政府建设行政主管部门指定负责住宅产业化工作的机构组建本地区商品住宅性能认定委员会，该认定委员会的职责是：

（一）负责具体实施本地区的商品住宅性能认定工作；

（二）负责组织起草本地区商品住宅性能认定工作的实施细则；

（三）负责组织和管理本地区商品住宅性能评审委员会和省级试点（示范）工程及其他商品住宅性能认定工作；

（四）对本地区的商品住宅性能认定管理工作实行监督、检查。

第十一条　各级商品住宅性能认定委员会应由有关专业具有高级职称的专家组成。认定委员采用聘任制，由负责住宅产业化工作的相应机构聘任，每届四年，可以连聘连任。

各地方的认定委员会应报全国商品住宅性能认定委员会备案。

第十二条　全国商品住宅性能评审委员会可接受各级认定委员会的委托，承担商品住宅性能的评审工作。各省、自治区、直辖市商品住宅性能评审委员会可按受本地区商品住宅性能认定委员会的委托，承担本地区商品住宅性能评审工作。

第十三条　各级商品住宅性能评审委员会应由具有一定技术条件和技术力量的科学研究院（所）、设计或大专院校等单位申请组建，并经相应的认定委员会按规定审查批准。

第十四条　各级商品住宅性能评审委员会应由有关专业具有高级职称的专家组成。评审委员采用聘任制，由负责组建的单位聘任，每届四年，可以连聘连任。

第十五条　设区的市或县人民政府建设行政主管部门商品住宅性能认定和评审工作的管理，按照省、自治区、直辖市人民政府建设行政主管部门的规定执行。

第十六条　商品住宅性能检测工作应由取得检测资质的法定检测机构承担，并经全国商品住宅性能认定委员会确认。

对于建设行政主管部门认可的质量监督机构已核验的项目，不做重复检测。

第三章　认定的主要内容

第十七条　商品住宅性能认定应遵循科学、公正、公平和公开的原则。

第十八条　商品住宅性能认定的内容应按照商品住宅性能评定方法和标准确定。其主要内容包括住宅的适用性能、安全性能、耐久性能、环境性能和经济性能。

第十九条　商品住宅的适用性能主要包括下列内容：

（一）平面与空间布置；

（二）设备、设施的配置与性能；

（三）住宅的可改造性；

（四）保温隔热与建筑节能；

（五）隔音与隔振；

（六）采光与照明；

（七）通风换气。

第二十条 商品住宅的安全性能主要包括下列内容：

（一）建筑结构安全；

（二）建筑防火安全；

（三）燃气、电气设施安全；

（四）日常安全与防范措施；

（五）室内空气和供水有毒有害物质的危害性。

第二十一条 商品住宅的耐久性能主要包括下列内容：

（一）结构耐久性；

（二）防水性能；

（三）设备、设施防腐性能；

（四）设备耐久性。

第二十二条 商品住宅的环境性能主要包括下列内容：

（一）用地的合理性；

（二）室外环境；

（三）水资源的合理利用；

（四）生活垃圾的收集和运送。

第二十三条 商品住宅的经济性能主要包括下列内容：

（一）住宅的性能成本比；

（二）住宅日常运行耗能指数。

第二十四条 3A 级商品住宅性能认定的主要内容应包括住宅的适用性能、安全性能、耐久性能、环境性能和经济性能；2A 级、1A 级商品住宅性能认定的主要内容应包括住宅的适用性能、安全性能和耐久性能。

第四章 认 定 程 序

第二十五条 房地产开发企业申请商品住宅性能认定之前，要按照商品住宅性能评定方法和标准规定的商品住宅性能检测项目，委托具有资格的商品住宅性能检测单位进行现场测试或检验。

第二十六条 申请商品住宅性能认定应提供下列资料：

（一）商品住宅性能认定申请表；

（二）住宅竣工图及全套技术文件；

（三）原材料、半成品和成品、设备合格证书及检验报告；

（四）试件等试验检测报告；

（五）隐蔽工程验收记录和分部分项工程质量检查记录；

（六）竣工报告和工程验收单；

（七）商品住宅性能检测项目检测结果单；

（八）认定委员会认为需要提交的其他资料。

第二十七条 商品住宅性能认定工作应分为申请、评审、审批和公布四个阶段，并应符合下列程序：

（一）房地产开发企业应在商品住宅竣工验收后，向相应的商品住宅性能认定委员会提出书面申请。

（二）商品住宅性能认定委员会接到书面申请后，对企业的资格和认定的条件进行审核。对符合条件的交由评审委员会评审。

（三）评审委员会遵照全国统一规定的商品住宅性能评定方法和标准进行评审。在一个月内提出评审结果，并推荐该商品住宅的性能等级，报认定委员会。

（四）认定委员会对评审委员会的评审结果和商品住宅性能等级进行审批，并报相应的建设行政主管部门公布。

3A 级商品住宅性能认定结果，由地方认定委员会审批后报全国认定委员会复审，并报国务院建设行政主管部门公布。

第五章 认定证书和认定标志

第二十八条 经各级建设行政主管部门公布商品住宅性能认定等级之后，由各级认定委员会颁发相应等级的认定证书和认定标志。

第二十九条 经认定的商品住宅应镶贴性能认定标志。

第三十条 商品住宅性能认定证书和认定标志由全国商品住宅性能认定委员会统一制作和管理。

第六章 认定的变更和撤销

第三十一条 申请者对认定结果有异议时，可向上一级认定委员会提出申诉，经核查认定结果确有疑义者，应由原认定委员会重新组织认定。

第三十二条 以假冒手段或其他不正当手段取得认定结果时，一经查出，撤销其认定结果并予以公布。

第七章 附 则

第三十三条 商品住宅性能评定方法和标准另行制定。

第三十四条 本办法由国务院建设行政主管部门负责解释。

第三十五条 本办法自一九九九年七月一日起试行。

附录6　房屋建筑工程质量保修办法

第一条　为保护建设单位、施工单位、房屋建筑所有人和使用人的合法权益，维护公共安全和公众利益，根据《中华人民共和国建筑法》和《建设工程质量管理条例》，制订本办法。

第二条　在中华人民共和国境内新建、扩建、改建各类房屋建筑工程（包括装修工程）的质量保修，适用本办法。

第三条　本办法所称房屋建筑工程质量保修，是指对房屋建筑工程竣工验收后在保修期限内出现的质量缺陷，予以修复。

本办法所称质量缺陷，是指房屋建筑工程的质量不符合工程建设强制性标准以及合同的约定。

第四条　房屋建筑工程在保修范围和保修期限内出现质量缺陷，施工单位应当履行保修义务。

第五条　国务院建设行政主管部门负责全国房屋建筑工程质量保修的监督管理。

县级以上地方人民政府建设行政主管部门负责本行政区域内房屋建筑工程质量保修的监督管理。

第六条　建设单位和施工单位应当在工程质量保修书中约定保修范围、保修期限和保修责任等，双方约定的保修范围、保修期限必须符合国家有关规定。

第七条　在正常使用下，房屋建筑工程的最低保修期限为：

（一）地基基础和主体结构工程，为设计文件规定的该工程的合理使用年限；

（二）屋面防水工程、有防水要求的卫生间、房间和外墙面的防渗漏，为5年；

（三）供热与供冷系统，为2个采暖期、供冷期；

（四）电气系统、给排水管道、设备安装为2年；

（五）装修工程为2年。

其他项目的保修期限由建设单位和施工单位约定。

第八条　房屋建筑工程保修期从工程竣工验收合格之日起计算。

第九条　房屋建筑工程在保修期限内出现质量缺陷，建设单位或者房屋建筑所有人应当向施工单位发出保修通知。

施工单位接到保修通知后，应当到现场核查情况，在保修书约定的时间内予以保修。发生涉及结构安全或者严重影响使用功能的紧急抢修事故，施工单位接到保修通知后，应当立即到达现场抢修。

第十条　发生涉及结构安全的质量缺陷，建设单位或者房屋建筑所有人应当立即向当地建设行政主管部门报告，采取安全防范措施；由原设计单位或者具有相应资质等级的设计单位提出保修方案，施工单位实施保修，原工程质量监督机构负责监督。

第十一条　保修完后，由建设单位或者房屋建筑所有人组织验收。涉及结构安全的，应当报当地建设行政主管部门备案。

第十二条　施工单位不按工程质量保修书约定保修的，建设单位可以另行委托其他单位保修，由原施工单位承担相应责任。

第十三条　保修费用由质量缺陷的责任方承担。

第十四条　在保修期内，因房屋建筑工程质量缺陷造成房屋所有人、使用人或者第三方人身、财产损害的，房屋所有人、使用人或者第三方可以向建设单位提出赔偿要求。建设单位向造成房屋建筑工程质量缺陷的责任方追偿。

第十五条　因保修不及时造成新的人身、财产损害，由造成拖延的责任方承担赔偿责任。

第十六条　房地产开发企业售出的商品房保修，还应当执行《城市房地产开发经营管理条例》和其他有关规定。

第十七条　下列情况不属于本办法规定的保修范围：

（一）因使用不当或者第三方造成的质量缺陷；

（二）不可抗力造成的质量缺陷。

第十八条　施工单位有下列行为之一的，由建设行政主管部门责令改正，并处 1 万元以上 3 万元以下的罚款。

（一）工程竣工验收后，不向建设单位出具质量保修书的；

（二）质量保修的内容、期限违反本办法规定的。

第十九条　施工单位不履行保修义务或者拖延履行保修义务的，由建设行政主管部门责令改正，处 10 万元以上 20 万元以下的罚款。

第二十条　军事建设工程的管理，按照中央军事委员会的有关规定执行。

第二十一条　本办法由国务院建设行政主管部门负责解释。

第二十二条　本办法自发布之日起施行。

参 考 文 献

1 建筑精品工程策划与实施．中国建筑工业出版社，2000 年
2 建筑精品工程实施指南．中国建筑工业出版社，2002 年
3 建设工程项目管理规范实施手册．中国建筑工业出版社，2002 年
4 建筑工程施工质量检查与验收手册．中国建筑工业出版社，2002 年
5 住宅工程质量通病防治手册（第二版）．中国建筑工业出版社，2002 年
6 住宅设计与施工质量通病提示．中国建筑工业出版社，2002 年
7 建筑施工手册．中国建筑工业出版社，2003